『十二五』國家重點圖書出版規劃項目
二〇一一—二〇二〇年國家古籍整理出版規劃項目
國家古籍整理出版專項經費資助項目

中國古農書集粹

王思明——主編

鳳凰出版社

圖書在版編目（CIP）數據

佩文齋廣群芳譜 / (清) 汪灝等編修. -- 南京 : 鳳凰出版社, 2024.5
（中國古農書集粹 / 王思明主編）
ISBN 978-7-5506-4070-2

Ⅰ. ①佩… Ⅱ. ①汪… Ⅲ. ①農學－中國－清代②作物－介紹－中國 Ⅳ. ①S-092.49

中國國家版本館CIP數據核字(2024)第042346號

書　　名	佩文齋廣群芳譜
著　　者	(清)汪灝 等
主　　編	王思明
責任編輯	孫　州
裝幀設計	姜　嵩
責任監製	程明嬌
出版發行	鳳凰出版社(原江蘇古籍出版社) 發行部電話025-83223462
出版社地址	江蘇省南京市中央路165號,郵編:210009
印　　刷	常州市金壇古籍印刷廠有限公司 江蘇省金壇市晨風路186號,郵編:213200
開　　本	889毫米×1194毫米　1/16
印　　張	90.75
版　　次	2024年5月第1版
印　　次	2024年5月第1次印刷
標準書號	ISBN 978-7-5506-4070-2
定　　價	720.00圓(全三册)

(本書凡印裝錯誤可向承印廠調换,電話:0519-82338389)

《中國古農書集粹》編委會

序

中國是世界農業的重要起源地之一，農耕文化有着上萬年的歷史，在農業方面的發明創造舉世矚目。中國幾千年的傳統文明本質上就是農業文明。農業是國民經濟中不可替代的重要的物質生產部門，在傳統社會中一直是支柱產業。農業的自然再生產與經濟再生產曾奠定了中華文明的物質基礎。在漫長的歷史進程中，中華農業文明孕育出南方水田農業文化與北方旱作農業文化、漢民族與其他少數民族農業文化等不同的發展模式。無論是哪種模式，都是人與環境協調發展的路徑選擇。中國之所以能够在十九世紀以前的一兩千年中，長期保持着世界領先的地位，就在於中國農民能够根據不斷變化的人口狀況以及自然、經濟環境作出正確的判斷和明智的選擇。

中國農業文化遺産十分豐富，包括思想、技術、生産方式以及農業遺存等。在傳統農業生産過程中，形成了以尊重自然、順應自然，天、地、人『三才』協調發展的農學指導思想；形成了以種植業爲主，種植業和養殖業相互依存、相互促進的多樣化經營格局；凸顯了『寧可少好，不可多惡』的農業經營策略和精耕細作的技術特點；藴含了『地可使肥，又可使棘』『地力常新壯』的辯證土壤耕作理論；總結了輪作復種、間作套種和多熟種植的技術經驗；形成了北方旱地保墒栽培與南方合理管水用水相結合的農業生産模式。與世界其他國家或民族的傳統農業以及現代農學相比，中國傳統農業自身的特色明顯，既有成熟的農學理論，又有獨特的技術體系。

世代相傳的農業生產智慧與技術精華，經過一代又一代農學家的總結提高，涌現了數量龐大、種類繁多的農書。《中國農業古籍目錄》收錄存目農書十七大類，二千零八十四種。閔宗殿等學者在此基礎上又根據江蘇、浙江、安徽、江西、福建、四川、臺灣、上海等省市的地方志，整理出明清時期二百三十六種『新書目』。[二]隨着時間的推移和學者的進一步深入研究，還將會有不少沉睡在古籍中的農書被不斷地揭示出來。作爲中華農業文明的重要載體，這些古農書總結了不同歷史時期中國農業經營理念和傳統農業科技的精華，是人類寶貴的文化財富。

中國古代農書豐富多彩、源遠流長，反映了中國農業科學技術的起源、發展、演變與轉型的歷史進程與發展規律，折射出中華農業文明發展的曲折而漫長的發展歷程。這些農書中包含了豐富的農業實用技術、農業經濟智慧、農村社會發展思想等，覆蓋了農、林、牧、漁、副等諸多方面，廣泛涉及傳統社會中農業生產、農村社會、農民生活等主要領域，還記述了許許多多關於生物學、土壤學、氣候學、地理學、水利工程等自然科學原理。存世豐富的中國古農書，不僅指導了我國古代農業生產與農村社會的發展，也包含了許多當今經濟社會發展中所迫切需要解決的問題——生態保護、可持續發展、農村建設、鄉村振興等思想和理念。

作爲中國傳統農業智慧的結晶，中國古農書通過各種途徑傳播到世界各地，對世界農業文明產生了深遠影響，例如《齊民要術》在唐代已傳入日本。被譽爲『宋本中之冠』的北宋天聖年間崇文院本《齊民要術》被日本視爲『國寶』，珍藏在京都博物館。而以《齊民要術》爲对象的研究被稱爲日本『賈學』。江户時代的宮崎安貞曾依照《農政全書》的體系、格局，撰寫了適合日本國情的《農業全書》十

[二] 閔宗殿《明清農書待訪錄》，《中國科技史料》二〇〇三年第四期。

卷，成爲日本近世時期最有代表性、最系統、水準最高的農書，被稱爲『人世間一日不可或缺之書』。據不完全統計，受《農政全書》或《農業全書》影響的日本農書達四十六部之多。[一]中國古農書直接或間接地推動了當時整個日本農業技術的發展，提升了農業生産力。

朝鮮在新羅時期就可能已經引進了《齊民要術》。[二]高麗宣宗八年（一〇九一）李資義出使中國，宋哲宗（一〇八六—一一〇〇）要求他在高麗覆刊的書籍目録裏有《氾勝之書》。高麗後期的一三四九年與一三七二年，曾兩次刊印《元朝正本農桑輯要》。朝鮮太宗年間（一三六七—一四二二），學者從《農桑輯要》中抄録養蠶部分，譯成《養蠶經驗撮要》，摘取《農桑輯要》中穀和麻的部分譯成吏讀，並以此爲底本刊印了《農書輯要》。朝鮮的《閑情録》以《陶朱公致富奇書》爲基礎出版，《農政會要》則主要引自《授時通考》。《農家集成》《農事直説》以及姜希孟的《四時纂要》主要根據王禎《農書》等多部中國古農書編成。據不完全統計，目前韓國各文教單位收藏中國農業古籍四十種，[三]包括《齊民要術》《農政全書》《授時通考》《御製耕織圖》《江南催耕課稻編》《廣群芳譜》《農桑輯要》等。

中國古農書還通過絲綢之路傳播至歐洲各國。《農政全書》至遲在十八世紀傳入歐洲，一七三五年法國杜赫德（Jean-Baptiste Du Halde）主編的《中華帝國及華屬韃靼全志》卷二摘譯了《農政全書》卷三十一至卷三十九的《蠶桑》部分。至遲在十九世紀末，《齊民要術》已傳到歐洲。達爾文的《物種起源》和《動物和植物在家養下的變異》援引《中國紀要》中的有關事例佐證其進化論，達爾文在談到人

[一]韓興勇《〈農政全書〉在近世日本的影響和傳播——中日農書的比較研究》，《農業考古》二〇〇三年第一期。

[二][韓]崔德卿《韓國的農書與農業技術——以朝鮮時代的農書和農法爲中心》，《中國農史》二〇〇一年第四期。

[三]王華夫《韓國收藏中國農業古籍概況》，《農業考古》二〇一〇年第一期。

工選擇時説：『如果以爲這種原理是近代的發現，就未免與事實相差太遠。……在一部古代的中國百科全書中，已有關於選擇原理的明確記述。』〔一〕而《中國紀要》中有關家畜人工選擇的内容主要來自《齊民要術》。〔二〕中國古農書間接地爲生物進化論提供了科學依據。英國著名學者李約瑟（Joseph Needham）編著的《中國科學技術史》第六卷『生物學與農學』分册以《齊民要術》爲重要材料，説它『即使在世界範圍内也是卓越的、傑出的、系統完整的農業科學理論與實踐的巨著』。〔三〕

世界上許多國家都收藏有中國古農書，如大英博物館、巴黎國家圖書館、柏林圖書館、聖彼得堡（列寧格勒）圖書館、美國國會圖書館、哈佛大學燕京圖書館、日本内閣文庫、東洋文庫等，大多珍藏有《齊民要術》《茶經》《農桑輯要》《農書》《農政全書》《授時通考》《花鏡》《植物名實圖考》等早期刻本。不少中國著名古農書還被翻譯成外文出版，如《齊民要術》有日文譯本（缺第十章），《天工開物》與《茶經》有英、日譯本，《農政全書》《授時通考》《群芳譜》的個别章節已被譯成英、法、俄等文字，《元亨療馬集》有德、法文節譯本。法蘭西學院的斯坦尼斯拉斯·儒蓮（一七九九—一八七三）翻譯的法文版《蠶桑輯要》廣爲流行，並被譯成英、德、意、俄等多種文字。顯然，中國古農書已經是全世界人民的共同財富，也是世界了解中國的重要媒介之一。

近代以來，有不少學者在古農書的搜求與整理出版方面做了大量工作。晚清務農會於光緒二十三年（一八九七）鉛印《農學叢刻》，但是收書的規模不大，僅刊古農書二十三種。一九二〇年，金陵大學在

〔一〕〔英〕達爾文《物種起源》，謝藴貞譯。科學出版社，一九七二年，第二十四—二十五頁。

〔二〕《中國紀要》即十八世紀在歐洲廣爲流行的全面介紹中國的法文著作《北京耶穌會士關於中國人歷史、科學、技術、風俗、習慣等紀要》。一七八〇年出版的第五卷介紹了《齊民要術》，一七八六年出版的第十一卷介紹了《齊民要術》中的養羊技術。

〔三〕轉引自繆啓愉《試論傳統農業與農業現代化》，《傳統文化與現代化》一九九三年第一期。

全國率先建立了農業歷史文獻的專門研究機構，在萬國鼎先生的引領下，開始了系統收集和整理中國古代農業歷史文獻的研究工作，着手編纂《先農集成》，從浩如煙海的農業古籍文獻資料中，搜集整理了三千七百多萬字的農史資料，後被分類輯成《中國農史資料》四百五十六册，是巨大的開創性工作。

民國期間，影印興起之初，《齊民要術》、王禎《農書》、《農政全書》等代表性古農學著作均有石印本或影印本。一九四九年以後，爲了保存農書珍籍，曾影印了一批國内孤本或海外回流的古農書珍本，如中華書局上海編輯所分别在《中國古代科技圖録叢編》和《中國古代版畫叢刊》的總名下，影印了《天工開物》（崇禎十年本）、《便民圖纂》（萬曆本）、《救荒本草》（嘉靖四年本）、《授衣廣訓》（嘉慶原刻本）等。上海圖書館影印了元刻大字本《農桑輯要》（孤本）。一九八二年至一九八三年，農業出版社以《中國農學珍本叢書》之名，先後影印了《全芳備祖》（日藏宋刻本），《金薯傳習録、種薯譜合刊》（前者刊本僅存福建圖書館，後者朝鮮徐有榘以漢文編寫，内存徐光啓《甘薯蔬》全文），以及《新刻注釋馬牛駝經大全集》（孤本）等。

古農書的輯佚、校勘、注釋等整理成果顯著。萬國鼎、石聲漢先生都曾對《四民月令》《氾勝之書》等進行了輯佚、整理與深入研究。到二十世紀末，具有代表性的古農書基本得到了整理，如夏緯瑛的《管子地員篇校釋》和《吕氏春秋上農等四篇校釋》，石聲漢的《齊民要術今釋》《農桑輯要校注》《農政全書校注》等，繆啓愉的《齊民要術校釋》和《四時纂要》，王毓瑚的《農桑衣食撮要》，馬宗申的《授時通考校注》等。特别是農業出版社自二十世紀五十年代一直持續到八十年代末的《中國農書叢刊》，先後出版古農書整理著作五十餘部，涉及範圍廣泛，既包括綜合性農書，也收録不少畜牧、蠶桑、水利等專業性農書。此外，中華書局、上海古籍出版社等也有相應的古農書整理著作出版。

一些有識之士還致力於古農書的編目工作。一九二四年，金陵大學毛邕、萬國鼎編著了最早的農書簡目《中國農書目錄彙編》，存佚兼收，薈萃七十餘種古農書。但因受時代和技術手段的限制，規模較小。一九四九年以後，古農書的編目、典藏等得以系統進行。一九五七年，王毓瑚的《中國農學書錄》出版（一九六四年增訂），含英咀華，精心考辨，共收農書五百多種。一九五九年，北京圖書館據全國二十五個圖書館的古農書書目彙編成《中國古農書聯合目錄》，收錄古農書及相關整理研究著作六百餘種。一九九〇年，中國農業歷史學會和中國農業博物館據各農史單位和各大圖書館所藏農書彙編成《農業古籍聯合目錄》，收書較此前更加豐富。二〇〇三年，張芳、王思明的《中國農業古籍目錄》收錄了古農書存目二千零八十四種。經過幾代人的艱辛努力，中國古農書的規模已基本摸清。上述基礎性工作爲古農書的搜求、彙集、出版奠定了堅實的基礎。

目前，以各種形式出版的中國古農書的數量和種類已經不少，具有代表性的重要農書還被反復出版。但是，仍有不少農書尚存於各館藏單位，一些孤本、珍本急待搶救出版。部分大型叢書已經注意到古農書的彙集與影印，《續修四庫全書》『子部農家類』收錄農書六十七部，《中國科學技術典籍通匯》『農學卷』影印農書四十三種。相對於存量巨大的古代農書而言，上述影印規模還十分有限。可喜的是，在鳳凰出版社和中華農業文明研究院的共同努力下，《中國古農書集粹》被列入《二〇一一—二〇二〇年國家古籍整理出版規劃》。本《集粹》是一個涉及目錄、版本、館藏、出版的系統工程，工作於二〇一二年啓動，經過近八年的醞釀與準備，影印出版在即。《集粹》原計劃收錄農書一百七十七部，後根據時代的變化以及各農書的自身價值情況，幾易其稿，最終決定收錄代表性農書一百五十二部。

《中國古農書集粹》填補了目前中國農業文獻集成方面的空白。本《集粹》所收錄的農書，歷史跨度時間長，從先秦早期的《夏小正》一直至清代末期的《撫郡農産考略》，既展現了中國古農書的萌芽、形成、發展、成熟、定型與轉型的完整過程，也反映了中華農業文明的發展進程。明清時期是中國傳統農業發展的巔峰，它繼承了中國傳統農業中許多好的東西並將其發展到極致，而這一階段的農書恰是本《集粹》收録的重點。本《集粹》還具有專業性强的特點。古農書屬大宗科技文獻，而非傳統意義的歷史文獻，本《集粹》更側重於與古代農業密切相關的技術史料的收録。本《集粹》所收農書覆蓋面廣，涵蓋了綜合性農書、時令占候、農田水利、農具、土壤耕作、大田作物、園藝作物、竹木茶、植物保護、畜牧獸醫、蠶桑、水産、食品加工、物産、農政農經、救荒賑災等諸多領域。收書規模也爲目前中國農業古籍集成之最。

《中國古農書集粹》彙集了中國古代農業科技精華，是研究中國古代農業科技的重要資料。同時，中國古農書也廣泛記載了豐富的鄉村社會狀況、多彩的民間習俗、真實的物質與文化生活，反映了中國古代農民的宗教信仰與道德觀念，體現了科技語境下的鄉村景觀。不僅是科學技術史研究不可或缺的第一手資料，還是研究傳統鄉村社會的重要依據，對歷史學、社會學、人類學、哲學、經濟學、政治學及其他社會科學都具有重要參考價值。古農書是傳統文化的重要載體，是繼承和發揚優秀農業文化遺産的主要文獻依憑，對我們認識和理解中國農業、農村、農民的發展歷程，乃至整個社會經濟與文化的歷史脉絡都具有十分重要的意義。本《集粹》不僅可以加深我們對中國農業文化、本質和規律的認識，還可以鑒古知今，把握國情，爲今天的經濟與社會發展政策的制定提供歷史智慧。

本《集粹》的出版，可以加强對中國古農書的利用與研究，加深對農業與農村現代化歷史進程的必然性和艱巨性的認識。祖先們千百年耕種這片土地所積累起來的知識和經驗，對於如今人們利用這片土地仍具有指導和借鑒作用，對今天我國農業與農村存在問題的解決也不無裨益。現代農學雖然提供了一些『普適』的原理，但這些原理要發揮作用，仍要與這個地區特殊的自然環境相適應。而且現代農學原理並不否定傳統知識和經驗的作用，也不能完全代替它們。中國這片土地孕育了有中國特色的傳統農業，積累了有自己特色的知識和經驗，有利於建立有中國特色的現代農業科技體系。人類文明是世界各個民族共同創造的，人類文明未來的發展當然要繼承各個民族已經創造的成果。中國傳統的農業知識必將對人類未來農業乃至社會的發展作出貢獻。

王思明

二〇一九年二月

目録

佩文齋廣群芳譜（上）

（清）汪　灝　等　編修

《佩文齋廣群芳譜》(《廣群芳譜》)，(清)汪灝等奉敕編修。汪灝，字文漪，一字天泉，山東省東昌府臨清州(今屬聊城市)人，生卒年不詳，約清康熙三十九年(一七〇〇)前後在世，康熙二十四年(一六八五)進士，官至内閣學士、禮部侍郎。清聖祖玄燁曾命汪氏等人就王象晉的《群芳譜》增删、改編、擴充，康熙四十七年(一七〇八)編成此書，原名《御定佩文齋廣群芳譜》，《四庫全書總目》『譜錄類』著錄。

全書一百卷，分爲天時、穀、桑麻、蔬、菜、花卉、果、木、竹、卉、藥十一個譜。汪灝等人大幅度改編《群芳譜》，對其篇目有分有合，删去了其中一些與農事無關的内容，對原書引文錯誤及脱漏之處一一加以補正。經過改編，全書的形式比較整齊劃一，内容嚴謹充實，取材也較爲豐富，減少了矛盾重複之處，可視爲一部新書。凡是原書保留下來的舊條文，開頭皆注有『原』字，新增内容則開頭處用『增』字標明。玄燁本人所寫詩賦，則以『御製詩』標明，歸集在諸條集藻項下。

版本除清康熙刻本外，清代還有姑蘇亦西齋、江左書林等刻本。後來有錦章書局石印本，《萬有文庫》本，《國學基本叢書》本。一九八五年上海書店據《國學基本叢書》本影印。據《日本博物學史》載，一八〇四年至一八〇五年，日本商船曾多次將《廣群芳譜》帶入日本。今據南京圖書館藏清康熙四十七年刻本影印出版。

(惠富平)

御製佩文齋廣羣芳譜序

朕惟神農氏嘗草辨穀民始知樹藝醫藥伊耆氏命羲和推步定曆以授時民始知耕稼之不悮而百工績熙偉哉開物成務啓牖来茲聖帝之功與天地並矣朕聽政之暇披閱典籍留意農桑繪耕織之圖製永言之什時巡所至親歷田閭其稼穡之艱難作勞之辛苦既周知而洞悉矣每思究百昌生殖之理極萬

御製序 一

變消長之情著為成編以佑吾民嘗謂爾雅具其名物而郭璞陸佃孫炎之流疏注埤翼又加詳焉其明備者莫如本草自本經以迄陶弘景蘇頌而下數十種凡採治之法無不該棣他如齊民要術月令廣義諸書其蒔植之宜為更晰矣遐稽往牘擷其英華歸於簡括良匪易也比見近人所纂羣芳譜蒐輯衆長義類可取但惜尚多踈漏因命

御製序 二

儒臣即秘府藏帙攟摭薈萃删其支冗補其闕遺上原六經旁据子史洎夫稗官野乘之言才士之所歌吟田夫之所傳述皆著於篇而奇花瑞草之產於名山貢自遠徼絶

塞為前代所未見聞者亦咸列焉復允廷臣之請益以朕所賦詠依類分載總一百卷命名曰佩文齋廣羣芳譜冠以天時尊歲令也次穀次桑麻崇民事也次蔬茶果木花

卉資厚生溥利用也終以藥物重民命也其諸天時蚕晚之候人事種溉之方地力彼此之殊物性良楛之異罔弗條舉縷析燦然可觀焉是書也攬品彙之蕃滋想羣生之

率育一展卷間化機洋溢於兹畢呈固不惟矜淹洽侈藻麗也以是刋布天下埀之久遠使吾民優游於農圃之中家室盈寧樂其業而不憚其勤而大夫士以及民之秀者

因以區別物宜審其淵懸凜
嗜好之常慎節宣之度於以
躋仁壽而享泰平亦不為無
所裨助也哉

康熙四十七年五月初十日

附錄羣芳譜原叙　王象晋著

尼父有言吾不如老農不如老圃世之耳食者遂
諱然曰農與圃小人事也大人者當燮調二氣冶
鑄萬有烏用是齷齪者為果爾則陳豳風者不必
聖愛菊愛蓮者不必賢稅桑田樹榛栗者不必稱
塞淵侈詠歌哉予性喜種植斗室傍羅盆草數事
瓦鉢內蓄文魚數頭薄田百畝足供饘粥郭門外
有園一區題以涉趣中為亭顏以二如雜藝蔬茹
數十色樹松竹棗杏數十株植雜草野花數十器
種不必奇異第取其生意鬱勃可覘化機美實陸
離可充口食較晴雨時澆灌可助天工培根核屏

蠹蠍可驗人事暇則抽架上農經花史手錄一二
則以補咨詢之所未備每花明柳媚日麗風和攜
斗酒摘畦蔬偕一二老友話十餘年前陳事醉則
偃仰於花茵莎榻淺紅濃綠間聽松濤鳥語一
切升沉寵辱直付之花開花落因取平日所涉歷
咨詢者類而著之於編而又冠以天時歲令以便
從事歷十餘寒暑始克就緒題之曰二如亭羣芳
譜與同志者共焉相與怡情相與育物相與阜財
用而厚民生即不敢謂調二氣冶萬有其於天地
之大生廣生未必無小補云因思尼父所言蓋恐
石隱者流果於忘世而非厭薄農圃以為瑣事不

足爲也請以質諸世之所謂大人者

佩文齋廣羣芳譜刊成進

呈表

原任掌河南道事河南道監察御史加七級臣劉

灝恭承

勅旨校刊

佩文齋廣羣芳譜今已成書謹奉

表上

進者臣灝誠惶誠恐稽首頓首

上言伏以三才並建資參贊以成能庶物芸生賴神

靈而利用神農首出先嘗草木之滋后稷誕生即

識方苞之種蓋將開物以成務必先辨類而知名

是以東作西成人時敬授務生葽秀月令必書考

比興於風詩方名悉載溯權輿於釋詁爾雅兼綜

史列農家者流術是齊民之要降而本草代有專

家異産奇名各徵風土含華落實別著春秋言以

人人而殊物亦生生而廣更有場師田老家傳種

樹之方墨客詩人藻結風花之思見聞各異篇帙

紛綸自非刊錄爲一書誰識源流於萬類欽惟

皇帝陛下

德茂生成

休徵蕃廡

光昭千古普同若木之華

化鼓八方直被扶桑之國聰明卓絕格物靡遺稼穡
艱難居心無逸田疇景物盡歸耕織之圖車轍巡
行徧省桑麻之務乃有道旁異草徼外奇花郭璞
未詳孫炎不識一經
聖覽便悉嘉名仰窺莫測所自來博學盡驚爲天授品
題所及遠過箋疏睹記不忘何須載籍乃猶時勤
薈萃下逮芻蕘
特命編修臣汪灝臣張逸少臣汪漋臣黃龍眉仰遵
指授敬事編摩繙
內府之藏書廣羣芳之舊譜農書花曆藥品茶經指
掌可求分條並載一編在手疑四序之皆春百物

羅前如萬方之畢貢至若一花一木曾被
宸章若賦若詩久登
御集莫不轉鴻鈞於一氣揚藻采於千秋分冠簡端允
光冊府筆如垂露灑五色於芳菲文似慶雲映三
光於碧落既成篇帙更
錫序文
天語煇皇融六經之津液
奎文焜燿徹十襲之縹緗臣灝謬以庸材山林小草早
蒙收採便得敷榮竊負栽培自貽傾覆叨
弘恩於使過不棄菲葑效末技以校書日親棃棗身是
久枯之木忽訝春回心如已折之葵猶承日照剞

劂告竣少竭力於涓埃豕亥傳訛猶驚心於誌謬
乃蒙
口勅許列頭銜對玉簡以悚惶瞻
彤墀而踴躍伏願
光輝炳照
化育遐宣
澤及臣鄰收杞梓楩柟之用
功施田野成布帛菽粟之風則龍木鳳芝呈祥於連
理之樹一莖雙穗獻瑞於大有之年矣謹按天時
譜六卷穀譜四卷桑麻譜二卷蔬譜五卷茶譜四
卷花譜三十二卷果譜十四卷木譜十四卷竹譜

五卷卉譜六卷藥譜八卷校刊告成臣灝無任瞻
天仰
聖激切屏營之至謹奉
表隨
進以
聞
康熙四十七年六月初一日原任掌河南道事河南
道監察御史加七級臣劉灝謹上表

凡例

一羣芳譜原本大抵託興衆芳寄情花木可爲風雅之助然或摭拾舊聞或獨攄已見採擇未遍不免登載疎漏今將穀桑麻蔬茶花果木竹卉藥諸譜搜羅羣編依類增補俾讀者咸知重農貴穀爲率育羣生之本下及庶草繁殖弘茂對之化機藥果資生登人民於壽域是書所關舉世共賴

一原本以羣芳命名而冠以天譜歲譜今改歲譜爲天時記四時長養之理萬彙榮枯之候冠於諸譜之前若天譜中曆數災祥及泛言日月風雲星辰雨露等類并歲譜中泛言節序者俱與羣芳不甚貼切槩不復錄

一原本各譜中分題名目條欵不一今每一物詳釋名狀列於其首次徵据事實統標曰彙考傳記序辨題跋雜著騷賦詩詞統標曰集藻其製用移植等目統標曰別錄庶分條簡要編次畫一至若原本首簡總論雜說中有可採者並行附載泛者略之

一原本花木卉藥諸譜按之經史傳記方書地志文集及今耳目所見闕漏者頗多若金蓮花夜亮木及海外諸奇花海內諸名山所產山花前人不經見者今皆採補以廣後人見聞

一原本梅杏桃李之類俱載入花中今分見於花果兩處更使開卷瞭然

一葛木棉以類相從附入桑麻譜他如香附莎草卉藥各見芸香山礬別爲二物蘭蕳澤蘭析作數種俱各註明本條之下以便觀覽

一原本中藥譜僅五十有四種爲數甚少今照本草綱目廣採補入凡見於詩經爾雅楚辭及唐宋歷代詩文者增註其下

一原本諸譜中多有療治一條今按醫療自有專書如本草綱目證治準繩之類可備詳考纂入譜內反多闕略且恐參究未精泥方貽悞寧闕之以致慎

一原本終以鶴魚一譜今按禽魚既與羣芳命名不符且類族衆多禽中不得專舉一鶴魚中不得專舉金魚復於本類不備槩不復存

一原本所載事實或闕書名賦詠或闕人名又或書官書號書地書爵書謚今於其可考證者悉爲標明餘仍其舊以示存疑

佩文齋廣羣芳譜總目

佩文齋廣羣芳譜總目

佩文齋廣羣芳譜目錄上

蒝香 八角茴香 蒔蘿
韭 孝文韭 諸葛韭 水韭
葱 木葱
蒜 水晶葱
薤
蒝荽 以上辛葷
卷第十四 蔬譜二
苜蓿
蔓菁 菲
同蒿
蔞蒿 牡蒿 藾蒿 邪蒿 藨蒿

白菜
芥
菠菜
莧 馬齒莧 木馬齒
葵 龍葵 菟葵
卷第十五 蔬譜三
生菜
苦菜
菾菜
蕹菜
蕓薹菜

瘴菜 以上園蔬
巢菜
薇
蕨 迷蕨 水蕨
薺
藜 蒿藋 灰藋 以上野蔬
蓴
芹 紫芹
紫菜
龍鬚菜
鹿角菜 以上水蔬

卷第十六 蔬譜四
山藥
芋 香芋 甘露子 土芋
甘藷
蘿蔔 水蘿蔔 胡蘿蔔 野蘿蔔
萵苣 以上食根
卷第十七 蔬譜五
菜瓜
梢瓜
黃瓜
南瓜

桃花 夾竹桃 金絲桃
卷第二十七　花譜六
李花
梨花
卷第二十八　花譜七
棠梨花
常棣花
櫻桃花
石榴花
卷第二十九　花譜八
荷花

卷第三十　花譜九
荷花
卷第三十一　花譜十
荷花以上實見果譜　山蓮　西番蓮　鐵綫蓮　朝日蓮
卷第三十二　花譜十一
牡丹
卷第三十三　花譜十二
牡丹
卷第三十四　花譜十三
牡丹　魚兒牡丹　纏枝牡丹　秋牡丹
卷第三十五　花譜十四

海棠
卷第三十六　花譜十五
海棠　秋海棠
卷第三十七　花譜十六
玉蘂
瓊花
山礬
木蘭
卷第三十八　花譜十七
辛夷
玉蘭

雪毬
棣花
紫荆
紫薇
巵子
卷第三十九　花譜十八
杜鵑　黃杜鵑　山枇杷
木槿
扶桑
合驩　有情樹
木芙蓉

卷第四十　花譜十九

巖桂

卷第四十一　花譜二十

山茶

蠟梅

瑞香 結香 以上木本

卷第四十二　花譜二十一

迎春

金雀

酴醾 金沙

薔薇

卷第四十三　花譜二十二

玫瑰

刺蘼

月季 四季

木香

棣棠

茉莉 雪瓣　紫茉莉

素馨

含笑

指甲花

凌霄 以上蔓本

卷四十四　花譜二十三

蘭蕙 蘭草　蕙草　澤蘭　真珠蘭　伊蘭　風蘭　朱蘭　箬蘭　馬蘭

卷第四十五　花譜二十四

芍藥

卷第四十六　花譜二十五

金燈

金盞 側金盞

剪春羅 剪秋羅　剪羅花　剪金羅　剪紅紗

石竹

罌粟

麗春

虞美人

萱花 鹿葱　水葱

蜀葵

錦葵

天葵 旌節花　西番葵

卷第四十七　花譜二十六

百合花

山丹

鳳仙

金錢

滴滴金

錦帶花
青囊花
旱金花
上元紅
泡花
枸那花
水西花
象蹄花
白鶴花
望仙花
金莖花

白菱花
百日紅
閩山丹
金缽盂
纏絲花
笑靨花
紫羅襴
紫花兒
紅麥花
米飾花
菩薩花

悶頭花
蝎子花
龍女花
和山花
優曇花
金梅
青鸞花
金縷梅
撚蠟
春桂
黃山旌節花

瓔珞花
紫雲花
賓桃
海麝花
蕊珠花
玉鈴花
瑣瑣花
仙都花
四照花
覆杯花
薝蔔花

卷第五十四　果譜一

梅 海梅

杏

桃 羊桃

卷第五十五　果譜二

李

梨 樝 榅 榲桲

棠梨 沙棠

棣 以上花見花譜

卷第五十六　果譜三

櫻桃 山櫻桃

楊梅

枇杷

卷第五十七　果譜四

柰

林檎

蘋果

橄欖 木威

餘甘子

山樝

枳椇

葡萄 野葡萄

卷第五十八　果譜五

棗 天棗 萬歲棗 糯棗 酸棗 波斯棗 千年棗

柿 椑柿 軟柿 蓍柿

木瓜 榠樝 以上膚果

卷第五十九　果譜六

安石榴 花見花譜

栗 石栗 天師栗

榧

榛 胡榛子

松子

核桃 山胡桃 蔓胡桃

銀杏

卷第六十　果譜七

荔支

卷第六十一　果譜八

荔支

卷第六十二　果譜九

荔支

卷第六十三　果譜十

荔支 罠枝 錫荔支

龍眼 山龍眼 龍荔

卷第六十四　果譜十一

卷第七十五　木譜八

楸 榎 山楸

楓 楓香 槭

榕

櫧

椿

樗 山樗

櫟

卷第七十六　木譜九

柳

卷第七十七　木譜十

栁

卷第七十八　木譜十一

柳 柳絮 柳寄生 檉柳 櫸柳 水楊

白楊 栘楊 以上喬木

卷第七十九　木譜十二

女貞

冬青 水冬青

枸骨

烏臼

桄榔

櫻櫚 櫚木 海椶 蒲葵

黃楊

樺木

闌天竹

荆 楛

棘 以上灌木

卷第八十　木譜十三

檀香

降眞香

蜜香樹

龍腦香

安息香樹

麝香木

兜布羅香

櫰香

必栗香 以上香木

靈壽木

娑羅木

扶桑

若木

丹木

建木

迷穀

栜木
白䓘
文莖
若辛
盼木
稷木
崇吾山木
榣木
櫰木
机木
北號山木

芑木
櫔木
彤棠
茇
黄棘
天楄
蒙木
帝休
栯木
帝屋
亢木

葪柏
三珠樹
雄常樹
欒
甘柤
甘華
朱木
壽木
文玉樹
不死樹
聖木

服常琅玕樹
櫧
榭
杻
桋
棫
杬
橋
冥靈
橪支
赤木

强木
閻浮樹
拘尼佗樹
㹸錫樹
鐵樹
淨土樹
黃櫨
緩木
橉木
柯樹
虎刺

不凋木
賣子木
楤木
木麻
大空
黃葛
佛頂青
椵木
夜光木
蔦鶴樹
水青木 以上異木

藤
女蘿
薜荔
絡石 以上藤屬

佩文齋廣羣芳譜目錄上

佩文齋廣羣芳譜目錄下

麝香草
懸腸草
宮人草
護門草
金光草
玄鹿草
鴿子草
醒醉草
變萱草
迎涼草
左行草

青草槐
野狐絲
望舒草
家草
老鴉瓜籬
鴨舌草
鍋匙草
水耐冬
天芊
油點草
三賴草

金盤草
燕薁
息雞草
千金草
金星草
石長生 紅茂草
通泉草
女香 以上異草
鼠麴草
馬鞭草 蛇含
石帆

佛甲草
虎耳草
離鬲草
仙人草
宜南草
仙人掌
萍蓬草
雞足草
知風草
萹蓄草
嬌草

馬房
星星草
黃背草
塔子頭
水稗草
鳳尾草
稠稉
琉璃草
蝎子草
特勒蘇草
恒春草 烟草 以上雜草

卷第九十三 藥譜一

甘草
黃耆
人參
沙參
薺苨
桔梗
長松
黃精 黃獨
葳蕤
知母

肉蓯蓉
列當
鎖陽
天麻
术
狗脊
貫衆
巴戟天
遠志
百脉根
淫羊藿

卷第九十四 藥譜二

仙茅
玄參
地榆
丹參
紫參
王孫
紫草
白頭翁
白及
三七

黄連 胡黄連
黄芩
秦艽
柴胡
前胡
防風
獨活
土當歸
都管草
升麻
苦參

白鮮
延胡索
貝母
石蒜
龍膽
細辛 木細辛 及已
鬼督郵
徐長卿
白微
白前
草犀

釵子股
吉利草
艮耀草
硃砂根
辟虺雷
錦地羅
紫金牛
拳參
鐵線草
金絲草 以上山草

卷第九十五 藥譜三

當歸
芎藭
蛇牀
藁本 徐黄
蜘蛛香
木香
甘松香
山柰
廉姜
山薑
豆蔻

縮砂蔤
益智
蓽茇
蒟醬
肉豆蔻
補骨脂
薑黄
鬱金
蓬莪茂
荊三稜
香附子 莔馬莎草別見卉譜

艾納香
兜納香
藿香 藿山草
麻伯
相烏
天雄草
益妳草
香薷
爵牀
赤車使者
假蘇

薄荷
地錢
紫蘇
水蘇
薺薴 石薺薴 以上芳草
菴蕳 對廬
艾 千年艾
陰地蕨
九牛草
益母草
鏨菜

薇銜
夏枯草
劉寄奴草
曲節草
麗春草
青葙 桃朱術 天靈草 思蓂子
大薊

卷第九十六 藥譜四

續斷
鉤芙
漏盧

飛廉
大青
小青
胡盧巴
蠡實
牛蒡
蒼耳
地菘
豨薟
蘘荷
麻黃

木賊
燈心草
地黃
牛膝
紫菀 女菀
麥門冬
酸漿
蜀羊泉
鹿蹄草
敗醬
欵冬

決明
地膚
王不留行
葶藶
車前
狗舌草
鱧腸
連翹
蒴藋
水英
海根

火炭母草
三白草
蠶繭草
虵繭草
虎杖
蒺藜 沙苑蒺藜
穀精草
海金沙
地楊梅
水楊梅
地蜈蚣草

卷第九十九　藥譜七

節草
讓實
羊實
桑莖實
可聚實
滿陰實
馬顛
馬逢
黽䗒
鹿良
雞涅
犀洛
雀梅
燕齒
土齒
金莖
白背
青雌
白辛
赤舉
赤涅
赤赫

黃秫
黃辯
紫給
紫藍
糞藍
巴朱
柴紫
文石
路石
曠石
敗石
石劇
石芸
竹付
祕惡
盧精
唐夷
知杖
河煎
區余
王明
師系

并苦
索干
良達
戈共
舩虹
姑活
白女腸
白扇根
黄白支
父陛根
犻柏腹

五母麻
五色符
救赦人者
常吏之生
載
慶
腂
芥
鴆烏漿
吉祥草
雞腳草

兎肝草
斷罐草
千金鑩
土落草
倚待草
藥王草
筋子根
盧藥
無風獨搖草
陀得花
建水草

百藥祖
催風使
刺虎
石逍遥
黄寮郎
黄花了
百兩金
地茄子
田母草
田麻
芥心草

佩文齋廣羣芳譜目錄下

佩文齋廣羣芳譜卷第一

天時譜

春

增〔禮記鄉飲酒義〕東方者春春之爲言蠢也產萬物者聖也〔注〕蠢動生之貌也聖之爲言生也〔疏〕東方產育萬物故爲春爲聖〔爾雅〕春爲青陽〔注〕氣青而溫陽 春爲發生〔公羊傳〕春者何歲之始也〔注〕春者天地開闢之端養生之首〔管子〕東方曰歲星其時曰春其氣曰風風生木〔梁元帝纂要〕春曰陽春青春芳春三春九春風曰陽風春風暄風柔風惠風景曰媚景時曰良時嘉時芳時辰曰良辰嘉辰芳辰節曰華節芳節嘉節良節韶節淑節草曰弱草芳草芳卉木曰華木華樹芳樹陽樹林曰茂林芳林

彙考 原〔詩小雅〕春日遲遲卉木萋萋倉庚喈喈采蘩祁祁 增〔詩正義〕周成王太平之時于春時親耕籍田以勸農桑又祈求社稷使年豐〔周禮天官〕內宰上春詔王后帥六宮之人而生穜稑之種而獻之于王〔注〕先種後熟曰穜後種先熟曰稑〔史記叔孫通傳〕孝惠帝嘗春出遊離宮叔孫生曰古者有春嘗果方今櫻桃熟可獻願陛下出因取櫻桃獻宗廟上許之諸果獻由此興 原〔前漢書文帝紀〕元年三月詔曰方春和時草木羣生之物皆有以自樂 增〔律曆志〕少陽者東方東動也

陽氣動物于時爲春春蠢也物蠢生廼動運〔後漢書明帝紀〕永平三年春詔曰夫春者歲之始也始得其正則三時有成有司其勉順時氣勸督農桑〔章帝紀〕元和二年詔曰方春生養萬物莩甲宜助萌陽以育時物〔鄭玄傳〕方春東作布德之元陽氣開發養導萬物〔逸周書〕禹禁春三月山林不登斧以成草木之長〔管子〕日至六十日而陽凍釋七日而陰凍釋陰凍釋而藝稷故春事二十五日之內耳〔莊子〕春雨日時草木怒生銚鎒于是乎始修草木之到植者過半而不知其然〔尸子〕春爲忠也東方而春春動也是故鳥獸孕榮華生萬物遂忠之至也〔呂氏春秋〕冬至後五旬七日菖

蒲生乃耕菖者百草之先生者也于是始耕〔淮南子〕春風至則甘雨降生育萬物草木榮華莫見其爲者而功既成矣〔春秋繁露〕木者春生之性農之本也【原】劉向別錄鄒衍居燕燕有谷地美而春不生黍稷衍吹律暖氣乃至草木乃生至今名黍谷【增】〔焦氏易林〕百草嘉卉萌芽將出昆蟲扶戶陽明所得　谷風布氣萬物出生萌庶長養華葉茂盛　〔春秋元命苞〕春者神明推移精華結紐〔注〕神明猶陰陽也相推使物精華結成紐結要也　〔春秋文耀鉤〕春致其時華實乃榮　〔洛陽伽藍記〕法雲寺北有臨淮王彧宅彧性愛山林又重賓客至于春風扇揚花樹如錦晨食南館夜遊後園僚寀成羣俊民滿席絲桐發響羽觴流行詩賦并陳清言乍起莫不領其玄奥忘其褊悋焉是以入彧室者謂登仙也荆州秀才張裴裳常爲五言有何云異林花共色別樹鳥同聲彧以蛟龍錦賜之〔史略〕北齊盧士深妻崔氏有才學春日以桃花和雪與兒靧面云取紅花取白雪與兒洗面作光悅取白雪取紅花與兒洗面作妍華取雪白取花紅與兒洗面作華容〔國史補〕曲江大會先牒教坊請奏上御紫雲樓垂簾觀焉時或擬作樂則爲之移日故曹松詩云追遊若遇三清樂行從應妨一日春勑下後人置皮袋倒以圖障酒器錢絹入其中逢花即飲故張籍詩云無人不借花園宿到處皆攜酒器

行【原】〔曲江春宴錄〕長安貴家遊賞剪百花裝成獅子互相送遺獅子有小連環欲送以蜀錦流蘇牽之曰春光且莫去留與醉人看　虞松方春謂擷月擔風且留後日吞花臥酒不可過時　〔玉塵集〕穆宗宮中花開以重頂帳蒙蔽置惜春御史號曰括春　〔開元天寶遺事〕學士許慎選放曠不拘小節多與親友結宴于花圃中未嘗具幄幙設坐具使童僕聚落花鋪于坐下曰吾自有花裀何消坐具　楊國忠子弟每春至之時求名花異木植於檻中以板爲底以木爲輪使牽之自轉所至之處檻在目前而便即歡賞目之爲移春檻　長安貴遊子弟每至春時遊宴供帳于園圃中隨行載以油

幕或遇陰雨以幕覆之盡歡而歸　長安俠少每至春
時結朋聯黨各乘矮馬飾以錦韉金絡並轡于花樹下
往來使僕從執酒皿而隨之遇好囿則駐馬而飲　長
安士女春時鬬花戴插以奇花多者爲勝皆用千金市
名花植于庭苑中以備春時之鬬也　長安士女遊春
野步遇名花則設席藉草以紅裙遞相插挂以爲宴幄
寧王春時于後園中紉紅絲爲繩密綴金鈴繫于花
梢之上每有鳥鵲翔集則令園吏掣鈴索以驚之蓋惜
花之故也　增〔六一詩話〕梅聖俞嘗與范希文席上賦
河豚詩春洲生荻芽春岸飛楊花河豚當是時貴不數
魚蝦河豚常出於春暮羣游水上食絮而肥南人多與

荻芽爲羹云最美　〔溫公詩話〕先朝春月多召兩府兩
制三館於後苑賞花釣魚賦詩嘉祐末仁宗復修故事
羣臣和御製詩是日微陰寒韓魏公時爲首相詩卒章
云輕雲閣雨迎天仗寒色留春入壽杯二十年前曾侍
宴台司今日喜重陪　〔東坡集〕吳越王妃每歲春必歸
臨安王遺書曰陌上花開可緩緩歸矣吳人用其語爲
歌　〔歲時雜記〕一月二氣六候自小寒至穀雨四月八
氣二十四候每候五日以一花之風信應之小寒一候
梅花二候山茶三候水仙大寒一候瑞香二候蘭花三
候山礬立春一候迎春二候櫻桃三候望春雨水一候
菜花二候杏花三候李花驚蟄一候桃花二候棠棃三
候薔薇春分一候海棠二候梨花三候木蘭清明一候
桐花二候麥花三候柳花穀雨一候牡丹二候酴醿三
候楝花楝花竟則立夏　〔曲洧舊聞〕范蜀公居許作長
嘯堂前有荼蘼架春時宴客花落酒杯中飲以大白舉
坐無遺謂之飛英會　〔東皐雜錄〕花信風梅花風最先
楝花風最後凡廿四番以爲寒絶後唐人詩云楝花開
後風光好梅子黃時雨意濃徐師川詩云一百五日寒
食雨二十四番花信風又古詩云早禾秧雨初晴後苦
楝花風吹日長　〔蓬窻續錄〕曲江宴唐進士會同年於
此豪客闐戶爭以名花布道上進士乘馬盛服鮮製推
同年俊少者爲探花使白居易詩春風得意馬蹄疾一

日看徧長安花　〔道山清話〕哲宗御講筵手折一柳枝
翫程頤爲講官奏曰方春萬物發生之時不可非時毀
折哲宗亟擲于地　〔漁隱叢話〕蔡繁卿守揚州春時作
萬花會用花十餘萬枝　原〔遯齋閒覽〕河朔春時多大
風飛塵撼木數日一作三日方止以訪左右對曰不
得是風且無年名曰吹花擘柳風草木百穀皆藉之
增〔乾淳歲時記〕禁中賞花非一先期後苑及修內司分
任排辦凡諸苑亭榭花木妝點一新錦簾綃幕飛梭繡
毬以至茵褥設放器玩盆窠珍禽異物各務奇麗起自
梅堂賞梅芳春堂賞杏花桃源觀桃粲錦堂金林檎照
妝亭海棠蘭亭修禊至于鍾美堂大花爲極盛堂前三

面皆以花石爲臺各植名品臺後分植玉蘭繡毬數百株儼如鏤玉屏堂內左右各列三層雕花彩檻護以彩色牡丹畫衣間列碾玉水晶金壺及大食玻璃官窑等瓶各簪奇品如姚魏御衣黃照殿紅之類幾千朶至于梁棟窓戶間亦以湘筒貯花鱗次簇插何翅萬朶自中殿妃嬪以至內官賞賜有差下至伶官樂部應奉人等亦霑恩賜謂之隨花賞至暮春則稽古會瀛堂賞瓊花靜侶亭紫笑淨香亭采蘭挑筍則春事已在綠陰芳草間矣〔蔣苑使有小圃不滿二畝而花木匼匝亭榭奇巧春時悉以所有書畫玩器羅列滿前鬬竿花藍之類悉皆纓絡金玉爲之且立標竿射垛及鞦韆梭門鬬雞

蹴踘諸戲事以娛遊客衣冠士女至者招邀杯酒往往禁煙乃已謂之放春〔湖山勝槩〕豐樂樓舊爲衆樂亭又改聳翠樓政和中改今名淳祐間趙京尹重建宏麗爲湖山冠又甃月池立秋千梭門植花木構數亭春時遊人繁盛〔淸閒供〕春時晨起點梅花湯課奚奴灑掃護階苔取薔薇露浣手薰玉蕤香讀赤文綠字書晌午採筍蕨供胡麻汲泉試新茗午後乘款段馬執剪木鞭攜斗酒雙柑往聽黃鸝日晡坐柳風前裂五色箋集錦囊佳句薄暮遊徑邊花〔花史〕漢武帝嘗以吸花絲所織錦賜麗娟命作舞衣春暮宴于花下舞時故以袖拂落花滿身都著舞態愈媚謂之百花舞〔宗則〕春遊山谷間見奇花異草則繫於帶上歸而圖其形狀名聚芳圖百花帶人多效之〔武陵儒生苗彤事園池以接賓客有野春亭雜植山花五色錯列〔平湖上有龍湫山花爛熳不可枚舉近寺茅簷草舍皆繞植桃李春遊士女輻湊杯盤狼籍無不手撚花枝醉呼潦倒者〔西湖志〕杭州壽安坊俗稱官巷宋時謂之花市亦曰花團蓋汴京壽安山下多花園春時賞宴爭華競侈錦簇繡圍移都後以花市比之故稱壽安坊今兩岸多賣花之家亦其遺俗也

集藻　賦

御製春雨賦

神翕絪縕化機和煦元氣上融醲膏下聚首五

行者曰水潤萬物者惟雨于時蒼祇莅節靑鳥司晨餘寒未歛禁火方新風輕颸以習習雲密布而鱗鱗垂九霄之嘉澍飛四野之甘津始觸石以吐液旋彌空而散澤初曳縷以吹絲纖緣霤而滴瀝乍密還疎欲斷又續拂宇披檐流銅池之文瀫木欣欣以向榮草萋萋而如沐若夫徂畛挹川注谷旣磅礴而淋漓亦瀰漫而滲漉憂綺埒之明璣徂隰是蓑是襏襫漸秀田禾始苗廣地道之發育資土脈之沃饒雖需體而塗足幸渥葉而濡條况乃灌溉神州滋汪赤縣無遠弗屆靡幽不徧灑郊牧而歡呼浹寰瀛而舞忭慶玉燭之長調喜豐年之屢見夫惟天地之德廣大無私春生夏長雲行雨施寓栽培于無意普美利于不知

植品物以咸若含細大而莫遺所以解澤務徨湛恩深厚
覆被民生惠鮮隴款與有渰于三陽敷仙霖於千耦世並
享夫豐亨俗咸登於仁壽洋洋乎造物之弘功于一人乎
何有
增〔晉夏侯湛春可樂賦〕春可樂兮樂東作之良時嘉新
田之啓萊悅中疇之發菑桑冉冉以奮條麥遂遂以揚
秀澤苗翳渚原卉耀阜春可樂兮樂崇陸之可娛登夷
岡以迴眺超矯駕乎山隅綴雜花以爲蓋集繁蘂以飾
裳散風衣之馥氣納戢懷之潛芳鶯交交以弄音翠翮
翩以輕翔招君子以偕樂攜淑人以微行〔周庾信春
賦〕宜春苑中春已歸披香殿裏作春衣新年鳥聲千種

囀二月楊花滿路飛河陽一縣併是花金谷從來滿園
樹一叢香草足礙人數尺游絲即橫路開上林而競入
擁河橋而爭度出麗華之金屋下飛燕之蘭宮釵朶多
而訝重髻鬟高而畏風眉將柳而爭綠面共桃而競紅
影來池裏花落衫中苔始綠而藏魚麥纔青而覆雉吹
簫弄玉之臺鳴佩凌波之水移戚里而家富入新豐而
酒美石榴聊泛蒲桃醱醅芙蓉玉碗蓮子金杯新芽竹
筍細核楊梅綠珠捧琴至文君送酒來玉管初調鳴絃
暫撫陽春淥水之曲對鳳迴鸞之舞更炙笙簧還移箏
柱月入歌扇花承節鼓協律都尉射雉中郎停車小苑
連騎長楊金鞍始被柘弓新張拂塵看馬埒分朋入射

堂馬是天池之龍種帶乃荆山之玉梁艶錦安天鹿新
綾織鳳皇三日曲水向河津日晚河邊多解神樹下流
杯客沙頭度水人鏤薄窄衫袖穿珠帖領巾百丈山頭
日欲斜三晡未醉莫還家池中水影懸勝鏡屋裏衣香
不如花
〔文賦散句〕增〔晉傅玄陽春賦〕乾坤絪縕沖氣穆清幽蟄
蠢動萬物樂生依依楊柳翩翩浮萍桃之夭夭灼灼其
榮繁華曄而煒野熚芬葩而揚英〔湛方生懷春賦〕麥
芃芃而含秀桑藹藹而敷榮華照灼以燭林葉婀娜以
媚莖〔王廙春可樂賦〕春可樂兮樂孟月之初陽冰泮
渙以微流土冒橛而解剛野暄卉以揮綠山蔥蒨以發

蒼〔李顒四時賦〕平皋眇莽中林蔥青野馬飛罽晨虹
垂旌陽燕南徂陰鴈北征素華皓皓丹秀熒熒〔謝萬
春遊賦〕青陽司候勾芒御辰陳條灌以擢榦初莖蔚其
曖新翠豐葉而爲幄靡翠草而成茵〔宋劉義恭感春
賦〕天曨曖而流寒日陰翳而淪精風淑穆而吹蘭雨濛
濛而洗莖草承澤而擢秀花順氣而飛榮〔梁元帝春
賦〕洛陽小苑之西長安大道之東苔染池而盡綠桃含
山而併紅露霑枝而重葉網縈花而曳風〔隋蕭慤春
賦〕落花無限數飛鳥排花度禁苑玉饒風吹花春滿路
〔唐王勃春思賦〕蜀川風候隔秦川今年節物異常年
霜前柳葉銜霜翠雪裏梅花犯雪妍霜前雪裏知春早

看柳看柳覺春好思萬里之佳期憶三秦之遠道澹蕩春色悠揚懷抱野何樹而無花水何隄而無草　原宋之問春宴韋曲莊序　萬株果樹色雜雲霞千畝竹林氣含煙霧樊川而縈碧瀨浸以成波望太乙而鄰少微森然逼座　鋪落花以爲藉結垂楊而代幄霽景含日曉霞五彩而丹青韶光卷雲春皐一色而凝黛　李邕春賦　暢迴曲沼李雜芳園條煙濃而曳地花錦褥而當軒　李白春夜宴桃李園序　幽賞未已高談轉清開瓊筵以坐花飛羽觴而醉月　惜餘春賦　平原萋兮綺色愛芳草兮如翦惜餘春之將闌每爲恨而不淺

五言古詩

御製春旭日含新淑春光覆滿屋東皇轉歲華融氣雜山谷

晉　晉郭璞春　青陽暢和氣谷風穆以溫英葩曄林薈昆蟲咸啓門高臺臨迅流四座列王孫羽蓋停雲陰翠鬱映玉樽　齊謝朓新渚宛洛佳遨遊春色滿皇州結軫青郊路迴瞰蒼江流日華川上動風光草際浮桃李成蹊徑桑榆蔭道周東都已俶載言歸望綠疇　梁簡文帝春日年還樂應滿春歸思復生桃含可憐紫柳發斷腸青落花隨燕入遊絲帶蝶驚邯鄲歌管地見許欲留情　曉日後堂幔陰通碧砌日影度城隅岸柳垂長葉窗桃落細附花留蛺蝶粉竹翳蜻蜓珠賞心無與共染翰獨躑躅　元帝春日新鶯隱葉囀新燕向窗飛柳絮時依酒梅花乍人衣玉珂逐風度金鞍映日暉無令春色晚獨望行人歸　望春　葉濃知柳密花盡覺梅疎蘭生未可握蒲小不堪書　江淹當春四韻　雷萌山中草雲煦江上花流煙漾旋景輕風泛凌霞我有幽蘭念銜意矚望斜友人殊未還獨慰檐前華　虞羲春郊　光風轉蕙晦香霧鬱蘭津喧遲蝶弄藹景麗鳥和春樵歌喧隴暮漁枻亂江晨山中芳杜若依依獨思人　王筠春遊　叢蘭已飛蝶楊柳未藏鴉物色相煎蕩微步出東家既同翡翠翼復如桃李花欲以千金笑迴君流水車　鮑泉春日　新燕始新歸新蝶復新飛新花滿新樹新月麗新暉新光新氣早新望新盈抱新水新綠浮新禽新

聽好新景自新還新葉復新攀新枝雖可結新愁詎解顏　蕭瑱春日貽劉孝綽　澗水初流碧山櫻早發紅新禽爭弄響落蕊亂從風拂檐多軟幹映戶悉花叢誰云相去遠垂柳對高桐　聞人倩春日　高臺動春色清池映日華綠葵向光轉翠柳逐風斜林有鳴心鳥園多奪目花相與咸知節喚子獨離家　陳徐陵春日　岸煙起暮色岸水帶斜暉徑狹橫枝度簾搖驚燕飛落花承步履流澗寫行衣何殊九枝蓋薄暮洞庭歸　周庾信詠春　逍遙遊桂苑寂絕想桃源狹石分花徑長橋映水門管聲驚百鳥人衣香一園定知歡未足橫琴坐樹根　楊師道春朝閒步　休沐乘閒豫清晨步百林池塘藉芳

草蘭茝蘘幽矜霧中分曉日花裏弄春禽野徑香恒滿山堦筍屢侵何須命輕蓋桃李自成陰 原 唐李白春思燕草如碧絲秦桑低綠枝當君懷歸日是妾斷腸時春風不相識何事入羅幃 增 張子容春江花月夜林花發岸口氣色動江新此夜江中月流光花上春分明石潭裏宜照浣紗人 王維贈裴十廸風景日夕佳與君賦新詩澹然望遠空如意方支頤春風動百草蘭蕙生我籬曖曖日暖閭田家來致詞欣欣春還皐淡淡水生陂桃李雖未開荑萼滿芳枝請君理還策敢告將農時 韓愈感春偶坐藤樹下暮春下旬間藤陰已可庇落蕊還漫漫亹亹新葉大瓏瓏晩花乾青天高寥寥兩

蝶飛翻翻時節適當爾懷悲自無端 孟郊長安早春旭日朱樓光東風不驚塵公子醉未起美人爭探春探春不爲桑探春不爲麥日日出西園祇望花柳色乃知出家春不入五侯宅 獨孤及山中春思獺祭川水大人家春日長獨謠晝不暮搔首惜年芳靡草知節換含葩向新陽不嫌三徑深爲我生池塘亭午井竈閒雀聲響空谷花落没屐齒風動羣木香歸路雲水外天涯杳茫茫獨卷萬里心深入山鳥行芳景物相迫春愁未遠志 權德輿春日戲題江春好游衍處處芳菲積綵舫入花津香車依柳陌綠楊煙裊裊紅蕊鶯寂寂如何愁思人獨與風光隔 宋曾鞏和張友直城東春日東流

抱孤城雨洗見春色風吹百草根道路千里碧莫盡溪漫漫波瀾散無跡遙林欸見山冉冉蒼藹積沙禽有行蹤文字不可識青松對桃李桃紅李花白紅白勢方競青青守巖側君意無不諧研談欲俱得賦詩多所陳炳若觀龜拆城東不待到衆物已歷歷 朱子春日言懷春至草木變郊園猶掩扉茲晨與心會覽物循芳菲桃蕚破淺紅時禽悅朝暉泉谷暖方融原田水初肥東作輿庶眂歲功始在茲端居適自慰世事復有期終然心所向農畝還當歸 元吳師道德興開化道中春晨氣澄穆雜卉香滿路百舌鳴高林墟煙淡如霧農夫啓門出在野各有務行人獨何爲憧憧自來去 雨崖蒼石

間湍水激清瀉山桃爛紅芳光影連上下春風忽怒起意乃媚行者飛花撲人來攬之欲盈把 倪瓚春日雲林齋居池泉春漲深徑苔夕陰滿諷詠紫霞篇馳情華陽館晴嵐拂書幌飛花浮茗盌階下松粉黃窻間雲氣暖石梁蘿蔦垂蹊蹊行蹤斷非與世相違冥棲久忘返

七言古詩 增 陳貫循庭中有奇樹三春節物始芳菲遊絲細草動春暉香風飄舞花間度好鳥和鳴枝上飛臨池閒竹偏增綠依堦映雪紛如玉溫室庭前竟不言鼓吹樓中能作曲贈問遠別情難思攀折會取贈佳期長條本自堪爲帶密葉由來好作幃星稀漢轉月輪明徘徊夜鵲屢相驚欲識幽人蘭杜徑山窻芳桂復叢生

唐文德后遊春曲上苑杏花朝日明蘭閨艷妾動春情井上新花偷面色簷前嫩柳效身輕花中去來看蝶舞樹上長短聽流鶯林下何須遠借問出衆風流舊有名 溫庭筠陽春曲雲母空窗曉煙薄香昏龍氣凝暉閣霏霏霧雨杏花天簾外春威著羅幕曲闌伏檻金麒麟沙苑芳郊連翠茵㕑馬何能齧芳草路人不敢隨流塵 惜春詞百舌問花花不語低回似恨橫塘雨蜂爭粉蕊蝶分香不似垂楊惜金縷願君留得長妖韶莫逐東風還蕩搖秦女含嚬向煙月愁紅帶露空迢迢 原宋寇準江南春波渺渺柳依依孤村芳樹遠斜日杏花飛江南春盡離腸斷蘋滿汀洲人未歸 增歐陽修春寒

東風吹雲海天黑饑龍凍雲雨不滴噴雷隱隱愁煙白宿露無光啼草寂東皇染花滿春園天爲花迷惜春色呼雲鎖月恐紅驚幾日春陰養花嬾悠悠遠絮縈空擲愁思織春挽不得高樓去天無幾尺遠岫參差亂屏碧 徐積江南春今年是處春風早江南地暖春偏好春風次第入江山先入梅花既芳草芳草春深似有情眞共江山到洞庭落花流水武陵道湖中有山春更青斜陽西落一點明少年莫上岳陽城 陸游雨霽出遊十日苦雨一日晴拂拭拄杖西村行清溝泠泠流細水好風習習吹衣輕四鄰蛙聲已閣閣兩岸柳色爭青青辛夷先開半委地海棠獨立方傾城春工遇物初不擇亦秀燕麥開蕪菁薺花如雪又爛熳百草紅紫那知名小魚誰取置道側細柳穿頰危將烹欣然買放寄吾意草萊無地蘇疲氓 元周權春日即事吳蠶欲老晴木秧拍堤野水迴橫塘淡煙疎樹綠陰薄落花飛絮白日長寒具油乾過冷節匆匆芳事歸題鴂枕書睡足午窗明雪乳浮浮翻兔褐

五言律詩

御製春日郊行春殿晴雲曉鑾輿出禁闈桃花臨紫陌柳色啓青疇細雨清塵界和風散德威馬嘶馳道遠滿地盡芳菲 玉泉春曉郊墅初晴後芳春曙色旋孤巒堆畫障細穴吐新泉浪靜鮮鱗躍風恬紫葯妍怡情看萬象浩浩思無邊 春日觀花枝上流鶯蚤千紅萬紫香氣融催景麗風過遍年芳穠李花猶淺垂楊葉未長澗中春溜發疑是奏笙簧

增唐宋之問春日芙蓉園侍宴芙蓉秦地沼盧橘漢家園谷轉斜盤徑川迴曲抱源風來花自舞春入鳥能言侍宴瑤池夕歸途騎吹繁 年光竹裏徧春色杏間遙煙氣籠青閣流文蕩畫橋飛花隨蝶舞艷曲伴鶯嬌今日陪歡豫還疑陟紫霄 原杜甫春夜喜雨好雨知時節當春乃發生隨風潛入夜潤物細無聲野徑雲俱黑江船火獨明曉看紅濕處花重錦官城 增秦系春日閒居一似桃源隱將令過客迷礙冠門柳長驚夢院鶯

啼澆藥泉流細圃暮日影低畢家無外事共愛草萋萋〔王建長安春遊〕騎馬傍閒坊新衣著雨香桃花紅粉醉柳絮白雲狂不覺愁春去何曾得日長牡丹相次發城裏又須忙〔韋述春日山莊〕初歲開韶月田家喜載陽晚晴搖水態遲景蕩春光浦淨漁舟遠花飛樵路香自然成野趣都使俗情忘〔元稹遣春〕失却游花伴因風浪引將柳堤遙認馬梅徑誤尋香晚景行看謝春心漸欲狂園林都不到何處枉風光〔于良史春山月夜〕春山多勝事賞翫夜忘歸掬水月在手弄花香滿衣興來無遠近欲去惜芳菲南望鳴鐘處樓臺深翠微〔李商隱判春〕一桃復一李井上占年芳笑處如臨鏡窺時

不隱牆敢言西子短誰覺宓妃長珠玉終相類同名作夜光〔春宵自遣〕地勝遺塵事身閒念歲華晚晴風過竹深夜月當花石亂知泉咽苔荒任徑斜陶然恃琴酒忘却在山家〔春遊〕橋峻斑騅疾川長白鳥高煙輕唯潤柳風濫欲吹桃徙倚三層閣摩挲七寶刀庾郎年最少青草妒春袍〔李中喜春雨有寄〕青春終日雨公子莫思情任阻西園會且觀南畝耕最憐滋隴麥不恨濕林鶯父老應相賀豐年兆已成〔僧貫休春興〕柳暖鶯多語花明草盡長風流在詩句牽率遶池塘叫切禽名宇飛狂蝶姓莊時來眞可惜自勉擬蘭芳【原】〔僧皎然春興〕片雨拂檐楹煩襟四座清霏微過麥隴蕭散傍莎城靜愛和花落幽鬪入竹聲朝觀趣無限高詠寄閒情【增】〔宋梅堯臣和元輿游春韻〕乘閒多野興信馬與君行碧樹斜通市清流曲抱城山花高下色春鳥短長聲日暮吾廬近還歌谷復情〔春陰〕濃淡雲無定淒微氣宇寒鳩鳴桑葉吐村暗杏花殘客子行裝薄春塘野水寬輕雷欣已發謬作採茶官〔李彌遜春日雜韻〕幽栖足春事晴日苦相催屐齒穿沙穩笻頭礙竹回光風初轉蕙殘雪欲欺梅自是經過少柴門日日開〔眞山民春遊〕春光潑眼明占勝得新亭棠醉風扶起柳眠鶯喚醒非無杯泛綠安得髩皆青且事日爲樂歌聲莫暫停〔元陳樵春日〕細雨花陰重輕煙草色勻鶯禽長避客

嬌燕却依人絃管紅樓酒跧虢紫陌塵東風競遊賞因想上林春〔葉顒春日〕曉洞雲歸濕青山草木新天桃含宿雨嫩柳裊輕塵蝶翅寒猶怯蜂銜曉漸陳香風簇羅綺已有踏青人

七言律詩

御製〔景山春望〕雲霄千尺倚丹丘輦下山河一望收鳳翥中天連紫闕龍蟠北極壯皐州煙生沆瀣春初麗露濕芙蓉翠欲流却向閶闔看蔀屋崇高還廑爾堂憂〔後苑漫興〕佳氣青蔥遶苑牆紅泉紫岫勝雲莊雕欄細草經春滿綺閣繁花入午香雨露生成隨品類鳶魚飛躍自低昂閒亭久坐渾無事靜對琴書覺意長

詩 唐張謂春園家宴 南園春色正相宜大婦同行少婦隨竹裏登樓人不見花間覓路鳥先知櫻桃解結垂簷子楊柳能低入戶枝山簡醉來歌一曲參差笑殺郢中兒 包何和程員外春日東郊即事 郎官休浣憐遲日野老歡娛爲有年幾處折花驚蝶夢數家留葉待蠶眠藤垂委地縈珠實泉迸侵堦浸綠錢直到閉關朝謁去鶯聲不散柳含煙 李紳憶春日曲江宴後許至芙蓉園 春風上苑開桃李詔許看花入御園香徑草中迴玉勒鳳凰池畔泛金樽綠絲垂柳遮風暗紅藥低叢拂砌繁歸繞曲江春景晚未央明月鎖千門 王建春日五門西望 百官朝下五門西塵起春風過玉堤黃帕蓋鞍

呈過馬紅羅纏頭鬪回雞館松枝重牆頭出御柳條長水面齊唯有教坊南草色古苔陰地冷萋萋 楊巨源長安春遊 鳳城春報曲江頭上客年年是勝遊日暖雲山當廣陌天清絲管在高樓蘢葱樹色分仙閣縹緲花香泛御溝桂壁朱門新邸第漢家恩澤問酇侯 白居易錢塘湖春行 孤山寺北賈亭西水面初平雲腳低幾處早鶯爭暖樹誰家新燕啄春泥亂花漸欲迷人眼淺草纔能沒馬蹄最愛湖東行不足綠楊陰裏白沙堤 杭州春望 望海樓明照曙霞護江堤白蹋晴沙潮聲夜入伍員廟柳色春藏蘇小家紅袖織綾誇柹蔕青旗沽酒趁梨花誰開湖寺西南路草綠裙腰一道斜 認春

認得春風先到處西園南面水東頭柳初變後條猶重花未開前枝已稠暗助醉顏尋綠酒潛添睡興著紅樓知君未別陽春數直待春深好擬遊 溫庭筠春日野行 日西塘水金堤斜碧草芊芊晴吐芽野岸明媚山芍藥水田叫噪官蝦蟆鏡中有浪動菱蔓陌上無風飄柳花何事輕橈向溪客綠萍方好不還家 方干春日 年去年來似有期日高添睡是春時雖將細雨催蘆筍卻用東風染柳絲重霧已應吞海色輕霜何事挫花枝此時野客因花醉醉臥花間應不知 宋陳襄春日賞林亭 把酒春亭覽衆芳水精簾箔逗山光孤松冷落千年換野檻紛華一日香綠圃煙深迷蛺蝶曲池波暖睡鴛

鴦文園莫惜鷫鷞費買取宜城作醉鄉 王廷珪春日山行 緩轡青絲馬不嘶春山草長靜山扉迸林新筍斑斑出隔水幽禽欵欵飛雨過泉聲鳴嶺背日長花氣撲人衣雲藏遠岫茶煙起知有僧居在翠微 陸游春日小園 市塵不到放翁家繞麥穿桑野徑斜夜雨長深三尺水曉寒留得一分花閒從鄰舍分春甕閑就僧窗試露芽自此年光應更好日驅款馬聽繅車 雨霽春色粲然喜而有賦 應接年光日漸備猶能一飲百花空半霑蝶粉櫳雨遠送鶯聲巷陌風千縷麴塵楊柳綠萬枝猩血海棠紅從來造物陶甄手卻在閒人詩句中 朱子和秀野韻 江皋晴日麗芳華翠竹疏疏映白沙路

轉忽逢沽酒客眼明惟見滿園花望中景助詩人趣物外春歸穉子家向晚却尋芳草徑夕陽流水遶村斜〔戴昺春事〕春事關心常起蚤愛看景物試凭欄戲魚池面微添綠嘑鳥枝頭尚帶寒斬棘重樊新插柳劚泉頻灌自栽蘭年年賸有園林興無恨廬邊地不寬〔方岳春日雜興〕高下雲藏野老家縱橫水漱竹籬斜勒將春去許多雨流出山來都是花白首風煙三徑草清時鼓吹一池蛙身閒不耐閒雙手洗甑炊香夜作茶〔南岡北嶺對窻扉看盡朝嵐與夕霏社後未曾聞燕語雨中誰不惜花飛山醅約莫幾時熟沙筍輪囷一尺圍莫怨風光損桃李荼蘼芍藥又芳菲〔高翥春日湖上〕淸波

門外放船時晝日輕寒戀客衣花下笑聲人共語柳邊檣影燕初飛曉風不定棠梨瘦夜雨相連薺麥肥最憶故山春正好夜來先遣夢魂歸〔眞山民春曉雨〕破曉鶯聲風正寒無客醉敲金鞚響有人睡怯翠衾單牡丹檐花未放乾披衣和夢倚闌干釀成苔暈地猶濕老盡一夜成消瘦下却珠簾不忍看〔元宋无春日野步〕翳日檣陰翠幄遮對圍高下夾杯斜陂塘幾曲深淺水桃李一溪紅白花頳尾自跳魚放子綠頭相並鴨眠沙春郊景物堪圖寫輸與煙樵雨牧家【增】〔明陸樹聲〕一番風雨釀重陰雲樹蒼茫自遠林徑滿煙蘿圍作障石分泉路細鳴琴靑門插柳關幽思紫陌行春滯賞心最是

桃花爭欲放不禁庭院曉寒侵〔曹大章東風綠草到平臯小艦晴隨曲磵隈月影上洲楊柳亂霧香沾酒杏花開佳人步郭迷君飲臥病憐春強自來尋勝正當花度日惹宮鶯蝶一齊回〔于若瀛不問深紅與淺紅名園次第賸芳叢乍隨絮逐仍依草忽向西飛又轉東嫩碧朝添君自恨流黃夜罷錦成空年年一度開還落始信脩家窮木工

五言排律【增】〔唐王勣春草碧色〕習習東風扇萋萋草色新淺深千里碧高下一時春嫩葉舒煙際微香動水濱金塘明夕照輦路惹芳塵造化功何廣陽和力自均今當發生日瀝懇視良辰〔張嗣初賦得春色滿皇州〕何

處年華好皇州淑氣勻朝陽濟應律草木暗迎春柳變金堤畔蘭抽曲水濱輕黃垂輦道微綠映天津麗景浮丹闕晴光擁紫宸不知幽遠地今日幾枝新〔李商隱永樂縣所居一草一木無非自栽今春悉已芳茂因書即事一章〕手種悲陳事心期翫物華柳飛彭澤雪桃散武陵霞枳嫩棲鸞葉桐香待鳳花綬藤縈弱蔓袍草展新芽學植功雖倍成蹊跡尚賒芳年誰共翫終老邵平瓜〔李郢春日題山家〕偶與樵人熟春殘日日來依岡尋紫菊挽樹得靑梅燕靜銜泥起蜂喧抱蕊回嫩茶重攪綠新酒暑吹醅漠漠蠶生紙涓涓水弄苔丁香正堪結留步小庭隈〔鄭谷木向榮〕園林靑氣動衆木散寒

聲敗葉牆陰在滋條雪後榮欣欣春令早藹藹日華輕
庾嶺梅先覺隋堤柳暗驚山川應物候皐壤起農情祇
待開花日連栖出谷鶯

五言絶句

御製春夜 玉鑪煙靄盡夜靜百花香曙氣浮丹陛春光拂象
牀

增 唐張九齡荅嶄博士 上苑春先入中園花盡開唯餘
幽徑草尚待日光催 張起春情 畫閣餘寒在新年舊
燕歸梅花猶帶雪未得試春衣 張仲素春遊曲 萬樹
江邊杏新開一夜風滿園深淺色照在綠波中 煙柳
飛輕絮風榆落小錢濛濛百花裏羅綺競秋千 孟郊

春後雨 昨夜一霎雨天意蘇羣物何物最先知虛庭草
爭出 王建春意 雖是杏園主一株臨古岐從傷春意
早乞取舊開枝 權德輿春日戲題 隨風柳絮輕映日
杏花明無柰花深處流鶯三數聲 許渾長安早春 雲
月有歸處故山清洛南秦城一花落春夢滿江潭 宋
陸游春雨 湖上新春柳搖搖欲喚人多情今夜雨先洗
馬蹏塵 楊萬里春日 日落碧簪外人行紅雨中幽人
詩酒裏又是一春風

七言絶句

御製春日 佳氣山川浹地行物隨節候變初晴雪消樹底花
爭發冰泮池頭草欲生 春晴舟中作 野水漫漫野岸長
幾行嫩柳帶斜陽不知春色來多少但覺飛花處處行

增 唐岑參山房春事 風恬日暖蕩春光戲蝶遊蜂亂入
房數枝門柳低衣桁一片山花落筆牀 王維遊春詞
經過柳陌與桃溪尋逐春光著處迷鳥度時時衝絮起
花繁滾滾壓枝低 韋應物春思 野花如雪繞江城坐
見年芳憶帝京閶闔曉開凝碧樹曾陪鴛鷺聽流鶯
錢起春郊 水透冰渠漸有聲氣融煙霧晚來明東風好
作陽和使逢草逢花報發生 盧綸曲江春望 菖蒲翻
葉柳交枝暗上蓮舟鳥不知更到無花最深處玉樓金
殿影參差 翃春因寄馮衛二補闕戲呈李益 掖垣春
色自天來紅藥當堦次第開蒼草叢叢爾何物等閒穿

破綠莓苔 韓愈曲江春遊寄白二十二舍人 漠漠輕
陰晚自開青天白日映樓臺曲江水滿花千樹有底忙
時不肯來 白居易晚春 晝靜簾疎燕語頻雙雙鬭雀
動堦塵柴扉日暮隨風掩落盡閒花不見人 元稹與
吳侍郎春遊 若能鬭下陪騘馬紫閣峰頭見白雲滿眼
流光隨日度今朝花落更紛紛 李賀南園 花枝草蔓
眼中開小白長紅越女腮可憐日暮嫣香落嫁與春風
不用媒 李約江南春 池塘春暖水紋開堤柳垂絲間
野梅江上年年芳意早蓬瀛春色逐潮來 羅鄴春日
題城南韋曲 韋曲城南錦繡堆千金不惜買花栽誰知
豪貴多羈束落盡春紅不見來 韋莊春陌 滿街芳草

卓香車仙子門前白日斜腸斷東風各回首一枝春雪
凍梅花 〔王周〕問春遊絲垂幄雨依依枝上紅香片片
飛把酒問春因底意爲誰來後爲誰歸 〔春苔〕花枝千
萬趁春開三月闌珊即自回剩向東園種桃李明年依
舊爲君來 〔劉兼〕春遊柳成金穗草如茵載酒尋花共
賞春先入醉鄉君莫問十年風景在三秦 〔宋寇準〕春
晝偶書白晝偶成芳草夢起來幽興有新詩風簾不動
黃鸝語坐見庭花日影移 〔趙抃〕賞春亭滂葩浩豔滿
亭隈當席芳樽醉看來始信君恩不私物亂山窮處亦
花開 〔歐陽修〕豐樂亭遊春綠樹交加山鳥啼晴嵐蕩
漾落花飛鳥歌花落太守醉明日酒醒春已歸 春去

澹澹日輝輝草惹行襟絮拂衣行到亭西逢太守籃輿
酩酊插花歸 紅樹青山日欲斜長郊草色綠無涯遊
人不管春將老來往亭前踏落花 〔王珪〕宮詞麗日祥
煙鎖禁林櫻桃初熟杏成陰年年翠輦來遊幸花落春
宮一寸深 〔王安石〕春風春風過柳綠如繅晴日蒸紅
出小桃池暖水香魚沒處一環清浪湧亭臯 〔秦觀〕春
日黃金蕤蕤滿垂楊尚有春寒到畫堂酒力漸消歌扇
怯入簾飛雪帶梅香 〔崔鶠〕春日村居春草門前已沒
靴更無人過野人家離離細竹時聞雨淡淡疏簾不隔
花 〔王鎡〕段橋春望拾翠車聞聲路塵山南山北杜鵑
春誰家庭院東風裏吹出桃花不見人 〔金元好問〕[illegible]

園春〕暖入金溝細浪添津橋楊柳綠纖纖賣花聲動天
街遠幾處春風揭繡簾 〔元薩都剌〕春日偶成踏馬歸
來過早春空喈已見草如茵東風吹綠青溪柳馬上輕
寒不著人 〔馬臻〕春日閒居茶香庭院一枰棋柳影侵
階日自移因見刺桐花滿樹等閒憶煞故園時 〔西湖
春日〕要觸園丁取折枝紅桃白李紫薔薇石函橋畔人
煙曉挑得春光一擔歸 〔春日幽居〕淺淺春風尚帶寒
日斜香篆半燒殘杏花一樹開如錦怕觸啼鶯不倚闌
〔釋石屋山居吟〕滿山筍蕨滿園茶一樹紅花間白花
大抵四時春最好就中尤好是山家
詩散句【晉】〔陶潛〕歡言酌春酒摘我園中蔬 〔齊謝朓〕

喧鳥覆春洲雜英滿芳甸 〔梁沈約〕春風搖雜樹葳蕤
綠且丹 〔蕭子範〕春情寄柳色鳥語出梅中 〔陳張正
見〕春光落雲葉花影發晴枝 〔唐王勃〕草綠縈春帶榆
青綴古錢 芳樹搖春晚晴雲入座飛 〔岑參〕竹深喧
暮鳥花缺露春山 鶯聲隨坐嘯柳色喚行春 【原】〔杜
甫〕漢節梅花外春城海水邊 夜雨翦春韭新炊間黃
粱 野館濃花發春帆細雨來 一徑野花落孤村春
水生 雲溪花淡淡春郭水泠泠 【增】〔錢起〕蘭蕙暖初
日春鳩鳴欲巢 〔嚴維〕柳塘春水慢花塢夕陽遲 〔李
嘉祐〕野渡花爭發春塘水亂流 〔儲嗣宗〕鶴語松上月
花明雪裏春 〔劉禹錫〕花含欲語意草有鬭生心 〔柳

宗元平野春草綠曉鶯啼遠林 〔白居易〕紅簇交枝杏春合卷葉荷 春樹花珠顆春塘水麴塵 〔翟塗〕忽覺草木變始知天地春 〔曹松〕御柳舞著水野鶯啼破春 〔宋余靖〕松溪千蓋雨茶圃一旗春 〔司馬光〕草遶春街碧花繁夕市紅 〔毛滂〕春渚連天潤春風夾岸香 〔王安石〕冉冉春行暮菲菲物競華 〔蘇軾〕行看花柳動共享無邊春 〔晁補之〕春風入木心皮肌發紅綠 〔吳中復〕花涵清露曉風卷綠波春 〔元馬祖常〕竹光浮晝碧花蕊颺春紅 〔陳樵〕春風何處來草木忽已榮 〔倪瓚〕蘼蕪細雨濕桃李春風寒 〔馬臻〕淑氣浮芳鮮山澤一時綠 【原】〔馮琦〕梅圃懸春月松扉拂澗虹 【增】〔唐王

維〕草色全經細雨濕花枝欲動春風寒 〔李白〕長安白日照春空綠楊結煙垂裊風 〔杜甫〕落花遊絲白日靜鳴鳩乳燕青春深 〔李賀〕朱城報春更漏轉光風催蘭吹小殿 〔溫庭筠〕弄弄霧雨杏花天簾外春威著羅幕 〔曹松〕半夜笙歌教洗月平明桃李放燒春 〔司空圖〕孤嶼池痕春漲滿小欄花韻午晴初 〔宋韓琦〕草濕漫鋪留醉席榆寒難捕買春錢 〔石延年〕鶯聲不逐春光老花影長隨日腳流 〔王安石〕濃綠萬枝紅一點動人春色不須多 〔蘇軾〕臥聞百舌呼春風起尋花柳村村同 陋巷關門負朝日小園除雪得春蔬 浥浥爐香初泛夜離離花影欲摇春 〔陸游〕小桃婀娜并芳柔紅蘭茁芽滿春洲 小樓一夜聽春雨深巷明朝賣杏花 新陽蘇醒春前柳輕暖爵治雪後梅 春深水暖多魚婢雨足年豐少麥奴 靜院春風傳浴鼓畫廊晚雨濕茶煙 〔元耶律楚材〕花藏徑畔春泉碧雲散林梢晚照明 〔郝經〕四圍紅錦春風軟滿地綠陰春晝長 〔許衡〕萬樹春紅羅錦綺一灣晴碧捲玻璃 〔王惲〕花枝入簾春夢香遊絲翻空清晝長 〔許謙〕春風生草雉堞青隨處軟茵供小坐 〔倪瓚〕柳絮如煙迷曉浦杏花飛雪點春波 〔顧阿瑛〕桃花亭亭笑酣春溪邊浣花染溪水 〔馬臻〕蟄雷夜送催花雨香徑春迷鬬草人 〔唐上官儀〕春堤芳草積 〔杜甫〕春風花草香 〔武元衡〕春風綻

百花 〔白居易〕春染柳梢黃 〔韋莊〕杏花春陌馬聲嬌 〔宋劉筠〕杏梁春晚燕占泥 〔宋祁〕風光駘蕩百花春 〔蘇軾〕滿地春風掃落花 〔陸游〕春晚江邊草過腰春近野梅香初動 〔元虞集〕山雨欲來春樹暗 桃花吹雨春牽纜 〔周權〕渚波春綠荻芽新 〔郭鈺〕野徑春煙匝翠蘿 萬絲煙柳鎖春晴 〔葉顒〕隔溪春色兩三花

詞 【增】〔唐馮延巳〕三臺令 春色春色依舊青山紫陌日斜柳暗花藹醉臥春風少年年少年少行樂直須及早 〔王建〕三臺令 蝴蝶蝴蝶飛上金枝玉葉君前對舞春風百葉桃花樹紅紅樹紅樹燕語鶯啼日暮 〔宋毛滂〕憶

秦娥〕夜夜夜了花朝也連忺指點銀瓶索酒嘗　明朝
花落知多少莫把殘紅掃愁人一片花飛減却春　洪
适生查子〕桃疎蝶惜春柳困鶯銜絮日影過簾旌多少
閒愁緒　紅綻武陵溪綠暗章臺路春色似行人無意
花間住〔康和凝春光好〕蘋葉軟杏花明畫船輕雙浴
鴛鴦出綠汀棹歌聲　春水春風無浪春天半雨半晴
紅粉相隨南浦晚幾含情〔宋張榘浣溪沙〕習習輕風
破海棠秋韆移影上廻廊晝長蝴蝶爲誰忙　度柳早
鶯分暖綠過花小蝶帶春香滿庭芳草又斜陽〔高觀
菩薩蠻〕春風吹綠湖邊草春光依舊湖邊道玉勒錦障
泥少年遊冶時　煙明花似繡且醉旗亭酒斜日照花

西歸鴉花外號〔程垓菩薩蠻〕畫橋泊泊春江綠行人
正在春江曲花潤接平川有人花底眠　東風原自好
日怕催花老安得萬垂楊繫教春日長〔周密謁金門〕
芳事晚數點杏鈿香淺惻惻輕寒風翦翦錦屏春夢遠
　孱柳拖煙嬌軟花影暗藏深院初試輕衫并畫扇牡
丹紅未展〔李之儀好事近〕春到雨初晴正在小樓時
節柳眼向人微笑傍闌干堪折　暮山濃淡瑣煙霏梅
杏半明滅玉斝莫辭沉醉判歸時斜月〔唐歐陽炯清
平樂〕春來階砌春雨如絲細春徑滿飄紅杏帶春燕舞
隨風勢　春幡細縷春繒春閨一點春燈自是春心撩
亂非關春夢無憑〔宋王安國清平樂〕留春不住費盡

鶯兒語滿地殘紅宮錦污昨夜南園風雨　小憐初上
琵琶曉來思繞天涯不肯畫堂朱戶春風自在楊花
〔王安中清平樂〕花時微雨未減春分數占取簾疎花密
處把酒聽歌金縷　斜風輕度濃香閒情正與春長向
晚紅燈人坐嘗新青杏隨觴〔盧祖皐西江月〕燕掠晴
絲裊裊魚吹水葉粼粼禁街微雨灑芳塵寒食清明相
近　謾著宮羅試暖閒呼社酒酬春晚風簾幕悄無人
二十四番花信〔毛滂西江月〕煙雨半藏楊柳風花初
著桃花玉人細細酌流霞醉裏將春留下　柳外鶯鶯
作伴花邊蝴蝶爲家醉翁醉也且由他月在柳橋花下
〔周密西江月〕波影暖浮玉甃柳陰深鎖金鋪湘桃花

褪燕調雛又是一番春暮　碧桂倩深鳳怨雲屏夢淺
鶯呼繡窓人倦冷薰爐簾影搖搖亭午〔吳潛南柯子〕
池水凝新碧欄花駐老紅有人獨倚橋東手把一枝楊
柳繫春風　鵲伴遊絲墜蜂黏落蕊空秋千庭院小簾
櫳多少閒情閒緒雨聲中〔楊无咎於中好〕牆頭豔杏
花初試繞珍叢細按紅蕊欲知古盡春明媚悄無意看
桃李　持杯準擬花間醉一葉兩葉飛踏晚來旋旋深
無地更聽得東風起〔毛滂踏莎行〕階影紅迴柳苞黃
偏纖雲弄日陰晴半重簾不捲篆香橫小花初破春叢
淺　風繡猶重鴨爐長暖屏山翠入江南遠醉輕夢短
枕閒欹綠窓窈窕風光轉〔元何可觀蝶戀花〕金井啼

鴉深院曉颸盡東風柳絮吹雛了燕子多情相識早杏梁依舊雙雙到　一縷沉煙簾幕悄滿眼飛花祇攪人懷抱十二玉樓春樹杪天涯不斷青青草〔宋俞國寶風入松〕一春長費買花錢日日醉湖邊玉驄慣識西湖路驕嘶過沽酒樓前紅杏香中歌舞綠楊影裏秋千暖風十里麗人天花壓鬢雲偏畫船載得春歸去餘情付湖水湖煙明日重扶殘醉來尋陌上花鈿〔柳永木蘭花慢〕拆桐花爛熳乍疎雨洗清明正豔杏燒林緗桃繡野芳景如屏傾城盡尋勝賞驟雕鞍紺幰出郊坰風暖繁絃脆管萬家競奏新聲　盈盈鬭草踏青人豔冶遞逢迎向路旁往往遺簪墜珥珠翠縱橫歡情對佳麗

地任金罍罄竭玉山傾倒拚卻明朝永日畫堂一枕春酲〔黄機喜遷鶯〕平湖百畝種滿湖蓮葉繞堤楊柳冉冉波光輝輝煙影空翠濕沾襟袖靜憾鄰雞啼午暖逼沙鷗眠晝西園路更紅塵不斷蝶酣蜂瘦　知否堪畫處野薺蕪菁將地鋪茵繡桃李陰邊桑麻叢裏斜矗酒帘誇酒竹寺小依山趾茅店平窺津口春又晚正香風有客倚闌搔首

別錄　增〔氾勝之書〕栽樹正月爲上時二月爲中時三月爲下時然棗雞口槐兎目桑蝦蟇眼榆負瘤散其餘雜木鼠耳虻翅各其時凡種栽幷插皆用此等形象〔本草〕凡採根物多以春月採者謂春初津潤始萌未衝枝葉勢力淳濃也　春月移栽各樹宜上半月前則茂而結實移栽松柏槐柳桑柘橙橘各色樹皆可

佩文齋廣羣芳譜卷第一

佩文齋廣羣芳譜卷第二

天時譜

正月（立春　雨水　元日　人日　上元附見）

【增】禮記月令孟春之月日在營室昏參中旦尾中（註）日月會於娵訾而斗建寅之辰也　是月也天氣下降地氣上騰天地和同草木萌動王命布農事命田舍東郊皆修封疆審端徑術善相丘陵阪險原隰土地所宜五穀所殖以教道民必躬親之田事既飭先定準直農乃不惑　梁元帝纂要正月孟春亦曰孟陽孟陬上春初春開春發春獻春首春首歲初歲開歲發歲獻歲肇歲芳歲華歲【原】花月令是月也迎春生櫻桃胎望春盈

眸蘭蕙芳李能白杏花飾其靨【增】瓶史月表正月花盟主梅花寶珠茶花客卿山茶鐵幹海棠花使令瑞香報春木瓜　花曆正月瑞香烈徑草綠百花萌動

【彙考】【增】詩豳風三之日于耜（疏）三之日三陽之月夏之正月也于耜往修田器也　禮記月令是月也天子乃以元日祈穀於上帝乃擇元辰天子親載耒耜措之于參保介之御間帥三公九卿諸侯大夫躬耕帝籍天子三推三公五推卿諸侯九推　周禮天官上春詔王后帥六宮之人而生穜稑之種而獻之于王　夏小正正月柳稊（註）稊也者發莩也　梅杏杝桃則華（註）杝桃山桃也　大戴禮孟春百草權輿　國語太史順時覛土

農祥晨正土乃脈發（註）農祥天駟即房星也晨正中也謂正月初也　管子正月令農始作服於公田農耕及雪釋耕始焉芸卒焉【原】西京雜記戚夫人侍高帝常以正月上辰出池邊盥濯食蓬餌以祓妖邪　酉陽雜俎北朝婦人正月進箕帚長生花　夢溪筆談正月陽氣始建兆乎萬物故曰發明　續明道雜志紹聖戊寅歲余在黃州見上元沽酒人頭已簪麥穗士人言當年不爾　賞心樂事正月玉照堂賞梅叢奎閣賞山茶湖山尋梅攬月橋看新柳　歲華紀麗正月二十三日聖壽寺前蠶市張公詠始即寺為會使民鬻農器　立春

【增】禮記月令先立春三日太史謁之天子曰某日立春盛德在木天子乃齋立春之日天子親帥三公九卿諸侯大夫以迎春於東郊　後漢書禮儀志立春日夜漏未盡五刻京師百官皆衣青衣郡國縣道官下至斗食令史皆服青幘立春旛施土牛耕人於門外以示兆民　要覽列子御風常以立春歸於八荒是風至則草木發生　易通卦驗立春條風至冰解楊柳津　玉泉記立春日取弘農宜陽金門山竹為管河內葭草為灰以候陽氣　摭遺東晉李鄂立春日命以蘆菔芹芽為菜盤相餽貺　四時寶鏡立春日春餅生菜號春盤　景龍文館記正月八日立春內出綵花賜近臣武平一應制云鑾輅青旂下帝臺東郊上苑望春來黃鶯未解林

開囀紅藥先從殿裏開晝閣條風初變柳銀塘曲水半含苔欣逢睿藻光韶律更促霞觴畏景催是日中宗手勑批云平一年雖最少文甚警新悅紅藥之先開訝黃鶯之未囀循還吟咀賞嘆兼懷今更賜花一枝以彰其美所賜學士花並令插在頭上後所賜者平一左右交插因舞蹈拜謝時崔日用乘酣飲欲奪平一所賜花上於簾下見之謂平一曰日用何爲奪卿花平一跪奏曰讀書萬卷從日用滿口虛張賜花一枝學平一終身不獲上及侍臣大笑因更賜酒一杯當時嘆美〔齊人月令〕立春日食生菜取迎新之意〔東京夢華錄〕立春日自郎官御史以上皆賜春旛勝入賀訖戴歸私第又士大夫家翦綵爲春旛或綴於花枝之下或翦爲春蝶春錢春勝以爲戲東坡立春日亦簪旛勝過子由諸子姪笑指云伯伯老人亦簪花勝耶 原〔摭言〕安定郡王立春日作五辛盤 增〔修眞秘言〕立春日清朝北望有紫綠白雲者爲三元君三素飛雲也蘇魏公作春帖子詞萬年枝上看春色三素雲中望玉晨〔熙朝樂事〕立春果酒縷切粉皮雜以七種生菜供奉筵間蓋古人辛盤之遺意焉〔雨水〕增〔孝經緯〕立春後十五日斗指寅爲雨水〔七修類稿〕雨水正月中天一生水春始屬木然生木者必水也〔元日〕增〔舊唐書姚璹傳〕長壽二年元日大雪上謂羣臣曰元日雪百穀豐此語有何故實璹

日汜勝之書雪是五穀之精〔四民月令〕梅花酒元日服之却老〔風土記〕元日食五辛以煉形以助五臟 原〔裴玄新語〕正旦縣官殺羊懸其頭於門又磔雞以副之俗說以厭厲氣玄以問河南伏君伏君曰是月土氣上升草木萌動羊嚙百草雞啄五穀故殺之以助生氣〔荊楚歲時記〕正月一日進椒柏酒飲桃湯進屠蘇酒膠牙餳下五辛盤造桃版著戶謂之仙木按四民月令云過臘一日謂之小歲拜賀君親進椒酒椒是玉衡星精服之令人身輕耐老柏是仙藥成公子安椒花銘則曰肇惟歲首月正元日厥味惟珍蠲除百疾是知小歲則用之漢朝元正則行之桃者五行之精厭伏邪氣制百鬼也董勛云俗有歲首用椒酒椒花芬香故采花以貢樽〔風俗記〕正旦楚人上松柏頌周庾信有柏葉銘〔清異錄〕歲通後士風尚於正旦未明佩紫赤囊中盛人參木香如豆樣時時傾出嚼吞之至日出乃止號迎年佩〔石湖詩註〕成都元日滴酥爲花熬芋爲柳葉三夕張燈如上元〔熙朝樂事〕正月朔日簽柏枝於柿餅以大橘承之謂之百事大吉〔人日〕增〔景龍文館記〕景龍四年七日宴大明殿賜王公以下綵縷人勝李嶠應制詩桂吐半輪迎此夜蓂開七葉應今朝蘇頲詩七葉仙蓂承月吐千林御柳拂烟開崔日用詩曲江苔色冰前液上苑梅香雪裡飄〔荊楚歲時記〕正月七日爲人

日以七種菜爲羹翦綵爲人或鏤金箔爲人以貼屏風亦戴之頭鬢又造花勝以相遺登高賦詩〔上元〕【增】〔明皇雜錄〕唐上元夜宮人以黃羅包柑遺近臣謂之傳柑宴〔原〕〔彭蹬記〕洛陽人家造芋郎君食之宜男女〔荆楚歲時記〕正月望日作豆糜以祀門戶先以柳枝插門隨枝所指以酒脯飲食及豆粥插箸而祭〔聞見近錄〕紹聖二年上元幸集禧觀出宮花賜從駕臣僚各數十枝時人榮之

【賦】【原】梁昭明太子錦帶書北斗周天送玄冥之故節東風拂地啓青陽之芳辰梅花舒兩歲之裝柏葉汎三光之酒 【增】宋張耒人日飲酒賦歲後七日其名曰人

愛此嘉名飲酒歡欣豈竹木之始和生庶彙而施仁〔明倪謙早春賦〕漏暖信于梅枝兮見天心之來復窺韶光于柳眼兮驗百卉之回綠〔顧起元元夕賦〕霧澈風隄乍旖旎以醒柳霜爐冰嶠尚參差而落梅

〔五言古詩〕【增】梁沈約初春 夾道覓陽春相將共攜手草色猶自腓林中都未有無事逐梅花空教信楊柳且復歸去來含情寄杯酒〔周宗懍早春〕昨暝春風起今朝春氣來鶯鳴一兩囀花樹數重開散粉成初蝶翦綵作新梅遊客三千里無暇上高臺〔隋薛道衡人日〕入春纔七日離家已二年人歸落鴈後思發在花前〔唐白居易立春後五日〕立春後五日春態紛婀娜白日斜漸長碧雲低欲墮殘冰折玉片新萼排紅顆遇物盡欣欣愛春非獨我迎芳後園立就暖前簷坐還有惆悵心欲別紅爐火

〔七言古詩〕【增】唐李賀正月樂詞〕上樓迎春新春歸暗黃著柳宮漏遲薄薄淡靄弄野姿寒綠幽風生短絲錦牀曉臥玉肌冷露臉未開對朝暝官街柳帶不堪折早晚菖蒲勝綰結

〔五言律詩〕

御製元夜與諸王宴飲乾清宮〕今夕丹帷宴聯翩集懿親傳柑宜令節行葦樂芳春香泛紅螺重光搖絳蠟新不須歌湛露明月足留人

【增】〔唐虞世南奉和獻歲讌宮臣〕履端初啓節長苑命高筵肆夏喧金奏重潤響朱絃春光催柳色日彩泛槐烟微臣同濫吹謬得仰鈞天〔盧照鄰元日述懷〕筮仕無中秩歸耕有外臣人歌小歲酒花舞大唐春草色迷三徑風光動四鄰願得長如此年年物候新〔高紹晦日宴高氏林亭〕嘯侶入山家臨春翫物華葛絲調綠水桂醑酌丹霞岸柳開新葉庭梅落早花興洽林亭晚方還倒載車〔嚴維晦日宴遊〕晦日湔裙俗春樓致酒時出山還已醉謝客舊能詩溪柳薰晴淺巖花待閏遲爲邦久無事比屋自熙熙〔白居易新居早春〕靜巷無來客深居不出門鋪沙蓋苔面掃雪擁松根漸暖宜閑步初

晴愛小園見花都未有唯覺樹枝繁（曹松立春）春日
一杯酒便吟春日詩木梢寒未覺地脈煖先知鳥轉星
沉後山分雪薄時寧無翦花手贈與最芳枝（宋呂夷
簡）江南立春灰律何時應江春昨夜來細風先動柳殘
雪不藏梅餘冷迷清管微和發凍醅閉門無客到樽俎
爲誰開（宋伯仁歲旦）居閑無賀客早起但如常桃版
隨人換梅花隔歲香春風回笑語雲氣卜豐穰柏酒何
勞勸心康壽自長（元趙孟頫早春）谿上春無賴清晨
坐水亭草芽隨意綠柳眼向人青初日收濃霧微波亂
小星誰歌採蘋曲愁絶不堪聽
七言律詩【增】（唐韋元旦奉和立春遊苑迎春應制）瀰泆

長安恒近日殷正臘月早迎新池魚戲葉仍含凍宮女
裁花已作春向苑雲疑承翠幄入林風若起青蘋年年
斗柄東無限願把瓊觴壽北辰（馬懷素奉和立春遊
苑迎春應制）元籥飛灰出洞房青郊迎氣肇初陽仙輿
暫下宜春苑御醴行開薦壽觴映水輕苔猶隱綠緣隄
弱柳未輸黃惟有裁花飾簪鬢恒隨聖藻狎年光（杜
甫立春）春日春盤細生菜忽憶兩京梅發時盤出高門
行白玉菜傳纖手送青絲巫峽寒江那對眼杜陵遠客
不勝悲此身未知歸定處呼兒覓紙一題詩（戴叔倫
和汴州李相公勉人日喜春）年來日日春光好今日春
光好更新獨獻菜羹憐應節遍傳金勝喜逢人烟添柳

色看猶淺鳥踏梅花落已頻東閣此時聞一曲翻令和
者不勝春【原】（韋莊立春）青帝東來日馭遲暖烟輕逐
曉風吹罽袍公子樽前覺錦帳佳人夢裏知雪圃乍開
紅菜甲綵幡新翦綠楊絲殷勤爲作宜春曲題向花牋
貼繡楣【增】（宋韓琦至和乙未元日立春）元日難逢是
立春普天誰不喜佳辰一年氣候均諸節萬卉芳菲實
九旬柏葉始傾爲壽酒土牛隨示力耕人故陰盡革無
餘臘端朔陽來慶共新（蘇軾正月二十日往岐亭郡
人潘古郭三人送子於女王城東禪莊院）十日春寒不
出門不知江柳已搖村稍聞決決流冰谷盡放青青沒
燒痕數畝荒園留我住半瓶濁酒待君溫去年今日關

山路細雨梅花正斷魂（范成大立春日郊行）竹擁溪
橋麥蓋坡土牛行處亦笙歌麴塵欲暗垂垂柳醅面初
明淺淺波日滿縣前春市合潮平浦口暮帆多春來不
欲兼旬雨奈此金旛綵勝何（陸游立春前一日作）開
年化日已舒長漸見風和鳥變吭冒土萱芽穿嫩綠拂
橋柳色弄輕黃重溫壽酒屠蘇釅棶惜春盤餅餌香不
入城門今幾歲遙知車馬正忽忙（立春日）日出風和
宿醉醒山家樂事滿餘齡年豐臘雪經三白地暖春郊
已遍青菜細簇花宜薄餅酒香浮蟻寫長瓶湖村好景
吟難盡乞與侯家作畫屏（朱淑眞立春）停杯不飲待
春來和氣先春動六街生菜乍挑宜捲餅羅幡旋翦稱

聯釵休論殘臘千重恨管入新年百事諧從此對花并對景盡拘風月入詩懷　〔元程鉅夫和王寅夫郎中元日立春〕馬蹄塵裏度芳辰帶得陽和到七閩山翠倚天迎好客風光滿地屬吟身高情古柳仍青眼時態夭桃自絳脣從此不憂江海遠春官袖有十分春　〔楊維楨嬉春體〕今朝立春好天氣況是太平朝野時走向南鄰覓酒伴還從西野買花枝陶令久辭彭澤縣山公祇愛習家池宜春帖子題贈爾日日春遊日日宜　西子湖頭春色濃望湖樓下水連空柳條千樹僧眼碧桃花一株人面紅天氣渾如曲江節野人正是杜陵翁得錢沽酒勿復較如此好懷誰與同

〔五言排律〕增〔唐谷朝陽立春〕玉律傳佳節青陽應北辰土牛呈歲稔綵燕表年春臘盡星迴次寒餘月建寅風光何處好雲物望中新流水初銷凍潛魚欲振鱗梅花將柳色偏思越鄉人　〔明吳兆元旦書事〕閩中風景麗元日百花開有岸皆縈草無波不染苔樹光搖粉堞雲彩照金罍濃黛新年點春衣隔歲裁夜爐藏宿火曉燭翦殘灰袖裏分餘蕙釵邊罥落梅松枝當戶插淑氣拂窗來正好隨懽笑那知客思催

〔五言絕句〕

〔御製春盤〕小摘園中露新香糝作羹歲和欣有兆甘菜已春生

增〔唐杜甫瀼西果園〕正月喧鶯未茲辰放鴿初雪籬梅可折風樹柳微舒　〔李中早春〕一種和風至千花未散妍草心竝柳眼長是被恩先　〔儲嗣宗早春〕野樹花初發空山獨見時踟躕歷陽道鄉思滿南枝　〔宋朱子立春〕前一日雪花寒送臘梅尊暖生春歲晚江村路雲迷景更新

〔七言絕句〕增〔唐元稹第三歲日詠春風憑楊員外寄長安柳〕三日春風已有情拂人頭面稍憐輕殷勤為報長安柳莫惜枝條動軟聲　〔楊巨源城東早春〕詩家清景在新春綠柳纔黃半未勻若待上林花似錦出門俱是看花人　〔韓混晦日呈諸判官〕晦日新晴春自嬌萬家

攀折渡長橋年年老向江城守不覺東風換柳條　〔來鵬早春〕新曆才將半紙開小庭猶聚爆竿灰偏憎楊柳難鈐轄又惹東風意緒來　〔宋黃庶探春〕雪裏猶能醉落梅好營杯具待春來東風便試新刀尺萬葉千花一手栽　〔方岳立春〕綵燕雙舞翡翠翅巧裁銀勝試春韶東風已到闌干北看見嬌黃上柳條　〔眞山民早春〕小桃枝上認年華隨分紅開一兩花將謂春風只城市也吹春色到山家　〔元劉詵元日〕曉街泥淺馬蹄過元日躡陰地已和處處桃花如二月東風應比去年多　〔劉因探春〕道邊殘雪護頹牆牆外柔絲露淺黃春色雖微已堪惜輕寒休近柳梢傍　〔趙雍早春〕高捲珠簾日漸

長梅花庭院雪飄香閒倚闌干看新柳不知誰爲染鵝黃　明李東陽正月十八日甘棠院上元纔過又尋春紅白山花粲粲新似喜使君初病起隔欄相向笑迎人　原陳繼儒早春春風無力柳條斜新草微分一抹沙欲向主人借鋤插掃開殘雪種梅花

詩散句　原唐杜甫元日到人日未有不陰時冰雪鶯難至春寒花較遲　增唐張謂北斗回新歲東園值早春竹風能醒酒花月解留人　趙瑨正月今朝半陽臺信未迴水芹寒不食山杏雨應開　宋之問節晦蓂全落春遲柳暗催　杜甫春城迴北斗郢樹發南枝　金李俊民梅從今夜落柑憶舊時傳　原唐杜甫樽前柏葉

休隨酒勝裏金花巧耐寒　方干正氣纔隨灰律變殘寒更被野梅欺　羅隱一二三四五六七萬物生芽是今日　宋蘇軾七種共挑人日菜千枝先剪上元燈　劉克莊旋遣廚人挑薺菜虛勞座客頌椒花　未將柏葉簪新歲且與梅花敘隔年　陸游菊芽冒土如爭出柳色搖村已漸勻　增蘇軾挑菜年年俗　青蒿黃韭試春盤

詞

御製立春調寄太平時淑景維新爆竹聲手調羹詞臣載筆賦瓊英學西京　鳳閣龍樓晝漸長物資生勸官勉力畫井中竹馬迎

增宋蘇軾減字木蘭花春牛春杖無限春光來海上便與春工染得桃花似肉紅　春幡春勝一陣春風吹酒醒不似天涯捲起楊花似雪花　原歐陽修蝶戀花簾幙東風寒料峭雪裏香梅先報春來早紅蠟枝頭雙燕小金刀翦綵呈纖巧　旋暖金爐熏蕙藻酒入橫波困不禁煩惱繡被五更春睡好羅帷不覺紗牕曉　增辛棄疾蝶戀花誰向椒盤簪綵勝整整韶華爭上春風鬢往日不堪重記省爲花常把新春恨　春未來時先借問晚恨開遲早又飄零近今歲花期消息定只愁風雨無憑準　原孫巨源傳言玉女一夜東風不見柳梢殘雪御樓烟暖對鼇山綵結簫鼓向晚鳳輦初回宮闕千

門燈火九逵風月　繡閣人人乍嬉遊困又歇艷妝初試把珠簾半揭嬌羞向人手撚玉梅低說相逢長是上元時節　丘崈洞仙歌江城梅柳慣得春先處催趂風光上歌舞見九衢車馬流水如龍喧笑語羅綺香塵載路　歡娛多暇日樽俎風流重見承平舊官府有多少佳麗事隨班逍遙芳徑裏琵琶珠璣翠羽好借取韶華醉連宵與莫待收燈酒闌人去　辛棄疾漢宮春春已歸來看美人頭上裊裊春幡無端風雨未肯收盡餘寒年時燕子料今宵夢到西園渾未辦黃柑薦酒更傳青韭堆盤　却笑東風從此便薰梅染柳更沒些閒閒時又來鏡裏轉變朱顏清愁不斷問何人會解連環生怕

見花開花落朝來塞雁先還

【別錄】原（占候）占書云三日得甲爲上歲四日中歲五日下歲月內有甲寅米賤　得辛一日旱二日小收三四日主水麥半收五六日小旱七分收八日歲稔一云春旱不收一日麥收十分二日禾蠶收三日四日田蠶全收五日六日麻粟麥蠶半收七日八日旱禾麻麥粟少收絲貴　通書云歲首甲子蟲災桑穀貴丙子旱戊子收壬子綿貴　周益公日記云歲首甲寅穀畜貴丙寅油鹽貴戊寅壬寅穀先貴後賤庚寅穀畜貴　月內有三卯宜豆無則早種禾一云一日得卯十分收二日低田半收三四日大水五日六日半收七日八日春澇全

收乙卯荆楚米貴丁卯周秦米貴已卯燕趙米貴辛卯韓魏米貴癸卯宋魯豆貴　得辰一日雨多二日風多先旱半熟低田全收七月雨多麻豆全收三日雨晴勻四日收七分五日歲稔六日大稔七日水損田蕎麥收八日先旱後澇九日大麥收仲夏水災十日旱禾半收十一日五穀不收冬大雪十二日冬大雪五穀收　歲首得甲申五穀收丙申穀損蟲食葉戊申六畜災壬申澇　得酉一日二日大豐三日四日民安五日至十日中歲民不安十一十二日歲大熟　月內有三子葉少蠶多無三子則葉多蠶少有三卯則早豆收無則少收有三亥主大水一云正月得三亥湖田變成海在正月

節氣內方準　占書云一日雞天晴人安國泰二日犬晴主大熟三日猪晴主君安四日羊晴主春暖臣順五日馬晴明四望無怨氣六日牛晴明日月光明大熟七日人晴明民安君臣和八日穀夜晴五穀熟所值之日晴暖則安泰蕃息　呂覽云元旦值甲穀賤乙穀貴丙四月旱丁絲綿貴戊米麥貴己米貴蠶傷多風雨庚田熟辛米平麥麻貴壬絹布豆貴米麥平癸主禾傷多雨一日元日值戊主春旱四十五日　上元初日占百果中日占晚稻末日占早稻　占穀旦至食爲麥食至日昳爲稷昳至餔爲黍餔至下餔爲菽下餔至日入爲麻欲終日有雨有雲有風有日日當其時者深而多實無

雲有風日當其時淺而多實有雲風無日當其時深而少實有日無雲風當其時者稼有敗如食頃小敗熟五斗米頃大敗風復起有雲其稼復起各以其時用雲色占種其所宜其日雨雪苦寒歲惡　占土牛頭黃主熟又專主菜麥大熟青春多瘟赤春旱黑春水白春多風身主上鄉蹄主下鄉田家以此占頗驗　元旦至十二日每日取水一瓶稱之一日主正月二日主二月其日水重則其月雨多輕則少　初一五鼓束高長草把燒之名照庭火伺燒將過看向何方倒所向之方其年必熟乃以大椽重舉拋丟聽其聲則衆和曰一跌田禾盛茂二跌五穀滿倉三跌六畜成羣四跌人口和平如此

隨口說不拘幾跌　元日牛俱卧則苗難立半卧半起歲中平俱立則五穀熟　〔臞仙神隱〕立春天陰無風民安蠶麥十倍東風吉人民安果穀盛　〔種植〕大麥杏豌豆芋　〔移栽〕棣棠梔子木香紫薇白薇玫瑰銀杏櫻桃錦帶金雀木蘭榆相柳松槐　〔貼接〕蠟梅黄薔薇梅〔插壓〕木犀杜鵑　〔培壅〕石榴梨海棠　〔澆灌〕桃瑞香杏李　〔整頓〕燒荒田耕禾地燒苜蓿根理蔬畦甕瓜畦整農具修花圃糞田畝　〔修樹〕諸果樹修去低小亂枝勿分木力則結子肥大　元旦五鼓以斧斫諸果樹則結子繁而不落辰日亦可　李樹石榴以石安丫中堆根下則結子繁　元旦雞鳴時以火照諸樹無蟲此時蟲

尚未出凡聚葉腐枝皆蟲所穴宜去之　〔收採〕絡石菊根　〔田忌〕天火丁地火戊糞忌未九焦辰荒蕪巳

二月 驚蟄春分春社中和節花朝節附見

〔增〕〔禮記月令〕仲春之月日在奎昏弧中旦建星中〔注〕日月會於降婁而斗建卯之辰也　始雨水桃始華　是月也耕者少舍乃修闔扇寢廟畢備毋作大事以妨農之事　〔梁元帝纂要〕是月曰仲春亦曰仲陽　花月令是月也桃天棣棠奮薔薇登架海棠嬌梨花溶木蘭競秀　〔瓶史月表〕二月花盟主西府海棠玉蘭緋桃花客卿繡毬杏花花使令寶相花種田紅木桃李花月季花翦春羅　〔花曆〕玉蘭解紫荊繁

〔增〕〔詩豳風〕四之日舉趾同我婦子饁彼南畝田畯至喜　四之日其蚤獻羔祭韭　〔夏小正〕二月往耰黍禪〔傳〕禪禪也　榮堇采蘩〔傳〕榮堇菜也采蘩蘩由胡由胡者蘩母也皆豆實也　榮芸時有見稊始收〔傳〕有見稊而後始收是小正序也　〔晉書樂志〕二月之管名爲夾鐘者夾佐也謂時物尚未盡出陰德佐陽而出物也　〔淮南子〕二月官倉其樹杏〔注〕二月興農播穀故官倉也　〔白虎通〕援神契曰仲春獲禾報社祭稷以三牲何重功故也　〔原〕〔說文〕卯冒也二月萬物冒地而出象開門之形故二月爲天門　〔增〕〔羯鼓錄〕玄宗嘗遇二月初詰旦巾櫛方畢時當宿雨初晴景色明麗小殿內庭柳

杏將吐覩而歎曰對此景物豈得不與他判斷之乎左右相目將命備酒獨高力士遣取羯鼓上旋命之臨軒縱擊一曲曲名春光好神思自得及顧柳杏皆已發拆上指而笑謂嬪御曰此一事不喚我作天公可乎嬪御侍官皆呼萬歲　〔夢溪筆談〕二月物生根魁故曰天魁　〔冕氏客話〕望杏而耕以杏花時爲耕候也　〔成都古今記〕二月有花市　〔暇日記〕二月白蘋水　〔風土記〕浙風俗言春序正中百花競放乃遊賞之時宋制守土官於花朝日出郊勸農　〔賞心樂事〕二月現樂堂瑞香玉照堂西湖梅南湖挑菜玉照堂紅梅餐霞軒櫻桃花杏花莊杏花綺互亭千葉茶花

〔驚蟄〕〔增〕易解卦天地解

而雷雨作雷雨作而百果草木皆甲拆〔前漢書五行志〕雷出地則長養華實發揚隱伏宣盛陽之德〔論衡〕雷二月出地百八十日雷出則萬物出　春分增〔淮南子〕天地之氣莫大於和和者陰陽調日夜分而生物春分而生秋分而成生之與成必得和之精〔白虎通〕明庶風春分至王者正封疆修田疇〔農家諺〕二月昏參星夕杏花盛桑葉白〔荊楚歲時記〕春分日民並種戒火草於屋上有鳥如烏先雞而鳴架架格格民候此鳥則入田以爲候〔風俗記〕鼓者春分之音以助萬物發生〔王褒僮約〕二月春分被隄杜疆落桑披㯭種瓜作瓠別茄披葱　原〔集韻〕鶤鳩鳥名春分鳴則衆芳生秋

分鳴則衆芳歇　〔社〕原〔禮記月令〕擇元日命民社〔注〕社后土也使民祀焉神其農業也　增〔禮記祭法〕共工氏之霸九州也其子曰后土能平九州故祀以爲社〔周禮疏〕春社以祈膏雨望五穀豐熟　原〔北史李士謙傳〕士謙宗族豪盛二社會宴飲醉喧嘩至士謙所盛饌盈前先設黍曰孔子稱黍爲穀之長荀卿亦云食先黍稷寧可違乎少長肅然退相謂曰既見君子乃覺吾徒不德　增〔臞仙神隱〕社日祭五穀之神〔提要録〕社翁祈雨不食舊水故社日必有雨謂之社翁雨陸龜蒙詩幾點社翁雨一番花信風　〔中和節〕增〔舊唐書德宗本紀〕詔曰四序嘉辰歷代增置漢崇上巳晉紀重陽朕以春

方發生候及仲月勾萌畢達天地和同俾其昭蘇宜助暢茂自今宜以二月一日爲中和節内外官司休假一日　貞元六年二月百寮會宴曲江亭上賦中和節羣臣賜宴七韻是日進兆人本業三卷司農獻黍粟各一斗〔新唐書李泌傳〕帝以前世上巳九日皆大宴集而寒食多與上巳同時欲以三月名節自我爲古若何而可泌請廢正月晦以二月朔爲中和節因賜大臣戚里尺謂之裁度民間以青囊盛百穀瓜果種相問遺號爲獻生子里閭釀宜春酒以祭勾芒神祈豐年百官進農書以示務本帝悦乃著令與上巳九日爲三令節中外皆賜緡錢燕會　〔花朝〕增〔提要録〕二月十五日爲花朝

〔翰墨記〕洛陽風俗以二月二日爲花朝節士庶遊玩又爲挑菜節〔秦中歲時記〕二月二日曲江采菜士民遊觀極盛〔誠齋詩話〕東京二月十二日花朝爲撲蝶會〔乾淳歲時記〕二月二日宮中排辦挑菜御宴先是預備朱綠花斛下以羅帛作小卷書品目於上繫以紅絲上植生菜薺花諸品俟宴酣樂作自中殿以次各以金篦挑之后妃皇子貴主婕妤及都知等皆有賞無罰以次每斛十號五紅字爲賞五黑字爲罰上賞則成號真珠玉杯金器北珠篦環珠翠領抹次亦鋌銀酒器冠鋜翠花段帛龍涎御扇筆墨官窯定器之類罰則舞唱吟詩念佛飲冷水吃生薑之類用此以資戲笑王宮

貴耶亦多傚之　熙朝樂事二月二日士女皆帶蓬葉謗云蓬開先百草戴了春不老　二月十五爲花朝節蓋花朝月夕世俗恒言二八兩月爲春秋之中故以二月爲花朝八月爲月夕也　原成都志二月十五爲花朝爲撲蝶會蜀人又以是日鬻蠶於市因作樂縱觀謂之蠶市　壺中贅錄閩中以二月二日爲踏青節蜀中以爲踏草節　宣府志宣府花朝節村民以五穀瓜果種相遺謂之獻生城中婦女翦綵爲花插之鬢髻以爲應節

集藻文賦散句增漢張衡歸田賦仲春令月時和氣清原隰鬱茂百草滋榮　魏曹植節遊賦仲春之月百卉

叢生萋萋藹藹翠葉朱莖竹林青葱珍果含榮感氣運之和順樂時澤之有成　原梁昭明太子錦帶書節應佳辰時登令月和風拂廻淑氣浮空走野馬於桃源飛少女于李徑花明麗日光浮竇氏之機鳥弄芳園韻響王喬之管　增唐侯喜中和節賦我后令節中和孔嘉凍已全解桃仍欲華慶賞之多宴樂既均于九有播植之始教化爰貞于四遐

四言古詩原隋牛弘春祈稷歌粒食興教播厥有先尊神致潔報本惟虔瞻榆束耒望杏開田用憑戩穀試詠豐年

五言古詩增唐德宗中和節日宴百寮賜詩韶華啓仲序初吉諧良辰肇茲中和節式慶天地春歡酬朝野同生德區宇均雲開灑膏露草疏芳河津歲華方載陽東作方肆勤慚非薰風唱曷用慰吾人　東風變梅柳萬彙生春光中和紀月令方與天地長耽樂豈予尚懿茲時景良庶遂亭育恩同致寰海康君臣永終始交泰符陰陽曲沼冰新碧華林桃稍芳勝賞信多歡戒之在無荒

五言律詩增唐王勃仲春郊外東園垂柳徑西堰落花津物色連三月風光絶四鄰鳥飛村覺曙魚戲水知春初晴山院裏何處染囂塵　白居易春村二月村園暖桑閒戴勝飛農夫春舊穀蠶妾擣新衣牛馬因風遠雞

豚過社稀黃昏林下路鼓笛賽神歸　宋徐鉉春分日仲春初四日春色正中分綠野裴回月晴天斷續雲燕飛猶箇箇花落已紛紛思婦高樓晚歌聲不可聞　邵雍二月吟林下故無知唯知二月期酒嘗新熟後花賞半開時只有醺酣趣殊無爛熳悲誰能將此景長貯在心脾　張栻仲春過陽江亭子亭古危臨岸林幽巧近城煙容隨雨住花片著溪清春事巳如許客懷誰與傾庭前幾株樹滿意欲敷榮　戴復古社日今朝當社日明日是花朝佳節惟宜飲東池適見招綠深楊柳重紅透海棠嬌自笑鬢邊雪多年不肯消　原柳州月泉東風生意鬧農圖正宜勤稻種開包曬菊苗依譜分疇西

磽耕雨舍北暮鉏雲莫待荒三徑歸歟陶令君（明朱
祥鳶）天氣近寒食村居遠市朝翠低新柳弱紅潤穉花
嬌聽鳥頻移榻看雲偶過橋隔村春社至會赴野人招
七言律詩 增 唐李商隱二月二日 二月二日江上行東
風日暖聞吹笙花鬚柳眼各無賴紫蝶黃蜂俱有情萬
里憶歸元亮井三年從事亞夫營新春莫悟遊人意更
作風簷夜雨聲 原 宋李公麟千尋古櫟笑聲中此日
春風屬社公開眼已憐花壓帽放懷聊喜酒治聾攜刀
割肉餘風在卜瓦傳神俚俗同鬪說巳栽桃李徑隔溪
遙認淺深紅 增 元洪希文春半採花芳菲著雨便成
苔問訊東君幾日回閏月不會花下去今朝偶到樹邊

來幾何間瀏鶯偏老如此生疎蝶也猜流水時光容易
過舉頭枝上巳青梅 方太古社日出遊村村社鼓隔
溪聞賽祀歸來客半醺水緩山舒逢日暖花明柳暗貌
春分平明白洫流新雨絕壁青楓挂斷雲策杖提壺隨
所適野夫何不可同羣 明曹大章二月郊南柳色春
淡雲晴靄動芳辰霏霏花氣偏隨酒嬝嬝鶯歌解和人
野艇蘇乘明月渡芳洲情與白鷗馴武陵溪水深幾許
笑逐桃花欲問津
七言絕句 原 唐韓愈賽神 白布長衫紫領巾差科未動
是閒人麥苗含穗桑生葚共向田頭樂社神 增 白居
易二月二日 二月二日新雨晴草芽菜甲一時生輕衫

細馬春年少十字津頭一字行 原 張籍吳楚歌詞庭
前春鳥啄林聲紅夾羅襦縫未成今朝社日停針線起
向朱櫻樹下行 張演社日村居 鵝湖山下稻粱肥豚
穽雞棲對掩扉桑柘影斜春社散家家扶得醉人歸
宋王安石南浦 南浦東岡二月時物華撩我有新詩含
風鴨綠粼粼起弄日鵝黃裊裊垂 黃庭堅觀化 竹笋
纔生黃犢角蕨芽初長小兒拳試尋野菜炊香飯便是
江南二月天 范成大春日田園雜興 社下燒錢鼓似
雷日斜扶得醉翁迴青枝滿地花狼籍知是兒孫鬬草
來 增 范成大社日獨坐 海棠雨後沁臙脂楊柳風前
撚綠絲香篆結雲深院靜去年今日燕來時 方岳社

日燕子今年猶社來翠瓶猶有去年梅丁寧莫管杏花
俗付與春風一道開 金完顏璹春半喜晴陰寒二月
雪含雲兩日開晴淑景新借問海棠紅幾許杏花楊柳
不會春 原 明陸樹聲熙熙麗日開青野漠漠平疇散
碧波山鳥一聲催布穀綠楊陰裏聽農歌 增 王衡花
朝晴煙膏露若為容躑躅香苞帶曉紅莫怨五更風色
惡開花原是落花風 原 曹勳羅綺生香散隱霞春光
不藥在侯家東風二月蘇隄路樹樹桃花間柳花
詩散何 增 宋謝靈運山桃發紅萼野蕨漸紫苞 唐德
宗東風變梅柳萬彙生春光 周庾信新年鳥聲千種
囀二月楊花滿路飛 原 唐唐彥謙二月雲煙迷柳色

九衢風土帶花香　寒郊二月初離別獨倚寒林嗅野
梅　〔增〕〔鄭谷〕和暖又逢挑菜日寂寥未是探花人　〔宋
邵雍〕年年二月凭高處不見人家只見花　〔陸游〕數點
霏微社公雨兩叢濃淡女郎花　〔元趙孟頫〕二月江南
鶯亂飛百花滿樹柳依依　〔葉顒〕燕子不來春又半一
簾花雨海棠時　〔明吳稼澄〕三春花事終辜負二月風
光半未過　〔唐杜甫〕社雨報豐年　〔釋皎然〕二月湖南
春草遍　〔宋陳與義〕二月山城未見花
〔別録〕〔原〕〔占候〕十二日晴則百果實　十五日爲勸農日
晴主年豐又爲花朝晴則百果實　春分日風從震來
穀熟麥賤人安年豐青雲歲豐前後一日内有雷主歲
稔　〔原〕〔種植〕穀黍稷蜀秫韭椒葱莧蘿蔔梨瓠子王瓜
絲瓜菠菜苦蕒莧山藥萵苣稍瓜茼蒿生菜茄冬瓜紫
蘇四月芥西瓜香芋銀杏十樣錦落花生芝蔴藕枸杞
蒴春羅黃精決明松萱草山丹蜀葵罌粟茶蘼柏桑椹
紅花麗春黃葵金錢蒴秋羅金鳳絡蔴老少年　〔移栽〕
蕒薤石榴十姊妹蕊菰木瓜茱萸甘菊松梧桐葡萄薄
荷黃精牛蒡槐紫荊木槿芙蓉萱花凌霄杜鵑桑海棠
山茶玉簪迎春玫瑰菊石竹茔江南苧蔴芭蕉　〔貼接〕
桃李梨花紅梅杏柑海棠丁香柿栗桑　〔插壓〕石榴芙
蓉梔子梨葡萄瑞香木槿薔薇　〔壅培〕木樨　〔灌溉〕櫻

桃芍藥牡丹瑞香澄𤂺　〔收採〕蔞蒿蕨芽板蕎蕎筆管
菜白芨薺菜百合馬蘭頭蠶豆苗甘遂薯蕷王不留行
黃精楡皮人參枸杞蒲公英黃蘗雲母薹菜白石英石
葦葉白芷白蘞甘草紫石英狼毒根麝香豬苓地黃金
銀花麥門冬白朮當歸知母天門冬苧根牛膝香附茯
苓茯神黃連狗脊藁本茅香根升麻黃芩紫菀草薢金
雀花前胡防已大黃巴戟天秦皮地楡天雄杜仲丁香
柴胡楝實蓬蒿桂皮虎杖　〔斵頓〕去樹裹架葡萄　〔田
忌〕天火卯地火酉九焦丑糞忌戌荒蕪酉

佩文齋廣羣芳譜卷第二

佩文齋廣羣芳譜卷第三

天時譜

三月 寒食 清明 上巳 穀雨附見

【彙考】〔禮記月令〕季春之月日在胃昏七星中旦牽牛中〔註〕日月會於大梁而斗建辰之辰也　桐始華　萍始生　乃為麥祈實　是月也生氣方盛陽氣發泄句者畢出萌者盡達不可以內　命野虞毋伐桑柘鳴鳩拂其羽戴勝降于桑〔註〕蠶將生之候也　具曲植籧筐后妃齋戒親東鄉躬桑禁婦女毋觀省婦使以勸蠶事　〔梁元帝纂要〕三月曰季春亦曰暮春末春晚春　【原】〔花月令〕是月也白桐榮荼蘼條達牡丹始繁麥吐華楝花蕪候暢入大水為萍　【增】〔瓶史月表〕三月花盟主牡丹滇茶蘭花碧桃花客卿川鵑梨花木香紫荊花使令木筆薔薇錦豹丁香七姊妹郁李長春　〔花曆〕三月木筆書空棣萼韡韡海棠睡繡毬落

【彙考】【增】〔詩豳風〕蠶月條桑取彼斧斨以伐遠揚　〔周頌〕嗟嗟保介維莫之春亦又何求如何新畬於皇來牟將受厥明〔註〕暮春斗柄建辰夏正之三月也　〔夏小正〕三月參則伏攝桑委楊〔傳〕攝桑攝而記之急桑也委楊楊則花而後記之　采識〔傳〕識草也　祈麥實〔傳〕麥者五穀之先見者故急祈而記之也　拂桐芭〔傳〕拂也者桐芭之時也或曰言桐芭始生貌拂拂然也　〔淮南子〕三月官鄉其樹李昏張中則務種穀　〔氾勝之書〕三月榆莢雨　〔四民月令〕三月杏花盛可菑白沙輕土之田　〔風土記〕三月雨謂之迎梅　〔初學記〕三月雨曰榆莢雨　〔夢溪筆談〕三月華葉從根而生故曰從魁　〔賞心樂事〕三月花院月丹花院桃柳蒼寒堂西緋碧桃滿霜亭北棣棠碧宇觀筍芳草亭觀草鬬春堂牡丹芍藥宜雨堂千葉海棠艷香館林檎花院紫牡丹宜雨堂北黃薔薇瀛巒勝處山花經寮鬬茶羣仙繪幅樓芍藥　〔聞見近錄〕故事季春上池賜生花自上至從臣皆簪花而歸　〔演繁露〕三月花開時風名花信風初汎觀則似謂此風來報花之消息耳按呂氏春秋曰春之得風風不信則其花不成乃知花信風者風應花期其來有信也

寒食【原】〔四民月令〕齊人呼寒食為冷節　寒食以麪為蒸餅樣團棗附之名曰棗餻　〔鄴中記〕并州俗冬至後百五日為介子推斷火冷食三日　〔荊楚歲時記〕去冬至一百五日即有疾風甚雨謂之寒食　【增】〔玉燭寶典〕寒食為大麥粥研杏仁為酪引餳沃之　〔酉陽雜俎〕寒食賜近臣麥粥帖綵毬鏤雞子　【原】〔零陽總記〕蜀人遇寒食用楊桐葉并細冬青葉染飯色青而有光食之資陽氣道家謂之青精乾飯食今俗以夾麥青草搗汁和糯米作青粉團烏桕葉染烏飯作糕是此遺意　〔金門歲節〕洛陽人家寒食日裝萬花輿煮桃花粥　【增】揮麈

後錄〕朱新仲少仕江寧在王彥昭幕中有代彥昭春日留客致語云寒食止數日間才晴又雨牡丹蓋數種枝欲拆又芳苞曾公帖與牡丹譜中全語也〔乾淳歲時記〕清明前三日爲寒食節都城人家皆插柳滿簷雖小坊幽曲亦青青可愛大家則加棗䭔於柳上然多取之湖堤有詩云莫把青青都折盡明朝更有出城人〔熙朝樂事〕清明前兩日謂之寒食人家插柳滿簷青蒨可愛男女亦咸戴之諺云清明不戴柳紅顏成皓首

清明

【原】〔素問〕清明次五日牡丹華〔四民月令〕清明節令蠶妾理蠶室是月也杏花盛種百穀〔志林〕東坡在黃州夢參寥誦所作新詩覺而記兩句云寒食清明都

過了石泉槐火一時新夢中因火固新矣泉何故新答曰俗以清明日淘井〔春明退朝錄〕周禮四時變火唐惟清明取榆柳火以賜近臣戚里宋朝惟賜大臣順陽氣也【增】〔提要錄〕清明雨爲杏花雨〔歲時雜記〕清明湖州進紫筍茶〔東京夢華錄〕清明日都人出郊往往就芳樹之下或園圃之間羅列杯盤互相勸酬抵暮而歸各攜名花異果山亭戲具謂之門外土儀轎子即以楊柳雜花裝簇頂上四垂遮映綴入都門斜楊御柳醉歸院落明月梨花最爲盛景是月季春萬花爛熳牡丹芍藥棣棠木香種種上市賣花者歌叫之聲清奇可聽

穀雨

〔孝經緯〕清明後十五日斗指辰爲穀雨言雨生百穀也〔牡丹譜〕洛陽以穀雨爲牡丹開候而一百五者長至一百五日開最先〔溫公文集註〕洛陽人謂穀雨爲牡丹厄〔居家宜忌〕穀雨日採茶炒藏能治痰嗽及療百疾熱疾

上巳

【原】〔後漢書禮儀志〕三月上巳日官民皆禊於東流水上〔宋書禮志〕魏以後但用三日不復用巳〔韓詩外傳〕鄭國之俗上巳於溱洧之上招魂續魄秉蘭草祓除不祥〔荊楚歲時記〕上巳日取鼠麴汁蜜和粉謂之龍舌䊦以厭時氣〔千金月令〕三月三日上踏青履【增】〔洛陽圖經〕上巳日婦女以薺花點油祝而灑之水上若成龍鳳花卉之狀則吉謂之油花卜〔酉陽雜俎〕唐中宗三月三日賜侍臣細柳圈言

帶之免蠆毒【原】〔賞心樂事〕三月三日男女皆戴薺花諺云三春戴薺花桃李羞繁華〔五色線〕荊楚歲時記三月三日四民踏百草今人因有鬬百草之戲鄭谷詩云何如鬬百草賭取鳳凰釵

【麗藻】〔文〕賦散句【原】〔梁昭明太子錦帶書〕景逼徂春時臨變節啼鶯出谷爭傳求友之音翔燕飛林競散佳人之歷〔晉張協洛禊賦〕夫何三春之令月嘉天氣之氤氳和風穆以布暢百卉曄而敷芬〔阮瞻上巳賦〕臨清川而嘉讌聊假日以遊娛蔭朝雲而爲蓋托茂樹以爲廬好修林之蓊鬱樂草莽之扶疎列肆筵而設席祈吉祥于斯途【增】〔隋文帝晚春賦〕待餘春于北閣藉高讌于

南陂水篩空而照底風入樹而香枝嗟時序之迴斡歎
物候之推移望初篁之傍嶺愛新荷之發池石憑波而
倒植林隱日而橫垂〔蕭子範家園三日賦〕權茲嘉月
悅此時良庭散花蘂傍插筠篁灑玄醪于沼沚浮絳棗
于泱泱觀翠綸之出沒戲青舸之低昂〔周庾信三日
華林園馬射賦〕于時玄鳥司曆蒼龍馭行羔獻冰開桐
華萍合皇帝幸于華林之園千乘雷動萬騎雲屯落花
與芝蓋同飛楊柳共春旗一色 原 唐王勃三月上巳
祓禊序遲遲風景出沒媚於郊原片片仙雲遠近生於
林薄雜花爭發非止桃蹊羣鳥亂飛有踰鶯谷王孫春
草處處爭鮮仲阮芳園家家並翠於是攜旨酒列芳筵

先祓禊於長洲却申交於促席〔王維暮春讌遙谷讌
集序〕巖谷先曙羲和不能信其時芳卉後春勾芒不能
一其令桃秾窈窕蘅皐超忽驂御延佇于叢薄珮玉升
降于蒼翠〔蕭穎士蓬池禊飲序〕禊逸禮也鄭風有之
蓋取諸勾萌發達陽景敷煦握芳蘭臨清川秉和蠲絜
用徼介祉厥義存矣

四言古詩

增 〔晉張華三月三日後園會〕暮春元日陽氣
清明祁祁甘雨膏澤流盈習習祥風啓滯導生禽鳥翔
逸卉木滋榮纖條被綠翠華含英

五言古詩

御製時巡近郊憫農事有作 芳郊景物麗淑氣扇暮春靈雨
應良節光風薄佳辰省耕已届候鳳駕方來巡前驅列式
道羽衛羅鈎陳時有田間子荷未披車塵諮詢勿頻數疾
苦當咨詢千耦幸終畝二麥猶懸困撫綏爾勤動痌瘝子
隱親躬賜出泉府搢衙屬官臣行潦有挹器列井無枯津
所惠良未徧慊慊愧斯人

增 〔宋謝惠連三月三日曲水集〕四時著平分三春禀融
爍遲遲和景婉夭夭園桃灼攜朋適郊野昧爽辭鄽郭
蔓雲興翠嶺芳飆起華薄解轡偃崇丘藉草邊迴壑際
渚羅時簌託波泛輕爵〔宋鮑照三日〕氣暄動思心柳
青起春懷時艷憐花藥服淨悅登臺提觴野中飲愛心
烟未開露色染春草泉源潔冰苔泥泥濡露條嫋嫋承

風栽鳧雛掇苦薺黃鳥銜櫻梅解衿欣景預臨流競覆
杯美人竟何在浮心空自摧 原 梁簡文帝三日侍宴
林光殿曲水詩 芳年多美色麗景復妍遙握蘭惟是日
採艾亦今朝迴沙溜碧水曲岫散桃夭綺花非一種風
絲亂百條雲起相思觀日照飛虹橋繁華炫姝色燕趙
艷妍妖金鞍汗血馬寶髻珊瑚翹蘭馨起縠袖蓮錦束
瓊腰相看隱綠樹見人還自嬌玉柱鳴羅薦渠枕泛迴
潮洛濱非拾羽滿握詎貽椒〔晚春〕紫蘭葉初滿黃鶯
啼不稀石蹲還似獸蘿長更如衣水曲文魚聚林瞑雅
鳥飛渚蒲變新節巖桐長舊圍風花落未已山齋開夜
扉〔沈約三日率爾成篇〕麗日屬元巳年芳具在斯開

花已匝樹流鶯復滿枝洛陽繁華子長安輕薄兒東出千金堰西臨鳳凰陂清晨戲伊水薄暮宿蘭池寧憶春蠶起日暮桑欲萎 增〔庾肩吾三日侍蘭亭曲水宴〕策星依夜動鑾駕總朝遊旌門臨苑樹相風出鳳樓春生露泥泥天覆雲油油桃花舒玉澗柳葉暗金溝禊川分曲沼帳殿掩芳洲踴躍頳魚出參差絳棗浮百戲俱臨水千鍾共逐流〔隋蕭愨春晚〕春庭聊縱望樓臺自相隱窓梅落晚花池竹開新筍泉鳴知水急雲來覺山近不愁花不飛到畏花飛盡〔唐白居易寒食洛下宴遊贈馮李二少尹〕豐年寒食節美景洛陽城三尹皆强健七日盡晴明東郊蹋青草南園攀紫荆風折海榴豔露

墜木蘭英假開春未老宴合日屢傾珠翠混花影管絃藏水聲佳會不易得良辰亦難幷聽吟歌暫輟看舞杯徐行米價賤如土酒味濃於餳此時不盡醉但恐負平生殷勤二曹長各捧一銀觥〔崔護郡齋三月下旬作〕春事日已歇池塘曠幽尋殘紅披獨墜嫩綠間淺深偃仰捲芳褥顧步愛新陰謀春未及竟初夏遽見侵〔溫庭筠寒食節日寄楚望〕芳蘭無意綠弱柳何窮縷心斷入淮山夢長穿楚雨繁花如二八好月當三五愁碧竟平皐韶紅換幽圃流鶯隱園樹乳燕喧餘哺曠望戀曾臺離憂集環堵當年不自遣晚得終何補鄭谷有樵蘇歸來要腰斧〔宋歐陽修暮春〕幽憂無以銷春日靜愈

長薰風入花骨花枝午低昂往來採花蜂清蜜未滿房春事已爛熳落英漸飄揚蛺蝶無所為飛飛助其忙啼鳥亦屢變新音巧調簧遊絲最無事百尺拖晴光天工施造化萬物感春陽〔陸游春晚書齋壁〕海棠已成雪桃李不足言纖纖麥被野鬱鬱桑連村犍蠶細如螘杜宇號朝昏展蒸秫餌美尖社黍酒渾早筍漸上市青韭初出園老夫下箸喜盡屏雞與豚幽居亦何樂且洗兩耳喧呼兒燒柏子悠然坐東軒 原〔明文徵明〕妍英弄芳意麗色含春姿物華浩無涯駘蕩東風吹東風日已熙草色日已滋青春萬里道遊子有所思浮雲漏白日荷露朝已晞攀條惜婉麗忽得琪瓊枝芳踪未有托暮

景已西馳菁華難復恃結藕聊自怡

七言古詩 增〔唐宋之問寒食陸渾別業〕洛陽城裏花如雪陸渾山中今始發旦別河橋楊柳風夕卧伊川桃李月伊川桃李正芳新寒食山中酒復春野老不知堯舜力酣歌一曲太平人〔王維寒食城東即事〕清谿一道穿桃李演漾綠蒲涵白芷谿上人家凡幾家落花半落東流水蹴踘屢過飛鳥上鞦韆競出垂楊裏少年分日作遨遊不用清明兼上巳〔李賀三月樂詞〕東方風來滿眼春花城柳暗愁殺人複宮深殿竹風起新翠舞衿淨如水光風轉蕙百餘里暖霧驅雲撲天地軍裝宮妓掃蛾淺搖搖錦城夾城暖曲水飄香去不歸梨花落盡

成狄苑〔宋邵雍三月吟〕滿城盡日行春去言念行春還有數篔莘何曾不發生遊人其奈無憑據梨花著雨漫成啼柳絮因風爭肯住一片清明好意多奈何意好難分付〔明楊基清明看花吉祥寺〕裏千堆錦綠髮仙人對花飲腰鼓金盤五色藍醉歸猶帶花枝裹東風王子幾清明三百年來寺已傾沙河塘上癡兒女猶須錢塘太守名看花我亦逢王子況是清明非偶爾莫論南浦與西湖楚水吳山正相似青蓮居士識前因金粟如來見後身總不能知塵外劫也須曾是會中人【原】何景明〕長安三月百花殘滿城飛絮何漫漫千門萬戶東風起陌上河邊春色闌美人高樓鎖深院白花濛濛落

如霰晴窗窈窕朝日遲亂入簾櫳趁雙燕游絲相牽時裊裊委地飄颻不須掃君不見江頭綠葉吹香綿隨波化作浮萍草

〔五言律詩〕

御製春日內苑賜宴詩并序〕已未三月律應姑洗望日之吉賜內閣大臣及侍衛宴於內苑時乃玩花於繹雪玉樹含風浮杯於西齋金池漾月飲酒樂甚因率題四韻以示羣臣春深內苑裏珍席宴羣臣蝶向雙旌舞花飛複閣新和羹期上佐調鼎協洪鈞簫鼓歡無極芳年幸此辰

【增】唐李益春晚賦得餘花落〕留春春竟去春去花如此蝶舞還應稀鳥驚飛詎已衰紅辭故萼繁綠扶弱蘗自委不勝愁庭風那更起【原】柳中庸寒食〕春暮越江邊春陰寒食天杏花香麥粥柳絮作鞦韆酒是芳菲節人當桃李年不知何處恨已解入箏弦〔張又新三月五日泛長沙東湖〕上巳餘風景芳辰集遠垧湖光迷翡翠草色醉蜻蜓鳥弄桐花日魚翻穀雨萍從今留勝會誰看畫蘭亭【增】項斯晚春〕花陰洞日光薄花開不及時當春無半樹經燒足空枝跡與香風會細將泉影移此中人到少開盡幾人知【原】唐彥謙上巳寄韓八〕上巳接寒食鶯花寥落晨微微潑火雨草草踏青人涼似三秋景清無九陌塵與余同病者對此合傷神【增】宋余靖暮春〕草帶全鋪翠花房半墜紅農家榆莢雨江國鯉

魚風堤柳綿爭撲山櫻火共烘長安少年客不信有衰翁〔蘇軾雨晴散步〕雨過浮萍合蛙聲滿四鄰海棠眞一夢梅子欲嘗新拄杖閒挑菜鞦韆不見人殷勤木芍藥獨自殿餘春〔張九成晚春即事〕幽事晚山色幽齋春雨餘亂紅歛淵水浮綠漲郊墟北隔迸新筍西園生野蔬槿籬遶茅屋已分老樵漁〔范成大寒食郊行〕朧麥欣欣綠山桃寂寂紅帆邊魚綫浪木末酒旗風信步隨芳草迷途問小童賞心添腳力呼渡過溪東〔陸游山家暮春〕遶屋清陰合緣堤綠草纖起蠶初放食新麥已磨鎌苦筍先調醬青梅小蘸鹽佳時幸無事酒盡更須添〔戴昺次韻春事〕海棠紅未了又近牡丹時送日

多忙事酬春欠好詩暖風吹麥早晴移轉花遲不盡清遊興重爲上巳期　陳與義寒食草草隨時事蕭蕭傷水門濃陰花照野寒食柳圍村客袂空佳節鶯聲忽故園不知何處笛吹恨滿清尊　僧契嵩山亭晚春小庭晚來靜林石自巉巉犬去吹人語花飛恣鳥銜晴烟熏茂草照日藹高杉更喜團團月清光下碧巖　明李禎三月四日即景忽忽春將暮俄過三月三草誰憐益母花自媚宜男作到尋巢燕初眠上箔蠶新茶與稱筍鄉味憶江南

七言律詩　增唐皇甫冉三月三日義興李明府後亭泛舟江南烟景復如何聞道新亭更可過處處藝蘭春浦

綠萋萋藉草遠山多壺觴須就陶彭澤風俗猶傳晉永和更使輕橈徐轉去微風落日水增波　杜牧殘春獨來南亭因寄張祜暖雲如粉草如茵獨步長堤不見人一嶺桃花紅錦黦半溪山水碧羅新高枝百舌猶欺鳥帶葉梨花獨送春仲蔚欲知何處在苦吟林下拂詩塵　溫庭筠寒食日作紅深綠暗逕相交抱暖含芳披紫袍綵索平時牆婉娩輕毬落處晚寥梢窻中草色妬雞卵盤上芹泥憎燕巢自有玉樓芳意在不能騎馬度煙郊　原李山甫寒食二首柳帶東風一向斜春陰淡淡蔽人家有時三點兩點雨到處十枝五枝花萬井樓臺疑繡畫九原珠翠似烟霞年年今日誰相問獨卧長安泣歲

華　來鵬清明日與友人遊玉粒塘莊幾度春山共陸郎清明時節好風光細穿綠荇船頭滑碎踏殘花屐齒香風急嶺南飄迥野雨餘田水落芳塘不堪吟罷東回首滿耳蛙聲正夕陽　寒食山館書情獨把一杯山館中每經時節恨飄蓬侵堦草色連朝雨滿地梨花昨夜風蜀魄啼來春寂寞楚魂吟後月朦朧分明記得還家夢徐孺宅前湖水東　增韓偓春盡日樹頭初日照西簷樹底蔫花夜雨霑外院池亭聞動鎖後堂闌檻見垂簾柳腰入戶風斜倚榆莢堆牆水半淹把酒送春惆悵在年年三月病厭厭　原韋莊長安清明早是傷春暮雨天可憐芳草更芊芊內官初賜清明火上相閑分白

打錢紫陌亂嘶紅叱撥綠楊高映畫鞦韆遊人記得承平事暗喜風光似昔年　增宋王禹偁寒食今年寒食在商山山裏風光亦可憐稚子就花拈蛺蝶人家依樹繫鞦韆郊原曉綠初經雨巷陌春陰乍禁烟副使官閑莫惆悵酒錢猶有撰碑錢　韓琦上巳瓊林苑賜筵春光濃潑寶津樓樓下新波漲鴨頭嘉節難逢眞上巳賜筵榮入小瀛洲仙園雨過花還媚御陌風長絮作毬禊飲不須辭巨白清明來日尚歸休　蔡襄上巳日杭州東園地上多于枝上花東樓疑望惜年華潮頭正對伍員廟燕子爭歸百姓家粉籜漸高山徑筍綠旗初展石巖茶流芳自與人兼老尊酒相逢莫重嗟　原歐陽修

淸明賜新火魚鑰侵晨放九門天街一騎走紅塵桐花應候催嘉節榆火推恩忝侍臣多病正愁餳粥冷淸香但愛蠟烟新自憐慣識金蓮燭翰院曾經七見春〔曹組寒食輦下〕海棠時節又淸明塵歛烟收雨乍晴幾處靑帘沽酒市一竿紅日賣花聲綵毬時向梭門過繡轂遙隨輦路行日暮人人醉歸去熙熙春物見昇平〔范成大上巳日萬歲池呈程詠之〕濃春酒暖絳烟霏漲水天平雪浪遲綠岸翻鷗如北渚紅塵躍馬似西池麥苗翦翦嘗新麪梅子雙雙帶折枝試比長安水邊景祇無儀客爲題詩〔陸游春晚〕雨足人家插稻秧蠶生隣女採桑黃萬花掃迹春將暮百草吹香日正長閒覓啼鶯

穿北崦戲隨飛蝶過東岡飄然且喜身强健不怪兒曹笑老彊〔楊萬里寒食雨作〕雙燕銜簾報禁烟喚驚晝夢聳詩肩晚寒正與花爲地曉雨能令水作天桃李海棠聯病眼淸明寒食又經年老來不辦雕新句報荅風光且一篇〔三月十日〕纔看桃李錦城闉忽便園林綠作堆遠草將人雙眼去飛花引蝶過牆來簿書節裏無多著懷抱朝來得好開已是七分春去了何須鳥語苦相催〔吳龍翰春晚郊行〕芒鞋竹杖出柴關簡點園林脚不閒翠幄初張花作局錦棚成列筍爲班烟波鷗鷺春風外桑柘牛羊夕照閒野興不須邀客共芳樽濁酒對黃山〔許月卿三月〕三月春如年少時了知造化最兒嬉智行無事柳飛絮道發自然花滿枝錦繡園林添富貴神仙院落鬬淸奇老天長似春三月游戲人間不皺眉〔元王惲淸明日錦隄行樂〕浪說蘭亭禊事修年年春好錦隄遊花翻舞袖鶯歌板柳隔高城暗酒樓綠樹恐應春事老金鞭重爲使君留竹西路曉歸時醉何處珠簾半上鉤〔李孝光次晚春韻〕燕燕沉沉春晝永閒敲棊子小闌東拍天漲綠連朝雨滿地殘紅昨夜風草際夢回詩有債柳邊寒薄絮無功韶光暗換千年事莫遣閒愁著鬢中〔明楊基江村寒食〕預折楊枝插繞簷荳糜香軟麥餳甜春衣未染新絲織午篆猶分舊火添小雨送春靑見薺輕雷催筍碧抽尖不因人遠傷離

別那得春愁上短髯〔沈周上巳日漫作〕和風晴日正宜春碧柳紅桃得得新老謝祓除何故事健追行樂有閒身鄰翁採薺分家小遊女揉花打路人不限長安水邊好太平隨地總堯民

五言排律〔增〕〔唐白居易春末〕間出乘輕屐徐行踏軟沙觀魚傍溢浦看竹入楊家林迸穿籬筍藤飄落水花雨埋釣舟小風颺酒旗斜嫩剝靑菱角濃煎白茗茶淹留不知夕城樹欲棲鴉

五言絕句

御製〔途次逢寒食〕何處來春風淡蕩開晴旭不見杏花紅纔逢柳梢綠

唐嚴維江南三月江南季春天蓴菜細如弦湖邊草
作逕湖上葉如船 原劉禹錫春晚思悠哉花葉自相
催漠漠空中去何時天際來 增崔道融春晚三月寒
食時日色濃于酒落盡墻頭花鶯聲隔原柳 寒食夜
滿地梨花白風吹碎月明大家寒食夜獨貯望鄉情

七言絶句

御製清明已日纔從江岸行舟中還復度清明上林聞道花
遅發留與歸時聽早鶯 清明登玉泉山寒食登高芳草
青泉聲映柳覆春亭心中懷得天然處對對沙鷗樂野汀
原唐沈佺期上巳日祓禊渭濱應制寳馬香車清渭濱
紅桃碧柳禊堂春皇情尚憶垂竿佐天祚先呈捧劍人

增錢起暮春歸故山草堂谷口殘春黃鳥啼辛夷花
盡杏花飛始憐幽竹山窻下不改清陰待我歸 原韓
翃寒食日即事春城無處不飛花寒食東風御柳斜日
暮漢宮傳蠟燭青烟散入五侯家 增竇鞏襄陽寒食
寄宇文籍烟水初銷見萬家東風吹柳萬條斜大隄欲
上誰相伴馬踏春泥半是花 武元衡陌上暮春青青
南陌柳如絲柳色鶯聲晚日遲何處最傷游客思春風
三月落花時 韓愈晚春草樹知春不久歸百般紅紫
鬭芳菲楊花榆莢無才思惟解漫天作雪飛 杜牧春
晚題韋家亭子擁鼻侵襟花草香高臺春去恨茫茫鶯
紅半落平池晚曲渚飄成錦一張 溫庭筠三月十八

日雪中作芍藥薔薇語早梅不知誰是艷陽才今朝領
得東風意不復饒君雪裏開 方干寒食日百花香氣
傍行人花底垂鞭日易曛野父不知寒食節穿林轉壑
自燒雲 成彦雄暮春日宴溪亭寒食尋芳遊不足溪
亭還醉緑楊烟誰家花落臨流樹數片殘紅到檻前
宋邵雍禁烟題錦屏山下二首寒食風烟錦屏下凭高
把酒興何如滿川桃李風妍媚不忍重爲風破除 無
涯桃李待清明經歲方能開得成不念化工曾著力狂
風何故苦相陵 秦觀三月晦日節物相催各自新癡
心兒女挽留春芳菲歇去何須恨夏木陰陰正可人
張耒晚春驪足高簷春日斜碾聲初破小龍茶樓邊緑

樹飛紅盡春色墻陰老薺花 范成大三月四日驟暖
日腳融晴晚氣暄驪餘初覺薄羅便如何柳絮沾泥處
暖似槐陰轉午天 春晚客去鈎窻詠小詩遊絲撩亂
柳花稀微風盡日吹芳草蝴蝶雙雙貼地飛 夕陽槐
影上簾鈎一枕清風夢昔遊夢見錢塘春盡處碧桃花
謝水西流 楊萬里三月廿七日送春只餘三日便清
和儘放春歸莫恨他落盡千花飛盡絮留春肯住欲如
何 王鎡深春夾泥花上舊巢邊翠箔柔空靄又眠天
氣乍晴風候別坐看盆藕出雙錢 燕子來時春又休
暖風吹緑上枝頭繡簾不隔荼蘼月香影無人自入樓
一 僧道潛春晚曉風池沼水瀾翻春盡淮南麥秀寒院

落無人日停午柳花如雪滿闌干〔金高士談〕寒食燕泥半落烏衣巷柳色全添綠綺窓江件丁香過寒食弄晴蝴蝶一雙雙〔元宋褧春詞〕嬌春楊柳暗藏鴉掩映文窓一樹花寒食清明都過了怕無車馬問儂家

詩散句 增〔齊邢子才〕芳春時欲遽覽物惜將移新萍已冒沼餘花尚滿枝〔唐王維〕年光三月裏宮殿百花中〔李嘉祐〕清明桑葉小度雨杏花飛〔韋應物〕晴明寒食好春園百卉開 原〔賈島〕晴風吹柳絮新月起廚烟〔白居易〕三月草萋萋黃鶯歇又啼 增〔溫庭筠〕曉風楊葉耐寒食杏花村〔司空圖〕人家寒食月花影午時天〔宋徐鉉〕東風不好事吹落滿庭花〔韓琦〕春寒芳

意晚未見柳飛綿〔楊萬里〕荔子園園花寒食日日雨 原〔唐李白〕江邊石上誰知處綠戰紅酣別是春〔杜甫〕落花遊絲白日靜鳴鳩乳燕青春深〔劉禹錫〕草色淺深園幄幕花枝上下逐鞦韆〔胡宿〕金絡馬銜原上草玉釵人折路傍花〔崔魯〕杏酪漸香鄰舍粥榆烟欲變舊爐灰〔韓偓〕惻惻輕寒翦翦風杏花飄雪小桃紅〔張泌〕青草浪高三月渡綠楊花撲一溪烟　弱柳未勝寒食雨好花爭奈夕陽天〔韋莊〕錦江風散霏霏雨花市香飄漠漠塵〔宋韓琦〕白楊花落眠蠶老紅杏枝殘笑靨圓　與慶池頭三月三柳如撚綫草如衫〔晏殊〕夾道桃花新過雨馬蹄無處避殘紅〔蘇舜欽〕春陰垂野草青青時有幽花一樹明〔歐陽修〕杯盤餳粥春風冷池館榆錢夜雨新　九門寒食多遊騎三月春陰正養花〔王安石〕已著單衣猶禁火海棠花下怯黃昏　蕭蕭三月閉柴荆綠葉陰陰忽滿城〔蘇軾〕北城寒食烟火微落花蝴蝶作團飛　藍尾忽驚新火後遨頭要及浣花前〔謝逸〕點點花飛春事晚青青芳草暮愁生 增〔范成大〕桃杏滿村春似錦踏歌椎鼓過清明石門柳綠清明市洞口桃花上巳山〔元龔璛〕今年石湖好清明每樹梨花香雪晴〔周權〕杜宇青山三月暮桃花流水一溪雲〔馬臻〕潑火雨晴餳粥冷落花風暖筍輿輕 原〔唐劉禹錫〕楚香寒食橘花時〔陸羽〕人買

山茶先穀雨〔李商隱〕粥香餳白杏花天 增〔宋徽宗〕茸母初生識禁烟〔邵雍〕三月初三花正開　上巳觀花花意濃 原〔蘇軾〕火冷餳稀杏粥稠

詞 增〔宋謝懋〕憶少年池塘綠遍王孫芳草依依斜日遊絲撩晴晝繫東風無力　蝶趁幽香蜂釀蜜秋千外臥紅堆碧心情費消遣更梨花寒食〔劉克莊〕憶秦娥遊人絕綠陰滿野芳菲歇芳菲歇養蠶天氣采茶時節枝頭杜宇啼成血陌頭楊柳吹成雪吹成雪淡烟疎雨江南三月〔趙長卿〕畫堂春小亭烟柳水溶溶野花自白紅紅惱人池上晚來風吹損春容　又是清明天氣當年小院相逢凭欄幽思幾千重殘杏香中 原〔賀鑄〕

梛梢青子規啼血可憐又是春歸時節滿院春風海棠
鋪繡梨花飛雪　丁香露泣殘枝梢未比愁腸寸結自
是休文多情多感不干風月　〔李清照怨王孫〕帝里春
晚重門深院草綠堦前暮天鴈斷樓上遠信誰傳恨緜
緜　多情自是多沾惹難拚捨又是寒食也鞦韆巷陌
人靜皎月初斜浸梨花　〔明王世貞玉樓春〕是誰約勒
東君去枝上曉聲寒杜宇柔綠猶能抵死留妖紅不解
逡巡住　灞陵一陣飄香雨宛轉玉驄蹄下土記他令
蘂拆苞時總有千金無贖處　〔宋趙令畤蝶戀花〕欲減
羅衣寒未去不捲珠簾人在深深處紅杏枝頭花幾許
啼痕止恨清明雨　盡日水沉香一縷宿酒醒遲惱破

春情緒飛燕又將歸信誤小屏風上西江路　增〔趙善
扛十拍子〕柳絮飛時綠暗荼蘼開後春酣花外青簾迷
酒思陌上晴光收翠嵐佳辰三月三　解佩人逢游女
踏青草鬭宜男醉倚畫欄欄檻北夢繞清江江水南飛
鸞與共驂　原〔明葉道卿鳳凰閣〕遍園林綠暗渾如昨
翠幄下無一片是花萼可恨狂風横雨忒煞情薄盡底
把韶華送却　楊花無奈是處穿簾透幕豈知人意正
蕭索春去也這般愁沒處安著怎奈何黃昏院落　〔王
世貞青玉案〕鴨頭波染濃于酎風起處紅香青皺乳燕
雙雙簾幙透梨花未雪綠楊猶絮蠶飽桑陰瘦　無端
釀出清明候忽憶城南乍分手十二闌干寒更陡踏青

人遠鬭茶時近滋味如中酒　〔宋辛棄疾祝英臺近〕寶
釵分桃葉渡烟柳暗南浦怕上層樓十日九風雨斷腸
點點飛紅都無人管倩誰喚流鶯聲住　鬢邊覷試把
花卜歸期纔簪又重數羅帳燈昏哽咽夢中語是他春
帶愁來春歸何處又不解帶將愁去　〔滿江紅〕家住江
南又過了清明寒食花徑裏一番風雨一番狼藉紅粉
暗隨流水去園林漸覺清陰密算年年落盡刺桐花寒
無力　庭院靜空相憶無處說閒愁極怕流鶯乳燕得
知消息尺素如今何處也綠雲依舊無蹤跡謾教人羞
去上層樓平蕪碧　增〔李琳六么令〕淡煙疎雨香逕渺
啼鴂新晴畫簾閒卷燕外寒尤力依約天涯芳草染得

春風碧人間陳迹斜陽今古幾縷遊絲趁飛蝶　誰向
尊前起舞又覺春如客翠袖折取薦紅笑與簪華髮回
首青山一點簷外寒雲疊梨花著雨柳花飛絮夢繞闌
于滿園雪　施岳曲游春畫鼓西泠路占柳陰花影芳
意如織小楫衝波度麴塵扇底粉香簾隙岸轉斜陽隔
又過盡別船簫笛傷斷橋翠繞紅圍相對半篙晴色
頃刻千家暮碧向沽酒樓前猶繫金勒乘月歸來正梨
花夜縞海棠烟幕院宇明寒食醉作醒一庭春寂任滿
身露濕東風欲眠未得

別錄　原〔古候〕三月有三卯宜豆無則麥不收　月內有
暴水謂之桃花水主多梅雨無則無　清明有水而渾

主高低田大熟雨水調　朔日值清明草木茂值穀雨
主年豐　上巳聽蛙聲上晝𠮳上鄉熟下晝𠮳下鄉熟
終日𠮳上下齊熟聲啞低田熟聲響低田澇〔種植〕穀
黍芝蔴薏苡黑豆御麥棉花白扁豆蠶豆刀豆紅豆葫
蘆茄豇豆落花生生菜菠菜菘菜茼蒿葱山藥䅌瓠子
茭筍稍瓜香芋蘿蔔韭王瓜南瓜冬瓜菜瓜蘘荷茴香
薑大豆銀杏葡萄薤土瓜荸薺芋香菜櫻桃枸杞椒紫
蘇白蘇天茄望江南梨菊牛蒡鳳仙薄荷玫瑰十樣錦
藕栗百合雞冠山丹紅花紫草薇獨帚萆麻子石竹罌
粟商陸葵決明麻〔移植〕石榴地黃楊梅木瓜梧桐柑
橘夜合冬青實相檜桑海棠橙菱木槿麗春玉簪杉槐

芙蓉薔薇秋海棠芭蕉櫧梔子木香醒頭香紫萼〔貼〕
〔接〕柑柚橙橘玉蘭棗香櫞柿接桃桐接栗杏接梅〔收〕
〔採〕筆管菜藤花椿芽蔞蒿蒲公英槐芽菊芽金雀花薺
菜黃楝芽牛膝蕨芽葵菜藜菜看麥娘黃連芽蒿花灰
莧薇菜斜蒿老鸛嘴蓬蒿芽水苔紫草車前葉牛舌科
厚朴紫花王瓜鈎藤天茄苗鷹兒腸狗脊土瓜荊芥碎
米薺天門冬芫花白附子澤蘭川芎芽紫參根防葵穀
精草艾紫葛根皮紫背浮萍夏枯草蕪荑實白朮青葙
莖葉澤漆葶葉羊躑躅白薇根玄參小木萍桑寄生黃
芩防風芽射干根〔整頓〕開溝渠犁秧田理花棚浸稻
出菖蒲鋤蒜拔蓬〔製用〕千金月令三月三日採艾挂
戶風乾以備醫藥〔四時纂要〕三月三日取桃花片至
七月七日和烏雞血塗面與身〔萬花谷〕三月三日宜
沐枸杞湯〔便民要纂〕三月採夏枯草煎汁熬膏治遠
年損傷〔司忌〕天火午地火申九焦戌荒蕪丑糞忌辰

佩文齋廣羣芳譜卷第三

佩文齋廣羣芳譜卷第四

天時譜

夏

增禮記鄉飲酒義南方者夏夏之爲言假也養之長之假之仁也〔爾雅〕夏爲朱明〔註〕氣赤而光明 夏爲長嬴〔尸子〕南方爲夏夏興也南任也萬物莫不任興蕃殖充盈也 原〔梁元帝纂要〕夏曰朱夏炎夏三夏九夏天曰昊天風曰炎風節曰炎節草曰茂草雜草木曰蔚林茂林密樹茂樹

彙考 增〔禮記王制〕夏薦麥〔周禮秋官〕薙氏掌殺草春始生而萌之夏日至而夷之 原〔晉書嵇康傳〕康性絕

巧而好鍛宅有一柳樹甚茂乃激水環之夏月居其上以鍛〔山海經〕朱提郡堂狼山多毒草盛夏之月飛鳥過之亦不得去〔淮南子〕武王蔭暍人于樾下而天下懷 增〔淮南子〕夏取果蓏〔注〕有核曰果無核曰蓏 薺麥夏死而人曰夏生生者衆〔尚書考靈曜〕夏火星昏中可以種黍 原〔括地圖〕大毒國最熱夏則草木皆乾〔語林〕陸機在洛夏月忽思東頭竹篠飲語劉寶曰吾思鄉轉深矣 增〔敘聞錄〕蔣昌蓄採星盆夏月漬果則倍冷 原〔杜陽雜編〕李輔國夏月堂中設迎涼草其色碧幹似苦竹葉細於杉刺之牕戶間衆室皆涼 增〔熙朝樂事〕西湖夏夜觀荷最宜風露舒涼清香徐細傷花淺酌如對美人倩笑款語也〔清閒供〕夏時晨起芟荷爲衣傷花枝吸露午後刳椰子杯浮瓜沉李搗蓮花飲碧芳酒日晡浴罷掉小舟垂釣於古藤曲水邊薄暮箨冠蒲扇立層岡看火雲變現〔林下盟〕暑月晚涼浴罷杖履逍遙臨池觀月乘高取風採蓮剝芡剖瓜雪藕白醪三杯取醉而適其爲樂殆未可以一二數也

麗藻〔文賦散句〕增〔梁江淹四時賦〕炎雲峯起芳樹未移皐蘭生坂朱荷出池憶上國之綺樹想金陵之蕙枝〔唐王勃夏日登韓城門樓序〕驚花亂下戲鳥平飛荷葉滋而曉露繁竹院靜而炎氣息〔宋王炎夏日郊行賦〕麥穟穟而餠餌桑陰陰而繭絲麻旆旆而没人秧芃芃而布畦

〔五言古詩〕增〔梁江總夏日還山庭〕獨於幽棲地山庭暗女蘿澗清長低篠池開半卷荷野花朝暝落盤根歲月多停罇無賞慰狎鳥自經過〔梁簡文帝納涼〕斜日晚駸駸池塘生半陰避暑高梧側輕風時入襟落花還就影驚蟬乍失林遊魚吹水沫神蔡上荷心翠竹垂秋采丹棗賦竦雖無勞夜遊曲寄此託微吟〔隋薛道衡梅夏應教〕長廊連紫殿細雨應黃梅浮雲半空上清吹隔池來集鳳桐花散騰龜蓮葉開幸逢爲善樂頻降濟時才〔唐韋應物園亭覽物〕積雨時物變夏緑滿園新殘花已落實高笋半成籜守此幽棲地自是忘機人〔宋

春觀田舍入夏桑柘稠陰陰翳慮落新麥已登場餘蠶猶占箔簇儀破屋陰霽靄收遠壑雌蜺卧淪漪鮮飈泛叢薄林深鳥更鳴水漫魚知樂嬴老厭煩歊解衣屢磅礴蔭樹濯涼飈起行遺帶索家婦餉初還丁男耘有託倒筒備青餞鹽茗恐乖囊明日輸絹租鄰兒入城郭

七言古詩 增 宋歐陽修歸田樂南風原頭吹百草草木叢叢茅舍小麥穗初齊稚子嬌桑葉正肥蠶食飽老翁但喜歲年熟餉婦安知時節好野棠梨密啼曉鶯海石榴紅囀山鳥田家此樂知者誰我獨知之歸不早乞身當及强健時顧我蹉跎已衰老 原 梅堯臣夏熱六龍銜火燒寰宇魏王冰井若湯煮松枝桂葉凝若癡喘殺

溪頭嘯風虎北冥融却萬丈冰千劍凍鼠忙如蒸我聞北土長飛雪此時日驟地皮裂仙芝瑤草不敢苗湘川竹焦瑱玎折西郊雲好雨不垂堆青疊碧徒爾爲 增 元薩都剌新夏曲紅波香枯怨流水夜放蒼龍千尺尾風生宮樹曉屏屏涼綠一簾收不起煙乾寶鴨白晝清靚融綏綏行且停薔薇花深霧冥冥碧驄嘶起香滿肱 荷中山中樂堤柳絲搖新翠畫石榴紅摺嬌裙衩蓮蕩風開翡翠欹菱塘雨定鴛鴦下溪女浣紗朝出村行官飲水暮歸舍瓦餅手挈隔年醅石下坐閱明月夜山中之樂誰得知我獨知之來何爲空裏鳥蟾飛影過桑麻課妓勝書帷 原 鄭奎妻夏月詞芭蕉葉展青鸞尾萱草花含金鳳觜一雙乳燕出雕梁數點新荷浮綠水困人天氣日長時鍼線慵拈午漏遲起向石榴陰畔立戲將梅子打鶯兒

五言律詩 增 唐駱賓王夏日遊目暫屏塵囂累言尋物外情致逸心逾默神幽體自輕浦夏荷香滿田秋麥氣清訓假滄浪上將濯楚臣纓 夏日遊山家返照下層岑物外狎招尋蘭徑薰幽佩槐庭落暗金谷靜風聲徹山空月色深一遣樊籠累唯餘松桂心 杜審言夏日過鄭七山齋共有樽中好言尋谷口來薜蘿山徑入荷芰水亭開日氣含殘雨雲陰送晚雷洛陽鍾鼓至車馬繫遲迴 韋應物夏花明夏條綠已密朱萼綴明鮮炎

炎日正午灼灼火俱燃翻風適自亂照水復成妍歸視窗間字熒煌滿眼前 許渾長興里夏日南鄰避暑侯家大道傍蟬噪樹蒼蒼開鏁洞門遠下簾賓館涼欄紅藥盛架引綠蘿長永日一歆枕故山雲水鄉 宋韓琦夏景閒事槐耳籠前檻雲峯透曲檐涼風郎崑聞煩思入滄溟荷翻青蓋榴新倒綠餅晚來收驟雨一枕夢魂醒 邵雍春盡後園閒步綠樹成陰日黃鶯對語時小渠初瀲灩新竹正參差倚杖閒吟久攜童引步遲好風知我意故故向人吹 張耒夏日過雨芰荷亂繁陰竹樹多雛聲知鳥哺萍動見魚過細逕饒苔蘚陰牆引薜蘿角巾從倒側疎懶欲如何 蚓壤排晴國蝸涎

印雨階花鬢嫣帶粉樹角老封苔問字病多忘過鄰觴
却迴晚涼還盥櫛對竹引清杯　細徑依原僻茅蓬四
五家山田來雉兔溪雨熟桑麻竹籠晨收果茅菴夜守
瓜頗知農事樂從此問生涯　金龐鑄喜夏小暑不足
畏深居如退藏青奴初薦枕黃妳亦升堂鳥語竹陰密
雨聲荷葉香晚涼無一事步屧到西廂　明仁宗池亭
納涼夏日多炎熱臨池憩午涼雨滋槐葉翠風過藕花
香舞燕來青瑣流鶯出建章援琴彈野操民物樂時康

七言律詩 增 唐錢起避暑納涼木槿花開畏日長時搖
輕扇倚繩牀初晴草蔓緣新筍頻雨苔衣染舊牆十旬
河朔應虛醉八柱天台好納涼無事始知禪靜勝深垂

紗帳詠滄浪　宋陸游逃暑小飲熟睡至暮桑落香浮
柳葉杯甘瓜綠李亦佳哉虛堂頓解汗揮雨高枕俄成
鼻殷雷靜聽風聲生檻竹徐看日影轉庭槐晚涼更動
扁舟興北渚紅蕖已半開　槐影桐陰欲滿廊綸巾羽
扇自生涼新篘玉瀣陳雙榼平展風漪可一牀馳騎遠
分丹荔樹大盆寒浸碧瓜香湖邊誰謂幽居陋也愛逍
遙夏日長　原 明王象晉夏日祝融司令纔芳春四望
郊原樂事均翠浪翻池荷蓋綠黃雲布隴麥痕新榴花
焰焰紅噴火葵葉翩翩影應辰偃仰茂林逃酷暑呼朋
酌酒莫辭頻

五言排律 增 唐楊巨源夏日裴尹員外西齋看花　笑向
東來客看花枉在前始知清夏月更勝豔陽天露濕晨
妝汀風吹畏火燃葱蘢和葉盛爛熳壓枝鮮紅綵當鈴
閣清香到玉筵蝶棲驚曙色鶯語滯晴煙得地殊堪賞
過時倍覺妍芳菲遲最好唯是謝家憐

五言絕句

御製橋望郊原浮麥氣池沼漾青蘋夏日臨橋望薰風處處新

增 金宇文虛中迴文翠密鬬窗竹青圓貼水荷睡多嫌
晝永醒少得風和　草徑迷深綠蓮池浴膩紅早蟬鳴
樹曲鮮鯉躍潭東

七言絕句 增 唐皮日休藥名離合夏日卽事桂葉似茸

含露紫葛花如綬蘸溪黃連雲更入幽深地骨錄閒攜
相蠟郎　高駢山亭夏日綠樹陰濃夏日長樓臺倒影
入池塘水精簾動微風起滿架薔薇一院香　宋司馬
光夏日西齋書事榴花映葉未全開槐影沉沉雨勢來
小院地偏人不到滿庭鳥迹印蒼苔　范成大夏日田
園雜興梅子金黃杏子肥麥花雪白菜花稀日長籬落
無人過惟有蜻蜓蛺蝶飛　五月吳江麥秀寒移秧披
絮尙衣單稻根科斗行如塊田水今年一尺寬　二麥
俱秋斗百錢田家喚作小豐年餅爐飯甑無饑色接到
西風熟稻天　晝出耘田夜績麻村莊兒女各當家童
孫未解供耕織也傍桑陰學種瓜　槐葉初勻日氣涼

葱葱鼠耳翠成雙三公只得三株看閒客淸陰滿北窗千頃芙蕖放棹嬉花深迷路曉忘歸家人暗識船行處時有驚忙小鴨飛　采菱辛苦廢犁鉏血指流丹鬼質枯無力買田聊種水近來湖面亦收租（楊萬里夏日）不但春妍夏亦佳隨緣花草是生涯鹿葱解插纖長柄金鳳仍開最小花（戴昺夏晝小雨）小牀新簟展琉璃窗外新篁一尺園正午雲橋陣雨過冬青花上蜜蜂歸（元僧善住夏日）中庭日午橘花開蜂蝶何知故故來一陣南薰生殿角亂飄香雪點蒼苔　原 明吳寬夏日）綠蔭松蘿暑氣涼淸泉瀉入小池塘人間晝永無聊賴一朶荷花滿院香　增 黃氏幼藻夏日深院塵消散

午炎篆煙如夢晝淹淹輕風似與荷花約爲送香來自捲簾

詩散句　增 周庾信 槐庭垂綠穗蓮浦落紅衣（陳徐陵）嫩竹猶含粉初荷未聚塵（隋李德林）桐枝覆玉檻荷葉滿銀塘（唐杜甫）公子調冰水佳人雪藕絲（嚴維）蕙風淸水殿荷氣雜天香（張籍）竹月泛涼影萱露濃幽叢　原 宋邵雍 夏木無重數叢陰翠樹低（李頻）浦夏荷香滿田風麥氣淸　增 唐方干 樹影興餘侵枕簟荷香坐久著衣巾（嚴惲）噴空晴似雨林蘿凝日夏多寒（宋陸游）池塘瀲瀲荷浮葉門巷陰陰筍放梢（元方夔）楝花吹落魚初發梅子青黃雨不乾（早麥熟道芹菜餉晚茶香和樹芽蒸　原 蘇澹林塘乍迸翁孫竹籬落齊開姊妹花　增 晉謝朓 夏木轉成帷（周庾信）夏餘花欲盡（唐韓偓）暑退松篁健（李頎）垂藤引夏涼（李咸用）雲水沉沉夏亦寒（宋陸游）簷前桐影偏宜夏

詞　原 宋秦觀如夢令 門外綠陰千頃兩兩黃鸝相應睡起不勝情行到碧梧金井人靜人靜風弄一枝花影　增 明陳繼儒 攤破浣溪紗 梓樹花香月半明棹歌歸去蟪蛄鳴曲曲柳灣茅屋矮挂魚罾　笑指吾廬何處是一池荷葉小橋橫燈火紙窗修竹裏讀書聲　原 宋蘇庠臨江仙 獵獵風蒲初暑過蕭然庭戶秋淸野航渡口

帶煙橫晚山千萬疊別鶴兩三聲　秋水芙蓉聊蕩槳一樽同破愁城蓼花灘上白鷗明暮雲連極浦急雨暗長汀（明文徵明青玉案）庭下石榴花亂吐滿地綠陰亭午午睡覺來時自語悠揚魂夢黯然情緒蝴蝶過牆去　駭駭嬌眼開仍嬾悄無人欲出還凝佇團扇不搖風自舉盈盈翠竹纖纖白苧不受些兒暑

別錄　原 芸窗類記 凡收藏書畫於未梅雨前曬極燥頓匣櫃中厚以紙糊門及小縫令不通風即不黴古人藏書多用芸香即今之七里香也匣櫃須用楸梓杉杪之類忌油松內不用漆（古侯夏冰歲儀）五穀不成製用夏月凡制一切果蔬俱用臘雪水最佳

四月立夏小滿附見

增〔禮記月令〕孟夏之月日在畢昏翼中旦婺女中〔註〕日月會於實沈而斗建巳之辰也　王瓜生苦菜秀　命野虞出行田原爲天子勞農勸民毋或失時　農乃登麥天子乃以彘嘗麥先薦寢廟　聚畜百藥靡草死麥秋至　原〔梁元帝纂要〕是月曰孟夏亦曰首夏　增〔花月令〕是月也杜鵑翔木香升新篁敷粉罌粟滿芍藥相木筆書空　〔瓶史月表〕花盟主芍藥薔薇夜合花客卿石巖鷺粟玫瑰花使令刺牡丹粉團龍爪垂絲海棠虞美人楝花

彙考　原〔詩豳風〕四月秀葽　增〔夏小正〕四月囿有見杏

王蒷莠取荼〔傳〕荼也者以爲君薦蔣也　〔晉書樂志〕四月之管名爲仲呂者呂助也謂陽氣盛長陰助成功也　四月之辰謂爲巳巳者起也物至此時畢盡而起也　四月官田其樹桃　孟夏之月以熟穀禾　律受夾鐘夾鐘者種始莢也　〔四民月令〕四月可種黍謂之上時　〔禮斗威儀〕孟夏驅獸無害五穀　〔秦中歲時記〕長安四月巳後自堂厨至百司厨通謂之櫻筍厨　〔高僧傳〕摩歌利頭四月八日浴佛以都梁香爲青色水鬱金香爲赤色水丘隆香爲白色水附子香爲黄色水安息香爲黑色水以灌佛頂也　〔景龍文館記〕四年四月上幸司農少卿王光輔莊駕還朝後中書侍郎南陽岑羲設茗飲葡萄漿與學士等討論經史　〔東坡詩註〕成都太守自正月十日至四月十九日浣花乃止　〔衛記〕麥黃水四月水名　〔賞心樂事〕四月芳草亭鬭草芙蓉池新荷蘂珠洞荼蘼滿霜亭蜜芽玉照堂青梅豔香館長春花安閒堂紫笑羣仙繪幅樓前玫瑰餐霞軒櫻桃詩禪堂盤子山丹花南湖雜花鷗渚亭五色罌粟花　〔清閒供〕四月十四菖蒲誕　〔史纂〕馬珏居華陽亭牆外有來禽一株枯已久矣郎四月十四日汲水沃之曰純陽來年是日生於此樹之下　〔帝京景物畧〕四月八日捨豆兒曰結緣十八日亦捨先是拈豆念佛一豆佛號一聲有念豆至石者至日熟豆人徧捨之其人亦一

念佛啖一豆也是月榆初錢麪和糖蒸食之曰榆錢糕　〔立夏〕增〔禮記月令〕是月也以立夏先立夏三日太史謁之天子曰某日立夏盛德在火天子乃齋立夏之日天子親帥三公九卿大夫以迎夏於南郊　〔三禮義宗〕四月立夏爲節夏大也至此之時物已長大故以爲名　〔說林〕立夏日俗尚啖李時人語曰立夏得食李能令顏色美故是日婦女作李會取李汁和酒飲之謂之駐色酒一日是日啖李令不疰夏　〔熙朝樂事〕立夏之日人家各烹新茶配以諸色細果饋送親戚比鄰謂之七家茶富室競侈果皆雕刻飾以金箔而香茶名目若茉莉林檎桂蕊薔薇丁檀蘇杏盛以哥汝瓷甌僅供一啜

而已〔嘉吳記〕俗於立夏日啖青梅云令人終歲神清不惛睡

〔小滿〕【增】〔孝經緯〕立夏後十五日斗指巳爲小滿〔物類相感志〕青梅過小滿黃蜀葵過小滿則長

【集藻】文賦散句【原】晉傅玄〔述夏賦〕四月惟夏運臻正陽和氣穆而扇物麥含露而飛芒清徵泛於琴瑟朱鳥感於炎荒鹿角解於中野草木蔚其條長〔梁昭明太子錦帶書〕節屆朱明暑鍾丹陸依依聳蓋俱臨帝女之桑鬱鬱丹城並掛陶潛之柳梅風拂戶爛之內麥氣擁宮闕之前〔唐許敬宗麥秋賦〕葉幄垂秀條雜泛光鶯傳枝而嬝娜蜂散蕊而芬芳對銀綃而偶穟並金縷而分芒改炎炎之鑠石若懍懍之懷霜

五言古詩【原】晉陶潛〔讀山海經〕孟夏草木長遶屋樹扶疏衆鳥欣有託吾亦愛吾廬既耕亦已種時還讀我書窮巷隔深轍頗迴故人車歡言酌春酒摘我園中蔬微雨從東來好風與之俱泛覽周王傳流觀山海圖俯仰終宇宙不樂復何如【增】梁簡文帝〔和湘東王首夏〕冷風雜細雨垂雲助麥涼竹木俱蔥翠花蝶兩飛翔燕泥合復落鶯吟斂更揚詰石藤爲纜山橋樹作梁欲待華池上明月吐清光〔唐劉禹錫初夏曲〕時節過繁華陰陰千萬家巢禽命子戲園果墜枝斜寂寞孤飛蝶窺叢覓晚花〔白居易首夏南池獨酌〕春盡雜英歇夏初芳草深薰風自南至吹我池上林綠蘋散還合頳鯉跳復沈新葉有佳色殘鶯猶好音依然謝家物池酌對風琴慙無康樂作秉筆思沈吟覺勝才思劣詩成不稱心〔宋梅堯臣孟夏二日通判太博惠庭花〕前日已春盡夏卉抽嫩青唯君所植花餘紅猶滿庭常惜晨景逼贈未及飄零欲插爲之醉但慙髮星星

七言古詩【原】唐李賀〔四月樂詞〕曉涼暮涼樹如蓋千山濃綠生雲外依微香雨青氛氳膩葉蟠花照曲門金塘閑水搖碧漪老景沈重無驚飛墜紅殘萼暗參差

五言律詩

御製〔夏日迎薰亭〕苑啓時初夏亭陰午未闌雨過池藻碧日綻海榴丹水木含清景禽魚得靜觀薰風能解慍試取玉

琴彈〔夏日郊行〕節變春方去清和助麥秋蔚林乘早夏茂草接新流柳絮隄邊起荷錢水上浮風光殊舊日此意未曾休〔初夏玉泉山二首〕別館依丹麓疎簾映碧莎泉聲當檻出花氣入垣多路轉溪橋接舟沿石瀨過薰風能阜物藻景已清和　山翠引鳴鑣湖光漾畫橈野雲低隔寺沙柳暗藏橋白囀黃鸝近雙飛白鷺遙今年農事早時雨足新苗

【增】唐韋應物〔始夏南園思舊里〕夏首雲物變雨餘草木繁池荷初貼水林花已掃園縈叢蝶尚亂依閣鳥猶喧對此殘芳月憶在漢陵原〔白居易早夏遊平泉迴〕夏早日初長南風草木香肩輿頗平穩澗路甚清涼紫蕨

行看採青梅旋摘嘗療饑兼解渴一盞冷雲漿（宋司馬光首夏呈諸鄰）首夏木陰薄清和自一時筍抽八九尺荷生三四枝新服裁蟬翼舊扇拂蛛絲莎徑熟未劇晨昏來往宜（陸游幽居初夏）梅塢青黄子草畦紅紫花雙鵞朝戲清羣鴨暮還家赤脚挑殘筍蒼頭摘晚茶出門逢野老滿意說桑麻（元白珽餘杭四月）四月餘杭道一晴生意繁朱櫻青豆酒綠草白鵞村水滿船頭滑風輕袖影翻幾家蠶事動寂寂晝門關（明陳憲章四月）四月陰晴裏山花落漸稀雨聲寒月桂日色煖酴醾病起初持酒春歸尚掩扉午風吹蛺蝶低趁乳禽飛生意日無涯乾坤自不知受風荷柄曲擎雨柏枝垂

靜坐觀羣妙聊行覓小詩臨階愛新竹抽作碧參差

七言律詩【原】（唐皮日休四月十五日和陸龜蒙道室書事）望朝齋戒是尋常靜啓金根第幾章竹葉飲為甘露色蓮花鮓作肉芝香松膏背日凝雲磴丹粉經年染石牀剩欲與君終此志頑仙惟恐鬢成霜（宋蔡襄四月池上）風下平池水暈開池邊露坐水風來草香苒苒生吟席雲影飛飛度酒杯荷葉偶成雙翠蓋荔枝纔似小青梅人閑物靜兩相得月色蒼涼始肯迴（陸游初夏閒居）城上朱旗夏令初溪頭綠水蘸菰蒲花貪結子無遺蕚燕接飛蟲正哺雛簫鼓賽蠶人盡醉陂塘移稻客相呼長安青蓋金羈馬也有農家此樂無（戴昺四月即景）茶歌纔了又田歌節物真成一鳥過蒼竹風涼意足碧梧留雨夜聲多瓜纔茅屋抽長蔓藕過蔬畦出矮荷最喜白鷗相狎久對人自在浴清波（真山民初夏）一葉薰風帶暑回雨大濃翠與庭槐不隨春去鶯猶在好競時妝榴又開剪尺旋裁新白苧杯盤聊薦舊青梅篋中敝扇投閒久依舊團團入手來

五言排律【增】（唐太宗賦得夏首啓節）北闕三春晚南榮九夏初黄鶯弄漸變翠林花落餘瀑流還響谷猿啼自應虛早荷向心卷長楊就影舒此時歡不極調軫坐相於（白居易春末夏初閒遊江郭二首）閒出乘輕屐徐行蹋軟沙觀魚傍湓浦看竹入楊家林迸穿籬筍藤飄落水花雨埋釣舟小風颺酒旗斜嫩剝青菱角濃煎白茗茶淹留不知夕城樹欲棲鴉　柳影繁初合鶯聲澀漸稀早梅迎夏結殘絮送春飛西日韶光盡南風暑氣微展張新小簟熨帖薄生衣綠蟻杯香嫩紅絲鱠縷肥故園無此味何必苦思歸（首夏猶清和聯句）記得謝家詩清和即此時（白居易）餘花數種在密葉幾重垂（裴度）芳謝人人惜陰成處處宜（劉禹錫）水萍爭點綴梁燕共追隨（白行式）亂蝶憐疎蕊殘鶯戀好枝（張籍）草香殊未歇雲勢漸多奇（白居易）晨服初寧體新篁已出籬（裴度）與春為別近覺日轉行遲（劉禹錫）繞樹風光少侵階苔蘚滋（白行式）唯思奉歡樂長得在西池（張籍）

七言絕句

御製夏日閒坐雲斂風微紫燕飛春光已去夏初歸清襟贏
得天然處牕覺花香到玉扆

增宋司馬光初夏首夏清和新雨晴綠荷細軟不妨行
園夫遮道白何事梔子花開斑笋生 王安石初夏即
事石渠茅屋有彎碕流水濺濺度兩陂晴日煖風生麥
氣綠陰幽草勝花時 東坡荷葉初開筍漸抽東陂南
蕩正堪遊無端隴上翛翛麥橫起寒風占作秋 陳造
早夏安石榴花猩血鮮涼荷高葉碧田田鱖魚入市河
豚罷已是江南打麥天 范成大初夏四首清晨出郭
更登臺不見餘春只麼回桑葉露枝蠶向老菜花成莢

蝶猶來 晴絲千尺挽韶光百舌無聲燕子忙永日屋
頭槐影暗微風扇裏麥花香 東君不解惜芳菲料峭
寒中一夢非翦盡牡丹梅子綻何須風雨送春歸 一
簾芳樹綠葱葱蝴蝶飛來覓稿叢雪白茶蘼紅寶相尚
攜春色見薰風 陸游初夏紛紛紅紫已成塵布穀聲
中夏令新夾路桑麻行不盡始知身是太平人 槐柳
成陰雨洗塵櫻桃餘乳傍嘗新古來江左多佳句夏淺
勝春最可人 楊萬里初夏麥黃秧碧百家衣已熟猶
寒四月時雨後覓春無一寸薔薇花發臙燕脂 手種
琅玕尚十年今年新笋不勝繁不知明早添多少日暮
閒來數一番 戴敏遊張園乳鴨池塘水淺深熟梅天
氣半晴陰東園載酒西園醉摘盡枇杷一樹金 原謝
詩散句 增 晉謝靈運首夏猶清和芳草亦未歇
眺麥候始清和涼雨消炎燠 唐太宗一朝春夏改隔
夜鳥花遷 增 張說庭柳餘春駐宮櫻早夏催 原杜
甫摘荷纔首夏驄馬尚餘春 錢起花萼敗春多寂寞
葉陰迎夏已清和 宋謝伯初園林換葉梅初熟池館
無人燕學飛 蘇軾吳國晚蠶初斷葉占城早稻欲移
秧 陸游采茶歌裏春光老煮繭香中夏景長 風和
柳岸吹綿後雨足瓜畦引蔓時 梅子生仁已帶酸楝
花墮地尚微寒

詞 原 明陳繼儒攤破浣溪沙蜂欲分衙燕補巢清和大

氣綠陰嬌一陣窗前風雨到打芭蕉 驚起幽人初睡
午茶煙繚繞出花梢有個客來琴在背度紅橋 葉夢
得黃金縷睡起流鶯語掩蒼苔房櫳向曉亂紅無數吹
盡殘花無人問惟有垂楊自舞漸煖靄初回輕暑寶扇
重尋明月影暗塵侵尚有乘鸞女驚舊恨鎮如許 江
南夢斷橫江渚浪黏天葡萄漲綠半空煙雨無限樓前
滄波意誰採蘋花寄取空悵望蘭舟容與萬里雲帆何
時到送孤鴻目斷千山阻誰為我唱金縷

別錄 原 占候月內有三卯宜麻無則麥不收月內寒主
旱諺云黃梅寒井底乾 諺云有穀無穀且看四月十
六立一丈竿量月影月當中時影過竿雨水多沒田夏

旱人饑長九尺主三時雨水八尺七尺主雨水六尺低
田大熟高田半收五尺主夏旱四尺蝗三尺人饑 增
農政全書分龍之日農家於是日早以米篩盛灰藉之
紙至晚視之若有雨點迹則秋不熟穀價高人多閉糶
諺云二麥不怕神共鬼只怕四月八日雨大抵立夏
後雨多便損麥蓋麥花夜吐雨多花損 〔種植〕秋王瓜
麥門冬芝麻蘿蔔扁豆粟紫蘇菱莧小豆絲瓜枇杷葱
瑞香茭 〔移植〕石菖蒲櫻桃茄秋海棠茉莉梔子秋牡
丹枇杷葱翠雲草菊芋 〔壓插〕玉繡毬木樨梔子錦葵
玉蝴蝶木香荼蘼芙蓉 〔收採〕豨薟草白蘚根菜子析
蓂子桃杏仁蠶豆柴胡笋乾楮實黃葵花蒼耳子紅花

薤仁桑椹 〔整頓〕防露傷麥翦菖蒲鋤葱素馨斫楮皮
埋蠶沙代樹絡麻 〔田忌〕天火酉九焦未地火未糞忌
寅荒蕪申

五月 芒種夏至端午附見

增〔禮記月令〕仲夏之月日在東井昏亢中旦危中〔註〕日
月會於鶉首而斗建午之辰也 農乃登黍天子乃以
雛嘗黍羞以含桃先薦寢廟令民毋艾藍以染 半夏
生木堇榮 原〔梁元帝纂要〕五月曰仲夏亦曰暑月皐
月 〔花月令〕是月也葵赤紫薇葩薝蔔始蕃夜合交榴
花照眼紫椹降於桑 增〔瓶史月表〕五月花盟主石榴
番萱夾竹桃花客卿蜀葵洛陽花午時紅花使令川荔
枝梔子花火石榴孩兒菊一丈紅石竹
彙考 增〔周禮秋官〕仲夏斬陰木〔註〕陰木秋冬生者若松
柏之屬 〔夏小正〕五月乃衣瓜〔傳〕瓜者急瓜之辭也瓜
者始食瓜也 初昏大火中種黍菽糜煮梅蓄蘭〔傳〕大
火者心也心中種黍菽糜時也煮梅爲豆實也蓄蘭爲
沐浴也 〔晉書樂志〕五月之辰謂爲午午者長也大也
言物皆長大也 五月之管名爲蕤賓蕤賓葳蕤垂下貌也
賓敬也謂時陽氣下降陰氣始起相賓敬也 〔風俗通〕
五月落梅風江淮以爲信風 〔風土記〕五月有霖霪號
爲梅雨霑衣皆敗謂之送梅雨 〔歲時雜記〕仲夏多大
雨名濯枝雨 〔水衡記〕五月瓜蔓水五月瓜延蔓故以

名 〔夢溪筆談〕五月草木茂盛逾於初生故曰勝先
賞心樂事 五月聽鶯堂摘瓜重午節泛蒲煙波觀碧蘆
南湖萱花綺互亭火笑花水北書院采蘋鷗渚亭五色
蜀葵清夏堂楊梅叢奎閣榴花豔香館林檎摘星軒枇
杷 〔清閟供〕五月十三竹醉日 〔芒種〕增〔嬾真子錄〕陝
州夏縣士人樂舉明遠嘗云二十四氣其名皆可解獨
小滿芒種說者不一僕因問之明遠曰皆爲麥也小滿
四月中謂麥之氣至此方小滿而未熟也芒種五月節
種該數類之種謂種之有芒者麥也至是當熟矣僕因
記周禮稻人澤草所生種之芒種註云澤草之所生其
地可種芒種稻麥也僕近爲老農始知過五月節則稻

不可種所謂芒種五月節者謂麥至是而始可收稻過是而不可種也古人名節之意所以告農候之早晚深哉

夏至 增 周禮秋官柞氏掌攻草木及林麓夏日至令刊陽木而火之疏夏日至謂五月夏至之日爲之也令刊陽木而火之謂先剃以去其皮乃燒之 管子夏至而麥熟天子祀太宗其脩以麥穀之始也 荊楚歲時記夏至日食糉取菊爲灰以止小麥蠧按干寶變化論云朽稻爲蠶朽麥爲蛺蝶此其驗乎 風土記夏至前芒種後雨爲黃梅雨田家初插秧謂之發黃梅

端午 增 玉燭寶典洛陽人家端午造朮羹艾酒以花絲作樓閣插鬢贈遺辟瘟扇 荊楚歲時記五月五日四民並蹋百草又有鬭百草之戲採艾爲人懸門戶以禳毒氣按宗則嘗以五月五日雞未鳴時採艾見似人處攬而取之用灸有驗 是日競渡採雜藥 風土記端午京鷔進筒糉一名角黍以菰葉裹黏米粟棗以灰煑令熟蓋取陰陽包裹未散之象 千金月令端午以菖蒲或鏤或屑以泛酒 採蘭雜志杜羔妻趙氏每歲端午時取夜合花置枕中羔稍不樂輒取少許入酒令婢送飲羔即歡然當時婦人爭效之 酉陽雜俎五月進五時圖五時花施帳之上 歲時雜記端午刻菖艾爲小人子或葫蘆形帶之辟邪 吳中歲時記端午簪艾葉榴花以辟邪 乾淳歲時記端午禁中插食盤架設

天師艾虎意思山子數十座五色蒲絲百草霜以大盒三層飾以珠翠葵榴艾花蜈蚣蛇蝎蜥蜴等謂之毒蟲又以大金瓶數十遍插葵榴梔子花環繞殿閣及分賜后妃諸閣大璫近侍翠葉五色葵榴金絲翠扇真珠百索釵符經筒香囊軟香龍涎佩帶及紫練白葛紅蕉之類大臣貴邸均被細葛香羅蒲絲艾朶彩團巧粽之賜而外邸節物大率效尤焉 熙朝樂事端午爲天中節 東京夢華錄端午節物百索艾花銀樣鼓兒花花巧畫扇香糖果子糭子白團紫蘇菖蒲木瓜並皆茸切以香藥相和用梅紅匣子盛裹自五月一日及端午前一日賣桃柳蒲葉葵花佛道艾次日家家鋪陳於門首與糭子五色水團茶酒供養又釘艾人於門上士庶迎相宴賞 歲華紀麗譜五月五日宴大慈寺設廳醫人鬻艾道人賣符朱索綵縷長命辟災之物筒飯角黍莫不咸在 遼志五月五日午時採艾葉與綿相和絮衣七事國主著之臣僚各賜艾衣三事國主及臣僚飲宴渤海廚子進艾糕各點大黃湯下北呼此時爲討賽離又以雜絲或綵結合歡索纏於臂膊婦人進長命縷宛轉皆爲人像帶之

集藻 文散句 原 魏文帝與吳質書斐賓紀時景風扇物天氣和煖衆果具繁 梁昭明太子錦帶書麥隴移秋

桑律漸移蓮花泛水豔如越女之顋蘋葉漂風影亂秦臺之鏡炎氛以之扇戶暑氣於是盈樓凍雨洗梅樹之中火雲燒桂林之上

五言古詩【增】周庾信奉和夏日應令　朱帘捲麗日翠幕蔽重陽五月炎氣蒸三時刻漏長麥隨風裏熟梅逐雨中黃開冰帶井水和粉雜生香衫含蕉葉氣扇動竹花涼早菱生軟角初蓮開細房願陪仙鶴舉洛浦聽笙簧　宋陸游時雨　時雨及芒種四野皆插秧家家麥飯美處處菱歌長老我成惰農永日付竹牀衰髮短不櫛愛此一雨涼庭木集奇聲架藤發幽香鸎衣濕不去勸我持一觴即今幸無事海際皆農桑野老固不窮擊壤歌

虞唐

七言古詩【增】宋陸游怡齋東湖仲夏草樹荒屋古無人亭午涼萱房微呀不見日筍籜自解時吹香野藤蟠屋入窗鋪濕菌扶疎生屋梁蛉滿數椽最幽絕漲水及檻雨敗櫩靜涵青蘋舞藻荇閒立白鷺浮鴛鴦芙蕖雖瘦亦瀾漫照影翠蓋遮紅妝水紋珍簟欲卷却團團素扇嬾復將天風忽送塔鈴語唤覺清夢遊瀟湘

五言律詩

御製午日令序當重午南臺日正中玉階鳴瀑水瑤軫奏薰風菖葉浮杯綠榴花照檻紅臨流看競渡轉憶濟川功　遂次端午韻賓逢夏律午日俯滄流黃鳥林中變新蒲岸外闕宮筵傳綵纓仙酒泛丹榴遙憶蓬萊上垂楊蔭御溝

【增】宋陸游重五　重五山村好榴花忽已繁粽包分兩髻艾束著危冠舊俗方儲藥羸軀亦點丹日斜吾事畢一笑向杯盤

七言律詩【原】唐李德裕嶺南道中　嶺水爭分路轉迷桃榔椰葉暗蠻溪愁衝毒霧逢蛇草畏落沙蟲避燕泥五月畬田收火米三更津吏報潮雞不堪腸斷思鄉處紅槿花中越鳥啼　【增】元成廷珪夏日過萬遂菴　愛汝東菴暑氣薄解衣盤礴坐莓苔一林綠竹晝可數五月白蓮猶未開捉麈談禪知獨往買魚沽酒待重來滄江日落山更好且放輕舟緩緩迴　明虞堪午日訪沈元圭

席上次韻　一簾葵錦爛晴霞五色絲虹映臂紗玄藥自消頭上雪絳榴誰插鬢邊花茶烹石鼎從施禁詩寫蠻箋學破邪不是西山黃石叟難逢東老地仙家　【原】何景明午日　五月五日天氣鮮艾葉榴花對眼前鄉土歲時殊不惡閭閻風俗自堪鄰鄰人角黍能相送野老蒲觴得共傳回首十年車馬地每逢佳節淚潸然　文徵明仲夏有懷　五月江南櫻筍殘疎花吹盡綠漫漫雨來却及梅黃候春去猶餘麥秀寒白日幽深茆屋靜野情蕭散苧袍寬美人何處經時別滿耳新蟬獨倚闌

五言絕句【增】宋蘇軾端午皇帝閣帖子詞　採秀擷羣芳爭儲百藥良太醫初薦艾庶草驗蕃昌　皇太妃閤端

午帖子詞〕雨細方梅夏風高已麥秋應憐百花盡綠葉
暗紅榴〔太皇太后閣端午帖子詞〕日永蠶收簇風高
麥上場朝來耤田令菰黍獻時芳〔夫人閣端午帖子
詞〕肅肅槐庭午沈沈玉漏稀皇恩樂佳節闕卓得珠璣
六言絶句〔增〕宋趙補之仲夏即事紅葵有雨長穗青棗
無風壓枝澤礎人霑汗際蒸林禪烈號時
七言絶句〔增〕宋王安石五月與和叔同遊齊安繰成白
雪桑重綠割盡黃雲稻正青他日玉堂揮翰手芳時同
此賦林坰〔蘇軾皇太后閣端午帖子詞〕祕殿扶疎夏
木深雨餘初有一蟬吟應將贏女乘鸞扇更助南風長
棘心　上林珍木暗池臺蜀產吳包萬里來不獨盤中

見盧橘時於櫻裏得楊梅〔皇太妃閣端午帖子詞〕玉
盆沈李灩清泉金鴨噓空裊細煙自有梧楸障畏日仍
欣麥黍報豐年　陸游重午葉底榴花蹙絳繒街頭初
賣苑池冰世間各自有時節蕭艾著冠稱道陵〔原〕僧
道潛臨平道中春蒲獵獵弄輕柔欲立蜻蜓不自由五
月臨平山下路藕花無數滿汀洲〔增〕金趙秉文夏至
玉堂睡起苦思茶別院銅輪碾露芽紅日轉階簾影薄
一雙蝴蝶上葵花　馬定國村居五月南風化蟪蛄野
塘晚筍未成蒲櫻花落盡紅英細沙渚鴛鴦半引雛
元廼賢月湖竹枝詞五月荷花紅滿湖團團荷葉綠雲
扶女郎把釣水邊立折得柳條穿白魚

詩散句〔原〕唐李白大火五月中景風從南來數枝石榴
發一丈荷花開　五月梅始黃蠶稠桑柘空　山花異
人間五月雪中白〔增〕宋李邦直艾葉成人後榴花結
子初〔唐陳羽〕池上樓臺五月涼百花開罷水芝香
方干長潭五月來冰氣孤檜中宵學雨聲〔宋章得象
五日看花憐並蔕今朝鬭草正宜男　花陰轉午清風
細玉燕釵頭艾虎輕〔陸游〕瓜蔓水生初抹岸梅黃雨
細欲遮樓〔戴履古〕海榴花上雨蕭蕭自切菖蒲泛濁
醪〔元周權〕人家綠艾端陽節天氣黃梅雨細時　顧
瑛梧竹一庭涼欲雨池臺五月氣涵秋〔明唐順之〕榴
吐千花承雨蓋黃開五葉拂瑤墀〔唐韓翃〕寒水浮瓜

五月時〔薛能〕槐柳陰陰五月天〔宋王珪〕瑤墀九御
薦菖華　秦觀蔭蓊吹風五月秋　章得象菖蒲泛酒
堯樽綠〔元馬士熙〕曲闌五月櫻桃紅
詞〔原〕宋蘇軾阮郎歸綠槐高柳咽新蟬薰風初入絃碧
紗窗下水沈煙棋聲驚晝眠　微雨過小荷翻榴花開
欲然玉盆纖手弄清泉瓊珠碎又圓　吳禮之喜遷鶯
梅霖初歇正絳色海榴爭開佳節角黍包金香蒲切玉
是處玳筵羅列鬭巧已輪年少玉腕綵絲雙結艤畫舫
見龍舟兩兩波心齊發　奇絕難畫處激起浪花翻作
湖間雪雷鼓轟雷紅旗掣電奪罷錦標方徹望中水天
日暮猶自珠簾高揭棹歸晚載荷香十里一鉤新月

增劉克莊賀新郎思遠樓前路望平隄十里湖光畫船無數綠蓋盈盈紅粉面葉底荷花解語鬭巧結同心雙縷尚有經年離別恨一絲絲總是相思處相見也又重午　清江舊事傳荊楚歎人情千載如新尚沈菰黍且盡樽前今日醉誰肯獨醒弔古泛幾盞菖蒲綠醑兩兩龍舟爭競渡奈珠簾暮捲西山雨看未足怎歸去

刪彙原古候博雅月內有三卯宜稻及大小豆無則宜旱豆　五月大種瓜不下五月小種秧必須早　五月小瓜果吃不了　田家五行志夏至在月初主雨水調諺云夏至端午前坐了種田年夏至在月中耽閣糶米翁　夏至值甲寅丁卯粟貴　朔日值芒種六畜災值

夏至冬米大貴　十日得辰早禾半收十一日得辰五穀不收　歲時記夏至在初二三主米麥貴初五米貴諺云夏至連端午家家賣兒女初七八米麥平二十大饑上旬米賤中旬大豐米大賤末旬大歉米大貴　便民圖纂五月暴熱之時看窠草忽自枯死主有水　種植晚大豆夏蘿蔔黑豆黄豆晚菘菜赤豆蔡豆瓜　移植枇杷月季茶蘼薔薇木香櫻桃石榴錦帶棠棣玉堂春西河柳橘瑞香寶香素馨剪春羅竹橙　收採菖蒲蒜臺麥諸菜子馬齒莧青箱子卷柏藤花莧天茄苗白花菜大小薊旋覆花紅花萱花杜仲蛇牀子馬蘭子酸漿草黄柏槐花浮萍蒲公英益母草車前子金銀花天麻艾水仙根豨薟草罌粟子蘇黄澤瀉　整頓割苧麻砍桑枝糞桑採綠葛　製用金門歲節重午日午時有雨則急砍一竹竹節中必有神水瀝取和獺肝爲圓治心塊腹聚等病　田忌天火子地火酉荒蕪巳九焦卯糞忌午

六月　伏附見

增禮記月令季夏之月日在柳昏火中旦奎中註日月會於鶉火而斗建未之辰也　溫風始至　命澤人納材葦　樹木方盛命虞人入山行木毋有斬伐　原花月令是月也萱宜男鳳仙求儀菡萏百子凌霄登茉莉來賓玉簪搔頭　增瓶史月表六月花盟主蓮花玉簪

茉莉花客卿百合山丹山礬水木樨花使令錦葵錦燈籠長雞冠仙人掌頳桐鳳仙花

彙考原詩豳風六月食鬱及薁　增夏小正六月煮桃傳桃也者杝桃也杝桃也者山桃也煮以爲豆實也晉書樂志六月之辰謂之未未者味也言時萬物向成有滋味也　六月之管名爲林鍾林者林茂也謂時物茂盛於野也　雲仙雜記房壽六月召客坐湘竹簟凭狐文几編香藤爲俎刳椰子爲杯搗蓮花製碧芳酒調羊酪造含風鮓皆涼物也　內觀日疏六月廿四日爲觀蓮節鼂采與其夫各以蓮子餽遺爲歡　夢溪筆談六月萬物小盛故曰小吉　假日記六月山礬木　賞

心樂事六月蒼寒堂後碧蓮碧宇竹林避暑芙蓉池賞荷花約齋夏翁清夏堂新荔枝霞川食桃　吳郡記荷花蕩在葑門之外每年六月廿四日遊人最盛畫舫雲集露幃則千花競笑舉袂則亂雲出峽揮扇則星流月映聞歌則雷輥濤趨蘇人遊冶之盛至是日而極矣

伏　原　四民月令初伏薦麥瓜於祖禰　東京夢華錄都人最重三伏蓋六月中別無時節往往風亭水榭峻宇高樓雪檻冰盤沈李浮瓜流杯曲沼苞鮓新荷遠邇笙歌通夕始罷　增　淸閟供六月初伏薦麥瓜中伏碧筒勸竹篠飲二十四日蓮誕

集藻　文散句　原　梁昭明太子錦帶書三伏漸終九夏將

謝螢飛腐草光浮帳裏之書蟬噪繁柯影入機中之鬢濯枝遙瀲溢芳樹茂而發榮山土焦流金海水沸而漂爍

五言古詩　增　宋晁補之夏季夏季百果繁兔葵亦成實獨有野石榴幽花時熠熠熠熠非獨好芳榮賴午日翩翩彼白蛺蝶翩翩采掐睡餘起對此蕭興亦蕭瑟良非阡陌麗敢競陽春出無言以成蹊上愧桃李質幸當飽霜餘萬顆富君室

七言古詩　增　宋蔡襄甲辰初伏快雨涼風昔賦初覺庭前小欄花木各有意氣效相梁體閨夏天氣熱焰烘崇朝快雨隨清風晝軒夢覺開前櫳晝欄花草意氣雄側

梳遙聞數異同如此微物煩化工盡各言爾之所從繁葩富豔生朱紅 川海棠 枯條大蕊千萬重 緋桃 修榦點綴赤日中 蜀葵 獨去憂忿誰與功 萱草 採摘烹煮祛煩胷 百合 秋霜巨實垂如甕 木瓜 橫柯遠引交加叢 紅玫瑰 葉抽綠劍端黃茸 山薑 直立開披泉貨通 金錢 疊繞翠羽翻蚪龍 薜荔 誤人畦町非余公 黃麻 助滌渴肺思匪躬 麥門冬 物物自名詞不窮願當我意乃汝容負汝不飲慙衰翁　歐陽修初伏日招王幾道小飲北園數畝官牆下嗟我官居如傳舍濟沱北渡馬踏冰西山病歸花已謝落英不見空繞樹細草初長猶可藉空園一鎖不復窺不覺芳蹊繁早夏隔牆時時聞好鳥如得嘉客聽清話今朝試去繞園尋綠

李橫枝礙行馬蒲萄憶見初引蔓翠葉陰陰還滿架紅榴最晚子已繁猶有殘花藏葉罅人生有酒復何求官事無了須偷暇古云伏日當早歸況今著令許休假能來解帶相就飲為于埽月開風榭

七言律詩　原　唐王維積雨輞川莊作積雨空林煙火遲蒸藜炊黍餉東菑漠漠水田飛白鷺陰陰夏木囀黃鸝山中習靜觀朝槿松下清齋折露葵野老與人爭席罷海鷗何事更相疑　增　宋韓琦六月六日雨後過嶽廟遊從封寺觀稼暑雨頻經信宿休近郊方出釋潛憂雖妨麥始二停獲且見苗匊一半收神嶽怖民藏電雹老松憑寺偃蛟虬佳遊況遇從豐識好飾千倉待有秋

七言絕句 原 宋蘇軾西湖 畢竟西湖六月中風光不與四時同接天蓮葉無窮碧映日荷花別樣紅

詩散句 增 宋蘇軾 遶郭荷花一千頃誰知六月下塘春 梁庾信 六月蟬鳴稻

元龔璛 六月涼如冰熨齒枇杷移陰碧書几

詞 原 明陳繼儒浪淘沙 風雨霎時晴荷葉青青雙鬟捧著小紅燈報道綠紗廊底下蕉月分明 枕簟嫩涼生茉莉香清蘭花新吐百餘莖撲得流螢飛去也團扇多情

別錄 原 占候 六月無蠅主米價平諺云六月無蠅新舊相登 三伏宜熱諺云六月不熱五穀不結蓋當槁稻之時又當下壅晴熱則苗旺涼雨則苗沒立秋在晦早稻遲 種植 秋赤豆秋菜豆豇豆蘿蔔蔥蒜蘇芥菜晩瓜蔓菁小蒜 壅培 麥冬橙芋[illegible][illegible] 灌溉 菊牡丹芍藥茉莉 收採 花椒苧竹青箱子紫草槐花藕天仙子蓮鬚蓮花松香杜仲鳳仙花莖菱科苜蓿蓮房茅根乾漆藿香白芷葛莧菜萱草菌郁李根野白蒔地踏菜燈草旋覆花眼子菜澤瀉 整頓 鋤竹園漚麻耕麥地 製用 洽聞記曰濟國西南海中有三島各相去數十里其島出黃漆似中夏漆樹彼土六月破樹腹取汁以漆器物若黃金其光奪目 田忌 天火卯九焦子[illegible][illegible]忌子地火巳荒蕪辰

佩文齋廣羣芳譜卷第五

天時譜

秋

增 禮記鄉飲酒義 西方者秋秋之爲言愁也 爾雅 秋爲白藏 注 氣白而收藏 秋爲收成 尸子 西方爲秋秋肅也萬物莫不禮肅也 原 梁元帝纂要 秋曰三秋九秋素秋素商高商天曰旻天風曰商風素風凄風高風涼風激風悲風景曰明景澄景清景時曰凄辰霜辰節曰素節商節草曰荒草木曰疎木衰林霜柯霜條

彙考 原 易兌卦 兌正秋也萬物之所說也 詩小雅 秋日凄凄百卉具腓 增 管子 秋至而禾熟天子用祀於大忩 淮南子 秋風下霜倒生挫傷 注 草木首地而生故曰倒生挫傷者凋落也 秋畜疏食 注 菜蔬曰疏穀食曰食 三統歷說 秋爲陰中萬物以成 原 羯鼓錄 明皇製秋風高曲每奏之則清風徐來夜葉交墜 增 清閟供 秋時晌午用蓮房洗硯理茶具拭梧竹午後戴日接䍦著隱士衫望紅樹葉落得句題其上薄暮焚香爇菊

集藻 文賦散句 原 楚屈原九歌 嫋嫋兮秋風洞庭波兮木葉下 宋玉九辨 悲哉秋之爲氣也蕭瑟兮草木搖落而變衰憭慄兮若在遠行登山臨水兮送將歸泬寥兮天高而氣清寂寥兮收潦而水清 皇天平分四時

兮竊獨悲此凛秋白露既下降百草兮奄離披此梧楸〔漢東方朔七諫〕秋草榮其將實兮微霜下而夜降商風肅而害生兮百草育而不長〔晉潘岳秋興賦〕耕東皋之沃壤兮輸黍稷之餘稅泉涌湍于石間兮菊揚芳乎崖澨〔湛方生秋夜賦〕悲九秋之爲節物凋悴而無榮嶺頽鮮而隕綠木傾柯而落英〔宋沈勃秋羈賦〕菊圖縟于圓沼橘側飾于池側草改貌而傾蕢林伐狀而搖蔕潭斂氣而威荷露危光而嚴蕙〔梁元帝秋興賦〕洞庭之葉初下塞外之草前衰〔秋風搖落辭〕秋風起兮寒鴈歸寒蟬鳴兮秋草腓萍青兮水澈葉落兮林稀翠爲蓋兮玳爲席蘭爲室兮金作扉水周兮曲堂花交

兮洞房樹參差兮密稍紫荷紛披兮疏且黃〔唐王勃秋夜山亭宴集序〕紅蘋綠荇亘渚連翹玉帶瑤華分欄間植池簾夕敞香牽十步之風岫幌宵搴氣襲三危之露〔李白悲清秋賦〕荷花落兮江色秋風嫋嫋兮夜悠悠臨窮溟以有美思釣鰲于滄洲〔劉禹錫秋聲賦〕松竹含韻梧楸早脫驚綺疏之曉吹墜碧砌之凉月〔黃滔秋賦〕駿烏咸赫顧兔添明池上落紅蕖之態煙中吟玉笛之聲泰華峰高染蓮花而翠活湘川樹老換楓葉以丹生愈碧高山偏清漢水松柏風高兮歲寒出梧桐蟬急兮煙翠死

五言古詩 原 〔晉江逌詠秋〕祝融解炎轡蓐收起凉駕高風催節變凝露督物化長林悲素秋茂草思朱夏鳴雁薄雲嶺蟋蟀吟深榭寒蟬向夕號驚飈激中夜感物增人懷悽然無欣暇〔宋劉鑠秋歌〕旻天清且高秋風發初凉白露下微津明月流素光凝煙汎城闕凄風入軒房朱華先零落綠草就芸黃纖羅還笥篋輕紈改衣裳〔鮑照詠秋〕秋蘭徒晚綠流風漸不親飈我垂思幕驚此梁上塵沉陰安可久豐景將遂淪何由忽靈化暫見別離人 增 〔周庾信秋日〕蒼茫望落景羇旅對窮秋賴有南園菊殘花足解愁 原 〔庾信遊昆明池〕秋光麗晚天鷁舸泛中川密菱障浴鳥高荷沒釣船碎珠紫斷菊殘絲繞折蓮落花摧十酒栖鳥送一絃〔唐太宗度秋〕

夏律昨留灰秋箭今移晷峨嵋岫初出洞庭波漸起桂白發幽巖菊黃開灞涘運流方可歎含毫屬微理 增 李白秋思春陽如昨日碧樹鳴黃鸝蕪然蕙草暮颯爾凉風吹天秋木葉下月冷莎雞悲坐愁羣芳歇白露凋華滋〔王昌齡秋興〕日暮西北堂凉風洗修木著書在南牕門館常肅肅苔草延古意視聽轉幽獨或問余所營刈黍就寒谷〔白居易早秋曲江感懷〕離離暑雲散嫋嫋凉風起池上秋又來荷花半成子朱顏易銷歇白日無窮已人壽不如山年光急于水青蕪與紅蓼歲歲秋相似去歲此悲秋今我復來此〔新秋〕西風飄一葉庭前颯已凉風池明月水衰蓮白露房其奈江南夜綿

綿自此長〔溫庭筠秋日〕爽氣變昏旦神皋徧原隰煙
華久蕩搖石瀾仍清急柳闇山犬吠蒲流水禽立菊花
明欲迷棗葉光如濕天籟思林嶺車塵倦都邑壽張風
所違悔恡何由入芳草秋可藉幽泉曉堪汲牧羊燒外
鳴林果雨中拾復此遂閒曠翛然脫羈縶田收鳥雀喧
氣肅龍蛇蟄佳節足豐穰良朋阻遊集沉機日寂寥琮
素常呼吸捉迹從依往放懷志所執良時有東菑吾將
事蓑笠〔宋歐陽修秋晚凝翠亭〕黃葉落空城青山繞
官廨風雲淒已高歲月驚何遽陂田寒未收野水淺生
孤晴林紫榴坼霜日紅梨曬蕭疏喜竹勁寂寞傷蘭敗
叢菊如有情幽芳慰孤介嘉客日可攜寒醅美新醉登

臨無厭頻氷雪行仰屆〔司馬光秋意三首〕槐花滿庭
除籍籍不可掃稍稍疏邻平瓜斷熟王陽裘失時團扇棄
新進給衣好日暮益愁思寒螿起幽草忽聞秋與篇歎
賞幾絕倒　端居倦煩暑園圃久不窺雨餘秋氣新紅
葉生紫梨形影得蕭散不知環堵卑何能效流俗把酒
須菊枝登高已可醉四野青雲垂　弱植生川澤托根
北堂後昔時青春姿扶疏映軒牖風霜日消落憔悴復
何有蠹穿枯節斷雨漬虛心朽幸不夭天年猶得勝凡
柳〔陸游秋花歎〕秋花如義士榮悴相與同豈比輕薄
花四散隨春風黃菊抱殘枝寂寞臥寒雨拒霜更可憐
抑蒂浮煙浦古來結交意正要共死生讀我秋花詩可

代月鶴盟　原明馮琦秋色遠如許客心鬱未安微微
日影薄肅肅天宇寬高風下木葉零露被崇蘭四氣自
斡運誰爲哀盛端朱華曾幾何素芳忽已殘楚楚松柏
姿凌風以自完願言附高節與君同歲寒
七言古詩　原　唐無名氏秋月色驅秋下穹昊梁間燕語
辭巢蚤古苔凝紫貼瑤堦露槿啼紅墮江草越客羈魂
挂長道西風欲揭南山倒粉娥恨骨不勝衣映門楚碧
蟬聲老　增　宋邵雍秋日飲後晚歸水竹園林秋更好
忍把芳樽容易倒重陽已過菊方開多情不學年光老
雲陰不動柳條低風遞輕寒梧葉槁無涯逸興不可收
馬蹄慢踏天街草〔元何中山中樂〕空山一夜生新雨

涼起賞心千萬緒扇團自守不依人樹葉知幾尋脫路
隔隴笑談雜樵牧臨流窺從惟鷗鷺旋庖蘆菔美勝酥
精酒新瓶香滿戶山中之樂誰得知我獨知之來何爲
青林紅樹人煙濕讀得金橙密處垂
五言律詩
御製禁園秋靈樹谷催蟬咽荷疏去影長深秋殘暑氣微爽
待高陽戶外遠塵蹤圃中多蕙香落落新雨霽吟之愧成
章
增　唐太宗秋日翠微宮秋光凝翠嶺涼吹肅離宮荷疏
一蓋缺樹冷半帷空側陣移鴻影圓花釘菊叢撫懷俗
塵外高眺白雲中〔秋日二首〕菊散金風起荷疏玉露

圓將秋數行鴈離夏幾林蟬雲凝愁半嶺霞碎纈高天還似成都望直見峩眉前　爽氣澄蘭沼秋風動桂林露凝千片玉菊散一叢金日岫高低影雲空點綴陰蓬瀛不可望泉石且娛心〔王維山居秋暝〕空山新雨後天氣晚來秋明月松間照清泉石上流竹喧歸浣女蓮動下漁舟隨意春芳歇王孫自可留　原〔李白秋登宣城謝朓北樓〕江城如畫裏山晚望晴空兩水夾明鏡雙橋落彩虹人煙寒橘柚秋色老梧桐誰念北樓上臨風懷謝公〔包佶秋日過徐氏園林〕池塘分越水古樹積吳煙埽竹催鋪席垂蘿待繫船鳥窺新穫粟龜上半攲蓮屢入忘歸地長嗟俗事牽　增〔白居易答劉戒之早

秋別墅見寄〕涼風木槿籬暮雨槐花枝併起新秋思爲得故人詩避地鳥擇木入朝魚在池城中與山下喧靜兩相思〔許渾早秋〕遙夜泛清瑟西風生翠蘿殘螢委玉露早雁拂金河高樹曉還密遠山晴更多淮南一葉下自覺老煙波〔雍陶和劉補闕秋園寓興〕水木多陰冷池塘秋意多庭風吹故葉堦露淨寒莎愁雁窺燈語情人見月過砧聲聽已別蟲響復相和　閑門無事後此地即山中但覺鳥聲異不知人境同晚花開爲雨殘果落因風獨坐還吟酌詩成酒已空　秋色庭蕪上清朝見露華疎篁抽晚筍幽藥吐寒芽引水新渠淨登臺小徑斜人來多愛此蕭爽似仙家　禁掖朝迴後林園

勝賞時野人來藥庭鶴往看碁晚日明丹棗朝霜潤紫梨還因重風景猶自有秋詩〔鄭谷郊野〕蓼小菊籬邊新晴有亂蟬秋光終寂寞晚醉自留連野濕禾中露村閑社後天題詩滿紅葉何必浣花牋〔宋邵雍秋夜〕浮雲一消散星斗粲長天碧蘚墜丹果清香生白蓮體涼猶衣葛耳靜已無蟬坐久羣動息秋空唯寂然〔歐陽修秋郊曉行〕寒郊桑柘稀秋色曉依依野燒侵河斷山鴉向日飛行歌採樵去荷鍤刈田歸秋酒家家熟相邀白竹扉〔陸游新秋〕秋氣入清笳旗亭酒可賒長歌穿小市短帽插幽花溪女留新蟹園公餉晚瓜誰知陶老子解作醉生涯〔金趙渢秋郊晚望〕桃竹猶堪杖幽

尋興頗嘉池荷能幾葉籬菊不多花地坼成龜兆林枯出犬牙村農慶豐歲社鼓已三撾〔師拓曲江秋望〕山歸嶂重出野平天四闊涼風芡實坼久雨藕花肥水濶漁舟小天長去鳥微紫蒲行處有采采莫盈衣〔元權山中秋夕〕黃卷存餘習青燈共晚涼只知書味永不覺鬢絲長老檜千年物幽蘭一國香平生陶靖節此夕邈相望〔明仁宗江樓秋望〕遠碧接天涯登臨景自佳蘋洲晴亦雪楓岸晝常霞落雁過前浦浮鷗傍淺沙竹籬高曬網茅屋是漁家〔秋風〕玉律轉清商金飇送晚涼輕飄梧葉墜晴度桂花香月下生林籟天邊展雁行吹噓禾黍熟萬頃似雲黃　原〔張祥鳶秋望〕快閣臨飛鳥

遥天入斷峯白雲山面面紅葉樹重重空翠當杯落晴
光刺眼濃願言隨楚客亦未採芙蓉
七言律詩 增 唐溫庭筠郊居秋日 稻田鳧雁滿晴沙釣
渚歸來一逕斜門帶果林招邑吏井分蔬圃屬鄰家阜
原寂歷垂禾穗桑竹參差映豆花自笑謾懷經世策不
將心事許煙霞 原 趙嘏長安秋夕 雲物凄涼拂曙流
漢家宮闕動高秋殘星幾點雁橫塞長笛一聲人倚樓
紫豔半開籬菊靜紅衣落盡渚蓮愁鱸魚正美不歸去
空戴南冠學楚囚 韋莊秋日早行 上馬蕭蕭襟袖涼
路穿禾黍繞宮牆半山殘月露華冷兩岸野風蓮萼香
煙水驛樓紅隱隱渚邊雲樹暗蒼蒼行人自是心如火

兔走烏飛不覺長 增 元何中秋懷 采采黃花可佩香
依依橘柚未全黃人行塞北非征戍雁過江南有稻粱
短笛疎鐘來別浦亂鴉飛鶩過斜陽西風擾擾知何似
看見黃花滿地霜 明陸樹聲 獨憐秋色倍清幽花月
娟娟夜氣浮滿院風飄香欲散一天雲淨影交流光搖
皓魄庭如水寒染霜葩玉作毬把酒喚英誇二美賞心
還以繼前修
五言排律 增 唐太宗秋日即事 爽氣浮丹闕秋光澹紫
宮衣碎荷疎影花明菊點叢袍輕低草露蓋側舞松風
散岫飄雲葉迷路飛煙鴻砌冷蘭凋佩閨寒樹隕桐別
鶴棲琴裏離猿啼峽中野落飛星箭弦虛半月弓芳霏

夕霧起暮色滿房櫳 盧照鄰山林休日田家 歸休乘
暇日饁稼返秋場徑草疏王篲巖枝落帝桑耕田虞訟
寢鑿井漢機忘戎葵朝委露齊棗夜含霜南澗泉初冽
東籬菊正芳還思北窗下高臥偃羲皇
五言絕句 增 唐王績秋夜喜遇王處士 北場芸藿罷東
皐刈黍歸相逢秋月滿更值夜螢飛 原 李白綠水曲
綠水明秋月南湖採白蘋荷花嬌欲語愁殺蕩舟人
錢珝江行 萬木已清霜江邊村事忙故溪黃稻熟一夜
夢中香
七言絕句 原 唐吳融涼思 松間小檻接波平月淡煙沉
暑氣清半夜水禽棲不定綠荷風動露珠傾 增 李商

隱到秋 扇風淅瀝簟流離萬里南雲滯所思守到清秋
還寂寞葉丹苔碧閉門時 宋秦觀秋辭二首 雲惹低
空不更飛斑斑紅葉欲辭枝秋光未老仍微暖恰似梅
花結子時 無數青莎繞玉堦夕陽紅淺過牆來西風
莫道無情思未放芙蓉取次開 范成大秋日 碧蘆青
柳不宜霜染作滄洲一帶黃莫把江山誇北客冷雲寒
水更荒涼 陸游秋懷 園丁傍架摘黃瓜村女沿籬采
碧花城市尚餘三伏熱秋光先到野人家 金高士談
楊休烈村居 籬落牽牛放晚花西風吹落滿人家閑門
久雨青苔滑時見鴛鴦下白沙 柿葉經霜菊在溪天
寒落日見鄰樓西家有客務新酒紅葉蕭蕭蓋芋畦

趙元秋日禾穗纍纍豆莢稠嶺前村落太平秋熙熙多少豐年意都在農家社案頭 元郭鈺秋蘚鶴認琪花欲下遲蓬萊仙客遣儕詩情深寫到相思處秋露芙蓉開滿池 明世宗秋日即事拂暑金風動袞裳滿天商吹助新凉農家萬寶收成後十里遙聞禾黍香 陳繼儒草綠蘋香殺水紋秋山寂寂冷斜曛庭前雙桂憁留影時宿寒鴉與斷雲 秋老江瀕漾夕空蕭蕭楓葉挂疎紅那知三泖清秋思偏寄蘆花一寺中

詩散句 增 宋鮑照氣交蓬門疎風數園草殘 梁簡文帝池蓮翻罷葉露篠生寒條 蕭慤芙蓉露下落楊柳月中疎 周王褒苑寒梨樹紫山秋菊葉黃 庾信殘

秋欲屏扇餘菊尚浮杯 唐太宗露結林疎葉寒輕菊吐滋 霜節凉地蕙風梢幽渚荷 盧照鄰窮巷秋風葉空庭寒露枝 李義府關樹凋凉葉塞草落寒花 張說汀葭變秋色津樹入寒煙 蘇頲落暉隱桑柘秋原被花實 李嶠梧桐稍下葉山桂欲開花 李白一爲滄浪客十見紅蕖秋 張均洲白蘆花吐園紅柿葉稀 尹懋風秋樹色雜苔古石文斑 司空曙花醋蓮報謝葉在柳呈疎 韓翃蒹葭露下晚菡萏水中秋風蹋荷衣碎霜迎栗罅開 李商隱秋應爲紅葉雨不厭青苔 桐槿日零落雨餘方寂寥 溫庭筠江館白蘋夜水關紅葉秋 李咸用柳葉飄乾翠楓枝撼碎紅

數花雍菊晚丹葉井梧秋 許渾葦花迷夕棹楓葉散秋帆 方千細雨蓮塘晚疎蟬橘岸秋 徐鉉雨久莓苔紫霜濃薜荔紅 宋邵雍紅葉戰西風黃花笑寒日 陸游秋色滿江干江楓已半丹 元吳萊梧桐老葉很芙蓉新藥愁 吳師道紅惜芙蓉落青憐薜荔生 明謝榛閒庭秋一色滿架豆花垂 唐韓翃風吹山帶遙知雨露濕荷花已報秋 溫庭筠三秋岸雪花初白一夜林霜葉盡紅 韓偓楓葉微紅近有霜碧雲秋色滿吳鄉 稻壟蓼紅溝水清荻園葉白秋日明 宋秦觀真誇春色欺秋色未信桃花勝菊花 陸游夕露正看沾草棘晨霜已見落楸槐 楊萬里秋風畢竟無

多巧只把燕支滴蓼花 金辛愿煙迷短草秋還綠露濕寒花曉更香 元仇遠山分秋色歸紅葉風約蘋香入畫船 蕭國寶丹楓葉落霜初肅白葦花開月倍明 周權梧葉庭除秋漸老豆花籬落曉初晴 明沈德符繞杯行藥掣筆持小插秋花寄遠思 原 文徵明江空露下芙蓉葉月出風吹桂樹枝 陳繼儒疎菊籬邊如待酒芰荷池上可爲衣 王象晉禾黍滿場堆玉粒橘橙弄色挂金罍 增 晉謝朓秋町鬱蒙茸 周庾信霜天林木燥 陳徐陵江秋岸荻黃 唐李白木落識歲秋 秋風生桂枝 清秋凋碧柳 韓翃秋江落葉遲 李咸用薄日朦朧秋 李濤秋槐滿地花 于濆

秋沼生荷芰　杜甫　清秋幕府井梧寒　司空曙　菊花
楓葉向誰秋　李益　柿葉翻紅霜景秋　李商隱　秋日
當牕柿葉陰　鄭谷　紅葉黄花秋景寬　杜荀鶴　秋水
鷺飛紅蓼晚　宋蘇軾　楓葉蘆花秋興長　秦觀　雨荷
風蓼不勝秋　元葉顒　黄花有恨驚秋老　趙孟頫　露
下碧梧秋滿天　張雨　秋在梧桐疎處多　明孫太初
菰米蓮房作好秋

詞　原　明劉基眼兒媚　煙草淒淒小樓西雲壓雁聲低兩行疎柳一絲殘照數點鴉棲　春山碧樹秋重緑人在武陵溪無情明月有情歸夢同到幽閨　增　宋劉鎮念奴嬌　嫩涼生曉怪今朝湖上秋風無迹古寺桂香山色外腸斷幽叢金碧驟雨俄來蒼煙不見苔徑孤吟嚴磬

船高柳晚蟬咽破愁寂　且約蘇酒高歌與鷗相好分坐漁磯石錦只藕花知我意猶把紅芳留客樓閣空濛管絃清潤一水盈盈隔不如休去月懸良夜千尺

別錄　原　千金方　秋宜食黍桃葱　秋耕宜早恐霜後掩入陰氣　收五穀擇吉日上倉先祭倉神　收藏鮮果梨橘之類帶枝插蘿蔔或芋中仍用紙或乾穰草包護瓮勿通氣

七月　立秋七夕附見

增　禮記月令　孟秋之月日在翼昏建星中旦畢中　註　日月會于鶉尾而斗建申之辰也　涼風至白露降　是月也農乃登穀天子嘗新先薦寢廟　註　黍稷之屬于是始熟　命百官始收斂　註　順秋氣收斂物　原　梁元帝纂要　七月曰孟秋首秋初秋上秋肇秋蘭秋又曰涼月　花月令　是月也桐報秋木槿榮紫薇映月蓼紅菱實鷄冠報曉　增　瓶史月表　七月花盟主紫薇蕙花花客卿秋海棠重臺朱槿花使令波斯菊木木香矮雞冠向日葵

雜錄　原　詩豳風　七月食瓜　七月烹葵及菽　增　夏小正　七月秀雚葦傳未秀則不爲雚葦秀然後爲雚葦故先言秀　湟潦生苹爽死苹秀傳湟潦生苹也者湟下處也有湟然後有潦潦而後有苹草也爽也者猶疏也

畢也者馬帚也　初昏織女正東鄉時有霖雨灌荼傳灌聚也荼雚葦之秀也爲蔣褚之也雚未秀爲菼葦未秀爲蘆　晉書樂志　七月之辰謂爲申申者身也言時萬物身體皆成就也　七月之管名爲夷則夷平也則法也謂萬物將成平均皆有法則也　秦中歲時記　進士下第當年七月復獻新文求拔解故曰槐花黄舉子忙　水衡記　荻苗水七月八月荻花故以名　夢溪筆談　七月百穀成實自能任持故曰太乙　賞心樂事　七月餐霞軒五色鳳仙花玉照堂玉簪西湖荷花南湖觀魚應鉉堂東葡萄霞川水荭珍林剝棗　洽聞記　河中鳳林關有靈巖寺七月十五日溪穴流聖柰出大如璞

楚志水陸寺在洒江深不可測名蓮花潭於初秋夜有蓮花𧏙出水面香浮襲人

立秋 增 禮記月令是月也以立秋先立秋三日太史謁之天子曰某日立秋盛德在金天子乃齋立秋之日天子親帥三公九卿諸侯大夫以迎秋于西郊

要覽 列子御風常以立春歸乎八荒立秋遊乎風穴是風至草木皆生否則搖落謂之離合風

東京夢華錄 立秋日滿街賣楸葉婦女兒童輩皆翦成花樣戴之是月瓜果梨棗方盛京師棗有數品靈棗牙棗青州棗亳州棗雞頭上市則梁門裏李和家最盛中貴戚里取索供賣內中泛索金合絡繹士庶買之一裹十文用小新荷葉包糝以麝香紅小索兒繫之賣者雖多不及李和一色揀銀皮子嫩者貨之

熙朝樂事 立秋之日男女咸戴楸葉以應時序或以石楠紅葉翦刻花瓣插鬢邊或以秋水吞赤小荳七粒

七夕 增 荊楚歲時記 七月七夕人家婦女結綵縷穿七孔鍼陳瓜果于庭中以乞巧有喜子網於瓜上則以爲符應

風土記 或問董勛七日爲良日飲食不同于古何也勛曰七月黍熟七日陽數故日昣糜今惟設湯餅不復有糜矣

說林 七月七日陳豐以青蓮子十枚寄蕙勃勃啖未竟墜一子於盆水中有喜鵲過惡汙其上勃遂棄之明早有並蔕花開於水面如梅花大取置几頭數日始謝房亦漸長剖之各得實五枚如豐來數自

是鄉人改雙星節爲雙蓮節

原 東京夢華錄 七月七夕以小板傅土旋種粟令生苗置小茅屋花木作田舍家小人物皆村落之態謂之穀板又以瓜雕刻成花樣謂之花瓜又以菉豆小豆小麥於磁器內以水浸之生芽數寸以紅藍綵縷束之謂之種生皆於街心設綵幕帳貨賣前三五日車馬盈市羅綺滿街旋折未開荷花都人善做假雙頭蓮取玩一時提攜而歸又小兒須買新荷葉執之蓋效顰磨喝樂至初六日七日晚貴家多結綵樓於庭鋪陳磨喝樂花瓜酒炙香列拜謂之乞巧

五色線 仙子云天寶六載侍輦驪山七夕夜張錦繡樹瓜花陳飲食焚香於庭拜縷針紐線

致虛閣雜俎 薛瑤英於七月八日令諸婢共翦輕綵作連理花千餘朵以陽起石染之當午散於亭中隨風而上徧空中如五色雲霞久之方沒謂之渡河吉慶花藉以乞巧 七夕徐婕妤雕鏤菱藕作奇花異鳥攢於水晶盤中以進上極其精巧上大稱賞賜以珍寶無數上對之竟日喜不可言至定昏時上自散置宮中几上令宮人暗中摸取以多寡精麤爲勝負謂之鬬巧以爲歡笑

誠齋雜記 蔡州丁氏女精於女紅每七夕禱以酒果忽見流星墜筵中明日瓜上有金梭自是巧思益進

常氏日錄 七日將午時酒服菖蒲一二寸飲酒不醉

集藻 文賦散句 增 晉盧湛感運賦氣激激而淩兮霜微

微而日華翠葉紛以朝落朱華慘以夕捐 原 梁昭明太子錦帶書 桂吐花于小山之上梨翻葉于大谷之中

唐王勃七夕賦 玉繩湛色金漢斜光煙淒碧樹露濕銀塘視蓮潭之變彩見松院之生凉引驚蟬于寶瑟宿蘭燕于瑤筐

宋田錫早秋賦 桐葉潛零下玉欄兮金井梧花增麗墜珠簾兮綺疏

四言古詩 原 晉潘尼七月七日侍皇太子宴 商風初授辰火微流朱明送夏少昊迎秋嘉禾茂園芳草被疇于時秋游以豫以休

五言古詩 原 北周庾信奉和初秋 落星初伏火秋霜正動鐘北閣連橫漢南宮應鑿龍祥鸞棲竹實靈蔡上芙

蓉自有南風曲還來吹九重

唐李賀七月 樂辯星依雲渚冷露滴盤中圓好花生木末衰蕙愁空園夜天如玉砌池葉極青錢僅厭舞衫薄稍知花簟寒曉風何拂拂北斗光闌干

五言律詩

御製早秋 新霽卷幔過新雨披襟納好風餘霞明遠岫倒景射晴虹稼穡豐年足乾坤爽氣同高天雲斷處歷歷見初鴻

增 唐太宗儀鸞殿早秋 寒驚薊門葉秋發小山枝松陰背日轉竹影避風移提壺菊花岸高興芙蓉池欲知涼氣早巢空燕不窺

宋邵雍和李文思早秋 一雨洗炎稜三川氣象清林風傳顥氣木葉送商聲忽忽蓮生菂看看菊吐英太平時裏老何以報虛生 池畔拖垂柳闌邊笑晚霞敗荷傾敝蓋老檜露枯槎歲暮驚時態年高惜物華東陵風未替觧憶故園瓜

陸游初秋 藉草沾衣露沿溪掠面風桐凋無茂綠蓮老有疎紅小酌軟危度鄰園曲折通新秋得強健一笑莫匆匆

七言律詩

御製立秋前一日晚同左右閒坐進鮮果偶作 初到金風天氣晚微涼雨後畫簾垂九重迴出白雲遠三殿高臨北斗移珍果滿盤新獻節碧梧一葉報秋時漏深不寐題詩句月色煇煌照鳳墀

增 唐韋莊早秋夜作 翠簟初清暑半銷撇簾松韻送輕颸莎庭露永琴書潤山郭月明砧杵遙傍砌綠苔鳴蟋蟀繞簾紅樹織蟰蛸不須更作悲秋賦王粲辭家鬢已凋

明景氏翩翩七夕 樓前蕭史憶吹簫鳳足西風倍寂寥望斷支機應化石愁填烏鵲未成橋素毫月冷吟梧葉紈扇秋回識柳條姊妹東鄰如乞巧莫教瓜果淚相招

七言絕句 增 宋范成大七月十六日石湖路中書事 白葛烏紗稱老農溪南溪北水車風稻頭的皪黏朝露步入明珠翠網中

立秋後二日泛舟越來溪 西風初入小溪帆旋織波紋縐淺藍行入鬧荷無水面紅蓮沉醉

白蓮開　〔元趙雍〕初秋夜坐　夜深庭院寂無聲明月流
空萬影橫坐對荷花三兩朵紅衣落盡秋風生
〔詩散句〕【增】〔唐鄭谷〕江南孟秋天稻花白如霜　〔白居易〕
清風水蘋葉白露木蘭枝　〔韋莊〕柿葉添紅影槐柯減
綠陰　〔李商隱〕桂含爽氣三秋首蓂吐中旬一葉新
〔宋陸游〕風生綌葛無三伏月上疎林正四更
〔詞〕【增】〔宋歐陽修漁家傲〕七月新秋風露早諸蓮未折庭
梧老是處瓜花時節好金樽倒人間綵縷爭祈巧　萬
葉敲聲涼乍到百蟲啼晚煙如埽滴箭初長天杳杳人
語悄那堪夜雨催清曉
【別錄】【原】〔占候〕有三卯田禾熟無則旱種麥　〔種植〕蘿蔔

白菜蕪菁芥菜秋黃瓜甜菜萵苣芫荽水仙根苦蕒晚
紅花牛膝葱烏菘臘梅子蜀葵韭　〔澆灌〕桂樹忌澆澄
橘糞　〔收採〕胡桃乾荳蘑菇斑猫浮萍楮實瞿麥刈藍
卷柏海棠覆盆子使君子畢澄茄麻子藕蔓荊子蔴黃
莖白薔薇刈苧芋石硫黃馬鞭草露蜂房石龍芮皮鼠
尾草甜瓜蒂天門冬眼子菜旋覆花白蒺藜荷葉槐實
藿香五加皮菱芡石韋蒺藜漆　〔整頓〕漚曉麻翻麥地
伐木斫竹　〔製用〕醬鳳仙莖製瓜菹曬葫蘆茄瓜乾
〔田忌〕天火午地火辰荒蕪亥九焦酉糞忌酉

八月　秋分中　秋酣見

【增】〔禮記月令〕仲秋之月日在角昏牽牛中旦觜觿中〔註〕
日月會于壽星而斗建酉之歲也　天子乃難以達秋
氣以犬嘗麻先薦寢廟　乃命有司趨民收斂務蓄菜
多積聚乃勸種麥毋或失時其或失時行罪無疑　【原】
〔花月令〕是月也槐黃蘋笑芝草奏功桂香秋葵高擢金
錢及第　【增】〔瓶史月表〕八月花盟主丹桂木樨芙蓉花
客卿寶頭雞冠楊妃槿花使令水葒花翦秋羅牡丹花
山茶花
【續錄】【原】〔詩豳風〕八月萑葦　八月其穫　八月斷壺
八月剝棗　【增】〔夏小正〕八月剝瓜〔傳〕剝瓜也者畜瓜之
時也　剝棗棗零〔傳〕剝也者取也零也者降零而後取
之故不言剝也　〔晉書樂志〕八月之辰謂爲酉酉者緧

也謂時物皆緧縮也　八月之管名爲南呂南呂任也
謂時物皆秀有懷任之象也　〔續齊諧記〕鄧紹八月旦
入華山採藥見一童子執五綵囊盛柏葉上露如珠滿
囊紹問用此何爲答曰赤松先生取以明眼言終便失
所在　〔荊楚歲時記〕八月十四日以錦綵爲眼明囊遞
相餉遺〔註〕按述征記云八月一日作五明囊盛取百草
頭露洗眼令眼明也　〔風土記〕俗以八月雨爲豆花
雨　〔夢溪筆談〕八月枝條堅剛故曰天罡　〔賞心樂事〕
八月湖山尋桂現樂堂秋花聚妙峰山木犀霞川野菊
綺互亭千葉木犀桂隱攀桂杏花莊雞冠黃葵　〔成都
古今記〕八月有桂市　〔山家清事〕八月八日爲竹醉日

種竹易活　蜀諺八月謂之小春熱欲去寒欲來故曰小春

秋分【增】宋書律志秋分而禾穗定穗定而禾熟律之數十二故十二穗而當一粟十二粟而當一寸

中秋【增】瑣碎錄中秋無月則兔不孕蚌不胎蕎麥不實　乾淳歲時記中秋夕禁中賞月延桂　通考八月十五爲移花日　禪林備覽有梵僧從天竺鷲山飛來云八月十五日夜桂子落　清閒供八月十五日牡丹誕

【集藻】文賦散句【原】梁昭明太子錦帶書黃花笑冷白羽悲秋旣傳蘇子之書更泛陶公之酒　【增】元王柏長嘯山游記辛卯秋八月與客游於北山於時丹楓纈林香桂染袖金粟垂額翠荚吐英芙蓉靚冶籬菊敷茂紫蘭

分抗莖濯蘂於深幽香稻分春玉鏃珠於踐蹂懸穎苞于棗栗粲青黃于橘柚日暄而不熇雨寒而不驟正一年之佳景候也

五言古詩【原】晉孫綽秋日　蕭瑟中秋日雁唳風雲高山居感時變遠客興長謠疏林積涼風虛岫結凝霄湛露灑庭樹密葉亂紫條撫葉悲先落攀松羨後凋垂綸在林野交情遠市朝澹然懷古心濠上豈伊遙　【增】唐白居易南湖晚秋　八月白露降湖中水方老旦夕秋風多衰荷半傾倒手攀青楓樹足蹋黃蘆草慘淡老容顏零落秋懷抱有兄在淮楚有弟在蜀道萬里何時來煙波白浩浩

七言古詩【增】宋徐積八月十四夜　有人望月吟太虛半夜秋風吹碧蘆碧蘆風起吹老桂吟聲入月驚蟾蜍明夜中秋更好吟兔肥蟾大桂成林桂兔之外有何物玉池水到中秋溢秋風刮水如霜滴

五言律詩【增】唐廖凝中秋月　九十日秋色今宵已平分孤光含列宿四面絕纖雲衆木排疏影寒流疊細紋遙遙望丹桂心緒正紛紛

七言律詩【原】明蔡羽秋思　清秋山色淨巃嵸八月芙蓉滿鏡中醉任嶺雲連海綠愁禁楓葉接天紅養魚好伴鴟夷子飲水如無桑苧翁江上美人期不到吹簫獨自向虛空

七言絕句【原】宋韓琦仲秋八日雲臺觀羣花盛開　春早凡花百種榮秋芳能得幾多名仙家八月靈葩發不與尋常俗豔爭

【別錄】【原】占候　有三卯三庚低田麥稻吉三庚二卯麥宜高田無三卯不宜麥諺云三卯三庚麥出低坑三庚二卯麥出坳巧　月大盡有水災少菜　月令通考　秋分諺曰分社同一日低田盡叫屈秋分在社前斗米換斗錢秋分在社後斗米換斗豆　朔日值白露果穀不實值秋分主物價貴　十一日卜來年水旱侵晨或隔夜于水邊無風浪處作一水則子至晚看之若沒主水露主旱平主小水又主本年好種麥名曰橫港　【增】農政

全書八月朔日風雨宜麥麻子貴十倍又云凡朔要晴
惟此日要雨好種麥　諺曰白露前是雨白露後是鬼
其時之雨片雲來便雨稻花見日吐出陰雨則收正吐
之時暴雨忽來卒不能收遂致白颯之患若連朝雨反
不爲災　〔種植〕蒜韭菜豌豆蠶豆萵苣麥水晶葱蘿蔔
芥菜蔓菁蒜春菜菠菜油菜白菜萵紅花烏菘胡荽胡
麻雞頭葱木瓜罌粟黃矮菜芍藥菱　〔移植〕櫻桃橘李
柚枇杷柑杏梅銀杏桃梔子芍藥枸杞木犀梧桐橙牡
丹玫瑰丁香木筆石菊百合水仙山丹　〔壓插〕玫瑰薔
薇　〔貼接〕牡丹綠萼梅海棠　〔澆灌〕牡丹瑞香芍藥並
宜猪糞　〔收採〕割穀著實根　豇豆石楠實大棗狼毒

牛膝韭花金毛狗脊人參酸棗山藥桔梗牡丹皮根薏
苡草龍膽白歛當歸白蒺藜升麻芍藥根柴胡黃芩烏
藥根秦艽生地澤瀉巴戟天白蘚皮甘草白木黃連萱
草根香附子百合知母玄參天門冬山豆根地榆防已
前胡芋香苗胡黃連萆薢桂皮茯神芋根蜀椒花椒川
松茯苓丁香猪苓雷丸王不留行根苗花子藍種秦皮
虎杖巴豆角蒿　〔整頓〕修牡丹芟芍藥菊加土放芋根
鋤竹園蘭換盆刈苧忌澆橙橘　〔田忌〕天火酉地火卯
九焦午糞忌申荒蕪卯

九月　九日附見

增〔禮記月令〕季秋之月日在房昏虛中旦柳中〔註〕日月

會于大火而斗建戌之辰也　菊有黃華　命百官貴
賤無不務內以會天地之藏無有宣出　乃命冢宰農
事備收舉五穀之要　是月也草木黃落乃伐薪爲炭
是月也天子以犬嘗稻先薦寢廟　原〔梁元帝纂要〕
九月曰季秋亦曰暮秋末秋暮商季商杪商又曰玄月
增〔花月令〕是月也菊有英巴竹筍芙蓉綻山藥乳橙
橘登老荷化爲衣　〔瓶史月表〕九月花盟主菊花花客
卿月桂花使令老來紅葉下紅

彙考原〔詩豳風〕九月叔苴　〔夏小正〕九月榮鞠樹麥〔傳〕
榮鞠鞠草也鞠榮而樹麥時之急也　〔晉書樂志〕九月
之辰謂之戌戌者滅也謂時物皆衰滅也　九月之管

名曰無射射者出也言時陽氣上升萬物收藏無復出
也　〔夢溪筆談〕九月木可爲枝榦故曰太衡　〔九日〕增
〔西京雜記〕戚夫人侍兒賈佩蘭後出爲扶風人段儒妻
說在宮內時九月九日佩茱萸食蓬餌飲菊花酒令人
長壽菊花舒時并採莖葉雜黍米釀之至來年九月九
日始熟就飲焉故謂之菊花酒　〔玉燭寶典〕九日食蓬
餌飲菊花酒者其時黍秫并收因以黏米嘉味觸類嘗
新遂成積習　〔太清記〕九月九日採菊花與茯苓松脂
久服之令人不老　原〔風土記〕九月九日律中無射而
數九俗尚此日折茱萸房以插頭言辟除惡氣爲禦初
寒　漢俗九日飲菊花酒以祓除不祥　〔續齊諧記〕汝

南桓景隨費長房游學累年長房謂曰九月九日汝家中當有災宜急去令家人各作絳囊盛茱萸以繫臂登高飲菊花酒此禍可除景如言舉家登山夕還見雞犬牛羊一時暴死長房聞之曰此可代也今世人九日登高飲酒婦人帶茱萸囊蓋始于此〈續晉陽秋〉陶潛九月九日無酒於宅邊菊叢中摘盈把坐其側望見白衣人乃王弘送酒即便就酌而後歸 增 千金月令重陽之日必以肴酒登高眺遠爲時讌之遊賞以暢秋志酒必採茱萸甘菊以泛之既醉而還 原〈歲時雜記〉二社重陽以棗爲糕或加以栗以肉〈洛陽風土記〉九日以花糕法酒賜近臣 增〈賞心樂事〉重九登城把萸把菊

亭采菊蘇堤看芙蓉珍林嘗時果景全亭金橘芙蓉池三色拒霜〈東京夢華錄〉九月重陽都下賞菊有數種其黃白色蘂若蓮房曰萬齡菊粉紅色曰桃花菊白而檀心曰木香菊黃色而圓者曰金鈴菊純白而大者曰喜容菊無處無之酒家皆以菊花縛成洞戸都人出郊外登高宴聚前一二日各以粉麪蒸糕遺送糝飣果實如石榴子栗黃銀杏松子之類〈熙朝樂事〉重九日登高飲燕者必簪菊泛萸猶古人之遺俗也又以蘇子微漬梅滷雜和蔗霜梨橙玉榴小顆名曰春蘭秋菊

集藻 書 原〈魏文帝與鍾繇九日送菊書〉歲往月來忽復九月九日九爲陽數而日月並應俗嘉其名以爲宜於長久故以享宴高會是月律中無射言羣木庶草無有射地而生惟芳菊紛然獨榮非夫含乾坤之純和體芬芳之淑氣孰能如此故屈平悲冉冉之將老思餐秋菊之落英輔體延年莫斯之貴謹奉一束以助彭祖之術

文賦散句 原〈宋傅亮九月九日登凌囂館賦〉何物憭而節哀又雲悠而風厲悴緑蘩于寒渚隕豐藿于荒瀨翫中原之芬菊惜蘭圃之凋蕙蔚竹柏之勁心謝梧楸之零脆〈梁昭明太子錦帶書重陽〉變序節景窮秋霜抱樹而擁柯風拂林而下葉金堤翠柳帶星采而均調紫塞蒼鴻追風光而結陣

五言古詩 原〈晉陶潛九日閒居〉世短意常多斯人樂久

生日月依辰至舉俗愛其名露凄暄風息氣徹天象明往燕無遺影來鴈有餘聲酒能祛百慮菊解制頹齡如何蓬廬士空視時運傾塵爵恥虛罍寒華徒自榮斂襟獨閒謠緬焉起深情棲遲固多娛淹留豈無成〈乙酉歲九月九日〉靡靡秋已夕凄凄風露交蔓草不復榮園木空自凋清氣澄餘滓杳然天界高哀蟬無留響叢鴈鳴雲霄萬化相尋繹人生豈不勞從古皆有沒念之中心焦何以稱我情濁酒且自陶千載非所知聊以永今朝 增〈梁庾肩吾九日侍宴〉轍跡光周頌巡遊盛夏功鉤陳萬騎轉閶闔九門通秋暉逐行漏朔氣繞桐風獻壽重陽節迴鑾上苑中疏山開輦道間樹出離宮玉醴

吹巖菊銀牀落井桐御梨寒更紫仙桃秋轉紅飲羽山西射浮雲冀北驄塵飛金埒滿葉破柳條空騰猿疑矯箭驚鴈避虛弓彫材濫杞梓花綴接鵷鴻愧乏天庭藻徒參文雅雄〔陳江總於長安歸還揚州九月九日行至薇山亭賦韻〕心逐南雲逝形隨北鴈來故鄉籬下菊今日幾花開〔唐太宗山閣晚秋〕山亭秋色滿巖牖凉風度疎蘭尚染煙殘菊猶承露古石依新苔新巢封古樹歷覽情無極咫尺輪光暮 原〔宋梅堯臣九日永叔長文原甫景仁鄰幾持國過飲〕秋堂雨更靜粲粲佳菊芳萓酒延羣公掇英浮新黃心猶慕淵明歸來醉柴桑莫問車馬之去跡亂康莊〔蘇軾九日閒居和陶詩〕九

日獨何日欣然愜平生四時靡不佳樂此古所名龍山憶孟子栗里懷淵明鮮鮮霜菊豔溜溜糟牀聲閒居知令節樂事滿餘齡登高望雲海醉覺三山傾長歌振履商起舞帶索榮坎軻識天意淹留見人情但願飽秔稌年年樂秋成

五言律詩

御製九日幸景山登高 秋色淨樓臺登高紫禁隈千門鳴雁度萬井霽煙開翠拂鑾輿上雲隨豹尾來佳辰欣宴賞滿泛菊花杯

原〔唐中宗九月九日幸臨渭亭登高〕九日正乘秋三杯興已周泛桂迎樽滿吹花向酒浮長房萸早熟彭澤菊初收何藉龍沙上方得恣淹留 增〔王績九月九日贈人〕迷節候端坐隔塵埃忽見黃花吐方知素節回映巖千段發臨浦萬株開香氣徒盈把無人送酒來〔崔善為答王無功九日〕秋來菊花氣深山客重尋露葉疑涵玉風花似散金摘來還泛酒獨坐即徐斟王弘貪自醉無復覓楊林 原〔沈佺期九日侍宴應制〕御氣幸金方憑高薦羽觴魏文頒菊蕊漢武賜萸囊去鶴留笙吹歸鴻識舞行年年重九慶日月奉天長〔杜甫九日〕舊日重陽日傳杯不放杯即今蓬鬢改但媿菊花開北闕心長戀西江首獨回茱萸賜朝士難得一枝來〔九日曲江〕綴席茱萸好浮舟菡萏衰季秋時欲半九日意兼悲

江水清源曲荊門此路疑晚來高興盡搖蕩菊花期

七言律詩 原〔唐張諤九日〕秋天林下不知春一種佳遊事也均絳葉從朝飛著夜黃花開日未成旬將攀闕樹頻驚馬半醉歸途數問人城遠登高併九日茱萸凡作幾年新 〔杜甫九日藍田崔氏莊〕老去悲秋強自寬興來今日盡君歡羞將短髮還吹帽笑倩傍人為整冠藍水遠從千澗落玉山高並兩峰寒明年此會知誰健醉把茱萸仔細看 〔嚴維九日登高〕詩家九日憐芳菊遲客高齋瞰浙江漁浦浪花搖素壁西陵樹色入秋窻木奴向熟懸金實桑落新開瀉玉缸四子醉時爭講德笑論黃霸屈為邦 增〔宋韓琦壬子重九〕菊有黃花氣候

移重陽香萼已乾枝金鈴後坼孤芳在玉液輕浮一醉宜煙渚去來鴻自適霜叢飛遶蝶何知風前客帽從吹落且伴山翁倒接䍦〔邵雍秋暮西軒遶欄種菊一齊芳戶牖軒窻總是香得意不能無興詠樂時況復遇豐穰深秋景物隨宜好向老筋骸儘且康飲罷何妨更登眺爛霞堆裏有斜陽〔楊萬里九日即事呈尤延之〕昨日茱萸未若香今朝籬菊頓然黃浮英泛蘂多多著舊酒新醅細細嘗節裏且追千載事鬢邊管得幾莖霜正冠落帽多兒態自笑狂夫老不狂〔金姚孝錫重九〕天邊今日又重陽隴樹紅飛鴈信霜且插茱萸慰衰鬢莫將詩句撓迴腸歌勤皓齒人俱醉舞戀晴暉蝶也忙來日預期扶宿酒未應籬菊減秋香

五言排律〔原〕唐高宗九月九日端居臨玉扆初律啓金商鳳闕澄秋色龍闈引夕涼野靜山氣斂林疎風露長砌蘭虧半影巖桂發全香滿蕊荷凋翠圓花菊散黃揮鞭爭電烈飛羽亂星光柳空穿石碎弦虛側月張怯猿啼落岫驚鴈斷分行斜輪低夕景歸旆擁通莊〔沈佺期白蓮花亭侍宴應制〕九日陪天仗三秋幸禁林霜威變綠樹雲氣落青岑水殿黃花合山亭絳葉深朱旗夾小徑寶馬駐清潯花吏收寒果饔人膳野禽承歡不覺暝遙響素秋砧〔增〕王維奉和聖製重陽節宰臣及羣官上壽應制四海方無事三秋大有年百生逢此日萬壽頌齊天芍藥和金鼎茱萸插玳筵玉堂開右个天樂動宮懸御柳疎秋景城霞拂曙煙無窮菊花節長奉柏梁篇

五言絶句〔增〕唐王勃九日九日重陽節開門有菊花不知來送酒若箇是陶家〔原〕李白九日龍山飲九日龍山飲黃花笑逐臣醉看風落帽舞愛月留人〔九月十日即事〕昨日登高罷今朝更舉觴菊花何太苦遭此兩重陽〔杜甫復愁〕每恨陶彭澤無錢對菊花如今九日至自覺酒須賒〔增〕金宇文虛中回文詩短葦低殘雨虛舟帶晚潮斷鴻歸暗浦疎葉墮寒梢感感蛩吟苦茫茫水驛孤日銜山邑暮霜帶菊叢枯〔明馬氏閒卿

暮秋〕野邑滿園中閒情立晚風菊花含雨豔楓葉醉霜紅

七言絶句〔原〕唐張諤九日宴秋葉風吹黃颯颯晴雲日照白鱗鱗歸來特問茱萸女今日登高醉幾人〔增〕王維九月九日憶山東兄弟獨在異鄉為異客每逢佳節倍思親遙知兄弟登高處遍插茱萸少一人〔宋韓琦重九會光化二園〕誰言秋色不如春及到重陽景自新隨分笙歌行樂處菊花萸子更宜人〔王安石九日〕九日無歡可得追飄然隨意歷山陂蔣陵西曲風煙慘也有黃花一兩枝〔陸游九月晦日作〕菊枝傾倒不成叢桐葉凋零已半空自是老來多感慨不須蕭瑟怨秋風

炊煙漠漠衡門寂寞日昏昏倦易還數樹丹楓映蒼檜天工解作范寬山〔秋晚〕新窠鳥如鏡面平家家歡喜賀秋成老來慵惰慚丁壯美睡中間打稻聲〔秋晚雜興〕汀樹猶青未著霜壠間穲穗已先黃放翁晧首歸民籍爛醉升歌坐篢牀　冷落秋風把酒杯半酣直欲挽春回今年菰菜嘗新晚正與鱸魚一味來〔金張本九日月中對菊〕花上清光花下陰素娥惜此萬黃金一杯寒露三更後誰信幽人更苦心

詩散句 原〔齊王儉〕寥寥清景靄靄微霜草木搖落幽蘭獨芳〔梁沈約〕眷芝始綠年桂初丹上林葉下滄池水寒　葉浮楚水草折梁園淒涼霜野惆悵晨鴟〔丘遲

雲物遊飈光景高麗枯葉未落寒花委砌〔唐李白〕今日雲景好水綠秋山明攜壺酌流霞搴菊汎寒榮〔白居易〕黍香酒初熟菊暖花未開閒聽竹枝曲淺酌茱萸杯〔陳江總〕園菊抱黃華庭榴剖朱實 原〔隋賀敳〕寒花低岸菊涼葉下庭梧 增〔唐張錫〕菊彩揚堯日萸香遶舜風〔蕭至忠〕寵極萸房遍恩深菊酎餘〔樊忱〕插萸登鷲嶺把菊坐蜂臺〔趙彥伯〕簪挂丹萸蘂杯浮紫菊花 原〔宋之問〕時菊芳仙醖秋蘭動睿篇〔蘇瓌〕菊氣先薰酒萸香更襲衣〔孫佺〕應節萸房滿初寒菊圃新〔高適〕絳葉擁虛砌黃花隨濁醪〔陰行先〕山棠紅葉下岸菊紫花開〔蔣山卿〕歲熟村多釀秋深菊始華

〔韋莊〕水館紅蘭合山城紫菊深〔白居易〕江南九月未搖落柳青蒲綠稻穟香〔司空圖〕重陽未到已登臨探得黃花且獨斟 增〔宋周必大〕遙知九日平山會笑插茱萸滿鬢紅〔陸游〕但憶社醅挼菊蘂敢希朝士賜萸枝〔金周昂〕猶賴多情數枝菊肯留金蘂待重陽 原〔元耶律楚材〕鴈門九日西風高綿梨萬樹垂金綃 增〔曹伯啓〕喬花不識秋光老猶向桑陰密處開〔唐嚴維〕菊度重陽少〔殷璠〕重陽開滿菊花金〔杜荀鶴〕重陽酒熟茱萸紫

詞 原〔明陳繼儒〕昭君怨　記得東坡老叟莫負清明重九今日正重陽菊花黃　花插滿頭歸去落日前村楓樹

樹裏唱歌聲釣漁人 增〔金李俊民〕點絳脣　秋樹風高可憐憔悴門前柳白衣去後閒却持杯手　一笑相逢落帽年時友君知否南山如舊人比黃花瘦〔宋蘇軾〕浣溪沙　珠檜絲杉冷欲霜山城歌舞助淒涼且餐山色飲湖光　共挽朱轓留半日強揉青蘂作重陽不知明日為誰黃〔黃機〕清平樂　西風獵獵又是登高節一片情懷無處說秋滿江頭紅葉　誰憐鬢影淒涼新來更點吳霜辜負萸囊菊盞年年客裏重陽 原〔李易安〕醉花陰　薄霧濃雲愁永晝瑞腦噴香獸時節又重陽玉枕紗廚半夜涼初透　東籬把酒黃昏後有暗香盈袖莫道不消魂簾捲西風人似黃花瘦〔黃庭堅〕鷓鴣天　黃

菊枝頭破曉寒人生莫放酒杯乾風前橫笛斜吹雨醉裏簪花倒著冠　身健在且加飱舞裙歌板盡清歡黃花白雪相牽挽付與時人冷眼看〔蘇軾南柯子〕霜降水痕收淺碧鱗鱗露遠洲酒力漸消風力軟颼颼破帽多情却戀頭　詩酒若爲儔但把清樽斷送秋萬事到頭都是夢休休明日黃花蝶也愁〔歐陽修漁陽傲〕九日歡遊何處好黃花萬蘂雕欄遶通體清香無俗調天氣好煙滋露結功多少　日脚清寒高下照寶釘密綴圓斜小落葉西園風嫋嫋催秋老叢邊莫厭金樽倒〔又〕九月霜秋秋巳盡烘林敗葉紅相映惟有東籬黃菊盛遺金粉人家簾幕重陽近　曉日陰陰晴未定授衣

時節輕寒嫩新鴈一聲風又勁雲欲凝鴈來應有吾鄉信

別錄 **原**〔種植〕大小麥油菜豌豆水仙春菜芫荽萵苣白菜冬瓜蒜芥菜罌粟　〔移植〕牡丹芍藥萱草山茶臘梅麗春玫瑰竹諸果木　〔收採〕五倍子五穀種菊花薔薇子芝蔴稗木瓜乾薑菟絲子大豆杜仲白术栗厚朴芎藭橄欖茱萸梔子皁莢皁角茶子豆楷茄種松節抓抓兒　〔整頓〕採菊花鋤蓆草掘萵苣麥門冬刈紫草收子刈苕箒掘芋收苧麻子去荷葉缸水　〔製用〕〔本草〕凡棗用九月採日乾補中益氣久服神仙以其月採太乙餘糧久服耐寒暑不饑輕身可醃諸色菜及造茭白藕蘿蔔芍藘諸生鮮作香茄蒜茄蒜東瓜芥韲　〔田忌〕天火子地火寅聾忌巳九焦寅荒蕪未

佩文齋廣羣芳譜卷第五

佩文齋廣羣芳譜卷第六

天時譜

冬

【增】〔禮記鄉飲酒義〕北方者冬冬之爲言中也中者藏也　〔爾雅〕冬爲玄英〔註〕氣黑而清英　冬爲安寧　〔蔡邕月令章句〕冬終也萬物於是終也　〔梁元帝纂要〕冬曰玄冬三冬九冬天曰上天風曰寒風勁風嚴風厲風哀風陰風景曰冬景寒景時曰寒辰節曰嚴節草曰寒卉黃草木曰寒木寒柯素木寒條

【彙考】【原】〔詩邶風〕我有旨蓄亦以禦冬　【增】〔禮記王制〕冬薦稻　【原】〔漢書魯恭傳〕易曰潛龍勿用言十一月十二

月陽氣潛藏未得用事育噓萬物養其根荄而猶盛陰在上地凍水冰陽氣否隔閉而成冬　〔晉書孝義傳〕劉殷祖母王氏冬月思堇殷時年九歲乃於澤中慟哭聲不絕者半日忽若有人云止止殷收淚視地有堇生焉因得斛餘以供母　【增】〔唐書五行志〕長慶二年冬少雪水不冰凍草木萌芽如正月　〔管子〕北方曰月其時曰冬其氣曰寒其德淳起溫怒周密斷刑致罰以符陰氣大寒乃至五穀乃熟此謂月德　〔韓非子〕周公曰冬日之閉凍也不固則春夏之長草木也不茂　【原】〔鶡冠子〕斗柄指北而天下皆冬　〔呂氏春秋〕冬之德寒寒不信其地不成剛地不成剛則凍閉不固　【增】〔淮南子〕冬伐薪蒸〔注〕大曰薪小曰蒸　〔尚書大傳〕北方伏方也萬物之方伏也冬中也物方藏於中也陽盛則吁荼萬物而養之外陰盛則呼吸萬物而藏之內故曰呼吸者陰陽之交接萬物之始終　〔新論〕冬木可折　【原】〔魏略〕顏斐爲京兆尹課民當輸租時以車牛各致薪兩束爲冬月寒冰炙筆硯之用　【增】〔拾遺記〕漢明帝霜林園皆植寒果積冰之節百果方盛俗謂之相陵霜林之聲訛也　〔神仙傳〕葛玄冬日能爲客設生瓜　〔竹書〕帝舜四十七年冬隕霜不殺草木　【原】〔杜陽雜編〕李輔國遇嚴寒置鳳首木於堂和煦如二三月又別名常春木　〔運行論注〕凝慘冰雪寒之化凜冽霜雹寒之用柔耎之物遇寒

則堅寒之致太虛澄淨黑氣浮空天色黯然高空之寒氣也氣如散麻本末皆黑川澤之寒氣也太虛清白空明雪映遐邇一色山谷之寒氣也太虛白昏大明不翳如霧雨氣遐邇肅然北望色玄凝雰夜落此水氣所生寒之化也太虛微黑白埃昏翳天地一色遠觀不分此寒溫凝結雪之將至也地裂水冰河渠乾涸枯澤浮鹹木斂土堅是土勝水水不得自清水所生寒之用也　【增】〔歲華紀麗〕羽律纔移乾風更肅霜樹盡摧於枯葉玉壺漸結於輕冰松秀寒姿柱榮貞質星斗旋臨亥位金烏迭次房星北戶墐屏之日東皋稼穡之辰　【原】〔清閑供〕冬時午後擕籠向古松懸崖間敲冰煮建茗日晡布

衣皮帽策蹇驢問寒梅消息薄暮閒爐促膝煨芋魁
無上偈

集藻 文賦散句 增 楚屈原遠遊嘉南州之炎德兮麗桂樹之冬榮 晉陸機感時賦寒冽冽而歲興風謖謖而妄作鳴枯條之泠泠飛落葉之漠漠 唐趙自厲寒賦幽林風攝時物霜殘柔條危勁與宇淒寒有美人兮心恍惚情怵悼而靡安 伊雜物之皆瘁獨霜松之常青縱寒苦之飄激淬堅明而自寧

五言古詩 增 晉曹毗詠冬 綿邈冬夕永凜厲寒氣升離葉向晨落長風振條興夜靜輕響起天清月輝澄寒氷盈渠結素霜竟欄凝今載忽已暮來紀奄復仍 原梁

簡文帝玄圃冬夕 洞門扉未掩金壺漏已催曛煙生澗曲晴色起林隈雪花無有蔕冰鏡不安臺階楊始倒插浦桂半新栽陳根委落蕙細葉發香梅雁去銜蘆止猿戲繞枝來

七言古詩 增 宋陸游冬夜吟 昨夜凝霜皎如刀碧瓦鱗鱗凍將裂今夜明月卻如霜竹影橫窗更清絕造物有意娛詩人供與詩材次第新饑鴻病鶴日無寐山窮水絕誰爲鄰西村梅花消息動唧唧寒醅漸鳴瓮儘將醉帽插幽香此生莫作長安夢 元何中山中樂千花垂作陽春餙野杏山桃隨處發莫思前度看花誰已見荒原芳草歇秋山山下數灣月華山山崖千丈雪幽人獨在雪月中要與梅花成四絕山中之樂誰得知我獨知之來何爲除卻山家新臘醞世間無事可相宜 原鄭奎妻冬日詞山茶未開梅先吐風動簾旌雪花舞金盤冒冷塑狻猊綉幙圍春護鸚鵡倩人呵筆畫雙眉脂水凝寒上臉遲妝罷扶頭重照鏡鳳釵斜壓瑞香枝

五言律詩 增 唐太宗冬日臨昆明池石鯨分玉溜劫燼隱平沙柳影冰無葉梅心凍有花寒野凝朝霧霜天散夕霞歡情猶未極落景遽西斜 張蠙次韻和友人冬日書齋四季多花木窮冬亦不凋薄冰行處斷殘火睡來消象版簽書帙蠻藤絡酒瓢公卿有知己時得一相招 宋張耒冬日雜興水落橋痕在沙乾岸草枯霜餘

槐老壯風際竹清疎啄木高逾響鶺鴒飛且呼二年親友絕惟有對禽魚 空山身欲老徂歲臘還來愁怯年年柳傷心處處梅綠蔬挑甲短紅蠟點花開氷雪如何有東風日夜回 唐庚立冬後作 啗蔗入佳境冬來幽興長瘖鄉得好語昨夜有飛霜籬下重陽在醅中小至香西鄰蕉向熟時致一梳黃 陸游冬日吳中寒氣薄歲暮亦和風移樹來村北莽僧渡港東露葵收半綠霜稻拆微紅一飽無餘念吾生正不窮 朱子冬日蕭條時序晚已復度高秋回澗白波起通川絳樹稠晨風散清露嘉稻卷平疇獨懷志士感歲事幸將休 清霜染澗樹蕭索向殘冬密雨有時集寒雲無定容波明橫瀨

出風急遠林空一極窻明眺高叟囂亂峰
七言律詩增唐韓偓冬日蕭條古木銜斜日戚瀝晴寒滯早梅愁處雪煙連野起靜時風竹過牆來故人每憶心先見新酒偷嘗手自開景狀入詩兼入畫言情不盡恨無才　朱眞山民初冬林葉新經數夜霜地爐獨擁一山房塵書邀我共高閣濁酒勸人歸醉鄉費省家貧還似富身閒日短亦如長梅花若欲催詩興又破梢頭半點香　原明文徵明煙鎖凝塵四壁空青燈欲燼夜潺潺涼聲度竹風如雨碎影搖窻月在松病枕蕭條聞永漏草堂搖落已深冬不堪酒醒淒然地撫景懷人意萬重　王象晉蜡祭喧喧土鼓撾紛紛髦穉擁如波詠

豳恍際周王世布令行宣青帝和氷筋迎陽辭碧瓦梅珠散彩耀繁柯春光積漸來茅舍對酒能忘鼓腹歌
孟淑卿默坐深閨思有餘霜威漸覺襲衣裾青綾被冷無鴛夢紫塞天寒斷雁書竹葉舞風侵户響梅花和月上窻虛雙蛾爭似庭前柳臘盡春來忽又舒
五言絶句增唐王勃冬郊行望桂密巖花白梨疎林葉紅江皐寒望盡歸念斷征途　金宇文虛中回文鶴健呼風急烏啼促景殘窠深宜兔穩浦折蔭魚寒
七言絶句增唐元稹西歸寒花帶雪滿山腰著柳氷珠滿碧條天色漸明回一望玉塵隨馬度藍橋　元王惲蘭溪道中豫樟蔽日無黃落竹箭經霜更碧鮮記取江南光景異暖煙晴日是冬天　郭珏冬詞疎林晴旭散啼鴉高閣朱簾窣地遮爲問王孫歸也未玉梅開到北枝花
詩散句增唐劉孝孫凍柳含風落寒梅照日鮮　郎士元高松殘子落寒井凍痕生　李頻芸細書中氣松蘇雪後陰　宋陸游藤疎不覆架桐落欲平溝　唐張籍海花發草連冬有行處無家不滿園

十月　立冬小雪附見

增禮記月令孟冬之月日在尾昏危中旦七星中註日月會於析木之津而斗建亥之辰也　原梁元帝纂要冬曰孟冬亦曰上冬曰陽月　花月令是月也蘆傳冬

萊蒔木葉避霜芳草斂漢宮秋老苧蘇蔽其根　增瓶史月表十月花盟主白寶珠茶梅花客卿山茶花甘菊花花使令野菊寒菊芭蕉

彙考增詩豳風十月穫稻爲此春酒以介眉壽　十月納禾稼黍稷重穋禾麻菽麥　晉書樂志十月之辰謂爲亥亥者劾也言時陰氣劾殺萬物也　十月之管名爲應鍾應者和也謂歲功皆成應和陽功收而聚之也
唐書西域傳東女國巫者以十月詣山中布糟麥呪呼羣鳥俄有鳥來如雞狀剖視之有穀者豐歲名曰鳥卜　淮南子孟冬之月招搖指亥爨松燧火　荊楚歲時記十月朔日黍臛俗謂之秦歲首注未詳黍臛之義

今北人此日設麻羹豆飯當爲其始熟嘗新耳爾衡州傳云十月朔黄祖在艨艟上會設黍臛是也　原化記崔希眞十月一日雪遇老父於門獻松花酒老父曰此酒無味乃於懷中取丸藥置酒中味極美後問天師師曰此眞人葛洪第三子其藥乃千歲松膠也　夢溪筆談十月萬物登成可以會計故曰功曹　賞心樂事十月滿霜亭蜜橘賞小春花杏花莊挑薺　東坡詩注嶺南氣候不常菊花開時即重陽涼天佳月即中秋十月九日菊始開乃與客作重陽

立冬【原】禮記月令是月也以立冬先立冬三日太史謁之天子曰某日立冬盛德在水天子乃齋立冬之日天子親率三公九卿大夫

以迎冬於北郊　三禮義宗十月立冬爲節者冬終也立冬之時萬物終成故爲節名　東京夢華錄立冬前五日西御園進冬菜京師地寒冬月無蔬菜上至宮禁下及民間一時收藏以充一冬食用　熙朝樂事立冬日以各色香草及菊花金銀花煎湯沐浴謂之掃疥

小雪【增】三禮義宗十月小雪爲中者氣序轉寒雨變成雪故以小雪爲中

【集藻】謠【增】晉夏侯湛苦寒謠惟立冬之初夜天慘懔以降寒霜皚皚以被庭冰溏瀩于井榦草槭槭以疏葉木蕭蕭以零殘松隕葉於翠條竹摧柯於綠竿

五言古詩【原】梁簡文帝大同十年十月戊寅詩　喧塵是時息靜坐對重巒冬深柳條落雪後桂枝殘星明露色盡天白雁行單雲飛乍想閣冰結遠疑紈晚橋隱重屏枯藤帶迴竿荻陰連水氣山峰染月寒　【增】唐白居易湓浦早冬潯陽孟冬月草木未全衰祗抵長安陌涼風八月時日西湓水曲獨行吟舊詩蓼花始零落蒲葉稍離披但作城中想何異曲江池

七言古詩【增】宋陸游初冬步至東村　八月風吹粳稻香九月蕎熟天始霜男耕女饁常滿野宿麥覆塊皆蒼蒼豐年比屋喜迎客花底何曾酒杯乏家人但覓浩歌聲不在東阡在南陌

五言律詩【原】唐杜甫孟冬　殊俗還多事方冬變所爲破

柑霜落爪嘗稻雪翻匙巫峽寒都薄烏蠻瘴遠隨終然減灘瀨暫喜息蛟螭　【增】元僧方澤初冬作　泬寥蕭瑟後霽色却怡人霜巳千林曙天猶十月春黄花蝶過晚白草雁銜新野性自夷曠非關絶世塵

七言律詩【原】唐陸龜蒙小雪後書事　時候頻過小雪天江南寒色未全偏楓汀尚憶逢人別麥隴惟應欠雉眠更擬結茅臨水次偶因行藥到村前鄰翁意緒相安慰多説明年是稔年　【增】宋鄭俠次孟堅初冬晴和見梨桃二花作　十月南天尚暑褥幽花何怪動清吟半扉素蘂呈修徑幾朶夭紅出茂林地借小春回暖氣日匀疎影轉輕陰惟應幕府多才俊不負行臺醉客心　陸游

初冬鉏犁滿野及冬耕時聽兒童叱犢聲遂客固宜安散地閒民何幸樂昇平雪花漫漫蕎初熟綠葉離離薺可烹飯飽身閒書有課西窗來趁夕陽明　志士逢秋已自傷老人況復惜年光正看溪碓舂粳滑又見山坡下麥忙桐落井牀多槁葉菊殘衫袖尚餘香讀書有課眞當勉剡炬明膏伴夜長

七言絕句

御製塞外初冬陰山南去雁行多渺渺沙原六御過報是初冬新律改依然霜曉氣暄和

增 唐樊晃十月南中感懷南路蹉跎客未同常嗟物候暗相催四時不變江頭草十月先開嶺上梅　張登小

雪日戲題甲子徒推小雪天刺桐猶綠槿花然陽和長養無時歇却是炎洲雨露偏　原 宋蘇軾初冬荷盡已無擎雨蓋菊殘猶有傲霜枝一年好景君須記正是橙黃橘綠時　增 鄭思肖小春花大地無情正北風飛鴻哀咽亂雲中此時縱使開千樹不及東皇一點紅　元僧善住十月清霜欲重小春天楊柳蕭疏帶曉煙無奈東皇苦多事又傳春信到梅邊

詩散句 增 唐杜甫漢源十月交天氣涼如秋草木未黃落況聞山水幽栗亭名更佳下有良田疇充腸多薯蕷崖蜜亦易求密竹復冬筍清池可方舟雖傷旅寓遠庶遂平生游

詞 原 宋歐陽修漁家傲十月小春梅蘂綻紅爐暖閣新妝遍錦帳美人貪睡暖羞起嬾玉壺一夜冰澌滿樓上四垂簾不捲天寒山色偏宜遠風急雁行吹字斷紅日晚江天雪意雲撩亂

別錄 原 占候 家塾事親十月有三卯糴平無則穀貴立冬日先立一丈竿占影得一尺大疫大旱大暑大饑二尺赤地千里三尺大旱四尺五尺低田收六尺高低田熟七尺高田收八尺澇九尺大水一丈水入城郭朔日値立冬主災異値小雪有東風春米賤西風春米貴其日用斗量米若綴在斗來春陡貴甚驗　種藝 疏豆油菜葵菜冬芥菜麥菠菜烏菘萵苣草冬白菜黃芪防

風　移植 五味子黃精梅柑五加皮菊橙橘　收採 枸杞枳殼山茱萸芎藭五加皮根梔子皁莢麥門冬苦參白芷蔻貝母牛膝女貞葉桑葉決明子陳皮地黃山藥子槐實芙蓉花苧根冬瓜栝蔞根蕨根甘蔗山芋　澆培 橙橘諸果　包裹 諸畏寒花果　壅 諸畏寒花木根上土壅苧蔴　壅 荷香根　整頓 窖茉莉芙蓉蘭菊菖蒲夾竹桃虎刺養蘿蔔種若蓬萊菰麥　田忌天火卯地火丑灾忌亥九焦亥荒蕪寅

十一月 冬至附見

增 禮記月令仲冬之月日在斗昏東壁中旦軫中注日月會於星紀而斗建子之辰也　是月也日短至陰陽

爭諸生蕩　芸始生荔挺出〔原〕梁元帝纂要是月曰
玄明天又曰廣寒月〔花月令〕是月也芸生楓丹蕉紅
巖桂馥枇杷綴金松柏後凋〔增〕瓶史月表花盟主紅
梅花客卿楊妃茶花花使令金盞花
〔彙考〕〔增〕周禮地官仲冬斬陽木注鄭司農云陽木春夏
生者玄謂陽木生山南者〔原〕前漢書律歷志十一月
乾之初九日陽氣伏於地下始著爲一萬物萌動鍾於
太陰〔增〕淮南子見一葉之落知歲之暮覩瓶中之冰
知天下之寒〔原〕列仙傳仙人馬湘在刺史馬植坐上
仲冬月以酒杯盛土種瓜子須臾蔓引生實食其味甚
美　玉燭寶典月晦煮赤豆作糜以祭門禳疫也〔增〕

荆楚歲時記仲冬之月采擷霜燕菁葵等雜菜乾之並
爲鹹葅　賞心樂事十一月摘星軒枇杷花味空亭臘
梅蒼寒堂南天竺花院水仙　成都古今記十一月有
梅市　一統志雷陽界稻十一月下種揚雪耕耘次年
四月熟與他地迥異　冬至〔原〕周禮秋官柞氏掌攻草
木及林麓冬日至令剝陰木而水之〔增〕周禮秋官薙
氏掌殺草冬日至而耜之　漢書律歷志候氣之法爲
室三重戶閉塗釁周密布緹幔室中以木爲案每律各
如之內卑外高從其方位加律其上以葭莩灰抑其兩
端案曆而候之氣至者灰去　魏相傳冬至則八風之
序立萬物之性成　呂氏春秋冬至後五旬七日菖蒲

生菖者百卉之先生者也　淮南子冬至日則陽乘陰
是以萬物仰而生〔原〕易通卦驗十一月廣漠風至則
蘭射干生〔增〕孝經緯斗指子爲冬至至有三義一者
陰極之至二者陽氣始生三者日行南至故謂之至
玉燭寶典十一月建子周之正月冬至日極南影長陰
陽日月萬物之始當黃鍾律其管最長故有履長之賀
〔原〕西域志天竺國以十月二十六日爲冬至冬至則
麥秀　帝京景物略冬至日畫素梅一枝爲瓣八十有
一日染一瓣瓣盡而九九畢則春深矣曰九九消寒圖
〔集藻〕五言古詩〔原〕晉傅亮冬至星昴殷仲冬短晷窮南
陸柔荔迎時萋芳芸應節馥　北齊蕭慤冬至應教天

宮初動磬緹室已飛灰暮風吹竹起陽雲覆戶來折冰
開荔色除雪出蘭栽慚無宋玉辯濫吹楚王臺
五言律詩〔原〕唐杜甫草堂即事荒村建子月獨樹老夫
家雪裏江船渡風前竹徑斜寒魚依密藻宿鷺起圓沙
濁酒禁愁得無錢何處賒　宋邵雍冬至冬至子之半
天心無改移一陽初動處萬物未生時玄酒味方淡太
音聲正希此言如不信更請問庖羲〔增〕范成大長至
日與同舍遊北山歲晚山同色湖平霧不收寒雲低閣
雪佳節靜供愁竹柏森嚴立藩衛索莫休瘦笻知腳力
政爾耐清遊
七言律詩〔原〕唐杜甫小至天時人事日相催冬至陽生

春又來刺繡五紋添弱線吹葭六管動飛灰岸容待臘
將舒柳山意衝寒欲放梅雲物不殊鄉國異教兒且覆
掌中杯 〔韓偓冬至夜作〕中宵忽見動葭灰料得南枝
有早梅四海便應枯草綠九重先覺凍雲開陰氛莫向
河源塞陽氣今從地底迴不道慘舒無定分却憂蛟蜃
又成雷 〔明李夢陽冬至感懷〕奉天門下玉欄橋此日
催班侍早朝古史奏雲懽萬國大官傳宴散層霄苑梅
應律春先動宮柳迎風色欲搖一出忽驚今十載百年
勳業有漁樵
〔七言絶句〕
御製途中長至關塞經時歸未回律逢葭琯暗飛灰遙知日

晷添宮線暖闕前頭放早梅
原〔宋蘇軾冬至日獨游吉祥寺〕井底微陽回未回蕭蕭
寒雨濕枯荄何人更似蘇夫子不是花時肯獨來 〔冬
至後十餘日復至吉祥寺〕東君意淺著寒梅千朶深紅
未暇裁安得道人殷七七不論時節遣花開 〔明董其
昌長安冬至〕子月風光雪後看新陽一綫動長安禁鐘
乍應雲門曲宮樹先驅黍谷寒
〔詩散句〕原〔宋楊萬里〕禽翻竹葉霜初下人立梅花月正
高 〔俞洪惠〕夜久雪猿啼嶽嶺夢回清月上梅花
〔詞〕原〔宋曾覿軒小重山〕薄雪初銷銀月端疎疎浮竹影
紅闌梅花夢事落孤山禁人處霜重鼓聲寒 留取曉
來看斑簾低小閣燭花殘一帆明月去君灣客相憶雪
浪月痕翻 增〔李肩吾風入松〕霜風連夜做冬晴曉日
千門香葭暖透黃鍾管正玉臺彩筆書雲竹外南枝意
早數花開對清樽 香閨女伴笑輕盈倦繡停針花磚
一線添紅景看從今迤邐新春寒食相逢何處百單五
箇黃昏
別錄 原〔占候〕〔四時纂要〕冬至日數至元旦五十日者民
食足若不滿五十日者一日減一升有餘日益一升最
驗 至前米價長至後必賤落則反貴 冬不降五月
雷電 朔日值冬至主年荒歲凶 古占書以朔日冬
至爲令辰 〔田家五行志〕得壬一日主旱二日小旱三

日赤旱四日五穀大熟五日小水六日大水七日河決
八日海翻九日大熟十日少收十一十二日五穀不成
〔曆法〕冬至日中豎八尺表其晷如度者其歲美人和
不則歲惡人惑晷進則水晷退則旱進一尺則日食退
一尺則月食 曆家推朔旦冬至夜半甲子謂之曆元
最難得 〔禁忌〕〔千金方〕勿食經霜菜令人面無光澤
增居家宜忌十一月勿食生菜發宿疾勿食生韭多涕
唾 原〔種藝〕松檜春菜箭幹菜茼蒿杉樹菠菜黃矮菜
萵苣 〔移植〕松臘梅檜 壅培石榴牡丹椒瑞香麥冬
芙蓉木香竹芍藥 〔收採〕冬葵子陳皮款冬花鬼箭
〔整頓〕澆海棠芟薔薇修荼蘪芟木香鋤油菜 〔田忌〕尺

火午地火子贊忌丑九焦中荒蕪午

十二月 小寒 大寒 臘日 除夕附見

增 禮記月令季冬之月日在婺女昏婁中旦氐中 注 日月會於玄枵而斗建丑之辰也 冰以入令告民出五種 注 冰既入而令田官出五種以明大寒氣過農事將起也 是月也日窮於次月窮於紀星回於天數將幾終歲且更始專而農民毋有所使 彙 梁元帝纂要季冬亦曰暮冬杪冬除月暮節暮歲窮稔窮紀 花月令是月也梅蘂吐山茶麗水仙凌波茗有花瑞香郁烈山礬皆發 增 瓶史月表十二月花盟主蠟梅獨頭蘭花花客卿茗花漳茶花花使令枇杷花

彙考 增 禮記王制冢宰制國用必於歲之抄五穀皆入然後制國用 夏小正十有二月納卵蒜傳卵蒜也者本如卵者也 韓非子魯哀公問於仲尼曰冬十二月霣霜不殺菽何爲記此對曰此言可以殺而不殺也宜殺而不殺梅李冬實天失道草木猶犯干之而況人君乎 荊州記淮陽郡十二月一日種穀至明年三月新穀便登 賞心樂事十二月綺互亭檀香蠟梅湖山探梅花院蘭花玉照堂看早梅 榕城隨筆漳於八閩爲極南得氣最暖其人生不識霜雪之狀隆冬不禦裘絮桃李以臘月華大寒之候桂香襲人特爲可愛 小寒

原 孝經緯冬至後十五日斗指癸爲小寒陽極陰生乃爲寒今日初寒尚小也 詩含神霧小寒爲節者亦形於大寒故謂之小言時寒氣猶未極也 大寒 增 孝經緯小寒後十五日斗指丑爲大寒至此栗烈極也 詩含神霧大寒者上形於小寒故謂之大十一月一陽爻初起至此始徹陰氣出地方盡寒氣併在上寒氣之逆極故謂大寒 臘 原 禮記郊特牲天子大蜡八伊耆氏始爲蜡蜡也者索也歲十二月合聚萬物而索饗之也 增 郊特牲蜡之祭也主先嗇而祭司嗇也祭百種以報嗇也 原 風俗通夏曰嘉平殷曰清祀周曰大蜡漢改曰臘臘者獵也因獵取獸以祭先祖或曰新故交接大祭以報功也 增 荊楚歲時記十二月八日爲臘日

諺語臘鼓鳴春草生村人並擊細腰鼓戴胡頭及作金剛力士以逐疫 原 卓異記天授二年臘卿相詐稱上苑花開請幸則天許之乃遣使宣詔曰明朝遊上苑火急報春知花須連夜發莫待曉風吹於是明晨名花瑞草皆發羣臣咸服其異 養生要論十二月臘夜令人持椒臥井旁無與人言納椒井中可除瘟病 杜氏通典蜡之義自伊耆氏之代而有其禮古之君子使之是報田之祭也其神農初爲田事故以報也 風土記東京作浴佛會以諸果品煮粥謂之臘八粥 農政全書冬至後第三戊爲臘臘前兩三番雪謂之臘前三白大宜菜麥諺云若要麥見三白 除夕 增 吳中風俗記吳

中風俗除夜村落間以禿帚若麻藍竹枝等燃火炬縛於長竿之梢以照田蠶爛然徧野以祈絲穀　除夜宜焚辟瘟丹或蒼朮皂角楓芸諸香以辟邪祛濕宣鬱氣助陽德即閭室虛堂亦無不到

集藻　文賦散句　**增**　晉傅玄大寒賦　百川咽而不流兮冰凍合于四海扶木顛頓于暘谷若華零落于濛汜　陸雲歲暮賦　時凜冽其可悲兮氣蕭條以傷心悽風愴其鳴條兮落葉翻而灑林　唐王勃守歲序　槐火滅而寒氣消蘆灰用而春風起魚鱗布葉爛五色而翻光鳳腦吐花燦百枝而引照　柏葉爲銘影泛新年之酒椒花入頌先開獻歲之詞　張九齡歲除登逍遙臺序　南土

融和覺寒氣之向盡東郊物暖愛春色之方來

四言古詩　**原**　晉裴秀大蜡詩　日躔星紀大呂司辰玄象改次庶衆更新歲事告成八蜡報勤告成伊何年豐物阜豐禋孝祀介茲萬祜報勤伊何農功是歸穆穆我后務茲蒸黎宣力菑畝沾體暴肌飲饗清祀四方來綏充牣郊甸鱗集京師交錯貿遷紛葩相追反袂成幕連袵成帷有肉如丘有酒如泉有殽如林有貨如山和氣來臻率土同歡祥風協順降祉自天方隅清謐嘉祚日延與民優游享壽萬年

五言古詩　**原**　梁庾肩吾歲盡應令　歲序已云殫春心不自安聊開柏葉酒試奠五辛盤金薄圖神燕朱泥印鬼丸梅花應可折倩爲雪中看

五言律詩　**原**　唐太宗除夜　暮景斜芳殿年華麗綺宮寒辭去冬雪暖帶入春風階馥舒梅素盤花捲燭紅共歡新故歲迎送一宵中　歲陰窮暮紀獻節啟新芳冬盡今宵促年開明日長冰消出鏡水梅散入風香對此歡終宴傾壺待曙光　沈佺期歲夜安樂公主滿月侍宴應制　除夜子星迴天孫滿月杯詠歌麟趾合簫管鳳凰來歲炬常燃桂春盤預折梅聖皇千萬壽垂曉御樓開　史青除夜　今歲今宵盡明年明日來寒隨一夜去春逐五更回氣色空中改容顏暗裏催風光人不覺已著後園梅　杜甫杜位宅守歲　守歲阿戎家椒盤已頌花

盍簪喧櫪馬列炬散林鴉四十明朝過飛騰暮景斜誰能更拘束爛醉是生涯　孟莊歲除對王秀才作　我惜今夜促君愁玉漏頻豈知新歲酒猶作異鄉身雪向寅前凍花從子後春到明追此會俱是隔年人　**增**　宋陸游臘月　今冬少霜雪臘月厭輕裘漸動園林興頓寬薪炭憂山陂泉脈活村市柳枝柔春餅吾何患嘉蔬日可求

七言律詩

御製賦得爆竹聲中一歲除　是日微雪　爆竹連宵不夜城占年積素即豐盈維新四始全仁政修省三朝冀太平拂曙和風臨上日通晨淑氣擁華清願將柏葉芳尊酒賜與臣

鄰共大羹
【增】唐杜審言守歲侍宴李冬除夜接新年帝子王孫捧
御筵宮闕星河低拂樹殿前燈燭上薰天彈弦奏節梅
風入對局探鉤柏酒傳欲向正元歌萬壽暫留歡賞寄
春前【原】杜甫臘日臘日常年暖尚遙今年臘日凍全
消侵陵雪色還萱草漏洩春光有柳條縱酒欲謀良夜
醉還家初散紫宸朝口脂面藥隨恩澤翠管銀罌下九
霄〔十二月初一日作〕今朝臘月春意動雲安縣前江
可憐一聲何處送書雁百丈誰家上瀨船未將梅蕊驚
愁眼更取椒花媚遠天明光起草人所羨病廢幾時朝
日邊【增】宋朱翌十二月望日禁中作閏曆先春破臘

寒綠花金勝寵千官冰從太液池邊動柳向靈和殿裏
看瑞氣因風飄禁仗暖暉依日上仙盤須知聖運隨生
殖萬國年年共此權 陸游歲未盡前數日偶題長句
老向人間迹轉孤參差煙火出菰蒲數畦綠菜寒猶茁
一勺清泉手自輿穀賤窺籬無狗盜夜長暖足有貍奴
歲闌更喜人強健小草書成鬱壘符 風號四野雲如
墨徂歲消磨不滿旬瑞雪便應平地尺野梅又報一年
春長河斷渡冰將合古寺題詩手爲皴僵卧閉門行路
絕安知今代獨無人【原】明文徵明雲霞駘蕩曉光和
手折梅花對酒歌暮齒不嫌來日短霜髭較似去年多
東風漸屬青陽候流水微生綠玉波鳥弄新音晴晝永

相看不飲奈春何
五言絕句【原】唐太宗太原召侍臣守歲四時運灰琯一
夕變冬春送寒餘雪盡迎歲早梅新
七言絕句【原】宋韓絳新陽氣候未全佳尚縱寒威壓歲
華賴有椒湯共卯酒不妨和雪看梅花【增】范成大除
夕前二日夜雨雪不成花夜雨來隴頭一洗定無埃小
童却怕溪橋滑明日先生合探梅 楊萬里臘裏立春
嫩日催青出凍荄小風吹白落疎梅殘冬未放春交割
早有黃蜂紫蝶來
詩散句【增】唐殷璠雪冷江空歲暮時竹陰梅影月參差
〔宋韓琦〕一簡尚留終在臘萬花潛發欲驚春 楊萬

里臘月潮州見桃李元來不作好春看 明王穉登好記
流年收柏葉乍消殘雪見梅枝
詞【增】宋汪莘行香子野店殘冬綠酒春濃念如今此意
誰同溪光不盡山翠無窮有幾枝梅幾竿竹幾株松
籃輿乘興薄暮疎鐘望孤村斜日匆匆夜窗雪障曉枕
雲峰便擁漁蓑頂漁笠作漁翁
別錄【原】負暄雜錄二十四日五更取井花水平旦第一
汲者盛淨器中量人口多少浸乳香至歲旦五更暖令
溫從小至大每人以乳香一小塊飲水三呷一年不患
時疾〔法天生意〕大寒冷早出含真麻油則耐寒 勿
食經霜菜果減人顏色〔占候〕柳眼青來年夏秋米賤

月內萌類不見六月五穀不實　二十四日田夫收豐候昏時爭立竿燎火於野名曰照田蠶看火色占來年水旱白主水紅主旱猛烈主豐衰微主歉東北風吉臘盡火光及燒瓶盆爆竹看火色大率與田蠶火同〔種藝〕蘇麻茼蒿菠菜栽桑　〔移植〕山茶玉梅海棠柳〔壓插〕石榴薔薇月季木香十姊妹　〔收採〕大戟根節欵冬花木蘭皮鬼箭穀樹皮冬葵子蒲公英菖蒲忍冬藤〔雜培〕橋桑苧麻韭竹芍藥　〔整頓〕犁秧田燒荒修杷枷修桑浴蠶種伐竹木磨桑葉造農具挑溝塘乾蒿砍穀樹刈茅草葺園籬醇河泥貯雪水貯蔴油　〔田忌〕天火酉地火子糞忌卯九焦巳荒蕪戊

穀譜

麥（按大麥小麥統名曰麥原譜皆以小麥[illegible]而另列大麥于後今從齊民要術併合爲一）

〔增〕〔說文〕麥芒穀秋種厚埋故謂之麥麥屬金金王而生火王而死　〔原〕小麥一名來（又作秾爾雅云小麥秾廣雅云來小麥也本草云麥字從來從夊來象其實夊象其根）苗生如韭成似稻高二三尺實居殼中芒生殼上生青熟黃秋種夏熟具四時中和之氣兼寒熱溫涼之性繼絕續乏爲利甚普故爲五穀之貴亦可春種至夏便收然不及秋種者性有南北之異北地燥冬多雪春少雨麥晝花薄皮多麪食之宜人南方卑濕冬無雪春多雨麥受卑濕之氣又夜花食之生熱腹

痛難消亦地氣使然也北麥固佳陳者更良　〔增〕〔廣志〕鹵水麥（其實大形有縫）稅麥（似大麥出涼州）旋麥（三月種八月熟出西方）赤小麥（赤而肥稱熟出鄭縣）山提小麥（至黏弱以貢御）半夏小麥禿芒麥（齊民要術云按今世有落麥者禿芒是也）　〔原〕大麥一名牟（又作麰爾雅云大麥麰廣雅云牟大麥也本草云麥之苗粒皆大於來故得大名牟亦大也或又作麰疏周典引云玄黃麰之事是也）莖葉與小麥相似但莖微麤葉微大色深青而外如白粉芒長殼與粒相黏未易脫小麥磨麪作餅餌食大麥止堪碾米作粥飯及喂馬用此其所異也性平涼滑膩作飯寬中下氣煮粥甚滑磨麪作醬甚甘美春秋皆可種他如穬麥（本草李時珍云穬麥有二種一種類小麥而大一種類大麥而大又云是大麥中一種皮厚而色青者也唐書蕃州云西川人種食之山東河北人正月種之名曰春穬形狀與大麥相似陳承云作麪脆便食之）

入汴洛河北之赤麥廣志云有赤麥赤色而肥青稞麥本草陳藏器云青稞似大麥天生皮肉相離秦隴巴西種之王禎農書云青稞有大小二種似大小麥而粒大皮薄多麪無麩西人種之關又呼爲黃稞黑穬麥見廣志大抵與大麥一類而異種 增 廣志稞麥出涼州似大麥 本草穤麥大麥有黏者名穤麥可以釀酒

彙考 增 詩鄘風爰采麥矣沬之北矣 原 鄘風我行其野芃芃其麥 增 周頌貽我來牟帝命率育箋武王渡孟津白魚躍入舟出涘以燎後五日火流爲烏五至以穀俱來此謂貽我來牟疏穀蓋牟麥也 原 周頌於皇來牟將受厥明明昭上帝迄用康年 增 禮記王制夏薦麥 月令孟春之月雪霜大摯首種不入蔡邕章句太陰干陽雨雪而霜故大傷首種首種謂宿麥也麥以秋種故謂之首種 季春之月天子乃爲麥祈實註於含秀求其成也 孟夏之月農乃登麥天子乃以彘嘗麥先薦寢廟註麥之新氣尤盛以彘食之散其熱也麥秋至 仲秋之月乃勸種麥毋或失時註麥者接絕續乏之穀尤重之疏前年秋穀至夏絕盡後年秋穀夏時未登是其絕也夏時人民糧食闕短是其乏也麥乃夏時而熟是接其絕續其乏也 內則麥食脯羹雞羹疏謂以麥爲飯析脯爲羹又以雞爲羹三者味相宜也 周禮天官雁宜麥疏雁宜麥者雁味甘平大麥味酸而溫小麥味甘微寒氣味相成故云雁宜麥 原 左傳隱公三年夏四月鄭祭足帥師取溫之麥 孟子今夫

麰麥播種而耰之其地同樹之時又同浡然而生至於日至之時皆熟矣 家語宓子賤爲單父宰齊攻魯道出單父單父老請曰麥已熟矣今齊寇至不及人人自收其麥請放民皆使出穫麥可以益糧且不資寇三請而宓子賤不聽俄而齊寇逮乎麥季孫聞之怒使人讓曰民寒耕熱芸曾不得食可不哀哉猶可有告而不聽非所以也宓子賤蹙然曰今茲無麥明年可樹若使不耕者得穫是使民樂有寇也且單父得一歲之麥於魯不加强喪之不加弱使民有自取之心其創必數世不息季孫聞之赧然媿曰地若可入吾豈忍見宓子哉 增 前漢書食貨志董仲舒說上曰春秋他穀不書至於麥禾不成則書之以此見聖人於五穀最重麥與禾也今關中俗不好種麥是歲失春秋之所重而損生民之具也願陛下幸詔大司農使關中民益種宿麥令毋後時註師古曰宿麥謂其苗經冬 後漢書光武本紀詔曰久旱傷麥秋種未下朕甚憂之 原 後漢書馮異傳光武至南宮大風雨引車入道傍空舍異抱薪鄧禹爇火光武對竈燎衣異進麥飯 逸民傳高鳳少爲書生家以農畝爲業專精誦讀晝夜不息妻嘗之田曝麥於庭令鳳護雞時天暴雨鳳持竿誦經不覺潦水流麥妻還怪問鳳方悟之後遂爲名儒 增 晉書孝友傳王裒家貧躬耕計口而田度身而蠶或有助之者不聽

諸生密爲刈麥哀遂棄之　庾袞母終服喪居于墓側歲大饑藜羹不糝門人欲進飯者而袞每曰已食莫敢爲設及麥熟穫者已畢而採捃尚多袞乃引其羣子以退曰待其閒及其捃也不曲行不旁掇跪而把之則亦大穫　魏書樊子鵠傳子鵠除殷州刺史屬歲旱儉子鵠恐民流亡乃勸有粟之家分貸貧者并遣人牛易力多種二麥州內以此獲安　釋老志東萊人王道翼少有絕俗之志隱韓信山四十餘年斷粟食麥　隋書隱逸傳張文詡河東人也每以德化人鄉黨頗移風俗嘗有人夜中竊刈其麥者見而避之盜因感悟棄麥而謝文詡慰諭之自誓不言因令持去經數年盜者向鄉人

說之始爲遠近所悉　南史吳明徹傳明徹有粟麥三千餘斛而鄰里饑餒乃白諸兄與鄉里計口平分同其豐儉賴以存者甚衆　孝義傳沈崇傃母卒葬後更行服三年久食麥屑不噉鹽酢　舊唐書高宗本紀儀鳳三年五月幸九成宮秋七月宴近臣諸親於咸亨殿上謂霍王元軌曰去冬無雪今春少雨自避暑此宮甘雨頻降夏麥豐熟秋稼滋榮　玄宗本紀上自於苑中種麥率皇太子已下躬自收穫謂太子等曰此將薦宗廟是以躬親亦欲令汝等知稼穡之難也因分賜侍臣謂曰比歲令人巡檢苗稼所對多不實故自種植以觀其成且春秋書麥禾豈非古人所重也　五代史同鵠傳

同鵠地宜白麥青麥䴬麥　宋史仁宗本紀天聖三年四月癸巳幸御莊觀刈麥閒民舍機杼聲賜織婦茶帛　禮志太宗景祐三年禮官宗正請每歲夏孟月嘗麥配以鮭　皇祐五年後苑寶政殿刈麥謂輔臣曰朕新作此殿不欲植花歲以種麥庶知稼事不易也自是幸觀穀麥惟就後苑　汲冢周書維四年孟夏王初祈禱於宗廟乃嘗麥於太祖　穆天子傳天子西征至于赤烏之人獻穄麥百載天子西征至于鄄韓氏爰有樂野溫和穄麥之所草　黑水之阿爰有野麥　師曠禽經澤雉啼而麥齊　原莊子青青之麥生於陵陂　增呂氏春秋今茲美萊來茲美麥　孟夏之昔殺三葉而穫

大麥註昔終也三葉薺葶藶也菥蓂也見三葉之死則大麥可穫之候也　淮南子濟水通和而宜麥　春秋佐助期麥神名福晉　春秋說題辭麥之爲言殖也寢生觸凍而不息精射刺直故麥含芒事且立也　說文麰周所受來牟也一麥二夆象其芒刺之形天所來也　獨斷老扈氏農正趣民收麥　原曹瞞傳太祖嘗出軍行經麥中令士卒無敢麥犯者死騎士皆下馬付麥相持於時太祖馬騰入麥中勅主簿議罪主簿對以春秋之義罰不加於尊太祖曰制法而自犯之何以帥下然孤爲軍帥不可殺請自刑因援劍割髮以置地　諸葛恪別傳孫權饗蜀使費禕禕停食餅索筆作麥

賦恪亦請筆作磨賦咸稱善焉 增 秦子 孔文舉爲北海相有母病思食新麥家無乃盜鄰熟麥而進之文舉聞之特賞曰不必來謝但勿盜也盜而不罪者以爲勤於母也 博物志 漢武帝時廣陽縣雨麥 五土所宜 黑墳宜麥黍 玄晏春秋 衛倫過予言及於味稱魏故侍中劉子陽食餅知鹽生精味之至也予曰師曠識勞薪易牙别淄澠子陽今之妙也定之何難倫因命僕取糧糗以進予曰麥也有杏李柰味三果之熟也不同子焉得兼之倫笑而不荅退告人曰士安之識過劉氏吾將來家實多故杏時將發糗以杏汁李柰將發又糗以李柰汁故兼三味 陳留耆舊傳 高式至孝永平中蝝

蝗爲災獨不食式麥 西域諸國志 天竺十一月六日爲冬至則麥禾十二月十六日爲臘則麥熟 拾遺記 樂浪之東有背明之國其國昏昏常暗宜種百穀名曰融澤方三千里五穀皆良食之後天而死有延精麥延壽益氣有昆和麥調暢六府有輕心麥食者體輕有醇和麥爲麴以釀酒一醉累月食之凌冬可袒有含露麥穟中有露味甘如飴 張華 爲九醖酒以三薇漬麴糵糵出西羌麴出北方北方有指星麥四月火星出麥熟而穫之糵用水漬麥三夕而萌芽平旦雞鳴而用之俗人呼爲雞鳴麥以之釀酒醇美久含令人齒動若大醉不叫笑搖蕩令人肝腸消爛俗人謂爲消腸酒 晉中

興書 苻健洪第三子健陰圖關中陽使其徒種麥示無西意 水經註 汶水入萊蕪谷出谷有平丘面山傍水土人悉以種麥云此丘不宜植稷黍而宜麥齊人相承以植之 國史補 竇氏子言家方盛時有奴厚斂羣從數宅之資供白麥麪醫云白麪性平由是恣食不疑凡數歲未嘗生疾其後有奴告其謬妄所輸麪乃常麥非白麥也羣從諸宅一時暴熱皆發 原 杜陽雜編 元和八年大軫國貢碧麥形大於中華之麥表裏皆碧香氣如粳米食之體輕可以禦風 增 孔帖 同昌公主出降賜金麥銀米共數斛此皆條枝國獻 高昌土沃麥皆再熟 東坡集 江湖間有鳥鳴於四五月其聲若云麥

熟即快今年二麥如雲此鳥不妄言也 原 東坡詩註 今大內當麥熟時以黃羅帕封賜百官其外題曰麨或云以蜜漬食尤佳 增 朱子詩註 小說人有中麥毒者夢紅裳娘子悲歌有一丸蘆菔火吾宮之句 空同子 麥種之秋而焦於夏火尅金也麥穗直而芒有兵象焉 湧幢小品 洪武初一儒赴召太祖問曰習何經曰業農太祖曰汝知麥禾之節不同乎對曰禾三節麥四節禾播種於春至秋而穫凡歷三時故三節麥則歷四時始成故四節太祖曰是能知稼穡者即擢某州知州 木蘭國有三寸之麥 原 梧潯雜佩 南方四月雨後尚有餘寒土人謂之麥秀寒 按王勃採蓮賦麥雨微凉又

徐陵集亦有麥冷之語

集藻 傳 原 宋蘇軾溫陶君傳石中美字信美中年人也本姓麥氏隨母羅氏去其夫而適石因冒其姓始中美之生也其父太卜氏以連山筮之遇師䷆之爻是謂師之革䷰曰生乎土成乎水而變乎火坎以鞣之坤以布之釜以熟之口以內之腹以藏之美在其中而暢於四支能者樂之以為大腹不能者傷之以為心病眾所說也善莫大焉故因以名字之中美幼輕躁疏散與物不合得其鄉人儲子之意因使從滏水湯先生游既熟遂陶而成之為人白晳而長溫厚柔忍在諸石中最有名儲子因秦故司馬錯李斯子由趙高閻樂並薦於秦王

得與甫田蔡甲肥鄉牟䵚內黃韓音子俱召見是時王方省覽文書日昃未食見之甚喜曰卿等向者安在何相見之晚耶未見君子惄如調饑卿等之謂也自是皆得進見克上心腹賜爵士更上食典御旦夕召對所獻納時或麤疏上未嘗不盡善也秦王以嫪毐事出文信侯而遷太后怒恚數日不食中美乘機進諫上說賜爵徹侯食溫定陶二縣號溫陶君中美既被任用凡有造作自丞相以下莫不是之其為人柔和有以塞讒人之口故也他日秦王坐朝日旰意有所思亟召中美將虛以納之中美不熟計以進其說頗剛鯁志不快之者累日有博士單軫說上曰為其所傷矣宜有以下之即無恚因進其弟子已升元華於上上意稍平然自是遂疏中美不得為尚食矣中美曰吾為尚食日夕自謂不素餐者今吾與牟生輩皆不得進縱復有用者將誅辱乎肯也得克心腹而今也遽不信是有不善我之心雖使時或思我彼將不盡矣遂稱疾以侯就第其後子孫生郡郭者散居四方自號渾氏扈氏索氏石氏為四族云

文賦散句 原 殷箕子麥秀歌麥秀漸漸兮彼黍離離

漢枚乘七發麥秀蘄兮雉朝飛 增 魏黃觀疏今年麥苗雖好臨熟多雨而悉復偃壞小麥略盡惟穬麥大麥頗得半收耳 原 晉潘岳射雉賦麥漸漸以擢芒

五言古詩 增 唐白居易觀刈麥田家少閒月五月人倍

忙夜來南風起小麥覆隴黃婦姑荷簞食童稚攜壺漿相隨餉田去丁壯在南岡足蒸暑土氣背灼炎天光力盡不知熱但惜夏日長復有貧婦人抱子在其傍右手秉遺穗左臂懸敝筐聽其相顧言聞者為悲傷家田輸稅盡拾此充飢腸今我何功德曾不事農桑吏祿三百石歲晏有餘糧念此私自愧盡日不能忘 宋蘇轍遲往泉店殺麥罷民不耕穫豈利有攸往古人為我言許此亦無妄一冬免鉏犁二麥盈罌盎火老金倘伏雨過築場壞隣家助佰亞著耳割榛莽朝陽得終日經歲可無恙老夫終病慵長子幸可使劬勞慎勿厭雞餌家共享秋田雨初足已作豐熟想歸來報好音相對開臘釀

七言古詩【增】宋蘇軾鴉種麥行霜林老鴉閑無用畦東拾麥畦西種畦西種得青猗猗畦東已作牛尾稀明年麥熟芒攢槊農夫未食鴉先啄徐行俯仰若自矜鼓翅跳跟上牛角憶昔舜耕歷山鳥爲耘如今老鴉種麥更辛勤農夫羅拜鴉飛起勸農使者來行水（五禽言）去年麥不熟挾彈規我肉今年麥上場處處有殘粟豐年無象何處尋聽取林間快活吟（蘇轍遜往泉城穫麥）少年食稻不食粟老居潁川稻不足人言小麥勝西川雪花水磨煮成玉冷淘槐葉冰上齒湯餅羊羹火入腹五年隨俗麤得飽晨朝稻米纔供粥兒曹知我老且饞觸熱泉城正三伏田家有信呼即來亭午驅牛汗如浴

吾兒生來讀書史不慣田家爭斗斛今年久旱麥粒細及半罷休僥老宿歸來爛熳聽耆耳來歲未知還爾熟百口且留終歲儲貧交强半倉無穀（外孫文九伏中入村聽麥）春田不雨憂無麥入困得半猶足食伏中一聽不得緩旱田倉耳猶難得人言春旱良常潦入伏未保天日好老農經事言不虛防風防雨如防盜外孫讀書舊有功五言七字傳胭風旋投詩筆到田舍知我老來饞且爐秋田正急車難起汗滴肩顏愧鄰里磨聲細轉雪花飛輿家百口磨牙齒食前方丈我所無蒸餅十家或有諸孫歸何用慰勤苦烹雞亦有黍葫蘆（張舜民打麥）打麥打麥彭彭魄魄聲在山南應山北四月太陽出東北纔離海嶠麥尙青轉到天心麥已熟鶡旦催人夜不眠竹雞呼雨雲如墨大婦腰鐮出小婦具筐逐上壠先捋青下壠已成束田家以苦乃爲樂敢憚頭枯面焦黑貴人薦廟已嘗新酒醴雍容會所親曲終厭飫勞僮僕豈信田家未入脣盡將精好輸公賦次把升斗求市人麥秋正急又秧禾豐歲自少凶歲多田家辛苦可奈何將此打麥詞兼作插禾歌（范成大刈麥行）梅花開時我種麥桃李花飛麥叢碧多病經旬不出門東坡已作黃雲色腰鐮刈熟趁晴歸明朝雨來麥沾泥犁田待雨插晚稻朝出移秧夜食麨（陸游屢雪二麥可望喜而作歌）苦寒勿怨天雨雪雪來遺我明年麥三月

翠浪舞東風四月黃雲暗南陌坐看比屋騰歡聲已覺有司寬吏責腰鐮丁壯傾閭里拾穗兒童動千百玉塵出磨飛屋梁銀絲入釜須寬湯寒醅發劑炊麪裂新麻壓油寒具香大婦下機廢晨織小姑佐庖忘晚妝老翁飽食笑捫腹林下擊壤歌時康（張孝祥大麥半枯自爨哭）去年冷冷七月雨秋苗不收一粒穀只今米價貴如玉併日舉家纔食粥小兒索飯門前啼大兒雖瘦把鋤犁晴時種麥鬭荒壠正好下秧無稻種（戴復古刈麥行）腰鐮上壠刈黃雲東家西家麥滿門前村寡婦拾滯穗餧粥有餘炊餅飢我聞淮南麥最多麥田今歲屯

干戈飽飯不知征戰苦生長此方眞樂土〔王炎麥苗〕已有生意掘烏稗者未止見童飯犢女採桑水滿東臯耕事忙稻秧半綠麥半黃天許食新餔粥香田父吝嗟仍笑語赤地一年今得雨紫蕨有根妻子喜免塡溝壑棄閭里〔王禎芟麥歌〕田家食力不食智艱麥年年勤種蒔老農八十諳地利暑夏呼兒先暵地再耕再耨土華膩手把耬犁知已試土沃不妨投種概今年已報春澤被夏壠苗深如櫛比薰風長養見天意獵獵青旗催穲穗纔結稃胞花雪墜赫赫曦輪熾鑽燧儘著精華輸至味粒飽芒森密如篲頓失前時浪翻翠豈知眞宰調元氣化作黃雲表嘉瑞老農眼飽雖自慰旦夕却憂風

雨至子婦犇忙事芟器釤䥥翩翩轉雙臂曳籠腰間盈復棄總截牛箱夜無寐轉首登場簇高積風翻日碨牛猶未已向公門春新餽麵材料羅凡幾次年餉遞門仍語許夏稅有程今反易自餘宿負如取攜指此有秋爭蟻萃一得豈能償百費終歲勤勞一獻欷昨日公堂宴賓貴樽俎橫陳混肴胾檀板珠繩按歌吹萬錢不値供一醉庖人搓揉出精粹尙喜食新誇餅餌物不天來皆力致飽食何人知所自春祈夏薦禮所記報本從來追古義但願斯民不畏吏吏不擾民民自遂凡在牧民遵此治坐見兩岐歌政異日富囷倉均被賜不使老農憂歲事〔明高啓打麥詞〕雉雊高飛夏風暖行割黃雲隨手斷疏莖短若牛毛垂去冬無雪不相疑場頭負歸日色白穗落連枷聲拍拍呼兒打曬當及晴雨來怕有飛蛾生臥驅鳥雀非愛惜明年好收供爾食

五言律詩〔增〕宋蘇轍穫麥二首麥幸十分熟雨過三日霪初晴猶未伏半夜卷重陰細築場無隙輕推磨有音驚聞諸縣水一燃直千金〔雨後麥多病陝中蛾欲飛不辭終日暑幸脫半年飢潦水來何暴秋田望已微農夫愚可念此報定誰非〔陸游種麥〕墾地播宿麥飯牛臨野池未能貪佛日正恐失農時矻矻鋤耰力勤勤祝史辭嘉平得三白吾飽豈無期

七言律詩〔增〕宋朱子次韻秀野滄波館刈麥昨年風昔

但聲歌今見郊園樂事多且喜甌窶符善禱未須蘆菔覓妖娥霞觴政自誇眞一香鉢何須問畢羅我欲賣刀求學稼不知還許受廛麼〔原〕明申時行麥浪芃芃秀色挺來牟片片黃雲似水流風作跳波時隱見雨添新漲乍沉浮晴畦錦漾千層縠寒隴濤生四月秋却怪狂瀾頻起陸漫教文偉賦中收〔董其昌太廟薦麥〕閟宮朝啟肅精禋御苑來牟及薦新九棘靈光開大曆雙岐瑞穎獻昌辰風迴玉几馨先稷露裛金莖潔似蘋一自寢園祈報後於皇清頌遍周民

七言絕句

御製見途中夏麥將熟志喜〔江濟淮堧道已周歸看東省麥

盈疇雨潑膏潤苗多秀早慶今年大有秋〔清明麥秀〕清明前後麥花香遍野氤氳映蟏蠨須認秋成春雨密隔溪村落飲斜陽

增〔宋王珪宮詞〕六龍觀稼奉宸遊齊賀豐年薦麥秋後苑宴回卿相出內官金合送來嘗〔王安石陂麥〕陂麥連雲慘淡黃綠陰門巷不多涼更無一片桃花在借問春歸有底忙〔范成大出東郊觀麥苗〕去歲秋霖麥下遲臘殘一雪潤無泥相將飽喫滹沱飯來聽林間快活啼〔刈麥〕麥頭熟顆已如珠小施惟憂積雨餘匄我一晴天易耳十分終惠莫乘除〔田園雜興〕高田二麥接山青傍水低田綠未耕桃杏滿村春似錦踏歌椎鼓過

清明〔楊萬里江山道中麥熟〕黃雲剖露幾肩歸紫玉炊香一飯肥却破麥田秧晚稻未教水牯臥斜暉〔麥〕無邊綠錦織雲機全幅青羅作地衣個是農家眞富貴雪花消盡麥苗肥〔方岳農謠〕春雨初晴水拍堤村南村北鵓鴣啼含風宿麥青相接刺水柔秧綠未齊　小麥青青大麥黃護田沙逕遶羊腸秧畦岸岸水初飽塵甑家家飯已香 原〔譚知柔麥隴〕風來翠浪浮霏微小雨似深秋野庭終日捲簾坐時聽對啼黃栗留

詩散句 原〔唐杜甫〕崆峒小麥熟 增〔杜甫〕白屋花開裏孤城麥秀邊　山田麥無隴春氣晚更生〔韓愈南陽〕郭門外桑下麥青青〔白居易〕四月未全熟麥凉江風秋〔元稹〕年年四五月繭實麥小秋 原〔司空圖〕綠樹連村暗黃花入麥稀〔宋蘇軾〕登城望年麥綠浪風掀舞 增〔陸游〕但見古河東隴麥如鋪雪〔金龐几疇〕野黃麥初割畦綠蔬纔灌〔王元粹〕青青道邊麥知是誰家田〔宋石介〕使麥長熟人不饑敢告吾君不須赦〔王安石〕無端隴上翛翛麥橫起風寒占作秋〔范純仁〕潤催隴麥將黃節寒阻春蠶趁眠〔唐庾〕睡外莫聽泥活活想中已暗麥含含〔陸游〕京塵日念家山樂況值腰鐮割麥初　雨畏禾頭蒸耳出潤憂麥粒化蛾飛已過西成蠶廟期家家下麥不容遲　壓車麥穗黃雲卷食葉蠶聲白雨來　山村處處晴收麥鄰曲家家

午曬絲〔楊萬里〕紅紅白白花臨水碧碧黃黃麥際天〔危稹〕麥風翻隴潑濃綠花露滴枝黏老紅〔吳潛〕吳波亭下繫扁舟輕雨輕寒又麥秋〔盧贇元〕麥秋天氣朝朝變蠶月人家處處忙〔宋謝朓〕麥候始清和〔齊王僧達〕麥壠多秀色〔那邵〕風輕麥候初〔周庾信〕麥隨風裏熟〔陳江總〕麥氣涼皆曉〔唐盧從愿〕蘅皋起麥涼〔張謂〕秋風麥穗黃〔蕭穎士〕麥秋田野喧〔王維〕雉雊麥苗秀〔杜甫〕微麥早向熟 原〔杜甫〕細麥落輕花　青熒陵陂麥　涼州白麥枯 增〔韓愈〕暖風抽宿麥〔孟郊〕麥風清冷吹〔李賀〕麥雨漲溪田〔張蠙〕甸麥深藏雉〔宋王安石〕麥漲一溪雲〔蘇軾〕夏旱臞

麥人 〔唐庾〕雀飛田有麥 〔汪藻〕麥隴如人深 〔范成大〕麥裏綠叢高 〔戴復古〕梯山畦麥秀 〔黃公度〕晴添麥隴黃 〔金吳激〕風雨麥秋寒 〔元方夔〕山田麥苗肥 〔袁桷〕土沃村村麥 原 唐李白荊州麥熟繭成蛾 麥隴青青三月時 增 〔儲光羲〕麥涼浮壠雉媒低 〔柳宗元〕麥芒際天搖青波 〔李賀〕野家麥畦上新壠 〔朱慶餘〕麥風吹雨正徘徊 〔薛逢〕晚麥芒乾風似秋 〔薛能〕鄰鶯麥野聞雞雉 〔杜荀鶴〕高下麥田新雨後 分開野色收新麥 〔宋石介〕麥宜過社猶催種 原〔歐陽修〕四月田家麥穗稠 〔王安石〕晴日暖風生麥氣 增 〔蘇軾〕麥熟旋供湯餅新 〔王阮〕麗日借黃催麥壠 〔范

成大〕麥雨一犁隨處綠 青黃麥隴平平去 〔陸游〕水面秧青麥半黃 雪花漫漫麥將熟 土膏動後麥苗長 〔戴復古〕鍛磨鳴時大麥黃 〔黃公度〕作寒作煖麥秋天 〔金王渥〕穀雨連朝沒麥傷 〔宇文虛中〕彌壠連天麥浪寒 〔龐九疇〕笄興歸路麥花香 〔元好問〕一犁春雨麥青青 灎灎蒼波麥已勻 〔元方回〕夏前十日嘗新麥 〔耶律楚材〕萬頃青青麥浪平 〔馬祖常〕滋麥春膏覆壠齊 〔謝應芳〕天假春晴養麥苗

別錄 增 〔尚書大傳〕秋昏虛星中可以種麥 原〔種麥農政全書〕八月白露節後逢上戊爲上時中戊爲中時下戊爲下時種須倘成實者棉子油拌過則無蟲而耐旱大約杏多則不蛀宜肥地有雨佳諺云無雨莫種麥又云麥怕胎裏旱又云要喫麪泥裏纏春雨更宜諺云麥收三月雨春間鋤一遍收子多若三春有雨入夏時有微風此大有之年也諺云麥秀風搖初種忌戌日諺云無灰不種麥雨經社日佳以灰糞拌種妙 增〔雜陰陽書〕大麥生於杏二百日秀秀後五十日成麥生於亥壯於卯長於辰老於巳死於午惡於戌忌於子丑小麥生於桃二百一十日秀秀後六十日成忌與大麥同蟲食杏者麥貴 〔齊民要術〕崔寔曰凡種大小麥得白露節可種薄田秋分種中田後十日種美田惟穬早晚無常正月可種春麥豌豆盡二月止 氾勝之書曰凡田有

六道麥爲首種種麥得時無不善夏至後七十日可種宿麥早種則蟲而有節晚種則穗小而少實當種麥若天旱無雨澤則薄漬麥種以酢漿并蠶矢夜半漬向晨速投之令與白露俱下酢漿令麥耐旱蠶矢令麥忍寒麥生黃色傷於太稠稠者鋤而稀之秋鋤以棘柴耬之以壅麥根故諺云子欲富黃金覆黃金覆者謂秋鋤麥曳柴壅麥根也至春凍解棘柴曳之突絕其乾葉須麥生復鋤之到榆莢時注雨止候土白背復鋤如此則收必倍冬雨雪止以物輒蔺麥上掩其雪勿令從風飛去後雪復如此則麥耐旱多實春凍解耕如土種旋麥麥生根茂盛莽鋤如宿麥 區麥種區大小如中農夫區

禾收區種凡種一畝用子二升覆土厚二寸以足踐之令種土相親麥生根成鋤區間秋草緣以棘柴律土壅麥根秋旱則以桑落曉澆之秋雨澤適勿澆之麥凍解棘柴律之突絕去其枯葉區間草生鋤之大男大女治十畝至五月收區一畝得百石以上十畝得千石以上大小麥皆須五月六月暵地不暵地而種者其收倍薄　種大小麥先時逐犁稀種者佳其山田及剛强之地則樓下之凡樓種者匪直土淺易生於鋒鋤亦便穬麥非良地則不須種　八月中戊社前種者爲上時（擲者畝用子二升半）下戊前爲中時（用子三升）八月末九月初爲下時（用子三升半四升）八月上戊社前爲上時（擲者用子一升半）中戊前爲中時（用子二升）下戊前爲下時（用子二升半）正月二月勞而鋤之三月四月鋒而更鋤　小麥宜下種歌曰高田種小麥穊穇不成穗（吳下田家志）種麥宜庚午辛未辛巳辛卯庚子庚戌（種樹書）小麥不過冬大麥不過年　麥最宜雪諺云冬無雪麥不結　種麥之法土欲細溝欲深耙欲輕撒欲勻曬麥之法宜烈日之中乘熱而收仍用蒼耳葉或麻葉碎雜其中則免化蛾　臘日種麥及豆來年必熟麥苗盛時須使人縱牧於其間令稍實則其收倍多麥屬陽故宜乾原稻屬陰故宜水澤（士農必用）相傳農語云彭祖壽年八百不可忘了稙蠶稙麥又云社後種麥爭回耬又云社前種麥爭回牛言奪時之急

如此之甚也　【原】種塲麥法天生意六月初旬五更時乘露未乾陽氣在下耕地牛得其凉耕過稀種菜豆候七月間豆有花犁翻豆秧入地麥苗易茂（護麥）農桑撮要防露傷麥但有沙霧將𦬊麻散拴長繩上侵晨令兩人對持其繩於麥上牽拽抹去沙霧則不傷麥（刈麥）農政全書凡農家所種宿麥早熟最宜早收故韓氏直說云五六月麥熟帶青收一半合熟收一半若候齊熟恐被暴風急雨所摧必至拋費每日至晚即便載麥上場堆積用苫密覆以防雨作如搬載不及即於地內苫積天晴乘夜載上場即攤一二車薄則易乾碾後一遍翻過又碾一遍起秸下場揚子收起雖未淨直待所收麥都碾盡然後將未淨秸稈再碾如此可一日一場比至麥收盡已碾訖三之一矣大抵農家之忙無似蠶麥古語云收麥如救火　【增】齊民要術麥倒刈薄布順風放火火既著即以掃帚撲滅仍打之如此者夏蟲不生　【原】貯麥（太平御覽）麥之爲蝶蠶濕也萬物之變皆有化也止麥之化區之以灰法於伏天曬極乾乘熱覆以石灰則不生蟲又以蠶沙和之辟蠹蒼耳或艾曬乾剉碎同收亦不蛀若稍濕必生蟲　【增】齊民要術立秋前治訖蒿艾簞盛之良以蒿艾閉窖埋之亦佳窖麥法必須日曝令乾及熱埋之多種久居供食者宜作劁「清異錄」積麥以十辛艮下子不得過三辛收潑不得過

三辛上隻入倉亦用辛日〔農家諺〕雲行北好曬麥

瑞麥

【原】〔說文〕天降瑞麥一來二麰

【彙考】【原】〔後漢書張堪傳〕堪拜漁陽太守百姓歌曰桑無附枝麥秀兩岐張公為政樂不可支【增】〔舊唐書玄宗本紀〕天寶三載三月武威郡上言番禾縣天寶山有醴泉湧出嶺石化為瑞麰遠近貧乏者取以給食改番禾為天寶縣〔宋書符瑞志〕晉武帝太康十年六月嘉麥生扶風郡一莖九穗是歲收三倍〔北齊書孟業傳〕業遷東郡守以寬惠著其年麥一莖五穗其餘三穗四穗共一莖合郡人以為政化所感〔宋史樂志〕端拱初諸

州麥兩穗三穗者連歲來上有司請以為瑞麥之曲薦於朝會用之〔五行志〕皇祐三年五月彭山縣上瑞麥圖凡一莖五穗者數本帝曰朕嘗禁四方獻瑞今得西川秀麥圖可謂真瑞矣其賜田夫束帛以勸之〔遼史聖宗本紀〕統和二十年十二月南京平州麥秀兩岐〔金史五行志〕宣宗興定元年四月陳州商水縣進瑞麥一莖四穗開封府進瑞麥一莖三穗二莖四穗【原】〔前涼錄〕永嘉三年嘉麥一莖九穗生於姑臧【增】〔孔帖〕梁宋州節度使友諒進瑞麥一莖三穗太祖怒曰宋州大水何用此為【原】〔西安志〕宣德中嘉麥生茂陵一莖九穗〔新城志〕天啟四年嘉麥生王氏田中一莖五穗

【集藻】【表】【增】唐崔融為皇太子賀嘉麥表伏見雍州司馬徐慶稱所部有嘉麥一莖六穗纖芒濯露疑因黑壤之宜香稼搖風若吐黃金之色豈非靈心昭應睿德感通降之自天何必來牟之詠嘗之於廟先符孟夏之時凡在含生相趨動色臣謬當居守肅奉宗祧一穗兩岐徒說張君之詠十畝千石方輕氾氏之書仰天意而增歡顧人心而載躍無任嘉忭之至

【狀】【增】宋蔡襄代蔡州進麥瑞圖狀勘會本州自春已來屢得雨澤已於某月日具狀奏聞訖今來二麥並已成熟地無高下所收斗斛數倍當年及諸縣節次申送政麥苗有一莖二穗或三穗其多有至五穗者甚多父老

等皆云數十年無此豐熟亦未嘗見有麥苗一莖至數穗者以此見臨御以來功化日新利興害去善氣克塞致此嘉應臣待罪郡守目睹其事不敢隱默謹畫成圖子一本隨狀上進以聞

【頌】【增】明李東陽瑞麥頌并序瑞麥頌豐年也和氣旁達嘉麥效祥頌聲作焉以麥上德昭農事也維田有麥載秡其隴既堅既實岐岐總總我場我隴其積如蹋皇德斯播於植於動維此瑞麥日帝之寵　維麥在田載耕載穮胝我手足劬我耜錢以夕以朝中心孔怊載抃而謳於歲之秋曰茲豐年維我民勞　天監帝德亦念民阻噓以和風渥以甘雨貽我嘉麥及我穀黍維年之祥

祈不我拒以徧率土於天之下於天之下永荷皇睠
賦【增】唐任瑗瑞麥賦建極惟皇照鑠於光出豫考卜乘
時省方西自鄴鎬東巡洛陽順天遊而有慶緬日晷之
云長徵賢官室布政明堂風雨時序黎庶其康盡物稱
瑞窮靈委祥明合日月則皆蕡恒秀澤及草木而隴麥
登芳於是闢離宮通禁苑覩茲瑞之所應實皇恩之獨
遠朝任得人時唯賢相九流分職三旗協亮稱堯舜之
允敷同益贊而為唱曰珍瑞麥生我皇國凌寒而秀彰
聖之德願載東觀之書以歌南薰之則既而帝曰欽哉
天符聿來俾予光於四表惟爾翼於中台念幽芳之遂
性知棫樸之當材且夫麥之為瑞其德至矣居寒白生

當署薦美含實珠淨燿芒鋒起既標詠於詩人亦稱奇
於縑史當其芃芃於野漸漸其秀將嗣穀以登年豈麥
霜而不茂在昔唐叔嘉禾伊育昭彼周王天人斯穆今
惟聖聽此焉攸徵滿之如春也及書而繁榮就之如日
也來牟而紛郁則有小儒怡然鼓腹照水鏡之光鑒黍
歷鑾之題日未登高而賦成庶陳美於金竹者也　高
駁庭瑞麥賦聖人順動文思欽明天地貞觀品物咸亨
去憑虛而就安處面周洛而背咸京雲旗電發霜戟林
行太陰用事其日在斗萬國來庭百神奔走泉潛動而
荄落水益壯而冰厚冠異氣於緣垣吐嘉麰於寒藪不
忘風雪全抽兩穗逼日月之光華得雲雨之攸利芒纖

纖而擢隴葉青青而聳翠同黍谷之移暄類榆林之因
地瑞紀捨穎疑本異植出天苑之稱奇訪人寰而未識
麥玉霜而表勁挺金莖而孤植顏耀穎於年和望生成
於地力倬彼豁翰其代天工即漢庭之相國類晉室之
清通拜殊祥而北首列圖史於南宮紆粹容於有穆冠
鴻業而無窮實穎實栗是崇是奉可以為瑚璉之資可
以為穡稼之種偉長至之馭序同少陽之在候成粒貴
於鳥銜覆苗期於雉雊夫瑞也百王之珍事其生也二
儀之大德道泰則稱物呈形政乖則羣方皆忒伊小草
之何幸逢大人之允塞願均照於離明祈作禎於王國

樂章【增】宋史朝會樂章芃芃嘉麥擢秀分岐甘露夕灑

惠風晨吹良農告瑞循吏稱奇歸美英主折而貢之

七言律詩【增】范成大次韻袁起巖瑞麥此麥兩岐已黃
熟其間又出一青枝亦已秀實傳記所未載也民和神
福因其宜況有仁先四者施吳稻即看收再熟周年先
已秀雙岐薰風半老黃金穗梅雨重春綠玉枝樂不可
支聊發詠田間日日是芳時

五言排律【原】唐鄭畋詠麥穗兩岐　聖慮憂千畝嘉苗薦
兩岐如雲方表盛成穗忽標奇瑞露縱橫滴祥風左右
吹謳謠連上苑化日遍平陂史冊書堪重丹青畫更宜
願依連理樹俱作萬年枝　張聿詠瑞麥瑞麥生堯日
芃芃雨露偏兩岐分更合異畝穎仍連冀獲明王慶寧

惟太守賢仁風吹靡靡甘雨長芊芊聖德應多稔皇家配有年已開天下泰誰爲濟西田

詩散句 增 宋夏竦 似法陰爻呈六穗或符陽數效三岐 唐李嶠 瑞麥兩岐秀 白居易 岐秀麥分花

雀麥

增 爾雅 蘥雀麥 註 即燕麥也 本草 雀麥一名杜姥草一名牛星草 李時珍曰此野麥也燕雀所食故名日華本草謂此爲瞿麥非矣 蘇恭曰在處有之生故墟野林下苗葉似小麥而弱其實似穬麥而細周憲王曰燕麥穗極細每穗又分小叉十數個子亦細小

彙考 增 唐書 劉禹錫傳 禹錫由和州刺史入爲主客郎

中復作遊玄都觀詩且言始謫十年還京師道士植桃其盛若霞又十四年過之無復一存唯兎葵燕麥動搖春風耳以詆權近 博物志 食鷰麥令人骨節斷解 丹鉛錄 范文正公安撫江淮進民間所食烏昧草乞宣示六宮傳諸戚里以抑奢侈烏昧草即今之野燕麥淮南謂麥曰昧故史從音爲文 燕麥滇南雲益一路有之土人以爲朝夕常食非虛名也

蕎麥

原 蕎麥一名荍麥一名烏麥一名花蕎 莖弱而翹然易長易收磨麵如麥故曰蕎曰荍而與麥同名也俗亦呼甜蕎以別苦蕎 南北皆有之立秋前後下種密種則實多稀則少八九月熟性最畏霜宜早種遲則少收苗高一二尺莖空而赤葉綠如烏臼樹葉開小白花甚繁密花落結實三稜嫩青老則烏黑性甘寒無毒降氣寬中氣盛有濕熱者宜之若脾胃虛弱者不宜多食難消煮熟日中曬開口舂取米可作飯磨爲麪滑膩亞於麥麪北人作煎餅及餅餌日用以供常食農人以爲禦冬之具南人但作粉餌食和豬羊肉熱食不過十餘頓即患熱風忌同黃魚食

彙考 增 宋史 禮志 太宗景祐三年禮官宗正請每歲秋季月嘗豆嘗蕎麥 後山談叢 穎諺曰黃鸝口噤蕎麥斗夏中候黃鸝不鳴則蕎麥可廣種也 木南翰記 蕎麥字韻書無之道藏有藥石爾雅唐元和間梅彪所集

諸藥隱名以粟黍蕎麥豆爲五谷 高昌行紀 高昌地產五穀惟無蕎麥

集藻 七言古詩 增 宋陸游 蕎麥熟刈者滿野喜而有作

城南城北如鋪雪原頭家家種蕎麥霜晴收斂少在家餅餌今冬不憂窄胡麻壓油油更香油新餅美爭先嘗獵歸熾火燎雉兔相呼置酒喜欲狂陌上行歌忘惡歲小婦紅妝穗簪髻詔書寬大與天通逐熟淮南幾誤計

詩散句 增 唐溫庭筠 日暮鳥飛散滿山蕎麥花 宋戴敏 頗動詩人興滿園蕎麥花 唐白居易 獨出門前望野田月明蕎麥花如雪 宋范成大 落日青山都好在山間蕎麥滿芳洲 陸游 邂逅山僧分傳飥船來溪友

餉薪樗〔唐白居易〕蕎麥鋪花白〔宋韓琦〕雲鋪蕎麥花漫野〔陸游〕滿村蕎麥正離離 暖日暉暉秀蕎麥未收蕎麥怯新霜〔金王艮臣〕蕎花冉冉蜜脾香〔元貢奎〕路轉滿川蕎麥花

別錄 增〔齊民要術〕凡蕎麥五月耕經三十五日草爛得轉并種耕三遍立秋前後皆十日內種之耕地三遍即三重著子下兩重子黑上一重子白皆是白汁滿飽如濃即須收刈之但對梢搭鋪之其白者日漸盡變爲黑如待上頭總黑半已下黑子盡落矣

附錄 苦蕎麥

原 苦蕎麥出南方春社前後種之莖青多枝葉似蕎麥

而尖花帶綠色實亦似蕎麥而稜角不峭味苦磨爲粉蒸使氣餾滴去黃汁乃可爲糕餌色如豬肝穀之下品

瞿麥

增〔爾雅〕大菊蘧麥〔註〕一名麥句薑即瞿麥〔廣雅〕茈萎麥句薑蘧麥〔本草〕瞿麥一名巨句麥一名大蘭一名地麪陶弘景云今出近道一莖生細葉花紅紫赤可愛子頗似麥故名瞿麥

別錄 增〔齊民要術〕種瞿麥法以伏爲名地麪良地畝用子五升薄田三四升畝收十石渾蒸曝乾舂去皮全不碎炊作餐甚滑細磨下絹簁作餅亦滑美然爲多穢一種此物數年不絕耘鋤之功更益劬勞

佩文齋廣羣芳譜卷第八

穀譜

稻

原 稻一名稌有稉與秔同有穤與稬同爾雅云稌稻註云今沛國呼稌疏云案說文云沛國謂稻爲穤秔稻屬也字林云穤黏稻也秔稻不黏者本草以稉米稻米爲二物秔古稉字然秔穤甚相類黏不黏爲異耳本草云黏者爲穤不黏者爲稉穤者穤也稉者稉也又云稻稌者秔穤之通稱本草則專指穤以爲稻也其性黏軟故謂之穤堪作飯作粥南方以爲常食北方以爲佳品禮記祭宗廟之禮謂稻爲嘉蔬周禮地官有稻人漢有稻田使者蓋通稉穤而言也稉之熟也晚謂之晚稻稉之小者謂之秈秈熟早謂之早稻有早中晚三熟水旱二類南方土下泥塗多宜水稻北方地平惟澤

土宜旱稻種類甚多 增〔本草〕孟詵曰淮泗之間最多襄洛土稉米亦堅實而香南方多收火稻李時珍曰西南夷有燒山地爲畬田種旱稻者謂之火米眞臘有水稻高丈許隨水而長 原 其穀之紅白大小不同芒之有無長短不同米之堅鬆赤白紫烏不同味之香否軟硬不同性之溫涼寒熱不同大要北稉涼南稉溫赤稉熱白稉涼晚白稉寒新稉熱陳稉涼葉與稉似小麥穗似大麥稃與實不相黏濕中益氣止煩渴和腸胃合芡實作粥益精强志聰耳明目其類爲香稉一名香子粒小色斑以三五十粒入他米數升炊之芬芳香美小香稻赤芒白粒其色如玉食之香美凡享薦賓客以爲上品出中陸雪裏揀粒大色白稃軟而有芒三穗子一穗三百餘粒出湖州箭子粒細長而

白味甘香九月熟稻之上品 臙脂赤 香柔而甘舂煮之作純赤色晚稻上品有一種性不畏鹵可當鹹潮近海口之田不得不種 蓋下白 正月種五月刈其莖一根復生九月再熟理生玉鏡云一名再熟稻又謂之再撈 麥爭場 三月種六月熟此種早熟農人甚賴其利食新者爭市之價倍貴 青芋稻 六月熟累子稻白漠稻七月熟此三種出益州大而長米半寸亦嘉種也 木香秔 粒小而性柔七月熟有紅芒白芒之等 虎掌稻 赤穬稻 蟬鳴稻 俱七月熟 早白稻 一名小白一名細白粒赤而稃芒白五月初種八月熟九月熟者謂之晚白一名蘆花白一名大白 中秋稻 粒白而大四月種八月熟八月望熟者謂之早中秋又謂之閃西風 一丈紅 五月種八月收能水水深三四尺漫撒之水能抽芽出水 勝紅蓮 粒長色斑 擺柳稻 性硬皮白莖健白 紫芒稻 粒白殼紫 紅蓮 粒大芒紅皮赤 三朝齊 一名下馬看秀最易 矮白 又名師姑粒白無芒稃矮俱五月種九月熟 撫稻 春種夏穫七月再插十月熟 金城種 粒尖色紅而性硬四月種七月熟高仰所種松江謂之赤米下品也 烏口稻 一名冷水結再蒔而晚熟色黑而耐水與寒稻之下品 他如

黃稻 黃陸稻 豫章青 赤芒 白秋 青甲等稻 未可枚舉 增 本草 秈稻一名占稻 種出占城國故名 似粳而粒小 各處有之 品類亦多 有赤白二色 與粳大同小異 理生玉鏡 自占城來 作飯差硬 宋氏使占城 珍寶易之 以給於民者 六旬稻 一名拖犂歸粒小色白四月種六月熟又有八十日稻百日赤毘陵亦有六十日抽八十日抽百日秈之品百日赤百日秈俱白稃而無芒七八月熟其味白淡而紅甘 烏秈 粒大而芒長秸柔而韌可織屨飯之香美浙中以供賓客及老疾孕婦三月種七月收其田以蒔晚稻可再熟 廣志 粳有烏粳 黑穬 青函 白夏之名 齊民要術 案今世有尾紫稻 青杖稻 飛青稻 赤甲稻 烏陵稻 白地稻 孤灰稻 原 糯稻一名秫稻 苗葉莖穗與粳稻同 增 本草 朱馬志曰 秫稻米即糯米也 其粒大小似秔米 宋寇宗奭曰 今

造酒糯米也 其性溫 故可爲酒 明李時珍曰 南方水田多種之 其性黏 穀殼有紅白二色 或有毛或無毛 米亦有赤白二色 原 米可炒食 可釀酒 可熬餳 可作粢 可煮糕 可蒸糕 水稻赤色者 酒多糟少 一種粒白如霜 長三四分 性黏滯難化 多食令人身軟 擁諸經絡氣 發癰疽瘡癤中痛 合酒食醉難醒 小兒及病人最忌 孕婦雜肉食之 令子不利 小貓犬食之 腳屈不能行 馬食之足重 其類爲蘆黃糯 一名泥裏變言不待日曬也粒大色白芒長熟最早其色易變釀酒最佳 金釵糯 粒長而釀酒倍多 烏香糯 色烏秈糯一名趕陳糯一名氣香秈糯趕不著粒最長白稃有芒四月種七月熟 小娘糯 不耐風水四月種八月熟 青稈糯 稃黃芒赤已熟而稈微青 最宜良田四月種九月熟 矮糯 一名矮兒糯尖大而色白四月種九月熟 硃砂糯 一名臙脂糯芒

長而殼多白斑五月種九月熟 羊脂糯 色白性軟五月種十月熟 虎皮糯 白斑五月種十月熟 鐵梗糯 稈挺而堅 馬鬃糯 芒如馬鬃色赤 秋風糯 一名騙官糯一名冷粒糯性圓白而稃黃大暑可刈易種多收農人喜種之飯則糯釀則梗糶則減價多以代梗輸租 增 齊民要術 秫稻有九格秫 雉木秫 大黃秫 常秫 馬身秫 長江秫 惠成秫 黃滿秫 方滿秫 虎皮秫 薈柰秫

彙考 原 詩豳風 十月穫稻 增 周頌 豐年多黍多稌 傳 稌稻也 禮記王制 冬薦稻 月令 季秋之月 天子乃以犬嘗稻 先薦寢廟 周禮地官 稻人掌稼下地 以豬畜水 以防止水 以溝蕩水 以遂均水 以列舍水 以澮瀉水 以涉揚其芟作田 凡稼澤 夏以水殄草而芟荑之 澤草所生 種之芒種 旱暵共其雩斂 註 澤草之所生 其地

可種芒種芒種稻麥也稻人共雩斂稻急水者也〔疏〕以下田種稻麥故曰稼下地也水鍾曰澤有水及鹹鹵皆不生草卽不得芒種故曰草所生餘官不言共雩斂于此官特言共者以稻是水穀急須水故旱時特使共雩之發斂也〔夏官〕東南曰揚州其穀宜稻　正南曰荆州其穀宜稻〔左傳〕鄅人藉稻〔註〕其君自出藉稻蓋履行之〔疏〕服虔云藉耕種於藉田也〔戰國策〕東周欲爲稻西周不下水東周患之蘇子謂東周君曰臣請使西周下水可乎乃往見西周之君曰君之謀過矣今不下水所以富東周也今其民皆種麥無他種矣君若欲害之不若一爲下水以病其所種下水東周必復種稻種稻而復奪之若是則東周之民可令一仰西周而受命於君矣西周君曰善〔史記夏本紀〕令益與衆庶稻可種卑濕〔後漢書郡國志〕廣陵郡有長洲澤吳王濞太倉在此〔注〕縣多麋博物記曰千百爲羣掘食草根其處成泥名曰麋畯民人隨此畯種稻不耕而穫其收百倍〔張堪傳〕堪拜漁陽太守開稻田八千餘頃勸民耕種以致殷富〔魏志夏侯惇傳〕惇復領陳留濟陰太守時大旱蝗蟲起惇乃斷太壽水作陂身自負土率將士勸種稻民賴其利〔吳志鍾離牧傳〕牧少居永興躬自墾田種稻二十餘畝臨熟縣民有識認之牧曰本以田荒故墾之爾遂以稻與縣人縣長聞之召民繫獄欲繩以

法牧爲之請長曰君慕承宮自行義事僕爲民主當以法率下何得寢公憲而從君耶牧曰此是郡界緣君意顧故來蹔住今以少稻而殺此民何心復留遂出裝還山陰長自往止之爲釋繫民民慙懼率妻子舂取稻得六十斛米送還牧牧閉門不受民輸置道旁莫有取者牧由此發名〔晉書陶侃傳〕侃嘗出遊見人持一把未熟稻侃問用此何爲人云行道所見聊取之爾侃大怒曰汝既不佃而戲賊人稻執而鞭之是以百姓勤於農殖家給人足　原〔晉書孝友傳〕孫晷吳國富春人年饑穀貴人有生刈其稻者晷見而避之須去而出既而自刈送與之〔隱逸傳〕郭翻居貧無業欲墾荒田先立表題經年無主然後乃作稻將熟有認之者悉推與之縣令聞而詰之以稻還翻翻遂不受　增〔晉書藝術傳〕幸靈者豫章建昌人父母常使守稻羣牛食之靈見而不驅待牛去乃往理其殘亂者其父母見而怒之靈曰夫萬物生天地之間各欲得食牛方食奈何驅之父愈怒曰卽如汝言復用理壞者何爲靈曰此稻又欲得終其性〔南齊書孔琇之傳〕琇之補吳令有小兒年十歲偷刈鄰家稻一束琇之付獄治罪或諫之琇之曰十歲便能爲盜長大何所不爲縣中皆震肅〔南史范雲傳〕文惠太子嘗幸東田觀穫稻雲時從文惠顧雲曰此刈甚快雲曰三時之務亦其勤勞願殿下知稼穡之艱難無

狗一瞥之宴逸也〔陳伯之傳〕伯之年十三四好著獺皮冠帶刺刀候鄰里稻熟輒偷刈之常爲田主所見呵之曰楚子莫動伯之曰君稻幸多取一擔何苦田主收執之因拔刀而進曰楚子定何如田主皆反走徐擔稻而歸　原〔南史隱逸傳〕晉陶潛爲彭澤令公田悉令種秫稻妻子固請種粳乃使二百五十畝種秫五十畝種粳　顧歡家貧父使田中驅雀歡作黃雀賦而歸雀食稻過半父怒欲撻之見賦乃止　增〔新唐書郭元振傳〕元振爲涼州都督遣甘州刺史李漢通闢屯田盡水陸之利稻收豐衍〔于頔傳〕頔爲湖州刺史部有湖陂異時溉田三千頃久廢頔行縣命復修隄閼歲獲秔稻

蒲魚無慮萬計〔李百藥傳〕百藥七歲能屬文父友陸乂等共讀徐陵文有刈琅邪之稻之語歎不得其事百藥進曰春秋鄅子籍稻杜預謂在琅邪客大驚號奇童〔南蠻傳〕環王稻歲再熟　牂牁無城郭土熱多霖雨稻粟再熟　墮婆登在環王南種稻月一熟〔宋史仁宗本紀〕慶曆四年五月幸玉津園觀種稻〔禮志〕紹興七年七月張浚等言雨澤稍愆乞禱上曰朕患不知四方水旱之實宮中種稻兩區其一地下其一地高高者其苗有槁意矣須精加祈禱以救旱暵　景德四年十月二十九日詔皇太子宗室近臣諸帥赴玉宸殿翠芳亭觀稻賜宴仍以稻分賜之〔食貨志〕言者謂江北之

民雜植諸穀江南專種秔稻雖土風各有所宜至於參植以防水旱亦古之制於是詔江南兩浙荆湖嶺南福建諸州長吏勸民益種諸穀江北諸州亦令就水廣種秔稻並免其租　江南兩浙荆湖嶺南福建土多秔稻須霜降成實自十月一日始收租　大中祥符四年帝以江淮兩浙稍旱卽水田不登遣使就福建取占城稻三萬斛分給三路爲種擇民田高仰者蒔之蓋早稻也內出種法命轉運使揭榜示民後又種於玉宸殿帝與近臣同觀畢刈又遣內使持於朝堂示百官稻比中國者穗長而無芒粒差小不擇地而生〔山海經〕箕尾之山其神狀皆鳥身而龍首其祀之禮糈用稌米〔註〕稌

稻也　廣漢之都后稷葬焉爰有膏稻〔註〕言味好滑如膏〔淮南子〕江水肥仁而宜稻　稻生於水而不能生於湍瀨之流〔伏虔古今注〕惠帝三年桂宮陽翟倶雨稻米〔春秋說題辭〕稻之爲言藉也稻冬含水盛其德也故稻太陰精含水漸洳乃能化也江旁多稻固其宜也　原〔孝經援神契〕汙田宜稻〔蔡邕月令〕十月穫稻人君嘗其先熟故在季秋九月熟者謂之半夏稻　增〔括地志〕自崑崙山以南多是平地而下濕土肥良多種稻歲四熟留役驅馬米粒亦極大〔會稽典錄〕夏香有盜刈稻者香助收之盜慚送以還香香不受〔博物志〕下泉宜稻〔華陽國志〕江州縣北有稻田出御米　風

土記穮稻之青穟米皆青白也〔原〕抱朴子南海晉安有九熟之稻〔增〕拾遺記槃湏之東有背明之國在扶桑之東見日出於西方其國昏昏常暗宜種百穀名曰融澤方三千里五穀皆良食之後天而老有浹日之稻種之十旬而熟有翻形稻言食者没而更生夭而有壽有明清稻食者延年也清腸稻食一粒歷年不饑〔原〕異物志交趾稻夏熟農者一歲再種〔安成記〕安成郡毛亭田疇膏腴厥稻馨香飯若凝脂〔淵明別傳〕淵明嘗聞田水聲倚杖久聽歎曰秫稻已秀翠色染人時剖胸襟一洗荆棘此水過吾師丈人矣〔增〕世說簡文見田稻不識問是何草左右荅是稻簡文還三日不出云

寧有賴其末而不識其本〔水經注〕九眞太守任延始敎耕犂俗化交土風俗𥝠林知耕以來六百餘年火耕水耨法與華同名白田種白穀七月大作十月登熟名赤田種赤穀十二月作四月登熟所謂兩熟之稻也述異記大禹時天雨稻古詩云安得天雨稻飼我天下民〔廣雅〕稻穗謂之禾稻已刈而復抽曰稻孫〔原〕西域記天竺國土溽熱稻歲四熟　摩揭陀有異稻巨粒號供大人米〔增〕唐曆開元十九年揚州奏穭生稻二百一十五頃再熟稻一千八百頃其粒與常稻無異西陽雜俎酆都稻名重思其米如石榴子粒稍大味如菱杜瓊作重思賦曰霏霏春暮翠矣重思雲氣交被嘉

穀應時〔原〕僞越外紀稻一年再熟今浙江溫州稻一歲兩種廣東又有三種田地氣暖故也〔續仙傳〕唐謝玄卿遇神仙設龍腦稻〔增〕東坡雜記黎子雲言海南秋稻率三五歲一變[illegible]歲儋人最重鐵脚糯今歲乃變爲馬眼糯草木性理有不可知者〔中吳紀聞〕紅蓮早稻自古有之陸魯望詩云遙爲曉風吟白菊近炊旱稻識紅蓮〔三柳軒雜識〕五穀以稻爲貴古人各以其類配之如以殺雞配爲黍謂野人之餐也以啜菽配飲水謂貧者之孝也以蔬食對菜羹謂貶降之食也惟食稻則對衣錦又祭祀以稻爲嘉蔬公享大夫則以爲吉饍是五穀以稻爲貴也〔椒宮舊事〕成穆貴妃孫氏參政

孫英之妹嘗與上登香雲閣覩後苑刈稻上命宮人取酒來爲賞豐飲令妃誦詩侑酒妃爲歌李紳憫農詩上大悅賜予有加〔戒菴漫筆〕稻花白而鬚少者米賤多而色黃則貴俗云銀花賤金花貴也〔奎瀛勝覽〕舊港土沃人稠地宜稼穡諺云一季種田三季收稻言收穫廣也〔海槎餘錄〕黎俗四五月必集衆斫山木縱火燒盡土下尺餘亦且熱透徐徐鋤轉種旱稻曰山禾米粒大而香可食連收二三四熟〔湧幢小品〕暹羅國稻其粒盈寸〔燕山叢錄〕房山縣有石窩稻色白味香美以爲飯雖盛暑經數宿不餲〔原〕一統志雷陽界稻十一月下種揚雪耕耘次年四月熟與他地迥異　稻花午開

暮合開合皆於日中香甚有至七開七合者
集藻 啓增 梁庾肩吾答湘東王賚粳米啓竊以農夫力
耕時逢儉歲踈賤時澤必取豐年椓斛瀉珠嘉聞陶量
翻庭委玉欣見馬圖〔又〕出梁國之字闕租兼水陸之殊
品伊尹說而不至石崇豪所未及遇處黙之得簟同苻
朗之舉箸長河可娶上德無酬〔又〕味重新城香踰渤
水連舟入浦似彥伯之南歸積地為山疑馬援之西至
不待候沙同新渝之再熟無勞拜石均遼倉之重滿前
恩未遠次渥仍流闕 鑾翟假以故書裴楷慙其國賜〔謝
東宮賚粳米啓〕濕木鳴蟬香聞七里瓊山合穎租歸十
縣肩吾人慙振藻徒役降人間之松職濫更繁空撤家丞

之俸成珠委地事乖蓬仙游玉為糧珍踰入楚雖復激
水淪流不待監河之說春風掃地方請文學之篇
書鈔增 魏文帝與朝臣論秔稻書江表惟長沙名有好米
何得比新城秔稻耶上風吹之五里聞香〔宋蘇軾與
弟子由書〕或為予言草木之長常在昧明間早起伺之
乃見其拔起數寸竹筍尤甚夏秋之交稻方含秀黃昏
月出露珠起於其根纍纍然忽自騰上若推之者或綴
於莖心或綴於葉端稻乃秀實驗之信然此二事與子
由養生之說契故以此為寄
贊增 晉湛方生庭前植稻苗贊 蒨蒨嘉苗離離階側弱
葉繁蔚圓株疎植清流津根輕露擢色

文賦散何增 漢張衡南都賦若其厨膳則有華薌重秬
滍皋香秔〔鄭玄婚禮謁文〕秔稻馥芬婚禮之珍〔袁
淮觀殊俗〕河內青稉新成白粳〔晉左思吳都賦〕國稅
再熟之稻〔宋蘇軾與李公擇書〕軾見在東坡作陂種
稻勞苦之中亦自有樂事

五言古詩

御製秋日出郊觀稼 秋氣日寥迥萬象皆蒼蒼朝暾被渥露
草木含晶光西成方屆候農事將築場於焉省斂穫令典
重百王輕軒屏前矕鳳駕無嚴裝郊原一以眺煙樹紛成
行微風散深樾清流抱迴塘土脈秀且沃籌車鬱相望新
鐮粲如月刈此溪雲黃捃拾復何幸遺秉滿道旁鳥雀互

翔集婦子咸悅康行將吹葦籥報爾千斯箱眷言三時勤
艱難詎可忘茫茫視九壤豈盡歌豐穰二簋苟不充予飢
惄如傷幸茲樂有年時若雨與暘暘哉慎所麗田功庶無
荒
增 晉陶潛庚戌歲九月中于西田穫稻 人生歸有道衣
食固其端孰是都不營而以求自安開春理常業歲功
聊可觀晨出肆微勤日入負禾還山中饒霜露風氣亦
先寒田家豈不苦弗獲辭此難四體誠乃疲庶無異患
干盥濯息簷下斗酒散襟顏遙遙沮溺心千載乃相關
但願常如此躬耕非所歎 原 唐杜甫行官張望補稻
畦水歸東屯大江北百頃平若案六月青稍多千畦碧

泉亂插秧適云巳引溜加溉灌更僕往方塘決渠當斷岸公私各地著浸潤無天旱主守問家臣分明見溪伴芊芊炯翠羽剡剡生銀漢鷗鳥鏡裏來關山雪邊看秋菰成黑米精鑿傳白粲玉粒足晨炊紅鮮任霞散終然添旅食作苦期壯觀遺穗及衆多我倉戒滋蔓（秋行官張望督促東渚刈稻向畢清晨遣女奴阿稽豎子阿段往問東渚雨今足佇聞稉稻香上天無偏頗蒲稗各自長人情見非類田家戒其荒功夫競搰搰除草置岸傍穀者命之本客居安可忘青春具所務勤墾免亂常吳牛力容易並驅動莫當豐苗亦巳概雲水照方塘有生固蔓延靜一資隄防督領不無人提攜頗在綱荊揚

風土暖肅肅候微霜尚恐主守疎用心未甚臧清朝遣婢僕寄語踰崇岡西成聚必散不獨陵我倉豈要仁里譽感此時世忙北風吹蒹葭蟋蟀近中堂荏苒百工休鬱紆遲暮傷【增】李覯獲稻朝陽過山來下田猶露濕餉婦念兒啼逢人不敢立青黃先後收斷折傴僂拾鳥鼠盈官倉新租喜復入（陸游稻陂）白水滿稻陂投種未三宿新秧出水面巳作纖纖綠年來僥倖絕所望在一熟見之喜欲舞不復憂半菽想當西成時載重壓車軸病齒幸巳勞往矣分社肉（代鄉鄰作插秧歌）浸種二月初插秧四月中小舟載秧把往來疾于鴻吳鹽雪花白村酒粥面濃長歌相贈答宛轉含豳風日暮飛槳

歸小市鼓鼕鼕起居問尊老勸儉教兒童何人采此語爲我告相公不必賜民租但願年屢豐（元趙孟頫題耕圖）正月田家重元日置酒會鄰里小大易新衣相戒未明起老翁年巳邁含笑弄孫子老嫗惠且慈白髮被兩耳杯盤且羅列飲食致甘旨相呼團欒坐聊慰衰莫齒田燒藉人力糞壤要鋤理新歲不敢閑農事自茲始（二月）東風吹原野地凍亦巳消早覺農事動荷鋤過相招遲遲朝日上炊煙出林梢土膏脈既起良耜利若刀高低徧翻墾宿草不待燒幼婦頗能家井臼常自操散灰緣舊俗門逕環周遭所冀歲有成殷勤在今朝（三月）良農知土性肥瘠有不同時至萬物生芽蘖由地

中秉耒向畎畝忽徧西與東舉家往于田勞瘁在爾農春雨及時降被野何濛濛乘茲各布種庶望西成功培根利秋實仰天望年豐但使陰陽和自然倉廩充（四月）孟夏土加潤苗生無近遠漫漫冒淺陂芃芃被長阪嘉穀雖巳殖惡草亦滋蔓君子與小人並處必爲患朝朝荷鋤往薅耨忘疲倦且隨鳥雀起歸與牛羊晚有婦念將飢過午可無飯一飽不易得念此獨長歎（五月）仲夏苦雨乾二麥先後熟南風吹隴畝惠氣散清淑是爲農夫慶所望實其腹酤酒醉比鄰語笑聲滿屋紛然收穫罷高廩起相屬有周成王業后稷播百穀皇天貽來牟長世自茲卜願言仍歲稔四海盡蒙福（六月）當

晝耘水田農夫亦艮苦赤日背欲裂白汗灑如雨匍匐行水中泥淖及腰脅新苗抽利劍割膚何痛楚夫耘婦當餉奔走及亭午無時暫休息不得避炎暑誰憐萬民食粒粒非易取願陳知稼穡無逸傳自古（七月）大火既西流凉風日淒厲古人重稼穡力田在匪懈郊行省農事禾黍何旆旆穲以他山石玉粒使人愛大祀須粢盛一一稽古制是為五穀長異彼稊與稗炊之香且美可用享上帝豈惟足食人一飽有所待（八月）白露下百草莖葉日紛委是時禾黍登充積徧都鄙在郊既千庾入邑復萬軌人言田家樂此樂誰可比租賦以輸官所餘足儲峙不然風雪至凍餒及妻子優游茅簷下庶

可以卒歲太平元有象治世乃如此（九月）大家饒米麪何曾百室盈縱復人力多舂磨常不停激水轉大輪磑碾亦易成古人有機智用之可厚生朝出連百車莫入還滿庭勾稽數多寡必假布算精小人好爭利晝夜心營營君子貴知足知足萬慮輕（十月）孟冬農事畢穀粟既已藏彌望四野空藁秸亦在場朝廷政方理庶事和陰陽所以頻歲登不變旱與蝗置酒燕鄉里尊老列上行肴羞不厭多炰羔復烹羊縱飲窮日夕為樂殊未央禱天祝聖人萬年長壽昌（十一月）農家值豐年樂事日熙熙黑黍可釀酒在牢羊豕肥東鄰有一女西鄰有一兒兒年十五六女大不可笄財禮不求備多少取隨宜冬前與冬後昏嫁利此時但願子孫多門戶可扶持女當力蠶桑男當力耘耔（十二月）一日不力作一日食不足慘淡歲云莫風雪入破屋老農氣力衰傴僂腰背曲索綯民事急晝夜互相續飯牛欲牛肥芟藁亦預蓄蹇驢雖劣弱挽車致百斛農家極勞苦歲豈恒稔熟能知稼穡艱天下自蒙福（明高啓看刈禾）農工亦云勞此日始告成往穫安可後相催及秋晴父子俱在田札札鐮有聲黃雲漸收盡曠望空郊平日入負擔歸謳歌道中行鳥雀亦羣喜下啄飛且鳴今年幸稍豐私廩各已盈如何有貧婦拾穗猶惸惸（京師嘗吳粳）新秔粲如玉遠漕來中吳初嘗愛精鑿想出官田租我

本東臯民少年習耕鋤霜天萬穗熟忿啄從飢烏日暮刈穫歸妻孥共歡呼茅屋夜舂急風雨江村孤晨炊滿家香薦以出網鱸如今幸蒙恩遨遊在南都門前半區田別來想已蕪長年盜寸廩補報一事無投匕忽歎息飽食慚農夫

七言古詩　增　（唐張籍江村行）南塘水深蘆筍齊下田種稻不作畦耕場磷磷在水底短衣半染蘆中泥田頭刈莎結為屋歸來繫牛還獨宿水淹手足盡為瘡山虻繞衣飛撲撲桑村椹黑蠶再眠小姑採桑不向田江南熱旱天氣毒雨中移秧顏色鮮一年耕種長苦辛田熟家家將賽神　（宋陸游農家秋晚戲詠）鞭地如鏡築我場

破碧玉粒餉官倉九月野空天欲霜甑中初喜新秔香
舍邊蕭蕭稀葉多野蠶出繭飛黃蛾寒蔬種罷醉且歌
隻雞短紙賽田婆　楊萬里插秧歌　田夫拋秧田婦接
小兒拔秧大兒插笠是兜鍪蓑是甲雨從頭上濕到胛
喚渠朝餐歇半霎低頭折腰只不荅秧根未牢蒔未匝
照管鵝兒與雛鴨

五言律詩

御製觀苗無意到灃柘詠時景晝永薰風至清泉決決長芳
年添景色遲日換流光舊竹隨隄發新花滿澗香觀苗不
覺晚微雨點衣裳

原唐杜甫茅堂檢校收稻二首香稻三秋末平田百頃

間喜無多屋宇幸不礙雲山御裌侵寒氣嘗新破旅顏
紅鮮終日有玉粒未吾慳　稻米炊能白秋葵煮復新
誰云滑易飽老藉軟俱匀種幸房州熟苗同伊闕春無
勞映渠盌自有色如銀　蹔往白帝復還東屯復作歸
田去猶殘穫稻功築場憐穴蟻拾穗許村童落杵光輝
白除芒子粒紅加餐可扶老倉庾慰飄蓬　宋陸游統
分稻晚歸出裹一簞飯歸收百把禾勤勞解堪忍餘暇
更吟哦歲惡增吾困家貧賴汝多村醪莫辭醉羹芋學
岷峨　明石沆觀稻稻水千區映村烟幾處斜冷風低
起樹輕浪細浮花鳥雀深深圃鳧鷖淺淺沙社歌聲不
絕於此見年華

七言律詩

御製入關見雨膏潤澤禾苗茂遂喜而有作甘雨時霖為洽
兵恰逢戰勝武功成軍容萬隊初旋凱婦子千村正饁耕
天意要荒同職貢人歡閭井共昇平征途每憶民生事喜
見桑麻愜此情

增唐唐彥謙西明寺威公盆池新稻為笑江南種稻時
露蟬鳴後雨霏霏蓮盆積潤分畦小藻井垂陰擢秀稀
得地又生金粟界結根仍對水田衣支公尚有三吳思
更使幽人憶釣磯　宋唐庚端孺糴米龍川得粳糯數
十斛以歸作詩調之倒拔孤舟入瘴烟歸來百斛瀉豐
年炊香未數神江白釀滑偏宜佛跡泉飽去定知頻夢

與醉中何至便妨禪憑君為比長安米看直公車牘幾
千　楊萬里種秧田底泥中跡尚深折花和葉插畦心
晚秧初撚金絨綠先種輸他綠玉鍼雲壟霧疇俱水響
絲風毛雨政春深莫聽布穀相煎急且為提壺强勸斟
朱子次秀野泛滄波館至赤石觀刈早稻韻綠雲黃
半武夷鄉碧水縈紆一帶長聞道放船飛早蓋定知行
酒載紅裳櫂謳如賀豐年信樂飲閑酬此日涼禾黍誰
言不陽豔晚炊流詠有餘香　明顧清穫稻用分秧韻
負郭園池帶宅田老晴天氣太平年穫來禾稻叢高廩
散出牛羊滿近川饋啓甑山騰霧靄蟻香醅甕起淪漣
斜陽一枕西窗夢縱有丹青不與傳

五言排律〔增〕宋歐陽修和劉原父從幸後苑觀稻呈講筵諸公禁籞皇居接香畦鏤檻邊分渠自靈沼種稻滿滮田六穀名居首三農政所先擢莖豪德茂養實以時堅曉渴龍池罷行瞻鳳蓋翩粹容知喜色嘉瑞奏豐年衰病慙經學陪遊與俊賢安知帝力及但樂歲功全拜賜秋風裏分行黼座前自憐臺笠叟來綴侍臣篇

五言絶句〔增〕唐韓愈和虢州劉使君稻畦罫布畦堪數枝分水莫尋魚肥知已秀鶴没覺初深 宋梅堯臣稻畦淺淺碧水平青青稻苗長偏如楚客愛白鷺飛下上

七言絶句

御製題耕圖〔浸種〕暄和節候肇農功自此勤勞處處同早辦東田穜稑種褰裳涉水浸筠籠 〔耕〕土膏初動正春晴野老支筇早課耕辛苦田家惟穡事隴邊時聽叱牛聲 〔耙耨〕每當旰食念民依南畝三時願不違已見深耕還易耨綠蓑青笠雨霏霏 〔耖〕東阡西陌水潺湲扶耖泥塗未得閒為念饔飧由力作敢辭竭蹶向田間 〔碌碡〕老農力穡慮偏周早夜扶犂未肯休更駕烏犍施碌碡好教春水滿平疇 〔布秧〕農家布種避春寒甲坼初萌最可觀自昔虞書傳播穀民間莫作等閒看 〔初秧〕一年農事在春深無限田家望歲心最愛清和天氣好綠疇千頃露秧鍼 〔淤蔭〕從來土沃藉農勤豐歉皆由用力分薙草灑灰滋地利心期千畝稼如雲 〔拔秧〕青蔥刺水滿平川移植西疇更勃然節序驚心芒種迫分秧須及夏初天 〔插秧〕千畦水澤正瀰瀰競插新秧恐後時亞旅同心欣力作月明歸去與嬉遲 〔一耘〕豐苗翼翼出清波蕪穢叢生可若何非種自應芟薙盡莫教稂莠敗嘉禾 〔二耘〕曾為耘苗結隊行更憂宿草去還生隴間饁餉頻來往勞勸田家婦子情 〔三耘〕穲稏盈畦日正長復勤櫛薙下方塘堪憐曝背炎蒸下惟冀青疇發紫芒 〔灌溉〕滕田六月水泉微引溜通渠迅若飛轉盡桔槔筋力瘁斜陽西下未言歸 〔收刈〕滿目黃雲曉露晞腰鐮穫稻喜晴暉兒童處處收遺穗村舍家家荷擔歸 〔登場〕年穀豐穰萬寶成築場納稼積如京廻思望杏瞻蒲日多少辛勤感倍生 〔持穗〕南畝秋來慶早成瞿瞿未釋老農情霜天曉起呼鄰里遍聽村村打稻聲 〔舂碓〕秋林茆屋晚風吹杵臼相依近短籬比舍舂聲如和答家家篝火夜深時 〔簏〕謾言嘉穀可登盤糠秕還憂欲去難粒粒皆從辛苦得農家真作雨珠看 〔簸揚〕作苦三時用力深簸揚偏愛近風林須知白粲流匙滑費盡農夫百種心 〔礱〕經營阡陌苦胼胝艱食由來念阻饑且喜稼成登石廩從茲鼓腹樂雍熙 〔入倉〕倉箱頓滿各欣然補葺牛牢雨雪天時到蓋藏休暇日從前拮据已經年 〔祭神〕京疇舉趾祝年豐喜見盈寧百室同粒我烝民遺澤遠吹豳擊鼓報難窮 〔暢春園觀稻時七月十一日也〕七月紫芒五里香近園遺種祝禎祥炎方塞北皆稱瑞稼積

天工樂歲穰
增唐韋莊稻田綠波春浪滿前陂極目連雲䆉稏肥更
被鷺鷥千點雪破烟來入畫屏飛　宋滕白觀稻稻穗
登塲穀滿車家家雞犬更桑麻漫栽木槿成籬落已得
清陰又得花　週遭圩岸繚山城一眼圩田翠不分行
到秋苗初熟處翠茸錦上織黃雲　范成大插秧種密
移疎綠毯平行間清淺縠紋生誰知細細青青草中有
豐年擊壤聲　東門外觀刈熟潮到靈橋繞船海邊
力穡屢豐年淡青山色深黃稻恰似胥門九月天　陸
游秋晚新築塲如鏡面平家家歡喜賀秋成老來懶惰
慙丁壯美睡中聞打稻聲　夜聞鄰家治稻二頃春蕪

廢不耕半生名宦竟何成歸來每羨鄰家樂月下風傳
打稻聲　稻飯買得烏犍遇歲穰此身永免屬官倉塘
南塘北九千頃八月村村稻飯香　劉詵秧老歌三月
四月江南村村村插秧無朝昏紅妝少婦荷餉出白頭
老人驅犢奔
詩散句　增漢茅山父老歌佳雨灌畦稻陸田亦復周
唐李邕負郭喜秔稻安時歌吉祥　杜甫荆扉臨野碓
半濕擣香秔　雲帆轉遼海粳稻來東吳　白居易稻
飯紅似花調沃新酪漿　元稹年年十月暮珠稻欲垂
新　李賀昌谷五月稻細青滿平水　杜牧罷亞百頃
稻西風吹半黃　宋蘇軾共看山下稻涼葉晚翻翻

郭祥正邏種隨土宜播植穲與秔　陸游穫稻黃雲卷
春秔玉粒新　新蔬經雨綠晚稻得霜紅　白稻雨中
熟黃雞桑下鳴　戴復古稻田秋後雀茅舍午時雞
張伯玉穲稏西成稻逍遙北海尊　元李孝光日氣常
蒸稻天香喜釀花　原唐杜甫東屯稻畦一百頃北有
澗水通青苗　稻米流脂粟米白公私倉廩俱豐實
宋蘇軾翠浪舞翻紅穲稏白雲穿破碧玲瓏　君家稻
田冠西蜀擣玉揚珠三萬斛
敢黃雲穲稏連東皐　原毛滂百里飽看紅穲稏一杯
輕愧黑蜿蜒　何扶良田膴膴無西東穲稏臥畦雲滿
叢　十里稻香新綠野一聲歌斷舊青樓　增陸游宋

論蓴羹與羊酪新秔要勝太倉紅　氷魚可釣羹材足
霜稻方登糴價平　春雨乍晴霜吐葉秋風初冷稻吹
花　築陂處處移新稻乘屋家家補破茆　春秔入甑
香炊玉壓酒鳴槽滴碎珠　萬里秋風菰菜老一川明
月稻花香　泥融無塊水初渾雨細有痕秧正綠　僧
惠洪想見龍城山下路一川秋色稻花風　元李孝光
梅月逢庚江雨歇稻花迎午水風凉　梁庾肩吾青花
出稻苗　原周庾信六月蟬鳴稻　增唐王維鄖國稻
苗秀　杜甫秔稻共比屋　稻穫空雲水　嘗稻雪翻
匙　秔稻熟天風　李頎白甌貯香稉　李嘉祐時雨
稻秔齊　柳宗元霜稻侵山平　韓愈刈稻擔肩頳

張籍野氣稻苗風　孟郊種稻耕白水　浙玉炊香粳
白居易綠科秧早稻　紅粒綠渾稻　鹿米麞牙稻
朱慶餘雨色稻苗深　許渾霜杭野碓春　方干香
粳倩水舂　鄭谷閒憶江稻熟　韋莊稻熟渚禽肥
田深黍稻低　錢珝晚晴貪穫稻　宋梅堯臣滿風生
稻花　王安石黃焦下澤稻　范成大稻穗黃欲臥
陸游雲碓舂秔白　園丁刈霜稻　露下稻花香　金
完顏璹禾短新村墅　元劉因脈脈稻分溝　方夔移
秧趁芒種　李孝光城裏鑑湖稻　原唐杜甫香稻啄
殘鸚鵡粒　增李嘉祐萬畦新稻傍山村　李賀荒畦
九月稻叉芽　李郢小田微雨稻苗香　皮日休處處

路傍千頃稻　殷璠千里稻花應秀色　韋莊稻花香
澤水千畦　南畝秋風白稻肥　秋雨幾家紅稻熟
滿畦秋水稻苗平　杜荀鶴稻苗平入水雲間　宋梅
堯臣霜前稻熟春紅稃　王安石畦稻新春滑欲流
稻畦穮水綠秧齊　蘇軾烏稈霜稍稻藁入香　紅稻白
魚飽兒女　黃庭堅禾舂玉粒送官倉　王炎稻如馬
尾稏薄膝　范成大江頭一尺稻花雨　陸游稻陂雨
細豐年候　壓塍霜稻報豐年　稻壠青秧漫漫平
雨足人畦千頃稻　楊萬里早黃稻穗已長鬚　元馬
祖常江田稻花露始零　李孝光稻盡秋田孕更青
詞增宋曹文龍點絳唇霜落吳江萬畦香稻來場圃夜
村舂處茅屋寒燈雨　玉粒長腰沉水溫溫活相留作
共抄雲子更聽歌聲哶
別錄原田家五行雨水節燒乾鑊以糯稻爆之謂之孛
婁花占稻色自早禾至晚稻皆爆一握各以器列比並
外數斷高下以香白多爲勝卜人口亦如之　種稻甲
子戊辰己巳庚午辛未壬申癸酉甲戌丙子丁丑戊寅
己卯癸未甲申戊子己丑庚寅辛卯甲午庚子辛丑壬
寅甲辰丙午丁未戊申己酉壬子癸丑庚申辛酉壬戌
癸亥成收開日忌平閉丑日　犁田須犁耙三四遍青
草或糞穰灰土厚鋪於內會爛打平方可撒種則肥而
發旺　浸種宜甲戌壬午壬辰成開日早稻清明節前

浸晚稻穀雨前後浸用稻草包裹一斗或二三斗投於
池塘水內缸內亦可晝浸夜收不用長流水難得生芽
若未出用草盦之浸三四日微見白芽如鍼尖大取出
於陰處陰乾密撒田內候八九日秧青放水浸之糯稻
出芽較遲浸八九日如前微見白芽方可種撒時必晴
明則苗易豎亦須看潮候二三日復撒稻草灰於上易
生根　插秧庚午辛未癸酉丙子己卯壬午癸未甲申
甲午己亥庚子癸卯甲辰丙午戊申己酉己未辛酉成
收開日芒種前後插之早稻宜上旬拔秧時輕手拔出
就水洗根去泥約八九十根作一小束却於犁熟水田
內插栽每四五根爲一叢約離六七寸插一叢脚不宜

頻那餘手只插六叢却那一遍再插六叢再那一遍逐
漸插云務要整直〔摥稻〕稻初發時用揚耙子稞行中
墁去稗草易耘摟鬆稻根則易旺〔耘稻〕摥稻後將灰
糞或麻豆餅屑撒田內用水耘去草盡淨近秋放水將
田泥塗光謂之熇稻待土裂車水浸灌之謂之還水穀
成熟方可去水或遇天少雨急鋤一遍弗令開裂俟天
興雲則澆肥糞待雨弗致缺水則稻發不遲〔水稻〕稻
之名不一然非水則無以生種藝之法宜選上流出水
便其性也種稻者皆陂塘以瀦之置閘閥以止之種時
先放水十日後曳碌碡十遍地既熟淨然後下種候苗
生五六寸拔而秧之高七八寸則耘之耘畢放水熇之

欲秀復用水浸之苗既長茂復薅拔以去莨莠農家收
穫尤當及時江南上雨下水收稻必用喬杆亮架乃不
遲失〔旱稻〕宜用下田齊民要術曰凡下田停水處燥
則堅垎濕則汙泥難治而易荒墝埆而殺種春耕者殺
種尤甚故宜五六月暵之以擬大麥如水潦不得種九
月一轉至春種稻萬不失一凡種下田不問秋夏候水
盡地白背時速耕耙勞頻翻令熟二月半種稻為上時
三月為中時四月初及半為下時漬種令開口耬耩掩
種之即再遍勞苗長三寸耙勞而鋤之鋤欲速併緩一
雨輒耙勞苗高尺許則冒雨薅之科大如概者五六月
中霖雨時拔而栽之入七月不復任栽令閬中有古城
種即黃稐也性耐旱高仰處皆宜種謂之旱占其米粒
大而且甘早種早熟六十日即可穫為旱稻佳種北方
水源頗少惟陸地宜濕處種稻其耕鋤薅拔一如前法
〔製用〕〔齊民要術〕治旱稻赤米令飯白法莫問冬夏常以
熱湯浸米一食久然後以手挼之湯冷瀉去即以冷水
淘汰挼去白乃止飯色潔白無異清流之米又聯赤稻
一臼米裏著蒿葉一把白鹽一把白聯之即絕白

佩文齋廣羣芳譜卷第八

佩文齋廣羣芳譜卷第九

穀譜

黍

原黍氾勝之書云黍者暑也待暑而生暑後乃成也說文云黍可爲酒從禾入水爲意六書精蘊云禾下從氽象細粒散垂之形古今注云禾之黏者爲黍一名秬爾雅云秬黑黍一名秠爾雅云秠一稃二米注云此亦黑黍但中米異耳有黃白黎三色米皆黃比粟微大北人呼爲黃米屬火南方之穀性溫益氣補中久食令人多熱小兒忌食他如牛黍燕頷馬革驢皮稻尾大黑黍秀成赤黍皆黍之異名也 增廣志有濕屯黃黍有田黍軀云鶩鴿之名 齊民要術今俗有鸞字黍半夏黍 博雅黍穰謂之楸 原苗穗與稷同宜肥地多收

刈後乘濕即打則稃易脫遲則稃著粒上難脫

彙考 原詩王風彼黍離離 曹風芃芃黍苗陰雨膏之 小雅我黍與與 大雅誕降嘉種維秬維秠恒之秬秠是穫是畝 周頌豐年多黍多稌 增詩小序華黍時和歲豐宜黍稷也 禮記曲禮黍曰薌合疏黍曰薌合者夫穀秫者曰黍秫既軟而相合氣息又香故曰薌合也 原王制秋薦黍 月令仲夏之月農乃登黍天子乃以雛嘗黍羞以含桃先薦寢廟注必以黍者黍火穀氣之主也 增周禮天官羊宜黍疏羊宜黍者羊味甘熱黍味苦溫甘苦相成故云羊宜黍 左傳其藏之也黑牡秬黍以享司寒 國語黍而不黍不能蕃廡

原史記封禪書管仲說威公曰古之封禪鄗上之黍北里之禾所以爲盛 增漢書律歷志度者分寸尺丈引也所以度長短也本起黃鍾之長以子穀秬黍中者一黍之廣度之九十分黃鍾之長注師古曰子穀猶言穀子秬即黑黍中者不大不小也言取黑黍穀子大小中者率爲分寸也 原宋書符瑞志黃帝時南夷乘白鹿來獻秬鬯 增隋書隱逸傳李士謙字子約趙郡平棘人也李氏宗黨豪盛每至春秋二社必高會極歡無不沉醉喧亂嘗集士謙所盛饌盈前而先爲設黍謂羣從曰孔子稱黍五穀之長荀卿亦云食先黍稷古人所尚容可違乎少長肅然不敢弛惰退而相謂曰既見君

子方覺吾徒之不德也 唐書王績傳績有奴婢數人種黍春秋釀酒養鳧雁蒔藥草自供 山海經廣都之野后稷葬焉爰有膏黍膏稷注言味好滑如膏 驩頭之國維宜芑苣穋楊是食注芑黑黍今字從禾 原家語孔子侍坐於魯哀公設桃具黍公曰以黍雪桃也孔子對曰夫黍五穀之長也祭先王以爲上盛果有六而桃爲下祭先王不得入於廟丘聞之也君子以賤雪貴不聞以貴雪賤今以五穀之長雪瓜蓏之下是侵上忽下也 增列子鄒衍在燕有谷地美而寒不生五穀鄒子吹律而溫氣至今傳名曰黍谷 原韓子吳起欲攻秦小亭置一石赤黍於東門外令人能徙於西門外者

賜之上田宅人爭徙之乃下令曰明日攻秦能先登者與之大夫賜之上田宅於是攻之一朝而拔　[增]〔韓子〕韓昭侯之時黍種嘗貴甚有昭侯令人覆廩廩吏果竊黍種而糶之　〔淮南子〕渭水多力而宜黍　〔焦氏易林〕中田高黍以享王母受福千億所求大得　下田種黍芳華嘗崗大雨林集紛縈滿塞　〔春秋佐助期〕黍神名㑥佞姓蘭䣓　〔春秋說題辭〕精移火轉生黍夏出秋收黍者縮也故其立字禾入米為黍酒以扶老　〔東觀漢紀〕承宮字少子瑯琊人嘗將妻子入華蓋蒙陰山谷耕種禾黍臨熟人就認之宮便推與而去由是發名　〔古今注〕和帝元興元年黑黍穗一禾二實或三四實生任

城得粟二斛八斗以薦宗廟　〔博物志〕黑墳宜麥黍〔紀年書〕惠成王八年雨黍　〔文中子〕蓺黍登場歲不過數石以供祭祀賓客之酒也　〔談藪〕王元景大醉楊遵彥曰何大低昂元景曰黍熟頭低麥熟頭昂黍麥俱有所以低昂　〔農桑通訣〕秬鬯一卣此言黍之為酒尚矣今有赤黍米黃而黏可蒸食白黍釀酒亞於糯秫又北地遠處惟黍可生其莖穗低小可以釀酒又可作饘粥黏滑而甘凡祭祀以為上盛貴其色味之美也　[原]成化元年天雨黑黍於襄陽

[集藻]賦[增]晉滸令孤黍賦余慎終屋之南榮有孤黍生焉因泥之濕潦土之潤宿昔芽蘖滋茂甚速壑燥根淺忽然萎隕深感此黍不𨍭種以待時貪榮棄本寄身非所自取凋枯不亦宜乎

文賦散句[原]〔漢張協七命〕大梁之黍瓊山之禾唐稷播其根農帝嘗其華　[增]〔劉楨魯都賦〕禾黍油油秔族垂芒殘穗滿握一穎盈箱　〔魏王粲登樓賦〕華實蔽野禾黍盈疇

四言古詩[原]〔晉束皙華黍〕黮黮重雲習習和風黍華陵巔麥秀丘中靡田不播九穀斯豐　奕奕玄霄濛濛甘霤黍發稠華亦挺其秀靡田不植九穀斯茂　無高不播無下不植芒芒其稼參參其穡稸我王委克我民食玉燭陽明顯猷翼翼

詩散句[增]〔唐李白〕東皋春事起種黍早歸田　〔杜甫〕耕田秋雨足禾黍已映道　頗知禾黍收已覺糟床注　[原]〔耿湋〕古道無人行秋風動禾黍　〔宋蘇軾〕今年秋應熟過從飽雞黍　〔金趙元〕還思釀新黍甕面拍秋江〔唐曹鄴〕黑黍春來釀酒飲青禾刈了驅牛載　[增]〔韋應物〕禾黍積東菑　〔宋邵雍〕黃黍秋正熟　〔陸游〕種黍蹋麴蘖　〔唐白居易〕陶令有田惟種黍　〔韋莊〕主人饋餉炊紅黍　〔宋王安石〕迎山沒雲皆種黍　〔陸游〕黍酒新成壓小槽

[別錄][增]齊民要術凡黍穄田新開荒為上大豆底為次穀底為下地必欲熟再轉乃佳若春夏耕者下種後再勞為良一畝用子四

升三月上旬種者爲上時四月上旬爲中時五月上旬爲下時夏種黍穄與植穀同時非夏者大率以椹赤爲候（諺曰椹釐釐種黍時）燥濕候黃墒種訖不曳撻常記十月十一月十二月凍樹日種之萬不失一（凍樹者凝霜封著木條也假令月三日凍樹還以月三日種黍他皆倣此十月凍樹宜早黍十一月凍樹宜中黍十二月凍樹宜晚黍若從十月至正月皆凍樹者早晚黍悉宜也）苗生壠平即宜杷勞鋤三遍乃止鋒而不耩（苗晚耩即多折也）刈穄欲早刈黍欲晚（穄晚多零落黍早米不成）皆即濕踐之穄踐訖即蒸而裛之（不蒸者難舂米碎蒸則易舂米堅香氣經夏不歇）黍宜曬之令燥（濕聚則鬱）凡黍黏者收薄穄味美者亦收薄難舂

雜陰陽書曰黍生於榆六十日秀秀後四十日成黍生於巳壯於酉長於戌老於亥死於丑惡於丙午忌於丑寅卯穄忌於未寅　孝經援神契云黑墳宜黍麥　尚書考靈曜云夏火星昏中可以種黍菽　氾勝之書曰種黍必待暑先夏至二十日此時有雨彊土可種黍一畝三升黍心未生雨灌其心心傷無實黍心初生畏露令人對持長索櫟去其露日出乃止凡種黍覆土鋤治皆如禾法欲疎於禾按疎黍雖科而米黃又多減及空令概雖不科而米白且均熟不減更勝疎者氾氏云欲疎於禾其義未聞　崔氏曰四月蠶入簇時雨降可種黍禾夏至先後各二日可種黍雖食李者黍貴也

[原]製用　三月一日取黍麪和菜作羹能避時氣　黍米性黏可釀酒可作餳可蒸食爲糕糜　五月五日俗以菰葉裹

成糉名角黍祭三閭大夫遺製也　合葵菜食成痼疾　合牛肉白酒食生寸白蟲　穰及根煑汁解苦瓠毒浴去浮腫　醉臥黍穰令人生厲落眉髮

稷

[原]稷一名穄（六書故云稷穄同聲實一字也本草云稷從畟畟進力治稼也種稷者必畟畟進力也南人承北音呼稷爲穄謂可供祭也）一名粢（爾雅云粢稷也疏云粢者稷也）關西謂之虋（音靡見唐本草）冀北謂之縻（音牽上聲廣雅云縻穄也）苗似蘆莖高三四尺有毛結子成枝而疎散外有薄殼粒如粟而光滑色紅黃米似粟米而稍大色黃鮮麥後先諸米熟炊飯疎爽香美故以供祭食之益氣安中宜脾利胃涼血解暑壓丹石毒屬土脾之穀也脾病宜食多食發冷病

[增]本草稷與黍一類二種也黏者爲黍不黏者爲稷稷可作飯黍可釀酒猶稻之有粳與糯也其色有赤白黃黑數種黑者禾稍高俗通呼爲黍子不復呼爲稷矣北邊地寒種之有補河西出者顆粒尤硬　廣志穄有赤白黑青黃鷰鴿凡五種破減稷過麥稷此二者以四月熟　齊民要術按今俗有驢皮穄　博雅稷穰謂之穖

[彙考][原]詩王風彼稷之苗　小雅我稷翼翼　[增]禮記曲禮稷曰明粢疏稷曰明粢者稷粟也明白也言此祭祀明白粢也　月令孟秋之月農乃登穀註穀謂稷也　周禮天官豕宜稷疏豕宜稷者豭豬味酸牝豬味苦稷米味甘甘苦相成故曰豕宜稷　隋書天文志稷五

星稷農正也取乎百穀之長以爲號也　〔穆天子傳〕天子西征至于赤烏之人獻穄麥百載　天子北征入于曹奴之人獻穄米百車　天子西征至于鄄韓氏爰有樂野溫和穄麥之所草　天子東南翔行馳驅千里至於巨蒐之人𥝩奴獻枎麥千車穄稷三十車　〔原〕〔呂氏春秋〕飯之美者有陽山之穄　〔原〕〔風俗通〕米之神爲稷故以癸未日祠稷於西南水勝火爲金相也　〔孝經說〕稷者五穀之長五穀衆多不可徧祭故立稷而祭之　〔尚書考靈曜〕春鳥昏星中以種稷秋虛星昏中以收斂　〔白虎通〕稷者得陰陽中和之氣而用尤多故爲長也　〔獨斷〕稷神蓋厲山氏之子柱也柱能植百穀帝顓頊

之世舉以爲田正天下賴其功周棄亦播植百穀以稷五穀之長也因以稷名其神也　〔齊民要術〕穀者總名非止爲粟也然今人專以稷爲穀俗名之耳　〔爾雅翼〕稷者五穀之長以其中央之穀月令中央土食稷與牛五行土爲尊故五穀稷爲長　〔兼明書〕或問曰稷既百穀之神不言穀而云稷者何也荅曰稷屬土而爲諸穀之長故月令謂之首種首種者種最在前也諸穀不可徧舉故舉其長而爲言之以等之也若直以穀言則爲人所褻慢也

〔別錄〕〔增〕〔兩鈔摘腴〕毛詩傳注先集維霰曰霰稷雪也或謂之米雪謂其粒若稷米然　〔本草衍義〕穄米其香可愛故取以供祭祀然發故疾只堪作飯不黏其味淡

〔原〕稷三月種耘四遍七月熟四五月亦可種但收少遲耳刈稷欲早八九月熟便刈少遲遇風即落　忌與瓠子附子同食

蜀黍

〔原〕蜀黍一名蜀秫（種自蜀來故以蜀爲名農政全書云其黏者近秫故借名爲秫）一名蘆穄一名蘆粟一名高粱（形類黍稷而高大如蘆荻故有諸名）一名木稷一名荻粱（廣雅云荻粱木稷也）種宜卑下地春月早種得子多秋收莖高丈餘狀似蘆荻而內實葉亦似蘆穗大如帚粒大如椒紅黑色米性堅實黃赤色熟時先刈其穗稭成束攢而立之方得乾米有二種黏者可和糯秫釀酒

作餌不黏者可作糕煮粥可濟飢亦可養畜莖可織箔編席夾籬供爨梢可作帚穀浸水色紅可以紅酒有利於民者最博性溫澀溫中澀腸胃止泄瀉

〔彙考〕〔增〕〔博物志〕三年種蜀黍其後七年多蛇

〔別錄〕〔增〕〔農政全書〕玄扈先生曰蜀秫在北方地不宜麥禾者乃種此尤宜下地立秋後五日雖水潦至一丈深不能壞之立秋前水至即壞故北土築堤二三尺以禦暴水

（附錄）玉蜀黍（原作御麥附麥後按御麥乃別名實蜀黍類也今移入此）

〔原〕玉蜀黍一名玉高粱一名戎菽一名御麥（以其曾經進御故名）（御麥出西番舊名番麥按農政全書又作玉米玄扈先生曰玉米或稱玉麥或稱玉蜀秫從他方得種其曰米

麥秫皆借名之幹葉類蜀黍而肥矮亦似薏苡苗高三四尺六七月開花成穗如秕麥狀苗心別出一苞如椶魚形苞上出鬚如紅絨垂垂久則苞拆子出顆顆攢簇子粒如芡實大而瑩白花開於頂實結於節

粟

【原】粟古作㮚象穗在禾上之形說文云粟之爲言續也續於穀也粱屬也蓋粱之細者本草云穗大而毛長粒麤者爲粱穗小而毛短粒細者爲粟北方直名之曰穀脫殼則謂之小米【增】〔本草〕粟一名籼粟古以粟爲黍稷粱秫之總稱而今之粟在古但呼爲粱後人乃專以粱之細者名粟大抵黏者爲秫不黏者爲粟故呼此爲籼粟以別秫而配籼【原】稈高三四尺似蜀秫稈中空有節細而

矮葉似蘆小而有毛穗似蒲有毛顆粒成簇性鹹淡養脾胃補虛損益丹田利小便解熱毒陳者尤良北人日用不可缺者諺云穀三千一穗之實至三千顆言多也其名或因姓氏地里或因形似時令早則有趕麥黃百日糧六十日還倉之類中則有八月黃老軍頭之類晚則有鴈頭青寒露粟鐵鞭頭之類又有粱穀滑穀白穀白穀黃米黃穀白米之類【增】〔廣志〕有赤粟白莖有黑格雀粟有張公斑有含黃有蒼背稷有雪白粟亦名白粟又有白藍下竹頭青白逯麥擢石精狗蹯之名種云〔齊民要術〕朱穀高居黃劉猪獬道慜黃聒穀黃雀懊黃續命黃百日糧有起婦黃辱稻糧奴子場音加支穀

焦金黃鶴鴿合履今一名麥爭場此十四種早熟耐旱免蟲聒穀黃辱稻糧二種味美今墮車下馬看白鵞羣懸蛇赤尾龍虎黃雀民泰馬洩韁劉猪赤李谷黃河摩糧東海黃石駵歲青莖青黑好黃陌南木䅩䅘黃宋黃癡指張黃兎䏶青惠日黃寫風赤一睍黃山鹺頓黨黃此二十四種穗皆有毛耐風免雀暴寶珠黃俗得白張鄰黃白鹺穀鉤於黃張蟻白耿虎黃都奴赤茄蘆黃薫猪赤巍爽黃白莖青竹根黃調母粱磊碨黃劉沙白增延黃赤粱穀靈忽黃獺尾青續得黃得客青孫延黃猪矢青烟熏黃樂婢青平壽黃鹿橛白鹺折作黃𥡴穆阿居黃赤巴粱鹿蹄黃餓狗倉可憐黃米谷鹿橛青阿返

此三十八種中蟲大穀白鹺穀調母粱二種味美擇谷青阿居黃猪矢青有二種味惡黃𥡴穆樂婢青二種易春石柳閔竹葉青一名胡谷水黑穀忽泥青衝天棒雉子青鴟腳穀鴈頭青欖堆黃青子規此十種晚熟耐蟲災則盡矣

【彙考】【原】〔左傳〕襄公二十九年鄭子展卒子皮即位於是鄭饑而未及麥民病子皮以子展之命餼國人粟戶一鍾〔晉書孝友傳〕劉殷夢人曰西籬下有粟寤而掘之果得粟十五鍾銘曰七年粟賜孝子劉殷〔宋書符瑞志〕文帝元嘉二十二年醴湖屯生瑞粟一莖九穗【增】〔宋史食貨志〕初農時太宗嘗令取畿內青苗觀之聽政

之次出示近臣是歲畿內拔粟苗皆長數尺帝顧謂左右曰朕每念耕稼之勤苟非兵食所資固當盡復其租稅

〔管子〕桓公觀於野曰何物可比君子之德隰朋曰粟可比君子之德管仲曰苗始出生也眴眴乎似孺子安之則安不得則危命之曰禾可比君子桓公曰善

原〔韓非子〕鄒穆公有令食鳧雁者必以秕無敢以粟鳧雁無食而以一石粟易一石秕其費甚矣請以粟食之公曰非爾所知也夫百姓飽牛而耕曝背而耘勤而不敢惰者豈爲鳥獸食哉粟米人之上食也奈何以養鳥汝知小計而不知大害矣 〔淮南子〕昔者倉頡作書而天雨粟 增 風俗通燕太子丹仰天歎天爲雨粟 〔焦

氏易林〕新田宜粟上農得穀君子懷德以千百福 〔春秋說題辭〕粟助陽扶性粟之爲言續也粟五變一變而以陽生爲苗二變而秀爲禾三變而粲然謂之粟四變入曰米出甲五變而蒸飯可食陽以一立爲法故粟積大一分穗長一尺文以七列精以五六立故其字爲粟西者金所立米者陽精故西字合米而爲粟 〔博物志〕雁食粟則翼重不能飛 古今注武帝建元四年天雨粟 宣帝地節三年長安雨黑粟 元帝竟寧元年山都縣雨粟色青黑味苦大者如小豆小者如麻子 〔拾遺記〕槃浪之東有背明之國宜種百穀有搖枝粟其枝長而弱無風常搖食之益髓有鳳冠粟似鳳鳥之冠食者多力有游龍粟葉屈曲似游龍也有瓊膏粟白如銀食此二粟令人骨輕 員嶠山一名環丘上有方湖周迴千里多大鵲高一丈銜不周之粟粟穗高三丈粒皎如玉鵲銜粟飛於中國故世俗間往往有之其粟食之歷月不饑故呂氏春秋云粟之美者有不周之粟焉

〔述異記〕宋文帝即位而江表二千餘里野粟生焉 原 唐紀宣宗大中二年福建進瑞粟十五莖莖五六穗

增 全唐詩話李紳初以古風求知於呂溫溫見齊煦誦憫農詩曰春種一粒粟秋收萬顆子四海無閑田農夫猶餓死鋤禾日當午汗滴禾下土誰知盤中飧粒粒皆辛苦曰此人必爲卿相果如其言 〔泉州志〕紫帽山有

金粟洞宋李邴云唐時泉人客洛陽邂逅一羽衣寄書紫帽隱者旣歸授書遺以粟米半升還家視之金粟也宋寧宗御書金粟之洞四字刻於石

集藻 七言律詩 增 〔宋朱子〕次秀野種粟韻 阿香一笑走豐隆雨徧平疇萬頃中舊喜樊遲知學圃今看許子快論功遙憐鬱鬱翻秋隴預想垂垂弄晚風珍重詩翁且强健東阡南陌興無窮

詩散句 增 唐李白雖有數斗玉不如一盤粟 〔韓愈〕囷倉粟滿未有日夕憂 〔杜甫〕瘦地翻宜粟 〔方干〕春粟引高泉 〔宋陸游〕雲嶼鋤畬粟 〔唐杜甫〕鳥雀苦肥秋粟菽

粱 按粱與粟一類二種舊譜於粟部內獨載青粱一種者非今從本草增入又按爾雅翼赤苗註云今之赤粱粟芑白苗註云今之白粱粟虋同糜詩大雅維糜維芑傳用爾雅疏亦引郭註以解之自蘇頌圖經本草列於黍部李時珍本草綱目因之而遂并郭註爲非誤矣

【增】本草 粱 粱者良也穀之良者也 即粟也 周禮九穀六穀之名有粱無粟 自漢以後始以大而毛長者爲粱細而毛短者爲粟今則通呼爲粟而粱之名反隱矣今世俗稱粟中之大穗長芒麤粒而有紅毛白毛黃毛之品者即粱也蘇恭曰黃粱出蜀漢商浙間穗大毛長穀米俱麤于白粱而收子少不耐水旱食之香美勝于諸粱人號竹根黃 白粱 大穗多毛且長而穀麤扁長不似粟圓也米亦白而大食之香美亞于黃粱 青粱 穀穗有毛而粒青米亦微青而細于黃白粱粒似青稞而少麤早熟而收薄夏月食之極爲清凉但味短色惡不如黃白粱北人少種之作傷餳清白勝于餘米 廣志有具粱解粱有遼東赤粱魏武帝常

以作粥

【彙考】【增】禮記曲禮 粱曰薌萁 疏 粱曰薌萁者粱謂白粱黃粱也萁語助也 周禮天官 犬宜粱 疏 犬宜粱者犬味酸而溫粱米味甘而微寒氣味相成故云犬宜粱

【集藻】五言律詩 【原】唐杜甫佐還山後寄 一首 白露黃粱熟分張素有期已應春得細頗覺寄來遲味豈同金菊香宜配綠葵老人他日愛正想滑流匙

詩散句 【增】唐杜甫 新炊間黃粱

【別錄】【原】種穀地欲肥耕欲細欲深秋耕更佳種欲成實不秕用臘雪水浸過耐旱辟蟲時欲仲春得雨爲妙小雨欲接濕大雨須俟少乾先耙後種種後㩝以石砘砘令土堅則苗出旺相如遇天旱苗出亦仍砘春種欲深夏種欲淺早禾晚禾欲兼種防歲有所宜一云閏月年宜晚田然大率宜早早田收多於晚早田淨而易治晚者蕪穢難治且早穀米實而多晚穀皮厚米少而虛行欲稀諺云稀穀大穗來年好麥 鋤穀 鋤以三遍四遍爲度第一遍曰撮苗留苗欲密第二遍曰定科留其壯者去其密者弱者第三遍曰擁本鋤欲深擁其土以護根則耐旱第四遍曰復壟俗名添米五穀惟小鋤爲良苗出壟則深鋤鋤不厭數周而復始勿以無草而息功鋤者非止去草茬地熟而實多糠薄而米美鋤得十遍可得八米春鋤起地夏鋤除草春鋤不用觸濕六月以

後雖濕亦無嫌 刈穀 食貨志云力耕數耘收穫如盜賊之至故熟速刈乾速積刈早則傷鎌刈晚則折穗遇風則收減濕積則藁爛積晚則粒耗連雨則生耳所以收穫不可緩也收穫者農事之終務本者可怠焉而自棄其前功乎 積穀 周禮地官曰舍人掌粟入之藏註曰九穀俱藏以粟爲主神農之教曰有石城十仞湯池百步帶甲百萬而無粟弗能守也北方水土深厚窖地而藏可數十年不壞

秫 按秫與粟同類異種原譜言粟而不及秫今從本草增入

【增】爾雅 粟 音述 秫 注 謂黏粟也 疏 與穀相似其莖稈似禾而麤大者是也 本草 秫一名糯秫一名糯粟一名黃

糯秫字篆文象其禾體柔弱之形俗呼糯粟北人呼爲黄糯亦曰黄米釀酒劣於糯也蘇恭曰凡黍稷粟秫粳糯三穀皆有秈糯也李時珍曰秫即粱米粟米之黏者有赤白黄三色皆可釀酒圖經謂秫爲黍之黏者說文謂秫爲稷之黏者古今注謂秫爲稻之黏者皆誤也惟蘇恭以粟秫分秈糯孫炎注爾雅謂秫爲黏粟者得之〔廣志〕有胡秫早熟及麥〔齊民要術〕按今世有黄粱穀秫桑根秫檯天棓秫也

【彙考】【增】晉書孔羣傳羣性嗜酒嘗與親友書云今年田得七百石秫米不足了麴蘖事〔燕翼貽謀錄〕宋种放有別墅在終南山聚徒講學性嗜酒種秫自釀林泉之景頗爲幽勝眞宗聞之欲幸其家而不果咸平六年遣使書圖以進〔澄懷錄〕种明逸嗜酒嘗種秫自釀曰空山淸寂聊以養和自號雲豁醉侯〔聞奇錄〕徐庭實巡官說乾符中武義縣有人入山掘地二尺忽陷丈餘深數尺藏粳秫百斛莫知其由將釀酒其味濃厚

詩散句【增】晉陶潛春秫作美酒酒熟吾自斟〔宋陸游〕供秫借留客〔元方夔〕種秫田多早帶秋

附錄　䅟子

【原】䅟子一名龍爪粟一名鴨爪稗本草云䅟乃不黏之稱亦不實之貌龍爪鴨爪象其形也北地荒坡處種之苗葉似穀至頂抽莖有三棱開細花簇簇結穗如粟穗而分數岐如鷹爪之狀內有細子如黍粒而細赬色味澀稃甚薄磨米煮粥炊飯磨麪蒸食皆宜可救荒

附錄　稊稗

【增】爾雅稊英〔注〕稊似稗布地生穢草〔疏〕似稗之穢草也〔爾雅翼〕稊與稗二物也皆有米而細小〔本草〕稗乃禾之卑賤者也故字從卑陳藏器曰有二種一黄白色一紫黑色紫黑者似芑有毛北人呼爲烏禾【原】稗野生苗葉似䅟子色深綠根下葉帶紫色梢頭出扁穗結子如黍粒茶褐色味微苦用與䅟子同食之益氣宜脾故曹植有芳菰精稗之稱苗根治金瘡及損傷血出不已搗敷即止甚驗每一斗得米三升稊苗似稗而穗如粟有紫毛即烏禾也可救荒又可殺蟲煮以沃地螻蚓

皆死

【彙考】【增】孟子五穀者種之美者也苟爲不熟不如荑稗〔莊子〕道在稊稗【原】〔淮南子〕離先稻熟而農夫薅之不以小利傷大穫也注離與稻相似【增】〔江表傳〕吳五鳳元年交阯稗草化爲稻〔三峽考〕峽內隙地沙土宜黍稷菽麥獨不宜杭秫耳又一種自滇中來者曰雲南稗一曰雁爪稗以形似名亦播種畦植與五穀爭價東南所無也

【集藻】七言古詩【增】〔元方回〕種稗歎　農田插秧秧綠時稻中有稗農未知稻苗欲秀稗先出拔稗飼牛惟恐遲今年淛西田沒水却向淛東糴稗子一斗稗子價幾何已

值去年三斗米天災使然贗勝眞焉得世間無稗人

別錄 增 氾勝之書稗既堪水旱種無不熟之時又特滋茂良田畝得二三十斛魏武使典農種之頃收二千斛斛得米三四斗釀酒甚美醶炊食不減粱米可備荒稗稗一畝則當稻稈一畝宜擇其秸長而粒大種之倘遇水旱便可多種亦救荒之一助

附錄 稂

增 爾雅 稂童粱 注 稂莠類也 疏 今人謂之宿田翁或謂之守田也 說文 稂禾秀之穗生而不成者謂之董蓈 爾雅翼 稂惡草與禾相雜 本草 一名狼尾草 爾雅云孟狼尾註云似茅可以覆屋本草拾遺謂即此物按爾雅氾釋稂曰童粱粟為一物不當重出也姑存之以備考

陳藏器曰生澤地似茅作穗廣志云子可作黍食李時珍曰莖葉穗粒並如粟而穗色紫黃有毛荒年亦可采食

彙考 增 詩曹風 冽彼下泉浸彼苞稂 小雅 不稂不莠 韓詩外傳 馬不過稂莠

附錄 蒚草

增 爾雅 皇守田 注 似燕麥子如雕胡米可食生廢田中一名守氣 爾雅翼 蒚米可為飯生水田中苗子似小麥而小四月熟久食不饑爾雅所謂皇守田也

附錄 蒯草

增 爾雅翼 蒯草子堪食如秔米

附錄 東廧

增 廣志 東廧色青黑粒如葵子似蓬草色青黑十一月熟出幽凉并烏丸地 魏書 烏丸地宜東廧似穄可作白酒 本草 東廧生河西河西人語云貸我東廧償爾田粱

附錄 粱禾

增 本草 李時珍曰廣志云粱禾蔓生其子如葵子其米粉白如麪可作饘粥六月種九月收牛食之尤肥此亦一穀似東廧者也

附錄 蒒草

增 本草 蒒草一名自然穀一名禹餘糧言禹治水棄其

餘糧化而為此詳見後博物志箋疏曰蒒實如毯子八月收之海上民常食中國未常見也李時珍曰方孝孺有海米行亦蒒草之類也

彙考 增 博物志 扶海洲上有草名曰蒒其實如大麥從七月熟民斂穫至冬乃訖名曰自然穀或曰禹餘糧

集藻 七言古詩 增 明方孝孺海米行 海邊有草名海米大非蓬蒿小非薺婦女擔簦晝作羣采摘聊於海中洗歸來滌釜燒松枝煑米為飯充朝饑莫辭苦澁咽不下性命聊假須臾時

附錄 感禾

增 齊民要術 感禾扶疎生實似大麥

附錄　揚禾

【增】《齊民要術》揚禾似藋，粒細，左折右炊，停則牙生。

附錄　火禾

【增】《齊民要術》火禾高丈餘，子如小豆，出粟特國。

附錄　木禾

【增】《山海經》崑崙墟上有木禾，長五尋，大五圍。

【彙考】【增】《穆天子傳》天子東征，至於重䍃氏黑水之阿，爰有野麥，爰有荅堇，西膜之所謂木禾，重䍃氏之所食。

嘉禾　按詩注，黍稷稻粱皆名為禾，麻與菽麥則無禾稱。傳稱嘉禾，皆統言之，故另列於諸穀之後。

【原】《瑞應圖》嘉禾，五穀之長，盛德之精也。文者異本而同秀，質者同本而異秀，此夏殷時嘉禾也。《晉徵祥說》王者盛德則嘉禾生。嘉禾者，仁卉也，其大盈箱，一稃二米。

【增】《孝經援神契》德下至地則嘉禾生。《春秋運斗樞》璇星明則嘉禾液。《春秋感應符》日下淪於地則嘉禾興。《春秋說題辭》天文以七，列星以五，故嘉禾之滋莖長五尺，五七三十五，神盛故連莖三十五穗，以成盛德，禾之極也。

【彙考】【原】《書大傳》成王時有苗異莖而生，同為一穗，人有上之者，王召周公而問之，公曰：三苗為一穗，抑天下其合為一乎。【增】《史記·魯周公世家》唐叔得禾，異畝同穎，獻之成王，成王命唐叔以餽周公於東土，作餽禾。周公既受命禾，嘉天子命，作嘉禾。《前漢書·宣帝紀》神爵元年詔曰：嘉穀玄稷降於郡國。《郊祀志》王莽使中郎平憲誘羌還，云天下太平，一禾長丈餘，或乞內屬。《後漢書·鄭玄傳》玄年十六，號神童，民有獻嘉禾者，欲表府，文辭鄙略，玄為改作，又著頌一篇，侯相高其才而修冠禮焉。《南蠻傳》順桓之世，板楯數反，太守蜀郡趙溫恩信降服，於是宕渠出九穗之禾。《吳志·孫權傳》黃龍三年，由拳野稻自生，改為禾興縣。南始平言嘉禾生，改明年嘉禾元年。赤烏七年秋，宛陵言嘉禾生。《宋書·符瑞志》漢安帝延光二年六月，嘉禾生九真，百十六本，七百六十八穗。宋文帝元嘉十一年八月，嘉禾一莖九

穗，生北汝陰。二十二年六月，嘉禾生籍田，一莖九穗。嘉禾生華林園，百六十穗。二十四年七月，嘉禾旅生華林園及景陽山，江夏王義恭獻嘉禾甘露頌，中領軍吉陽縣侯沈演之上嘉禾頌。二十五年六月，嘉禾生華林園，十株七百穗。孝武帝大明元年五月，嘉禾一株五莖，生清暑殿鴟尾中。嘉禾生青州，異根同穗。《南齊書·祥瑞志》永明元年正月，新蔡郡獲嘉禾一莖五穗。八月，新蔡縣獲嘉禾二莖，九穗一莖，七穗二年八月，梁郡睢陽縣界野田中獲嘉禾一莖二十三穗。《魏書·許謙傳》謙子洛陽為雁門太守，家田三生嘉禾，皆異壠合穎，太祖善之，進爵北地公，加鎮南將軍。《隋

書循吏傳梁彥光爲岐州刺史甚有惠政嘉禾連理出於州境開皇二年上幸岐州悅其能賜粟五百斛物三百段御傘一枚 〈南史梁宗室傳〉始興忠武王憺子暎爲吳興太守郡界不稔中大通三年野穀生武康凡二十二處自此豐穰暎製嘉穀頌以聞 〈舊唐書五行志〉元和七年十一月龍州武安川會田中嘉禾生有麟食之復生麟之來一鹿引之羣鹿隨之光華不可正視使畫工圖麟及嘉禾來獻 〈新唐書代宗本紀〉乾元元年四月立爲皇太子初太子生之歲豫州獻嘉禾於是以爲祥乃更名豫 〈宋史理宗本紀〉景定元年建陽縣嘉禾生一本十五穗詔改建陽爲嘉禾縣 〈遼史道宗本

紀〉太康三年九月王用貢嘉禾 〈金史世宗本紀〉大定二十四年正月辛卯真定進嘉禾二本六莖異畝同穎 〈五行志〉宣宗興定元年七月癸卯大社壇產嘉禾一莖十五穗 十月丹州進嘉禾異畝同穎 熙宗皇統四年正月乙丑陝西進嘉禾十二莖一本七穎 〈山海經〉崑崙墟有禾木長五尋 〈穆天子傳〉曰山是唯天下之良山也寶玉之所在嘉穀生之草木碩美天子於是取嘉禾以歸樹於中國 〈瑞應圖〉堯時后稷播植天降秬秠故詩曰天降嘉種惟秬惟秠 〈東觀漢記〉光武以建平元年生於濟陽縣是歲有嘉禾生一莖九穗大於凡禾縣界大熟因名上曰秀 原 〈古今注〉漢魯恭拜中

牟令嘉禾生恭庭中 增 〈會稽典錄〉謝承遷吳郡督郵歲穰嘉禾六穗生於部廨 〈拾遺記〉炎帝始教民耒耜躬勤畎畝之事時有丹雀銜九穗禾其墜地者帝乃拾之以植於田食者老而不死 周成王五年有因祇之國丈夫勤於耕稼一日鋤十頃之地貢嘉禾一莖盈車故時俗四言詩曰力勤十頃能致嘉穎 燕昭王時有白鸞孤翔銜千莖穟穟於空中自生花實落地則生根葉一歲百穫一莖滿車故曰盈車嘉穟 崑崙山者西方曰須彌山上有九層第三層有禾穟一株滿車 〈續搜神記〉廬陵巴丘人文晃者世以田作爲業秋收已過穫刈都畢明旦至田禾復湛然如先即便穫所獲盈倉

而巨富 〈大業拾遺錄〉七年九月太原郡有獻禾一本三穗長八尺穗長三尺五寸大尺圍芒穗皆紫色鮮明自禾以上三尺餘亦紫色有老人年八十餘以素木匣盛之賜物三十段 〈西域記〉天竺國禾之長者沒槖駝 〈酉陽雜俎〉婚禮納采有合驩嘉禾嘉禾分福也 原 〈唐紀〉代宗永泰元年秋京兆府上言鄠縣嘉禾生穗長一尺餘穗上粒重疊如連珠 郭子儀上言寧朔縣界荒地十五里有黑禾偶生徧地揩盡經宿復生其禾圓實味甘美 增 〈湧幢小品〉正德六年如皋縣嘉禾一本有至百莖者其一本二十莖者尤多 原 〈平陽縣志〉萬曆辛卯縣民有田六畝同時插秧中三畝勃然奮發五

日即結穀收成縣以爲嘉穀先登豐年大瑞【增】揭陽
縣志嘉靖十年龍溪士人莊守德田稻一莖五穗以爲
嘉禾獻於府知府丘其仁藏諸庫
【集藻】表【增】唐張說爲留守奏嘉禾表臣聞天聽自人神
和在德代非乏瑞罕遇開泰之期福不虛徵必俟休明
之主伏惟皇帝陛下仁覆萬寓孝理四海政每先於帝
籍役不紊於農時嘉氣横游祥風紛灑騰文煒色九光
連合於貞明逸藹殊倫百寶駢滋於動植臣今月日奉
進旨告墾鳳臺慶山醴泉之瑞其日於山陵東栢城内
得嘉禾一本臣初見衆苗亘壟香穎垂秋嘉玩繁滋欲
觀成粒左右無識折以呈臣異其緑葉綏舒葱芒璧秀

熟觀奇狀乃知嘉祥下則異畝合莖上又同連雙穗昔
雍熙之代政理之君雖導出應時而生不擇地未有託
根神域彰孝德之能深吐秀壽宮助粢盛之豐潔此蓋
睿誠通感靈祇降祥中古以來未覩斯美臣籍慶宗枝
久沐皇潢之潤躬持瑞穎預奉天保之符忭悅之誠倍
兼恒品　符載廬州進嘉禾表臣某言得廬州刺史裴
靖狀稱巢縣百姓唐沙奔喪廬墓手自耕植以備祠祭
無何於粟田之中歘產嘉禾一本六穗一本五穗即時
差録事參軍朱寧丁寧考驗事狀明白臣聞感天地者
存乎誠通神明者極乎孝蘊而爲精粹發而爲禎祥上
玄與之獻酬后土爲之泄露故使騰芳高隴擢穎清秋

冠九穀之英英增大田之詠謌此皆陛下聖德茂鴻化
洽名教生人之内有淳孝靈瑞之下有嘉禾邁風烈於
前王煥丹青於唐史不然何幽贊玄答其若是乎臣猥
以鈍劣祇守風土宣陛下之恩澤撫陛下之庶甿覩兹
盛美光榮耳目不勝歡忭踊躍之至　權德輿嘉禾合
穗表伏見武俊所奏恒州鼓城縣生嘉禾一本合穗又
盧徵奏華州鄭縣獲嘉禾一穗者謹按孫氏瑞應圖曰
嘉禾者五穀之長王者德茂則生伏惟陛下德叶玄功
仁育生類同穎擢秀殊祥並時昔周道既昌唐叔以獻
表天下和平之兆爲陰陽訢合之符五穀登成百嘉儲
祉發於厚載集是休徵況嶽鎮之方表章繼至感通昭

晰莫甚於斯臣等忝列台司喜倍恒品　柳宗元賀嘉
禾表今月某日宰臣以幽州所進嘉禾圖各一軸示百
寮者伏以嘉穀順成靈貺昭格天人合應遐邇同心伏
惟皇帝陛下睿謀廣運神化旁行植物知仁祥圖應聖
靈嶽不愆於贊佑燕谷用遂於生成豐稔隨均知朔南
之被澤休嘉克叶見天地之同和六穗擅稱於漢臣異
畝恥書於周典自中形外均慶同歡臣謬職憲司獲覩
嘉瑞無任抃躍之至　禮部賀嘉禾及芝草表伏見今
月某日内出劍南所進嘉禾圖及陝州所進紫芝草示
百寮者珍圖煥開瑞彩交映遐邇偕至福應攸同伏惟
皇帝陛下緝熙至道保合太和天惟發祥地不愛寶嘉

禾擢質靈草抽英獻于王庭唐叔悧同穎之異薦諸郊廟班史謝連葉之奇既呈薿薿之鮮更覩熚熚之秀豐年斯著聖壽川彰欽和之人歡忭無極臣等優游至化波黷殊奚慶忭之誠倍百恒品　張仲素賀嘉禾表伏見鄆州東平縣官莊地內有禾異壠雙本合成一穗畫圖奏進傳示百寮者謹按瑞應圖曰王者德茂而太平君臣和則嘉禾朱草以甲萌言不得中和之氣即不生也伏惟陛下鼓和風茂休應泰階平於上下大中建於人臣神明是若徵見必報通彼殊壠總其雙莖滋大澤以宜造成嘉穗而薦和合為一彰至化之會同堅而好表賁生之豐實推物類以得天意觀繪事而擬靈備兆

在班行咸同慶幸

狀【增】唐韓愈奏汴州得嘉禾嘉瓜狀謹按符瑞圖王者德至於地則嘉禾生伏惟皇帝陛下道合天地恩霑動植邇無不協遠無不賓神人以和風雨咸若前件嘉禾等或兩根並植一穗連房或延蔓敷榮異實共蔕既叶和同之慶又標豐稔之祥感自皇恩微茲何極於造化親逢嘉瑞小臣膺遇於休明

詔【增】魏曹植穀詔於穆聖皇仁暢惠渥辭獻穢膳以服餜獨和氣致祥時雨灑沃野草萌芽變化嘉穀　猗猗嘉禾惟穀之精其洪盈箱協穗殊莖昔生周朝今植魏廷獻之廟堂以昭祖靈

頌【增】宋劉義恭嘉禾頌并表臣聞居高聽卑上帝之功天且弗違聖王之德故能影響二儀甄陶萬有鑒觀今古採驗圖緯未有道闕化虧而禎物著明者也自皇運受終辰曜交和是以卉木表靈山淵効寶伏惟陛下體乾統極休符襲遝若乃鳳儀西郊龍見東邑海酋獻改緇之羽河祇開俟清之源三代象德不能過也有幽必闡無遠弗屆重譯歲至休瑞日臻前者躬籍南畝嘉穀乃植神明之應在斯尤盛四海既穆五民樂業思述汾陽經始靈囿蘭林甫樹嘉露頻流板築初就祥穟如積太平之符於是乎在臣以寡立承乏槐鉉浴沐芳津預睹宜慶不勝忭舞之情謹上嘉禾甘露頌一篇不足稱

揚美烈追用悚汗頌曰二象攸分三靈樂主齊應合從在今猶古天道誰親惟仁斯輔皇功帝績遐冠區宇四民均極我后體茲惟機惟神敬昭文思九族既睦萬邦允釐德以位叙道致雍熙於穆不已顯允東儲生知夙叡猷茂淵虛因心則哲令問弘敷繼徽下武儷景辰居軒制合宮漢興未央剡伊聖朝九有已康率由舊典思燭前王乃造陵霄遂作景陽有藹景陽天淵之涘清暑爽立雲堂特起植類斯育動類斯止極望江波遍對嶽峙化德惟達休瑞惟懋誕降嘉種呈穎初構甘露春凝禎穟秋秀於今匪烈嗣歲仍富昔在放勳曆莢數朗降及重華倚扇清庖鑠矣皇慶比物競昭倫彼典策被此

風謠賁臣六蔽任兼兩司既恧仲衮又慙鄭緇豈忘衡泌樂道明時敢述休祉愧闕令辭〔沈演之嘉禾頌〕煥炳禎圖昭晰瑞典運傾方圓時亨始顯綿狀既章烏文斯辯於皇聖辟承物紀遠明兩辰麗昌輝天衍 理妙位崇事神業盛淵凝德澤虛寂道政協化安心謝樂移性玉衡從體璿光得正臣星垂采景雲立慶 極仁所被罔幽不攘至和所感靡況弗彰鶩出丹穴鶵起西廂白麀踰海素烏越江結響穹陰儀形鏤陽 治人奉天邇勤遐格黛耜俶載高廩巳積嘉禾重穋甘露流液擢秀辰畦揚穎角澤離穟合稾榮區蔭斥 盈箱徵殷貫粟表周今我大宋靈眖綢繆帝終撝謙繹思勿休躬薦

宗廟溫恭率由降福以誠孝享虔羞 頌祉推功登嶽獻誦思單隱顯賓延荒徼河濂海夷山華嶽燿憬琛賮兼澤委效日表地外改服請教 茂對盛時綏萬屢豐穰穰歸素秋秩大同上藏諸用下知所從仰式王度俯歌南風鴻名稱首永保無窮

贊【增】漢鄭玄婚禮謁文贊嘉禾爲穀班禄是宜吐秀五七乃名爲嘉

賦【增】唐潘炎嘉禾合穗賦并序 景龍二年秋八月屬縣長子有嘉禾合穗瑞不虛見俟其偉而乃賦曰天祚明德兮降之嘉生粲彼靈稿兮莫之與京穊震土膏且分苗於南畝驪臨天漢爰合穗以西成當元后之歷試表休徵於太平不莠不稂實堅實阜引薰風於和氣承湛露於蒼昊生非百里驗管仲之虛辭出異崑山自我皇之所寶在瑞圖之右爲曠代之祥唐叔得之而合穎周成得之以充箱雙米一稃稱之表異孤莖六穗頌以非常今也尤盛居然允臧轉風而屢騰佳氣就日而交見祥光獨天不生託厚載於富媼非聖不感効元符於我皇我皇得之熾而昌風之起兮雲之揚嘉禾之瑞永可畢天子億載臨萬方〔張箕祥嘉禾合穎賦〕南山之下兮無人之境力穡此中兮均夫躁靜勞則不憚既寒耕而熱耘慶有所歸忽異畝而同穎莖駢偕芃芃之色秀合垂蕣蕣之影此焉觀瑞亦祇以異比於木乃連理之

祥在於人蓋同心之義稃巳聞於二米莖乃殊於九穗豈非德之能及實聖朝之所致爰考休徵豐年是懲麥兩岐而能匹茅三脊而徒稱固神倉之可貯期郊廟之以升欲薦堯階且聞秬秠之穫將登神膳遂入烰烰之烝天道宜默瑞以表德豈無沃土而光於我家豈無異方而雨此王國不有嘉生孰謂賓榮友朋之心因取興於連茹兒翁之樂遂作戒於分荆佇聞唐叔之獻須我后之升平〔趙蕃甸人獻嘉禾賦〕聖上崇國本致時康動玄象之昭鑒產嘉禾而應祥甸人於是具畚鍤修封疆啟芳穎於修畛薦靈姿於我皇懿夫挺拔自分連莖相接始穰穰而齊實終矯矯而異葉殊其本均二氣以

發生同乎心表一德之和協不然者寧擢秀於瑣術蔵具美於圖牒徵其瑞質稽彼大同見芬敷而共貫信紫結以交通則知符乎帝道發自天功合穗之珍方將效祉於今日與畝之美豈獨標奇於古風於是野老歡心田夫盡力宛移根於沃壤之際俄發耀於丹墀之側祥烟近拂作疑迺理之形喜氣傍臨更辨合歡之色彌彰執契之道載助惟馨之德爾其天鑒非遠神珍是呈始哲亭而間出終夭矯而曲成豈比躬稼之時盡化晉君之草挺生之歲克符漢帝之名向令質委離披孤生苯尊安得臨玉砌邇龍衮設穜稑之萌芽爲理化之根本是知六府惟序萬邦式孚茅三脊而非偶獸共觝而自

殊禾若耀青芳於近甸垂嘉貺於靈圖況復聖慮彌深皇猷思永梯山航海來足契其林光菲食卑宮將欲示其豐省斯所謂騰茂實於厚地故薦穗於重穎　明沈鯉嘉禾賦惟帝籍之千畝接宸極之宮墻翕垓埏之瑞煒穆元辰於孟陽萃坤靈而厚藏孕扶輿以發祥錯龍鱗於原隰布鏤刻於塍壠泌玉河之沃潤浥金露之膏瀼拓閶臺之靈囿納漢苑之朱堂感華育於禁寓闡融澤於扶桑藹農祥於地后震瘝懷於天房蓄聖朝之所以先稼穡備蒸嘗展一人之孝思而關社稷之靈長者也粤惟我皇啟祚闡坤握乾仁覃義浹聖恩廣淵契七月之精藴領無逸之眞詮振天明而育德躬豐服於明

禋履桑林而簡器望三素以祈年當東作之平秩舉大典於籍田親秉耒以三推御慈犗於古壇命后稷以播穀簡佃禹以疏泉班保介而終畝勞百辟於肆筵布陽和於九有暢聖澤於八埏爾乃精忱上達協氣旁通瑞祉迸臻靈貺雲從沴氛神御寶露時融宜暑宜寒十雨五風將及我私先急我公我黍翼翼我稷芃芃旣庭且碩實大以豐乃有嘉禾秀擢蒙茸或一本而多岐或數穗而同莖引瑤颿以幻質濯玉瀣而凝精陸離離以綴蕾雕采采以含英潃丹椹之芳潔燦瓊蕊之晶熒秉五七之恒德挺九穗之奇禎纍連珠而合穎壹金玉而本生需休符於甘雨銜滋液於璇星毓祥柯以五變耀泰

運於九蒸天施雨而匪瑞日渝地而有徵譬禮義之多富獵龍鳳之異名軼幽谷之蘭蓀掩玄圃之松苓彼紫麻絲芑豈嘉禾之與埒而碧麥靈苗詎並蔚而爭榮若夫粟雨炎帝瑞發軒轅陶虞異穡魯史書年成周合穗唐叔命篇字成雨於蒼頡穎頌著於鄭玄奉野產之而名邑赤烏因之以啟元外此而朱黄曆於堯陛紫蕙茁於太原秀騰濟陰之境旅生建武之年稻孫揚蕤於金斗瑞麟集食於武川敬仲乃啟封禪之所致汾陽極稱天瑞之可傳此皆帝不貴乎金玉而寶夫衣食之源故其政必調於雨夏而時省斂於秋田之所致也乃有連叢合隴七穗五岐三苗四熟珍綺紛披或北里之稱盛

或玄山之譲奇不周或呈其異種帝庭或獻自外夷或光照九阿之謠或香聞五里之滋是以繁瓌倰稱於前代而昌符踵應於來茲孰若聖世之休禎炳靈淑於神祗寶皇衷之淵塞特示象於疇奮既登八極於安和仍躋萬國於咸熙允阜澤之潛通羗弘化之寵綏於是田畯至喜穡夫誠忻僉曰異哉世所希聞薦言釆之以獻吾君於惟皇上勲華淑軌方且秉冲自下遜美弗居謂嘉穀之呈象豈宗德之克符實先聖之顯烈膺上帝之孫圖也於是降明詔飭吉辰徵太師之九奏舉宗伯之十倫飭豆登而並薦裸尊組以俱陳信曾孫之有道企皇祖之居歆於是大禮告成億兆歡忻東漸海隅西暨

沙瑞具瞻上瑞雷動風傳凡在廷之臣工咸稽首以颺言謂聖王治天下以孝而五穀爲王政之先茲者聖德廣運格於重玄一人有慶兆民賴焉將使至治刑於萬國嘉祥載於普天皇風皡皡王道平平端冕垂旒四海晏然明明天子壽考萬年

許國嘉禾賦　勾吳文學鼺

屬之燕會天子藻潤太平四方瑞應日奏闕下既闓有獻嘉禾者羣公畢賀迺盱衡灌慮而往觀之遇衜華子與好古先生辨論金門之右折而聽其語衜華子曰吾聞太和之氣醞釀堪輿蓄極而發奇珍乃摅群風之所披拂脊露之所沾濡神不能閟其粹天不能表其符沕潏逢湧溢爲嘉禾蓋冥搜於玉筴茲快覩於皇都夫其陸海廣輪神皋沃衍龍首通渠魚鱗疊畹蔚封畛兮縱橫倬阡陌兮宛轉三推既倡兮九扈作勞黃茂聿滋兮玄功斯顯則有玉山異種北里仙英濟陽九穗崑崙五尋挹光華於日月凝沆瀣於太清卿雲照爛以垂覆景星煒燁而流晶毓非常之元化挺秀質於金莖爾乃穎擢丹霞類抱明月豐枝茉蕁璋幹芳潔或珠聯於異畝或璞映於同畯或兩儀分於混沌或五氣散於轇轕或參乎乾坤之精或象乎洛疇之列其生也后稷降靈厲山遺烈種美璧於藍田萃商金於清樾其用也令哺萬國芬芳九閩頤天顏於五位肇王基於七月猗寰中之上瑞羗閟世而昭揭昔蓍蚩之受命兮爰抽祕於唐叔

逮白水之真人兮値虹流而載育曰悠悠其歷劫兮嗟未聞乎芳躅匪至寶之不可恒兮何寂寥於圖籙聖皇建極兮超赫胥而軼大庭黃輿獻瑞兮嘉禾乃登邇蔵蕤兮千畝遠擢璨兮八紘山顧命越於今茲兮果何方兮弗獲亦何歲兮弗生保介紛綸而奏御奇群雜遝於汗青蓋千萬年之希睹而鴻濛剖判所未有之庥禎也謂宜陟岱嶽告成功勒荼崖樹穹窿跨黄荚於堯除掩蟠桃於漢宮何爲乎僅升太廟之几聊陳倚膳之饔飧洪朗而弗耀抑崇峻以謙冲意者聖人之盛德兮慮非所以章明賜而承昊穹於是好古先生拂然色厲正襟諤諤而復之曰異乎子言所謂見一斑之文豹蔽豐蔀

而測星躔者也吾聞之柔桑萋洪殷道可與芝房協律漢業幾傾荼麟騶於獨乘黄龍炫於吳京謂變者未必爲咎疑祥者未必爲禎其休其否此焉足憑嗟大鈞之寥闊兮二五交蒸神奇臭腐兮靡詭弗呈勘一株一擀之榮亦造化之偶然兮夫何與於朝廷是故明王馭世不貴異物有兢兢而思慎曷顓顓於勸徹稽六府之重輕察三才之秒忽故以豐年爲寶民食爲天游神稼穡雅意甫田躬黛耜御紺轅歷穆清之脩耶祇求裕乎元元如其耕耘不擾疆理盡力多黍多稌時萬時億百室開兮婦子寧百禮洽兮神人懌即六化之神明知協氣之融液雖無嘉禾奚損至德如其疆理蕪溝遂廢鳴條

不時濯枝愆序田畯失其杏葩亞旅闕其樹藝黔黎艱食風教刓敝雖有嘉禾奚益世故今天子遠覽陶鈞之上庶幾歸禾之旨覩厥方貢讓而弗處有事寢園薦馨而已蓋俯狥乎百辟非則倣乎令謝子大夫不究本原矜奇說異殊謬乎春秋之義語未卒勾吳文學攝齊而進曰長卿有言楚既失矣齊亦未爲得也且皇天樹后以長世豈漠然其無情有錫羨以純佑或降威以宣懲伊災祥之大致固在昔其明徵然而天道遠人道邇驗善惡之幾先覩后德何如耳有禾芊芊明盛之年飛紫芒於堯陌垂金粟於舜田氣緣感而後應治有開而必先以此爲瑞瑞何疑焉若夫帝澤未流嘉禾聿穟搖盲飈以扶疎潤怪雨而萎蕤雖偭穗之可觀實陰陽之多戾出丹其時是奚足貴名之曰妖又豈非類故夫麟一也遊郊者軒以之光西狩者周以之亡鳳一也岐山鳴而德茂潁川集而道荒彼四靈其畢爾豈茲禾之比方蓋以瑞稱之兮瑞未可必以妖視之兮妖亦非常亮神膂之有意非臧否其芃芃維觀物而考德兮乃天人之並彰噫嘻爲妖爲瑞以昏以聖則大聖之握符必降康之基盛方今巢燧當陽夔龍布令步玉斗懸金鏡四夫軫於宸衷三農重於八政春臺若登寒暑皆應是以震聲日景雲煜九玄貢華喬岳輸英大川極薰蒸而旁魄乃苗暢於天田所謂以和召和兮洵神理之自然豈比

夫赤烏與泰始空詫說於民間昔我高皇帝之紹天也虎旅戡而化成龍門獻其嘉穗肆賁天章用歌敬畏不侈大以自矜爰貽謀而錫類誠天寵其德而雲承其瑞於今覩之維上克配而先生不考於此一以爲稀覯一以爲偶然弗原天而盡人得無立言之少偏伊欲照金簡重瑤編表熙朝之鴻鑠邁周烈於千年務昭明乎聖德乃論治之貞詮文學語既從容而却先生斂容唯唯諾諾顧謂衜華子曰此嘉禾之讜議也足勸賢而警虐庶幾風人用備著作

樂章　增　宋史朝會樂章　彼美嘉禾一莖九穗農疇告祥史牒書瑞擊壤歡歌如京委積留獻春種昭錫善類

嘉彼合穎致貢升平異標南畝瑞應西成德至於地皇祇效靈和同之象煥發祥經

五言排律【增】唐孟簡咏嘉禾合穎 玉燭將成歲封人亦自歌八方霑聖澤異畝發嘉禾共秀芳何遠連莖瑞且多穎低甘露滴影亂惠風過表稔由神化爲祥識氣和因知興嗣歲王道舊無頗【增】無名氏嘉禾合穎 天祚皇王德神呈瑞穀嘉感時苗自秀證道葉方華氣轉騰佳色雲妝映早霞薰風浮合穎湛露淨祥花六穗垂兼倒孤莖嫋復斜應同唐叔獻稱慶比周家

詩散句【增】周庾信 嘉禾雙合穎稻熟再含胎 唐張籍 田有嘉穀隴數畝穗亦同 宋夏竦 稍山遠地蜀山西

九穗嘉禾忽效奇 元王惲 嘉禾歲芊芊

佩文齋廣羣芳譜卷第九

佩文齋廣羣芳譜卷第十

穀譜

大豆 按黑豆黃豆皆名大豆原譜分而爲二今從齊民要術併合爲一

【源】豆者菽穀之總名也大者謂之菽【增】本草 大豆有黑白黃褐青斑數色【原】黑豆處處有之苗高三四尺蔓生莖葉蔓延葉團有尖色青帶黑上有小白毛秋開小白花成叢結莢長寸餘多者五六粒亦有一二粒者經霜乃熟緊小者爲雄豆入藥良大者止堪食用作豉及喂牲畜味生則平炒則熱煮則寒作豉主發散造醬及生黃卷平牛食之溫馬食之冷一體之中用之數變小兒以炒豆同猪肉食多壅氣致死十歲以上則無妨

服蓖麻子及厚朴者並忌炒豆犯之脹滿致死黃豆亦有小大二種種耘收穫苗葉莢其與黑豆無異惟葉之色稍淡結角比黑豆稍肥其豆可食可醬可豉可油可腐腐之滓可喂猪荒年人亦可充饑油之滓可糞地其可然火葉名藿嫩時可爲茹【增】廣志 有黃落豆有御豆其豆角長有楊豆葉可食有青有黃者 齊民要術 今世大豆有黑白二種及長梢牛踐之名又有黑高麗豆鷰豆大豆類也

【彙考】【增】詩豳風 七月亨葵及菽 小雅 中原有菽庶民采之 采菽采菽筐之筥之傳菽所以芼太牢而待君子也 箋 采之者采其葉以爲藿三牲牛羊豕芼以藿王

饔賓客有生芻乃用鉶羹故使采之 【原】大雅荏菽之荏
菽荏菽旆旆 【增】禮記檀弓啜菽飲水盡其歡 月令
孟夏之月天子食菽與雞注菽實孚甲堅合屬水雞木
畜時熱食之亦以安性也 【原】左傳周子有兄而無慧
不能辨菽麥注菽大豆也豆麥殊形易別故以爲癡者
之候 【增】戰國策張儀爲秦連横說韓王曰韓地險惡
山居五穀所生非麥而豆民之所食大抵豆飯藿羹注
藿菽之少者姚云史記後語作飯菽而麥下文亦作菽
古語只稱菽漢以後方呼豆 史記周后稷本紀棄爲
兒時屹如巨人之志其游戲好種樹麻菽麻菽美 前
漢書鮑宣傳漿酒藿肉注師古曰藿豆葉也 楊惲傳

惲報孫會宗書詩曰田彼南山蕪穢不治種一頃豆落
而爲萁人生行樂耳須富貴何時 後漢書馮異傳王
郎起光武自薊東南馳晨夜草舍至饒陽蕪蔞亭時天
寒烈衆皆飢疲異上豆粥明旦光武謂諸將曰昨得公
孫豆粥飢寒俱解後帝即位使中黄門賜以珍寳詔曰
倉卒蕪蔞亭豆粥滹沱河麥飯厚意久不報 晉書良
吏傳吳隱之介立有清操雖日晏歠菽不饗非其粟
隱逸傳翟莊端居篳門歠菽飲水州府禮命及公車徵
並不就 北齊書庫狄伏連傳冬至之日親表稱賀其
妻爲設豆餅伏連問此豆因何而得妻對向於食馬豆
中分減充用伏連大怒與馬掌食之人並加杖罰 唐

書韋貫之傳貫之居貧啖豆糜自給 楊子有含菽
縕絮而致滋美其親將以求孝也 列子周諺曰晨出
夜入自以性之恒啜菽茹藿自以味之極 呂氏春秋
得時之豆長莖短足其莢二七爲族多枝數節競葉蕃
實 淮南子河水中濁而宜菽 焦氏易林中原有菽
以待饔食飲御諸友所求大得 旦樹菽豆暮成藿羹
心之所樂志快心歡 孝經援神契赤土宜菽 春秋
佐助期豆神名靈殖姓樂長七尺大目遒於時節 【原】
東觀漢紀劉平嘗爲餓賊所劫叩頭曰老母饑少氣力
待平爲命願得還飯食母馳來就死涕泣發於肝膽賊
即遣去乃擔三斗豆以謝賊恩 閔貢字仲叔大原人

也與周黨相友黨每過仲叔共啜菽飲水無菜茹 古
今注宣帝元康四年南陽雨豆 世說石崇爲客作豆
粥咄嗟便辦恒冬天得韭蓱虀王愷爲搤腕乃密貨崇
帳下都督問所以都督曰豆至難煑唯預作熟末客至
作白粥以投之韭蓱虀是擣韭根雜以麥苗爾 【增】鶡
冠子兩葉蔽目不見泰山雙豆塞耳不聞雷霆 拾遺
記樂浪之東有背明之國宜種百穀有縷明豆其莖弱
自相縈纏有傾離豆言其豆見日葉垂覆地食者不老
不疾 益都耆舊傳朱倉字卿雲之蜀從處士張寧受
春秋糴豆十斛屑之爲糧閉戸精誦寧矜之斂得米二
十石倉不受一粒 爾雅翼八月雨爲豆花雨 【原】雙

槐歲抄〕溫陵人家中元前數日以水浸黑豆暴之及芽以糠皮寘盆內鋪沙植豆用板壓長則覆以桶曉則曬之欲其齊而不爲風日損也中元則陳於祖宗之前越三日出之洗焯漬以油鹽苦酒香料可爲茹捲以麻餅尤佳色淺黃名鷲黃豆生 弘治乙卯六月縣獄雨豆

隆慶六年四月陝西西寧衞天降黑豆徧地人食之則氣閉

【集藻】賦【增】〔晉張華豆羹賦〕乃有孟秋嘉菽垂枝挺英是刈是穫充簞盈篋香鑠和調周疾赴急時御一杯下咽三歎時在下邑頗多艱難空匱之厄固不輟憶追念昔日啜菽永安

頌【增】〔宋蘇軾食豆粥頌〕道人親煑豆粥大衆齊念般若老夫試挑一口已覺西家作馬

五言古詩【原】〔魏曹植應詔作〕煑豆然豆萁豆在釜中泣本是同根生相煎何太急 〔晉陶潛歸園田居〕種豆南山下草盛豆苗稀晨興理荒穢帶月荷鋤歸道狹草木長夕露沾我衣衣沾不足惜但使願無違

七言古詩【增】〔宋蘇軾豆粥〕君不見滹沱流澌車折軸公孫倉皇奉豆粥濕薪破竈自燎衣饑寒頓解劉文叔又不見金谷敲冰草木春帳下烹煎皆美人萍虀豆粥不傳法咄嗟而辦石季倫干戈未解身如寄聲色相纏心已醉身心顛倒自不知更識人間有真味豈如江頭千頃雪色蘆茅簷出沒晨煙孤地碓舂秔光似玉沙瓶煑豆軟如酥我老此身無著處賣書來問東家住臥聽雞鳴粥熟時蓬頭曳履君家去 〔方岳豆苗〕江南之筍天下奇春風匆匆催上籬秦郵之薑肥勝肉遠莫達之長負腹先生一鉢同僧居別有方法供齋蔬山房掃地布豆粒不煩勤荷煙中鋤手分瀑泉灑作雨覆以老瓦如穹廬平明發視玉髯磔一夜怒長堪冰莖自親火候淪魚眼帶生芼入晴雲椀碧絲高壓涎滑蓴脆響平欺辛螯薜晚菘早非各一時非時不到詩人脾何如此雋咄嗟辦庾郎處貧未爲慣

詩散句【原】〔唐杜甫〕相攜行豆田秋花靄菲菲【增】〔宋楊萬里〕道邊籬落半遮眼白白紅紅偏豆花 〔唐張九齡〕場藿已成歲 〔杜甫〕豆子雨已熟 〔宋蘇軾〕秋霖暗豆莢 〔陸游〕宿雨飽豆莢 豆莢雨中肥 〔林景熙〕蟲響豆花秋【原】〔唐杜甫〕南山豆苗早荒穢【增】〔許渾〕童子遙迎種豆歸 〔溫庭筠〕桑竹參差耿豆花 〔宋陸游〕邊實傍籬收豆莢 〔楊萬里〕晚紫豆花初總角 〔元李孝光〕豆遺晨壠茅齊白 〔明高啓〕白豆花開片雨餘【原】〔孟淑卿〕豆花雨過晚生凉

【別錄】【原】〔種植〕槐無蟲宜豆夏至前後下種上旬種則花密莢多宜甲子丙子戊寅壬午及六月三卯日忌西南風及申卯日肥地宜稀薄地宜密纔出便鋤草淨爲佳

使葉蔽其根不畏旱穫宜晚莢赤莖蒼葉微黃方穫

【譜】崔寔月令二月可種大豆又三月杏花盛桑椹赤可種大豆謂之上時四月時雨降可種大小豆　雜陰陽書大豆生於槐九十日秀秀後七十日熟豆生於申壯於子長於壬老於丑死於寅惡於甲乙忌於卯午丙丁　齊民要術春大豆次植穀之後二月中旬爲上時一畝用子八升三月上旬爲中時一畝用子一斗四月上旬爲下時用子一斗二升歲宜晚者五六月亦得然稍晚稍加種子地不求熟秋鋒之地即擿種地過熟者苗茂而實少收刈欲晚此不零落刈早損實必須耬下種欲深故豆性強苗深則及澤鋒耩各一鋤不過再葉落盡然後刈葉不盡則難治刈訖則速耕大豆性雨秋不耕則無澤種麥者用麥底一畝

用子三升先漫散訖犁細淺畤而勞之旱則萁堅葉落稀則苗莖不高深則土厚不生若澤多者先深耕訖逆垡擲豆然後勞之澤少則否爲其浥鬱不生九月中候近地葉有黃落者速刈之葉少不黃必浥鬱刈不速逢風則葉落盡遇雨澤爛不成　氾勝之書曰大豆保歲易爲宜古之所以備凶年也謹計家口數種大豆率人五畝此田之本也三月榆莢時有雨高田可種大豆土和無塊畝五升土不和則益之種大豆夏至後二十日尚可種戴甲而生不用深耕大豆須勻而稀豆花憎見日見日則黃爛而根焦也　穫豆之法莢黑而莖蒼輒收無疑其實將落反失之故曰豆熟於場於場穫豆即青莢在上黑莢在下　氾勝之區種大豆法坎方深各六寸相去二尺一畝得千六百八十坎其坎成取美糞一升合坎中土攪和以內坎中臨種沃之坎三升水坎內豆三粒覆上土勿厚以掌抑之令種與土相親一畝用種一升用糞十六石八斗豆生五六葉鋤之旱者溉之坎三升水丁夫一人可治五畝至秋收一畝中十六石　農政全書種大豆鋤成行壟春穴下種早者二月種四月可食名曰梅豆　吳下田家志種豆宜甲子乙丑壬申丙子戊寅壬午壬寅

【原】服食博物志人食豆三年則身重行動難　左慈荒年法用大豆粒細調勻者生熟挼之令有光煖徹豆心內先日不食以冷水頓服訖一切魚肉菜果不得復食渴飲冷水初小困十日後體力壯

健不思食　抱朴子相國張文蔚莊內有鼠狼穴養四子爲蛇所吞鼠狼雌雄情切乃於穴外坌土壅穴俟蛇出頭度其回轉不便當腰咬斷而劈腹銜出四子尚有氣寘於穴外銜豆葉嚼而敷之皆活後人以豆葉治蛇咬蓋本於此　延年祕錄服大豆令人長肌膚益顏色填骨髓加氣力補虛能食不過兩劑大豆五升如作醬法取黃擣末以猪肪煉膏和丸梧子大每服五十丸至百丸溫酒下神驗祕方也肥人忌服　輟耕錄黃山谷煮豆帖云煮黑豆法確豆一升挼莎極淨用貫衆一斤細剉如骰子同豆斟酌水多少慢火煮豆香熟日乾之翻覆令展盡餘汁簸取黑豆去貫衆空心日啗五七粒

食百草木枝葉皆有味可飽也 〔荆湖近事〕陶華以鹽煮黑豆常食之云能補腎蓋豆乃腎之穀其形類腎黑色通腎引之以鹽所以妙也 李守愚侵晨井華水吞黑豆五七粒謂之五臟穀至老視聽不衰 〔製用〕六月六日以洗淨大黃豆煮熟取出候冷以麪爲衣攤於席上以衣蓋之又用青蒿罨一七取出曬乾搓去麪黃入缸煎紫蘇鹽湯候冷浸豆與水平每豆一斤用鹽六兩浸過一夜取出和食香拌勻裝淨罈內令日曬四五日從新搜過一次再曬再搜四五次用

附錄 穭豆

原 穭豆本草云穭乃自生稻名此豆野生故名 一名營豆一名營菽一名治營一名鹿豆一名驢豆黑豆中最細者即黑小豆也野生今下地亦種之小科細粒葉如葛霜後熟可蒸食甘溫無毒炒焦黑熱投酒中治產後冷血

赤小豆 按廣雅云小豆荅也藏而名之也齊民要術云小豆有綠赤白三種黎豆虎豆營豆留豆亦其類也今照本草分列於後

原 赤小豆一名赤豆一名紅豆處處種之夏至後下種苗高尺許葉本大末尖至秋開花淡銀褐色有腐氣莢長二三寸比綠豆莢稍大色微白帶紅三青二黃時即收之可煮可炒可粥飯可作麪食餡並良久服則津血滲洩令人肌瘦身重合魚鮓食成消渴其稍大而鮮紅淡紅者止可食用色赤黯而粒緊小者入藥甘酸平無毒心之穀也性下行能入陰分行津液利小便消脹除腫止吐治下痢腸澼解酒病除寒熱排膿散血通乳汁下胞衣利產難水氣腳氣最爲急需花名赤腐婢解酒毒明目下水治小兒丹毒葉去煩熱煮食明目

彙考 原 〔異志道逵傳〕逵治九宮一算之術使人取小豆數升播之席上立處其數驗覆果信 〔晉書郭璞傳〕璞至廬江愛主人婢無由而得乃取小豆三升繞主人舍散之主人晨見赤衣人數千圍其家就視則滅甚惡之請璞爲卦璞曰君家不宜畜此婢可於東南三十里賣之愼勿爭價則此祟可除主人從之 〔歲時雜記〕共工氏有不才子以冬至日死爲疫鬼畏赤豆故是日作赤豆粥厭之 〔田家五行〕十二月二十五日夜煮赤豆粥大小人口皆食之在外之人亦留分以俟其歸謂之口數粥亦驅瘟鬼之意

別錄 種植 〔齊民要術〕赤豆三月種六月旋摘遲者四月種亦可宜稀稠得所太密不實

綠豆 本草云綠以色名也舊作菉非

原 綠豆圓小者佳大者名植豆功用頗同四月下種苗高尺許葉小而有毛至秋開小白花莢長二三寸比赤豆莢微小有二種粒粗而色鮮者爲官綠又名明綠皮薄粉多粒小而色暗者爲油綠又名灰綠皮厚粉少早種者名摘綠可頻摘也遲種者名拔綠

一拔而已其用甚廣可作豆粥豆飯豆酒𤎄食炒食水泡磨爲粉澄濾作餌蒸糕盪皮壓索爲食中要物亦可餵牲畜眞濟世良穀也性甘寒無毒肉平皮寒用宜連皮解金石砒霜草木一切諸毒生研新汲水服反榧子殼害人合鯉魚鮓食久則令人肝黄成渴病花及芽解酒毒莢治赤痢

彙考 **增** 湘山野錄眞宗深念稼穡聞占城稻耐旱西天菉豆子多而粒大各遣使以珍貨求其種占城得種二十石至今在處播之西天中印土得菉豆種二石不知今之菉豆是否始植於後苑秋成日宣近臣嘗之仍賜占稻及西天菉豆御詩 孫公談圃張文定公苦腳疾無藥可療一日遊相國寺有賣藥者得菉豆兩粒服之遂愈 **原** 唐公之夔號抱一西粤人也言其地無綠豆每承舍人京包中止帶斗餘多則至某江輒遇風浪不能渡到彼中比於藥物凡患時疾者用等秤買一家煮豆香味四達兩鄰對門患病人聞其氣輒愈

別錄 **原** 種植綠豆宜刈了麻地上種之太早不生莢若其年李不蛀則豆有收忌卯日下種 **增** 種樹書種菉豆地宜瘦四月種六月收子再種八月又收 **原** 製用豆蘗先取濕沙納甕器中以綠豆勻撒其上如種蓺法深桶覆藏室中勿令見風日一次搠水灑透俟其苗長可尺許摘取蟹眼湯綽過以料蘸供之赤豆亦可然不如綠豆之佳

白豆

原 白豆一名飯豆小豆之白者也亦有土黄色者大如綠豆而差長粥飯皆可用四五月種苗葉似赤小豆而微尖嫩者可作菜亦可生食味甘平調中補五臟暖腸胃腎之穀也腎病宜食浙東一種味更勝作醬作腐極佳北方水白豆相似而不及 **增** 本草 一種菉豆葉如大豆亦其類也

豌豆

原 豌豆（本草綱目云其苗柔弱宛宛故得豌名豌舊作登音剜）一名胡豆（本草經云張騫使外國得胡豆種）一名戎菽（爾雅云戎菽謂之荏菽注云即胡豆管子云桓公伐山戎以戎菽徧布於天下）一名畢豆（崔寔月令作蹕豆廣雅作蹕豆又名留豆）一名青小豆一名青斑豆一名麻累（本草綱目云嫩時青色老則斑麻故有諸名）一名回鶻豆（唐書云畢豆出回鶻地飲膳正要作回回豆即回鶻也）一名淮豆（農書云俗呼豌豆大者爲淮豆）一名國豆（鄴中記云石勒改爲國豆）種出西戎北土甚多八九月下種亦有春種者蔓生有鬚葉似蒺藜葉兩兩相對嫩時可食三四月開小花如蛾形淡紫色結莢形圓長寸許子圓如藥丸嫩時可煮食老則可炒食可作麪食餡磨粉麪甚白而細膩出西戎者大如杏仁百穀之中最爲先熟又耐久藏宜多種可和醬作澡豆去䵟黯令面光澤亦可餵馬性甘平無毒調營衛平氣益中治消渴淡煮食之良煮食殺鬼毒心病下乳汁研末塗癰腫痘瘡

【集藻】狀【增】唐陸贄請依京兆所請折納事狀京兆府先奏當管縣食蔬豆全然不收請據數折納大豆奉勅宜依度支續奏稱據時估蔬豆每斗七十價已上大豆每斗三十價已下京兆府所請將大豆替蔬豆望令各據估計錢數折納則蠲免損官司者求瘼救災國之令典求瘼在知其所患救災在恤其所無只如螟蜮爲殃蔬豆全損檢覆若非虛謬地稅固合免徵直道而行大體斯在司府折納充數已爲尅下從權度支準估計錢乃是幸災規利所得無幾其傷實多傷風得財非謂理道且蔬豆爲物入用甚微舊例所支唯充畜料準數迴給大豆諸司誰曰不然計價剩徵義將安在理無所據事不可從望依前勅處分未審可否

【別錄】【增】農政全書玄扈先生曰蔬豆與蠶豆各種蠶豆之利倍於蔬十倍其耐陳則一也

蠶豆以下四種原列蔬譜今從本草移入於此

【原】蠶豆一名胡豆本草綱目云豆莢狀如老蠶故名王禎農書謂其蠶時始熟故名亦通吳瑞本草以此爲蔬豆誤矣此種豆亦自西胡來雖與豌豆同名同時種而形性迥別太平御覽云張騫使外國得胡豆種歸指此也今蜀人呼此爲胡豆而蔬豆不復名胡豆矣南北皆有蜀中尤多八月下種冬生嫩苗可茹莖方而肥中空葉狀如匙頭圓而下尖面綠背白柔厚一枝三葉二月開花如蛾狀紫白色結莢連綴蜀人收其子備荒性甘微辛平無毒快胃和臟腑解酒毒誤吞金銀等物者用之皆效

【集藻】七言律詩【增】宋楊萬里招陳益之李兼濟二主管小酌益之指蠶豆云未有賦者戲作七言翠莢中排淺碧珠甘欺崖蜜軟欺酥沙瓶新熟西湖水漆櫑分嘗曉露腴味與櫻梅三益友名因蠶繭一絲約老夫稼圃方雙學請入詩中當稼書

【別錄】【增】農桑通訣蠶豆百穀之中最爲先登農政全書玄扈先生曰蠶豆種花田中冬天不拔花秸用以拒霜至清明後拔之蠶豆八月初種臘月宜厚壅之此種極救農家之急且蝗所不食

豇豆

【原】豇豆一名䜶𩏵音絳雙本草綱目云此豆紅色居多莢必雙生故有豇䜶𩏵之名廣雅指爲胡豆誤矣處處有之穀雨前後下種者六月子便可種一年可兩收四月種者七八月收一種蔓長丈餘一種蔓短懸架則蕃鋪地則不甚旺宜灰壅其葉俱本大末尖嫩時可茹其花有紅白二色莢有白紅紫赤斑駁數色長者至二尺生必兩兩並垂有習坎之義子微曲如人腎形所謂豆爲腎穀者宜以此當之性甘鹹無毒理中益氣補腎健胃和五臟調營衛生精髓止消渴吐逆泄痢小便數與諸疾無禁但水腫忌補腎不宜多食此豆嫩時充菜老則收子可穀可果可菜取用最多豆中上品也

【別錄】【原】本草昔盧廉夫教人補腎氣每日空心煮豇豆

入少鹽食之大有益〔袖珍方〕中鼠莽毒者以豇豆汁飲即解欲試者先刈鼠莽苗以汁潑之便根爛不生此則物理然也

附錄 黎豆

〔原〕黎豆一名貍豆一名黎沙一名獵沙（見古今注）其大者名虎豆亦名虎沙（爾雅云欇虎櫐注云今虎豆江東呼為櫐本草綱目云爾雅虎櫐即貍豆也古人謂藤為櫐後人訛櫐為貍矣又云黎黑色也此豆莢老則黑色有毛露筋如虎貍指爪其子亦有點如虎貍之斑煮之汁黑故有諸名）野生山中人亦有種之者三月下種生蔓葉如豇豆但文理偏斜六七月開花成簇紫色狀如扁豆花一枝結莢十餘長三四寸大如拇指有白茸毛老則黑而露筋宛如乾熊指爪之狀其子大如刀豆淡紫色有斑點如貍文煮去黑汁同猪雞肉再煮食味乃佳

附錄 馬豆

〔增〕〔古今注〕馬豆一名馬沙似虎豆而小實大如指亦可食也

〔彙考〕〔增〕〔雲仙散錄〕品物類聚曰白馬豆食之齒醉虢國夫人廚吏鄧連以洗豆皮作靈沙臛供翠鴛堂

藊豆

〔原〕藊豆一名沿籬豆一名蛾眉豆（本草云藊本作扁莢形扁也沿籬蔓延也蛾眉象豆脊白路之形也）二月種蔓生人家多種之籬邊或以竹木架起每叉三枝一居頂二對生一枝三葉亦一居頂二對生葉大如杯圓而有尖花有紫白二色狀如小蛾有翅尾形莢生花下花卸而莢現及老長寸餘有青白二色形凡十餘樣或長或圓或如龍爪虎爪或如豬耳刀鐮種種不同皆纍纍成枝一枝十餘莢成穗白露後實更繁衍子有黑白赤斑四色（圖經本草云黑者名鵲豆蓋以其黑間有白道如鵲羽也）每莢子或一或二三一種莢硬不堪食惟豆子麤圓而色白者可入藥微炒用氣味甘微溫無毒和中下氣消暑暖脾胃除濕熱止消渴解酒毒河豚魚毒一切草木毒

〔集藻〕〔增〕明王伯稠〔涼生豆花〕豆花初放晚涼淒碧葉陰中絡緯啼貪與鄰翁棚底話不知新月照清溪

〔別錄〕〔原〕〔月令廣義〕芒種前扁豆開花主水〔種植〕清明下種以草灰蓋之不用土覆芽長分栽搭棚引上〔增〕〔農政全書〕玄扈先生曰以口向上種之粒粒出若扁種十不出一蓋豆擠重頂土不起故爛

刀豆

〔原〕刀豆一名挾劍豆（拾遺記云樂浪之東有融澤有挾劍豆其莢形似人挾劍橫斜而生即此）人家多種之蔓引一二丈葉如豇豆葉而稍長大五六七月開紫花結莢長者近尺微似皁莢扁而劍脊三稜嫩青煮食醬醃蜜煎皆佳老則微紫子大如拇指頂淡紅色同雞猪肉煮食甚美氣味甘平無毒溫中下氣利腸止呃逆益腎補元

別錄原（本草綱目）一人病後飲逆不止聲聞鄰家或令取刀豆燒存性白湯調服二錢即止此亦取其下氣歸元而逆自止也（種植）將地鋤鬆深半尺熟糞拌勻淸明時先用布濕微水潤豆令脹將見芽鋤前土作穴每穴一粒側放入不可深此豆體重深則難出上用鋸末拌土薄蓋一層一云用草灰日日澆令濕俟生蔓竹木架起

大靈豆

增（賈耳錄）大靈豆華山陳摶有靈豆服一粒四十九日不饑筋力如故顏色若嬰兒世罕得服之者

木豆

增（交州記）木豆出徐僮間子美似烏頭大葉似柳一年種數年採

靈光豆

增（杜陽雜編）大曆中日林國獻靈光豆大小類中國之菉豆其色紅而光芒長數尺本國人呼爲詰多珠和石上菖蒲葉煑之即大如鵞卵其中純紫稱之可重一斤已上啖之香美無比數日不復言饑渴

佛豆

增（益部方物畧記）佛豆粒甚大而堅農夫不甚種唯圃中蒔以爲利以鹽漬食之小兒所嗜

集藻（贊）增宋宋祁佛豆贊豐粒茂苗豆別一類秋種春斂農不常蒔

脂麻

原脂麻〔俗作芝麻者非〕一名油麻一名胡麻〔夢溪筆談云胡麻直是今油麻張騫始自大宛得油麻之種故名胡麻以別中國之大麻也本草云油麻脂麻謂其多脂油也〕一名巨勝〔本草云巨勝即胡麻之角巨如方勝者〕一名方莖〔以莖名〕一名狗蝨〔以形名〕一名藤弘〔見廣雅本草云藤弘者弘亦巨也〕一名交麻〔杜寶拾遺記云隋大業中改爲交麻〕陶弘景曰胡麻八穀之中惟此爲良李時珍曰脂麻有早晚二種黑白赤三色莖皆方高者三四尺葉光澤有本團而末銳者有本團而末分三丫如鴨掌形者葛洪謂一葉兩尖爲巨勝蓋不知烏麻白麻皆有二種葉也秋開白花似牽牛花而微小亦有帶紫豔者節節生枝

結角長者寸許四稜六稜者房小而子少七稜八稜者房大而子多皆隨地肥瘠蘇恭謂四稜爲胡麻八稜爲巨勝謂其房大勝諸麻也其枝四散者角繁子多一莖獨上者角稀子少取油以白者爲勝可以烹煎可以然點服食以黑者爲良胡地者子肥大其紋鵲其色紫黑取油亦多尤妙其色黑入腎能潤燥也赤者狀如老茄子錢乙治痘瘡變黑歸腎用赤脂麻煎湯送百祥丸取其解毒耳

彙考增（拾遺記）樂浪之東有背明之國宜種百穀有通明麻食者夜行不持燭是苣藤也食之延壽後天而老

原（神仙傳）魯女生長樂人初餌胡麻及朮絕穀八十

餘年口少壯色如桃花日能行三百里走及麞鹿 【增】〈雞肋編〉胡麻俗呼芝麻言其性有八拗謂雨暘時薄收大旱方大熟開花向下結子向上炒焦壓榨才得生油膏車則滑鑽鍼乃澀也 〈本草〉俗傳胡麻須夫婦同種則茂盛故本事詩云胡麻好種無人種合是歸時底不歸 【原】〈天台志〉劉晨阮肇入天台採藥失道食盡見桃實食之覺身輕行數里至溪滸持杯取水見一杯流出有胡麻飯溪邊二女子笑曰劉阮二郎捉向所失流杯來便迎歸作食既出無復相識至家子孫已七世矣

【集藻】〈賦〉【增】〈宋蘇軾服胡麻賦并序〉始余嘗服伏苓久之良有益也夢道士謂余伏苓燥當雜胡麻食之夢中問

道士何者爲胡麻道士言脂麻是也既而讀本草云胡麻一名狗蝨一名方莖黑者爲巨勝其油正可作食則胡麻之爲脂麻信矣又云性與伏苓相宜於是始異斯夢方將以其說食之而子由賦伏苓以示余乃作服胡麻賦以答之世間人聞服脂麻以致神仙必大笑求胡麻而不可得則必求山苗野草之實以當之此古所謂道在邇而求諸遠者歟其詞曰我夢羽人頎而長兮惠而告我藥之良兮喬松千尺老不僵兮流膏入土龜蛇藏兮得而食之壽莫量兮於此有草衆所嘗兮狀如狗蝨其莖方兮夜炊晝曝久乃臧兮伏苓爲君此其相兮我興發書若合符兮乃瀹乃烝甘且腴兮補塡骨髓流髮膚兮是身如雲我何居兮長生不死道之餘兮神藥如蓬生爾廬兮世人不信空自劬兮搜抉異物出怪迂兮槁死空山固其所兮至陽赫赫發自坤兮至陰肅肅躋於乾兮寂然反照珠在淵兮沃之不滅又不燔兮長虹流電光燭天兮嗟此區區何與於其間兮譬之膏油火之所傳而已耶 〈元戴表元胡麻賦〉六月亢旱百稼槁乾有物沃然秀於中田是爲胡麻外白中玄嘻微心之良苦徵日御而周旋朝舒翹以東嚮夕偃媚而西遷若餞迎之有節閱旦旦而不愆有一儒者睹而異之曰是物其有識可比義於戎葵惟太陽之委照疇一物之得遺彼芃然以自遂有得氣而不知獨輸勤於畎畝致

展轉於遐暉迹其華粲粲以淡成翰亭亭而直致陰廻翔以蓄膈膏湛渟而珠媚疑本質之過淸常凝澀而抱樸庸遇暵以不傷表孤姸於衆悴且其花本近仁禰明近智蹈約而不移近信在困而能恭近義故論胡麻者以爲君子之道四宜乎以爾登良醫之候衍依飛仙之服餌也

詩散句 【原】〈唐王維〉御羹和石髓香飯進胡麻 【增】〈宋梅堯臣〉傍枝延扶疏脩莢繁橐韜 胡麻養氣血種以督兒曹 【原】〈明馮琦〉居然在玄圃不必飯胡麻 【增】〈唐曹唐〉白羊成隊難收拾吃盡溪邊巨勝花 〈宋陸游〉胡麻刈罷下麰初引水家家灌晚蔬 欲驅胡麻愁屢雨

【別錄】【原】種植須肥地荒地亦可但多加糞二三月為上時四月上旬為中時五月上旬為下時望前種實多而成望後種子少多秕每畝二升取沙土中拌和之則入地匀須多種宜甲子壬申丙子壬午及六月三卯日忌南風及辛亥寅未日〔收割〕鋤三四徧逾多逾妙頻鋤草淨俟熟者先擭束欲小大則難乾五六束一攢斜倚之使風得入候口開以小杖微打令子出仍攢之三日一打四五徧乃淨曬乾收藏〔服食〕抱朴子云用上黨胡麻三斗淘淨甑蒸令氣徧日乾以水淘去沫再蒸如此九度以湯脫去皮簸淨炒香為末白蜜棗膏丸彈子大每服溫酒化下一丸日三忌毒魚狗肉生菜服至百

日除一切痼疾一年身面光澤不饑二年白髮返黑三年齒落更生四年水火不能害五年行及奔馬若欲下之飲葵菜汁 孫眞人云用胡麻三升去黃褐者蒸三十徧微炒香為末入白蜜三升杵三百下丸桐子大每旦服五十丸人過四十以上久服明目洞視腸柔如筋〔取用〕漬汁和麪至韌滑人身生肉丁者擦之即愈七月七日采烏麻花最上頭者陰乾為末烏麻油漬之眉毛不生者日塗之即生又生禿髮〔猪〕入米倉內米不蛀燒灰入點痣及去惡肉方中用除夜撒之房臥內外云可避邪又生脂麻單條者名霸王鞭豎臥房前亦云可祓鬼 葉湯浸良久涎出稠黃色婦人用梳頭沐髮

去風〔家塾事親〕油生笮者良有潤燥解毒止痛消癰之功蒸炒者止可食用及然點不堪入藥入藥以烏麻油為上白麻油次之須自笮者可用市者恐僞臘月油久放不壞點燈照蠶辟蟲熬膏藥極效搽婦人頭髮黑光不臭不生蟣虱 麻餅笮去油麻滓也亦名麻籸可食荒歲人以救饑入鹽作醬甚滑膩又可養魚肥田周禮堅强用蕡亦此義也【增】〔好事集〕以胡麻麪啖犬則光黑而駿使獵必大獲又可得三十歲〔物類相感志〕芝麻萁燒煙熏紙被不作聲

附錄 青蘘

【原】青蘘一名夢神一名胡麻巨勝苗也一作葉服食家

作菜用其法秋間取巨勝子種肥地畦中如種菜法苗出鋤令無草乾即灌水采食滑美如葵

附錄 亞麻

【增】〔本草〕亞麻一名鵶麻一名壁虱胡麻蘇頌曰出兗州威勝軍苗葉俱青花白色李時珍曰陝西人亦種之其實亦可榨油然燈氣惡不堪食

佩文齋廣羣芳譜卷第十

佩文齋廣羣芳譜卷第十一

桑麻譜

桑

【原】桑東方自然神木之名其字象形蠶所食也見徐鍇說文通釋皮裂幹疎葉面深綠光澤多刻缺方書稱桑之功最神在人資用尤衆其種類甚多不可徧舉世所名者荆與魯也荆桑多椹葉薄而尖邊有瓣凡枝幹條葉堅勁者皆荆類也魯桑少椹葉圓厚而多津凡枝幹條葉豐腴者皆魯類也荆類根固而心實能久宜為樹魯類根不固而心虛不能久宜為地桑荆葉不如魯之盛當以魯接荆則久而又茂魯為地桑有壓條法傳轉無窮是亦可以久遠者也荆桑飼蠶其絲堅韌中紗羅用魯桑宜飼大蠶荆桑宜飼小蠶見王禎農桑通訣此外又有桋桑爾雅云女桑桋桑注云今俗桑樹小而條長者曰女桑樹疏云女桑一名桋桑檿桑爾雅云檿桑山桑注云似桑材中作弓及車轅疏云山桑一名檿桑禹貢厥篚檿絲是也【增】本草李時珍曰桑有數種有白桑葉大如掌而厚雞桑葉花而薄子桑先椹而後葉山桑葉尖而長以子種者不若壓條而分者【原】桑生黃衣謂之金桑木將槁蠶食必病樹下每年耕用糞則葉肥嫩搆接則葉大桑白皮利小水肺中有水氣及肺火有餘者用之葉多積荒年可濟飢亦可喂猪羊馬蠶事畢令人採取曬乾收貯備用

【彙考】【增】易否卦繫于苞桑疏苞本也凡物繫於桑之苞本則牢固也又桑之為物其根衆也衆則牢固之義書禹貢桑土既蠶是降丘宅土傳大水去民下丘居平土就桑蠶集傳桑土宜桑之土既蠶者可以養蠶也蠶性惡濕故水退而後可蠶然九州皆賴其利而獨於兗言之者兗地宜桑後世之濮上桑間猶可驗也 厥貢漆絲傳地宜漆林又宜桑蠶 厥篚檿絲傳檿桑蠶絲中琴瑟絃疏檿絲是蠶食檿桑所得絲韌中琴瑟弦也書傳成王之時有三苗貫桑葉而生同為一穗其大盈車長幾充箱民得而上諸成王 詩鄘風降觀于桑傳地勢宜蠶可以居民 靈雨既零命彼倌人星言夙駕稅于桑田集傳言方春時雨既降而農桑之務作文公於是命主駕者晨起駕車急往而勞勸之 衛風桑之未落其葉沃若傳桑女功之所起沃若猶沃沃然 桑之落矣其黃而隕 魏風彼汾一方言采其桑箋采桑親蠶事也【原】唐風肅肅鴇行集于苞桑 曹風鳲鳩在桑其子七兮【增】豳風女執懿筐遵彼微行爰求柔桑疏柔桑穉桑也蠶始生宜穉桑 蠶月條桑取彼斧斨以伐遠揚猗彼女桑傳遠枝遠也揚條揚也角而束之曰猗女桑荑桑也疏條其桑而采之謂斬條於地就地采之也猗束彼女桑而采之謂柔穉之桑不枝落者以繩猗束而采之也 小雅隰桑有阿其葉有難傳阿然美貌難然盛貌有以利人也疏言隰中之桑枝條

甚阿然而長美其葉則甚難然而茂盛其下可以庇蔭人往息者得其凉也　隰桑有阿其葉有沃〔傳〕沃柔也　隰桑有阿其葉有幽〔傳〕幽黑也〔疏〕阿那是枝葉條垂之狀故爲美貌難爲葉之茂沃言葉之柔幽是葉之色言桑葉茂盛而柔輭則其色純黑故三章各言其一也　樵彼桑薪卬烘于煁〔傳〕卬我也烘燎也煁烓竈也桑薪宜以養人者也〔疏〕有人樵取於彼桑木之薪不以炊爨云我用之燎於煁竈烘物而已桑薪薪之善者也宜以炊爨而養人今不以炊爨反燎於煁竈失其所也　〔大雅〕菀彼桑柔其下侯旬〔傳〕菀茂貌旬言陰旬也〔箋〕桑之柔濡其葉菀然茂盛謂蠶始生時也人庇蔭其下者

均得其所〔疏〕菀然而茂者彼桑也其葉穉而柔濡故菀然茂盛於此之時人息其下維均得蔭皆無暑熱之患　〔禮記月令〕季春之月命野虞毋伐桑柘〔注〕愛蠶食也野虞謂主田及山林之官　鳴鳩拂其羽戴勝降于桑〔注〕蠶將生之候也戴勝織紝之鳥是時恒在桑　具曲植蘧筐〔注〕時所以養蠶器也曲薄也植槌也　后妃齋戒親東鄉躬桑禁婦女毋觀省婦使以勸蠶事〔注〕后妃親採桑示帥先天下也東鄉者鄉時氣也是明其不常留養蠶也留養者所卜夫人與世婦婦謂世婦及諸臣之妻也內宰職曰仲春詔后帥內外命婦始蠶于北郊婦謂外內子女也夏小正曰妾子始蠶執養宮事毋觀去容飾也婦使縫線組紃之事　蠶事既登分繭稱絲效功以共郊廟之服毋敢有惰〔注〕登成也勑往蠶者蠶畢將課功以勸戒之　季夏之月蠶事畢后妃獻繭乃收繭稅以桑爲均貴賤長幼如一以給郊廟之服〔疏〕后妃獻繭者謂后妃受內命婦之獻繭乃收繭稅者謂既受內命婦獻繭及收外命婦繭之賦稅以桑爲均者言收稅之時以受桑多少爲賦之均齊桑多則賦多桑少則賦少貴賤長幼如一者貴謂公卿大夫之妻賤謂士之妻長幼謂婦老幼無問貴賤長少出之時齊同如一皆以近郊之稅十而稅一也所稅之物以供給天子郊廟之服　〔內則〕射人以桑弧蓬矢六射天地四方〔疏〕桑衆

木之本　〔祭義〕古者天子諸侯必有公桑蠶室近川而爲之築宮仞有三尺棘墻而外閉之及大昕之朝君皮弁素積卜三宮之夫人世婦之吉者使入蠶于蠶室奉種浴于川桑于公桑風戾以食之〔疏〕公桑蠶室者謂官家之桑於處而築養蠶之室近川而爲之者取其浴蠶種便也風戾以食之者戾乾也蠶早采桑必帶露而濕蠶性惡濕故乾而食之　〔左傳〕宣子田於首山舍於翳桑〔注〕翳桑桑之多蔭翳者　原〔孟子〕五畝之宅樹墻下以桑　增〔戰國策〕昔者堯見舜於草茅之中席隴畝而蔭庇桑陰移而受天下　〔史記殷本紀〕帝太戊立伊陟爲相亳有祥桑穀共生於朝一暮大拱帝太戊懼

問伊陟伊陟曰臣聞妖不勝德帝之政其有闕歟帝其
修德太戊從之而祥桑枯死〔貨殖傳〕齊魯千畝桑麻
與千戶侯等 原〔漢書文帝紀〕十三年春二月甲寅詔
曰朕親率天下農耕以供粢盛皇后親桑以奉祭服其
具禮儀〔注〕師古曰令立耕桑之禮制也 〔景帝紀〕二年
夏四月詔曰朕親耕后親桑以奉宗廟粢盛祭服爲天
下先 增〔漢書食貨志〕還廬樹桑 〔元后傳〕太后幸蠶
館率皇后及列夫人桑 〔後漢書禮儀志〕皇后帥公卿
諸侯夫人蠶祠先蠶禮以少牢〔注〕漢舊儀曰春桑生而
皇后親桑於苑中蠶室養蠶千簿以上祠以中牢羊豕
羣臣妾從桑還獻於繭觀皆賜從桑者樂 〔襄楷傳〕楷

上書曰聞宮中立黃老浮屠之祠浮屠不三宿桑下不
欲久生恩愛精之至也〔注〕言浮屠之人寄桑下者不經
三宿便即移去示無愛戀之心也 原〔後漢書張堪傳〕
張堪拜漁陽太守百姓歌之曰桑無附枝麥秀兩岐張
君爲政樂不可支 〔申屠蟠傳〕蟠絕迹於梁碭之間因
樹爲屋自同傭人〔注〕謝承書曰居蓬蒿之室依桑樹以
爲棟也 增〔謝承後漢書〕汝南伊昆爲陰縣功曹令新
到官問丹閣中有桑以食蠶何如昆曰非初至所當務
原〔蜀志先主傳〕先主舍東南角籬下有桑樹生高五
丈餘遙望童童如小車蓋往來者皆怪其非凡或謂當
出貴人先主少時與宗中諸小兒戲於樹下戲言吾必

當乘此葆羽車蓋 增〔蜀志諸葛亮傳〕亮自表後主曰
成都有桑八百株薄田十五頃子弟衣食自有餘饒
〔龐統傳〕潁川司馬徽清雅有知人鑒龐統弱冠往見徽
徽采桑於樹上坐統在樹下共語自晝至夜徽甚異之
稱統當爲南州士人之冠冕由是漸顯 〔晉書禮志〕武
帝太康六年使侍中成粲草定親蠶儀先蠶壇高一丈
方二丈爲四出陛陛廣五尺在皇后採桑壇東南帷宮
外門之外而東南去帷宮十丈在蠶室西南桑林在其
東取列侯妻六人爲蠶母蠶將生擇吉日皇后著十二
笄步搖依漢魏故事衣青衣乘油畫雲母安車駕六騩
馬女尚書著貂蟬佩璽陪乘載筐鉤公主三夫人九嬪

世婦諸太妃太夫人及縣鄉君郡公侯特進夫人外世
婦命婦皆步搖衣青各載筐鉤從蠶先桑二日蠶宮生
蠶著薄上桑日皇后未到太祝令質明以一太牢告祠
謁者一人監祠祠畢徹饌班餘胙於從桑及奉祠者皇
后至西郊升壇公主以下陪列壇東皇后東面躬桑採
三條諸妃公主各採五條縣鄉君以下各採九條悉以
桑條授蠶母還蠶室 〔藝術傳〕淳于智有思義能易筮
善厭勝之術上黨鮑瑗家多喪病貧苦智爲卦成謂瑗
曰君安宅失宜故令君困君舍東北有大桑樹君徑至
市入門數十步當有一人持荊馬鞭者便就買以懸此
樹三年當暴得財瑗承言詣市果得馬鞭懸之三年後

幷得錢數十萬銅鐵器復二十餘萬於是致贍疾者亦愈〔辰韓國傳〕辰韓俗僥蠶桑善作縑布〔馮跋載記〕跋勸課農桑勤心政事下書曰桑柘之益有生之本此土少桑人未見其利可令百姓人植桑一百根柘二十根 原 宋書禮志孝武立親后親桑循晉禮也 增 南齊書祥瑞志永明二年護軍府門外桑樹一株並有蠶絲綿被枝莖史臣按漢光武時有野蠶成繭百姓得以成衣服今則浮波蠶樹其亦此之類乎 原 南齊書孝義傳韓係伯襄陽人也襄陽土俗鄰居種桑界上爲誌係伯以桑枝蔭妨他地遷界上開數尺鄰畔隨復侵之係伯輒更改種久之鄰人慚愧還所侵地躬往謝之

增 魏書食貨志諸初受田者男夫一人給田二十畝課蒔餘種桑五十樹棗五株榆三根非桑之土一夫給一畝依法課蒔榆棗奴各依良限三年種畢不畢奪其不畢之地於桑榆地分雜蒔餘果及多種桑榆者不禁諸應還之田不得種桑榆棗果種者以違令論 原 南史齊本紀高帝舊宅在武進宅南有一桑樹擢本三丈橫出四枝狀似華蓋帝年數歲好戲其下從兄敬宗曰此樹爲汝生也 增 南史羅研傳研爲信安令故事置觀農謁者圍桑度田勞擾百姓研請除其弊帝從之〔新羅國傳〕新羅土地肥美多桑麻作縑布〔隋書禮儀志〕後齊皇后親桑於桑壇備法駕服鞠衣乘重翟帥六宮升桑壇東陛即御座女尚書執筐女主衣執鉤立壇下皇后降自東陛執筐者處右執鉤者處左蠶母在後乃躬桑三條訖升壇即御座內命婦以次就桑鞠衣五條展衣七條褖衣九條以授蠶母還蠶室 皇后采桑則服鵠衣 皇后之車三日翟輅以採桑 命婦采桑齊及采桑還則黃衣〔食貨志〕河淸三年每丁給永業二十畝爲桑田其中種桑五十根榆三根棗五根不在還受之限非此田者悉入還受之分〔唐書憲宗本紀〕元和七年四月詔民田畮樹桑〔禮樂志〕皇后歲祀一季春吉巳享先蠶遂以親桑〔賈循傳〕循母將葬宅有枯桑一夕再生芝出北牖人以爲瑞 南蠻傳永昌之西

野桑生石上其材上屈兩向而下植取以爲弓不筋漆而利名曰瞑弓〔宋史禮志〕元祐八年宰臣奏積雨傷蠶上曰朕宮中自蠶一箔欲知農桑之候久雨葉濕豈不有損乃命往天竺祈晴〔食貨志〕太祖建隆時詔所在長吏諭民有能廣植桑棗墾闢荒田者止輸舊租民伐桑棗爲薪者罪之 熙寧元年中書議勸民栽桑帝曰農桑衣食之本民不敢自力者正以州縣約以爲貲升其戶等耳宜申條禁於是司農寺請立法先行之開封視可行頒於天下民種桑柘毋得增賦安肅廣信順安軍保州令民即其地植桑榆或所宜木因可限閡戎馬官計其活茂多寡得差減在戶租數活不及數者罰

責之補種〔金史食貨志〕世宗大定十九年二月上如春水見民桑多爲牧畜齧毀詔親王公主及勢要家牧畜有犯民桑者許所屬縣官立加懲斷〔山海經〕宣山上有桑大五十尺其枝四衢葉大尺赤理青華名之曰帝女之桑　衡山多桑　東北海外赤水在圓丘南有三桑木而無枝皆高百仞〔穆天子傳〕甲寅天子作居范宮以觀桑者乃飲於桑中天子命桑虞出（闕字）桑者用禁暴民〔注〕不得令剗犯桑木〔尚書考靈曜〕桑木者箕星之精神木蟲食葉爲文章人食之老翁爲小童【原】〔春秋孔演圖〕孔子母徵在游於大冢之陂睡夢黑帝使請往交語曰汝乳必於空桑覺則若有所感後生孔子

於空桑之中〔韓非子〕子產相鄭開畝樹桑鄭人謗訾【增】〔呂氏春秋〕伊尹之母居伊水之上孕夢有神告之曰臼出水而東走無顧明日視臼出水其鄰東走十里而顧其邑盡爲水身因化爲空桑有莘氏女子採桑得嬰兒空桑之中獻之於君君令乳之命曰伊尹〔淮南子〕蝡蠶一歲再收非不利也然而王法禁之者爲其殘桑也〔括地圖〕化民食桑三十七年化而自裹九年生翼十年而死　〔神異經〕東方有桑樹焉高八十丈敷張自輔其葉長一丈廣六七尺其上自有蠶作繭長三尺繰一繭得絲一斤【原】〔漢舊儀〕皇后躬桑始揆一條執筐受桑揆三條女尚書蹕曰可止執筐者以桑授蠶母

以桑適金室【增】〔列女傳〕魯秋胡子納妻五日而官於陳後歸未至家見路傍有美婦方採桑秋胡悅之下車願托桑陰下婦人採桑不顧胡曰力田不如逢年採桑不如見郎今吾有金願與夫人而婦人不受胡乃歸母呼其婦乃向採桑者也數胡之罪而自投於河　齊宿瘤女東鄰採桑女也項有大瘤閔王遊至東都百姓盡觀宿瘤女採桑如故王怪問之對曰受父母教採桑不受教觀王王曰此奇女悅而聘迎之　陳辨女者陳國採桑之女也晉大夫解君甫使於宋過陳遇之止而戲之曰女爲吾歌吾將舍女女乃歌曰墓門有棘斧以斯之夫也不良國人知之〔崔豹古今注〕邯鄲有美女姓

秦名羅敷爲邑人王仁妻仁後爲趙王家令羅敷出採桑於陌趙王登臺見而悅之因飲酒欲奪焉羅敷善彈箏作陌上桑之歌以自明【原】〔神仙傳〕麻姑語王方平云接侍以來已見東海三爲桑田【增】〔搜神記〕有人遠征家有一女馬一匹女思父乃戲馬曰爾能爲我迎得父歸吾將嫁汝馬乃頓韁而去迎得父來後馬見女輒怒父乃殺馬曝皮於庭女之皮所皮忽卷女而行父後於大桑樹枝間得女及皮盡化爲蠶績樹上其繭厚大異常鄰婦取養之其收亦倍今世謂蠶爲女兒古之遺語也〔拾遺記〕少昊以金德王母曰皇娥處璇宮而夜織或乘桴木而晝遊經歷窮桑滄茫之浦時有神童容

色絕俗稱爲白帝之子卽太白之精降乎水際與皇娥讌戲奏嫂娟之樂游漾忘歸窮桑者西海之濱有孤桑之樹直上千尋葉紅椹紫萬歲一實食之後天而老帝子與皇娥並坐撫桐峰梓瑟皇娥倚瑟而清歌曰天清地曠浩茫茫萬象廻薄化無方浛天蕩蕩望滄滄乘桴輕漾著日傍當其何所至窮桑心知和樂悅未央白帝子答歌四維八埏眇難極驅光逐影窮水域璇宮夜靜當軒織桐峰文梓千尋直伐梓作器成琴瑟清歌流暢樂難極滄湄海浦來棲息及皇娥生少昊號曰窮桑氏亦曰桑丘氏至六國時桑丘子著陰陽書卽其餘裔也

〔原〕後燕錄遼初無桑慕容廆通於晉求種江南平川

之桑悉蘇吳來

〔增〕述異記空桑生大野山中爲琴瑟之最者空桑也　桓仲爲江州刺史遣人周行廬山冀覩靈異旣陟崇巘有一湖周生桑樹有敗艑赤鱗魚使者渴極欲往飲水赤鱗張鰭向之使者不敢飲　稽神錄廬州軍吏蔡彥卿爲拓皐鎭將暑夜坐鎭門外納凉忽見道南桑林中有白衣婦人獨舞就視卽滅明夜彥卿扶杖先往伏草間久之婦人復出而舞卽擊之墜地乃白金一餅復掘地獲銀數千兩遂致富裕云　錄異記李太尉德裕一旦有老叟詣門引五六輩舁巨木請謁焉閽者不能拒之公異而見之叟曰某家藏此桑實三世矣某巳耋矣感公之好奇搜異是以獻爾木中有奇寶若能者斲之必有所得洛邑有匠計其年齒且老或身巳歿子孫亦當得其旨訣非洛匠無能斲之者也公如其言訪於洛下匠巳殂矣其子應召而來覩而視之曰此可徐而斲之矣因解爲二琵琶槽自然有白鴿羽翼爪足巨細畢備匠料之微失厚薄不中一鴿少其翼公以形羽全者進之自留其一今猶在民間　洛陽伽藍記昭儀寺佛堂前有桑樹一株直上五尺枝條橫遶柯葉傍布形如羽蓋復高五尺又葉凡爲五重每重葉生椹各異京師道俗謂之神桑　廣異記南方赤帝女學道得仙居高陽崿山桑樹上正月一日銜柴作巢至十五日成赤帝誘之不得以火焚之女卽升天因名

帝女桑　鄴郡名錄杜勝宅以轅漆纏桑枝編爲籬障雨一過黑光照四面時通甫愛之欲以銅官第取不應　常新錄裴休得桑木根曰若作沉香想之更無異相雖對沉水香反作桑根想終不聞香氣諸相從心起　通鑑外紀西陵氏之女嫘祖爲黃帝元妃始教民蠶桑治絲繭以供衣服而天下無皴瘃之患後世祀爲先蠶　兼明書今三四月間採桑之時見有小鳥灰色眼下正白俗呼白鵊鳥是也以其採桑時來故謂之桑鳸　俗呼小錄湖州以桑葉二十斤爲一箇　湧幢小品湖州有章姓者豫占桑價占賤卽畜至百餘斤二十年無爽白手厚獲生計遂饒鼓樂賽謝以爲常一日賽畢有

一婦人矮而肥求齋臥地下不去其家內外醉飽厭之叱使去婦人曰我與汝曾祖母有舊連歲爲汝應卜助生計一齋何吝匍匐入門蹴之忽不見且駭且疑佛堂忽有聲曾祖母牌已裂爲二蓋祖母毎好善見祼蟲必致暖處護其生俟生翼飛去乃已矮婦之祥或在於此以後卜吉而畜其價必相左家道耗云 燕山叢錄漢昭烈宅在涿州樓桑村昭烈在民間所居有桑層蔭如樓因曰樓桑今尚在其下留題甚多 五雜組涿州之涞水道中有大桑樹高十餘丈蔭百畝云即昭烈舍前之桑也自漢及今千五百年矣而扶疎如故且其椹視常桑倍大士人珍之以相餽遺云

【集藻】贊【增】晉郭璞帝女桑贊爰有洪桑生濱淪潭厥圍五丈枝相交參園客是採帝女所蠶 【原】元王禎躬桑贊有星天駟象匹神龍惟蠶辰生厥精冥通孕卵而出寓食桑中惟君立后毓德中宮既正母儀普師婦工建茲繭館桑必以躬爰制祭祀郊廟是供

賦【增】魏繁欽桑賦上似華蓋紫極比形下象鳳闕萬柄一楹叢枝互出乃錯乃并雕藂隆暑涼風自生微條纖繞隨風浮沉陽蜩鳴其南枝寒蟬噪其北陰秋氣忽其將來咸感節而悲吟玩庇蔭之厚惠情眷眷而愛深 晉陸機桑賦并序皇太子便坐蓋本將軍直廬也初世祖武皇帝爲中壘將軍植桑一株世更二代年漸三紀扶疎豐衍抑有瑰異焉賦曰夫何佳樹之洪麗超托居乎紫庭羅萬根以下洞矯千條而上征豈民黎之能植乃世武之所營故其形瑰族類體艷衆木黃中爽理滋榮頻蕤綠葉興而盈尺崇條蔓而層尋希太極以延峙耿承明而廣臨革飛鴞之流響想鳴鳥之遺音惟歷數之有紀恒依物以表德豈神明之所相將我皇之先識誇百世而勿翦超長年以永植 傅咸桑樹賦并序世祖昔爲中壘將軍於直廬種桑一株迄今三十餘年甚茂盛不衰皇太子入朝以此廬爲便坐賦曰伊茲樹之僥倖蒙生生之渥惠降皇躬以斯植遂弘茂於聖世厥茂伊何其大連尋修柯遠揚洪條梢槮布繁枝之沃若

播密葉以垂陰蔭華寓而作涼清隆暑之難任以厥樹之巨偉登九日於朝陽且積小以高大生合抱於毫芒猶帝道之將升亦累德以彌光湯躬禱於斯林用獲雨而興商惟皇晉之基命爰於斯而發祥從皇儲於斯館物無改於平生心惻切以興思思有感於聖明步徬徨以周覽庶髣髴於儀刑 潘尼桑樹賦從明儲以省膳憩便房以偃息觀茲樹之特瑋感先皇之攸植蔚蕭森以四射邈洪榮而端直爾乃徘徊周覽俯仰逍遙俛覜靈根上眺修條洞芳泉於九壤含溢露於清霄倚增城之飛觀拂綺窓之疏寮下迢遰以極望上扶疎而參差匪衆烏之攸萃相鳳鸞之羽儀理有微而至顯道有隱

而應期豈皇晉之禎瑞兆先見而啓茲起蕁抱於纖毫崇萬簣於始基 【原】〔王禎親蠶賦〕惟蠶有功萬世歸美廣物產之貨貨作人生之衣被仲春之月天子詔后以躬桑大昕之朝內宰告期而命祀於是詣靈壇降寶殿翠障夾乎道周鳳輦翔於幾何順春氣於東方朝先蠶於北面具夫青縹之服侑以芳馨之薦當其疊承寵命適對韶光擇世婦於卜吉受鞠衣於明堂祟開禁館始入公桑援條有三聽女尚書之勸止執筐不再受宮夫人之是將體之以坤儀之柔順觀之以母道之慈良破蟻以來庶養至於千簿獻繭之後諒化被於多方

五言古詩 【增】〔漢樂府陌上桑〕日出東南隅照我秦氏樓

秦氏有好女自名爲羅敷羅敷善採桑採桑城南隅青絲爲籠系桂枝爲籠鈎頭上倭墮髻耳中明月珠緗綺爲下裙紫綺爲上襦行者見羅敷下擔捋髭鬚少年見羅敷脫帽著帩頭耕者忘其犂鋤者忘其鋤來歸相怒怨但坐觀羅敷使君從南來五馬立踟躕使君遣吏往問是誰家姝秦氏有好女自名爲羅敷羅敷年幾何二十尚不足十五頗有餘使君謝羅敷寧可共載不羅敷前致辭使君一何愚使君自有婦羅敷自有夫東方千餘騎夫壻居上頭何用識夫壻白馬從驪駒青絲繫馬尾黃金絡馬頭腰中鹿盧劍可直千萬餘十五府小史二十朝大夫三十侍中郎四十專城居爲人潔白晳鬚鬑頗有鬚盈盈公府步冉冉府中趨坐中數千人皆言夫壻殊 〔晉樂府採桑度〕蠶生春三月春桑正含綠女兒採春桑歌吹當春曲 繫條採春桑採葉何紛紛採桑不裝鉤牽壞紫羅裙 採桑盛陽月綠葉何翩翩攀條上樹表牽壞紫羅襦 〔陶潛擬古〕種桑長江邊三年望當採枝條始欲茂忽值山河改柯葉自摧折根株浮滄海春蠶既無食寒衣欲誰待本不植高原今日復何悔 【原】〔陶潛歸田園居〕野外罕人事窮巷寡輪鞅白日掩荆扉虛室絕塵想時復墟曲中披草共來往相見無雜言但道桑麻長桑麻日已長吾土日已廣常恐霜霰至零落同草莽 【增】〔宋謝靈運種桑〕詩人陳條柯亦有

美攘剔前修爲誰故後事資紡績常佩知方誡愧微富教益浮陽鶩嘉月藝桑迨閑隙疏欄發近郛長行達廣域曠流始毖泉湎塗猶跬跡俾此將長成慰我海外役 〔梁吳均採桑〕賤妾思不堪採桑渭城南帶減連枝繡髮亂鳳凰簪花舞依長薄蛾飛愛綠潭無由報君信流涕向春蠶 〔陌上桑〕嫋嫋陌上桑蔭陌復垂塘長條映白日細葉隱鸝黃蠶飢妾復思拭淚且提筐故人寧知此離恨煎人腸 〔劉邈萬山見採桑人〕倡妾不勝愁結束下青樓逐伴西城路相攜南陌頭葉盡時移樹枝高乍易鉤絲繩挂且脫金籠寫復收蠶飢日已暝詎爲使君留 〔王臺卿陌上桑〕令月開和景處處動春心挂筐

須葉滿息倦重枝險（沈君攸採桑）南陌落花移蠶妾
畏桑萎逐便牽低葉爭多避小枝摘駛龍行滿攀高腕
易疲看金怯舉意求心自可知（北周王褒陌上桑）人
傳陌上桑未曉巳含光重重相蔭映輭弱自芬芳秋胡
未仕馬羅敷未滿筐春蠶朝已老安得久徬徨（陳傅
縡採桑）羅敷試採桑出入城南傍綺裙映珠珥絲繩提
玉筐度身攀葉聚聳腕及枝長空勞使君問自有侍中
郎（賀徹採桑）蠶妾出房櫳結伴類花叢度水春衫綠
映日晚妝紅釧聲時動樹衣香自入風鉤長嫩枝曲葉
盡細條空競採須盈手爭歸欲滿籠自憐公府步誰與
少年同（唐劉希夷採桑）楊柳送人行青青西入秦誰

家採桑女樓上不勝春盈盈灞水曲步步春芳綠紅臉
耀明珠絳唇含白玉回首渭橋東遙憐春色同青絲嬌
落日緗綺弄春風蠶籠長嘆息逶迤戀春色看花若有
情倚樹疑無力薄暮思悠悠使君南陌頭相逢不相識
歸去夢青樓〔原〕（李白陌上桑）美女渭橋東春還事蠶
作五馬如飛龍青絲結金絡不知誰家子調笑來相謔
妾本秦羅敷玉顏豔名都綠條映素手採桑向城隅使
君且不顧況復論秋胡寒螿愛碧草鳴鳳棲青梧託心
自有處但怪旁人愚徒令白日暮高駕空踟躕（子夜
吳歌）秦地羅敷女採桑綠水邊素手綠條上紅妝白日
鮮蠶飢妾欲去五馬莫留連（常建陌上桑）翳翳陌上

桑南枝交北堂美人金梯出素手自提筐非但畏蠶飢
盈盈嬌路傍〔增〕（李彥遠採桑）採桑畏日高不待春眠
足攀條有餘愁那矜貌如玉千金豈不贈五馬空踟躕
何以變貞性幽篁雪中綠（王建採桑）烏鳴桑葉間綠
條復柔柔攀看去手近散作長長鉤黃花蓋野田白馬
少年遊所念豈廻顧良人在高樓（劉駕桑婦）牆下桑
葉盡春蠶半未老城南路迢迢今日起更早四鄰無去
伴醉臥青樓曉妾顏不如誰所貴守婦道一春常在樹
自覺身如鳥歸來見小姑新妝弄百草（于濆田翁歎
桑）手植千樹桑文杏作中梁頻年徭役重盡屬富家郎
富家田業廣用此買金章昨日門前過軒車滿垂楊歸

來說向家兒孫竟咨嗟不見千樹桑一浦芙蓉花（元
趙孟頫題織圖）正月　正月新獻歲最先理農器女工並
時興蠶室臨期治初陽力未勝早春尚寒氣窗戶當奧
密勿使風雨至田疇耕耨動敢不修耒耜經冬牛力弱
相戒勤飯飼萬事非預備倉卒恐不易田家亦良苦舍
此復何計（二月）仲春凍初解陽氣方滿盈旭日照原
野萬物皆欣榮是時可種桑插地易抽萌列樹徧阡陌
東西各縱橫豈惟籬落間採葉襌遠行大哉皇元化四
海無交兵種桑日已廣彌望綠雲平匪惟錦綺謀祗以
厚民生（三月）三月蠶始生纖細如牛毛婉孌閨中女
素手握金刀切葉以飼之擁紙散周遭庭樹鳴黃鳥發

聲和且嬌蠶飢當採桑何暇事遊遨田時人力少丈夫
方種苗相將挽長條盈筐不終朝數口望無寒敢辭終
歲勞〔四月〕四月夏氣清蠶大已屬眠高首何昂昂蛾
眉復娟娟不憂桑葉少徧野如綠煙相呼攜筐去迢遞
立遠阡梯空伐條枚葉上露未乾蠶飢當早歸秉心靜
以專飭躬修婦事僶勉當盛年救忙多女伴笑語方喧
然〔五月〕五月夏以半谷鸎先弄晨老蠶成雪繭吐絲
亂紛紜伐葦作薄曲束縛齊榛榛黃者黃如金白者白
如銀爛然滿筐筥愛此顏色新欣欣舉家喜稍慰經時
勤有客過相問笑聲聞四鄰論功何所歸再拜謝蠶神
〔六月〕釜下燒桑柴取繭投釜中纖纖女兒手抽絲疾

如風田家五六月綠樹陰相蒙但聞繰車響遠接村西
東旬日可經絹弗憂杼柚空婦人能蠶桑家道當不窮
更望時雨足二麥亦稍豐酤酒田家飲醉倒嫗與翁
〔七月〕七月暑尚熾長日弃機杼頭蓬不暇梳揮手汗如
雨嚶嚶時鳥鳴灼灼紅榴吐何心娛耳目往來忘傴僂
織爲機中素老幼要紉補青燈照夜梭蟋蟀窓外語辛
勤亦何有身體衣幾縷嫁爲田家婦終歲服勞苦〔八
月〕池水何洋洋漚麻水中央數日庶可取引過兩手長
織絹能幾時織布已復忙依依小兒女歲晚歎無裳布
襦不掩脛念之熱中腸朝緝滿一籃莫緝滿一筐行看
機中布計日漸可量我衣苟已成不憂天早霜〔九月〕

季秋霜露降凜凜寒氣生是月當授衣有布織未成大
寒催刀尺機杼可無營教女學紡織舉足疾且輕舍南
與舍北嘒嘒聞車聲通都富豪家華屋貯娉婷被服雜
羅綺五色相間明聽說貧家女惻然當動情〔十月〕豐
年禾黍登農心稍逸樂小兒漸長大終歲荷鋤钁目不
識一字每念心作惡東鄰方迎師收拾令上學後月日
南至相賀因舊俗爲女裁新衣修短巧量度軀手事塞
向庶禦北風虐人生負可歎至老長力作〔十一月〕冬
至陽來復草木潛滋萌君子重其然吾道自此亨丈母
坐堂上子孫列前榮再拜稱上壽所願百福并人生屬
明時四海方太平民無札瘥者厚澤敷羣情衣食苟給

足禮義自此生願言興學校庶幾教化成〔十二月〕忽
忽歲將盡人事可稍休寒風吹桑林日夕聲颼飀墻南
地不凍墾掘爲坑溝斫桑埋其中明年芽早抽是月浴
蠶種自古相傳流蠶出易脫殼絲纊亦倍收及時不努
力知有來歲不手凍不足惜蠶兒號寒憂　明李東陽
采桑玉堂陰二首答篔敦學士采桑玉堂陰分蠶長安
郭一勞畀百枚再分連數箔寧知富貴地此物能沃若
平生畝畝憂黽勉懷力作嗟彼衣錦兒空言養蠶樂吳
機詠濯濯周葉歌莫莫遺我通家人同心故相託愛之
敢輕棄弱女方就學　采桑玉堂陰濃樹婆娑一采
不滿筐竟日能幾何乃知富貴地不及窮山阿蠶成忽

滿眼所得艮亦多人言繫家運或者陰陽和句非夙夜劬豈恃葉與柯衣多必思寒吾民本同科欲將分蠶意廣被無偏頗

七言古詩【增】陳徐伯陽賦得日出東南隅行朱城璧日啓朱扉青樓含照本暉暉遠映陌上春桑葉斜入秦家細綺衣羅敷妝粉能佳麗鏡前新梳倭墮髻圓籠梟梟挂青絲鐵鉤冉冉勝丹桂蠶飢日晚暫生愁忽逢使君南陌頭五馬停珂遣借問雙臉含嬌特好羞妾壻府中輕小史郎今來往專城裏欲識東方千騎歸藹藹日暮紅塵起〔宋鄭震採桑曲〕晴採桑雨採桑田頭陌上家家忙去年養蠶十分熟蠶姑只著麻衣裳

五言律詩【增】宋梅堯臣傷桑桑條初變綠春野忽飛霜田婦搔蓬首冰蠶絕繭腸名雖依麥隴戴勝繞枝翔不見羅敷騎金鉤自挂墻

五言絕句【增】唐鄭谷採桑何曉鬭籠去桑村路隔淮何如鬭百草賭取鳳凰釵〔劉駕桑蛾〕秦娥十四五面白于指爪羞人夜採桑驚起藏勝馬〔王周採桑女二首〕渡水採桑歸蠶老催上機扎扎得盈尺輕素何人衣採桑知蠶飢投梭惜衣遲誰家羅綺叢新畫學月眉〔宋王安石採桑〕溪橋接桑畦鉤籠曉羣過今蚕去何蚕向晚蠶恐臥〔明楊基陌上桑〕青青陌上桑葉葉帶春雨已有催絲人咄咄桑下語

六言絕句

御製桑林乍綠蠶事方興詩以嘉之彌望桑林吐葉垂枝嫩碧初勻竹含正殷蠶務天工雨露維均

七言絕句

御製岸側桑葉初碧夾岸青青遶御舟濃桑初茁滿村謳省方徧問蠶家苦春雨連緜盡日憂〔題織圖浴蠶〕颸風曾著授衣篇蠶事初興穀雨天更考公桑傳禮制先宜浴種向晴川〔二眠〕桑桑初翦綠參差陌上歸來日正遲村舍家家簾幕靜春蠶新長再眠時〔三眠〕紅女勤劬日載陽鳴鳩拂羽恰條桑只因三臥蠶將老翦燭頻看夜未央〔大起〕春深處處掩茆堂滿架吳蠶婦子忙料得今年收繭

倍冰絲雪縷可盈筐〔捉績〕連宵食葉正紛紛風雨聲喧隔戶聞喜見新蠶瑩似玉燈前檢點最辛勤〔分箔〕愛逢晴日映疎簾新綠如雲葉漸添天氣晴和蠶事廣移筐分箔徧茅簷〔採桑〕桑月雨足葉蕃滋恰是春蠶大起時負筥攜筐紛笑語戴鵀飛上最高枝〔上簇〕頻執織筐不厭疲久忘膏沐與調饑今朝士女歡顏色看我冰蠶作繭時〔炙箔〕蠶性由來苦畏寒深垂簾幕夜將闌爐頭更爇松明火老嫗殷勤日採看〔下簇〕自昔蠶繅重婦功曾聞獻繭在深宮披圖喜見纍纍滿茆屋清光積雪同〔擇繭〕冰繭乃堪作素絲重綿亦藉禦深寒就中自有因材法揀取筐間次第觀〔窖繭〕一年蠶事已成功歷數從前屬女紅

聞說及時還繅繭荷鋤又向綠陰中〔練絲〕炊煙處處遶柴籬翠釜香生煮繭時無限經綸從此出盆頭喜色動雙眉〔蠶蛾〕蛾兒布子如金粟水際分飛任所之莫令繭絲遺利盡來年留作授衣資〔祀謝〕勞勞拜簇祭神桑喜得絲成願已償自是西陵功德盛萬年衣被澤無疆〔緯絲〕陰掩映野人家纔到蠶時靜不譁一自夏初成繭後籬邊新聽響繅車〔織〕從來蠶績女功多當念勤勞惜綺羅織婦絲絲經手作夜寒猶自未停梭〔絡緯〕無衣卒歲早關情寒氣催人蟋蟀聲茅屋疎籬秋夜永短檠相對絡絲成〔經〕織紝精勤有季蘭牽絲分理製羅紈鳴機來往桑陰裏已作吳綃匹練看〔染色〕凝膏比潔絡新絲傳得仙方

色陸離一代文明資賁飾須教五采備彰施〔攀花〕巧樣爭傳濯錦紋堪憐織女最殷勤雲章霞綵娛人意自著尋常縞布裙〔剪帛〕手把齊紈冰雪清秋衣欲製重含情邊幅莫漫施刀尺萬縷千絲織得成〔成衣〕已成束帛又縫紉始得衣裳可庇身自昔宮庭多澣濯總憐蠶織重勞人

增 唐來鵬蠶婦 曉夕採桑多苦辛好花時節不閑身若教解愛繁華事凍殺黃金屋裏人 汪遵採桑婦 為報躊躕陌上郎蠶飢日晚妾心忙本來若愛黃金好不肯攜籠更採桑 宋楊修蠶室 擷繭抽絲女在機茅簷葦箔舊堂扉年年桑柘如雲綠翻織誰家錦地衣〔陸游示客〕桑柘成陰百草香繅車聲裏午風涼客來莫說人間事且共山林夏日長〔范成大科桑〕斧斤留得萬枯株獨速槎牙立暝途飽盡春蠶收罷繭更殫餘力付樵蘇〔楊萬里〕桑疇夾岸瀕河磧彈桑春風吹出萬條長船行老眼渾忘忘喚作西湖插拒霜〔方岳農謠〕雨過一村桑柘煙林梢日暮鳥聲妍青裙老姥遙相語今歲春寒蠶未眠〔金劉瞻春郊〕桑芽粒粒破春青小葉迎風未展成寒食歸寧紅袖女外家紙上看蠶生

原 明陳繼儒女桑 新綠映宮槐三月春風戴勝來織就鴛鴦錦千疋金刀先取合歡裁

增 沈天孫採桑曲 青溪女兒愛羅裙提筐陌上蹋春雲蠶飢日暮思歸去不敢回頭看使君

詩散句

增 魏曹植 美女妖且閒采桑岐路間柔條紛冉冉落葉何翩翩 出自薊北門 遙望湖池桑枝枝自相值葉葉自相當 宋鮑照 季春梅始落女工事蠶作采桑淇洧間還戲上宮閣 梁簡文帝 寄語採桑伴訝今春日短枝高攀不及葉細籠難滿

原 江淹 但願桑麻成蠶月得紡績

增 唐儲光羲 碓喧春澗滿梯倚綠桑斜 李白 吳地桑葉綠吳蠶已三眠 燕草如碧絲秦桑低綠枝 及此桑葉綠春蠶起中閨 杜甫 桑柘葉如雨飛藿共徘徊 蘇轍 中勸爾勿伐桑滅爾身上服 宋梅堯臣 二月起蠶事伐桑又阻饑 王安石 淵谷芳菲少春風著野桑 唐杜牧 深處會容高尚者水苗

三頃百株桑　韓偓萬里清江萬里天一村桑柘一村煙　宋唐庚魚陂舊種千頭鱠桑徑新巢十畝繒　張舜民洲中未種千頭橘宅畔先栽百本桑　唐王維蠶眠桑葉稀　李白日出明桑枝　桑柘綠如雲　岑參桑葉隱村戶　張謂夏雨桑條綠　孟郊野桑無直柯　張籍桑柘羅平蕪　溫庭筠沃田桑葉晚　李嘉祐清明桑葉小　于濆青春滿桑柘　宋蘇軾萬樹桑柘美　唐庚蠶罷野無桑　金史蕭平林半是桑　唐上官儀葉密鶯啼帝女桑　杜甫舍西桑桑葉可拈　李頎桑林蠶後盡空條　朱慶餘桑柘成村百畝間　曹唐桑葉扶疎閉日華　宋司馬光滿川濃綠土宜桑

王安石桑桑採盡綠陰稀　陸游桑眼綻來蠶事興霜清南陌課劚桑　蠶飢衝雨采青桑　金秦畧桑青初散壠頭桑　元好問童童翠蓋桑初合　明楊基黃梅雨晴桑重綠

詞　原　明王世貞浣溪沙　一夜春波釀作藍　曉桑柔葉綠鬖鬖　丫鬟十五太嬌憨　織作雙魚成比目　偷將百草鬬宜男　更無心緒餵春蠶　增　宋賀鑄憶秦娥　著春衫玉鞭鞭馬南城南　南城南　采桑嫩草留住金銜　粉娥采葉供新蠶　蠶饑畧許攜纖纖　攜纖纖　湔裙淇上更待初三　錦纏道　雨過園林觸處落紅凝綠正桑葉齊如沃嬌羞只恐人偷看背立墻陰慢展纖纖玉　聽啼鳩幾聲耳邊相促念蠶飢四眠初熟勸路傍立馬莫踟躕是那裏唱道秋胡曲

別錄　增　種樹書　畜蠶者常以三月三日雨卜桑葉之貴賤諺云雨打石頭徧桑葉三錢片或曰四日尤甚杭州人云三日尚可四日殺我言四日雨尤貴　午日不得鋤桑園　桑濕不可飼蠶雨中採至必拭令乾恐有傷也　湧幢小品　湖州畜蠶者多自栽桑否則預租別姓之桑俗曰秒桑凡蠶一斤用葉百六十斤諺云仙人難斷葉價故栽與秒爲最穩否則謂之看空頭蠶有天幸者往往趣之　原　桑葉炙熟可代茶　嫩桑枝炒香煎飲久服不患偏風　種植　便民纂要　取黑椹中段子收

貯勿令浥濕將種時先以柴灰淹揉次日淘淨取沉水者曬令纔去水氣種乃易生宜肥地有草鋤淨冬月燒去苗至春去冗苗留旺者俟至指大移栽五步一株大約種子不如壓條　初芽時擇指大枝條旺相肥澤者就馬蹄處劈下潤土內開溝尺許埋實自然生根布葉壓後遇旱於傍開溝灌之但取水氣到忌多著水農桑要旨云平原淤壤土地肥虛荊桑魯桑俱可種若山地土脈赤硬止宜荊士民必用云種藝在審時又合地宜使不失其中春分前十日爲上時當發生也十月小春木氣長生也亦可壓桑有三宜時宜和包宜固壅宜厚大抵天氣晴明巳午時借其陽和如栽子已出忽變天

氣即以熱湯調泥培之暑月必待晚凉仍預於園中稀
種麻麥爲蔭惟十一月不生農桑撮要云十二月內掘
坑深闊約二小尺却於坑畔取土糞和成泥漿桑根埋
定糞土培壅與地平次日築實切不可動搖其桑加倍
榮旺勝如春栽　又法將桑根浸糞水一宿掘坑栽之
栽宜淺種以芽稀者爲上諺云臘月栽桑桑不知【增】
氾勝之書種桑法每畝以黍椹子各三升合種之黍桑
當俱生鋤之桑令稀疏調適黍熟穫之桑生正與黍高
平因以利鎌摩地刈之曝令燥後有風調放火燒之常
逆風起火桑至春生一畝食三箔蠶　〔齊民要術〕桑柘
熟時收黑魯椹即日以水淘取子曬燥仍畦種常薅令

淨明年正月移而栽之率五尺一根其下常掘種小荳
綠荳栽後二年愼勿採沐大如臂許正月中移之率十
步一樹行欲小犄角不用正相當須取栽者正月二月
中以鉤弋壓下枝令著地條葉生高數寸仍以燥土壅
之明年正月中截取而種之　種樹書穀樹上接桑其
葉肥大桑上接梨脆美而甘撒子種桑不若壓條而分
根莖　淵間植桑斬其葉而植之謂之稼桑却以螺殼
覆其頂恐梅雨侵損其皮故也二年即盛　農政全書
玄扈先生曰接桑莫如當年條爲妙三年之說不然也
且接時必待月晴自下弦至上弦皆可晰尤妙自上弦
至下弦皆忌犂尤險　取葚與雞鴨食之糞中淘出種

者更不生甚　本新書曰地桑本出魯桑須以魯桑萌
條如法栽培揀肥旺者約留四五條鋤治添糞條有定
數葉不繁多眾葉脂膏聚於一葉其葉自大即是地桑
王禎曰齊民要術栽取椹之黑者剪去兩頭惟取中
間一截蓋兩頭者其子差細種則成雞桑花桑中間一
截其子堅栗則枝榦堅强而葉肥厚將種之時先以柴
灰淹揉次日水淘去輕秕不實者曬令水脈才乾種乃
易生　〔士農必用〕地桑之功惟在治之如法不致荒爍
桑者易生之物除十一月不生活餘月皆可仍須於
園內稀種蠶或麻黍爲蔭　斫樹法自移栽時便割去
梢既不留中心其條自向外長　科條法有四等一瀝

水條向下垂者一刺身條向裏生者一駢指條相併生者一冗脞條雖順
生而稠冗臘月爲上正月次之　〔博聞錄〕白桑少子壓枝種
之若有子可便種須用地陰處其葉厚大得繭重實絲
每倍常　【原】採桑高者用梯摘庶不傷枝遠出强枝當
用濶刃鋒利匾斧轉腕回刃向上斫之枝査既順津脈
不出葉必復茂諺曰斧頭自有一倍葉此善用斧之效
也桑桑高枝不勝梯須置桑几如高櫈下列二桄作登
級斯易摘葉又不傷樹　〔培桑〕凡耕桑田不用近樹犂
不著處劚土令起斫去浮根以蠶矢糞之根下埋龜甲
則茂盛而不蛀生黃衣亦以此治之　〔修桑〕削其小枝
則葉茂去其枯枝則不荒蠶事畢將枝髡去但髡時不

可留螯角及夏至開掘根下用糞或蠶沙培壅則生意
鬱積來年嫩枝之葉更覺茂盛且皮可製紙枝可當柴
兼有餘利

附錄 桑椹

增〔說文〕葚桑實也 〔本草〕桑子曰椹 椹與葚通集韻一作䩵一作䪞 李
時珍曰椹有烏白二種

彙考 增〔詩衞風〕吁嗟鳩兮無食桑葚〔傳〕鳩鶻鳩也食桑
葚過則醉而傷其性 〔魯頌〕翩彼飛鴞集于泮林食我
桑黮懷我好音〔傳〕黮桑實也 〔爾雅〕桑辨有葚梔〔注〕辨
半也〔疏〕桑樹一半有葚半無葚為梔 〔晉書張天錫傳〕
會稽王道子問西土所出天錫應聲曰桑椹甘香鴟鴞

革響乳酪養性人無妒心 〔隋書循吏傳〕趙軌少好學
有行檢東鄰有桑葚落其家軌遣人悉拾還其主誡其
諸子曰吾非以此求名意者非機杼之物不願侵人汝
等宜以為誡 〔北史崔逞傳〕道武攻中山未尅六軍乏
糧問計於逞逞曰飛鴞食葚而改音詩稱其事可取以
助糧帝乃聽人以葚當租 〔神異經〕東方有桑焉椹長
三尺五寸圍如長 〔東觀漢記〕蔡君仲汝南人至孝王
莽亂人相食君仲取桑椹赤黑異器賊問仲仲答曰黑
者供母赤者自食賊異之遺鹽二斗 〔漢武帝內傳〕神
仙上藥有扶桑丹椹 〔魏畧〕楊沛為新鄭長興平末人
多飢窮沛課民益畜乾椹收䕸豆閱其有餘以補不足

如此積得千餘斛藏在小倉會太祖為兗州刺史西迎
天子所將千餘人皆無糧過新鄭沛謁見乃皆進乾椹
太祖甚喜後賜生口十人絹百疋以報乾椹也 〔魏書〕
袁紹之在河北軍人仰給桑椹 〔神仙傳〕班孟者不知
何許人或云女子也人家有桑果數千株皆聚之成積
如山如此十餘日吹之各還本處 〔異苑〕北方有白桑
椹長數寸食之甘美 漢興平元年九月桑再椹時劉
玄德軍小沛年荒穀貴士衆皆飢仰以為糧 晉武帝
太元中太原王戎為鬱林太守泊船新亭眠夢有人以
七枚椹子與之著衣襟中既寤得椹如夢中 〔發蒙記〕
鳩以桑椹為酒謂飲之即醉也 〔拾遺記〕員嶠山有木

名猗桑煎椹以為蜜 原〔金樓子〕始皇聞鬼谷先生言
故遣徐福入海求金菜玉蔬并一寸椹

集藻 表 增 唐李嶠為鳳閣侍郎李元素進冬椹表臣某
言聞京兆萬年縣大寧坊有桑一株暮秋生子初冬椹
熟今謹取得專輒進奉伏惟陛下惠覃區寓仁洎草木
故得神鬱之樹發秀於寒露之辰帝女之林結實於繁
霜之下出於萬年之界彰一人萬歲之符生自大寧之
坊表羣生大安之慶鴟鴞已革見鑾翔之懷音絲繭行
豐知府藏之逾實殊禎洊委絕睨仍臻凡在含生孰不
欣慶無任忭躍之至

賦 增 晉傅玄桑椹賦 繁實離離含甘吐液翠朱三變或

玄或白嘉味殊滋食之無斁、

七言絕句〔增〕〔宋陸游詠園中草木〕日高未辦績晨炊一碗村醪且療飢槃箸索然君勿笑桑間紫椹正纍纍

詩散句〔增〕〔唐羅隱〕紫飽垂新椹　〔宋司馬光〕桑蔭青青紫椹垂　〔張耒〕桑間椹熟麥齊腰　〔陸游〕鬱鬱林間桑椹紫　桑林紫葚纍纍熟　桑間椹紫蠶齊老

〔別錄〕〔增〕〔本草衍義〕本經言桑甚詳然獨遺烏椹桑之精英盡在於此采摘微研以布濾汁石器熬成稀膏入蜜熬稠貯瓷器中滾湯點服消熱止渴其性微凉故也仙方日乾為末蜜和為丸酒服亦良　〔本草綱目〕楊氏產乳云孩子不得與桑椹食令兒心寒四時月令云四月

宜飲桑椹酒能理百種風熱其法用椹汁三斗重湯煮至一斗半入白蜜二合酥油一兩生薑一合煮令得所瓶收每服一合和酒飲之亦可以汁熬燒酒藏之經年味力愈佳史言魏武帝軍乏食得乾椹以濟飢金末大荒民皆食椹獲活者不可勝計則椹之乾濕皆可救荒平時不可不收採也　〔原〕〔收椹〕〔農桑撮要〕子熟時摘取以水淘過晒乾便掘深坑種之或畦種之便生即時多收椹子以待來春種尤佳收貯勿近濕壁牆邊則浥損不生　〔學山蠶經〕五月中收桑椹而水淘少曬焉畦而種之至冬而焚其梢及明年而分種之

附錄　桑寄生

〔增〕〔本草〕別錄曰桑上寄生生弘農川谷桑樹上三月三日采莖葉陰乾韓保昇曰諸樹多有寄生莖葉並相似云是烏食物子糞落樹上感氣而生葉如橘而厚軟莖如槐而肥脆處處雖有須桑上者佳非自采即難以別可斷莖視之色深黃者為驗朱震亨曰桑寄生藥之要品而人不諳其的近海州邑及海外之境其地暖而不蠶桑無採捋之苦氣濃意厚自然生出也李時珍曰寄生高者二三尺其葉圓而微尖厚而柔面青而光澤背淡紫而有茸川蜀桑多時有生者他處鮮得須自采或連桑採者乃可用

〔別錄〕〔原〕〔梧潯雜佩〕桑寄生酒出梧州色白味頗清冽晉

張華詩蒼梧竹葉清陳張正見詩浮蟻擅蒼梧皆謂此第釀者必和以燒酒以氣候炎蒸恐酒味易敗故耳飲勿過多

附錄　桑花

〔增〕〔本草〕桑花一名桑蘚一名桑錢生桑樹上白蘚如地錢花樣不是桑椹花也能健脾澀腸止血

柘

〔增〕〔古今注〕柘實曰隹音錐言隹鳥所食也　〔本草〕按陸佃埤雅云柘宜山石柘之從石取此義寇宗奭曰柘木裏有紋亦可旋為器葉可飼蠶曰柘蠶然葉硬不及桑葉李時珍曰處處山中有之喜叢生幹疎而直葉豐而厚團而有

尖其葉飼蠶取絲作琴瑟絃清響勝常爾雅所謂棘繭即此蠶也其實狀如桑子而圓粒如椒其木染黃赤色謂之柘黃

【彙考】【增】詩大雅攘之剔之其檿其柘（疏）攘去之剔翦之者其爲檿木其爲柘木之材也（集傳）檿山桑也與柘皆美材可爲弓榦又可蠶也、（禮記投壺）投壺矢以柘若棘毋去其皮（注）取其堅且重也、（考工記）弓人爲弓取榦之道七柘爲上　唐書南蠻傳自曲靖州至滇池食蠶以柘蠶生閱二旬而繭織錦縑精緻　（新論）楚柘質勁必資榜檠以成弴弓　（清異錄）張曲江里第之側有古柘嘗因狂風發其一根解爲器具花紋甚奇人又以

公之手筆冠世目之曰文章樹　（羣碎錄）古史考曰柘樹枝長而勁烏集之將飛柘樹反起彈烏烏乃號呼此枝爲弓快而有力因名烏號之弓　（博聞錄）柘葉豐而厚春蠶餐之其絲以泠水繰之謂之泠水絲

【別錄】【增】（齊民要術）種柘法耕地令熟耬耩作壠柘子熟時多收以水淘汰令淨曝乾散訖勞之草生拔却勿令荒沒三年間劚去堪作渾心扶老杖十年中四破爲杖任爲馬鞭胡床十五年任爲弓材亦堪作履裁截碎木中作錐刀靶二十年好作犢車材欲作鞍橋者生枝長三尺許以繩繫旁枝木橛釘著地中令曲如橋十年之後便是渾成柘橋欲作快弓材者宜於山石之間北陰種之

附錄　奴柘

【增】（本草）陳藏器云奴柘生江南山野似柘節有刺冬不凋李時珍曰此樹似柘而小有刺葉亦如杵葉而小可飼蠶

佩文齋廣羣芳譜卷第十一

佩文齋廣羣芳譜卷第十二

桑麻譜

苧麻

【增】廣雅 苧三稜也 說文 𦊰草也可以爲繩 本草 苧麻作紵可以績紵故謂之紵凡麻絲之細者爲絟麤者爲紵 【原】苧績麻也有二種一種紫麻一種白苧出荆揚閩蜀江浙今中州亦有之皮可績布苗高七八尺葉如楮葉而無叉面或青或紫背白有短毛花青如白楊而長夏秋間著細穗一朶數千穗白色子熟茶褐色根黄白而輕虚一科數十莖宿根在土中到春自生不須栽種荆揚間每歲三刈每畝得麻三十斤少亦不下二

十斤每斤三百文過常麻數倍又有一種山苧頗相似蠶最惡麻凡麻枲之屬近蠶種則不生戒之 本草 李時珍曰苧家苧也又有山苧野苧也有紫苧葉面紫白苧葉面青其背皆白可刮洗煮食味甘美九月收子二月可種宿根六月生根葉氣味甘寒無毒

【彙考】【原】詩王風 丘中有麻彼留子嗟 【增】齊風 蓺麻如之何衡從其畝 陳風 東門之池可以漚紵 傳 紵麻屬

周禮 地官凡宅不毛者有里布 注 謂不植桑麻也欲令宅植桑麻則無稅賦以勸之不植桑麻之毛者則罰以二十五家之稅布 左傳 詩曰雖有絲麻無棄菅蒯

後漢書 崔寔傳 寔出爲五原太守五原土宜麻枲而俗不知績織民冬月無衣積細草而卧其中見吏則衣草而出寔至官斥賣儲峙爲作紡績織紝練縕之具以教之民得以免寒苦 魏書 食貨志 諸麻布之士男夫及課別給麻田十畝婦人五畝 隋書 食貨志 河清三年每丁給永業二十畝爲桑田不宜桑者給麻田 南史 甄法崇傳 法崇孫彬嘗以一束苧就長沙寺庫質錢後贖苧還於苧束中得五兩金送還寺庫道人以金半仰酬往復十餘彬堅然不受因謂曰五月披羊裘而負薪豈拾遺金者耶 伏暅傳 暅徙新安太守在郡清恪郡多麻苧家人乃至無以爲繩其勵志如此 唐書 食貨志 丁隨鄉所出歲輸絹二匹綾絁二丈布加五之一

綿三兩麻三斤非蠶鄉則輸銀十四兩謂之調 越絕書 麻林山勾踐欲伐吳種麻以爲弓絃故曰麻林 墨子 婦人夙興夜寐紡績織紝多治麻絲葛緒綑布縿此其分事也 荀子 麻葛繭絲鳥獸之羽毛齒革也固有餘足以衣人矣 淮南子 汾水濛濁而宜麻 風俗通 蓬生麻中不扶自直 廬陵記 成芳隱麥林山剝苧織布爲短襦寬袖之衣著以酤酒自稱隱士衫

【集藻】贊 【增】晉郭璞麻贊 草皮之良莫貴於麻用無不給服無不加至物在邇求之好遐

詩散句 【原】唐杜甫 青青屋東麻散亂牀上書 【增】劉禹錫 煖分煨芋火明借績麻燈 晉謝靈運 折麻心莫展

宋戴復古薇門麻蓁蓁

【別錄】苧根味甘刮洗去皮切片浸去惡水煮極熟食之甜美穉頭中有綿芼之和粉食可救荒　移栽苧已盛時宜于周圍掘取新科如法移栽則本科長茂新栽又多或如代園種竹法于四五年後將根科最盛者間一畦移栽一畦截根分栽或壓條滋生此畦既盛又掘彼畦如此更代滋植無窮將欲移栽預選秋耕熟肥地更用細糞糞過來春移栽地氣動爲上時萌芽爲中時苗長爲下時周圍離一尺五寸作區移栽擁土畢以水淹之若夏秋須趂雨後地濕連土於近地栽亦可苗高數寸卽用大糞和半水澆之最忌豬糞或曰苧月月可

栽但須地濕一云苧根忌見星月堂屋內收藏若露地須用苫蓋使見星月卽變野苧　栽法用刀將根截作三四指長栽時四圍各離一尺五寸作區每區臥栽二三根擁土畢方澆水三五日再澆苗高勤鋤旱則澆之第二年方堪再刈至年久根科盤結不旺擗根分栽若欲致遠須少帶原土裹以蒲包外用蓆包掩合勿透風日數百里外亦可活　種子三四月下種園圃有井及臨河處俱可沙地爲上兩和地次之斸地一二遍作畦潤半步長四步再斸一遍用杴背浮撥稍實再杷平隔宿用水飲畦明旦細齒杷浮樓起再杷平隨用潤土半升子一合勻撒一合子可種六七畦撒畢苕箒輕輕掃合用覆土則不出搭棚三尺高加細箔遮蓋五六月炎熱時箔上加苫重蓋不則曬死未生芽或苗初出不可澆水用炊箒細灑水於棚上常令濕潤每夜及天陰去箔以受露氣苗出有草卽拔去苗高三指不須用棚如地稍乾用水輕澆約長三寸擇稍壯地作畦移栽隔宿飲苗明旦將空畦澆過帶土攛苗移栽相離四寸頻鋤三五日一澆二十日後十餘日一澆十月後用牛馬糞蓋厚一尺庶不凍死二月後耙去糞令苗出以後歲歲如此若北土春月亦不必去糞卽以作壅可也凡蓋用糞壤諸雜草穢敝蓆舊薦俱可子種者三四年之後方堪一刈切忌太早　刈麻每歲可割三鐮頭次見根旁

小芽高五六分大麻卽可割大麻既割小芽便盛卽二次麻若小芽過高大麻不割不惟芽不旺又損大麻大約五月初割一鐮六月半或七月初割二鐮八月半或九月初割三鐮諺曰頭苧見秧二苧見糠三苧見霜唯二鐮長疾麻亦最好割後卽以細糞壅之旋用水澆必以夜或陰天若日下澆則皮有繡痕　剝麻刈倒時隨用竹刀或鐵刀從梢分開剝下皮卽以刀刮其白瓤其浮上皴皮自脫得其裏如筋者煮之剝麻春夏和暖時與常法同若冬月用溫水潤濕易爲分劈首苧麤勁堪爲麤布二苧稍柔細惟三苧甚佳堪爲細布刮苧之刀般鐵爲之長三寸許捲成小槽內插短柄兩刃向上以

纔爲用仰置手中將所劅苧皮横覆刃上以大指就按刮之苧膚即脱〔漚麻〕縛作小束搭房上夜露晝曬五七日自然潔白若值陰雨於屋底風道搭晾經雨即黑一云績既成纏作纓子於水盆内浸一宿紡訖用桑柴灰淋水浸一宿撈出每纑五兩用淨水一盞細石灰拌勻停一宿至來日擇去石灰却用黍稭灰淋水煮過自然白軟曬乾再用清水煮一度别用水灑極淨曬乾逗成纏鋪經織造與常法同一云紡成纑用乾石灰拌和夏三冬五春秋酌中抖去别用石灰煮熟待冷於清水中濯淨然後用蘆簾平鋪水面攤纑於上半浸半曬遇夜收起瀝乾次日如前候纑極白方可織布此池漚之

法須假水浴日曝而成善績者麻皮一斤得績一斤織布一疋次者斤半又次二斤三斤其布柔韌潔白比常布價高一二倍又曰漚麻者但如法漚訖方績作纑經緯成布非先績後漚也亦有用本色績纑者夜露晝曬數日便績成纑待成布後方練白若如治葛者刈後即蒸熟劅之不復練矣用此作布更柔而且韌〔收種〕收子作種須頭苧者佳九月霜降後收子曬乾以濕沙土拌勻盛筐内以草蓋覆若凍損則不生二苧三苧子皆不成不堪作種種時以水試之取沉者用

大麻

〔原〕大麻一名火麻一名黄麻一名漢麻雄者名枲麻爾雅云枲麻疏云麻一名枲牡麻雌者名苴麻爾雅云苧麻母疏苴麻之盛子者也一名荸一名麻母荸麻早春種爲春麻晚春種爲秋麻莖高五六尺枝葉扶疏葉狹而長狀如益母草葉一枝七葉或九葉五六月開細黄花成穗隨即結實似蘇子而大劅去皮作麻績之可爲布其稭白而有稜細者可爲燭心花名麻勃子之連殼者名麻蕡爾雅云黂枲實疏云即麻子名也蕡與黂通陶弘景以爲麻花蘇恭以爲麻子蘇頌謂蕡子花爲二物李時珍云麻勃是花麻蕡是實麻仁是實中仁也一名麻藍一名青葛

〔彙考〕〔增〕〔書禹貢〕岱畎絲枲鉛松怪石〔傳〕岱山之谷出此五物皆貢之〔疏〕枲麻也 〔詩陳風〕不績其麻市也婆娑〔箋〕績麻者婦人之事也疾其今不爲 東門之池可以

漚麻〔傳〕池城池也漚柔也〔箋〕於池中柔麻使可緝績作衣服〔疏〕考工記㡛氏以涚水漚其絲注云漚漸也楚人曰漚齊人曰涹然則漚是漸漬之名此云漚柔者謂漸漬使之柔韌也 〔豳風〕八月載績〔傳〕載績絲事畢而麻事起矣〔疏〕績緝麻之名八月絲事畢而麻事起故始績也 九月叔苴〔疏〕苴麻子也 禾麻菽麥 〔大雅〕麻麥幪幪〔傳〕幪幪然盛茂也 〔禮記月令〕仲秋之月天子食麻與犬 以犬嘗麻先薦寢廟〔注〕麻始熟也 〔周禮天官〕朝事之籩其實麷蕡〔注〕蕡枲實也鄭司農云熬麥曰麷麻曰蕡〔疏〕注云蕡枲實也者案喪服云苴絰子夏傳云苴麻之有蕡蕡是麻之子實也又案疏衰裳齊牡麻

經子夏傳云牡麻者枲麻也則枲麻謂雄麻也若然枲麻無實而解蕡爲枲實者舉其類耳　典枲掌布緦縷紵之麻草之物以待時頒功而授齎〔疏〕曰掌布緦縷紵之麻草之物者欲見布緦縷用麻之物紵用草之物布中可以兼用葛蕡之草爲之　及獻功受苦功以其賈楬而藏之以待時頒〔注〕鄭司農云苦功謂麻功布紵〔疏〕苦功謂麻功爲監纑之功　〔原〕〔孟子〕麻縷絲絮輕重同則價相若　〔增〕〔史記〕周本紀周后稷名棄棄爲兒時屹如巨人之志其游戲好種樹麻菽麻菽美　〔隋書孝義傳〕紐回字孝政性至孝父母喪廬於墓側廬前生麻一株高丈許圍之合拱枝葉鬱茂冬夏恒青時人異之周武帝表其閭　〔南史劉峻傳〕峻好學寄人廡下自課讀書常燎麻炬從夕達旦時或昏睡爇其鬚髮及覺復讀其精力如此　〔列子〕昔人有美戎菽甘枲莖芹萍子者對鄉豪稱之鄉豪取而嘗之蜇於口慘於腹衆哂而怨之其人大慚〔注〕枲胡枲也　〔原〕〔紀異錄〕鄭玨與李愚同爲學士鄭閣下一麻生李曰承旨人相矣霜降成實乃白麻也是夜制出拜相拜相用白麻　〔崑山縣志〕嘉祐中崑山海上有一船桅折風飄泊岸船中三十餘人衣冠如唐人繫紅鞓角帶著短皁衫見人慟哭語言書字皆不可曉行則相綴如鴈行久之自出一書示人乃唐天寶中屯羅島首領陪戎副尉又有一書乃上高麗表

亦稱屯羅島皆用漢字蓋東夷之臣屬高麗者時贊善大夫韓正彥爲令召其人犒以酒食且使人爲治桅教以起仆之法其人喜各捧首謝而去船中有麻子大如蓮的士人求種之初歲亦如蓮的次年漸小數年後與中國麻子無異

〔集藻〕〔七言絶句〕〔增〕〔宋陸游〕聞鄰村守麻樂事新年憶錦城城南麻市試春行如今老病茅檐底臥聽兒童嚇雀聲

〔詩散句〕〔增〕〔梁吳均〕麻生滿城頭麻葉落城溝麻莖左右披溝水東西流

〔別錄〕〔原〕〔種植〕取斑黑麻子種地須耕二徧一畝用子二升三月種者爲上時四月初爲中時五月初爲下時大率二尺留一科密則不成鋤須淨荒則少實五穀地近道處種之六畜不犯豆地種則兩損六月中可於空處種蔓菁子氾勝之書曰高一尺加蠶矢糞之樹三升無蠶矢以熟糞糞之天旱以流水澆之樹五升井水須少曝以殺其寒氣雨澤適時勿澆澆不欲數霜後實成速斫種宜巳亥辛巳壬申庚申戊申及正月三卯日忌寅未日辛亥日種駱麻地宜肥濕早者四月遲者六月繁密處芟去則長〔刈麻〕稈上生白膩時即刈攤宜薄束宜少漚宜清水生熟要相宜麻一斤可取皮四兩〔齊民要術〕凡種麻用白麻子白麻子爲雄麻崔寔曰牡麻青白無實兩頭鋭而輕浮

麻欲得良田不用故墟地薄者糞之（崔寔曰正月糞疇疇麻田也）耕不厭熟田欲歲易良田一畝用子三升薄田二升夏至前十日爲上時至日爲中時至後十日爲下時（麥黃種麻麻黃種麥亦良候也）澤多者先漬麻子令芽生待他白背耬耩漫擲子空曳勞澤少者暫浸即出不待芽生耬頭中下之麻生數日中常驅雀布葉而鋤勃如灰便刈束欲小縛欲薄一宿輒翻之穫欲淨漚欲清水生熟合宜　氾勝之書曰種枲太早則剛堅厚皮多節晚則不堅寧失於早不失於晚穫麻之法穗勃勃如灰拔之夏至後二十日漚枲枲和如絲

𪎊麻　唐本草作苘麻

〔原〕𪎊麻說文云枲屬從𣏟不從林爾雅翼云𪎊或作蕡（種必連頃故謂之蕡）周禮典枲麻草注草葛蕡也〔增〕本草苘麻一名白麻〔原〕苗高四五尺或六七尺葉似苧而薄種與麻同法葉團如蓋花黃結子如橡斗而面平中有隔外各有尖子如大麻子而黑有微毛與黃麻子同時熟刈作小束池內漚之爛去青皮取其麻片潔白如雪耐水爛可織爲毯被及作汲綆牛索或作牛衣雨衣草覆等具農家歲歲不可無者實味苦平無毒治痢疾及生眼翳瘀肉起倒睫拳毛

附錄　疏麻

〔增〕南越志疏麻大二圍高數丈四時結實無衰落

〔[illegible]〕〔增〕丹鉛錄楚辭采疏麻兮瑤華注以疏麻即麻也觀南越志所載疏麻則自有此一種木也

葛

〔原〕葛一名黃斤一名鹿藿（鹿食九草此其一種故名）一名雞齊處處有之江浙尤多有野生有家種春生苗引藤蔓長一二丈紫色取治可作絺綌其根外紫內白大如臂長者七八尺葉有三尖如楓葉而長面青背淡七月著花紅紫色纍纍成穗贏乾可煠食其莢如小黃豆莢有毛子綠色形扁如鹽梅子核生嚼腥七八月採根味甘辛花實味甘平皆無毒〔增〕唐本草葛根入土五六寸以上者名葛脰脰者頸也服之令人吐以有微毒也本經葛穀即是其實也

〔彙考〕〔增〕易困卦困于葛藟〔疏〕葛藟引蔓纏繞之草〔詩周南〕葛之覃兮施于中谷維葉萋萋〔傳〕覃延也葛所以爲絺綌女功之事煩辱者施移也中谷谷中也萋萋茂盛貌　葛之覃兮施于中谷維葉莫莫是刈是濩爲絺爲綌服之無斁〔傳〕莫莫成就貌濩煮之也精曰絺麤曰綌斁厭也　南有樛木葛藟纍之〔傳〕南南土也木下曲曰樛南土之葛藟茂盛　〔邶風〕旄丘之葛兮何誕之節兮〔箋〕土氣緩則葛生闊節　〔王風〕緜緜葛藟在河之滸〔傳〕緜緜長不絕之貌水厓曰滸〔正義〕緜緜然枝葉長而不絕者乃是葛藟之草所以得然者由其在河之滸得

河之潤故也　彼采葛兮一日不見如三月兮　【原】（唐風）葛生蒙楚蘞蔓于野　【增】（周禮地官）掌葛以時征絺綌之材于山農（疏）所以徵絺綌于山農者以其葛出于山也　（左傳）葛藟猶能庇其本根（註）葛之能藟蔓繁滋者以本枝廕庥之多　（汲冢周書）礫石不可穀樹之葛　（越絕書）葛山者勾踐種葛使越女織治葛布獻于吳王夫差去縣七里　（吳越春秋）吳王得葛布之獻乃復增越之封賜羽毛之飾几杖諸侯之服越國大悅采葛之婦傷越王用心之苦乃作苦之詩曰葛不連蔓棻台台我君心苦命更之嘗膽不苦甘如飴令我采葛以作絲女工織兮不敢遲弱于羅兮輕霏霏號絺素兮將獻

之越王悅兮忘罪除吳王歡兮飛尺書增封益地賜羽奇几杖茵蓐諸侯儀羣臣拜舞天顏舒我王何憂不能移　（淮南子）於越生葛絺　（輟耕錄）臨海章安鎮有蔡木匠一夕手持斧斤自外歸由東山殯葬處蔡沈醉寢棺上夜半天黑忽聞一人高叫棺中云某家女病損症蓋其後園葛大哥淫之耳却請法師捉鬼我二人同行一觀何如棺中云我有客至不可去蔡明日詣某家曰娘子之疾我能愈之因問屋後曾種葛否曰然乃掘地得一根甚巨斫之有血煮啖女子病卽除

【集藻】（文散句）【原】（漢劉向九歎）葛藟纍于桂樹兮鴟鴞集于木蘭

五言古詩　【增】（晉樂府前溪歌）黃葛結蒙籠生在洛溪邊花落逐水去何當順流還還亦不復鮮　【原】（唐李白黃葛篇）黃葛生洛溪黃花自綿冪青烟蔓長條繚繞幾百尺閨人費素手採緝作絺綌縫爲絕國衣遠寄日南客蒼梧大火落暑服莫輕擲此物雖過時是妾手中跡

【增】（明張時徹采葛篇）種葛南山下春風吹葛長二月吹葛綠八月吹葛黃腰鐮逝采掇織作君衣裳經以長相憶緯以思不忘出入君懷笥長得近輝光層冰布河水中夜皓凝霜吳羅五文采蜀錦雙鴛鴦君恩當斷絕歎息摧中腸中腸日以摧葛葉日以衰願留枯根株化作萱草枝

七言古詩　【增】（唐鮑溶采葛行）春溪幾回葛花黃黃麝引子山山香蠻女不惜手足損鉤刀一一牽利長葛絲茸茸春雪體深澗擇泉清處洗殷勤十指蠶吐絲當牕嫋嫋聲高機織成一匹無一兩供進天子五月衣

五言律詩　【增】（唐戎昱和李尹種葛）弱質人皆棄唯君手自栽藟含霜後竹香惹臘前梅擬托凌雲勢須憑接引材綠陰如可惜黃鳥定飛來

七言絕句　【原】（唐曹唐小遊仙詩）方士飛軒駐碧霞酒香風冷月初斜不知誰唱春歸曲落盡溪頭白葛花

詩散句　【增】（魏曹植種葛）南山下葛藟自成陰　（唐孟郊葛）花零落風　（項斯螢）歸葛葉垂　（韓翃）葛花滿把能消

酒（羅鄴）石井晴垂青葛葉

【典故】【原】（梁書任昉傳）昉素清貧卒後其子西華冬日著葛帔練裙道逢劉孝標孝標泫然矜之乃著廣絕交論蓋譏其舊交也　【增】（南史隱逸傳）吳苞濮陽鄄城人宋太始中過江聚徒教學冠黃葛巾竹麈尾蔬食二十餘年　【原】葛根端陽午時採破之曬乾入藥解酒毒治消渴傷寒壯熱敷蟲蛇傷殺百藥毒壓丹石發瘡疹又可蒸及作粉食甚益人生者墮胎多食傷胃　花同小豆花乾爲末酒服飲酒不醉　金瘡出血挼葉傅之　燒蔓研水服治卒然喉痺　（採葛）夏月葛成嫩而短者留之一丈上下者連根取謂之頭葛如太長看近根有白

點者不堪用無白點者可截七八尺謂之二葛　（練葛）採後即挽成綑緊火煮爛熟指甲剝看麻白不黏青即剝下長流水邊捶洗淨風乾露一二宿尤白安陰處忌日色紡之以織　（洗葛衣）清水揉梅葉洗經夏不脆或用梅葉搗碎泡湯入磁盆內洗之忌用木器則黑

附錄　鐵葛

【增】（本草拾遺）鐵葛生山南峽中葉似枸杞根如葛黑色味甘溫無毒主一切風血氣羸弱令人性健久服治風緩偏風

木棉花　按斑枝花與木棉同類異種原附錄于後今從本草併合爲一其諸家辨論不一具載彙考中以備參考

【增】（本草）木棉一名古貝似木者名古貝或作吉貝乃古字之訛一名古終似草者名古終梵書謂之睒婆又曰迦羅婆劫李時珍曰木棉有草木二種交廣木棉樹大如抱其枝似桐葉大如胡桃葉入秋開花紅如山茶花蘂花片極厚爲房甚繁短側相比結實大如拳實中有白棉棉中有子今人謂之斑枝花訛爲攀枝花南史所謂林邑國出古貝花中如鵝毳吳錄所謂永昌木棉樹高過屋皆指似木之木棉也江南淮北所種木棉四月下種莖弱如蔓高者四五尺葉有三尖如楓葉入秋開花黃色如葵花而小亦有紅紫者結實大如桃中有白棉棉中有子大如梧子亦有紫棉者八月採謂之綿花南史所謂高昌國有草實如

繭中絲爲細纑名曰白疊南越志謂桂州出古終藤結實如鵝毳皆指似草之木棉也此種出南番宋末始入江南今徧及江北與中州矣　【原】春月以子種稍似木葉綠似牡丹而小花黃如秋葵而葉單幹不貴高長枝最喜繁茂結實三稜青皮尖頂攢纍如桃北人呼爲花桃熟則桃裂而絨現其絨如鵝毳用以絮衣甚輕暖子如珠可以打油油之滓可以糞地秸甚堅堪燒葉堪飼牛其爲利益甚溥種類甚多江花出楚中棉不甚重二十而得五性强緊北花出畿輔山東柔細中紡織綿稍輕二十而得四或得五浙花出餘姚中紡織綿最重二十而得七吳下種大都類此更有數種稍異者一曰黃

帶穰蔕有黄色如粟米大棉重一曰青核核青細于他
種棉重一曰黑核核亦細純黑色棉重一曰寬大衣核
白而穰浮棉重此四種皆二十而得九黄蔕稍强緊餘
皆柔細中紡織又一種紫花浮細而核大棉輕二十而
得四其布製衣甚朴雅士紳多尚之又有深青色者亦
奇種其傳不廣擇種須用青核等爲佳

彙考 **增** 書禹貢島夷卉服厥篚織貝〔集傳〕卉草也葛及
木綿之屬今南夷木棉之精好者亦謂之吉貝海島之
夷以卉服來貢而吉貝之精者則入篚焉 〔南史〕高昌
國傳有草實如繭中絲爲細纑名曰白疊取以爲帛甚
軟白 〔林邑國傳〕出古貝古貝者樹名也其花成時如

鵝毳抽其緒紡之以作布與紵布不殊亦染成五色織
爲斑布 〔呵羅單國傳〕都闍婆洲元嘉七年遣使獻古
貝葉波國古貝等物 〔丹丹國傳〕梁中大通二年遣使
奉表獻古貝雜香藥 〔唐書南蠻傳〕婆利以古貝橫一
幅繚於腰古貝草也緝其花爲布麤曰貝精曰氎 〔吳
錄〕交阯定安縣有木棉樹高丈實如酒杯口有綿如蠶
之綿也又可作布名曰白緤一名毛布 〔南越志〕桂州
出古終藤結實如鵝毳核如珠治出其核紡如絲綿染
爲斑布 〔南州異物志〕木棉吉貝所生熟時如鵝毳細
過絲綿中有核如珠珣用之則治出其核昔用輾軸今
用攪車尤便其爲布曰斑布繁縟多巧曰城次麤者曰
文縟又次麤者曰烏驎 〔諸番雜志〕木棉吉貝木所生
占城闍婆諸國皆有之今已爲中國珍貨但不自本土
所產不能足用 〔演繁露〕唐環王傳出古貝古貝草也
緝其花爲布麤曰貝精曰氎按今吉貝亦緝花爲之而
古吉二字不同豈訛名耶抑兩物也 〔邇齋閒覽〕閩嶺
以南多木棉土人競植之有至數千株者采其花爲布
號吉貝布余後因讀南史海南諸國傳言林邑等國出
吉貝木正此種也 〔泊宅編〕閩廣多種木綿紡績爲布
名曰吉貝海南蠻人織爲巾上出細字雜花卉尤工巧
即古所謂白疊布李琮詩有腥味魚中墨衣成木上綿
之句 **原** 〔解醒語〕元至元間馬八兒國入貢二十二年

遣使至其國求奇寶得吉貝衣十襲吉貝樹名其花成
時如鵝毳抽其緒紡之以作布亦染成五色織爲斑布
增 〔丹鉛總錄〕唐李商隱詩木棉花發鷓鴣飛又王叡
詩紙錢飛出木棉花南中木棉樹大如抱花紅似山茶
而蕊黄花片極厚非江南所藝者張勃吳錄云交阯安
定縣有木棉樹實如酒杯口有綿可作布按此即今之
斑枝花雲南阿迷州有之嶺南尤多汪廣洋有斑枝花
曲 〔閩部疏〕昔閩長老言廣人種棉花高六七尺有四
五年不易者余初未之信過泉州至同安龍溪間扶搖
道傍狀若榛荆迫而視之即棉花也時方清秋老幹已
著黄花矣然不可呼爲木棉木棉花者高樹丹花若茶

吐實蓬蓬吳中所謂攀枝花也楊用修具載丹鉛以爲異曰雲南阿迷州有之聞嶺廣猶多不知惠安志已載此樹名爲攀桂花楊乃曰斑枝花與吳中攀枝花蓋三名一物也 原 梧潯雜佩吾松以棉布衣被天下而棉花之來莫詳其始相傳爲種出西番元時始入中國按通鑑梁武帝送木棉皁帳史炤釋文云木棉江南多有之以春二三月下種既生須一月三薅至秋生黃花結實及熟時其皮四裂其中綻出如棉土人以鐵鋌碾去其核取如棉者以竹爲小弓長尺四五寸許牽弦以彈綿令其勻細卷爲筒就車紡之自然抽緒如繅絲狀織以爲布按史炤所言即今之綿花無疑矣但今制彈綿

之弓以木爲之長六尺餘則與古稍異耳謂起自元時非也第史炤以此解木棉亦未爲當木棉出交廣其樹盈抱其實如酒杯其口有綿可作布見張勃吳錄即今之斑枝花楊用修辯之是矣 木綿一名瓊枝其高數丈樹類梧桐葉類桃而稍大花色深紅類山茶春夏花開滿樹望之爛然如綴錦花謝結子大如酒杯絮吐于口茸茸如細毳舊云海南蠻人織爲布名曰吉貝今第以充裀褥取其軟而溫未有治以爲布者潯梧間亦多有之但土人未嘗採取隨風飄墜而已 農政全書玄扈先生曰吉貝之名獨昉於南史相傳至今不知其義意是海外方言也小說家所謂木棉其所爲布曰城曰文縟曰烏驎曰斑布曰白氎白緤曰屈眴者皆此故是草本而吳錄稱木棉者南中地煖一種後開花結實以數歲計頗似木芙蓉不若中土之歲一下種也故曰十餘年不換明非木本矣吉貝之稱木即禹貢之言卉取別於蠶絲耳閩廣不稱木棉者彼中稱攀枝花爲木棉也攀枝花中作裀褥雖柔滑而不韌絶不能牽引豈堪作布或疑木棉是此謂可爲布而其法不傳非也吳錄所言木棉亦即是吉貝或疑其云樹高丈當是攀枝不知攀枝高十數丈南方吉貝數年不凋其高丈許亦不足怪蓋南史所謂林邑吉貝吳錄所謂禾昌木棉皆指草本之木棉可爲布意即娑羅木然與斑枝花絶不類

又中土所織棉布及西洋布精麤不等絶無光澤而余見曹溪釋惠能所傳衣曰屈眴布即白氎布云是西域木棉心所織者其色澤如蠶絲豈即娑羅籠段耶抑西土吉貝尚有他種邪又嘗疑洋布之細非此中吉貝可作及見榜葛刺吉貝其核絶細絮亦絶軟與中國種大不類乃知向來所傳亦非其佳者

集藻 序 增 元王禎木綿圖譜序中國自桑土既蠶之後惟以繭纊爲務殊不知木綿之爲用夫木棉產自海南諸種藝制作之法駸駸北來江淮川蜀既獲其利至南北混一之後商販于此服被漸廣名曰吉布又曰綿布其幅匹之制特爲長闊茸密輕暖可抵綿帛又爲毳服

毯毁足代本物按裴淵廣州記云蠻彝不蠶採木棉爲絮又諸番雜志云木棉吉貝木所生古城闍婆諸國皆有之今已爲中國珍貨但不自本土所產不能足用且比之蠶桑無採養之勞有必收之效將之枲苧免績緝之工得禦寒之益可謂不麻而布不繭而絮雖曰南產言其通用則北方多寒或繭纊不足而裘褐之費此最省便列製造之具于此廣遠近滋習農務助桑麻之用華夏兼蠻彝之利將自此始矣〔明王象晉木棉譜序〕

禹貢島夷卉服厥篚織貝蔡氏謂棉之精好者爲吉貝徐子先吉貝一疏載棉之利最詳與美利前民用仁人之言夫今棉之利遍宇內且功力視苧葛甚省績苧葛

日以錢計紡綿四日而得一觔信其利遠出麻枲上也今北土廣樹藝而昧於織南土精織紝而寡於藝若以北之棉學松之織利當更倍顧棉則方舟而鬻諸南布則方舟而鬻諸北此子先所爲歎也予故撮其旨要俾務本者得覽焉

〔賦〕

御製木棉賦并序木棉之爲利於人溥矣衣被禦寒實有賴焉夫既紡以爲布復擘以爲絖卒歲之謀出之隴畝功不在五穀下嘗稽之載籍島夷卉服註以爲吉貝即其種也然止以充遠方之貢而未嘗遍植于中土故周禮婦功惟治蠶枲唐徵庸調但及絲麻至木棉之種後世由外番始入于關陝閩粵今則遠邇貴賤咸資其利而昔人篇什罕有及之者故爲之賦曰攷吉貝之佳種披丘索以窮源道伽毗而遠來由秦粵而衍蕃傲崖州之紡織製七襄而無痕做宋人之洴澼比八緜而同溫先麥秋而播種齊壺棗而登原宿黃雲于萬藥墮白雪于千村落秋實于露晞軋機柚于星昏爰佐耆年之帛陽回寒女之門幸卒歲之卜娛乃民力之普存若應鐘之司律正薄寒之中人月照牛衣之夜霜侵葛屨之辰家挾千箱之纊路絕百結之鶉曝茅簷而歌愛日賽田祖而洽比鄰謝履絲之靡麗免干貉之艱辛故夫八口之家九土之氓無冱寒之膚裂罕疾風之條鳴時和年豐水耨火耕歲落三鍾之稌場登百畝之

稅同彼婦子樂此太平奚羨纂組之巧與夫縞紵之輕慨風詩之未錄省方問俗將以補豳什而續授衣之經

五言古詩〔增〕宋謝枋得謝劉純父惠木綿布嘉樹種木棉天何厚八閩厥土不宜桑蠶事殊艱辛木棉收千株八口不憂貧江東易此種亦可致富殷柰何來瘴癘或者畏蒼旻吾知饒信間蠶月如岐邠兒童皆衣帛豈但奉老親婦女賤羅綺賣絲買金銀角齒不兼與天道斯平均所以木棉利不畀江東人避秦衣木葉矧肯羞懸鶉天下有元德孔融願卜鄰絺袍望不及共裘志自仁贈我以兩端物意皆可珍潔白如雪積麗密過錦純羔縫不足貴狐腋難擬倫絲纊皆作貢此物不薦陳豈非

神禹意隱匿遺小民詩多草木名箋疏欲諱諱國家無
楚越欲識固無因翦裁爲大裘窮冬勝三春
詩散句〔原〕〔唐〕張籍蜀客南行祭碧雞木棉花發錦江西
〔增〕〔宋〕劉克莊幾樹半天紅似染居人云是木棉花
楊萬里却是南中春色別滿城都是木棉花〔元〕方夔
木棉白茸茸
〔別錄〕〔原〕種植種花之地以白沙土爲上兩和土次之喜
高亢惡下濕拾花畢卽劉去秸遍地上糞隨深耕之令
陽和之氣掩入土内有力耕三遍隨撈平不致風乾如
秋耕二遍正月地氣透或時雨過再耕一遍大約糞多
則先糞而後耕糞少則隨種而用糞此其槩也須用熟

糞麻餅亦佳〔增〕農政全書花性忌燥燥則濕蒸而桃
易脫落花忌苗並並則直起而無旁枝中下少桃種不
宜晚晚則秋寒早則桃多不成實卽成亦不甚大而花
軟無絨 玄扈先生曰秋耕爲良穫稻後卽用人耕又
不宜耙細須大墢擇起令其凝沍來年凍釋土脈細潤
正月初轉耕二月初再轉此二轉必撈蓋令細清明前
作畦畛土欲絶細畦欲潤溝欲深既作畦便於白地上
鋤三四次雨後鋤爲良則土細而草除 〔原〕棉田於清
明前先下壅或糞或灰或豆餅或生泥多寡量田肥瘠
剉豆餅勿委地仍分定畦畛均布之吾鄉密種者不得
過十餅以上糞不過十石以上懼大肥虛長不實實亦

生蟲若依古法苗間三尺不妨一再倍也有種晚棉用
黃花苕饒草底壅者田擬種棉秋則種草來年刈草壅
稻留草根田中耕轉之若草不甚盛加別壅欲厚壅卽
並草掩覆之或種大麥蠶豆等並掩覆之皆草壅法也
草壅之收有倍他壅者惟生泥棉所最急不論何物壅
必須之〔擇種〕農桑通訣云花種初收者未實近霜者
不生惟中間收者爲上老農云棉種必冬月碾取經日
曬燥冬月生意斂藏曬暴不傷萌芽春間生意萌發不
宜大曬總之陳者秕者油者濕蒸者經火焙者皆不堪
作種將種時用水浥濕過半刻淘出其不堪者皆浮出
水面而堅實不損者必沉取而種之苗必茂又一法浸

用雪水能旱鰻魚汁浸過不蛀〔下種〕種不宜蚤恐春
霜傷苗又不宜晚恐秋霜傷桃大約在清明穀雨間此
時霜止也種法有三漫撒者用種多更難耘耨耩者易
鋤而用種亦多惟穴種者用種頗少但多費人工法將
耕過熟地仍用犁耕過就於溝内隔一尺作一穴澆水
一二碗俟水入地下種四五粒熟糞一碗覆土一二指
用腳踏實大約一人持種二人擕糞若漫撒及耬耩者
須用石碗砘實若虛浮則芽不能出出亦易萎〔耘苗〕
鋤棉者一去草穢二令浮土附苗根則根入地深三令
土虛浮根苗得遠行功須極細密鋤必七遍以上又當
在夏至前諺曰鋤花要趁黃梅信鋤頭落地長三寸大

抵苗宜稀鋤宜密此要訣也初頂兩葉止剗去草宜密留以備傷再鋤宜稍密三鋤則定苗科一穴止留麤旺者一株斷不可兩株並留並則直起而無旁枝桃少苗長後有幹麤葉大衆中特壯異者名曰雄花大而不結實然又不可無間留一二株多則去之地中不可種別物恐分地力又不宜密種如肥田密種即青酣不實又易生蟲稀種則能肥肥則實繁而多收亢倉子曰立苗有行故速長强弱不相害故速大正其行通其中疏爲冷風則有收而多功又云樹肥無使扶疎樹磽不欲專生而獨居夫苗其弱也欲孤其長也欲相與俱其熟也欲相與扶扶疎且不可况逼迫耶若數寸一株長枝布

葉株百餘子畝二三百斤豈不力省而利倍哉〔打心〕苗高七八寸打去衝天心令四旁生枝旁枝半尺以上亦打去心勿令交枝相揉如此則花多實密葉葉不空大約打心當在伏中三伏各打一次不宜雨暗恐聾灌而多空條最宜晴明庶旺相而生旁枝如有未長大者又當隨時打去不必例拘　增〔農政全書〕打心視苗遲早早者大暑前後摘遲者立秋摘秋後勢定勿摘矣摘亦不復生枝　簡別之法老農云一二次鋤去大葉者此大核少棉種也三鋤後去小葉者此秕不實種也或實而油浥病種也第此爲雜種言耳若純用墨核等佳種精擇之自無大核雜種即全去小者　原〔拾花〕花既

結桃待桃開絨露爲熟旋熟旋摘攤放箔上日曝夜露待子粒既乾方可收貯則絨不浥而子不腐〔紡績〕花既曝乾碾去種子彈使熟細便可紡線農桑通訣所載紡車容三維若倣其製而效之尤易爲力或曰北地風高細紡不易今肅寧之布幾同松之中品聞其鄉多穿地窖深數尺作屋其上簷高地二尺許作窻以通日光人居其中就濕地紡績便得緊細與南土無異若陰雨蒸濕不妨移就平地而南人寓都下者多朝夕就露下紡日中陰雨亦紡則安在北地風高不便細紡也〔織布〕布之名不一曰城曰文綀曰烏驎曰屈眴曰白氎白緤曰貝布斑布總之皆棉布也海南所織上出細字雜

花名吉貝布松布之巧者有折枝團鳳碁局字樣等製而一切桿彈紡織綜綫挈花法皆始于黃媼其布之麗密他方莫並焉南中用糊先將棉纙入紝車成紝次入糊盆度過竹木作架兩端用纙急維竹帚痛刷候乾上機謂之刷紗南布之佳者皆刷紗也北地則風塵易起若依肅寧作窖冒以修廊循簷作牕令可開闔以避就風日於中經刷織紝遇輕陰無風纖塵不起不妨移之平地成布當不減吳下矣

佩文齋廣羣芳譜卷第十二

佩文齋廣羣芳譜卷第十三

蔬譜

薑

【原】薑（說文作薑）禦濕之菜也苗高二三尺葉似箭竹葉而長兩兩相對苗青根嫩白老黃無實處處有之漢溫池州者良三月種五月生苗如初生嫩蘆而葉稍濶葉亦辛香秋社前後新芽頓長如列指狀采食無筋尖微紫名紫芽薑又名子薑秋分後者次之霜後則老性惡濕畏日秋熱則無薑氣味辛微溫無毒通神明辟邪氣益脾胃散風寒除壯熱治脹滿去胸中臭氣解菌蕈諸毒生用發熱熟用和中留皮則冷去皮則熱八九月多食春

多患眼孕婦忌食令兒盈指

【彙考】【原】論語不撤薑食　【增】史記貨殖傳千畦薑韭其人與千戶侯等　後漢書方術傳左慈少有神道嘗在司空曹操坐求銅盤貯水以竹竿餌釣於盤中引出鱸魚操又謂曰既已得魚恨無蜀中生薑耳慈曰亦可得也操恐其近即所取因曰吾前遣人到蜀買錦可過勑使者增市二端語頃即得薑還并獲操使報命　南齊書良政傳孔琇之爲臨海太守在任清約罷郡還獻乾薑二十斤世祖嫌少及知琇之清乃歎息　【原】南史周捨傳捨占對辯捷嘗居直廬語及嗜好裴子野言從來不嘗食薑捨應聲曰孔稱不撤裴乃不嘗一坐皆悅

呂氏春秋和之美者蜀郡楊樸之薑　春秋運斗樞星散爲薑屬土失得逆時則薑有翼辛而不臭　神仙傳介象垂綸埳水得鯔魚使厨下切之吳主曰聞蜀使來得蜀薑作虀甚好恨爾時無此象曰蜀薑豈不易得願差所使者可付値吳主指左右一人以錢五十付之象書一符以著青竹杖中使行人閉目騎杖杖止便買薑訖復閉目此人承其言騎杖須臾止已至成都不知是何處問人人言是蜀市中乃買薑於時吳使張溫先在蜀既於市中相識甚驚便作書寄其家此人買薑畢拔書負薑騎杖閉目須臾已還吳厨下切鱠適了　酉陽雜俎山上有薑下有銅錫　李先生傳郎中喬翻於

洋渚遇神人意欲啖薑而市無之神人以綃數疋并書一牒付信入市門南下任意所之須臾得薑數斗還以問神人神人曰問李先生當知我　東坡雜記王介甫多思而喜鑿時出一新說既而悟其非也則又出一言而解釋之是以其學多說嘗與劉貢父食輟箸而問曰孔子不撤薑食何也貢父曰本草生薑多食損智道非明民將以愚之孔子以道教人者也故不撤薑食將以愚之也介甫欣然而笑久之乃悟其戲已也貢父雖戲言然王氏之學實大類此庚辰二月十一日食薑粥甚美歎曰無怪吾愚吾食薑多矣因并貢父言記之以爲後世君子一笑

漢魏賦散句 增 漢司馬相如賦 茈薑蘘荷 張衡南都
賦 蘇蔱紫薑拂徹羶腥 晉潘岳閒居賦 青笋紫薑
左思蜀都賦 甘蔗辛薑陽蓝陰敷 魏都賦 薑芋充茂
五言古詩 原 宋梅堯臣謝劉原父寄糟薑 名園萬家城
千畦等封侯 爵當燕去前醃芽費糟丘 無筋偃王笑 有
味三閭羞 寄入翰林席 聖以不撤優 又寄蓬門下 作賦
誰肯休 惟我廣文舍 免爲虀鹽仇 劉公漢家裔 才學歆
向儔 胸中飽經史 辨論出九州 曾不奉權貴 但與故人
投 贈辛非贈甘 此意當自求
五言絶句 原 宋劉子翬詠子薑 新芽肌理細 映日瑩如
空 恰似匀妝指 柔尖帶淺紅 朱子子薑 薑云能損心

此謗誰與雪 請論去穢功 神明看朝徹
詩散句 增 唐李商隱 蜀薑供煮陸機蓴 宋蘇軾 先社
薑芽肥勝肉 故人兼致白芽薑
別録 增 韓詩外傳 宋玉因其友見楚相 楚相待之無以
異 讓其友 友曰 夫薑桂因地而生 不因地而辛 女因
媒而嫁 不因媒而親 原 長編 秦檜欲晏敦復附已 使
人諭之 晏答曰 爲我謝秦公 薑桂之性到老愈辣 種
植 宜白沙地 小與糞和 種熟耕縱横七八徧 佳 清明後
三日種 濶一步作畦 長短隨地 横作壠 壠相去一尺 深
五六寸 壠中安薑 一尺一科 帶芽大三指 蓋土三寸 覆
以蠶沙 無則用熟糞雞糞 尤妙 芽出後 有草即耘 漸漸

以土蓋之 已後壠中却令高 不得去土 爲芽向上長也
芽長後 從旁揠去老薑 耘鋤不厭數 五六月覆以柴棚
或插蘆葳 日不耐寒熱 八月收取 九月置煖窖中 寒甚
作深窖 以糠粃和埋煖處 勿凍壞 來年作種 炎下用
家志 種薑宜甲子乙丑辛未壬申壬午 製用 生熟醋
醬糟鹽蜜煎皆宜 早行山中 含之不犯霜霧蒸濕及山
嵐之瘴氣 法製伏薑 薑四斤 刮去麤皮 洗淨 曬乾 放
磁盆 入白糖一斤 醬油二斤 官桂 大茴香 陳皮 紫蘇葉
各二兩 切細 拌匀 初伏曬起 至三伏終 收貯 曬時用紗
或夏布罩住 勿令蠅蟲飛入 此薑神妙 能治百病 伏
月以老薑切片 秤一斤 重爲率 曬乾 先用官桂 茴香 丁

香 川椒各一兩 爲末 浸鏡面牽燒酒二斤 俟藥氣化溶
閉罐蒸 待冷 將曬乾生薑浸酒內 曬乾又浸又曬 以酒
盡爲度 磁罐收貯 如冬月大寒 侵晨嚼薑一片 通身和
暖 蜜煎薑 秋社前取嫩芽二斤 洗淨 控乾 不用鹽醃
以沸湯瀝乾 用白礬一兩半 湯泡化 一宿 澄清 浸薑十
餘日 方以蜜煎 磁罐貯留 經年須常換蜜 脆薑 以嫩
者去皮 甘草 白芷 零陵香少許 同煮熟 切片食 法製
薑煎 沸湯八升 入鹽三斤 打匀 次早別取清水 以白梅
半斤 槌碎 和浸 同前鹽水和合 貯缸 逐日採牽牛花 去
白蔕 投水中 候水深濃 去花 取嫩薑十斤 拭去紅衣 隨
意切片 用白鹽五兩 白礬五兩 沸湯五椀 化開 澄清 浸

薑微向日影中曬二日撈出晾乾再入少鹽拌勻曬烈日中待薑上白鹽凝燥爲度入器收貯　醋薑嫩薑不拘多少炒鹽醃一宿取出滷同米醋煮數沸候冷入薑及沙糖隨多少箬扎泥封固　糟薑嫩薑天晴時收陰乾五日以麻布拭去紅皮每一斤用鹽二兩糟三斤醃七日取出拭淨別用鹽二兩法糟五斤拌勻入新磁罐先以核桃二枚搥碎安罐底則薑不辣然後入薑平糟面以小熟栗末摻上則薑無渣如常法泥封固如要色紅入釀牛花拌糟　糟薑取嫩薑用酒拌糟勻入磁罈上用沙糖一塊箬扎口泥封七日可食　醋薑炒鹽醃一宿以原滷入釀醋同煎　五味薑嫩薑一斤切薄片

用白梅半斤打碎去仁入炒鹽二兩拌勻曬三日取出用甘草半兩檀香二錢爲末拌勻曬三日磁器收貯

九月二十八日食薑損目　增南方草木狀冬葉乃薑葉也苞苴物交廣皆用之南方地熱物易腐敗惟冬葉藏之乃可持久　齊民要術生薑一片淨洗刮去皮竿子切不患長大如細漆箸以水二升煮令沸去沫與蜜二升煮復令沸更去沫椀子盛合汁減半奠用箸二人共無生薑用乾薑法如前唯切欲極細　蜜薑法用生薑淨洗削治十月酒糟中藏之泥頭十日熟出水洗內甕中大者中解小者渾用豎奠四又云卒作削治蜜中煮之亦可用　東坡雜記予昔監郡錢塘遊淨慈寺衆中有僧號聰藥王年八十餘顏如渥丹目光炯然問其所能蓋診脈知吉凶如智緣者自言服生薑四十年故不老云薑能健脾溫腎活血益氣其法取生薑之無筋滓者然不用子薑錯之并皮裂取汁貯器中久之澄去其上黃而清者取其下白而濃者陰乾刮取如麪謂之薑乳以蒸餅或飯搜和丸如桐子以酒或鹽米湯吞數十粒或取末置酒食茶飲中食之皆可聰曰山僧孤貧無力治此正爾和皮嚼爛以溫水嚥之耳初固辣稍久則否今但覺甘美而已

椒

原椒一名花椒一名大椒一名檓爾雅云檓大椒注一云實大者名爲檓

名秦椒以産自秦地故名今北方秦椒另有一種生秦嶺泰山琅琊間今處處有之椒稟五行之精葉青皮紅花黃膜白子黑氣香最易蕃衍枝間有刺扁而大葉對生形尖有刺堅而滑澤蜀吳製作茶四月開細花五月結子生青熟紅大於蜀椒其目亦不及蜀椒光黑出隴西天水粒細者善今成皋諸山有竹葉椒小毒熱不堪入藥東海諸山上亦有椒枝葉亦相似子長而不圓甚香味似橘皮椒閉口者殺人五月食損氣傷心令人多忘中毒者涼水麻仁漿解之

彙考原詩唐風椒聊之實蕃衍盈升彼其之子碩大無朋椒聊且遠條且　陳風貽我握椒　周頌有椒其馨

【增】史記禮書椒蘭芬茝所以養鼻也　晉書石崇傳
崇與貴戚王愷羊琇之徒以奢靡相尚崇塗屋以椒愷
用赤石脂　宋史地理志黎州貢紅椒　山海經景山
其草多秦椒　琴鼓之山其木多椒　荀子民之親我
驩若父母其好我芬若椒蘭　淮南子申椒杜茝美人
之所懷服也及漸之於滫則不能保其芳矣　漢官儀
皇后稱椒房取其實蔓延盈升以椒塗室亦取其溫暖
春秋運斗樞玉衡星散爲椒　孝經援神契椒薑禦
濕菖蒲益聰　【原】四民月令正月之旦進酒降神畢室
家無大小次坐先祖之前子孫各上椒酒於其家長稱
舉白　【增】敦煌新錄蘇劉剌荅魯之右大渾中高百壽

然無草木石皆紺色山産椒椒大如彈丸然之香聞數
里每然椒則有鳥自雲際蹁躚五色名鷂鷯鳥蓋鳳凰
種也漢武帝遣將軍趙破奴逐之得其椒不能解詔問
東方朔朔曰此天仙椒也塞外千里有之能致鳳武帝
植之太液池至元帝時椒生果有異鳥翔集　下黃私
記鍾繇孌庶子會之母嬖其夫人文帝命繇復之繇恚
忿飧椒致噤帝乃止　東坡詩注吳眞君服椒法井歌
曰其椒應五行其仁通五義服之半年內腳心汗如水
瀛厓勝覽蘇門荅剌者即古須文達那國其地依山
則種椒園蔓生如中國甜菜狀花黃子白其實初青老
則紅半老則采之曬乾每百斤直白金一兩

【集藻】銘【增】晉成公綏椒華銘嘉哉芳椒載繁其實厥味
惟珍蠲除百疾肇惟歲始月正元日永介眉壽以祈初
吉
頌【增】晉劉臻妻元日獻椒花頌美哉靈葩爰采爰獻聖
容映之永壽於萬
贊【增】晉郭璞椒贊椒之灌植實繁有倫薰林烈薄馞其
芬辛服之不已洞見通神
文賦散句【增】楚屈原離騷雜申椒與菌桂兮　巫陽將
夕降兮懷椒糈以要之　九歌奠桂酒兮椒漿　播芳
椒兮盈堂　九章惟佳人之獨處兮折若椒以自虞
漢司馬相如子虛賦椒桂木蘭　劉向九歎懷椒聊之

蔎蔎兮　魏曹植七啓紫蘭丹椒施和必節　晉左思
蜀都賦或蕃丹椒
七言律詩【增】明僧宗林花椒欣欣笑口向西風噴出玄
珠顆顆同采處倒含秋露白曬時嬌映夕陽紅調漿美
著騷經上塗壁香凝漢殿中鼎餗也應加此味莫教薑
桂獨成功
五言絕句【原】唐王維椒園桂尊迎帝子杜若贈佳人椒
漿奠瑤席欲下雲中君　裴迪椒園丹刺罥人衣芳香
留過客幸堪調鼎用願君垂採摘
詩散句【原】唐杜甫守歲阿戎家椒盤已頌花　【增】白居
易閒道雲南有瀘水椒花落時瘴煙起　周庾信椒花

逐頌來　紅椒艷復殊　原 唐杜甫椒實雨新紅　增 元馬
孟浩然石上欑椒樹　李賀椒花墜紅濕雲間　元馬
祖常椒花染紫風雨香

別錄 增 酉陽雜俎椒可以來水銀　椒氣好下　物類相感志用鹽擂椒椒味好　原 養生要論十二月臘夜令人持椒臥井旁無與人言內椒井中除瘟病　枝山前聞盛起東寅當夜夢有人寄椒於家久矣忽欲椒遂私發而用之既覺深自咎曰豈吾平日義心不明以致此耶迄不能寐坐以待旦

種植先將肥潤地耕熟二月內取子種之以灰糞和細土覆蓋則易生此物乃陽中之物不耐寒冬月草苫免致凍死來年分栽離七八

尺用蔴籸灰糞和細土栽忌水浸根又宜焦土乾糞壅培遇旱用水澆灌三年後換嫩枝方結實以髮纏樹根或種香白芷或種生菜皆辟蛇食椒　收摘中伏後晴天帶露收忌手捻陰一日曬三日則紅而裂遇雨薄攤當風處頻翻若淹則黑不香若收作種用乾土拌和埋於避雨水地內深一尺勿令水浸生芽　製用去目及閉口者炒熱隔紙鋪地上以椀覆待冷碾紅入藥

附錄川椒

增 本草川椒一名巴椒一名蜀椒一名南椒一名蓎藙一名點椒一名含丸使者見陶穀清異錄蘇頌云木高四五尺似茱萸而小有鍼刺葉堅而滑可煮飲食四月結子無花但生於枝葉間顆如小豆而圓皮紫赤色李時珍曰蜀椒子光黑如人之瞳人故謂之椒目　原 川椒肉厚皮皺粒小子黑外紅裏白入藥以此爲良他椒不及也

增 四川志各州縣俱出椒惟茂州出者最佳其殼一開一合者最妙

附錄崖椒

增 本草崖椒一名野椒不甚香子灰色不黑無光

附錄蔓椒

增 本草蔓椒一名豬椒一名豕椒一名彘椒一名豨椒一名狗椒一名金椒野生林箐間枝軟如蔓子葉皆似椒山人亦食之

附錄地椒

增 本草地椒出上黨郡其苗覆地蔓生莖葉甚細花作小朵色紫白因舊莖而生即蔓椒之小者

集藻 五言律詩 增 元許有壬地椒　凍雨催花紫輕風散野香刺沙尖葉細敷地亂條長楚客收成裹奚童擷滿筐行廚供草具調鼎爾非良

附錄胡椒

增 本草胡椒一名昧履支向陰生者名澄茄向陽生者名胡椒　原 酉陽雜俎胡椒生西戎摩伽拖國今南番諸國滇南海南交趾諸地皆有之其苗蔓生莖極柔弱葉長寸半有細條與葉齊條上結子兩兩對其葉晨開

暮合合則裹其子於葉中子形似漢椒至芳辣六月採

今作胡盤肉皆用之

【彙考】【增】〔宋史地理志〕廣州貢胡椒〔尚書故實〕元載家籍財貨諸物得胡椒八百石〔瀛厓勝覽〕阿枝國產胡椒往往種於圃四百斤直金錢百文銀直五兩珠以分論　古俚國產胡椒亦以圃種十月熟

【別錄】【原】〔本草〕李時珍云自少嗜胡椒每歲病目後痛絕之目病亦愈後畧食一二目便昏澀蓋辛走氣熱助火也病咽喉口齒者亦宜忌之

附錄　番椒

【增】〔草花譜〕番椒叢生白花子儼似禿筆頭味辣色紅甚

可觀子種

茴香

【原】茴香一名蘹香本草云俚俗多懷之衿衽咀嚼蘹香之名或以此　【增】〔本草〕茴香一名八月珠　【原】宿根深冬生苗作叢肥莖綠葉五六月開花如蛇牀花而色黃子如麥粒輕而有細稜俗呼為大茴香近道人家園圃種者甚多以寧夏者為第一其他處小者名小茴香辛平無毒理氣開胃夏月祛蠅辟臭煮臭肉下少許即不臭臭醬入末少許亦香故曰茴香

【別錄】【原】〔種植〕收時陰乾宜向陽地以糞土和子種之仍種麻一窠以避日色十月斫去枯梢以糞土壅根下

附錄　八角茴香

【原】茴香自番舶來者實大如柏實裂成八瓣一瓣一核大如豆黃褐色有仁味更甜俗呼舶茴香又曰八角茴香廣西左右江峒中亦有之形色與中國茴香迥別但氣味同耳〔桂海果志〕八角茴香北人得之以薦酒少許咀嚼甚芳香

附錄　蒔蘿

【增】〔本草〕蒔蘿一名慈謀勒一名小茴香　【原】蒔蘿初生佛誓國今嶺南及近道皆有之三四月生苗開花其子簇生狀如蛇牀子而短微黑芳辛不及茴香善滋食味多食無損健脾開胃下氣利膈溫腸殺魚肉毒補水臟

治腎氣壯筋骨治小兒氣脹霍亂嘔逆腹冷不下食兩肋痞滿忌同阿魏食奪其味也

韭

【原】韭說文云一種而久者故謂之韭象形在一之上一地也一名豐本曲禮云韭曰豐本一名起陽草一名草鍾乳本草拾遺云言其溫補也一名懶人菜爾雅翼曰彭云韭者懶人菜以其不須歲種也莖名韭白根名韭黃花名韭菁叢生豐本長葉青翠八月開小白花成叢醃作葅益人

【增】〔爾雅〕藿山韭〔疏〕韭生山中者名藿〔本草〕山韭一名韱音纖形性與家韭相類但根白葉如燈心苗山中往往有之

【彙考】【原】〔詩豳風〕四之日其蚤獻羔祭韭　【增】〔禮記王制〕

庶人春薦韭〔內則〕豚春用韭秋用蓼 原〔周禮天官〕
朝事之豆其實韭菹醓醢 〔漢書循吏傳〕龔遂爲渤海
太守勸民務農桑令口種一樹榆百本𧄼五十本葱一
畦韭 增〔晉書石崇傳〕崇每冬得韭蓱虀王愷密貨崇
帳下問其所以荅云韭蓱虀是擣韭根雜以麥苗耳
原〔南齊書庾杲之傳〕杲之清貧自業食惟有韭葅瀹韭
生韭雜菜或戲之曰誰謂庾郎貧食鮭常有二十七種
言三九也 〔周顒傳〕顒清貧寡欲終日長蔬食雖有妻
子獨處山舍文惠太子問顒菜食何味最勝顒曰春初
早韭秋末晚菘 增〔宋史禮志〕太宗景祐三年禮官宗
正請每歲春孟月薦蔬以韭以菘配以卵 〔食貨志〕男

女十歲以上種韭一畦闊一步長十步乏井者鄰伍爲
鑿之 〔易稽覽圖〕政道得則陰物變爲陽〔注〕若葱變爲
韭是也 〔山海經〕丹熏之山其草多韭薤 視山其上
多韭 原〔夏小正〕正月囿有韭 〔莊子〕徐無鬼見魏武
侯武侯曰先生居山林食芧栗厭葱韭以賓寡人久矣
今老耶其欲干酒食之味耶其寡人亦有社稷之福耶
增〔說苑〕衞有五丈夫俱負缶而入井灌韭終日一區
鄧析過下車爲教之曰爲機重其後輕其前命曰橋終
日漑韭百區不倦五丈夫曰吾師言曰有機智之巧必
有機智之敗我非不知不欲爲也 〔漢武內傳〕西王母
曰仙之次藥有八阮赤韭 〔典術〕聖王之世功濟天下

者堯也天星降精於庭爲韭感而爲菖蒲焉 原〔郭林
宗別傳〕林宗有友人夜冒雨至藹韭作炊餅食之 〔水
經注〕從平樂山順流五六里山甚高峻上合下空中有
石林甚整頓旁生野韭人往乞者神許則風吹別分隨
偃而拔不得過越不偃而拔輒凶 〔洛陽伽藍記〕陳留
侯李崇爲尚書令儀同三司富傾天下而性多儉悋惡
衣麤食常無肉味止有韭茹崇客李元祐語人云李令
公一食十八種人問其故元祐曰二韭一十八聞者大
笑 增〔三國世畧〕北齊太上後宮無限衣皆珠玉一女
歲費萬金寒月盡皆食韭芽 〔天台山記〕赤城山有洗
腸井昔曇猷禮石橋應眞怪其腹中有韭氣猷出腸洗

之至今韭尚叢生焉 〔清異錄〕杜頠食不可無韭人惡
其嗽候其僕市還潛取棄之怒罵曰奴狗奴狗安得去
此一束金也 〔張耒詩注〕俗言八月韭佛開口 〔爾雅
翼〕物久必變故老韭爲莧 〔五色線〕韭多補洩子甚溫
俗間呼草鍾乳眞誥云務光服韭煎以入淸冷之淵也
〔北征錄〕北邊雲臺戎地多野韭沙葱人皆采而食之
集藻 〔傳〕 〔明王肅豐木傳〕豐本蓋古仙人一號久昕先
生相傳伊耆氏之世爾居學道得不死術後出仕於周
其䤈爲醢人屬與昌氏菁氏茆氏共掌俎豆凡祭祀燕
享王及后世子之內羞咸取給焉故周公天官書列其
䤈戴氏禮記載其名豳七月詩亦歌其仲春薦廟事周

亡不知所之或云隱畦町間與農圃者伍人多怪之或執而髡其首或戕其支體尋復生完衆始知先生爲仙人也漢時與處士郭林宗友林宗館於家客至輒命與同食晉衛尉石崇豪侈擅一世知先生賢咄嗟召之先生亦不拒往就然策崇必敗曰不去將累我我固不憂爲彼累也遽逸去南齊侍中庾杲之家貧好清士每延先生共飯人皆曰庾郎得豐本爲不貧矣唐隱者衛賓與拾遺杜甫善甫嘗過賓宿先生亦冒雨至相與酬飲甚適甫有詩美之載甫集中先生貌蒼古綠髮白趾常被翠羽衣所棲止人望之恒有氣鬱蔥然即之咀嚼其言論有至味令人灑然忘俗壽莫知其幾也今游會稽

巖壑中時時過山人韓氏亭上吟翁鍊士多有見之者云

賦散句 增 漢張衡南都賦 秋韭冬菁 梁元帝玄覽賦 金鹽玉豉堯韭舜榮

五言律詩 增 元許有壬韭花 西風吹野韭花發滿沙陀氣較葷蔬媚功於肉食多濃香跨薑桂餘味及瓜茄我欲收其實歸山種澗阿

五言絕句 原 宋劉子翬詠韭 肉食嘲三九終憐氣韻清一畦春雨足翠髮翦還生 增 明高啟韭芽 抽冒餘濕掩冉煙中縷幾夜故人來尋畦翦春雨

七言絕句 增 宋方岳種韭 一下秋已覺齒生津坐想堆盤夜雨春政恐廚人無變饌庾郎貧不似吾貧

詩散句 原 宋張耒荒園秋露瘦韭葉色茂春菘甘勝蕨人言佛見爲下筯芼炙烹羔更滋滑 陸游舍東種早韭生計似庾郎 蘇軾漸覺東風料峭寒青蒿黃韭試春盤 增 方岳卻喜庾郎貧到骨韭畦時一摘煙苗 蔣竹隱見說周顒誇早韭斸煙鋤雨幸時分 宋沈約時韭日離離 原 唐杜甫夜雨翦春韭 增 韓愈畦肥翦韭薤 原 白居易秋韭花初白 宋蘇軾辛盤得青韭 增 陸游雨足韭頭白 金元好問韭早春先綠 元周權早韭綠且纖 宋蘇軾韭芽戴土拳如蕨

別錄 原 韭根多年交結則不茂秋月掘出去老根分栽

壅以雞豬糞亦可子種可生可熟可淹可久菜之最有益者是處有之葉高三寸便翦翦過糞土壅培之翦忌日中一年四五翦留子者止一翦子黑而扁九月熟收子風中陰乾勿令浥鬱韭葉熱根溫功用同生則辛而散痰散血熟則甘而補中補腎除熱下氣益陽止瀉子甘溫暖腰膝春食香夏食臭多食昏神暗目不可與蜜及牛肉同食熱病後十日食之即發冬月多食動宿飲吐水酒後尤忌宿韭忌食五月食韭損人北人冬月移根窖中養以火炕培以馬糞葉長尺許不見風日色黃嫩謂之韭黃味甚美但不益人多食滯氣發病 收子一如收葱子法如市賣者以銅鐺盛水於火上微煮須

臾生芽者可種如不生是裛鬱者不堪作種〔種植〕土欲熟糞欲勻畦欲深二月七月種先將地掘作坎取椀覆土上從椀外落子以韭性向內生不向外生也常薅令淨四時類要云收韭子種韭第一番割棄之主人勿食事類書云韭畦用雞糞尤佳至五年根必滿蟠蚪而不長擇高腴地分種之正月上辛日掃去畦中陳葉以鐵杷摟起下水加熟糞高三寸便翦用凡近城郭有園圃者種三十餘畦買易足供家費秋後又可採韭花供蔬茹至冬養韭黃比常韭易利數倍或只就畦中覆以馬糞北面竪籬障以禦北風至春其芽早出長二三寸便可賣較之他菜為利甚溥 【增】〔吳下田家志〕種韭宜

甲子辛未己卯辛巳甲申辛卯 【原】〔製用〕糟韭肥嫩者赤日曝至將乾以瓮鋪熟糟一層拼韭一層相間如此壓緊收用　鹽韭霜後肥韭淨洗控乾收磁鉢內鋪韭一層撒鹽一層醃二三宿翻數次裝入罐用元滷少加香油浸之　醃韭花韭花半結子時收摘去蒂梗一斤用鹽三兩同搗爛入罐中或就中醃小茄小黃瓜先別用鹽醃去水晾三日入韭花中拌勻用銅錢三四文著瓶底卻入韭花妙

附錄　孝文韭

【增】〔本草〕孝文韭生塞北山谷狀如韭人多食之云是魏孝文帝所種

附錄　諸葛韭

【增】〔本草〕諸葛韭諸葛亮所種韭更長彼人食之李時珍曰此亦山韭也但因人命名耳

附錄　水韭

【增】〔北戶錄〕水韭生於池塘中葉似韭得非龍爪韭乎字林云蘞音嚴水中野韭也 【原】有二三尺者五六月堪食不葷而脆

蔥

【原】蔥一名芤本草云草中有孔故字從孔一名菜伯一名和事草清異錄云蔥和羹衆味若藥劑必用甘草也所以文言曰和事草一名鹿胎初生曰蔥鍼葉曰蔥青衣曰蔥袍莖曰蔥白葉中涕曰蔥苒葉溫白

與鬚平味辛無毒有數種一種凍蔥即冬蔥夏衰冬盛莖葉氣味俱軟美食用入藥最善分莖栽蒔而無子人稱慈蔥又稱大官蔥謂宜上供也一種漢蔥本草云一名木蔥其莖麤硬故有木名春末開花成叢青白色冬即葉枯亦供食品胡蔥生蜀郡山谷狀似大蒜而小形圓皮赤葉似蔥根似蒜味似薤不甚臭八月種五月收一名蒜蔥又名回回蔥莖葉麤硬茖蔥山蔥也生於山谷似蔥而小細莖大葉爾雅云茖山蔥疏云蔥生山中者名茖生沙地者名沙蔥又有一種樓蔥亦冬蔥之類江南人呼為龍角蔥龍爪蔥羊角蔥皮赤莖上生根移下種之每莖上葉出岐如八角故名蔥白辛葉溫根鬚平主發散是處皆有生熟皆可食更

宜冬月戒多食四月每朝空心服葱頭酒調血氣正月忌食令人面起游風生同蜜食作下利燒同蜜食壅氣殺人生合棗食令人病合犬雉肉食多令人病血服地黄常山人忌用

彙考 原 禮記曲禮葱渫處末注渫烝葱也 內則膾春用葱秋用芥 脂用葱 切葱若薤實諸醯以柔之

原 漢書循吏傳大官園種冬生葱韭菜茹覆以屋廡晝夜然蕴火待溫氣乃生信臣以爲此皆不時之物有傷於人不宜以奉供養 後漢書逸民傳井丹性清高未嘗修刺候人建武末五王皆好賓客更遣請丹不能致信陽侯陰就以外戚貴盛乃詭說五王求錢千萬約能

致丹而別使人要劫之丹不得已既至就故爲設麥飯葱葉之食丹推去之曰以君侯能供甘旨故來相過何其薄乎更置盛饌乃食 增 後漢書獨行傳陸續諸洛陽詔獄母至京師作饋食付門卒以進續對食悲泣不能自勝使者怪而問其故續曰母來不得相見故泣耳使者大怒以爲獄門吏卒通傳意氣召將案之續曰因食餉羹識母所自調和故知來耳非人告也使者問何以知母所作乎續曰母常截肉未嘗不方斷葱以寸爲度是以知之 晉書藝術傳佛圖澄誡石勒曰今年葱中有蟲食必害人可令百姓無食葱也勒班告境內愼無食葱俄而石葱果走 原 梁書呂僧珍傳僧珍去家

久表求拜墓高祖欲榮之使爲本州刺史從父兄子宏以販葱爲業僧珍既至乃棄業欲求州官僧珍曰吾荷國重恩無以報效汝等自有常分豈可妄求叨越但當速反葱肆耳 增 唐書屈突通傳通蒞官勁正有犯法者雖親無所回縱其弟蓋爲長安令亦以方嚴顯時爲語曰寧食三斗艾不見屈突蓋寧食三斗葱不逢屈突通 西域傳泥婆羅遣使入獻波稜酢菜渾提葱 山海經邊春之山多葱葵韭 北單之山無草木多葱韭

管子齊桓公五年北征山戎出冬葱與戎菽布之天下 莊子春月飲酒茹葱以通五臟 淮南子君子之於善也猶采薪者見青葱則拔之 列仙傳阮丘蛐山

上種葱百餘年乃去 漢武內傳西王母曰仙人上藥有玄都綺葱 春秋元命苞天門山上有葱所種畦隴悉著行人拔取者悉絕若禱神而求即不拔自出奇異辛香 四民月令二月別小葱六月別大葱夏葱曰小冬葱曰大 東觀漢記孔奮字君魚爲姑臧長前長居官數月輒致貲産奮在姑臧四歲財物不增唯老母極膳妻子但食葱菜或嘲奮曰置脂膏中不能自潤 晉令居洛陽內園菜欲以當課者聽其引長流灌紫葱可冬三畝 廣志休循國居葱嶺東其山多大葱 華陽國志曹公既與先主語失言會大震雷先主曰聖人言迅雷風烈必變良有以也曹公亦悔失言使人窺之見

其拔葱公曰大耳公未覺也其夜先主急去（西河舊
事）葱嶺在燉煌西八十里其山高大上生葱故曰葱嶺
（續搜神記）新野趙貟家園中所種葱未經抽拔忽一
日盡縮入地後經歲餘貟之兄弟自相分散（酉陽雜
俎）山上有葱下有銀（清異錄）槃盞葱趙魏間有之幾
如拄杖蠢但盈尺耳

集藻 賦散句 **增**（宋謝靈運撰征賦）寒葱摽倩以淩陰
七言絕句 **原**（宋陸游葱）瓦盆麥飯伴鄰翁黃菌青蔬放
筯空一事尚非貧賤分芼羹僭用大官葱
詩散句 **增**（宋蘇軾）總角黎家三小童口吹葱葉送迎翁
（章惶）井丹已厭嘗葱葉庾亮何勞惜薤根（唐曹唐）

隴上沙葱葉正齊 **原**（宋陳師道）已辦煮餅澆油葱
增（元耶律楚材）勻和豌豆揉葱白

別錄 **原**（種植）子味辛色黑作三瓣狀有皺紋收取陰乾
若令浥濕則不生留春月調畦種良地三翦薄地再翦
翦宜平旦避熱宜與地平勿太深太高八月止不止則
無袍而損白凡栽葱曬稍蔫將冗鬚去淨疎行密排猪
雞鴨糞和蠢糠壅之不拘時冬葱暑種則茂（吳下田
家志）種葱宜甲子甲申己卯辛未辛巳辛卯（千金月
令）冬至日取葫蘆盛葱根莖汁埋於庭中夏至發開盡
爲水以漬金玉銀石青各三分自消曝乾如飴可休糧
久服神仙名曰金液漿

附錄 水葱

增（丹鉛總錄）水葱生水中如葱而中空又名翠管此草
可爲席

集藻（詩散句）**增**（唐王維）水驚波兮翠菅靡

蒜

原 蒜一名葫（以來自番中又稱胡蒜）一名大蒜一名葷菜葉如蘭
莖如葱根如水仙味辛處處有之而北土以爲常食八
月分瓣種之當年便成獨顆及熟每瓤五七瓣或十餘
瓣亦有獨顆者苗嫩時可生食夏初食薹秋月食種乾
者可食至次年春盡花中有實亦作蒜瓣而小可食孫
愐唐韻云張騫使西域始得大蒜初時中國止有小蒜

一名茆蒜一名亂一名蒚（爾雅云蒚山蒜）一名澤蒜爲其生於
野澤也又名山蒜石蒜爲其生於山或石邊也（本草云山蒜澤
蒜石蒜同一物也但分生於山澤石間不同）呂忱字林云莟（音吟）水中蒜然則
蒜不特生於平原及山石而又生於水矣（本草云別有山慈菇老鴉
蒜石蒜之類根葉皆似蒜而不可食）性辛溫有小毒其氣薰烈能通五臟
達諸竅去寒濕辟邪惡消癰腫化癥積肉食解暑毒嵐
瘴葷辛能散氣熱能助火傷肺損目伐性昏神有荏苒
受之而不知者鍊形家以小蒜大蒜韭芸薹胡荽爲五
葷道家以韭薤蒜芸薹胡荽爲五葷佛家以大蒜小蒜
興渠慈葱茖葱爲五葷雖品各不同然皆辛薰之物生
食增恚熟食發淫有損性靈故絕之云獨顆者切片灸

癰疽腫毒最效月令三月勿食蒜亦忌常食

【彙考】爾雅孫炎正義黃帝登蒿山遭蕕芋草毒得蒜嚙食乃解遂收植之能殺腥羶蟲魚之毒 【增】夏小正戴氏傳卵蒜也者本如卵者也 南史張融傳豫章王大會賓僚張融食炙始行畢行炙人便去融欲求鹽蒜口終不言方搖食指半日乃息 唐書宗楚客傳楚客諷趙延禧陳符命以媚帝曰去六月九日內出瑞蒜也 東觀漢記李恂爲兗州刺史所種園小麥胡蒜悉付從事無所留 崔豹古今注蒜卵蒜也俗人謂之小蒜外國有蒜十許子共爲一株籜幕裹之尤辛於小蒜俗人呼之爲大蒜 【原】高士傳閔貢字仲叔世稱節士雖

周黨之潔清自以弗及也黨見仲叔食無菜遺以生蒜仲叔曰我欲省煩耳今更作煩耶受而不食 【增】袁子正書袁子曰吾嘗與陳子息於鄰東門外見一老父方坐而食其子援之蒜食必有餘欲棄則惜欲持去則暑遂盡食於是太辛螫其腸胃兩目盡赤陳子笑之吾謂曰子之家中牛羊數千而不敢食天暑有腸死者而後食之病子之軀亦猶是也 蓮社高賢傳曇翼入秦望山誦法華經十二年感普賢大士化女子身披采服攜筠籠一白豕大蒜兩根至師前託宿夜半呼腹疼告師摩按師辭以持戒不應手觸乃布裹錫杖遙爲按之翌日女以采服化祥雲豕變白象蒜化雙蓮淩空而上謂師曰我普賢菩薩特來相試 異苑越王餘蒜生南海水中如竹算子長尺許白者似骨黑者如角古云越王會於舟中作籌有餘者棄之水中而生 鄴侯外傳泌爲兒童時身輕能於屏風上立薰籠上行道者云十五歲必白日昇天至其年八月十五日笙歌在室時有綵雲挂於庭樹李氏之親愛乃多貯蒜齏至數斛伺其異音奇香之至潛令人登屋以巨杓颺濃蒜潑之香樂遂散自此更不復至 清異錄蒜五代宮中呼麝香草 因話錄裴晉公不喜服食每語人曰雞豬魚蒜遇著即食 圖經京口有蒜山多生大蒜

【集藻】五言律詩【增】宋范成大頃在嶠南其人好食檳榔

合蠣灰蔞藤食之輒昏然已而醒快三物合和唾如膿血可厭今來蜀道又爲食蒜者所薰戲題旅食諳殊俗堆盤駭異聞南餐灰蔫蠣巴饌菜先葷幸脫蔞藤醉還遭胡蒜薰絲蓴鄉味好歸夢水連雲

詩散句【原】明馮琦再刑誰明王犂言竟破葫

【別錄】【增】顏氏家訓三輔決錄云前隊大夫范仲公鹽豉蒜果共一筩果當作魏顆之顆北土通呼物一凷改爲一顆蒜顆是俗間常語耳故陳思王鷂雀賦曰頭如顆蒜目似花椒江南但呼爲蒜符不知謂爲顆學士相承讀爲裹結之裹言鹽與蒜共苞一裹內筩中耳正史削繁音義又音蒜顆爲苦戈反皆失也 【原】種植多能鄙

事〕熟耕地一二次爬成溝二寸一窠種一瓣苗出高尺餘頻鋤鬆根旁頻以糞水澆之拔去薹則瓣肥大不則瘦小澤潞種蒜初出如翦韭二三次愈肥美　一說九月初於菜畦中稠栽蒜瓣候來年春二月先將地熟鋤數次每畝上糞數十擔再鋤耙勻持木橛插一竅栽一株栽徧或無雨常以水澆至五月大如拳極佳〔四民月令〕布穀鳴收小蒜六月七月可種小蒜八月可種大蒜〔爾雅翼〕種蒜宜良軟地三遍熟耕之五寸一株諺曰左右通鋤一萬餘株收條中種者一年為獨瓣二年成大蒜科皆如拳今并州無大蒜朝歌取種一歲之後還成百子蒜其瓣麤細正與條中子同　原吳下田家

志〕種蒜宜戊辰辛未戊申丙子壬辰癸巳辛丑〔製用〕醋蒜淨蒜瓣一斤用石灰湯焯過晾乾用鹽三錢醃一宿漉出再晾乾用鹽七錢炒乾以頭醋投入炒鹽內煎一二沸候冷入罐泥封經年不壞　糟蒜每一斤石灰湯煠過晾去水乾鹽兩半糟一斤半拌勻入罐內泥封兩月後可食　乾蒜薹鹽醃三日曬乾元滷煎滾煠過又曬乾蒸熟磁罐盛之久留不壞　九月勿食蒜傷神損壽魂魄不安　增〔物類相感志〕食蒜令口中不臭同生薑棗子同食

附錄　水晶葱

原水晶葱葉似葱而實蒜不臭宜鬆土鋤溝壠於內用牛馬糞糠粃拌土蓋之仍以芝麻稭蓋於上八月種來年五七月收宜薑醋浸

薤

原薤一名藠子（藠音叫或作蕎者非）一名薤子（薤音釣因其根白呼為藠子江南人訛為薤字）一名火葱（收種宜火薰）一名菜芝（爾雅翼云大物英華之美者莫如芝故薤曰菜芝）一名鴻薈（爾雅云韰鴻薈注云即韰菜也）增〔酉陽雜俎〕蔬薤白華一名守宅一名家芝　原〔本文〕作韰韭類也（爾雅翼云薤似韭而無實亦不甚葷）葉中空似細葱葉而有稜氣亦如葱體光華露難竚古人所以歌薤露也八月栽根正月分蒔宜肥壤數枝一本則茂而根大二月開細花紫白色根如小蒜一本數顆相依而生五月葉青則掘之否則肉不滿

其根煮食芼酒糟藏醋浸皆宜故內則云切葱薤實諸醯以柔之　增〔本草〕蘇恭云有赤白二種白者補而美赤者苦而無味　原味辛苦濇滑無毒王禎農書云生則氣辛熟則甘美種之不蠹食之有益故學道人資之老人宜之　增〔爾雅〕葝山薤〔本草〕蘇頌曰山薤莖葉與家薤相類而根差長葉差大僅若鹿葱體性亦與家薤同〔農書〕野薤俗名天薤生麥原中葉似薤而小味益辛亦可供食但不多有

彙考　增〔禮記內則〕膏用薤　原〔少儀〕為君子擇葱薤則絕其本末　增〔後漢書龐參傳〕參為漢陽太守郡人任棠者有奇節隱居教授參到先候之棠不與言但以薤

一大本水一盂置戸屏前自抱孫兒伏於戸下主簿白以爲倨參思其微意良久曰棠是欲曉太守也水者欲吾清也拔大本薤者欲吾擊强宗也抱兒當戸欲吾開門恤孤也於是歎息而還〔晉書庾亮傳〕亮噉薤因留白陶侃問曰安用此爲亮曰故可以種侃於是尤相稱歎云非惟風流兼有爲政之實〔山海經〕峽山其草多薤韭〔列仙傳〕務光服蒲薤根〔洞冥記〕烏哀國有龍爪薤長九尺色如玉煎之有膏以和紫桂爲丸服一粒千歲不饑故語曰薤和膏自生毛〔魏略〕李孚字子憲鉅鹿人也興平中本郡人民饑困孚爲諸生嘗種薤欲以成計有從索者亦不與一莖亦不自食故時人謂能

行意〔世說〕桓公座有參軍掎蒸薤不時解共食者又不助而掎終不放舉座皆笑〔酉陽雜俎〕仙藥有八天赤薤 山上有薤下有金〔太平廣記〕唐李生與客謁華陰令客能知人之飲食客曰明日必食椒薤酒果然〔爾雅翼〕務光鬻薤以入清冷之淵今有薤葉篆傳者以爲務光所作

【集藻】賦散句【增】〔宋謝靈運撰征賦〕白薤感時而負霜

五言律詩【原】〔唐杜甫秋日阮隱居致薤三十束〕隱者柴門內畦蔬繞舍秋盈筐承露薤不待致書求束比青芻色圓齊玉筯頭衰年關鬲冷味煖并無憂

詩散句【原】〔魏甄后〕莫以魚肉賤捐棄葱與薤〔唐杜甫〕甚聞霜薤白重惠意如何【增】〔宋張耒〕輕身强骨幹却老衞正氣〔蘇軾〕細思種薤五十本大勝取禾三百廛 拔薤已觀賢守政折蔬聊慰故人心〔唐于鵠〕漉薤亦同渠〔李商隱〕薤白羅朝饌〔羅隱〕科圃早薤齊〔姚合〕種薤栽莎斸古坡〔方干〕薤葉平鋪合遝花〔宋楊萬里〕薤本新痕割復齊

【別錄】【增】〔爾雅翼〕今人種薤皆以大蒜置碗黃其中久則種分爲薤 【原】安陸郭坦兒得天行病後遂能大餐每日食至一斛五年家貧行乞一日大饑至一園食薤一畦大蒜一畦便悶極臥地吐一物如龍漸縮小有人撮飯於上即消成水而病尋瘳此薤散結蒜消癥之一驗也

蒝荽

【原】蒝荽（荽許氏說文作葰云薑屬可以香口）一名香荽一名胡荽（一作胡菜）一名胡菜處處種之莖青而柔葉細有花岐立夏後開細花成簇如芹菜花淡紫色五月收子如大麻子亦辛香子葉俱可用生熟俱可食甚有益於世者根軟而白多鬚綏綏然故謂之荽張騫得種於西域故名胡荽後因石勒諱胡改作香荽又以莖葉布散呼爲蒝荽味辛氣溫消穀止頭痛治五臟補不足利大小腸通心脾竅及小腹氣拔四肢熱治腸風合諸菜食氣香令人口爽辟飛尸鬼疰蠱毒冬春采之香美可食亦可作葅道家五

葷之一伏石鍾乳久食損精神令人多忘凡腋氣口臭䘌齒腳氣金瘡久病人不可食同斜蒿食令人汗臭難產服補藥及藥中有白朮牡丹皮者忌

彙考 **增** 湘山錄園荽即胡荽世傳布種時口誦褻則滋茂故士大夫以穢談爲撒園荽

集藻 雜著 **增** 明屠本畯野菜箋相彼芫荽化胡攜來臭如葷草脆比菘薹肉食者喜藿食者諾惟吾佛子致謹於齋或言西域與粟別有種使我罷食而疑猜

別錄 **原** 種植宜肥濕地先將子捍開四五月晦日晚種以灰糞覆之水澆則易長六七月布種者可竟冬食春月按子沃水生芽者小小供食而已都下火炕鬱蒸者莖葉鵝黃色甚香美脆嫩第非出自然恐不益人

佩文齋廣羣芳譜卷第十三

佩文齋廣羣芳譜卷第十四

蔬譜

苜蓿

原 苜蓿一名木粟（爾雅翼作木粟言其米可炊飯也）一名懷風一名光風草（西京雜記云風在其間常蕭蕭然日照其花有光彩故名懷風又名光風）一名連枝草（西京雜記云茂陵人謂之連枝草）**增** 本草苜蓿一名牧宿（郭璞作牧宿謂其宿根自生可飼牧牛馬也）一名塞鼻力迦（見金光明經）**原** 張騫自大宛帶種歸今處處有之苗高尺餘細莖分叉而生葉似豌豆頗小每三葉攢生一處梢間開紫花結彎角角中有子黍米大狀如腰子三晉爲盛秦齊魯次之燕趙又次之江南人不識也味苦平無毒安中利五臟洗脾胃間諸惡熱毒

彙考 **原** 史記大宛傳宛左右以蒲萄爲酒富人藏酒至萬餘石久者數十歲不敗俗嗜酒馬嗜苜蓿漢使取其實來于是天子始種苜蓿蒲萄肥饒地及天馬多外國使來衆則離宮別觀傍盡種蒲萄苜蓿極望 **增** 漢書西域傳罽賓地平溫和有目宿雜草 唐書百官志凡驛馬給地四頃蒔以苜蓿 **原** 元史食貨志至元七年頒農桑之制令各社布種苜蓿以防饑年 西京雜記樂遊苑自生玫瑰樹樹下多苜蓿 **增** 述異記張騫苜蓿園今在洛中苜蓿本塞外菜也 西使記納商城草皆苜蓿藩籬以柏

集藻 五言古詩 原 唐薛令之自悼 朝日上團團，照見先生盤。盤中何所有，苜蓿長闌干。飯澀匙難綰，羹稀筯易寬。無以謀朝夕，何由保歲寒。

五言律詩 增 宋梅堯臣詠苜蓿 苜蓿來西域，蒲萄亦既隨。蕃人初未惜，漢使始能持。宛馬當求日，離宮舊種時。黃花今自發，撩亂牧牛陂。

詩散句 增 宋唐庚 絳紗諒無有，苜蓿聊可嚼 原 唐杜甫 宛馬總肥春苜蓿，將軍只數漢嫖姚 王維 苜蓿隨天馬 杜甫 秋山苜蓿多 宋司馬光 苜蓿花猶短 陸游 秋風枯苜蓿 唐李白 天馬常銜苜蓿花 宋王安石 苜蓿闌干放晚花 陸游 苜蓿堆盤莫笑貧 元

郭鈺 沙苑晴煙苜蓿肥

別錄 增 妝樓記 姑園戲作剪刀，以苜蓿根粉養之，裁衣則晝成黑界，不用人手而自行 東坡詩注 閬川長溪縣薛令之，登第開元中，爲東宮侍讀官，作苜蓿詩以自嘆。太宗至東宮見其詩，舉筆續之：啄木嘴距長，鳳凰毛羽短。若嫌松桂寒，任逐桑榆暖。遂謝病歸 原 種植 夏月取子和蕎麥種，刈蕎時苜蓿生根，明年自生，止可一刈，三年後便盛，每歲三刈，欲留種者止一刈。六七年後墾去根，別用子種。若傚兩浙種竹法，每一畝今年半去其根，至第三年去另一半，如此更換，可得長生，不煩更種。若墾後次年種穀，必倍收，爲數年積葉壞爛，墾地復深，故今三晉人刈草三年，即墾作田，亟欲肥地種穀也

製用 葉嫩時煠作菜，可食，亦可作羹，忌同蜜食，令人下利。採其葉依薔薇露法蒸取餾水，甚芬香。開花時刈取喂馬牛，易肥健，食不盡者曬乾，冬月剉喂

蔓菁

原 蔓菁一名蕪菁（北人名蔓菁，并汾河朔間燒食其根，呼爲蕪根，蕪菁南北之通稱），一名葑，一名須，一名薞蕪，一名蕘，一名芥（爾雅云：須，薞蕪。疏云：陳宋之間謂之葑，幽州人謂之芥，陳楚謂之蘴，齊魯謂之蕘，關西謂之蕪菁，趙魏謂之大芥，七者一物也），一名九英菘（塞北河西種者名九英蔓菁，亦曰九英菘），一名諸葛菜（蜀人呼爲諸葛菜） 增 本草 蔓菁一名馬王菜（苗廣撩地方產菜味澀多刺，即諸葛菜也，相傳爲馬殷所遺，故）名，一名雞毛菜（夏月則枯，蔬圃復謂之雞毛菜），苗名蘴（孫樞云：蘴，蕪菁苗也），根爲

沙吉木兒（蒙古人呼其根云） 原 根長而白，形如胡蘿蔔，霜後特軟美，蒸煮煨任用，稍似芋魁，含有膏潤，頗近穀氣。莖麤葉大而厚濶，夏初起薹，開黃花，四出如芥，結角亦如芥，子勻圓似芥子，紫赤色。莖葉稍遜于根，亦柔膩不類他菜。人久食蔬菜無穀氣，即有菜色，食蔓菁者獨否。蔓菁四時皆有，四時皆可食：春食苗，初夏食心，亦謂之薹，秋食莖，冬食根。數口之家能蒔數百本，亦可終歲足蔬。子可打油，然燈甚明。每畝根葉可得五十石，每三石可當米一石，是一畝可得米十五六石，則三人卒歲之需也。此菜北方甚多，河東太原所出，其根極大，又出西番吐谷渾地。氣味苦溫，無毒。常食通中下氣，利五臟，止消

渴去心腹冷痛解麪毒人丸藥服令人肥健尤宜婦人

【彙考】【增】書禹貢包匭菁茅注菁菜也可以爲菹　詩邶風采葑采菲無以下體注下體根也葑菲根莖皆可食而其根則有時而美惡　唐風采葑采葑首陽之東　鄘風爰采葑矣沬之東矣　【原】後漢書桓帝紀永興二年詔司隸校尉部刺史曰蝗災爲害水變仍至五穀不登人無宿儲其令所傷郡國種蕪菁以助人食　北史孟信傳信爲趙平太守政尚寬和權豪無犯山中老人曾以犢酒饋之信和顏接引殷勤勞問乃自出酒以鐵鐺溫之素木盤盛蕪菁菹惟此而已　呂氏春秋菜之美者具區之菁　【增】急就章老菁蘘荷冬日藏　吳歷

曹公數遣親近密覘諸將有賓客酒食者輒因事害之備時閉門將人種蕪菁曹公使人闚門既去備謂張飛關羽曰吾豈種菜者乎曹公必有疑意不可復留　南方草木狀蕪菁嶺嶠以南俱無之偶有士人因官攜種就彼種之出地則變爲芥亦橘種江北爲枳之義也

【原】劉賓客嘉話錄公曰諸葛所止令兵士獨種蔓菁者何絢曰莫不是取其纔出甲者生啗一也葉舒可煮食二也久居隨以滋長三也棄去不惜四也回則易尋而採之五也冬有根可劚食六也比諸蔬屬其利不亦溥乎曰信矣三蜀之人亦呼蔓菁爲諸葛菜江陵亦然

【增】叅明書今人呼菘爲蔓菁云北地生者爲蔓菁江南生者爲菘其大同而小異耳食療本草所論亦然明曰此蓋習俗之非也余少時亦謂菘爲蔓菁常見醫方用蔓菁子爲辟穀藥又爲塗頭油又用之消毒腫每訝菘子有此諸功殊不知其所謂近讀齊民要術乃知蔓菁是蘿蔔苗平生之疑渙然亦釋即醫方所用蔓菁子皆蘿菔苗也漢桓帝時年飢勸人種蔓菁以充飢諸葛亮征漢令軍人種蘿菔則蘿菔蔓菁爲一物無所疑也然則北人呼菘爲蔓菁與南人不同者亦有由也蓋鼎峙之世文軌不同魏武之父諱嵩故北人呼蔓菁而江南不爲之諱也亦猶吳主之女名二十而江南呼二十爲念而北人不爲之避也由此言之蔓菁本爲蘿菔苗亦

已明矣或曰根苗一物何名之異乎荅曰按地骨苗名枸杞芎藭苗名蘼蕪藕苗名蓮荷亦其類也斯例實繁不可勝紀何獨蔓菁蘿菔不可異名乎又曰今北人呼爲蔓菁者其形狀與江南菘菜不同何也荅曰凡藥草果實蔬菜踰境則形狀小異而況江南北地乎　爾雅翼今蔓菁園中無蜘蛛是其所畏也　雲南記巂州界緣山野間有菜大葉而麤莖其根若大蘿蔔土人蒸煮其根葉而食之可以療飢名之爲諸葛菜云武侯南征用此菜蒔于山中以濟軍食亦猶廣都縣山櫟木謂之諸葛木也　【原】五臺山深谷中居人每人歲種三百六十本日食一本不妨絕粒

【集藻】五言古詩【增】唐韓愈感春黄黄蕪菁花桃李事已退狂風簸枯榆狠籍九衢内春序一如此汝顔安足賴誰能駕飛車相從觀海外　宋蘇軾狄韶州煮蔓菁蘆菔羹我昔在田間寒庖有珍烹常支折脚鼎自煮花蔓菁中年失此味想像如隔生誰知南岳老解作東坡羹中有蘆菔根尚含曉露清勿語貴公子從渠嗜羶腥

七言古詩【增】宋張耒郭圃送蕪菁感成長句蕪菁至南皆變𦬊菘美在上根不食瑤簪玉筍不可見使我每食思故國西鄰老翁知我意盈筐走送如雪白蒸烹氣味元不改今晨一餐如南北孔明用蜀最艱窘百計捃拾無遺策當時此物助軍行渭上爽中有遺植英雄臨事

究瑣屑終服奇才屈強敵想見躬耕自灌畦當時有意誰能測

七言絶句【原】宋陸游蕪菁往日蕪菁不到吳如今幽圃手親鋤憑誰爲向曹瞞道徹底無能合種蔬

詩散句【增】宋朱弁手摘諸葛菜自煮東坡羹　【原】唐溫庭筠劉公春盡蕪菁色華廡愁深苜蓿花　【增】韓偓厭聞趨競喜閒居自種蕪菁亦自鋤　宋唐庚兎葵燕麥渾閒事只有蕪菁到處生　楊萬里花葉蔓菁非蔓菁渾著角葉間猶喫來自是甜底冰　金泰昱合一段蕪菁渾著角葉間猶有幾花黄　【原】唐杜甫冬菁飯之半　【增】宋張耒蕪菁苗過苗　韓琦禁林蔓菁花滿畦　蘇軾蔓菁宿根已生葉　楊萬里早覺蔓菁撲鼻香

【別錄】【增】荆楚歲時記仲冬采擷蕪菁葵等雜菜乾之並爲鹹葅有得其和者並作金釵色　【原】酉陽雜俎夔州僧清簡家園蔓菁忽變爲蓮　夢溪筆談菜品中蕪菁菘芥之類遇旱其標多結成花或如蓮花或作龍蛇之形此常性無足怪者熙寧中李賓客及之知潤州園中菜花悉成荷花仍各有一佛坐于花中形如雕刻莫知其數暴乾之其相依然或云李氏之家奉佛甚謹故有此異

種植耕地欲熟七月初種一畝用子三升種法先薙草雨過即耕不雨先一日灌地使透次日熟耕作畦或耬種或漫撒覆土厚一指五六日内有雨不須灌

無雨厚水灌溝中遥潤之勿澆土令地實以沙土高者爲上故墟壞墻尤佳宜厚壅之擇子下種出甲後即耘出小者爲茹若不欲移植取次耘出存其大者令相去尺許若欲移植俟苗長五七寸擇其大者移之先耕熟地作畦深七八寸起土作壟藝苗其上壟土虚浮根大倍常　一法子欲陳用鰻鱺汁浸之曝乾種可無蟲取子者當六七月種來年四月收若中春種亦即生薹與秋種者同熟但根小莖矮子少耳供食者正月至八月皆可種凡遇水旱他穀已晩但有隙地即可種此以濟口食　一法地方一尺五寸植一本一步十六本一畝三千六百本每本子一合可得三石六斗比菜子可多

三四倍利〔製用〕十月終舉出蔓菁根數曬過冬月蒸食甜而有味和羊肉煮食甚美春生薹苗亦菜中上品四月收子打油比脂麻易種收多臨用熬動少摻脂麻煉熟與小油無異子九蒸九曝擣爲粉可塗帛菜割訖尋手擇而辮之挂屋陰風凉處勿令煙熏使味苦燥則候天陰潤苫之不候陰則碎折久不苫則澀〔作鹹菹法〕擇好菜捆作小束用極鹹鹽水洗過納甕中莖葉顚倒安置之勿用淡水洗易爛洗菜鹽水澄清入甕沒菜即止不必調和色仍青用時水洗去鹹汁煮爲茹與生菜無異〔作湯菹法〕好菜擇訖即入熱湯中煠出冷水濯過鹽醋中熬胡麻油香而且脆多作可留至春若菜

已萎水洗漉出經宿生之然後煠乾葉屑之和穀作粥食

附錄 菲

增〔爾雅〕菲芴〔注〕即土瓜也〔疏〕菲似蕪菁莖麤葉厚而長有毛三月中蒸鬻爲茹甘美可作羹幽州人謂之芴今河內人謂之宿菜　菲息菜〔注〕菲草生下濕地似蕪菁華赤色可食

同蒿

增〔本草〕同蒿一名蓬蒿〔形氣同蓬蒿故名〕原 同蒿莖肥葉綠有刻缺微似白蒿甘脆滑膩四月起薹高二尺餘開花深黃色狀如單瓣菊花一花結子近百成毬如地菘及

苦賁子最易繁茂以佐日用最爲佳品主安氣養脾胃消水飲多食動風氣熏心令氣滿

製用 原 種植肥地治畦如種他菜法二月下種可爲常食秋社前十日種可爲秋菜如欲存種留春菜收子

蔞蒿

原 蔞蒿一名白蒿一名蘩〔爾雅云蘩皤蒿注云白蒿也〕一名蔏〔爾雅云蔏蔞注云蔞蒿也生下田初出可啖〕一名由〔一作游〕胡〔爾雅云蘩由胡〕一名旁勃〔爾雅云北海人謂之旁勃〕有水陸二種〔爾雅通謂之蘩曰蘩皤蒿即今陸生艾蒿也辛熏不美曰蘩由胡即今水生蔞蒿也又曰蘩之醜秋爲蒿則通指水陸二種而言謂其春時各有種名至秋老則皆呼爲蒿矣〕形狀相似但水生者辛香而美生陂澤中二月發苗葉似嫩艾而岐細面青背白其葉或赤或白其根白脆采

其根莖生熟菹曝皆可食蓋嘉蔬也

彙考 原〔詩周南〕翹翹錯薪言刈其蔞〔召南〕于以采蘩于沼于沚 增〔豳風〕春日遲遲采蘩祁祁〔傳〕采蘩所以生蠶也 原〔左傳〕蘋蘩薀藻之菜可薦於鬼神可羞於王公 增〔左傳〕夫人執蘩菜以助祭〔神仙服食經〕十一月采旁勃勃白蒿也白兔食之壽八百歲

集藻 文散句 增〔楚屈原大招〕吳酸蒿蔞不沾薄只

詩散句 增〔宋蘇軾〕蔞蒿滿地蘆芽短正是河豚欲上時　澗蔬煮蒿節　碎點青蒿涼餅滑〔黃庭堅〕蔞蒿數節玉簪橫　蔞蒿芽甜草頭辣〔方岳〕蔞蒿苗肥點寒綠〔元戴師初〕水味野栽蒿白瘦〔耶律楚材〕細煎蔞

蒿點非黃

製用 **原**〔製用〕蔞蒿根莖白熟葅曝皆可食　生挼醋醃爲葅食之甚益人　採蔞蒿莖微用鹽醃曝乾味甚美可以寄遠　嫩苗以沸湯瀹過浸于漿水則成虀如以清水或石灰水軆水拔之去其猛氣曬乾可留製食醃焙乾極香美

附錄 牡蒿

增〔爾雅〕蔚牡菣〔注〕無子者〔疏〕一名馬新蒿〔本草〕一名齊頭蒿（諸蒿葉尖此獨奓而禿故有齊頭之名）三四月生苗其葉扁而本狹末奓有禿岐嫩時可茹秋開細黃花結實大如車前實而內子微細不可見故人以爲無子也

彙考 **增** 詩小雅蓼蓼者莪匪莪伊蔚〔疏〕蔚牡蒿也

附錄 藾蒿

增〔爾雅〕苹藾蕭〔注〕今藾蒿也初生亦可食〔疏〕葉青白色莖似箸而輕肥始生香可生食又可蒸食　〔本草〕苹即陸生皤蒿俗呼艾蒿

彙考 **增**〔詩小雅〕呦呦鹿鳴食野之苹〔全唐詩話〕唐文宗聽政暇博覽羣書一日延英顧問宰相詩云呦呦鹿鳴食野之苹苹是何草宰相李珏楊嗣復陳夷行相顧未對珏曰臣按爾雅苹是藾蕭上曰朕看毛詩疏葉圓而花白叢生野中似非藾蕭

附錄 邪蒿

增〔本草〕邪蒿葉紋皆邪根莖似青蒿而細軟色淺不臭三四月生苗根葉皆可茹

彙考 **增**〔北史儒林傳〕邪峙以經入授皇太子廚宰進太子食菜有邪蒿峙令去之曰此菜有不正之名非殿下宜食文宣聞而嘉之賜以被褥縑纊

附錄 蘪蒿

增〔爾雅〕莪蘿〔注〕今莪蒿也亦曰蘪蒿〔疏〕一名蘿蒿生澤田漸洳之處葉似邪蒿而細科生三月中莖可生食又可蒸香美味頗似蔞蒿〔本草〕一名抱娘蒿似小薊宿蒿先於百草

彙考 **增**〔詩小雅〕菁菁者莪〔注〕即莪蒿也

白菜

原 白菜一名菘（埤雅云菘性淩冬不彫四時長有有松之操故其字會意）諸菜中最堪常食　**增**〔本草〕最肥大者名牛肚菘　〔菜譜〕有春菘有晚菘　**原** 有二種一種莖圓厚微青一種莖扁薄而白葉皆淡青白色子如蕓薹子而灰黑八月種二月開黃花四瓣如芥花三月結角亦如芥燕趙遼陽淮揚所種者最肥大而厚一本有重十餘斤者南方者畦內過冬北方多入窖內燕京圃人又以馬糞入窖壅培不見風日長出苗葉皆嫩黃色脆美無滓謂之黃芽菜乃白菜別種莖葉皆扁味甘溫無毒利腸胃除胸煩解酒渴利大小便和中止嗽冬汁尤佳夏至前菘菜食發皮膚

風癢動氣發病又有春不老一名八斤菜葉似白菜而大甚脆嫩四時可種醃食甚美

彙考 原 後漢書崔瑗傳瑗愛士好賓客盛修餚膳殫極滋味不問餘産居常蔬食菜羹而已 晉書桓溫傳溫性儉每讌唯下七奠柈菜果而已 良吏傳吳隱之爲廣州刺史清操踰厲常食不過菜及乾魚 增 南齊書武陵昭王傳尚書令王儉詣曄曄留儉設食柈中菘菜鮑魚而已 周顒傳顒清貧寡欲終日長蔬食文惠太子問顒菜食何味最勝顒曰春初早韭秋末晚菘 原 南齊書孝義傳江泌食菜不食心以其有生意也 增 南史隱逸傳范元琰家貧唯以園蔬爲業嘗出行見人

盜其菘元琰遽退走母問其故具以實答母問盜者爲誰答曰向所以退畏其愧耻今啓其名願不洩也于是母子祕之 吳錄陸遜諸葛瑾攻襄陽遜遣親人韓扁賫表奉報扁還遇抄邏聞之欲急去遜方催人種荳菘與諸將圍碁以示閑暇 原 藝文類聚范宣挑菜傷指大啼曰身體髮膚不敢毀傷故啼 增 清異錄江右多菘菜粥筍者惡之罵曰心子菜蓋筍奴菌妾也 原 邵氏聞見錄汪信民常言人常咬得菜根則百事可做胡康侯聞之擊節嘆賞 增 輟耕錄揚州至正丙申丁酉間兵燹之餘城中屋址徧生白菜大者重十五斤小者亦不下八九斤有膂力人所負纔四五窠耳

集藻 啓 增 梁簡文帝謝勑賚大菘啓 吳愧千里之蓴蜀慚七菜之賦是知泮宮採芹空入魯詩流火烹葵徒傳豳曲

五言古詩 增 宋韓駒食煮菜簡呂居仁 曉謁呂公子解帶浮屠宮留我具朝餐喚奴求晚菘洗箸點鹽豉鳴刀芼薑葱俄頃香馥坐雨聲傳鼎中方觀翠浪涌忽變黃雲濃爭貪歙鉢暖不覺定盌空憶登金山頂僧飯與此同還家不能學空費烹調功硬恐動牙頰冷愁傷肺胸君獨得其妙堪持餉衰翁異時聞豪氣愛客行庖豐殷勤故煮菜知我林下風人生各有道旨蓄用禦冬今我無所營枵腹何由充豈惟臺無餽菜把尚不蒙念當勤

致此亦足慰途窮

七言古詩 增 元吳鎮畫菜畫卷 菘根脫地翠毛濕雪花翻匙玉肪泣蕪蔞金谷暗塵土美人壯士何顔色山人久刮龜毛氈囊空不貯揶揄錢屠門大嚼知流涎淡中滋味吾所便元脩元脩今幾年一笑不直東坡前

五言律詩 增 元許有壬白菜 土膏新且嫩筐筥薦紛披可作靑精飯仍攜玉版師淸風牙頰響眞味士夫知南土稱秋末投簪要及時

五言絕句 原 唐高適同羣公題張處士菜園 耕地桑柘間地肥菜常熟爲問葵藿資何如廟堂肉

七言絕句 原 宋范成大田園雜興 桑下春蔬綠滿畦菘

心青嫩芥薹肥溪頭洗擇店頭賣日暮裹鹽沽酒歸
撥雪挑來蹋地菘味如蜜藕更肥醲朱門肉食無風味
只作尋常菜把供（陸游菘）雨送寒聲滿背蓬如今眞
是荷鋤翁可憐遇事常遲鈍九月區區種晚菘 增（方
岳種菘）老圃相傳秋後菘磚爐石銚一年冬寧知遲種
遲於我又見南薰上番風（明李東陽畫菜）誰寫西園
數葉菘露華淸曉濕蒙茸玉堂夜半蘇郎渴此味無因
獻九重

詩散句 原（宋劉子翬）周郎愛晚菘對客誇稱賞今晨喜
薦新小嚼冰霜響 增（蘇軾）白菘類羔豚冒土出熊蹯
（陸游）身在有餘眞妙語杯羮何地欠秋菘（唐杜甫）

奴肥爲種菘（羅隱）葉長春菘潤（金元好問）菘肥秋
未黃

別錄 原（製用）糟菜法先將隔年壓過酒糟未出小酒者
鐔封每一斤鹽四兩拌勻好肥箭榦白菜洗淨去葉搭
於陰處晾乾水氣每菜二斤糟一斤一層菜一層糟隔
日一翻騰待熟攪定入鐔上澆糟菜水汁取用味美
醃菜法白菜揀肥者去心洗淨一百斤用鹽五斤一層
菜一層鹽石壓兩日可用 又白菜一百斤曬乾抖擻
去土先用鹽二斤醃三四日就滷內洗淨每柯窩起純
用鹽三斤入鐔內可長久 又法白菜削去根及黃老
葉洗淨控乾每菜十斤鹽十兩用甘草數莖放在潔淨
瓮盛將鹽撒入菜丫內排頓瓮中入蒔蘿少許以手實
捺至半瓮再入甘草數莖候滿瓮用石壓定三日後將
菜倒過拗出滷水於乾淨器內另放忌生水却將滷水
澆菜內候七日依前法再倒用新汲水淬浸仍用磚石
壓之其菜味美香脆若至春間食不盡者於沸湯淖過
曬乾收貯夏間將菜溫水浸過壓水盡出香油勻拌以
磁椀盛頓飯上蒸之其味尤佳美 果醃藏白菜如法
醃透取出挂於桁上曬極乾上甑蒸熟再曬乾收之極
耐久藏夏月以此薹和肉炒可以久留不臭甑不便者
逕以水煮薹曬乾亦可但不如蒸者佳芥菜同 乾菜
大科菘菜芥菜洗淨畧曬沸湯內煠五六分熟曬乾用

鹽醬蒔蘿茴香花椒陳皮砂糖同煮熟曬乾再蒸少時
菜薹大菘菜叢揀十字劈裂菜莖取緊小者破作兩
半同向日中曬去水脚二件薄切作方片如錢眼子大
入淨罐中以馬芹茴香雜酒醋水等令得所調淨鹽澆
之隨手舉罐撼觸五七十次密蓋罐口置竈上溫處仍
日一次如前法撼觸三日後可供菜色青白間錯鮮潔
可愛 增（齊民要術）菘淨洗徧體須長切方如算子長
三寸許束菘根入沸湯小停出及熱與鹽酢細縷切橘
皮和之料理半奠之 作菘鹹菹法水四斗鹽三升攪
之令殺菜又法菘一斤女麴閒之

芥

原 芥一名辣菜一名臘菜其氣味辛辣有介然之義又可過冬也本草云冬月食者俗呼臘菜春月食者俗呼春菜四月食者謂之夏菜 增 本草芥菹一名水蘇一名勞祖 原 性辛溫無毒溫中下氣豁痰利膈處處有之種類不一有青芥又名刺芥葉大子麤葉似菘有柔毛味極辣可生食其子可藏冬瓜紫芥莖葉純紫可愛作虀最美白芥一名胡芥一名蜀芥來自戎中而盛於蜀八九月種至春深莖高二三尺葉如花芥葉青白色爲菹甚美莖易起而中空性脆最畏狂風大雪須謹護之三月開黃花結角子如粱米黃白色又有一種莖大而中實者尤高子亦大白芥子堪入藥味極辛美利九竅明耳目通中他如南芥刺芥按此即青芥旋芥馬芥葉如青芥花芥葉多缺刻如蘿蔔英石芥低小者皺葉芥大芥一名皺葉芥大葉皺紋色尤深綠味更辛辣入藥用之類皆菜之美者芥極多心嫩者爲芥藍極脆李時珍曰芥性辛熱而散久食耗眞元昏眼目發瘡痔劉恂嶺南異物志

云南土芥高五六尺子大如雞子此又芥之尤異者也

彙考 增 禮記內則膾秋用芥 劉向別錄 尹都尉書有種芥葵蓼韭葱諸篇 嶺表錄異 廣州地熱種麥則苗而不實北人將蔓菁子就彼種者出土即變爲芥 酉陽雜俎 掌中芥末多國出也取其子置掌中吹之一吹一長長三尺乃植於地 金城記 黎舉常云欲以芥嫁筍但恨時不同耳

集藻 傳 原 明沈周疏介夫傳 介夫姓疏名介介夫字也其先居趙魏之郊從樹藝以生子孫甚繁衍至介始徙於宋久之由司城子罕薦以見宋王王問曰若居宋之土地幾葉於茲矣久必有相賴者若賴宋乎宋賴若乎對曰介竊居王之土地覃及雨露欣榮不已顧有寸長敢不敷露於左右以求知也臣本一介之微視之甚草草然可以禦國之饉歲可以資王之儉德可以厲民之苦心王能味臣言享臣用則臣不爲無利與宋王曰周人聚疏之財寡人何敢失之遂命從事於陽門兼修俎豆事王曰昵有燕必偕居常服綠間錫之紫茸裘以旌其勞辛之功介爲人貌直幹濯秀可愛羣居秩然不紊有介然於世者因名但平生口刺刺扶人是非不少假借被其中者或至流淚出涕發汗衆曰介有薑桂之性愈老愈辣其族有大小之異有曰蕪菁曰幽者皆澹泊於世味雅與僧齋寒士交其後介子推又從晉晉以其

先人之問納之公子重耳出奔推從焉適遭絕食推將割股肉芼羹以進公子止曰亡人之在遠也以有先生爲禦猶有旨蓄而弗知其冬也今先生軫之念亡人之口腹傷巳以飽人亡人弗以爲飽願先生自愛毋易下體也推卒割之後公子歸伯第賞有功而不及推推之客歌於宮門曰茅之拔兮茹亦及之吐其茹兮忘往之飢公子悔追賞推推逃之緜山上曰吾非賣菜而求益也誓不出公子篋而求之得鼎曰木巽火烹飪之象且傅說以調伊尹以烹我將獲賢者之輔遂火其山以脅之推就焚而死人謂其介有盻竄風

五言古詩 增 明吳寬紫芥 惟芥本菜類秋深擷而藏此

種乃野生已向春初長紫花布滿地葉嫩亦堪嘗氣味
旣不辛邾與芥同行北人無不食木栟與草芒入盤以
油和脔顇流肥香
五言律詩增唐錢起藍上採石芥寄前李明府淵明遺
愛處山芥綠芳初獻此春陰邑猶滋夜雨餘隔溪煙葉
小覆石雪花舒采采還相贈瑤華信不如
七言律詩增宋楊萬里芥虀茈薑馨辣最佳蔬孫芥芳
心不讓渠蟹眼嫩湯微熟了鵝兒新酒未醒初根香醋
釅作三友露葉霜芽知幾鋤自笑枯腸成破瓮一生只
解貯寒菹　明吳寬紫芥滿目斕斑布地來春風幾見
錦灰堆萊根作苦終嫌吹茗葉浮香爲撥開何處兎葵

嗟競掇斥朝馬蘭悔多栽傳聞此種番邦致用向中華
亦楚材
五言絕句增宋朱子南芥黃龍記昔遊園客有佳遺不
謂洛生吟齩餐時擁鼻
七言絕句增宋陸游以石芥送劉韶美禮部劉比釀酒
勁甚因以爲戲古人重改陽城驛吾輩欣聞石芥名風
味可人終骨鯁尊前眞見魯諸生　長安官酒甜如蜜
風月雖佳嬾擧觴持送盤蔬還會否與公新釀鬭端方
詩散句原宋蘇軾芥藍如菌蕈脆美牙齒響　增劉子
翬葉實挹芳草氣烈消煩滯　朱潛山蔚然莕石底有
此紫玉叙　僧北磵淡金生色染宮黃只作坡羹亦擅

場
別錄增左傳季郈之雞鬬季氏介其雞郈氏爲之金距
注搗芥子播其羽也　莊子覆杯水於坳堂之上則芥
爲之舟置杯焉則膠　神農本草經琥珀拾芥　嶺南
異物志唐孟館嘗入嶺表買芥菜置壁下忘食數日皆
生四足有首尾能行走大如螳螂但腰細身長　物類
相感志收芥菜子宜隔年者則辣　原種植地用糞耕
畝用子一升秋月種者三月開黃花結莢一二寸子大
如蘇子色紫味辛收子者卽不摘心白芥取子者二月
乘雨後種性不耐寒經冬卽死故須春種五月熟而收
子苐地有南北寒暖異宜種植早晚又當隨其俗也

製用葉可生食又可醃以爲菹可釀以爲虀子研末泡
爲芥醬和菜侑肉辛香可啖根煮熟閉之罈罐中上蓋
以蘿蔔片一二日肉食之甚美冬菜經春長心嫩湯微
熟菜中佳品　菜脯鹽蘸菜去梗用葉鋪開如薄餅大
用料物糝之料用陳皮杏仁砂仁甘草蒔蘿茴香川椒
炒同爲細末撒菜上更鋪菜一重又撒物料如此鋪撒
五重以平石壓之用甑蒸過切作小塊調豆粉稠水蘸
之入油煠熟冷定磁器收之　秋間嫩春不老芥菜陰
半乾擇去黃葉老梗將根劈爲數瓣每斤用炒鹽三兩
五錢將鹽陸續揉入菜內每清晨卽用鹽揉一次先著
刀揉根次稍揉梗葉一次至日西又照上法揉一次至

七日即中矣須要細揉用細鹽每根用花椒茴香入中心窩起入罈內仍取原汁澆入用泥固封至立春即移房內架起　芥菜薹九月十月取青紫白芥菜切細於沸湯內焯過帶湯撈於盆內與生蒿苣同熟油芥花或芝麻白鹽約量拌勻按於瓮內三二日變黃可食至春不變味　乾薹菜大芥菜每一百斤用鹽二十二兩揉撈得勻以盆或缸疊疊放定上用大石壓醃數日出水浸過石撈起曬乾後以本汁滷煮滚半熟再曬乾收貯若復蒸過則黑而軟置淨乾瓮中藏封任留數年不壞出路作菜極便六月伏天用炒過乾肉復同薹菜炒放旬日不腐凡六月天熱饌不堪留只以乾薹同炒不要

入湯水放冷再收起可放經旬不氣息極妙若醃芥鹽汁煮黃豆極乾蘿蔔丁曬乾收貯經年可食　研芥子入細辛少許白蜜好醋一處研爛再以淡醋去滓極辣　一法芥子同石龍芮子同研其辣異常

菠菜

【原】一名菠薐一名波斯草一名赤根菜洞薪錄云南人呼菠菜北人呼赤根菜一名鸚鵡菜出西域頗陵國今訛爲菠薐蓋頗陵之轉聲也見劉賓客嘉話錄莖柔脆中空葉綠膩柔厚直出一尖傍出兩尖似鼓子花葉之狀而稍長大根長數寸大如桔梗色赤味甘美四月起薹尺許開碎白花叢簇不顯有雌雄雌者結實有刺狀如蒺藜子葉與根味甘冷滑無毒利五臟通腸胃熱開胸膈下氣調中止渴潤燥解酒毒服丹石人最宜麻油炒食甚美北人以爲常食春月出薹嫩而且美春暮薹漸老沸湯晾過曬乾備用甚佳可久食誠四時可用之菜也八九月種者可備冬食正二月種者可備春蔬南人食魚稻多食則冷大小腸忌與鯉魚同食發霍亂

【嘉話】【原】唐會要太宗時尼波羅國獻菠薐菜類紅藍實如蒺藜火熟之能益食味

【集藻】五言絕句【原】宋劉子翬詠菠薐金簇因形製臨畦發永嘆時危思擷佩楚客莫紉蘭

詩散句【原】宋蘇軾北方苦寒今未已雪底菠薐如鐵甲

豈知吾蜀富冬蔬霜葉露芽寒更茁

【別錄】【原】種植正二月內將子水浸一二日候脹撈出控乾盆覆地上俟芽出擇肥鬆地作畦於每月下旬下種勤澆灌可逐旋食用秋社後二十日種者至將霜時馬糞培之以避霜雪十月內沃以水備冬蔬此菜必過月朔乃生即晦日下種與十餘日前種者同出亦一異也春種多蟲不如秋種者佳

莧

【原】莧凡五種赤莧一名蕢爾雅云蕢赤莧注云今莧菜之赤莖者本草云一名花莧莖葉深赤白莧人莧俱大寒又名糠莧胡莧二莧味勝他莧但大者爲白莧小者爲人莧或謂之細莧其實一也其子霜後方熟細而黑色又細莧俗名野莧猪好食之亦名猪莧紫莧莖葉皆紫無毒不寒與人

可以染爪者 五色莧（今稀有） 諸莧皆三月種葉如藍莖葉皆高大易見故名莧（或曰莧從見諧聲也） 開細花成穗穗中細子扁而光黑與青葙子雞冠子無別老則抽莖甚高六月以後不堪食子霜後始熟九月收五莧俱氣味甘冷利無毒並利大小腸治初痢滑胎通竅明目除邪去寒熱白莧補氣除熱赤莧主赤痢射工沙蝨紫莧殺蟲毒治氣痢

彙考 增 易夬卦 莧陸夬夬 疏 董遇云莧人莧也 南齊書王智深傳 智深家貧無人事嘗餓五日不得食掘莧根食之 南史蔡樽傳 樽在吳興不飲郡井齋前自種白莧紫茄以為常餌詔褒其清 詢芻錄 南人呼莧菜北人呼荇乃人莧音誤也

集藻 七言律詩 增 宋方岳羹莧 琉璃蒸乳壓豘膏未抵齋廚格調高脫粟飯香供野莧荷鋤人飽撚霜毛斷無文伯可相累比似何曾毋太豪見說能醫射工毒人間此物正騷騷

詩散句 增 唐杜甫 莧也無所施何顏入筐篚 宋王安石 紫莧凌風怯 金史肅 迎風紫莧因循老

別錄 增 物類相感志 紅莧菜煮生麻布則色白如苧 爾雅翼 青泥殺鱉得莧復生 學圃餘疏 莧有紅白二種素食者便之肉食者忌與鱉共食 原 製用 赤莧根莖可糟藏食之甚美味辛 服鱉肉切豆大以莧菜裹置土中一宿即變小鱉試之屢驗

附錄 馬齒莧

原 馬齒莧一名馬莧一名五行草（以其葉青梗赤花黃根白子黑也）一名五方草（亦五行之義）一名長命菜（其性耐久難燥）一名九頭獅子草 增 本草 馬齒莧一名馬齒龍牙 原 處處有之柔莖布地葉對生比並圓整如馬齒故名六七月開細花結小尖實實中細子如葶藶子狀苗煮熟曬乾可為蔬有二種葉大者名㹠耳草不堪用小葉者又名鼠齒莧節葉間有水銀每十觔可得八兩或十兩氣味酸寒無毒散血消腫利腸滑胎解毒通淋治產後虛汗

集藻 詩散句 原 唐杜甫 又如馬齒盛氣擁葵荏昏 增 杜甫 馬齒葉亦繁

別錄 增 顏氏家訓 月令云荔挺出鄭玄注云荔挺馬薤也說文云似蒲而小根可為刷廣雅云馬薤荔也通俗文亦云馬藺易統通卦驗玄圖云荔挺不出則國多火災蔡邕月令章句云荔似挺高誘注呂氏春秋云荔草挺出也然則月令注荔挺為草名誤矣河北平澤率生之江東頗有此物人或種於階庭但呼為旱蒲故不識馬薤講禮者乃以為馬莧堪食亦名豚耳俗曰馬齒江陵嘗有一僧面形上廣下狹劉緩幼子民譽年始數歲俊悟善體物見此僧云面似馬莧其伯父劉縚因呼為荔挺法師縚親講禮名儒尚誤如此 原 李絳兵部手集 唐武相元衡苦脛瘡焮癢不可堪百醫無效廳吏上

一方馬齒莧擣爛敷上兩三遍即愈多年惡瘡百方不
瘥或痛焮不已並治

附錄 水馬齒

增 野菜譜 水馬齒生水中與旱馬齒相類熟食

葵 葵與蜀葵二種原譜誤合爲一今分葵入蔬譜蜀葵等另入花譜

增 廣雅 藷丘葵也 農書 葵陽草也 天有十日葵與終始故葵從癸
齊民要術 葵有紫莖白莖二種種別復有大小之殊又
有鴨脚葵 本草 一名露葵 古人採葵必待露解 一名滑菜 言其性也
一名衛足 爾雅翼云葵揆也葵葉傾日不使照其足 李時珍曰古人種爲
常食今種之者頗鮮其實大如指頂皮薄而扁實內子
輕虛如榆莢仁六七月種者爲秋葵八九月種者爲冬

葵正月復種者爲春葵然宿根至春亦生 農桑通訣
葵爲百菜之主備四時之饌本豐而耐旱味甘而無毒
供食之餘可爲菹腊枯枿之遺可爲榜簇咸無棄材誠
蔬茹之上品也

彙考 原 詩豳風 七月烹葵及菽 左傳 仲尼曰鮑莊子
之智不如葵葵猶能衛其足 南齊書周顒傳 顒清貧
寡欲終日長蔬食衛將軍王儉謂顒曰卿山中何所食
顒曰赤米白鹽綠葵紫蓼 增 北史盧觀傳 觀弟叔彪
在朝通貴魏收常來詣之訪以洛京舊事不待食而起
云難爲子費叔彪留之良久食至但有粟飧葵菜木椀
盛之片脯而已所將僕從亦盡設食一與此同 管子
桓公北伐山戎出冬葵布之天下桓公憂北郭民貧管
子請禁去市三百步者不得樹葵菜此則亦有以相及
也 原 列女傳 魯漆室之女見魯君老太子幼倚柱而
歎鄰婦問之曰昔有客馬逸踐園葵使吾終歲不飽葵
吾聞河潤九里漸濡三百里魯國有患君臣父子被其
辱婦女獨安所避 異苑 苻堅欲南師夢葵生城南以
問婦曰若軍遠出難爲將 列仙傳 丁次都爲丁氏作
奴丁氏常使求葵冬得生葵問從何得此云從日南來

集藻 賦 增 宋鮑照園葵賦 風燧凌開土昌泉動游塵曝
日鳴雉依隴主人拂黃冠拭藜杖布蔬種乎圻壤通畔
修直膏畝夷敞白莖紫蔕豚耳鴨掌溝東陌西行三畦

兩既雨既鉏乃露乃映勾萌欲伸蕤牙將放爾乃晨露
夕陰霏雲四委沉雷遠震飛雨輕灑徐未及晞疾而不
靡柔莩爰秀剛甲以解稚葉萍布弱陰兢抽萋萋翼翼
沃沃油油下葳蕤而被逕上參差而覆疇承朝陽之麗
景得傾柯之所投仕非曾相有不拔之利賓非二仲無
逸馬之憂顧葷荼而莫偶豈蘋藻之薦羞若乃鄰老談
稼女嫗歸桑拂此葦席炊彼穄粱秋壺援醢曲瓢卷漿
乃羹乃瀹堆鼎盈筐甘旨蒨脆柔滑芬芳消淋逐水潤
胃調腸於是飯饞徹盤投筋回小人之腹爲君子之慮
近觀物運遠訪師聖聲數後彰律理前定烏非黔黑鶴
豈浴淨彼圓行而方止固得之於天性伊冬箑而夏裘

無雙功而並盛蕩然任心樂道安命春風夕來秋日晨
映獨酌南軒擁琴孤聽篇章間作以歌以詠魚深沉而
鳥高飛孰知美邑之爲正
文賦散句 原 漢董仲舒賢良策 公儀子相魯食於舍而
茹葵慍而拔其葵曰吾已食祿又奪園夫利乎 魏曹
植求通親親表 若葵藿之傾葉太陽雖不爲之迴光然
終向之者誠也 晉潘岳閒居賦 綠葵含露白薤負霜
五言古詩 增 晉陸機園葵詩二首 種葵北園中葵生鬱
萋萋朝榮東北傾夕穎西南晞零露垂鮮澤朗月耀其
煇時逝柔風戢歲暮商飆飛曾雲無溫液嚴霜有凝威
幸蒙高墉德玄景蔭素蕤豐條並春盛落葉後秋衰慶

彼晚彫福忘此孤生悲 翩翩晚彫葵孤生寄北蕃被
蒙覆露惠微驅後時殘庇足周一智生理各萬端不若
聞道易但傷知命難 原 唐白居易烹葵 昨臥不夕食
今起乃朝饑貧廚何所有炊稻烹秋葵紅粒香復軟綠
英滑且肥饑來止於飽飽後復何思憶榮遇日迨今
窮退時今亦不凍餒昔亦無餘資口既不減食身又不
減衣撫心私自問何者是榮衰勿學常人意其間分是
非
五言絕句 原 唐李白題葵葉 慙君能衛足歎我遠游根
白日如分照還歸守故園
七言絕句 增 宋楊萬里 都將葵葉蓋亭中樹似桄榔葉
似櫻欲向天公覓微雪妝成急響打船篷 翦笠端能
直幾錢騎奴不擬雨連天葢頭旋折山葵葉擘破青青
傘半邊 明徐賁答楊署令送菜 隙地知君手自栽紺
芽紅甲雨中開閒居我亦清齋久肯折新葵爲送來
詩散句 原 古詩 採葵莫傷根傷根葵不生 晉陸機 無
以肉食資取笑葵與藿 陶潛 流目視西園曄曄榮紫
葵 增 梁沈約 青青園中葵朝露待日晞 劉孝綽 園
葵亦何幸傾葉奉離光 原 唐杜甫 刈葵莫放手放手
傷葵根 增 白居易 中園何所有滿地青青葵 原 宋
蘇軾 爛煮葵羹斟桂醑風流可惜在蠻村 西崦人家
應最樂煮葵燒筍餉春耕 增 唐張九齡 園葵亦向陽

衛足感葵陰 李白 園蔬烹露葵 王維 烹葵邀上
客 原 杜甫 秋露接園葵 增 杜甫 香宜配碧葵 葵
荒欲自鋤 傾陽逐露葵 白居易 晨露園葵鮮 宋
陸游 葵羹出鬴香 唐王維 松下清齋折露葵 宋陸
游 雨慳葵葉未吐甲
別錄 原 博物志 陳葵子微火炒令爆咤撒熟地遍蹋之
朝種暮生遲不過經宿耳 增 博物志 陳葵子秋種覆
蓋令經冬不死春有子也 齊民要術 世人作葵菹不
好皆由葵太脆故也菹菘以社前二十日種之葵社前
三十日種之使葵至藏皆欲生花乃佳耳葵經十朝苦
霜乃采之秫米爲飯令冷取葵著甕中以向飯沃之欲

令色黃煑小麥時時粣之　崔寔曰九月作葵菹其歲溫即待十月　食經作葵菹法擇燥葵五斛鹽二斗水五斗大麥乾飯四升合瀨案葵一行鹽豉一行清水澆滿七日黃便成矣　原〔製用〕食葵當乘其葉嫩時須用蒜無蒜勿食久病大便澀滯者宜食孕婦宜食易產作菜茹甚甘美但性太滑利不益人熱食令人熱悶三月食生葵動風氣發宿疾飲食不消四月食之發風疾天行病後食之令人失明霜後生食動五種留飲吐水心有蟲服藥人忌食被犬咬者終身勿食食之即發黃背紫莖者勿食同鯉魚黍米酢食害人同豬肉食令人無顏色　葵甚易生地不論肥瘠宜於不堪作田之地多

種以防荒年採淪曬乾收貯

附錄　龍葵

增〔本草〕一名苦葵一名苦菜（益州有苦菜乃是苦蘵即龍葵也）一名天茄子一名水茄一名天泡草一名老鴉酸漿草（與酸漿相類故加老鴉以別之）一名老鴉眼睛草（五爪龍亦名老鴉眼睛草同名異物也）　李時珍曰龍葵龍珠一類二種也皆處處有之四月生苗高二三尺莖大如筯似燈籠草而無毛葉似茄葉而小五月以後開小白花五出黃蕊結子正圓大如五味子上有小蒂數顆同綴其味酸中有細子亦如茄子之子但生青熟黑者為龍葵生青熟赤者為龍珠

附錄　蔠葵

增〔爾雅〕蔠葵蘩露〔注〕承露也大莖小葉華紫黃色〔本草〕一名落葵一名藤葵一名天葵一名繁葵一名御菜一名臙脂菜（坡詩注云豐湖有燕脂藤生菜滑美勝蒪）蔓生葉似杏葉而肥厚軟滑可茹八九月開細紫花累累結實如五味子熟則紫黑色採取汁紅如臙脂女人俙面點唇及染布物謂之胡臙脂亦曰染絳子但色易變耳其葉最能承露其子垂垂亦如綴露故得露名

佩文齋廣羣芳譜卷第十五

蔬譜

生菜

【原】生菜一名白苣一名石苣 【增】〔陸璣詩疏〕青州謂之芑 【原】似萵苣而葉色白斷之有白汁正二月下種四月開黃花如苦蕒結子亦同八月十月可再種以糞水頻澆則肥大諺云生菜不離園宜生食又生挼鹽醋拌食故名生菜色紫者名紫苣一云紫苣和土作器火煅如銅

【集藻】〔詩散句〕【增】〔唐杜甫〕脆添生菜美陰益食單凉

【別錄】【原】種植作畦下種如菠薐法先用水浸種一日於濕地上襯布置子以盆合之候芽出種畦中宜肥地

苦菜

【原】苦菜一名苦苣一名苦蕒一名褊苣一名游冬（博雅云游冬苦菜也埤雅云此草凌冬不凋故名）一名天香菜 【增】〔爾雅〕荼苦菜〔疏〕一名荼草一名選 〔陸璣詩疏〕生山田及澤中得霜甜脆而美 〔本草〕春初生苗有赤莖白莖二種葉似花蘿蔔葉上葉抱莖梢葉似鸛嘴每葉分叉攛挺如穿葉狀 【原】葉狹而綠帶碧莖空斷之有白汁花黃如初綻野菊花春夏皆旋開一花結子一叢如同蒿子花罷則斂子上有白毛茸茸隨風飄揚落處即生今處處有之但在北方者至冬而凋在南方者冬夏常青爲少異耳

味苦寒無毒夏天宜食能益心和血通氣主治腸澼渴熱中疾惡瘡霍亂後胃氣煩逆忌與蜜同食作肉痔腫胃虛寒人不可多食

【彙考】【原】〔詩邶風〕誰謂荼苦其甘如薺 〔唐風〕采苦采苦首陽之下 〔大雅〕菫荼如飴 〔禮記月令〕孟夏之月苦菜秀 【增】〔禮記內則〕濡豚包苦實蓼〔疏〕言濡豚之時包裹豚肉以苦菜殺其惡氣又實之以蓼 〔水經注〕若城東得苦菜夏浦浦東有苦菜夏江逕其北故浦有苦菜之名焉 〔顏氏家訓〕詩云誰謂荼苦爾雅毛傳並以荼苦菜也又禮云苦菜秀案易統通卦驗玄圖曰苦菜生於寒秋更冬歷春得夏乃成今中原苦菜則如此也一

名游冬葉似苦苣而細摘斷有白汁花黃似菊江南別有苦菜葉似酸漿其花或紫或白子大如珠熟時或赤或黑此菜可以釋勞案郭璞註爾雅此乃蘵黃蒢也今河北謂之龍葵梁世講禮者以此當苦菜既無宿根至春子方生耳亦大誤也又高誘注呂氏春秋曰榮而不實曰英苦菜當言英益知非龍葵也 〔兼明書〕月令孟夏苦菜秀孔穎達曰菜似馬薊而花白其味極苦明曰按夏小正四月王萯秀月令用小正爲本改王萯爲苦菜也詩豳風四月秀葽鄭康成疑葽爲王萯今驗四月秀者野人呼爲苦葽春初取煮去苦味和米粉作餅食之四月中莖如蓬艾花如牛蒡花四月秋氣生故苦葽

秀則一歲物成自苦蔞始月令所書皆應時之物其言苦菜即苦蔞也頴達所見別是一物不可引以解此箕珠船唐景龍二年鄖縣民王上賓家有苦蕒菜高三尺餘上廣尺餘厚二分

【集藻】七言律詩【原】明黃正色但得菜根俱可啖況於苦蕒亦奇逢初嘗不解回甘味慣醉方知醒酒功茹素無緣葷未斷禪宗有約障難空北窻入夏稀盤飣莫厭頻頻餉阿儂　盤餐落落對瓜畦杜撰人間苦蕒虀嫩綠浮羹蓴讓滑微酸入口舌應迷野人生計誰云薄藿食家風未是低爲報靑蠅莫相點欲隨芹曝獻金閨

詩散句【原】唐杜甫苦苣刺如針

菾菜

【原】菾菜一名莙薘菜苗高三四尺莖若蒴藋有細稜夏潤冬枯葉青白色似白菘菜葉而短莖亦相類但差小耳正二月下種宿根亦自生四月開細白花結實狀如茱萸梂而輕虛土黃色內有細子根白色味甘苦大寒滑無毒開胃通心膈利五臟理脾氣去頭風補中下氣宜婦人冷氣人不可多食動氣患腹冷人食之必破腹十月以後宜於暖處窖藏

【別錄】【原】製用醋浸揩面去粉滓潤澤有光莙薘莖燒灰淋汁洗衣色白如玉

蕹菜

【原】蕹菜（蕹與壅同此菜惟以壅成故謂之蕹）幹柔如蔓中空葉似菠薐及鑿頭開白花堪茹南人編葦爲筏作小孔浮水上種子於水中長成莖葉皆出葦孔中隨水上下南方之奇蔬也陸種者宜濕地畏霜雪九月藏土窖中三四月取出壅以糞土節節生芽一本可成一畦生嶺南今江夏金陵多蒔之

【別錄】【增】南方草木狀野葛有大毒以蕹菜汁滴其苗當時萎死世傳魏武能噉野葛至一尺云先食此菜　北戶錄蕹菜葉如柳三月生陳藏器云主解胡蔓草毒胡蔓草即野葛也　【原】製用味短須猪肉同煮俟肉色紫乃堪食

蕓薹菜

【增】本草蕓薹菜（塞外有地名雲臺戍始種此菜故名）一名寒菜一名胡菜一名薹菜一名薹芥一名油菜【原】單莖圓肥淡青色葉附莖上形如白菜嫩時可炒食既老莖端開花如蘿蔔花結角中有子【增】本草九月十月下種生葉冬春採薹心爲茹三月則老不可食開小黃花四瓣子灰赤色炒過榨油黃色燃燈甚明【原】味溫無毒主風游丹腫乳癰煮食主腰脚痹破癥瘕結血多食損陽氣發瘡口齒痛又生腹中諸蟲

【集藻】七言絕句【增】宋范成大田家雜興桑下春蔬綠滿畦菘心靑嫩芥薹肥溪頭選擇店頭賣日暮裹鹽沽酒

歸

詩散句〔增〕宋楊萬里薹菘正自有風味杯盤底用專腴豐

〔別錄〕〔原〕製用〕曬薹菜以春分後摘薹菜花不拘多少沸湯焯過控乾少用鹽拌勻良久曬乾以紙袋收貯臨用湯浸油鹽薑醋拌食

蔊菜

〔增〕本草〕蔊菜一名藋音罩菜一名辣米菜生南方田園小草也冬月布地叢生長二三寸柔梗細葉三月開細花黃色結細角長一二分角內有細子味極辛辣沙地生者尤伶仃

〔彙考〕〔增〕山家清供考亭先生每飲後則以蔊莖供一出於盱江分於建陽一生於嚴灘石上公所供蓋建陽種集有蔊詩可考山谷孫崿以沙臥蔊食其苗云

〔集藻〕七言古詩〔增〕宋楊萬里羅仲憲送蔊菜謝以長句學琴自有譜相鶴自有經蔬經我讀盡不見蔊菜名金華詩札初相識玉友尊前每相憶坐分芥蓀姜子牙一見風流俱避席取士取名多失眞向來許靖亦誤人君不見鄭花不得半山句却參曾直稱門生

五言律詩〔增〕宋朱子次韻公濟惠蔊靈草生何許風泉古澗旁褰裳勤采擷枝節嘆芳香冷入玄根閟春歸翠頴長遙知拈起處全體露眞常

五言絶句〔增〕宋朱子蔊菜小草有眞性托根寒澗幽懦夫曾一啜感憤不能休

七言絶句〔增〕宋楊萬里蘆菔白文辭粲受辛子牙為祖芥為孫勸君莫謂獨醒客只謂高陽社裏人

巢菜

〔增〕四川志巢菜州縣俱出葉似槐而小其子如小豆夏時種以糞田其苗可食

〔集藻〕五言古詩〔增〕宋蘇軾元修菜幷引菜之美者有吾鄉之巢故人巢元修嗜之余亦嗜之元修云使孔北海見當復云吾家菜耶因謂之元修菜余去鄉十有五年思而不可得元修適自蜀來見余於黃乃作是詩使歸

致其子而種之東坡之下云彼美君家菜鋪田綠茸茸豆莢圓且小槐芽細而豐種之秋雨餘擢秀繁霜中欲花而未萼一一如青蟲是時青裙女採擷何匆匆烝之復湘之香色蔚其饛點酒下鹽豉縷橙芼薑蔥那知雞與豚但恐放筯空春盡苗葉老耕翻煙雨叢潤隨甘澤化暖作靑泥融始終不我負力與糞壤同我老忘家舍楚音變兒童此物獨嫵媚終年繫余胸君歸致其子囊盛勿函封張騫移苜蓿適用如葵菘馬援載薏苡羅生等蒿蓬懸知東坡下塉鹵化千鍾長使齊安民指此說兩翁

七言絶句〔原〕宋陸游巢菜昏昏霧雨暗衡茅兒女隨宜

治酒殺便覺此身如在蜀一盤籠餅是豌巢〔巢菜竝序〕蜀蔬有兩巢大巢豌豆之不實者小巢生稻畦中東坡所賦元修菜是也吳中絕多名漂揺草一名野蠶豆但人不知取食耳予小舟過梅市得之始以作羹風味宛然在醴泉蓦顧時也泠落無人佐客庖庾郎三九困飢嘲此行忽似蓦津路自候風爐煮小巢

薇

原 薇（字說云薇賤所食因謂之薇）一名野豌豆一名大巢菜（本草項氏曰巢菜有大小二種大者即薇乃野豌豆之不實者小者即東坡所謂元修菜也）增〔爾雅〕薇垂水〔註〕生于水邊〔疏〕草生于水濱而枝葉垂于水者曰薇〔說文〕薇似藿〔陸璣詩疏〕薇山菜也今官園種之以

供宗廟祭祀〔通志〕薇生水旁葉如萍 原 生麥田及原隰中本草云非水草也莖葉氣味皆似豌豆其藿作蔬入羹皆宜

彙考 原〔詩召南〕陟彼南山言采其薇〔小雅〕采薇采薇薇亦作止 山有蕨薇 增〔史記伯夷傳〕武王已平殷亂天下宗周而伯夷叔齊恥之義不食周粟隱于首陽山采薇而食之作歌曰登彼西山兮采其薇矣以暴易暴兮不知其非矣神農虞夏忽焉沒兮我安適歸矣于嗟徂兮命之衰矣〔三秦記〕夷齊食薇三年顏色不異武王誡之不食而死

集藻〔文〕散句 增〔楚屈原天問〕驚女采薇鹿何祐

五言古詩 原〔唐白居易續古詩〕朝采山上薇暮采山上薇歲晏薇亦盡飢來何所爲坐飲白石水手把青松枝擊節獨長歌其聲淸且悲櫪馬非不肥所苦長縶維豢豕非不飽所憂竟爲犧行行歌此曲以慰常苦飢

〔詩〕散句 原〔唐杜甫〕繫書無淚語愁寂故山薇 增〔李頎〕家住東皋下好採舊山薇 原〔明馮琦〕爾有吾豈敢願托北山薇 增〔唐張九齡〕採薇南山岑〔杜甫〕山中疾採薇〔許渾〕白雲空長越山薇

蕨

原 蕨一名虌（爾雅云蕨虌註云廣雅云紫綦非也江西謂之虌陸璣詩疏云山菜也周秦曰蕨齊魯曰虌埤雅云狀如大雀拳足又如其足之蹷也故謂之蕨俗云初生亦類鼈腳故曰虌也）增〔齊

民要術〕二月中高八九寸老有葉瀹爲茹滑美如葵三月中其端散爲三枝枝有數葉葉似青蒿長麤堅長不可食用 原 處處山中有之二三月生芽拳曲狀如小兒拳長則展寬如鳳尾高三四尺莖嫩時無葉採取以灰湯煮去涎滑曬乾作蔬味甘滑肉煮甚美薑醋拌食亦佳荒年可救饑根紫色皮內有白粉擣爛洗澄取粉名蕨粉可蒸食亦可盪皮作線色淡紫味滑美陸璣謂可供祭祀故周詩采之 增〔爾雅翼〕蕨紫色而肥野人今歲焚山則來歲蕨菜繁生其舊生蕨之處蕨葉老硬敷披人誌之謂之蕨基 原 氣味甘寒滑無毒去暴熱利水道令人睡焙爲末米飲下一二錢治腸風熱毒根燒

灰油調傳蚍蝣傷

【彙考】【原】詩召南陟彼南山言采其蕨 【增】〔晉書文苑傳〕張翰爲大司馬東曹掾謂同郡顧榮曰吾本山林間人無望于時子善以明防前以智慮後榮執其手愴然曰吾亦與子採南山蕨飲三江水耳 〔洞冥記〕帝起俯月臺眺月亦曰眺蟾臺酌雲菹酒菹以玄草黑蕨金蒲甜蓼 〔搜神後記〕太尉郗鑒字道徽鎮丹徒曾出獵時二月中蕨始生有一甲士折食一莖即覺欲吐因歸乃成心腹疼痛經半年許忽大吐吐出一赤蛇長尺餘尚活動搖乃挂著屋簷前汁稍稍出蛇漸焦小經一宿視之乃是一莖蕨猶昔之所食病遂除差 〔淸異志〕王鯨逢

賣蕨姥黃衣破結有飢色憫之乃以千錢買蕨姥謝而去及歸蒸於烏頭甑盡成金釵蓋姥非常人也 〔霸幽記〕猿啼之地蕨乃多有每一聲遽出萬莖 〔本草〕蕨根如紫草多生山間人作茹食之四皓食之而壽夷齊食之而夭固非良物

【集藻】〔五言古詩〕【增】〔宋朱子次韻公濟惠蕨〕西山採蕨人蓬首尚傾國懷哉遠莫致引脰氣已塞頃筐忽墮前此意豈易得良遇不可遲枯筇有餘力

〔七言律詩〕【增】〔宋朱松次韻李堯端見嘲食蕨〕眞人官府未寅緣且向龍山作散仙春入燒痕催採蕨雨翻泥壠憶歸田蔬腸我若枵蟬腹詩格君如摯鶻拳筋下萬錢

謀吏部諸公飽煞大官羶 〔方岳采蕨〕野燒初肥紫玉圓枯松瀑布煮春煙偃王妙處原無骨鉤弋生來已作拳早韭不甘同臭味秋蓴雖滑帶腥涎食經豈爲兒曹設弱脚寒中恐未然

〔詩散句〕【增】〔唐李白〕昔在南陽城唯飡獨山蕨 【原】〔杜甫〕食蕨不願餘茅茨眼中見 【增】〔杜甫〕秋風吹几杖不厭北山蕨 石間採蕨女鬻菜輸官曹 〔宋謝靈運〕野蕨漸紫苞 〔唐張九齡〕採蕨南山岑 〔李白〕初拳幾枝蕨石壁老野蕨 〔杜甫〕石暄蕨芽紫 〔王維〕繞籬生野蕨 采蕨轢軒冕 〔白居易〕飢捉采蕨筐 〔李賀〕紫蕨生石雲 〔鄭谷〕山蕨止春飢 〔宋梅堯臣〕蕨肥巖向日

〔唐杜甫〕今日東湖採蕨薇 〔白居易〕蕨芽已作小兒拳 〔宋陸游〕山童新採蕨芽肥 〔楊萬里〕食蕨食臂莫食拳 〔金元好問〕中林春雨蕨芽肥 〔元郭鈺〕紫芽初長粉如脂

【別錄】【原】〔製用〕嫩蕨沸湯煠熟曬乾用時以滾湯浸軟料物拌食任調葷素 【增】〔齊民要術〕食經曰藏蕨法先洗蕨肥著器中蕨一行鹽一行薄粥沃之一法以薄灰淹之一宿出蟹眼湯瀹之出熇內槽中可至蕨時

附錄 迷蕨

【增】〔爾雅〕綦月爾 〔注〕即紫綦也似蕨可食 〔本草〕李時珍曰紫綦似蕨有花而味苦謂之迷蕨初生亦可食三蒼

謂之紫蕨

附錄 水蕨

【增】本草：水蕨似蕨，生水中。呂氏春秋云：菜之美者有雲夢之萱，即此菜也。

薺

【原】薺一名護生草（本草云：薺生濟濟，故謂之薺。釋家取其莖作挑燈杖，可避蚊蛾，謂之護生草）。野生，有大小數種。小薺花葉莖扁，味美，最細者名沙薺；大薺科葉皆大，而味不及小薺；莖硬有毛者名菥蓂（爾雅云：菥蓂，大薺。疏云：又名蔑菥，一名大蕺，一名馬辛），味不佳。冬至後生苗，二三月起莖五六寸，開細白花，結莢如小萍，有三角，莢內細子名蒫（爾雅云：蒫，薺實。疏云：薺子味甘，人取其葉作菹及羹）。四月收。師曠所謂歲

欲豐，甘草先生，即此。【增】野菜譜：江薺（二月生，熟皆可食，花時不可食，但可作齏用）。倒灌薺（生旱田，采之熟食，亦可作齏）。蒿柴薺（其葉可食，其稭可燃）。掃帚薺（春采熟食）。碎米薺（三月采，皆可作齏）。

【彙考】【增】詩邶風：誰謂荼苦，其甘如薺。禮記月令：孟夏之月，靡草死。注：靡草，薺、亭歷之屬。周禮地官：以土會之法辨五地之物生，四曰墳衍，其動物宜介物，其植物宜莢物。注：莢物，薺莢、王棘之屬。淮南子：薺麥冬生而夏死。春秋繁露：薺以美冬，水氣也，薺甘味也，乘於水氣，故美者甘勝寒也。薺之言濟，所以濟大水也。抱朴子：薺麥大蒜，仲夏而枯。明皇雜錄：高力士逐於巫山，山谷多薺，而人不之食，因為詩寄意云：兩京作斤賣，五溪無人採，夷夏雖有殊，氣味終不改。

【集藻】尺牘【原】宋蘇軾與徐十二：今日食薺極美，念君臥病，麪、酒、醋皆不可近，惟有天然之珍，雖不甘於五味，而有味外之美。本草：薺和肝氣，明目。凡人夜則血歸於肝，肝為宿血之藏，過三更不睡，則朝旦面色黃燥，意思荒浪，以血不得歸故也。若肝氣和，則血脈通流，津液暢潤，瘡疥於何有？君今患瘡，故宜食薺。其法取薺一二升許，淨擇，入淘了米三合，冷水三升，生薑不去皮，搥兩指大，同入釜中，澆生油一蜆殼，當於羹面上，不得觸，觸則生油氣，不可食，不得入鹽醋。君若知此味，則陸海八珍皆可鄙厭也。天生此物，以為幽人山居之祿，輒以奉傳，不

可忽也。

賦【增】晉夏侯湛薺賦：寒冬之日，余登乎城，跬步乎北園，覩眾草之萎悴，覽林果之零殘，悲纖條之槁摧，愍枯葉之飄殫，見芳薺之時生，被畦疇而獨繁，鑽重冰而挺茂，蒙嚴霜以發鮮，舍盛陽而弗萌，在太陰而斯育，永安性於猛寒，羌無寧乎暖燠，薺精氣於款冬，均貞固乎松竹。

文賦散句【增】楚屈原九章：荼薺不同畝兮。【原】齊卞伯玉薺賦：終風掃於暮節，霜露交於杪秋，有凄凄之綠薺，方滋繁於中丘。

四言古詩【原】明陳繼儒：十畝之郊，菜葉薺花，抱甕灌之，樂哉農家。

五言古詩原宋陸游食薺十韻舍東種早韭生計似庾郎舍西種小果戲學蠶叢鄉惟薺天所賜青青被陵岡珍美屛鹽酪耿介凌雪霜采擷無闕日烹飪有秘方候火地爐暖加糝沙鉢香尚嫌雜笋蕨而況汙膏粱炊秔及鬻麪得此生輝光吾饞實易足捫腹喜欲狂一掃萬錢食終老稽山旁

五言律詩增宋徐似道薺薺牆根薺采掇盈一襜破白半浮糝殺青微下鹽長貧歎亦苦積悟覺尤甘緬想拔葵老吾今已傷廉

七言律詩增宋陸游食薺糝甚美蓋蜀人所謂東坡羹也薺糝芳甘妙絕倫啜來恍若在峨岷蓴羹下豉知難

敵牛乳抨酥亦未珍異味頗思修淨供秘方嘗惜授廚人午窗自撫膨脝腹好住煙村莫厭貧

七言絕句原宋陸游食薺小著鹽醯和滋味微加薑桂助精神風爐歙鉢窮家活妙訣何曾肯授人　日日思歸飽蕨薇春來薺美忽忘歸傳誇眞欲嫌茶苦自笑何時得瓠肥　宋采珍蔬不待畦中原正味壓蓴絲挑根擇葉無虛日直到開花如雪時

詩散句增唐白居易滿庭田地濕薺葉生牆根　宋陳與義薄飯不能羹牆陰老春薺　程俱薺花雖未繁著地爛於纈　金李獻能曉雪沒寒薺無物充朝饑　宋司馬光後檐數戶地荒穢不鋤欲令生薺花　原蘇軾時遶麥田求野薺强爲僧舍煮山羹　增劉克莊薺花滿地無人見惟有山蜂度短牆　唐孟郊食薺腸亦苦　朱慶餘迎寒薺葉稠　宋王安石薰風洲渚薺花繁　陸游寒薺繞牆甘若飴　金段繼昌凍隴蘇來白薺添

別錄原製用清明日未出採薺莖候乾夏作燈杖蚊蛾不敢近

藜

原作藋按本草作藜原譜以藜爲地葵又以爲王芻皆誤也今正之

原藜一名萊一名紅心灰藋一名臙脂菜一名鶴頂草一名落藜生不擇地處處有之即灰藋之紅心者莖葉稍大嫩時亦可食故昔人謂藜藿與膏粱不同老則莖

可爲杖氣味甘平微毒殺蟲煎湯洗蟲瘡漱齒䘌搗爛塗諸蟲傷

彙考增詩小雅北山有萊疏萊草名其葉可食今兖州人烝以爲茹謂之萊烝　晉書山濤傳魏帝以濤母老賜藜杖一枚　淮南子藜藿之生蝡蝡然日加數寸不可以爲櫨棟楩柟　笠澤叢書讀古聖人書每涵咀義味獨坐日昃案上一杯藜藿如五鼎大牢饋於左右　詢芻錄古稱藜即灰莧老可爲杖蓋藜杖也

集藻文散句增漢司馬遷自序糲粱之食藜藿之美　王褒聖主得賢臣頌羹藜含糗者不足與論太牢之滋味

五言絶句【增】明李東陽詠藜藜新尚可蒸藜老亦堪煮明年幸强健拄杖看秋雨

詩散句【增】晉陶潛敝襟不掩肘藜羹常乏斟【原】唐杜甫吾安藜不糝汝貴玉爲琛　試問甘藜藿未肯羨輕肥【增】韓愈藜羹尚如此肉食安可嘗　三年國子師腸肚集藜莧　童穉頻書札盤飧詎糝藜　宋蘇軾寄語故山友愼無厭藜羹　陳克顧我從來貧到骨經營藜藿亦艱辛　蘇軾藜羹對書史　陸游藜羹自美何待糝

別錄【原】製用嫩時採葉滚水煠熟香油拌爲茹頗益人能滌腸胃加蒜亦可啖煠出曬乾可備冬月之用其苗

既老可束爲帚直幹之麤而長者可爲拄杖

附錄 蔏藋

【增】爾雅拜蔏藋注蔏藋亦似藜疏此亦似藜而葉大者名拜一名蔏藋

附錄 灰藋

【原】灰藋一名灰滌菜一名金鎖天今訛爲灰條菜處處原野有之四月生苗莖有紫紅綫稜葉尖有刻鈌面青背白莖心嫩葉背有細白灰如沙爲蔬亦佳氣味甘平無毒治惡瘡蟲咬面䵟等疾忌著肉作瘡五月漸老高者數尺七八月開細白花結實成簇如毬中有細子蒸曝取仁可炊飯及磨粉食救荒本草云結子成穗者味甘散者味苦生牆下樹下者忌用白者謂之蛇灰有毒

蓴

【原】蓴一作蒓 一名茆詩傳云茆鳧葵也又陸璣疏云茆與荇菜相似江東人謂之蓴菜 一名錦帶一名水葵陸璣疏云江東或謂之水葵 一名露葵詳見顏氏家訓 一名馬蹄草一名鈌盆草【增】毛詩音義干寶云茆今之鳧葵草江東有之鄭小同云或名水戾一云今之浮菜即猪蓴也【原】生南方湖澤中最易生種以水淺深爲候水深則莖肥而葉少水淺則莖瘦而葉多其性逐水而滑惟吳越人喜食之葉如荇菜而差圓形似馬蹄莖紫色大如筯柔滑可羹夏月開黃花結實青紫色大如棠梨中有細子三四月嫩莖未葉細如釵股黃赤色名

稚蓴稚小也 又名雉尾蓴體軟味甜五月葉稍舒長者名絲蓴細莖如絲也 九月萌在泥中漸麤硬名瑰蓴或作葵蓴十月十一月名猪蓴謂可餵猪也 又名龜蓴酉陽雜俎云江東謂之蓴龜 味苦體澀不堪食取汁作羹猶勝他菜味甘寒無毒治消渴熱痺厚腸胃安下焦逐水解百藥毒並蠱氣

彙考【原】詩魯頌思樂泮水薄采其茆【增】晉書陸機傳機入洛嘗詣侍中王濟濟指羊酪謂機曰卿吳中何以敵此荅云千里蓴羹未下鹽豉時人稱爲名對【原】晉書文苑傳張翰有淸才善屬文齊王冏辟爲大司馬東曹掾因見秋風起思吳中菰菜蓴羹鱸魚膾曰人生貴適志何能羈宦數千里外以要名爵乎遂命駕而歸

【增】南史沈顗傳顗素不事家産遂齊末兵荒與家人并日而食或有饋其粱肉者閉門不受惟採蓴荇根供食以樵採自資怡怡然恒不改其樂　孝義傳陶子鏘母嗜蓴母没後恒以供奠梁武義師初至此年冬營蓴不得子鏘痛恨慟哭遂長斷蓴味　岳陽風土記岳陽雖水鄉絶難得蓴菜惟臨湘東蓴湖間有之　顔氏家訓梁世有蔡朗父諱純既不涉學遂呼蓴爲露葵面牆之徒遞相倣傚承聖中遣一士大夫聘齊齊主客郎李恕問梁使曰江南有露葵否答曰露葵是蓴水鄉所出卿今食者綠葵菜耳　幽明錄河東常有醜奴將一小兒湖邊拔蒲暮宿空田舍中時日向暝見一少女子姿容

極美乘小船載蓴逕前投醜奴舍寄住因卧覺有臊氣女已知人意便求出户變而爲獺　寓簡齊高帝設蓴膾崔祖思曰此味故爲南北所推　墨莊漫錄杜子美祭房相國九月用茶藕蓴鯽之奠蓴生於春至秋則不可食不知何謂而晉張翰亦以秋風動而思菰菜蓴羹鱸魚鱠固秋物而蓴不可曉也　陸游詩注蓴菜最宜鹽豉所謂末下鹽豉者言下鹽豉則非羊酪可敵蓋盛言蓴羹之美耳　因話錄千里蓴羹末下鹽豉世多以淡煮蓴羹未用鹽與豉相調和非也蓋末字悞書爲未末下乃地名此二處産此物耳其地今屬江干　花史蕭山湘湖産絲蓴最美　四川志綿竹縣武都山上出白蓴菜甚美

【集藻】記【增】明袁宏道湘湖記蕭山櫻桃鸞鳥蓴菜皆知名而蓴尤美蓴採自西湖浸湘湖一宿然後佳若浸他湖便無味浸處亦無多地方圓僅得數十丈許其根如荇其葉微類初出水荷錢其枝丫如珊瑚而細又如鹿角菜其凍如冰如白膠附枝葉間清液泠泠欲滴其味香粹滑柔略如魚髓蟹脂而清輕遠勝半日而味變一日而味盡比之荔枝尤覺嬌脆矣其品可以寵蓮嬖藕無得當者惟花中之蘭果中之楊梅可異類作配耳惜乎此物東不踰紹西不過錢塘江不能遠去以故世無知者余往仕吳問吳人張翰蓴作何狀吳人無以對果

若爾季鷹棄官不爲折本矣然蓴以春暮生入夏數日而盡秋風鱸魚將無非是抑千里湖中別有一種蓴耶

雜著【增】明李流芳題西湖卧遊冊辛亥四月在西湖值蓴菜方盛時以采櫝作羹俛啜有蓴羹歉長不能載大意謂西湖蓴菜自吾友數人而外無能知其味者袁石公盛稱湘湖蓴羹不知湘湖無蓴皆從西湖采去又謂非湘湖水浸不佳不知蓴初摘時必浸之經宿乃愈肥凡泉水湖水皆可不必湘湖也然西湖人竟無知之者圖中人舟縱横皆蕭山賣菜翁也可與吾歌並存以發好事者一笑　【原】張七澤蓴菜生松江華亭谷郡志載之甚詳吾家步兵所爲寄思於秋風者也然武林西湖

亦有之袁中郎狀其味之美云香脆滑柔略如魚髓蟹脂而輕清遠勝其品無得當者惟花中之蘭果中之楊梅可以異類作配余謂花中之蘭是矣果中楊梅豈堪敵蒓何不以荔枝易之中郎又謂問吳人無知者蓋蒓惟出於吾郡所產既少又其味易變不能遠致故耳

五言律詩〔增〕明鄒斯盛太湖采蒓并引辛酉秋汎太湖見紫蒓雜出蘋荇間訊諸旁人不識也衔棹求之得數里許太湖向無蒓采自余始因賦詩紀之春暖水芽茁秋深味更清有花開水底是葉貼湖平野客分雲種山厨帶露烹橘黃霜白後對酒奈何情　風靜絲生煙煙中蕩小船香絲縈手滑清供得秋鮮荇葉分圓鉄鱸魚

相後先誰云是千里采采自今年

七言律詩〔增〕宋楊萬里詠蒓鮫人直下白龍潭割得龍公滑碧髯曉起相傳蘂珠闕夜來失却水晶簾一杯淡煮宜醒酒千里何須下豉鹽可是士衡殺風景却將羶膩比清纖　〔徐似道〕蒓羹堆盤縷縷又秋風客俎蓴鹽一洗空羹膾疑居飛樓底杯浮如墮酒船中蒓羹本是詩人事蒓俎那容俗子同不日挽君來快問請分一箸供涪翁

五言絕句〔增〕明高啟蒓菜紫絲浮半滑波上老秋風憶共香蓀薦吳江葉艇中

七言絕句〔增〕宋張孝祥我夢扁舟震澤風蒓羹曉筯落盤空那知嶺表炎蒸地也有青絲滿碧籠　〔方岳〕美蒓煙雨中間幾白鷗藕花菱葉小亭幽紫蒓共煮香涎滑吐出新詩字字秋　〔徐似道〕千里蒓絲未下鹽北遊誰復話江南可憐一筯秋風味錯被旁人舌本參　〔明陸樹聲〕陸瑁湖邊水慢流洛陽城外問漁舟鱸魚正美蒓絲熟不到秋風已倦遊　〔徐茂吳〕波心未吐心如結水葉初齊葉尚含脂自凝膚柔繞指轉教風味憶江南鮫杼紛紛散作絲龍涎宛宛滑流匙詩人采茆元從水莫娛嘉蔬喚露葵　平湖倒影南山綠中瀉三潭靈怪潛蕩槳忽驚雲霧氣驪龍頷下割龍髯　誰握冰絲摘露叢水晶簾展玉璁瓏魚鬚細細龍油滑道是鮫人織

錦宮　兔絲自是難勝織試比蒓絲總不任聞說西陵蘇小小當年戲采結同心　蒓絲不似藕絲輕傍腕纏綿入手縈漫詠東人空杼軸西湖經緯自縱橫　〔沈明臣〕西湖采蒓曲西湖蒓菜勝東吳三月春波綠滿湖新樣越羅裁窄袖著來人說似羅敷

詩散句〔原〕唐杜甫豉化蒓絲熟刀鳴膾縷飛　〔嚴維〕江南季春天蒓菜細如弦　〔增〕宋司馬光蒓羹紫絲滑鱸膾雪花肥　〔陸游〕勿言蒓菜老儀棹醉湘湖　〔唐皮日休〕雨來蒓菜流船滑春後鱸魚墜釣肥　〔宋陸游〕石帆山路蘋洲首蓿茁蒓絲正滿盤　秋來便有欣然處新種蒓絲已滿塘　〔文天祥〕賴有蒓風堪斫膾便無花月

亦飛觴〔元〕謝宗可冰縠冷纏青縷滑翠鈿細綴玉絲香【詩】〔唐〕杜甫君思千里蓴 絲繁煮細蓴【增】杜甫羹煮秋蓴滑〔白居易〕蓴絲滑且柔〔賀知章〕鏡湖蓴菜亂如絲〔羅隱〕盤擎紫線蓴初熟〔皮日休〕買得蓴絲待陸機〔宋〕黃庭堅醉煮白魚羹紫蓴〔明〕陳繼儒蓴絲翠滴蓴冰紫

詞【增】〔宋〕王易簡摸魚兒怪鮫宮水晶簾捲冰痕初斷香縷柔波蕩槳人難到三十六陂煙雨春又去伴點點荷錢隱約吳中路相思日暮恨洛浦娉婷芳鈿翠竊奩影照凄楚 功名夢消得西風一度高人今在何許鱸香菰冷斜陽裏多少天涯意緒誰記取但枯豉紅鹽溜玉

凝秋餡尊前起舞算惟有淵明黃花歲晚此興共千古〔又〕遡湘皐碧龍驚起冰涎猶護髯影春洲未有菱歌伴獨占暮煙千頃呼短艇試翦取纖條玉溜青絲瑩樽前細認似水面新荷波心半卷點點翠鈿淨 凄涼味酪乳那堪比並吳鹽一箸秋冷當時不為鱸魚去聊爾動渠歸興還記省是幾度西風幾處吹愁醒鷗昏鷺瞑謾換得霜痕蕭蕭兩鬢蓋與共秋鏡 唐珏摸魚兒漸滄浪凍痕銷盡瓊絲初漾明鏡餞人夜翦龍涎滑纖就水晶簾冷甂葉淨最好似嫩荷半捲浮晴影玉流翠凝早枯豉融香紅鹽和雪醉齒嚼清瑩 功名夢曾被秋風喚醒故人應動高興悠然世味渾如水千里信懷誰省空對景奈回首姑蘇臺畔愁波睡煙寒夜靜但只有芳洲蘋花與老何日泛歸艇

【別錄】〔爾雅翼〕今吳人嗜蓴菜鱸魚蓋魚之美者復因水菜以芼之兩物相宜獨為珍味【原】〔製用〕內景經云四月食蓴菜鯽魚羹開胃〔禁忌〕雞跖集蓴入七八月不可食中有蝸蟲故也至十月冰凍蟲死雖老猶可食蓴性雖冷熱食及多食擁氣損人胃及齒令人顏色惡損毛髮和醋食令人骨痿發痔關節急嗜睡腳氣論中冷人食此誤人極深

芹

【原】芹古作靳（本草作蘄從艸從靳諧聲也後省作芹楚有蘄州蘄縣俱音淇羅願云地多產芹故

字從芹蘄亦音芹徐鍇註說文蘄字从艸靳諸書無靳字據此則蘄字亦當从靳作蘄字也）一名水英一名楚葵（爾雅云芹楚葵註云今水中芹菜）有水芹旱芹水芹生江湖陂澤之涯旱芹生平地有赤白二種（爾雅翼云白芹舒蘄多有之土人呼為白芷）二月生苗其葉對節而生似芎藭其莖有節稜而中空其氣芬芳五月開細白花如蛇床花蘇恭云白芹取根赤芹莖葉並堪作菹味甘無毒止血養精益氣止煩去伏熱殺藥毒令人肥健嗜酒醬香美和醋食滋人但損齒又有一種馬芹爾雅謂之茭又名牛蘄若野茴香葉細銳可食亦芹類也（本草李時珍云一名胡芹一名野茴香以其氣味子形微似也金光明經謂之葉婆你與芹同類而異種）一種黃花者毛芹也有毒殺人（此旱芹之一種）

【集藻】詩小雅觱沸檻泉言采其芹〔箋〕芹菜也可以爲葅亦所用待君子也我使采其水中芹者尚潔清也〔齊頌〕思樂泮水薄采其芹〔周禮天官〕加豆之實芹葅兔醢【原】〔呂氏春秋〕菜之美者雲夢之芹〔列子〕昔人有美戎菽甘枲莖芹萍子者對鄉豪稱之鄉豪取而嘗之蜇於口慘於腹衆哂而怨之其人大慚〔四時寶鏡〕東晉李鄂立春日命以蘆菔芹菜爲菜盤相餽貺【增】〔龍城錄〕魏左相忠言讜論贊襄萬機誠社稷臣有日退朝太宗笑謂侍臣曰此羊鼻公不知遺何好而能動其情侍臣曰魏徵好嗜醋芹每食之欣然稱快此見其眞態也明日召賜食有醋芹三盃公見之欣喜翼然食未

竟而芹已盡太宗笑曰卿謂無所好今朕見之矣公拜謝曰君無爲故無所好臣執作從事獨僻此收斂物太宗默而感之公退太宗仰覩而三歎之〔二老堂詩話〕蜀人縷鳩爲膾配以芹菜或爲詩云本欲將芹補那知弄巧成〔爾雅翼〕釋菜以菜爲挚即采水中三品之水草以薦之采菽詩亦章采檻泉中之水芹微物也而古人不以微薄廢禮猶愈於無禮也今釋奠先聖猶用之〔昌平山水記〕芹城在州東三十里有橋橋下有水出芹〔山家清供〕芹二月三月作英時采之入湯取出以苦酒研子入鹽與茴香漬之可作葅惟淪而羹之既清而馨猶碧澗然故杜甫有香芹碧澗羹之句

【集藻】四言古詩【原】明陳繼儒春水漸寬青青者芹君且留此彈余素琴

五言律詩【增】宋朱子次韻公濟惠芹晚食寧論肉知君薄世榮瓊田何日種玉本一時生白鶴今休誤青泥舊得名收單還炙背北闕儻關情

五言絕句【增】明高啓芹飯煮憶青泥羹炊思碧澗無路獻君門對案增三歎

詩散句【原】唐杜甫獻芹則小小薦藻明區區〔韓愈〕食芹雖云美獻御固已癡〔杜甫〕風吹青井芹【增】〔白居易〕飯稻茹芹英〔元倪瓚〕香芹渾滿澗【原】唐杜甫飯煮青泥坊底芹【增】杜甫美芹由來知野人〔盤剝白

鴉烏觜芹〔溫庭筠〕潔白芹芽入燕泥〔宋陸游〕盤蔬臨水采芹芽

詞【增】宋高觀國生查子野香春吐芽泥濕隨飛燕碧澗一杯羹夜照無人翦　玉釵和露香蠶管隨香歎野意重殷勤持以君王獻

【別錄】【原】〔禁忌〕三月八月二時龍帶精入芹菜中人誤食之爲病面青手青腹滿如妊痛不可忍服硬餳三四升日三吐出蜥蜴便瘥一說亦虺蛇蜥蜴之毒耳非龍也春夏之交遺精于此且蛇喜食芹尤爲可證

紫芹　附錄

【增】〔本草〕紫芹一名蜀芹亦名楚葵一名苦菜一名水蘄

菜【彙】紫芹即赤芹生陰崖陂池近水石邊狀類赤芍藥葉深綠背甚赤莖似蕎麥花紅可喜結實亦似粃蕎麥味苦澀其汁可以煮雌制汞伏砂擒黄號起貧草他方頗少太行王屋諸山最多

紫菜

【增】魏王花木志吳郡邊海諸山悉生紫菜　吳都賦注紫菜生海水中正青附石生取乾之則紫色臨海常獻之

【集藻】【增】宋黄庭堅綠菜贊蔡蒙之下彼江一曲有茹生之可以爲蔌蛙蠙之衣采采盈掬吉蠲洗濯不溷沙礫芼以辛鹹宜酒宜餗在吳則紫在蜀則綠其臭味同遠故不錄誰其發之班我旨蓄維女博士史君炎玉

龍鬚菜

【增】盛京志龍鬚菜生于東南海邊石上叢生狀如柳根長者至尺餘白色以醋浸食亦佳蔬也土人呼爲麒麟菜出金州海邊

鹿角菜

【增】南越志猴葵色赤生石上南越謂之鹿角　盛京志鹿角菜生東南海中大如鐵線分丫如鹿角紫黄色乾之爲海錯水洗醋拌則如新味今金州海邊有之

佩文齋廣羣芳譜卷第十五

佩文齋廣羣芳譜卷第十六

蔬譜

山藥

【原】山藥原名薯蕷（負暄雜錄云山藥本名薯蕷避唐代宗諱改名薯藥宋英宗諱曙改名山藥）一名山諸一名土諸一名玉延（廣雅云玉延署預也吳普云齊楚名玉延）一名修脆　【增】本草山藥一名諸萸一名山芋一名諸著一名兒草江閩人單呼爲諸　【原】處處有之南京者最大而美蜀道尤良入藥以懷慶者爲佳春閒生苗蔓延莖紫葉青有三尖似白牽牛葉更厚而光澤五六月開細花成穗淡紅色大類蓼花秋生實於葉閒青黄八月熟落根下外薄皮土黄色狀似雷丸大小不一肉白色煮食甘滑與根同冬春採根皮亦土黄色薄而有毛其肉白色者爲上青黑者不堪用南中一種生山中者根細如指極緊實刮磨入湯煮之作塊味更佳食之尤益人江湖閩中一種根如薑芋而皮紫大者切數片去皮煎煮食俱美但性冷於北地者彼土人呼爲諸人藥以野生者爲勝性甘溫平無毒鎮心神安魂魄止腰痛治虛羸健脾胃益腎氣止洩痢化痰涎久服耳目聰明輕身不老

【彙考】【增】山海經景山其草多諸萸　升山其草多諸萸

搜神記漢時有杜蘭香者自稱南康人氏以建業四年春數詣張碩碩年十七望見其車在門外婢通言阿

毋所生遣授詫君可不敬從碩呼女前視可十六七詫事逸然久遠有婢子二人大者萱支小者松支鈿車青牛上飲食皆備出薯藇子三枚大如雞子云食此令君不畏風波辟寒温碩食二枚欲留一不肯令碩食盡言本爲君作妻情無曠遠以年命未合且小乖太歲東方卯當還求君

湘中記 永和初有採藥衡山者道迷糧盡過息巖下見一老公四五年少對執書告之以飢與其食物如薯蕷指教所去六日至家而不復飢

異苑 薯蕷入藥又復可食野人謂之土藷若欲掘取嘿然而獲唱名者便不可得人有植者隨所種之物而像之也

清異錄 蜀孟昶月旦必素飧性喜薯藥左右因呼薯

藥爲月一盤

集藻 頌 增 梁江淹薯蕷頌 華不可炫葉不足憐微根儻餌棄劒爲仙黄金共壽丹䨼爭年君謂无妄我驗衡山

賦 原 宋陳與義玉延賦 吾聞陽公之田不墾不耕爰播盈斗可獲連城養陰陽之淑氣孕天地之至精蜿蜒赤埴之腴煌扈白虹之英鬱山木之潤發甘醴泉之餘榮逮百嘉之澤盡候此玉之豐成于公大人方以不食爲寶辭秦玉而與魁衍雖三獻其奚售乃棄贊於老生老生囊中之法未試腹內之雷久鳴摶石鼎以自濯撐豕腹之彭亨春江浩其波濤遠壑颯以松聲俄白雲之㬎谷亂雙眼於晦明擅人間之三絕色味勝而香清捧杯盂而笑領眏戶觸之新塘斥去懶殘之芋盡棄接輿之菁收奇勳於景刻匕未落而體輕凌厲八仙掃除三彭見蓬萊之夷路接閶闔於初程彼狗華之大夫合三生之病醒汙以蜂蜜辱以羊羹合嘗逸少之炙同傳孝儀之鯖嘆超然之至味乃陸沉於韓盲豈能於我乎遇亦或卿而或烹起援筆以三叫馳蛇蚓以縱橫吾何與大夫之迷疾蓋以慰此玉之不平也

五言古詩 增 宋司馬光答呂言求薯蕷苗 冬實散肥壤春苗動新葉雅意非遺人野情聊自愜何言好事者求訪來相屬會種十畝餘坐取詩盈篋 陳與義同楊運幹黄秀才村西買山藥 潦縮田路寬委蛇散膝腳勝日

三枝杖村西買山藥岡巒相吞吐遠水互前却天陰野水明歲暮竹籬薄田翁頷客意發篋堆磊落玉質緗色裹用世乃見縛屠門幾許快夜語尋幽約石鼎看雲翻門前北風惡

七言古詩 增 宋文同子平寄惠希夷陳先生服唐福山藥方因戲作雜言謝之 蜀江之東山色盡如稽有道人云此是丹砂伏其下煙雲光潤若洗濯瀾岑玲瓏如刻畫我聞神仙草藥不在凡土生是中當有靈苗異卉之根莖果然人言所出山芋爲第一西南諸郡有者皆虛名就中唐福衆稱賞肥實甘香大所養有時巖頭倒垂三尺壯士臂忽然洞口直舉一合仙人掌土人入冬農

事閑千籌萬鍤來此山可憐所鬻不甚貴著價卽售曾不憗往年子瞻爲余說言君所部之內此物尤奇絶後復寄書勸我嘗餌之滿紙覼縷提華嶽先生訣予因購之不惜錢依方服餌將二年其功神聖久乃覺牙牢體溢支節堅白問丹霄幾時上早生兩翅教高飈塵世如谿不可居待看鴻濛對雲將　〔元〕龔璛〈掘山藥歌〉綠蘚紫藤緗包子種玉綿延春透髓晴虹歲晩寒不起託命長鑱山谷裏小隱牆東墾藥闌劚土政得方盤槃服食相傳養生訣茂陵劉郎和露啜

〈五言律詩〉【增】〔明〕劉崧〈嘗山藥〉誰種山中玉修圓故自匀野人尋得慣帶雨劚來新味益丹田暖香凝石髓春商

芝亦何事空負白頭人

〈七言律詩〉【增】〔宋〕王安石〈次韻奉和蔡樞密南京種山藥法〉區種抛來六七年春風條蔓想宛延難追老圃莓苔徑空對珍盤玳瑁筵嘉種忽傳河右壤靈苗更長闕西偏故畦穿劚知何日南望鍾山一慨然　【原】黃庭堅〈山蕷湯〉厨人淸曉獻瓊糜正是相如酒渴時能解饑寒勝湯餅略無風味笑蹲鴟打窗急雨知然鼎亂眼晴雲看上匙已覺塵生甕幷椀濁醪從此不須持　朱子〈和秀野山藥〉怪來朽壤爆瓊英小劚眞箇可代耕豢豹于人儘無分蹲鴟從此不須生雪鑱但使身長健石鼎何妨手自烹欲賦玉延無好語羞論蜂蜜與羊羹

詩散句【增】〔宋〕王珪〈鳳池春晩綠生煙曾見高枝蔓玉延〉常伴兎絲留我簇幾隨竹葉泛君筵　〔唐〕韓愈〈僧還相訪來山藥煮可掘〉　〔宋〕張舜民〈如何山芋輩天下稱朱魏〉　〔唐〕杜甫〈充腸多薯蕷〉　〔宋〕蘇軾〈淇上白玉延〉

〈詞〉【增】〔宋〕張鎡〈南柯子〉積雪迷松徑圍爐掩竹屏牀頭一味有蹲鴟軟火深閫香熟已多時　自得陶朱法休教嬾瓚知浪傳黃獨正甘肥紫玉嬰兒盈尺更新奇　〔又〕種玉能延命居山易學仙靑靑一畝自鉏煙露孕雲蒸肌骨更凝堅　熟滲蜂房蜜淸添石鼎泉雲香酥膩老來便煨芋爐深却笑祖師禪

【別錄】【原】種植春社日取宿根多毛有白縮者竹刀截作

二寸長塊先將地開作二尺寬溝深三四尺長短任意先塡亂糞柴一半上實以上將截斷山藥竪埋於中上仍以糞土覆與溝平時澆灌之苗生以竹或樹枝架作棱高三四尺當年可食三四年者根大尤美夏月宜頻澆最宜肥地每年易人而種宜牛糞麻糝忌人糞　〔修治〕以布裹手竹刀刮去皮竹篩盛置簷風處不得見日至夕乾五分候全乾收或微火烘乾亦可　又法去皮以水浸之糝白礬末少許入水中經宿洗淨則涎自去

芋

【原】芋一名土芝一名蹲鴟（史記注云芋頭形類蹲鴟鳥之蹲）一名莒（說文云齊謂芋爲莒）【增】〈說文〉大芋實根駭人故謂之芋　〈廣雅〉渠芋

也其葉謂之蔌菲〈爾雅翼〉芋之大者前漢謂之芋魁後漢書謂之芋渠〈種芋法〉吳郡所產大者謂之芋頭嘉定名之博羅旁生小者謂之芋妳【原】在在有之蜀漢爲最京洛者差圓小葉如荷長而不圓莖微紫乾之亦中食根白亦有紫者南方之芋子大如斗旁生子甚多皮上有微毛如鱗次裹之拔之則連茹而起味甘蒸煮任意濕紙包火煨過熟乘熱啜之則鬆而膩益氣充饑亦可爲羹臛若和皮水煮冷啖堅頑少味最不易消廣志所載十數種君子芋（大如斗魁）淡（原作談誤）善芋（魁大如瓶少子葉如繖蓋紺色而紫莖其長丈餘易熟長味是芋之最善者）百果芋（魁大子繁畝收百斛）雞子芋（色黃）車轂芋鉅（一作鋸）子芋旁（原作勞誤）巨芋青浥邊芋四種皆

多子可乾腊亦可藏至夏皆種之美者長味芋（味美莖亦可食）九面芋（大而不美）青芋曹芋（一作素芋）象芋（一作象空芋大而弱使人易饑）皆不可食又有蔓芋（緣枝生大者如二三升）博士芋（出新鄭蔓生而根如鵞鴨卵）百子芋（出葉俞縣有魁芋無旁子）【增】酉陽雜俎天芋（生終南山中葉如荷而厚）雀芋（狀如雀頭置乾地反濕置濕地反乾飛鳥觸之墮走獸遇之僵）〈益部方物畧記〉赤鸇芋（俗號赤鸇頭芋形長而圓但子不繁衍味最美）蠻芋（味亦美其形則圓子繁衍人多蒔之）搏果芋（品最下搏接也言可接果山中人多食之）本草芋種雖多有水旱二種旱芋山地可種水芋水田蒔之葉皆相似但水芋味勝莖亦可食芋不開花時或七八月間有開者抽莖生花黃色旁有一長萼護之如半邊蓮花之狀【原】芋味平除煩止渴可以療饑可以備荒小兒戒食滯胃氣難

剋化有風疾服風藥者最忌多致殺人備荒論曰蝗之所至凡草木葉無有遺者獨不食芋桑與水中菱芡宜廣種之

【彙考原】史記貨殖傳蜀卓氏之先趙人也秦破趙遷卓氏曰吾聞岷山之下沃野下有蹲鴟至死不饑乃求遠遷致之臨邛　漢書翟方進傳初汝南有鴻隙陂郡以爲饒翟方進爲相奏罷之王莽時常枯旱郡中追怨方進童謠曰壞陂誰翟子威飯我豆食羹芋魁反乎覆陂當復誰云者兩黃鵠【增】晉書李雄載記雄剋成都軍饑甚乃率衆就穀於郪掘野芋而食之　南史孝義傳鮮于文宗漁陽人年七歲喪父父以種芋時亡至明年

芋時對芋嗚咽如此終身　孝經援神契仲冬日昴星中收莒芋【原】列仙傳酒客爲梁丞使民益種芋三年當大饑衆如其言後果大饑梁民得不死【增】汝南先賢傳薛直歸先人冢側種稻芋稻以祭祀芋以充饑耽道說禮玄虛無爲　袁安除陰平長時年饑民皆菜食租入不畢安聽使輸芋曰百姓饑困長何得食穀先自引芋吏皆從之　華陽國志何隨字季業蜀郡郫人也除安漢令蜀亡去官時巴土饑荒所在無穀送吏行乏輒取道側民芋隨以緜繫其處使足所取直民視芋見緜相語曰聞何安漢清廉行過從者無糧必能爾耳持緜追還之終不受因爲語曰安漢吏取糧令爲之償

原鄴侯外傳泌嘗於衡嶽寺讀書懶殘所謂懶殘經音先悽惋而后喜悅必謫墮之人中夜潛往謁焉懶殘命坐發火出芋以啖之謂泌曰愼勿多言領取十年宰相

增雲仙雜記李華燒三城絕品炭以龍腦裹芋魁煨之擊爐曰芋魁遭遇矣 青棠集張九齡知蕭炅不學故相調謔一日送芋書稱蹲鴟蕭荅曰損芋拜嘉惟蹲鴟未至然僕家多怪亦不願見此惡鳥焉九齡以書示客滿座大笑 物類相感志今浙東生土芋狀磊磈自實若天雷頻則多生若耕種欲取不得名之若呼芋字則逡巡不見矣 玉堂閒話閬阜山一寺僧甚專力種芋歲收極多杵之如泥造墼爲牆後遇大饑獨此寺四

十餘僧食芋墼以度凶歲 爾雅翼唐開元中蕭嵩奏請注文選東宮衛佐馮光進解蹲鴟云今之芋子卽是著毛蘿蔔嵩聞大笑 原影燈記洛陽人家上元各造芋郎君食之宜男女 增澄懷錄有人收得虞永興與圓機書一紙蹋開字字賣之房村二字得芋千頭 原閬清上有巖曰盤谷下有橋曰渡仙產奇花異果嘗有二人入山適一叟後至袖中出芋數枚相啖忽不見但見木葉盈尺題詩其上曰偶與雲水會不與雲水通雲散水流後杳然天地空

集藻 贊 增宋宋祁芋贊芋種不一鶴芋則貴民儲于田可用終歲

文賦散句 增漢東方朔七諫拔搴玄芝兮列樹芋荷 晉左思吳都賦徇蹲鴟之沃則以爲世濟陽九 蜀都賦瓜疇芋區

五言絕句 增宋朱子芋魁 沃野無凶年正得蹲鴟力區種萬葉青深煨奉朝食

七言絕句 增宋韓琦中書東廳山芋 隨竹縈回翠蔓延土藷名異出前編會須霜晚餐珠實可挹浮丘作地仙 原蘇軾過子忽出新意以山芋作玉糝羹色香味皆奇絕天上酥酡則不可知人間決無此味也 香似龍涎仍釅白味如牛乳更全清莫將南海金虀膾輕比東坡玉糝羹 陸游芋 陸生晝臥腹便便歎息何時食萬錢

莫誚蹲鴟少風味賴渠撐拄過凶年

詩散句 增宋孫覿蹲鴟勸加餐風味亦可人 原劉子翬曉煩黏玉糝深椀啖糢糊 增陸游風爐欹鉢生涯在且試新寒芋糝羹 蔚火正紅煨芋美不妨乘炬雪中歸 梁沈約綠芋鬱參差 周庾信白石香新芋 唐王維巴人訟芋田 新秋綠芋肥 岑參葉葉藏山徑 原杜甫紫收岷嶺芋 增軒轅彌明凍芋強抽萌 張籍沙田紫芋肥 薛能野色生肥芋 宋陸游美啜芋魁羹 元李孝光芋熟騎童分 王逢新霜芋長孫 唐張籍水店晴看芋葉黃 莊木瓤朝蒸紫芋香 宋蘇軾土人頓頓食諸芋 芋魁徑尺誰能盡

陸游芋肥一本可專車　地爐枯葉夜煨芋　〔元戴初
山毛人摘芋紅多　〔馬臻〕飽霜紫芋細凝酥
別錄〔神仙傳〕焦先常食白石以分與人熟煮如芋
〔種芋法〕陶隱居曰生則有毒性滑尤爲服餌家之所忌
劉禹錫云十月後曬乾收之冬月食他時月不可食久
食則虛勞無力圖經曰食之過多則有損傷唐本草云
多食動宿冷　原擇種十月揀根圓長尖白者就屋南
簷下掘坑以礱糠鋪底將種放下稻草蓋之勿使凍爛
至三月間取出埋肥地待早苗發三四葉於五月間擇
近水肥地移栽其科行與種稻同或用河泥或用灰糞
爛草壅培旱則澆之有草則去之若種旱芋亦宜肥地

〔栽種〕正二月將耕過地先鋤一徧以新黃土覆蓋三
月中擇壬申壬午壬戌辛巳戊申庚子辛卯日將芋芽
向上種候生三四葉高四五寸五月移栽大抵芋畏旱
宜近水軟沙地區深可三尺許行欲寬寬則過風本欲
深深則根大春宜種夏種不生秋宜壅失壅則瘦鋤宜
頻澆宜數霜降宜捩其葉鋤開根邊土上肥泥壅根使
力回於根則愈大而愈肥氾勝之書云區方深各三尺
下實豆萁尺有五寸以糞著其上如其厚一區種五本
要勻再以糞土覆之芋成其爛皆長三尺南方多水芋
北方多旱芋總之地皆宜肥水芋二尺一科畝爲科二
千一百六十科收魁若子二斤畝爲斤二千三百二十

以備荒救饑已數倍於常田矣種芋之地衆人往來踐
踏多見及聞刷鍋聲多不孳生　〔鋤芋〕宜晨露未乾及
雨後耘鋤令根旁虛則芋大子多若日中耘大熱則蔫
以灰糞培則茂　水芋不必耘但亦宜肥地　七月乃
塘法在芋四角掘土壅根則土暖結子圓大霜後起之
芋莖繁宜割取淖曬乾煮食味極甘美　〔製用〕芋餺
飥煮熟去皮搗爛以細布紐去查和麪豆粉爲糉捍切
麤細任意初煮二十沸如鐵至百沸軟滑汁食之和鯽
魚鱧魚作臛食良　微糝以鹽則煮不糢糊　霜後芋
子上芋白擘下以液漿煠過曬乾冬月炒食味勝蒲筍
聞山中人取大芋曝極乾和土築牆經久不壞荒年

取用或去皮搗爛塗壁歲歲加之亦經久不壞第芋多
惡種無論野生即田園所植亦須擇種厚壅不然有青
色多斑駁者味最劣青芋多毒先以灰汁煮蕫亦可次
易水煮熟乃堪食博物志云野芋狀小于家芋有大毒
家芋種之三年不採成梠芋形葉俱相似根並殺人惧
食者土漿及大豆汁糞汁灌之良　煮芋汁洗膩衣潔
白如玉　〔東坡雜記〕岷山之下凶年以蹲鴟爲糧不復
疫癘知此物之宜人也本草謂芋土芝云益氣充饑惠
州富此物然人食者不免瘴吳遠遊曰此非芋之罪也
芋當去皮濕紙包煨之火過熟乃啖之則鬆而膩乃能
益氣充饑今惠人皆和皮水煮冷啖堅頑少味其發瘴

固宜丙子除夜前兩日夜餞甚遠遊爣芋兩枚見啖美甚乃爲書此帖　蜀中人接花果皆用芋膠合其罅子少時頗能之嘗與子由戲用苦楝木接李既實不可嚮口無復李味傳云一薰一蕕十年尚猶有臭非虛語也芋自是一種不甚堪食名接果【夢溪筆談】處士劉湯隱居王屋山常于齋中見一大蜂罥于蛛網蛛縛之爲蜂所螫墜地俄頃蛛鼓腹欲裂徐徐行入草嚙芋梗微破以瘡就嚙處磨之良久腹漸消輕躁如故自後人有爲蜂螫者挼芋梗傅之則愈

附錄　香芋

原 香芋形如土豆而味甘美煮熟可下茶 增【種芋法】香芋皮黃肉白莖葉如扁豆而細又有引蔓開花花落即生名之曰落花生皆嘉定有之

附錄　甘露子

增【本草】甘露子以根味而名一名地蠶原譜誤作環一名土蛹一名草石蠶皆以根形而名蘇頌云草根之似蠶者亦名石蠶一名滴露一名地爪兒荊湘江淮以南野中有之人亦栽蒔二月生苗長者近尺方莖對節狹葉有齒並如雞蘇但葉皺有毛四月開小花成穗一如紫蘇花穗結子如荊芥子其根聯珠狀如老蠶掘根蒸煮食之味如百合 原 二三月鋤宜沃土宜沾濕凡種宜于園圃近陰處或樹蔭下疎種之至秋乃收生熟皆可食又可蜜煎可醬漬可作豉雨中以灰雜鬆土覆掩根鋤草淨則生繁至冬鋤取一云葉上露滴地即滋盾是以有滴露之名

集藻【七言古詩】增 宋楊萬里甘露子甘露子甘露子喚作地蠶亦良似不食柘葉不食桑何須走入地底藏不能作繭不上簇如何也蒙賜沐浴呼我果謂之果呼我蔌謂之蔌唐臨鼂錯莫逢他高陽酒徒且爾不搖牙

附錄　土芋

原【本草】土芋一名土豆一名土卵一名黃獨蔓生葉如豆根圓如卵肉白皮黃可灰汁煮食亦可蒸食解諸藥毒生研水服吐出惡物

甘藷

原 甘藷一名朱藷一名番藷大者名玉枕藷稗史類編云嶺外多藷有發深山邃谷而得者重數十斤名玉枕藷形圓而長本末皆銳肉紫皮白質理膩潤氣味甘平無毒補虛乏益氣力健脾胃強腎陰與薯蕷同功久食益人與芋及薯蕷自是各種巨者如杯如拳亦有大如甌者氣香生時似桂花熟者似薔薇露撲地傳生一莖蔓延至數十百莖節節生根一畝種數十石勝種穀二十倍閩廣人以當米穀有謂性冷者非三二月及七八月俱可種但卵有大小耳卵八九月始生冬至乃止始生便可食若未須者勿頓掘令居土中日漸大到冬至須盡掘出不則敗爛　徐玄扈云昔人謂蔓菁有六利柿有七絕予謂甘藷有十二勝收

入多一也色白味甘諸土種中特爲夐絕二也益人與薯蕷同功三也徧地傳生翦莖作種今歲一莖次年便可種數十畝四也枝葉附地隨節生根風雨不能侵損五也可當米穀凶年不能災六也可充籩實七也可釀酒八也乾久收藏屑之旋作餅餌勝用餳蜜九也生熟皆可食十也用地少易於灌溉十一也春夏種初冬收入枝葉極盛草穢不容但須壅土不用鋤耘不妨農工十二也〔南方草木狀〕甘藷蓋薯蕷之類或曰芋之類根葉不如芋皮紫而肉白蒸鬻食之產珠崖之地海中之人皆不業耕稼惟掘地種甘藷秋熟收之蒸曬切如米粒倉圌貯之以充糧糗是名藷糧大抵南人二毛者

百無一二惟海中之人壽百餘歲者由不食五穀食甘藷故耳〔異物志〕甘藷出交廣南方民家以二月種十月收之其根似芋亦有巨魁大者如鵞卵小者如雞鴨卵剝去紫皮肌肉正白如肪南人當米穀果食蒸炙皆香美初時甚甜經久得風稍淡〔甘藷疏〕閩廣藷有二種一名山藷彼中故有之一名番藷有人自海外得此種海外人亦禁不令出境此人取藷藤絞入汲水繩中因得渡海分種移植遂開閩廣之境兩種莖葉多相類但山藷植援附樹乃生番藷蔓地生山藷形魁壘番藷形圓而長其味則番藷甚甘山藷稍劣　江南田圩下者不宜藷若高仰之地平時種藍種豆者易以種藷有數倍之獲大江以北土更高地更廣卽其利百倍不啻矣倘慮天旱則此種畝收數十石數口之家止種一畝縱災甚而汲井灌溉一至成熟終歲足食又何不可

〔集藻〕序〔原〕明徐玄扈甘藷疏序方輿之內山陬海澨麗土之毛足以活人者多矣或隱弗章卽章矣近之人習用之以爲澤居之魚鱉山居之麋鹿也遠之人逖聞之以爲踰汶之貉踰淮之橘也坐是兩者弗獲相通焉余不佞獨持迂論以爲能相通者什九不者什一人人務相通卽世可無聚不足民可無道殣或嗤笑之固陋之心終不能移每聞他方之產可以利濟人者往往欲得而藝之同志者或不遠千里而致耕穫菑畬時時利賴

其用以此持論頗益堅歲戊申江以南大無麥禾欲以樹藝佐其急且備異日也有言閩越之利甘藷者客莆田徐生爲予三致其種種之生且蕃略無異彼土庶幾哉橘踰淮弗爲枳矣余不敢以麋鹿自封也欲徧布之恐不可戶說輒以是疏先焉

〔別錄〕〔增〕物類相感志手植如手鋤鍬等物植隨本物形狀　〔原〕種植種藷宜高地沙地起脊尺餘種在脊上遇旱可汲井澆灌卽遇澇年若水退在七月中氣候旣不及藝五穀卽可剪藤種藷至於蝗蝻爲害草木蕩盡惟藷根在地薦食不及縱令莖葉皆盡尚能發生若蝗信到時急令人發土徧壅蝗去之後滋生更易是天災物

害皆不能爲之損人家凡有隙地但只數尺仰天見日便可種得石許此救荒第一義也須歲前深耕以大糞壅之春分後下種若非沙土先用柴灰或牛馬糞和土中使土脉散緩與沙土同庶可行根重耕起要極深將藷根每段截三四寸長覆土深半寸許每株相去縱七八尺橫二三尺俟蔓生既盛苗長一丈留二尺作老根餘翦三葉爲一段插入土中每栽苗相去一尺大約二分入土一分在外即又生藷隨長隨翦隨種隨生蔓延與原種者不異凡栽須順栽倒栽則不生節在土上即生枝在土下即生卵約各節生根即從其連綴處斷之令各成根苗每節可得卵三五枚　製用可生食可蒸

食可煮食可煨食可切米曬乾收作粥飯可曬乾磨粉作餅餌其粉可作粳子炒煤子食取粉可作丸似珍珠沙谷米可造酒但忌與醋同用　一造粳將糯米水浸五七日以米酸爲度淘淨曬乾搗成細粉看晴天將糯粉入生水和作團子如杯口大即將藷根拭去皮洗淨沙石上徐徐磨作漿要極細勿攙水將糯團煮熟撈入瓶中用木杖盡力攪作糜候冷熱得所大約以可入手爲度將藷漿傾入每糯粉三斗入藷漿一斤攪極勻先將乾小粉篩平板上次將糜置粉上又著乾粉捍薄曬半乾切如骰子樣曬極乾收藏用時慢火燒鍋令熱下二合許慢火炒少刻漸軟漸發成圓毬子次下白糖芝

蔴或更加香料炒勻候冷極浮脆每粳二升可炒一斗芋漿山藥漿亦可作　造粉取藷根麤布拭去皮水洗淨和水磨細入水中淘去浮查取澄下細粉曬乾同豆粉濾水作丸與珍珠沙谷米無異　造酒藷根不拘多少寸截斷曬半乾甑炊熟取出揉爛入甑中用酒藥研細搜和按實中作小坎候漿到看老嫩如法下水用絹袋濾過或生或煮熟任用其入甑寒暖酒藥分兩下水升斗或用麵糵或加藥物悉與米酒同法若造燒酒即用藷酒入鍋如法滴糟成頭子燒酒或用藷糟造常用燒酒亦與酒糟造燒酒同　藏種九月十月間掘藷卵揀近根先生者勿令損傷用軟草包裹挂通風處陰乾

一法於八月中揀近根老藤翦七八寸長每七八根作一小束耕地作畦將藤束栽畦內如栽韭法過月餘每條下生小卵如蒜頭狀冬月畏寒稍用草蓋覆至來春分種若老條原卵在土中無不壞爛　一法霜降前取近根卵稍堅實者陰乾以軟草各襯另以軟草裹之置無風和煖不近霜雪不受冰凍處　一法霜降前收取根藤懸令乾於竈下掘窖約深一尺五六寸先下稻糠三四寸次置種其上更加稻糠三四寸以土蓋之一法七八月取老藤種入木筩或磁瓦器中至霜降前置草篅中以稻糠襯置向陽近火處至春分後依前法種　收蔓枝節已徧地不能容者即爲游藤宜翦去之

及掘根時捲去藤蔓俱可飼牛羊豬或曬乾冬月喂皆能令肥腯。用地凡諸二三月種者每株用地方二步有半而卵徧焉每官畝約用藷三十六株四五月種者地方二步而卵徧焉畝約六十株六月種者方一步有半而卵徧焉畝約一百六株有奇七月種者地方一步而卵徧焉畝約二百四十株八月種者地方三尺以內得卵細小矣畝約九百六十株種之疎密略以此準之九月畦種生卵如箸如棗擬作種此松江法也北方早寒宜早一月算又在視天氣寒暖臨時斟酌耳

蘿蔔

【原】蘿蔔一名萊菔菘乃菜名萊菔乃根名後世訛爲蘿蔔南人呼爲蘿瓝或云性能制麥毒故名來服言來麰之所服也一名蘆菔一名雹葖爾雅云葖蘆萉注云萉宜爲菔蘆菔蕪菁屬紫花大根俗呼雹葖一名紫花菘一名溫菘紫花菘溫菘皆南人所呼吳人呼楚菘廣南人呼秦菘廣韻云魯人呼爲菈𦼮一名土酥農書云北人蘿蔔一種四名春曰破地錐夏曰夏生秋曰蘿蔔冬曰土酥謂其潔白如酥也一名葖根處處有之北土尤多其狀有長圓二類根有紅白二色莖高尺餘苗稠則小隨時取食令稀則根肥大葉大者如蕪菁細者如花芥皆有細柔毛春末抽高薹開小花紫碧色夏初結英子大如麻子黃赤色圓而微扁生河朔者頗大而江南安州洪州信陽者尤大有重至五六斤者大抵生沙壤者脆而甘生瘠地者堅而辣根葉皆可生可熟可菹可虀可醬可豉可醋可糖可腊可飯乃蔬中之最有益者

氣味辛甘無毒下氣消穀去痰癖止咳嗽利膈寬中肥健人令肌膚細白同豬羊肉鯽魚煮食更補益熟者多食滯膈中成溢飲服地黃何首烏者食之髮白以蘿蔔多食滲血性相反也

【[illegible]】北史張威傳威遷青州總管頗事產業遣家奴於人間鬻蘆菔根其奴緣此侵擾百姓 【原】清異錄王叟善營度子弟不許仕宦每年止種火田玉乳蘿蔔壺城馬面菘可致千緡 【增】談苑江東居民言種芋三十畝計省米三十斛種蘿蔔三十畝計益米三十斛 爾雅翼昔有婆羅門僧東來見食麥麪者曰此大熱何以食之及見蘿菔曰賴有此以解之耳自此相傳食麪必食蘿菔 國老談苑寇準年三十餘太宗欲大用尚難其少準知之遂服地黃兼餌蘆菔以反之未幾髭髮皓白 【原】五色線王旻好勸人食蘆菔根葉云冬食功多力甚養生之物也

【集藻】傳【原】明高應經羅伯英傳先生姓羅名伯英字陽和上世出蔡仲之後周季國亡蔡之孫子自以王者後恥臣列國分布天下雖族類蕃蕪然皆隱約原野與農圃老人結無情之交於勢利泊如也春秋間齊魯交惡猶以野無厥族卜其無恃爲當時貴重尚如此漢初陳平欲薦士間楚竟不能致厥族之良惟以惡子弟進故用其讒卒以亡楚後平掠其功封侯惡子弟卒不顯是

以此族盍務韜晦蜀諸葛武侯嘗用其別子蔓青氏督餉道行伍中旣策功當進爵以非其好故弗就也先生與蔓青同遠祖生而孤特自殖克邁種德學有根本閒居自負其才曰吾進可以備鼎鼐退可以資丘園進退不違乎時吾事畢矣豪貴之家聞先生風聲爭設大烹以享之先生心事潔白啓口皆可咀嚼故貴人不甚相知平生惟與學士雅好尤篤凡親嗜先生之久者天下事無不可做晚年所養旣久中盍充實雖雜處塵土閒物竟莫得而涅自有一種幽人潛德風味上自宮府下至兒童走卒室婦少女莫不知有先生然欲用之者非强拔起之不能致終不效毛遂輩沾沾喜自薦也老辣

之性與日俱盛尤以名爲累嘆其不得深根固蔕于下乃學逃名于漆園之徒游心物初委順造化深欲秘本根以緒餘啓世之不知道者故嘗著論曰天下無道則言有枝葉所惡于言者爲其無用也吾言可無用也與哉世始未知吾枝葉之正味矣一夕偶過白水眞人舍坐客有謂之者附耳話言謂先生今日雖無食肉相虀酸氣吾知免耳先生若鬨鬭知據爐危坐少焉清談時出爽氣襲人客不覺前席舉手願與餘瀝以沃渴懷先生傾倒肺腑粹然一出于正絕無世俗溷濁之味客與接談者皆嘖嘖不容口如入太古室酌玄酒而啜太羹根相知之晚也乃復相顧而嘆曰先生蓋有道之士也清不絕俗淡不累物吾儕久與至人處乃今則知之耳圖所以易其名者遂私號曰清淡先生云

五言律詩　增　元許有壬　蘆菔性質宜沙地栽培屬夏畦熟登甘似芋生薦脆如梨老病消凝滯奇功直品題故園長尺許青葉更堪虀

五言絕句　原　宋黃庭堅　蘿菔宿壞深根蔕風霜已飽經如何純白質近蔕染微青　朱子蘿蔔　紛敷翦翠叢洋潤擢玉本寂寞病文園吟餘得深齅

詩散句　增　宋蘇軾　中有蘆菔根尚含曉露清　原　唐杜甫　長安冬葅酸且綠金城土酥淨如練　宋蘇軾　秋來霜雪滿東園蘆菔生兒芥有孫　楊萬里　雪白蘆菔非

蘆菔喫來自是辣底玉　增　僧北礀　安得肥瓊蘆菔子蘋洲南畔種殘雲　楊萬里　金城土酥玉雪容　蘆菔削氷寒脫齒　方岳　萊菔根鬆縷氷玉

別錄　原　種植　頭伏下種宜沙地地欲生則無蟲耕地欲熟則草少治畦長一丈闊四尺每子一升可種二十畦子陳更佳先用熟糞勻布畦內水飲透次日用大糞拌子令勻撒畦內細土覆之苗出三四指便可食擇其密者去之疎則根大尺地只可留三四窠厚壅頻澆其利自倍月月可種月月可食欲收種子九月十月擇其良者去鬚帶葉移栽之澆灌以時至春收子可備種蒔鋤不厭頻忌帶露鋤恐生蟲　增　種樹書　種蘿蔔宜沙壖

地五月犂五六徧六月六日種鋤不厭多稠即少種

原（製用）香蘿蔔白蘿蔔堅實者切小塊晾二日每一斤鹽一兩醃過布揉去水再晾又揉又晾又揉乾濕得宜每一斤用白沙糖四兩醋一椀小茴香花椒砂仁陳皮各一錢搗細拌勻磁罐收貯青瓜丁亦可照此法做　蘿蔔蓤蘿蔔切作片蒿苣條或嫩蔓菁白菜切大小同各以鹽醃良久沸湯煠過入新水中次煎酸漿泡之以椀蓋入瓶中浸冷　蘿蔔乾以蘿蔔切作骰子大曬乾收候醃芥菜滷水煮加川椒蒔蘿拌勻曬乾收貯久留不壞味極美　又法切過鹽醃一宿日中曬乾用　水醃蘿蔔蘿蔔削去根鬚洗淨以鹽擦放瓮內五六日下

水時復攪勻一月後可食加以一二鵞梨則香脆若食不盡者就以滷水煮蘿蔔透控乾入醬或切細條曬乾收臨食時熱湯泡透炒食聽用　增（齊民要術）蘿蔔菹法淨洗通體細切長縷束為把大如十張紙卷暫經沸湯即出多與鹽二升暖湯合把手按之又細縷切暫經沸湯與橘皮和及暖與則黃壞料理滿奠　原（洞微志）齊州有人病狂云夢中見紅裳少女引入宮殿中其小姑令歌遂歌云五靈樓閣曉玲瓏天府由來是此中惆悵悶懷言不盡一丸蘿蔔火吾宮一道士解之云少女心神小姑脾神火毀也醫經言蘿蔔制麪毒故曰火吾宮此犯大麥毒也以藥並蘿蔔治果愈　（清異錄）鄭居易計部言其家自先世多留帶莖蘿蔔懸之簷下有至十餘年者每至夏秋有病痢者煮水服之即止愈久者愈妙　增（東坡雜記）裕陵傳王荊公偏頭疼方云是禁中秘方用生蘿蔔汁一蜆殼注鼻中左痛注右右痛注左或兩鼻皆注亦可雖數十年患皆一注而愈荊公與僕言之已愈數人矣　原（延壽書）李師逃難入石窟中賊以煙薰之垂死摸得蘿蔔菜一束嚼其汁獲甦　（張杲醫說）饒民李七病鼻衄甚危醫以蘿蔔自然汁和無灰酒飲之即止蓋血隨氣運氣滯則血妄行蘿蔔下氣故也　有人好食豆腐中毒醫治不效偶聞人云其妻誤以蘿蔔湯入豆腐鍋中遂不成其人遂飲蘿蔔湯遂

愈　（范濟畧代巡述）中州一代巡病嗽久不愈甚危徵醫各府歸德僅一老醫年七十餘病嗽亦劇府官不得已以之應命行至一村渴甚叩民家求飲其家以熱水一盂飲之覺嗽似少止再求一杯又覺少愈因詢此何水其人荅曰村野無茶適煮蘿蔔乾遂以奉用醫曰吾生平最喜食此偶途中用盡敢求少許其家餽以數升醫食數日嗽全愈及見代巡病與已同診脈後出一方因向代巡云藥須醫人自煎恐他人煎不得法藥難取效及煎時潛以蘿蔔乾加入數日代巡病愈大神其技給冠帶作興千金遂成富室

附錄　水蘿蔔

原形白而細長根葉俱淡脆無辛辣氣可生食亦有大如臂長七八寸者則土地之異也出山東壽光縣者尤鬆脆

附錄 胡蘿蔔

原有黃赤二種長五六寸宜伏內畦種肥地亦可漫種大者盈握冬初掘取生熟皆可啖可果可蔬莖高二三尺有白毛氣如蒿不可生食貧人曬乾冬月亦可拌麵充饑三伏內治地熟種地肥則漫種頻澆則肥大欲收種者留至次年開碎白花攢簇如傘子如蛇床子稍長而有毛褐色又如蒔蘿子元時始自邊塞中來故名甘辛無毒下氣補中利胸膈安五臟令人健食有益無損

子治久痢一種野胡蘿蔔根細小用亦同金幼孜北征錄云交河北有沙蘿蔔根長二尺許大者徑寸下支生小者如筯色黃白氣味辛而微苦氣似胡蘿蔔想亦胡蘿蔔之類但地利人力之不同耳

別錄 原製用胡蘿蔔鮮者切片略煠控乾入蔥丁蒔蘿茴香川椒紅豆研爛並鹽拌勻醃一時食

附錄 野葡蔔

增野菜譜野葡蔔葉似葡蔔故名可熟食

萵苣

原本草一名萵菜墨客揮犀云萵菜自咼國來故名一名千金菜清異錄云咼國使者來漢隋人求得菜種酬之甚厚因名千金菜葉似白苣而尖嫩多皺色綠而折之有白汁四月抽薹高三四尺剝皮生食味清脆糟食亦佳江東人鹽曬壓實以備方物謂之苣筍

集藻 增夢花洲閒錄五代時有僧某卓庵道邊藝蔬丐錢一日晝寢夢一金色龍食所藝萵苣數畦僧寤驚且曰必有異人至已而見一偉丈夫於所夢之處取萵苣食之僧視其狀貌凜然遂攝衣延之饋食甚勤頃刻告去僧屬之曰富貴無相忘因以所夢告且曰公他日得志願爲老僧于此地建一大寺偉丈夫乃藝祖也既即位求其僧尚存遂命建寺賜名普安

集藻 五言古詩 增唐杜甫種萵苣并序既雨已秋堂下理小畦隔種一兩席許萵苣向二旬矣而苣不甲坼獨

野莧青青傷時君子或晚得微祿轗軻不進因作此詩

陰陽一錯亂驕蹇不復理枯旱於其中炎方慘如燬植物半蹉跎嘉生將已矣雲雷欻奔命師伯集所使指揮赤白日澒洞青光起雨聲先已風散足盡西靡山泉落滄江霹靂猶在耳終朝紆颯沓信宿罷瀟灑堂下可以畦呼童對經始苣兮蔬之常隨事藝其子破塊數席間荷鋤功易止兩旬不甲坼空惜埋泥滓野莧迷汝來宗生實於此此輩豈無秋亦蒙寒露委翻然出地速滋蔓戶庭毀因知邪干正掩抑至沒齒賢良雖得祿守道不封己擁塞敗芝蘭衆多盛荆杞中園陷蕭艾老圃永爲耻登於白玉盤藉以如霞綺莧也無所施胡顏入筐篚

別錄增〔野蔌品〕萵苣菜采取去葉去皮寸切以滾湯泡之加薑油糖醋拌之〔學圃餘疏〕萵苣絕盛于京口鹹食脆美即旋摘烹之亦佳　原〔本草〕彭乘云萵苣有毒百蟲不敢近蛇虺觸之則目瞑不見物人中其毒薑汁解之

佩文齋廣羣芳譜卷第十六

佩文齋廣羣芳譜卷第十七

蔬譜

菜瓜

原菜瓜北方名苦瓜蔓葉俱如甜瓜生時色青質脆可生食間有苦者亦可作豉醃菹故名菜瓜熟亦微甜生秋月大小不一止可醃以備冬月之用

彙考增〔詩豳風〕七月食瓜〔小雅〕疆場有瓜是剝是菹〔傳〕剝瓜爲菹也〔夏小正〕八月剝瓜〔注〕畜瓜之時也

別錄原製用十香菜黃豆一斗煮爛去湯撈起用麪四斤拌勻罯二寸厚用乾蘆蓆上蒲包蓋密二七候冷取出曬乾聽用菜瓜出時用廿一斤切丁鹽二斤醃一宿

取出晾乾加薑絲二三斤陳皮絲半斤去皮杏仁三升每黃豉一升醃瓜水三椀加好酒一瓶拌勻再加花椒四兩大小茴香各二兩甘松三柰白芷蒔蘿各半兩拌勻以淨罈盛滿箬扎口泥封外寫東西南北四字每日曬一面三七後可用〇十香瓜切碁子塊每斤用鹽八錢諸料物同瓜拌勻缸醃一二日控乾日曬晚復入滷如此三次勿令太乾裝罈　醬瓜醬黃一斤鹽四兩先將青瓜剖開去子用石灰白礬不拘多少爲末和取清水將瓜泡一日一夜取出洗淨量用鹽醃一日滾湯一掠晾乾不可日曬每瓜一斤醬麪一斤鹽四兩拌入甕中一月後醬透取瓜少帶醬入罈收貯用甚青脆什美

其醬或食或再醬蔬菜　糖醋瓜生菜瓜一片切小塊鹽一兩五錢醃一宿撈起以汁煎滚候冷入瓜拌透又曬再用糖四兩醋一椀磁器浸入小茴香砂仁花椒紫蘇薑少許。香瓜將瓜用鹽滷浸一宿漉起用滷煎滚過曬乾用好醋煎滚候冷調砂糖薑絲紫蘇蒔蘿茴香拌勻用磁器貯用　糟瓜菜瓜以石灰白礬煎滚冷浸一伏時用煮酒泡糟鹽入銅錢百餘文拌勻醃十日取出控乾別用好糟入鹽適中煮酒泡再拌入罈收貯箬扎口泥封○瓜虀揀未熟瓜每斤鹽擦切開去瓤不用就百沸湯焯過以鹽五兩勻擦翻轉豆豉半斤釅醋半升麪醬斤半馬芹川椒乾薑陳皮甘草茴香各半兩蕪

荑二兩並爲細末同瓜一處拌勻入磁甕內醃壓千冷處頓之經半月後則熟瓜色明透絶類琥珀味甚香美　又取生瓜用竹簽穿透每瓜十枚用鹽四兩醃一宿瀝去瓜水令乾用醬十兩拌勻烈日曬翻轉又曬乾入新磁器內收用

稍瓜

【增】本草稍瓜一名越瓜一名菜瓜南北皆有二三月下種生苗就地生蔓青葉黃花並如冬瓜花葉而小夏秋之間結瓜有青白二色大如瓠子一種長者至二尺許俗呼羊角瓜子狀如胡瓜子大如麥粒　【原】稍瓜蔓生較黃瓜頗麤色綠而黑縱有白紋界之微凹體光而滑膚實而韌味甘寒利腸去煩熱止渴利小便解酒熱宣洩熱氣不益小兒不可與乳酥鮓同食宜忌大暑與黃瓜同

【別錄】【增】倦遊雜錄韓龍圖贄山東人鄉里食味好以醬漬瓜啗謂之瓜虀韓爲河北都漕廨宇在大名府府中諸軍營多鬻此物韓嘗曰某營者最佳某營者次之趙說歎曰歐陽永叔嘗撰花譜蔡君謨亦著荔枝譜今須請韓龍圖贄撰瓜虀譜矣　【原】製用糖醋瓜稍瓜分二片又橫切作薄片淡曬薑絲糖醋拌勻納淨罈內十數日卽可用　盤醬瓜細白麪不拘多少伏中新汲水和軟硬得法用模踏堅實切二指厚片放蓆上排勻以

黃蒿覆之三七後遍生黃衣取出曬極乾入水畧濕刷去黃衣淨磨爲細末名曰醬黃每醬黃一斤用瓜一斤炒鹽四兩七月間稍瓜熟時檢嫩全者不須去瓤先將數內鹽醃瓜一宿次日將鹽與醬麪拌勻一層醬一層瓜盛甕中每層瓜內間茄一個每日清晨盤一次日夕盤一次盤在盆內十數日卽成收貯任用　糟瓜稍瓜每五斤用鹽七兩和糟勻醃用古錢五十文逐層頓十餘日取出去錢并舊糟換好糟依前醃之入甕收貯待用　【增】齊民要術食經藏越瓜法糟一斗鹽三升醃瓜三宿出以布拭之復醃如此凡瓜欲得完慎勿傷傷便爛以布囊就取之佳豫章郡人晚種越瓜所以味亦異

〔學圃餘疏〕瓜之不堪生啖而堪醬食者曰菜瓜圓者如甜瓜長者如王瓜皆一類也以甜醬漬之爲蔬中佳味

黃瓜

〔原〕黃瓜一名胡瓜（本草云張騫使西域得種故名拾遺錄云大業四年避諱改爲黃瓜俗又呼爲王瓜）蔓生葉如木芙蓉葉五尖而澀有細白刺如針芒莖五稜亦有細白刺開黃花結實青白二色質脆嫩多汁有長數寸者有長一二尺者遍體生刺如小粟粒多謊花其結瓜者即隨花並出味清涼解煩止渴可生食種陽地暖則易生行陣宜整兩行微相近用樹枝棚起如人胸高附蔓於上兩行外相遠以通人行喜糞壅頻

鋤勿令生草瓜生至初花鋤三四次鋤勿著根令瓜苦亦有隨地蔓生者摘瓜時宜引手摘勿踏瓜蔓亦勿翻覆之此瓜可生食亦可醃以爲葅性甘寒小兒不宜多食

〔彙考〕〔增〕〔述異記〕南康樗都縣西沿江有石室名夢口穴嘗有船人遇一人通身黃衣擔兩籠黃瓜求寄載過至岸下此人徑下崖直入石穴中　〔學圃餘疏〕王瓜出燕京者最佳其地人種之火室中逼生花葉二月初即結小實中官取以上供唐人詩云二月中旬已進瓜不足爲奇矣又一種秋生者亦佳吾土俱宜閩中二三月間食入夏枯矣

〔集藻〕〔七言絶句〕〔原〕宋陸游白苣黃瓜上市稀盤中頓覺有光輝時清閭里俱安業殊勝周人詠采薇

〔別錄〕〔原〕〔種植〕下種宜甲子庚子壬寅辛巳黃道開成日二月上旬爲上時三月上旬爲中時四月上旬爲下時至五六月止可種藏瓜耳藏瓜皮厚可收藏者預先將畦斸數遍以土熟爲度加熟糞一層又翻轉以耙耬平水飲足將子用軟布包裹水濕生芽出天晴日中種子於內掩以浮土二指厚每晨以清糞水灌澆俟苗長茂帶土移栽苗大發旺用竹刀開其根脚間納大麥一粒結瓜碩大而久栽苗之畦修治與上同糞要熟而細一切草根須去盡　〔收子〕取生數葉即結瓜者謂之本母

子留至極熟摘下截去兩頭取中央者洗淨晾乾置乾燥處勿令浥濕浥濕則難生　〔衛瓜〕瓜生蟻用羊骨引至旁棄去瓜中黃甲小蟲喜食瓜葉宜以綿兜脊去瓜忌香尤忌麝香一觸之輒萎死一法瓜旁種葱蒜能辟麝　〔藏瓜〕淋過灰曬乾藏瓜茄至冬如新　〔製用〕新摘瓜開作兩片將子與瓤去淨鹽醃二三日晾乾入滷醬醃十餘日滾水候冷洗淨晾乾入好麪醬醃極嫩黃瓜整醃之尤肥美茄同此　又法黃瓜茄不拘多少先用醬黃鋪在缸內次以鮮瓜茄鋪一層鹽一層又下醬黃一層瓜茄一層鹽一層如此層層相醃五七宿烈日曬之欲作乾瓜取出曝之不必用水

南瓜

【原】南瓜附地蔓生莖麤而空有毛葉大而綠亦有毛開黃花結實形橫圓而豎扁色黃有白紋界之微凹煮熟食味麪而膩亦可和肉作羹又有番南瓜實之紋如南瓜而色黑綠蒂頗尖形似葫蘆二瓜皆不可生食 【增】〈本草〉南瓜四月生苗引蔓甚繁一蔓可延十餘丈節節有根近地即著葉狀如蜀葵大如荷葉花如西瓜花結瓜正圓大如西瓜上有稜如甜瓜一本可結數十顆其色或綠或黃或紅子如冬瓜子肉厚色黃 〈農桑通訣〉浙中一種陰瓜宜陰地種之秋熟色黃如金皮膚稍厚可藏至春食之如新疑即南瓜也

絲瓜

【原】絲瓜一名蠻瓜一名布瓜一名天羅絮一名天絲瓜蔓生莖綠色有稜而光葉如黃瓜葉而大無刺深綠色宜高架喜背陽向陰開大黃花五出微似胡瓜花蕊瓣俱黃少以鹽漬可點茶結實狀如瓜有短而肥者有長而瘠者瓜大寸許長一二尺或三四尺深綠色有皺點瓜首如鱉首嫩者煮熟加薑醋食同雞鴨猪肉炒食佳不可生食性冷解毒多食敗陽九月將老者取子留作種瓤絲如網可滌器

【集藻】〈七言絕句〉【增】宋杜北山詠絲瓜〉寂寥籬戶入泉聲不見山容亦自清數日雨晴秋草長絲瓜沿上瓦牆生 〈趙梅隱詠絲瓜〉黃花褪束綠身長白結絲包困曉霜虛瘦得來成一捻剛偎人面染脂香

冬瓜 呼東瓜者非

【原】冬瓜一名白瓜一名水芝一名地芝見廣雅一名蔬蓏在處蒔之附地蔓生莖麤如指有毛中空葉大而青有白毛如刺開白花實生蔓下長者如枕圓者如斗皮厚有毛初生青綠經霜則青皮上白如塗粉肉及子亦白八月斷其梢簡實小者摘去止留大者五六枚經霜乃熟十月足收之味甘微寒性急善走除小腹水脹利小便止渴益氣除滿耐老去頭面熱鍊五臟有熱病者宜食陰虛及患寒疾人久病人忌之霜降後方可食不然成反胃病 【增】〈本草〉其瓤謂之瓜練白虛如絮可以浣練衣服其子謂之瓜犀在瓤中成列

【彙考】【增】〈清異錄〉果中子繁者惟夏瓜冬瓜石榴故嗜果者目瓜爲百子甕 〈瀛厓勝覽〉蘇門荅剌國東瓜久留不敗 〈學圃餘疏〉天下結實大者無若冬瓜味雖不甚佳而性溫可食 〈廣東志〉崑崙山冬瓜延蔓著藤徑寸實長三四丈大踰圍

【集藻】〈七言絕句〉【增】宋鄭安曉詠冬瓜〉翦翦黃花秋復春霜皮露葉護長身生來籠統君休笑腹裏能容數百人

【別錄】【原】種植〈齊民要術〉種冬瓜法傍墻陰地作區圍二尺深五寸以熟糞及土相和正月晦日種既生以柴木倚牆令其緣上旱則澆之 冬瓜十月區種如區種瓜

法冬則推雪著區上爲堆潤澤肥好乃勝春種〔收藏〕宜高燥處忌近鹽醋及掃帚雞犬觸犯與芥子同安置可經年不壞〔收子〕瓜蔕灣曲貼肉者雌瓜也俟極老取子收高燥處勿浥濕留作種〔製用〕荊楚歲時記七月採瓜犀爲面脂瓤亦可作澡豆〔齊民要術〕冬瓜削去皮子于芥子醬中或美豆醬中藏之佳〔增〕齊民要術瓜芥葅用冬瓜切長三寸廣一寸厚二分芥子少與胡芹子合熟研去滓與好酢鹽之下瓜唯久益佳也食經藏梅瓜法先取霜下老白冬瓜削去皮取肉方正薄切如手版細施灰羅瓜著上復以灰覆之煑杬皮烏皮梅汁器中細切瓜令方三分長二寸熟煠之以投梅

汁數月可食以醋石榴子著中並佳也〔物類相感志〕夏月衣蒸以冬瓜汁浸洗其跡自去〔原〕多能鄙事蜜煎經霜老冬瓜去皮及近瓤者用近皮肉切片沸湯焯過放冷以石灰湯浸一宿去灰水以蜜放銀石器內熬熟下瓜片微煎漉出別用蜜煎候瓜色微黃傾出待冷以磁礶收煉蜜養之　蒜冬瓜以老者去皮瓤切作一指濶白礬石灰煎湯焯過溫水泡去灰氣控乾每斤用鹽二兩蒜瓣三兩同擣碎拌冬瓜裝入磁器添熬過好醋浸之　冬瓜仁七升絹袋盛投三沸湯中須臾取出曝乾如此三度清苦酒漬一宿曝乾爲末日服方寸匕能令人肥悅明目延年不老又法取子三五升去皮爲丸空心日服三十丸令人白淨如玉又能補肝明目治男子五勞七傷　悅澤面容白瓜仁五兩桃花四兩白楊皮二兩爲末食後白湯服方寸匕日三服欲白加瓜仁欲紅加桃花三十日面白五十日手足俱白　一方有橘皮無楊皮　跌撲傷損用乾冬瓜皮一兩眞牛皮膠一兩剉入鍋內炒存性研末每服五錢好酒熱服仍飲酒一甌厚蓋取微汗其痛即止　損傷腰痛冬瓜皮燒研酒服一錢

壺盧

本草云壺酒器盧飲器此物各象其形故名俗作葫蘆

〔增〕本草壺盧一名瓠瓜一名匏瓜圓者曰匏亦曰瓠〔原〕葫蘆匏也一名蔜姑蔓生莖長須架起則結實圓正亦有就

地生者大小數種有大如盆盎者有小如拳者有柄長數尺者有中作亞腰者莖靭有絲如筋葉圓有小白毛面青背白開白花有甘苦二種甘者性冷無毒利水道止消渴苦者有毒不可食惟可佩以渡水陸農師曰項短大腹曰瓠長如越瓜首尾如一者細而合上曰匏無柄而圓大形扁者似匏而肥圓者曰壺匏之有短柄大腹者〔增〕本草李時珍曰長瓠懸瓠瓠之一頭有腹長柄者今人以爲茶酒瓢壺盧瓠瓜蒲盧細腰者今之藥壺盧廣志謂之約腹壺亦有大小二種名狀不一其實一類各色也處處有之但有遲早之殊並以正月下種生苗引蔓延緣其葉似冬瓜葉而稍團有柔毛嫩時可食五六月開白花結實白色大小長短各有種色瓤中之子齒列而長謂之瓠

犀〔爾雅〕云瓠棲瓣注云瓠中瓣也
彙考 增〔詩邶風〕匏有苦葉〔疏〕匏葉少時可爲羹今河南
及揚州人恒食之八月中堅强不可食故云苦葉 原
〔豳風〕八月斷壺 〔小雅〕南有樛木甘瓠纍之 幡幡瓠
葉采之亨之 〔大雅〕酌之用匏 增〔禮記月令〕仲冬行
秋令則瓜瓠不成 〔郊特牲〕器用陶匏以象天地之性
也 〔周禮地官〕場人掌國之場圃而樹之果蓏珍異之
物〔注〕蓏瓜瓠之屬 原〔論語〕吾豈匏瓜也哉焉能繫而
不食 增〔晉書杜預傳〕預初攻江陵吳人知預病瘿憚
其智計以瓠繫狗頸示之 〔南齊書卞彬傳〕彬性飲酒
以瓠壺瓢勺杬皮爲肴著帛冠十二年不改易以大瓠

爲火籠什物多諸詭異自稱卞田居婦爲傳蠶室 〔梁
書蕭琛傳〕始琛在宣城有北僧南度惟齎一葫蘆中有
漢書序傳僧曰三輔舊老相傳以爲班固眞本琛因求
得之 〔北齊書武成胡后傳〕后母范陽盧道約女初懷
孕有胡僧詣門曰此宅瓠盧中有月旣而生后 〔唐書
柳玭傳〕玭嘗述家訓以戒子孫曰余舊府高公先君兄
弟三人俱居清列非速客不二羮胾夕食齕蔔瓠而已
皆保重名於世 〔管子〕六畜育於家瓜瓠葷菜百果備
具國之富也 原〔莊子〕惠子謂莊子曰魏王貽我大瓠
之種我樹之成而實五石以盛水漿其堅不能自舉也
剖之以爲瓢則瓠落無所容非不呺然大也吾爲其無

用而掊之莊子曰夫子固拙於用大矣子有五石之瓠
何不慮以爲大樽而浮乎江湖而憂其瓠落無所容則
夫子猶有蓬之心也夫 增〔韓非子〕齊有居士田仲者
宋人屈穀見之曰穀聞先生之義不恃仰人而食今穀
有樹瓠之道堅如石厚而無竅願獻之仲曰夫瓠所貴
者謂其可以盛也今厚而無竅則不可剖以盛物而任
重如堅石則不可以剖而以斟吾無以瓠爲也曰然穀
將以欲棄之今田仲不恃仰人而食亦無益人之國亦
堅瓠之類也 〔鶡冠子〕賤生於無所用中河失船一壺
千金 〔淮南子〕百人抗浮不若一人挈而趨〔註〕浮瓠也
〔新序〕魏文侯見箕季牆壞不治問其故曰不時又進

瓠羮文侯曰牆壞不築教我無奪民農功貽我瓠羮教
我無多斂百姓 〔太康地記〕朱崖儋耳無水唯種大瓠
藤斷其汁用之亦足 〔世說〕陸士衡初入洛咨張公所
宜詣曰劉道眞是其一旣往劉尚在哀制中性嗜酒禮
畢初無他言唯問東吳有長柄壺盧卿得種來否陸兄
弟殊失望乃悔往 〔記事珠〕王筠好弄葫蘆每吟詠則
注水於葫蘆傾已復注若擲之於地則詩成矣 〔酉陽
雜俎〕儋崖種瓠成實率皆石餘 〔盧氏雜說〕鄭餘慶清
儉有重德一日忽召親朋官數人會食衆皆驚朝僚以
故相望重皆凌晨詣之至日高餘慶方出閒話移時諸
人皆枵然餘慶呼左右曰處分廚家爛蒸去毛莫拗折

項諸人相顧以爲必蒸鵞鴨之類逡廵昇臺盤出醬醋亦極香新瓦久就餐每人前下粟米飯一椀蒸葫蘆一枚相國餐美諸人强進而罷〔清異錄〕瓠少味無韻葷素俱不相宜俗呼淨街槌〔埤雅〕瓠葉庶人之菜也菜無微於瓠葉 原 婦人歸外家外舅姨皆以新葫蘆兒餉之俗云宜長外甥

集藻 五言律詩 原 〔唐杜甫除架〕束薪已零落瓠葉轉蕭踈幸結白花了寧辭青蔓除秋蟲聲不去暮雀意何如寒事今牢落人生亦有初〔鄭審酒席賦得匏瓠〕華閣與賢開仙瓠自遠來幽林常伴許陋巷亦隨回挂影憐紅壁傾心向綠杯何曾斟酌處不使玉山頹 增〔元范

梈種瓠〕或言種瓠蔓長必翦其標乃實余齋所種因樹爲架蔓綠不已果多虛花欲去之慮傷其凌霄之意因賦五言爲之解嘲云豈是階庭物支離亦自奇已殊凡草蔓綴得好花枝帶雨寧無實淩霄必有爲啾啾羣鳥雀從汝踏多時〔秋後瓠果成一實輪囷可愛余嘉其晩成而不羣荅賦二云嘉瓠吾所愛孤高更可人不虛種植意終繫發生神有葉誠藏用無容豈識真明年應見汝衆子亦輪囷

七言律詩 增〔金麻九疇三弟手植瓢材且有詩予亦戲作〕爲愛胡盧手自栽弱條柔蔓漸縈回素花飄後初成實碧蔭濃時可數枚試問老禪藤繳夫何如游子杖挑來早知瓠落終無用只合江湖養不才

五言絶句 增〔明高啓摘瓠〕輪囷臥霜露秋曉摘初歸自笑詩人骨何由似爾肥

七言絶句 增〔宋楊萬里〕笑殺桑根甘瓠苗亂他桑葉上他條向人更逞庾藏巧却到桑梢挂一瓢

詩散句 增〔宋孝武帝〕匏漿調秋葉〔唐李白〕魯叟悲匏瓜〔朱慶餘〕荒蔓露青匏〔宋陸游〕家園瓜瓠漸輪囷〔元王逢〕籬落緣雲瓠子肥〔明僧道衍〕嫩瓠肥白纔焞爬

別錄 增〔國語〕諸侯伐秦及涇莫濟叔向見叔孫穆子穆子曰豹之業及匏有苦葉矣不知其他叔向退召舟虞

與司馬曰夫苦匏不材與人共濟而已是行也魯人以莒子先濟諸侯從之〔蜀志張裔傳〕裔爲益州太守雍闓曰張府君如瓠壺外雖澤而內實麤〔唐書禮樂志〕有葫蘆笙簫〔博物志〕庭州灞水以金銀鐵器盛之皆漏唯瓠葉不漏〔酉陽雜俎〕瓠牛踐苗則子苦〔爾雅翼〕天之匏瓜星一名天雞在河鼓東曹植洛神賦歎匏瓜之無匹兮詠牽牛之獨處阮瑀止慾賦曰傷匏瓜之無偶悲織女之獨勤則古稱匏瓜皆謂星爾 原〔種植〕葫蘆冬瓜茄瓠瓠子黄瓜菜瓜俱宜天晴日中下種每晨以清糞水澆之二月下旬栽則五月中旬結實若三月種則太遲矣種法正月預以糞和灰土實填作一坑

候土發過熱篩過以盆盛土種諸子常灑水日曬暖夜收暖處候生甲時分種于肥地常以清糞水灌澆上用低棚蓋之待長帶土移栽俟引蔓結子子外之條掐去之凡留子初生二三子不佳取第四五者留之每科留三枚即足餘旋食之　種大葫蘆正月中掘地作坑深數尺或至一丈塡實油麻菉豆爛草葉一層糞土一層如此數重向上一尺餘糞土塡之坑方四五尺每坑只種十餘顆二月下子待生長尺許揀擇肥好者四莖每兩莖相縛著一處仍以竹刀刮去半邊以物纏住以牛糞黃泥封之一如接樹法裹待生做一處只留一頭取此兩莖亦如前法四根合作一根長大只留一根待結

葫蘆只揀取兩箇周正好大者餘俱去之依此葫蘆極大每箇可盛一石　長頸葫蘆如前法如欲將長頭打結待葫蘆生成趁嫩時將其根下土挖去一邊却輕擘開根頭捱入巴豆肉一粒在根裏仍將土壅其根俟二三日通根藤葉俱輭做欲死却任意將葫蘆結成或繇環等式仍取去根中巴豆照舊培澆過數日復鮮如故俟老收之　增物類相感志葫蘆照水種自正　原製用崔豹古今注匏瓠也壺盧瓠之無柄者也瓠有柄者懸瓠可以爲笙曲沃者尤善秋乃可用之則漆其裏瓢亦瓠也瓠其總瓢其別也　增嶺表錄異胡盧笙交趾人多取無柄之瓠割而爲笙上安十三簧吹之音韻清響雅合律呂　記事珠唐世風俗貴重葫蘆醬桃花醋　逢原記李適之酒器有瓠子巵　原埤雅匏苦瓠甘酌酒冬盛則暖夏盛則寒　增埤雅壺性善浮要之可以涉水南人謂之要舟　爾雅翼河汾之賓有曲沃之懸匏焉良工取以爲笙　瀛厓勝覽古俚國以葫蘆爲樂器　原王氏農書匏之爲用甚廣大者可煮作素羮可和肉煮作葷羮可蜜煎作果可削條作乾小者可作盆盞長柄者可作噴壺亞腰者可盛藥餌苦者可治病　瓠之爲物也纍然而生食之無窮烹飪咸宜最爲佳蔬種得其法則其實碩大小之爲瓢杓大之爲盆盎肩瓣可以喂猪犀瓣可以灌燭舉無棄材濟世之功大矣

農桑撮要做葫蘆茄乾茄削片葫蘆匏子削條曬乾收依做乾菜法　千金月令冬至日取葫蘆盛葱根莖汁埋于庭中夏至發開盡爲水以漬金玉銀石青各三分自消曝乾如飴可休糧久服神仙名曰金液漿

瓠子

原瓠子江南名扁蒲就地蔓生處處有之苗葉花俱如葫蘆結子長一二尺夏熟亦有短者麤如人肘中有瓤兩頭相似味淡可煮食不可生噉夏月爲日用常食至秋則盡不堪久留性冷無毒除煩止渴治心熱利水道調心肺治石淋吐蛔蟲壓丹石毒

茄子

【原】茄子一名落蘇酉陽雜俎云錢王有子跛足以聲相近故呼落蘇一名小菰見晉書先蠶儀注一名崑崙瓜見大業拾遺錄云改呼茄子爲崑崙紫瓜清異錄云人間但名崑味有紫青白三種老則黃如金來自暹羅紫者又名紫膨脝說本黃庭堅白者又名銀茄又一種白者名渤海茄形圓有蒂有萼大者如甌又一種白花青色稍扁一種白而扁謂之番茄此物宜水勤澆多糞則味鮮嫩自小至大生熟皆可食又可曬乾冬月用如地瘠少水者生食之刺人喉一種水茄形稍長亦有紫青白三色根細末大甘而多津可止渴此種尤不可缺水與糞此數種在在有之味甘寒丹溪謂茄屬土甘而降火莖麤如指紫黑有刺葉如蜀葵葉亦紫黑有刺開花時摘其葉布通

衢規以灰令人物踐踏之則子繁俗名嫁茄熟者食之厚腸胃火炙食之甚美北方以爲常食南人不敢生食云動氣發瘡及痼疾患冷氣人忌用秋後茄發眼疾

【增】本草株高三四尺葉大如掌自夏至秋開紫花五瓣相連五稜如縷黃蘂綠蒂蒂包其茄茄中有瓤瓤中有子子如脂麻有團如栝樓者有長四五寸者

【彙考】【增】南史蔡樽傳樽爲吳興太守不飲郡井齋前自種白莧紫茄以爲常餌詔褒其清　嶺表錄異交嶺茄樹經冬不凋有二三年漸成大樹者其實如瓜也　拾遺記洪漳之鱧脯以青茄　【原】水經注石頭對西蔡浦長百里上有大荻浦下有茄子浦　酉陽雜俎有新羅種色稍白形如雞卵西明寺僧造玄院中有其種　【增】酉陽雜俎茄子本蓮莖名革遐反今呼茄未知所自成式因就節下食有茄子數蒂偶問張周封故事張云一名落蘇事具本草嶺南茄子宿根成樹高五六尺姚向曾爲南選使親見之　眞臘風土記蔬菜有葱芥韭茄瓜西瓜王瓜瓜茄正月間即有之茄樹有經數年不除者　容齋隨筆浙西常茄皆皮紫其白者爲水茄江西常茄皆皮白其紫爲水茄亦一異也

【集藻】【頌】【原】宋張舜民茄子頌身累百贅頸附千疣採之不勤茹之頗柔

五言律詩【增】明董其昌詠紫茄五首何物崑崙種曾經

御苑題似葵能衛足非李亦成蹊落實尋常味攀條稍寸低玉盤如可薦寧復帳雲泥　欲辨嘉蔬種應同藿食人纍垂貪結子低矮巧藏身破壠千苞赤連畦萬顆勻清齋頻摘取老圃未生嗔　纂纂稱天苗芊芊見土毛知非豐歲寶聊佐腐儒饕落處寧爲瓠投來頗似桃米家圖矮樹怪爾矗雲高　卑棲性所便尺五即爲天每帶胭脂色來登玳瑁筵江蓴下豉美蒟醬點庖鮮能誤青鞋客忙趨過邵田　不敢怨無詩秋當詠菊時封關允可弄覆餗印何纍槐國分陰近樵僥假蓋遲誰知謙吉意更好助觀頤

五言絕句【增】明吳寬題畫茄種茄糞壤中地力亦易竭

厥狀雖不同難將味分別

七言絶句【原】〔宋黄庭堅謝楊履道送銀茄四首〕藜藿盤中生精神珍蔬長蒂色勝銀朝來鹽醯飽滋味已覺瓜瓠謾輪囷　君家水茄白銀色殊勝塤裏紫彭亨蜀人生疏不下箸君與北人俱眼明　白金作顆非椎成中有萬粟嚼輕氷戎州夏畦少蔬供感君來飯在家僧　畦丁收盡垂露實葉底猶藏十二三待得銀包已成穀更當乞種過江南　【增】〔鄭安曉〕青紫皮膚類宰官光圓頭腦作僧看如何緇俗偏同嗜入口原來總一般〔元錢選題秋茄圖〕憶昔毘山愛寫生瓜茄任我筆縱橫自憐老去翻成拙學圃今猶學不成〔明陳憲章荅送茄

瓜〕兩頭肥綠壓肩斜五月江園始送瓜童子近前與翁說小籃瓜底是新茄　同將形色委人間竊比高松一鶴閑口腹累人都未免茄瓜籃裏又詩還

詩散句【增】〔梁沈約〕紫茄紛爛熳　〔唐柳宗元〕珍蔬折五茄〔元方回〕茄藤宜硬地　〔宋張耒〕映葉乳茄濃黛抹

【別錄】【增】白獺髓趙希倉倅紹興日令庖人造燥子茄子欲書判食單問廳吏茄字吏曰草頭下著加即援筆書草下用家字乃蒙字郡人目曰燥子蒙　【原】種植〔二月下子須肥熟地常澆灌之俟四五葉帶土移栽相離尺許根宜築實虛則風入難活區土不宜有浮土恐雨濺泥污葉則萎而不茂且天晴栽鋤治培壅功不可缺

王氏農書茄視他菜最耐久供膳之餘糟醃豉醋無所不宜須廣種之〔務本新書〕茄開花斟酌窠數削去枝葉再長晚茄　〔老圃常談〕種茄一十科糞壅得所可供一人食　【增】〔種樹書〕種茄子時初見根處擘開納硫黃一星以泥培之結子倍多其大如盞味甘而益人　茄著五葉因雨栽之　【原】收種〔九月黃熟時摘取擘四瓣或六瓣曬極乾懸之房內或向陽處勿浥濕臨種時水泡取子淘淨去其浮者　〔製用〕糟醋茄新嫩茄切三角沸湯煠過麄布包壓乾鹽醋醃一宿曬乾薑陳皮蒔蘿茴香紫蘇爲末拌勻煎滚糖醋澆曬乾收貯用時以湯泡過香油煠用　糟茄天晴日停午摘嫩茄去蒂用沸

湯焯過候冷以軟帛拭乾每十觔用鹽二十兩飛過白礬末秤一兩法糟十觔抹勻入罈泥封久而茄色愈黃透不黑　食香茄切小塊每觔用鹽四兩以食香同茄拌勻醃一二日控乾日曬晚復入滷水如此三五次收貯　醬茄九月間將好嫩茄去蒂酌量用鹽醃五日去水別用市醬醃五七日其水盡去搯乾曬一日方可入好醬內　蒜茄深秋摘下茄去蒂揩淨用常醋一椀水一椀合煎微　將茄煠過控乾搗蒜幷鹽和冷定醋水拌勻納磁罈　蝙蝠茄嫩茄切四瓣滚湯煮將熟搨好醬上俟稍鹹取出加椒末麻油入籠蒸香籠內托以厚麪餅盛油〻芥末茄嫩茄切條不洗曬乾多著油鍋內

加鹽炒熟入磁盆內攤冷用乾芥末拌和磁罐收　燒茄乾鍋內每油三兩攏去蒂茄十箇盆蓋燒候軟如泥入鹽醬料物麻杏泥拌入蒜尤佳　鵪鶉茄嫩者切細縷焯過控乾以鹽醬椒蒔蘿茴橘杏甘草紅豆研細末拌曬蒸收用時以湯泡蘸香油炒用、茄大切三片小二片用河水浸半時撈入鍋內加鹽用水煮一滾取出曬至晚仍入原湯再煮一滾留鍋內明早後煮一滾再曬至晚如前再煮以湯盡爲度曬至極乾入罈內收　增物類相感志茄子以爐灰藏之可至四五月　靈苑方腸風下血用經霜茄連蒂燒存性爲末每日空心溫酒服二錢　圖經本草腰脚風血積冷筋急拘攣疼痛者

取茄子五十斤切洗以水五斗煮取濃汁濾去滓更入小鐺中煎至一升以來即入生粟粉同煎令稀稠得所取出搜和更入麝香硃砂末同丸如梧子大每日用秫米酒送下三十丸近暮再服一月乃瘥

苦茄　附錄

增本草陳藏器曰苦茄野生嶺南樹小有刺子塗癰腫根亦可作湯浴主治瘴氣

緬茄

原滇南雜記緬茄出緬甸大而色紫蒂圓整蠟色者佳今會城絕不可得多以小者於蒂上刻人物鳥獸之形殊殺風景過滇中者多市之而滇中人亦以此贈遠

集藻五言絕句　增宋劉子翬緬甸實如瓜垂金粲秋色誰刻紫瓊瑤玲瓏投遠客

土菌

增爾雅中馗菌注地蕈也似蓋今江東名爲土菌亦曰馗厨可啖　本草李時珍曰中馗神名又槌名也此菌若織其狀如槌及中馗之帽故以名之　土菌一名杜蕈一名地蕈一名菰子一名地雞一名獐頭氣味甘寒陳藏器曰地生者爲菌木生者爲檽江東人呼爲蕈凡菌從地中出者皆主瘡疥牛糞上黑菌尤佳若燒灰地上經秋雨生菌重臺者名仙人帽大主血病菌冬春無毒夏秋有毒有蛇蟲從下過也夜中有光者欲爛無蟲

者煮之不熟者煮訖照人無影者上有毛下無紋者仰卷赤色者並有毒孟詵曰菌子槐樹上者良野田中者有毒汪穎曰凡煮菌投以薑屑飯粒若色黑者殺人否則無毒　又鬼蓋叢生垣牆下旦生暮死一名地蓋一名朝生即今鬼繖一名鬼屋　地芩生腐木積草處大雨生蓋黃白色四月采之　鬼筆生糞穢處頭如筆紫色名朝生暮落花　陳仁玉菌譜合蕈生韋羌山寒極雪收春氣欲動土鬆芽活此菌候也菌質芬褐色肌理玉潔芳薌韻味一發釜鬵聞百步外蓋菌多種例柔美皆無香獨合蕈香與味稱合蕈始名舊傳昔嘗上進標以台蕈上遂見誤讀因承誤云孟溪山中亦同時產惟蕈柄高無香氣土人以是別于韋羌焉　稠膏蕈生孟溪山秋中霏雨零露浸釀山膏木腴發爲菌花戢戢多生山絕頂高樹杪初如蕊珠圓瑩類輕酥滴乳淺黃白色味尤甘勝已乃傘張大幾掌味頓渝矣春時亦間生不能多

稠膏得名土人謂稠木膏液所生耳合葷他邦鬻或有之此菌獨此山所產故尤可貴烹法當徐下鼎瀋伺沸沸漉起漉勿久撓撓則涎腥不可食性參和衆味而特全于酒烹齊既調溫厚滑甘或欲致遠則復湯蒸熟貯之瓶罌然其味去出山遠也

栗殼蕈 寒氣至則膏將盡栗殼色者則其續也

松蕈 生松陰採無時

竹蕈 生竹根味極甘

麥蕈 多生溪邊沙壤鬆土中俗名麥丹蕈未詳味殊美絕類北方摩姑

玉蕈 生山中初寒時色潔皙可愛故名玉然作羹微韌俗名寒蒲蕈

黃蕈 叢生山中槐鬱黃色俗名黃纘又有名黃稚者味哨硬有味

紫蕈 赬紫色亦山中產俗名紫富蕈品爲下

四季蕈 生林木中味甘而肌理麤峭不入品

鵞膏蕈 生高山狀類鵞子久乃繖開味殊甘滑不謝稠膏然與杜蕈相亂杜蕈者生土中俗言毒螫氣所成食之殺人其美有惡宜在所黜凡中其毒者必笑解之宜以苦茗雜白礬勻新汲水咽之無不立愈

〔潘之恒廣菌譜〕杉菌 出宜州生積年杉木上狀若菌採無時

皂角蕈 生皂樹上不可食

香蕈 香蕈生桐柳枳椇木上紫色者名香蕈字从草从覃覃延也蕈味雋永有蕈延之意

天花蕈 即天花菜出五臺山形如松花而大于斗香氣如蕈白色食之甚美

蘇菰蕈 出東淮北山間埋桑楮木于土中澆以米泔待菰生采之長二三寸本小末大白色柔軟其中空虛狀如未開玉簪花俗名雞足蘇菰謂其味相似也一種狀如羊肚有蜂窠眼者名羊肚菜狀

雞蹤蕈 出雲南生沙地間丁蕈也高腳繖頭土人采以烘則寬方物捘通雅作雞瓔雲南志謂之雞葼以形言葼者飛而斂足之貌說本褐楠或作蟻蹤以其產處下皆蟻穴貴州志云下有蟻若蜂房狀又名蟻奪

雷蕈 出廣西橫州遇雷過即生須疾采之稍遲則腐或老不堪用矣作羹甚美亦如雞蹤之屬其價並珍

舵菜 即海舶舵上所生菌也亦不多得

竹蓐 即竹菰也草更生曰蓐得蓐濕之氣而成本草作竹肉因其味也生慈竹林夏月逢雨滴汁著地滴南如鹿角白色者可食生苦竹枝上如雞子如肉臍者有大毒又曰竹菰生朽竹根節上狀如木耳或紅白色酉陽雜俎云江淮有竹肉大如彈丸味如白雞即此菌也惟苦竹生者有毒

萑菌 萑當作萑乃蘆葦之屬讀如桓若音觀乃鳥名或以爲鸛屎所化非也今荊湖蘆葦澤中鹹鹵地往往有之其菌色白輕虛表裏相似與衆菌不同出塗洲秋雨以時乃有之若大旱久霖即稀日乾者良

【彙考】【增】〔莊子〕樂出虛蒸成菌〔列子〕朽壤之上有菌芝者生于朝死于晦〔呂氏春秋〕和之美者越駱之菌〔潛夫論〕中堂生負苞山野生蘭芷負苞朽木菌也〔博物志〕江南諸山郡中大樹斷倒者經春夏生菌謂之椹食之有味而忽毒殺人云此物往往自有毒者或云蛇所著之楓樹生者啖之令人笑而不止治之飲水漿即愈〔酉陽雜俎〕朱州黃田縣破岡山武宗二年巨石上生菌大如合簣莖及蓋黃白色其下淺紅蓋爲過僧所食云美倍諸菌　開成元年春成式修竹里私第書齋前有枯紫荊數枝蠹折因伐之餘尺許至三年秋枯根上生一菌大如斗下布五足頂黃白兩暈緣垂裙如鵞鞴高尺餘至午色變黑而死焚之氣如麻香成式嘗置

香爐於柟臺每念經門生以爲善徵後覽諸志怪南齊吳郡褚思莊素奉釋氏眠於渠下短柱是柟木去地四尺餘有節大明中忽有一物如芝生於節上黃色鮮明漸漸長數尺數日遂成千佛狀面目爪指及光相衣服莫不完具如金鍱隱起摩之殊軟常以春末生秋末落落時佛形如故但色褐耳至落時其家貯之箱中積五年思莊不復住其下亦無他顯盛閤門壽考思莊父終九十七兄年七十健如壯年〔雲仙雜記〕齊文宣帝凌虛宴取香菌以供品味有銅釘菌分絲菌〔清異錄〕菌蕈有一種食之令人得乾笑疾士人戲呼爲笑矣乎〔芋亭夜話〕淳化中有民支氏于昭覺寺設齋寺僧市野

甚有黑而斑者或黃白而赤者爲齋食衆僧食訖悉皆吐瀉亦有死者時有醫人急告之曰但掘地作坑以新汲水投坑中攪之澄清名曰地漿每服一小盞不過再三其毒卽解當時甚救得人夫蕈菌之物皆是草木變化生樹者曰蕈生于地者曰菌皆濕氣鬱蒸而生又有生于腐骸毒蛇之上者大而光明人誤以爲靈芝食而速死故書之以警其誤〔墨客揮犀〕有菌生于朽木或糞壤上其形如瑞芝潔白可愛夜則有光可以鑑物〔內觀日疏〕謝幼貞嗜菌庭中忽生一菌狀如飛鳥沈子玉曰此謂禽芝以處女中單覆之則活羹而食之可數百歲謝入取中單有鄰女乞火跨之翩然飛去謝但歎

根而已〔五臺山記〕山盡豫章之材居僧若其荒塞斧斤不力在在付之一炬樹故名柴木得雨之後精氣怒生菌如斗壯所云天花者也牧兒得一本輒易一縑〔居山雜志〕山中雨後多生菌其一名曰蕈凡有數種惟春末最多八月雖有而不時其小者可食山人賤之而城居不多得也樵童得者負以筠籠多售於楓橋市郭人爭買之與珍異等以其非植而有故也〔荊溪疏〕竹茹蕈也小如錢赤如丹砂生以二月山中所在有之不獨竹下風味極佳當爲伊蒲第一

【集藻】〔序〕【增】宋陳仁玉菌譜序芝菌皆氣茁也靈華三秀稱瑞尚矣朝菌晦朔莊生訓之至若儔其食品古則未聞自商山茹芝而五臺天花亦甲羣彙仙居界台栝叢山峻拔仙靈所宮爰產異菌林居巖栖者左右芼之固黎莧之至腴尊葵之上瑞比或以羞王公登玉食自有此山卽有此菌未有此遇也遇不遇無與菌事槩欲盡菌性而究其用第其品作菌譜

〔文賦散句〕【增】漢張衡思玄賦咀石菌之流英〔魏嵇康答難養生論〕金丹石菌〔周庾信小園賦〕連珠細菌長柄寒匏

〔七言古詩〕【增】宋楊萬里蕈子空山一雨山溜急漂流桂子松花汁土膏鬆暖都滲入蒸出蕈花團戢戢戴穿落葉忽起立撥開落葉百數十蠟面黃紫光欲濕酥莖嬌

脆手輕拾色如鵞掌味如蜜滑似蓴絲無點澀傘不如笠釘勝笠香留齒牙麝莫及菘羔楮雞避席揖餐玉茹芝當却粒作羹不可疏一日作腊仍堪貯盈筏〔金朱弁謝崔致君餉天花〕三年北餼飽羶葷佳蔬頗憶南州味地菜方爲九夏珍天花忽從五臺至崔侯胸中散千卷金匙名相傳雲齋愛山亦如謝康樂得此攜歸豈容易應憐使館久寂寥分餉明明見深意堆盤初見瑤草瘦鳴齒稍覺瓊枝脆樹雞濕爛慚叩門桑蛾青黃漫趨市赤城菌子立萬釘今日因君不知貴乖龍耳健免一割沙門業已通三世偃戈息民未有術雖復加餐祇自媿雲山去此縱不遠口腹何容更相累報君此詩永爲

好捧腹一笑萬事置〔明史遜菑子詩追和楊廷秀韻〕
松花岡頭雷雨急坡陀流膏漬香汁新泥日蒸氣深入
穿苔破蘚釘戢戢如蓋如芝萬玉立紫黃百餘紅間十
燕支微勻滑更濕頃筐盛之行且拾天隨杞菊漫苦澀
采歸芼之脫巾笠桑蛾楮雞皆不及嫫姑天花當拱揖
鹽豉作羹炊玉粒先生飽飯踏曉日更遣樵青行負笈
五言律詩〔增〕〔元許有壬沙菌〕牛羊膏潤足物產借英華
帳脚駢遮地釘頭怒戴沙齋厨供玉食毳索出氈車莫
作垂涎想家園有莫邪
七言律詩〔增〕〔宋蘇軾與參寥師行園中得黃耳蕈〕遣化
何時取衆香法筵齋鉢久凄涼寒蔬病甲誰能采落葉

空畦半已荒老楮忽生黃耳菌故人兼致白芽薑蕭然
放筯東南去又入春山筍蕨鄉
五言絕句〔增〕〔宋朱子紫蕈〕誰將紫芝苗種此槎上土便
學商山翁風餐謝肥羜〔白蕈〕聞說閬風苑瓊田產玉
芝不收雲表露烹瀹詎相宜
七言絕句
御製天花〔靈山過雨萬松青朶朶緗雲摘翠屏玉笈重緘勑
飛騎先調六膳進　慈寧
〔增〕〔明楊慎沐五華送雞㙡〕海上天風吹玉芝樵童睡熟
不曾知仙人住近華陽洞分得瓊英一兩枝
詩散句〔增〕〔宋汪藻〕戢戢寸玉嫩纍纍萬釘繁中涵煙霞

氣外絶沙土痕下筋極雋永加餐亦平溫〔程俱〕驚雷
發蒸菌自可當夏鱉〔蘇軾〕筍如玉筋蕈如簪强飲且
爲山作主〔黃庭堅〕驚雷菌子出萬釘白鵞拆掌鱉解
甲〔僧北磵〕香風薰陶紫芝秀陸地挺特荷錢圓〔唐〕
王維〔顧〕乏釘頭菌〔劉禹錫〕橋柱黏黃菌〔張籍〕掃窓
秋菌落〔朱慶餘〕深蘿藏白菌〔皮日休〕頹檐倒菌黃
〔宋范成大〕柳菌黏枝住〔唐元稹〕菌生香案正當衙
韋莊〔幾處蘿懸白菌肥〔宋王安石〕濕濕嶺雲生竹菌
〔陸游〕黃耳蕈生齋鉢富〔方岳〕雷樹生釘肥勝肉
元馬祖常〕九秋雷隱菌收釘
〔別錄〕〔增〕〔三餘贅筆〕蕈生皆陰濕地風味殊美然間有毒

食之往往殺人近傳一法煮時和燈心草或以銀簪淬
之若燈心草與簪色黑即有毒棄之勿食〔野蔌品〕用
朽桑木樟木楠木截成一尺長段臘月掃爛葉擇肥陰
地和木埋于深畦如種菜法春月用米泔水澆灌不時
菌出逐日灌以三次即大如拳采同素菜炒食作脯俱
美木上生者不傷人
木耳
〔增〕〔本草〕木耳一名木檽一名木菌一名木樅一名樹雞
一名木蛾（日耳日蛾象形也日檽以軟濕者佳也日雞日樅因味似也南楚人謂雞爲樅日菌猶蜠也亦象形也蜠乃貝子之名或日地生爲菌木生爲蛾）生朽木之上無枝葉乃濕
熱餘氣所生其良毒亦隨木性今貨者亦多雜木惟桑

柳楮榆之耳爲多桑耳一名桑檽一名桑蛾一名桑雞一名桑黄一名桑臣一名桑上寄生桑檽以下皆軟耳之名桑黄以下皆硬菰之名槐耳一名槐檽一名槐菌一名槐雞一名赤雞一名槐蛾此槐樹上菌也當取堅如桑耳者煮糝粥安槐木上草覆之即生蕈楡耳八月采之令人不飢按蒙床添餘云楡肉楡蕈也軟脆無比大者數斤郎指此種栢耳一名栢黄楊櫨耳出南山

集藻 五言絶句 增 宋朱子木耳 蔬腸久自安異味非所誇樹耳黑垂聃登盤今亦作

詩散句 增 宋汪藻 溪邊卧枯柳雨餘忽生耳

別錄 增 齊民要術 作木耳菹法取棗桑榆柳樹邊生尤軟濕者煮五沸去腥汁出置冷水中淨洮又著酢漿水中洗出細縷切訖胡荽葱白下豉汁漿清及酢調和適口下薑椒末甚滑美

石耳 附錄

增 本草 石耳一名靈芝生天台四明河南宣州黃山巴西邊徼諸山石崖上遠望如烟廬山亦有之狀如地耳山僧采曝餽遠洗去沙土作茹勝于木耳

集藻 七言古詩 增 宋黄庭堅 答永新宗令寄石耳 飢欲食首山薇渴欲飲潁川水嘉禾令尹清如冰寄我南山石上耳筠籠勃窣煙雨姿瀹湯磨沙光陸離竹萌粉餌相發揮芥薑作辛和味宜公庭退食飽下筯杞菊避席遺萍虀鴈門天花不復憶況及桑鵞與楮雞小人藜羹亦易足嘉蔬遣餉荷眷私吾聞石耳之生常在蒼崖之絶壁苔衣石腴風日炙搊蘿挽葛採萬仞側足委骨豺虎宅佩刀買犢劍買牛作民父母今得職閔仲叔不以口腹累安邑我其敢用鮭菜煩嘉禾願公不復甘此鼎免使射利登嵳峩

地耳

增 本草 地耳一名地踏菰亦石耳之屬生于地者狀如木耳春夏生雨中雨後亟采之見日即不堪味甘寒無毒主明目益氣 野菜譜 地踏菜一名地耳雨後采熟食見日則枯沒化爲水

嘉樹菜

增 呂氏春秋 餘瞀之南南極之崖有菜其名曰嘉樹其色若碧

雞侯菜

增 廣州記 生嶺南似艾二月生苗宜雜羹食之故名味辛溫無毒溫中益氣

優殿

增 南方草木狀 合浦有菜名優殿以豆醬汁茹食之甚香美

葙

增 廣志 葙根以爲菹香辛

買菜

增 吳志孫皓傳 天紀三年有買菜生工人吳平家高四尺厚三分如枇杷形上廣尺八寸下莖廣五寸兩邊生

菜綠色東觀按圖名買菜作平慮草遂以平爲平慮耶

蓴蹄菜

增 吳書趙咨使魏魏人曰聞江東有蓴蹄菜作若爲食咨曰當得倉鱻以作羹

芸薇

增 拾遺記咸寧四年立芳蔬園于金墉城東多種異菜有菜名曰芸薇類有三種紫色者最繁味辛其根爛熳春夏葉密秋蘂冬馥其實若珠五色隨時而盛一名芸芝其色紫爲上蔬其味辛色黄爲中蔬其味甘色青者爲下蔬其味鹹常以三蔬充御膳其葉可藉飲食以供宗廟祭祀亦止人飢渴宮人採帶其莖葉香氣歷日不

歇

冬風菜

增 廣州記冬風菜陸生宜配肉作羹

穀菜

增 字林穀菜生水中

荶菜

增 齊民要術荶菜似蒜生水中

菹菜

增 齊民要術菹菜紫色有藤

蘺菜

增 齊民要術蘺菜葉似竹生水旁

蘩菜

增 齊民要術蘩菜似蕨

蕎菜

增 齊民要術蕎菜似蕨生水中

荲菜

增 齊民要術荲菜似蒜生水邊

蓶菜

增 齊民要術蓶菜似烏韭而黄

萫菜

增 齊民要術萫菜生水中大葉

羞菜

增 異物志安南有羞菜蔓生木上甘美可食人過池中以手指曰爾羞否即時憔悴待其人去漸青如初

佛土菜

增 唐書西域傳貞觀二十一年有健達王獻佛土菜莖五葉赤華紫鬚

孟娘菜

增 酉陽雜俎江淮有孟娘菜蔬益肉食

眞珠菜

增 益部方物畧記眞珠菜戎瀘等州有之生水中石上翠縷纖曼首貫珠蜀人以蜜熬食之或以醯煑可致數十里不壞也 黄山志眞珠菜藤本蔓生暮春發芽每

芽端綴一二葉圓白如珠葉麁綠如茶連蒸葉腊之香甘鮮滑佗蔬讓美

【集藻】贊【增】宋宋祁真珠菜贊 植根水中端若串珠皿而淪之可以代蔬

雪裏蕻

【增】野菜箋 四明有菜名雪裏蕻雪深諸菜凍損此菜獨青

白鼓釘

【增】野菜譜 白鼓釘一名蒲公英一名耩耨草一名金簪草一名黃花地丁四時皆有惟極寒天小而可用採之熟食

剪刀股

【增】野菜譜 剪刀股春採生食兼可作虀

猪殃殃

【增】野菜譜 猪殃殃猪食之則病故名春採熟食

絲蕎蕎

【增】野菜譜 絲蕎蕎二三月採熟食四月結角不用

牛塘利

【增】野菜譜 牛塘利二三月採熟食亦可作虀

浮蔷

【增】野菜譜 浮蔷入夏生水中六七月採生熟皆可

水菜

【增】野菜譜 水菜秋生水田狀類白菜熟食

看麥娘

【增】野菜譜 看麥娘隨麥生隴上因名春採可熟食

狗脚跡

【增】野菜譜 狗脚跡生霜降時葉如狗印故名熟食

破破衲

【增】野菜譜 破破衲臘月便生正二月採熟食三月老不堪用

燕子不來香

【增】野菜譜 燕子不來香早春採可熟食燕來時則腥不堪食故名

猢猻脚跡

【增】野菜譜 猢猻脚跡以形似名三月採之熟食

眼子菜

【增】野菜譜 眼子菜六七月採生水澤中青葉背紫色莖柔滑而細長可數尺熟食

猫耳朶

【增】野菜譜 猫耳朶正二月採搗爛和粉麪作餅蒸食之

箒籬頭

【增】野菜譜 箒籬頭臘月採熟食入春不宜用

鴈腸子

【增】野菜譜 二月生如豆芽菜熟食之生亦可食

野籬落

增〈野菜譜〉野籬落正二月採頭湯焯過可食

羊耳禿

增〈野菜譜〉羊耳禿二三月採熟食

黃花菜

增〈野菜譜〉黃花菜一名黃瓜菜正二月採熟食

油灼灼

增〈野菜譜〉油灼灼生水邊葉光澤生熟皆可食又可作乾菜食

燈蛾兒

增〈野菜譜〉燈蛾兒二月採熟食

芽兒拳

增〈野菜譜〉芽兒拳正二月採熟食

板蕎蕎

增〈野菜譜〉板蕎蕎正二月和羹採之炊食三四月結角不堪用

天藕兒

增〈野菜譜〉天藕兒根如藕而小熟食稭葉不可食

老鸛筋

增〈野菜譜〉老鸛筋二月採之熟食亦可作虀

鵓觀草

增〈野菜譜〉鵓觀草正二月如麥青炊食

牛尾瘟

增〈野菜譜〉牛尾瘟牛食之則病生深水中葉如髮莖如藻冬月和魚羹食夏秋亦可食之

兔絲根 與藥譜兔絲名同物異

增〈野菜譜〉兔絲根一名兔絲苗春採苗葉秋冬採根煮食味甘多食令人眩暈

草鞋片

增〈野菜譜〉草鞋片二三月採熟食

抓抓兒

增〈野菜譜〉抓抓兒秋深採之日乾和穀著食如粉清香可愛

雀舌草

增〈野菜譜〉雀舌草以形似得名初生時採熟食

羅漢菜

增〈一統志〉羅漢菜出江西南昌府西山葉如豆苗因靈觀尊者自西山持至故名湖廣蘄州二角山亦有之舊傳有異僧所種若雜葷物即無味

根子菜

增〈一統志〉根子菜根似蔓青而大似蘿蔔俗呼根子菜他處皆無惟湖廣安陸縣有之

龍芽菜

增〈盛京志〉龍芽菜有二種樹龍芽葉似椿而人採其初

生者可食有地龍芽葉亦相似

杏葉菜

【增】盛京志杏葉菜葉似杏山蔬之可食者

歪脖菜

【增】盛京志歪脖菜似杏葉菜而大葉圓其梗至頂稍彎故名亦山蔬之美者

龍巔菜

【增】莪眉山志龍巔菜似椿樹頭有刺似白芥菜滿山自生九老洞者尤佳

高河菜

【增】雲南志高河菜出大理府點蒼山高河中莖紅葉綠

味甚辛辣五六月採之若高聲則雲霧驟起風雨卒至蓋高河乃龍湫也

蓮花菜

【增】雲南志蓮花菜出大理府洱河東上滄湖相傳蒙詔時觀音大士化缽鐵所成

佩文齋廣羣芳譜卷第十七

佩文齋廣羣芳譜卷第十八

茶譜

茶一

【原】茶（鶴山集云茶之始其字為荼玉篇云荼除加切）一名檟一名茗一名荈（爾雅云檟苦荼注云早采者為荼晚取者為茗一名荈蜀人名之苦荼）一名蔎（方言云蜀西南人謂茶曰蔎）樹如瓜蘆葉如梔子花如白薔薇而黃心清香隱然實如栟櫚蒂如丁香根如胡桃有高一尺者有二尺者有數丈者有兩人合抱者出巴山峽川有建州大小龍團始於丁謂成於蔡君謨宋太平興國二年始造龍鳳茶（龍鳳茶餅上飾以龍鳳紋也供御者以金裝成）咸平中丁為福建漕監造御茶進龍鳳團慶曆中蔡端明為漕始造小龍團茶歐陽

永叔聞之曰君謨士人也何至作此事自後熙寧末有旨下建州製密雲龍一品尤為奇絕蜀州雀舌鳥嘴麥顆蓋嫩芽所造似之又有片甲者早春黃芽葉相抱如片甲也蟬翼葉輭薄如蟬翼也洪州鶴嶺茶其味極妙蜀之雅州蒙山頂有露芽穀芽皆云火前者言採造於禁火之前也火後者次之一云雅州蒙頂茶其生最晚在春夏之交常有雲霧覆其上若有神物護持之又有五花茶者其片作五出花雲腳出袁州界橋其名甚著不若湖州之研膏紫筍烹之有綠腳垂下又紫筍者其色紫而似筍唐德宗每賜同昌公主饌其茶有綠花紫英之號草茶盛於兩浙日注第一自景祐以來洪州雙

井白芽製作尤精遠在日注之上遂爲草茶第一宜興滬湖出含膏宣城縣有丫山形如小方餅橫鋪茗芽產其上其山東爲朝日所燭號曰陽坡其茶最勝太守薦之京洛人士題曰丫山陽坡橫文茶一名瑞草魁又有建州北苑先春洪州西山白露安吉州顧渚紫筍常州宜興紫筍陽羡春池陽鳳嶺睦州鳩坑劍南石花露鋑芽籛芽南康雲居峽州小江園碧澗蔡明月蔡芳蘂蔡茱萸蔡東川神泉小團昌明獸目福州方山露芽夔州香山江陵楠木湖南衡蘄州蘄門團黃壽州霍山黃芽六安州小峴春皆茶之極品玉壘關外寶唐山有茶樹產懸崖筍長三寸五寸方有一葉兩葉太和山騫林茶初泡極苦澀至三四泡清香特異人以爲茶寶涪州出三般茶最上賓化製於早春其次白馬最下涪陵收茶在四月嫩則益人粗則損人眞者用箸煙熏過氣味尤佳

增　茶經　茶之出山南以峽州上（峽州生遠安宜都夷陵三縣山谷）襄州荊州次（襄州生南鄭縣山谷荊州生江陵縣山谷）衡州下（生衡山茶陵二縣山谷）金州梁州又下（金州生西城安康二縣山谷梁州生襄城金牛二縣山谷）淮南以光州上（生光山縣黃頭港者與峽州同）義陽郡舒州次（生義陽縣鍾山者與襄州同舒州生太湖縣潛山者與荊州同）壽州下（盛唐縣生霍山者與衡山同也）蘄州黃州又下（蘄州生黃梅縣山谷黃州生麻城縣山谷並與荊州梁州同也）浙西以湖州上（湖州生長城縣顧渚山谷與峽州光州同生山桑儒師二寺白茅山懸腳嶺與襄州荊南義陽郡同生鳳亭山伏翼閣飛雲曲水二寺啄木嶺與壽州常州同生安吉武康二縣山谷與金州梁州同）常州次（常州義興縣生君山懸腳嶺北峯下與荊州義陽郡同生圈嶺善權寺石亭山與舒州同）宣州杭州睦州歙州下（宣州生宣城縣雅山與蘄州同太平縣生上睦臨睦與黃州同杭州臨安於潛二縣生天目山與舒州同錢塘生天竺靈隱二寺睦州生桐廬縣山谷歙州生婺源山谷與衡州同）潤州蘇州又下（潤州江寧縣生傲山蘇州長洲縣生洞庭山與金州梁州蘄州同）劍南以彭州上（生九隴縣馬鞍山至德寺棚口與襄州同）綿州蜀州次（綿州龍安縣生松嶺關與荊州同其西昌昌明神泉縣西山者幷佳有過松嶺者不堪採蜀州青城縣生丈人山與綿州同青城縣有散茶木茶）邛州次雅州瀘州下（雅州百丈山名山瀘州瀘川者與金州同也）眉州漢州又下（眉州丹棱縣生鐵山者漢州綿竹縣生竹山者與潤州同）浙東以越州上（餘姚縣生瀑布泉嶺曰仙茗大者殊異小者與襄縣同）明州婺州次（明州鄞縣生榆莢村婺州東陽縣生東白山與荊州同）台州下（台州豐縣生赤城者與歙州同）黔中生思州播州費州夷州江南生鄂州袁州吉州嶺南生福州建州韶州象州（福州生閩方山山陰縣也）

茶譜　邛州有火井思安建州有先春龍焙渠江有薄片巴東有眞香福州有柏巖常之陽羡婺之舉巖丫山之陽坡龍安之騎火黔陽之都濡瀘州之納溪梅嶺之數者其名皆著　大觀茶論　白茶自爲一種與常茶不同其條敷闡其葉瑩薄崖林之間偶然生出非人力所可致有者不過四五家生者不過一二株所造止於二三銙而已芽英不多尤難蒸焙湯火一失則已變而爲常品須製造精微運度得宜則表裏昭徹如玉之在璞它無與倫也　東溪試茶錄　白葉茶（民間大重出於近歲園焙時有之地不以山川遠近發不以社之先後芽葉如紙民間以爲茶瑞）柑葉茶（樹高丈餘徑頭七八寸葉厚而圓狀類柑橘之葉其芽發即肥乳長二寸許爲食茶之上品）早茶（亦類柑葉發常先春民間採製

爲試焙者也 細葉茶（葉比柑葉細薄樹高五六尺芽短而不乳今生沙溪山中蓋土薄而不茂也）稽茶（葉細而厚密芽晚而青黃）晚茶（蓋稽茶之類發比諸茶晚生於社後）叢茶（亦曰蘗茶叢生高不數尺一歲之間發者數四貧民取以爲利）〔宣和北苑貢茶錄〕南唐采茶北苑初造研膏繼造蠟面既又製其佳者號曰京鋌太平興國初特置龍鳳模造團茶又一種茶叢生石崖枝葉尤茂至道初造之別號石乳又一號的乳又一種號白乳慶曆中蔡君謨創小龍團元豐間造密雲龍紹聖間改爲瑞雲翔龍至大觀初白茶遂爲第一既又製三色細茶及試新銙貢新銙凡茶芽數品最上曰小芽如雀舌鷹爪號芽茶次曰揀芽一芽帶一葉號一鎗一旗次曰中芽一芽帶兩葉號一鎗兩旗宣和庚子始創銀

線水芽將已揀熟芽再剔去取其心一縷用珍器貯清泉漬之光明瑩潔若銀線以制方寸新銙有小龍蜿蜒其上號龍團勝雪白茶勝雪以次厥名實繁今列於左

貢新銙　試新銙　白茶　龍團勝雪　御苑玉芽　龍萬壽龍芽　上林第一　乙夜清供　承平雅玩　龍鳳英華　玉除清賞　啓沃承恩　雪英　雲葉　蜀葵　金錢　玉華　寸金　無比壽芽　萬春銀葉　宜年寶玉　玉清慶雲　無疆壽龍　玉葉長春　瑞雲翔龍　長壽玉圭　興國巖銙　香口焙銙　上品揀芽　新收揀芽　太平嘉瑞　龍苑報春　南山應瑞　興國巖揀芽　興國巖小龍　興國巖小鳳（以上號細色）　揀芽　小龍　小鳳　大龍　大鳳（以上號粗色）　又有瓊林毓粹浴雪呈祥壑源供季雒雅先價倍南金暘谷先春壽巖却勝延平石乳清白可鑒風韻甚高凡十色〔文獻通考〕凡茶有二類曰片曰散片茶蒸造實棬模中串之惟建劍則既蒸而研編竹爲格置焙室中最爲精潔其名有龍鳳石乳的乳白乳頭金蠟面頭骨次骨末骨麤骨山挺十二等（龍鳳皆團片石乳頭乳皆狹片名曰京的乳亦有闊片者乳以下皆闊片）餘州片茶有進寶雙勝寶山兩府出興國軍仙芝嫩蘂福合祿合運合慶合指合出饒池州泥片出虔州綠英金片出袁州玉津出臨江軍靈川福州先春早春華英來泉勝金出歙州獨行靈草綠芽片金金茗出

潭州大拓枕出江陵大小巴陵開勝開捲小捲生黃翎毛出岳州雙上綠芽大小方出岳辰澧州東首淺山薄側出光州總二十六名散茶有太湖龍溪次號末號出淮南岳麓草子楊樹雨前雨後出荊湖清口出歸州茗子出江南總十一名〔茶箋〕大池青翠芳馨可稱仙品陽羨俗名羅岕浙之長興者佳荊溪稍下細者其價兩倍天池六安品亦精入藥最效龍井不過十數畝外此有茶皆不及天目爲天池龍井之次地志云山中寒氣早嚴茶之萌芽較晚　原〔七修彙藁〕洪武二十四年詔天下產茶之地歲有定額以建寧爲上茶名有四探春先春次春紫筍不得碾揉爲大小龍團　增〔茶譜通考〕

南康之雲居彭州之仙崖石花建安之青鳳髓岳陽之
含膏冷劒南之綠昌明〔品茶要錄補〕夔州之鼎崖碧
貌宣城之陽坡橫紋涪州之賓化建安之石崖白〔茶
事拾遺〕潭州有鐵色夷陵有壓磚〔研北雜志〕交趾茶
如綠苔味辛名之曰登〔桐柏山志〕瀑布山一名紫凝
山產大葉茶〔黃山志〕蓮花菴旁就石縫養茶多輕香
冷韻襲人齗齶謂之黃山雲霧茶〔杭州府志〕寶雲山
產者名寶雲茶下天竺香林洞者名香林茶上天竺白
雲峰者名白雲茶〔雲南志〕太華山在雲南府西產茶
色味俱似松蘿名曰太華茶　普洱山在車里軍民宣
慰司北其上產茶性溫味香名曰普洱茶　孟通山在

灣甸州境產細茶味最勝名曰灣甸茶〔大理府志〕感
通寺在點蒼山聖應峰麓舊名蕩山又名上山有三十
六院皆產茶樹高一丈性味不減陽羨名曰感通茶
彙考 增〔吳志韋曜傳〕孫皓每饗宴無不竟日坐席無能
否率以七升爲限雖不悉入口皆澆灌取盡曜素飲酒
不過二升皓初禮異時常爲裁減或密賜茶荈以代酒
〔唐書令狐楚傳〕先是鄭注奏建榷茶使王涯又議官
自治園植茶人不便楚請廢使如舊法從之〔鄭注傳〕
帝問富人術注以榷茶對其法欲置茶官籍民圃而給
其直工自擷暴則利悉之官帝始詔王涯爲榷茶使
〔李珏傳〕鹽鐵使王播增茶稅十之五以佐用度珏上疏

謂榷率本濟軍興而稅茶自貞元以來有之方天下無
事忽厚斂以傷國體一不可茗爲人飲與鹽粟同資若
重稅之售必高其弊先及貧下二不可山澤之產無定
數程斤論稅以售多爲利若價騰踊則市者稀其稅幾
何三不可〔裴休傳〕休領諸道鹽鐵轉運使立稅茶十
二法人以爲便〔劉建鋒傳〕高郁教馬殷收茗算募高
戶置邸閣居茗號八牀主人 原〔唐書隱逸傳〕陸羽字
鴻漸有文學嗜茶著茶經三篇言茶之原之法之具尤
備天下益知飲茶矣　常伯熊因羽論復廣著茶之功
御史大夫李季卿宣慰江南次臨淮知伯熊善煮茶召
之伯熊執器前季卿爲再舉杯至江南又有薦羽者召

之羽衣野服挈具而入季卿不爲禮羽愧之更著毀茶
論　陸龜蒙嗜茶置園顧渚山下歲取茶租自判品第
不喜與流俗交雖造門不見升舟設蓬席齎束茶竈筆
牀釣具往來時謂江湖散人 增〔宋史兵志〕熙寧三年
熙河運司以歲計不足乞以官茶博糴每茶三觔易粟
一斛其利甚溥朝廷謂茶馬司本以博馬不可以博糴
於茶馬司歲額外增買川茶兩倍茶朝廷別出錢二百
萬給之令提刑司封樁又令茶馬官程之邵兼轉運使
由是數歲邊用粗足〔晏子春秋〕嬰相齊景公時食脫
粟之飯炙三弋五卵茗菜而已〔晉中興書〕陸納爲吳
興太守時衞將軍謝安常欲詣納納兄子俶怪納無所

備不敢問之乃私蓄數十人饌安既至所設惟茶果而已俶遂陳盛饌珍羞畢具及安去納杖俶四十云汝既不能光益叔父柰何穢吾素業

原 世說晉王濛好飲茶客至輒飲之士大夫甚以爲苦每欲往候濛者必云今日有水厄

增 世說任瞻字育長少時有令名自過江失志既下飲問人云此爲茶爲茗覺人有怪色乃自申明云向問飲爲熱爲冷耳

原 廣陵耆舊傳晉元帝時有老姥每旦獨提一器茗往市鬻之市人競買自旦至暮其器不減所得錢散路傍孤貧乞人人或異之州法曹縶之於獄至夜老姥執所鬻茗器從獄牖中飛出

續搜神記桓宣武有一督將因病後虛熱便能飲

複茗必以一斛二斗乃飽後有客造之更進五升乃吐出一物如升大有口形質縮縐狀如牛肚客乃令置盆中以斛二斗複茗澆之此物噏之都盡而腹中覺小脹又增進五升便悉混然從口中漏出既吐此物病遂瘥或問此何病答曰此病名茗瘕一名斛二瘕

增 續搜神記晉武帝時宣城人秦精常入武昌山採茗遇一毛人長丈餘引精至山下示以叢茗而去俄而復還乃探懷中橘以遺精精怖負茗而歸

荊州記武陵七縣通出茶最好

原 神異記餘姚人虞洪入山採茗遇一道士牽三青牛引洪至瀑布山曰予丹丘子也聞子善具飲常思見惠山中有大茗可以相給子他日有甌犧之餘乞相遺也洪因設奠祀之後常令家人入山獲大茗焉

異苑剡縣陳務妻少寡與二子同居好飲茶茗以宅中有古冢每飲輒先祀之二子患之曰古冢何知徒以勞意欲掘去之母苦禁而止其夜夢一人云吾止此冢三百餘年卿二子恒欲見毀賴相保護又享吾佳茗雖潛身朽壤豈忘翳桑之報及曉於庭中獲錢十萬似久埋者惟貫新耳

增 宋錄新安王子鸞豫章王子尚詣曇濟道人於八公山道人設茶茗子尚味之曰此甘露也何言茶茗

洛陽伽藍記王肅初入國不食羊肉及酪漿等常飯鯽魚羹渴飲茗汁京師士子見肅一飲一斗號爲漏卮經數年已後肅與高祖殿會食羊肉酪

粥甚多高祖怪之謂肅曰羊肉何如魚羹茗飲何如酪漿肅對曰羊者是陸產之最魚者是水族之長所好不同並各稱珍以味言之是有優劣羊比齊魯大邦魚比邾莒小國惟茗不中與酪作奴高祖大笑彭城王謂肅曰卿不重齊魯大邦而愛邾莒小國肅對曰鄉曲所美不得不好王重謂曰卿明日顧我爲卿設邾莒之食亦有酪奴因此復號茗飲爲酪奴時給事中劉縞慕肅之風專習茗飲彭城王謂縞曰卿不慕王侯八珍好蒼頭水厄海上有逐臭之夫里內有學顰之婦以卿言之卽是也自是朝貴讌會雖設茗飲皆恥不復食後西豐侯蕭正德歸降時元乂欲爲設茗先問卿於水厄多少正

德不曉義意答曰下官雖生於水鄉而立身以來未遭
陽侯之難元乂與舉座之客大笑焉　原　權紓文隋文
帝微時夢神人易其腦骨自爾腦痛忽遇一僧云山中
有茗草煑而飲之當愈帝服之有効繇是人競採掇乃
爲之讚其畧曰窮春秋演河圖不如載茗一車　增　括
地圖臨遂縣東一百四十里有茶溪　吳興記烏程縣
西二十里有溫山出御荈　夷陵圖經黃牛荆門女觀
望州等山茶茗出焉　永嘉圖經永嘉縣東三百里有
白茶山　淮陰圖經山陽縣南二十里有茶坡　茶陵
圖經茶陵者所謂陵谷生茶茗焉　坤元錄辰州漵浦
縣西北三百五十里無射山多茶樹　記事珠建人謂

鬬茶爲茗戰　原　唐新記唐右補闕綦毋炅性不飲茶
著伐茶飲序其畧曰釋滯消壅一日之利暫佳瘠氣耗
精終身之害斯大獲益則歸功茶力貽患則不謂茶災
增　開元天寶遺事逸人王休居太白山下日與僧道
異人往還每至冬時取溪冰敲其精瑩者煑建茗共賓
客飲之　原　蠻甌志白樂天方齋劉禹錫正病酒禹錫
乃饋菊苗虀蘆菔鮓換取樂天六斑茶二囊炙以醒酒
覺林僧志崇收茶三等待客以驚雷莢自奉以萱草
帶供佛以紫茸香赴茶者以油囊盛餘瀝歸　增　茶經
鮑照妹令暉著香茗賦　中朝故事李德裕有親知授
舒州牧李曰到郡日天柱峰茶可惠三四角其人輙獻

數觔李却之明年罷郡用意精求獲數角投之贊皇閱
而受之曰此茶可消酒肉毒乃命烹一甌沃於肉食以
銀合閉之詰旦開視其肉巳化爲水矣衆服其廣識
國史補常魯公使西番烹茶帳中贊普問曰此爲何物
魯公曰滌煩療渴所謂茶也贊普曰我此亦有遂命出
之以指曰此壽州者此舒州者此顧渚者此蘄門者此
昌明者此灉湖者　鞏縣陶者多爲甆偶人號陸鴻漸
買數十茶器得一鴻漸市人沽茗不利輙灌注之　原
南部新書胡生者以釘鉸爲業居近白蘋洲傍有古墳
每茶飲必奠酹之忽夢一人謂曰吾姓柳平生善爲詩
而嗜茶感子茗之惠無以爲報欲教子以詩胡生辭

以不能柳强之曰但率子意爲之當有致矣生後遂工
詩時人謂之胡釘鉸詩　增　南部新書大中三年東都
進一僧年一百三十歲宣宗問服何藥致然對曰臣少
也賤不知藥性本好茶至處惟茶是求或飲百椀不厭
因賜茶五十觔令居保壽寺　義興舊志南岳寺有眞
珠泉稠錫禪師嘗飲之清甘可口曰得此泉烹桐廬茶
不亦稱乎未幾有白蛇銜茶子墜寺前由此滋蔓茶味
頗佳號曰蛇種　原　茶譜湖州長興縣啄木嶺金沙泉
即每歲造茶之所也湖常二郡接界於此厥土有境會
亭每茶時二牧畢至此泉處沙中居常無水將造茶太
守具儀注犧牲拜勅祭泉頃之發源水甚清溢造供御

者畢水即微減供堂者畢水巳半之太守造畢即涸矣太守或還旆稽期則示風雷之變或見鷙獸毒蛇水魅賜睒之類焉　蜀之雅州有蒙山山上有五頂頂有茶園其中頂曰上清峰昔有僧病冷且久嘗遇一老父謂曰蒙之中頂茶嘗以春分之先後多搆人力俟雷之發聲併手採摘以多爲貴三日而止若獲一兩以本處水煎服即能袪宿疾二兩當眼前無疾三兩因以換骨四兩即爲地仙僧因之中頂築室以候及期獲一兩餘服未竟而疾瘥年至八十餘氣力不衰時到城市人觀其容貌常若三十餘眉髮紺綠後入青城山不知所終今四頂茶園不廢唯中頂草木繁茂重雲積霧蔽虧日月

鷙獸時出人跡罕到矣　增紀異錄有積師者嗜茶久非漸兒煎侍不鄉口羽出遊江湖師絕於茶味代宗召入供奉命宮人善茶者餉師一啜而罷訪羽召入賜師齋俾羽煎茗一甌而盡曰有若漸兒所爲也於是出羽見之　原金鑾密記故例翰林當直學士每春晚人困則日賜成象殿茶　清異錄開寶中竇儀以新茶飲予味極美奩面標云龍陂仙子茶龍陂是顧渚山之別境　僞閩甘露堂前兩株茶鬱茂婆娑宮人呼爲清人樹每春初嬪嬙戲摘新芽堂中設傾筐會　顯德初大理徐恪見貽卿信鋌子茶茶面印文曰玉蟬膏又一種曰清風使恪建人也　孫樵送茶焦刑部書晚甘侯十五

人遺侍齋閣此徒皆乘雷而摘拜水而和蓋建陽丹山碧水之鄉月澗雲龕之品愼勿賤用之　雙林大士自往蒙頂結茅種茶凡三年得絕佳者號聖楊花吉祥蘂共五觔持歸供獻　增清異錄和凝在朝率同列遞日以茶相飲味劣者有罰號爲湯社　有得建州茶膏取作耐重兒八枚膠以金縷獻於閩王曦　吳僧文了善烹茶遊荊南高保勉泊子季興延置紫雲菴日試其藝保勉父子呼爲湯神奏授華定水大師上人目曰乳妖　符昭遠不喜茶嘗爲御史同列會茶歎曰此物面目嚴冷了無和美之態可謂冷面草也飯餘嚼佛眼芎以甘菊湯送之亦可爽神　豹革爲囊風神呼吸之具也

煮茶啜之可以滌滯思而起清風每引此義稱茶爲水豹囊　皮光業最耽茗事一日中表請嘗新柑筵具殊豐簪紱叢集纔至未顧尊罍而呼茶甚急徑進一巨甌題曰未見甘心氏先迎苦口師衆噱曰此師固清高而難以療飢也　浪樓雜記天成四年度支奏朝臣乞假省覲者欲量賜茶藥文班自左右常侍至侍郎宜各賜蜀茶三觔蠟面茶二觔武班官各有差　談苑建州陸羽茶經尚未知之但言福建等十二州未詳往往得之其味極佳江左近日方有蠟面之號李氏別令取其乳作片或號曰京挺的乳及骨子等每歲不過五六萬觔迄今歲出三十餘萬觔凡十品曰龍鳳茶京挺的乳石

乳白乳頭金蠟面頭骨次骨龍茶以供乘輿及賜執政親王長主餘皇族學士將帥皆得鳳茶舍人近臣賜京挺的乳館閣白乳龍鳳石乳茶皆太宗令龍江左乃有研膏茶供御即龍茶之品也丁謂北苑茶錄三卷備載造茶之法今行於世 類苑 世傳陶穀買得党太尉故妓取雪水煎團茶謂妓曰党家應不識此妓曰彼粗人安得有此但能銷金帳下淺斟低唱飲羊羔兒酒陶愧其言 宛陵詩注 揚州歲貢蜀岡茶似蒙頂茶能除疾延年 嘉祐雜志 蘇才翁嘗與蔡君謨鬭茶蔡用惠山泉蘇茶小劣改用竹瀝水煎遂能取勝 夢溪筆談 茶芽古人謂之雀舌麥顆言其至嫩也今茶之美者其

質素良而所植之木又美則新芽一發便長寸餘其細如鍼唯芽長爲上品以其質幹土力皆有餘故也如雀舌麥顆者極下材爾 古人論茶唯言陽羨顧渚天柱蒙頂之類都未言建溪然唐人重串茶粘黑者則已近乎建餅矣建茶皆喬木吳蜀淮南唯叢茇而已品自居下建溪勝處曰郝源曾坑其間又岔根山頂二品尤勝李氏時號爲北苑置使領之 澠水燕談 建茶盛於江南近歲製作尤精龍鳳團茶最爲上品一斤八餅慶曆中蔡君謨爲福州轉運使始造小團以充歲貢一斤二十餅所謂上品龍茶者也 原 東坡集 僕在黃州參寥自吳中來訪館之東坡一日夢見參寥所作詩覺而記其兩句云寒食清明都過了石泉槐火一時新後七年僕出守錢塘而參寥始卜居西湖智果院院有泉出石縫間甘冷宜茶寒食之明日僕與客泛湖自孤山來謁參寥汲泉鑽火烹黃蘗茶忽悟所夢詩兆於七年之前衆客皆驚嘆知傳記所載非虛語也 予去此十七年復與彭城張聖途丹陽陳輔之同來院僧梵英葺治堂宇比舊加嚴潔茗飲芳烈問此新茶耶英曰茶性新舊交則香味復予嘗見知琴者言琴不百年則桐之生意不盡緩急清濁常與雨暘寒暑相應此理與茶相近故并記之 增 黔南行紀 陸羽茶經紀黃牛峽茶可飲因令舟人求之有媼賣新茶一籠與草葉無異山中無好

事者故爾 初余在峽州問士大夫黃陵茶皆云粗澀不可飲試問小吏云唯僧茶味善試令求之得十餅價甚平也攜至黃牛峽置風爐清樾間身候湯手擷得味既以享黃牛神且酌元明堯夫云不減江南茶味也乃知夷陵士大夫但以貌取之爾 燕翼貽謀錄 國初沿江置務收茶名曰榷貨務給賣客旅如鹽貨然人不以爲便淳化四年二月癸亥詔廢沿江八處應茶商並許於出茶處市之未幾有司恐課額有虧復請於上六月戊戌詔復舊制六飛南渡後官不能進致茶貨而榷貨務只賣茶引矣 姚氏殘語 紹興進茶自范文虎始 王氏談錄 公言茶品高而年多者必稍陳遇有茶處春

初取新芽輕炙雜而烹之氣味自復在襄陽試作甚佳嘗語君謨亦以爲然（甲申雜記）仁宗朝春試進士集英殿后妃御太清樓觀之慈聖光獻出餅角子以賜進士出七寶茶以賜考試官　初貢團茶及白羊酒惟見任兩府方賜之仁宗朝及前宰臣歲賜茶一觔酒二壺後以爲例（隨手雜錄）子瞻在杭時一日中使至密謂子瞻曰某出京師辭官家官家曰辭了娘娘來某辭太后殿復到官家處引某至一櫃子旁出此一角密語曰賜與蘇軾不得令人知遂出所賜乃茶一觔封題皆御筆子瞻具劄子附進稱謝　潘中散适爲處州守一日作醮其茶百二十盞皆乳華內一盞如墨詰之則酌酒

人誤酌茶盞中潘焚香再拜謝過即成乳華僚吏皆驚嘆（春渚紀聞）東坡先生一日與魯直文潛諸人會飯既食骨䭔兒血羹客有須薄茶者因就取所碾龍團徧啜坐人或曰使龍茶能言當須稱屈先生撫掌久之曰是亦可爲一題因援筆戲作律賦一首以俾薦血羹龍團稱屈爲韻山谷擊節稱詠不能已已無藏本聞闞子開能誦今亡矣惜哉（雞肋編）米芾作文狂怪嘗作詩云傚白雲留子茶甘露有兄人不省露兄故嘗叩之乃曰只是甘露哥哥爾　原　（因話錄）察院諸廳兵察常主院中茶茶必市蜀之佳者貯於陶器以防暑濕御史躬自緘啓故謂之茶甌廳（苕溪詩話）北苑官焙也漕司歲貢爲上壑源私焙也土人亦以入貢爲次二焙相去三四里間若沙溪外焙也與二焙絕遠爲下故黃魯直詩莫遣沙溪來亂真是也官焙造茶常在驚蟄後　增　（避暑錄話）裴晉公詩云飽食緩行初睡覺一甌新茗侍兒煎脫巾斜倚繩牀坐風送水聲來耳邊公爲此詩必自以爲得志然吾山居七年享此多矣今歲新茶適佳夏初作小池導安樂泉注之得常熟破山重臺白蓮植其間葉已覆水雖無淙潺之聲然亦澄澈可喜此晉公之所誦詠而吾得之可不爲幸乎　北苑茶正所產爲曾坑謂之正焙非曾坑爲沙溪謂之外焙二地相去不遠而茶種懸絕沙溪色白過於曾坑但味短而微澀識

茶者一啜如別涇渭也余始疑地氣土宜不應頓異如此及來山中每開闢徑路刳治巖竇有尋丈之間土色各殊肥瘠緊緩燥潤亦從而不同並植兩木於數步之間封培灌溉畧等而生死豐瘁如二物者然後知事不經見不可必信也草茶極品惟雙井顧渚亦不過各有數畝雙井在分寧縣其地屬黃氏魯直家也元祐間魯直力推賞於京師族人交致之然歲僅得一二觔爾顧渚在長興縣所謂吉祥寺也其半爲今劉侍郎希范家所有兩地所產歲亦止五六觔近歲寺僧求之者多不暇精擇不及劉氏遠甚余歲求於劉氏過半觔則不復佳蓋茶味雖均其精者在嫩芽取其初萌如雀舌者謂

之槍稍敷而爲葉者謂之旗旗非所貴不得已取一槍一旗猶可過是則老矣此所以爲難得也〔九華山錄〕至化城寺謁金地藏塔僧祖瑛獻土產茶味敵北苑〔名臣言行錄〕張詠令崇陽民以茶爲業公曰茶利厚官將榷之命拔茶而植桑民以爲苦其後榷茶他縣皆失業而崇陽之桑已成其爲政知所先後如此〔盧溪詩注〕雙井老人以青沙蠟紙裹細茶寄人不過二兩〔岳陽風土記〕灉湖諸山舊出茶謂之灉湖茶李肇所謂岳州灉湖之含膏也唐人極重之見於篇什今人不甚種植唯白鶴僧園有千餘本土地頗類北苑所出茶一歲不過一二十兩土人謂之白鶴茶味極甘香非他處草茶可比並茶園地色亦相類但土人不甚植爾〔品茶要錄〕茶郎古荼字也周詩記荼苦春秋書齊荼漢志書荼陵至陸羽茶經玉川茶歌趙贊茶禁以後遂以荼易茶〔延福宮曲宴記〕宣和二年十二月癸巳召宰執親王學士曲宴於延福宮命近侍取茶具親手注湯擊沸少頃白乳浮盞面如疎星淡月顧諸臣曰此自烹茶飲畢皆頓首謝〔謝氏詩源〕昔有客過茅君時當大暑茅君於手巾內解茶葉人與一葉客食之五內清涼茅君曰此蓬萊山穆陀樹葉衆仙食之以當飲又有寶文之蘂服之不飢謝幼貞詩摘寶文之初蘂拾穆陀之墜葉〔蔡寬夫詩話〕湖州紫筍入貢每歲以清明日貢到先

薦宗廟賜近臣紫筍生顧渚在湖常二州之間以其萌茁紫而似筍〔五色線〕龍安有騎火茶最上不在火前不在火後故也清明改火故曰騎火茶〔苕溪漁隱叢話〕歐公和劉原父揚州時會堂絕句云積雪猶封蒙頂樹驚雷未發建溪春中州地暖萌芽早入貢宜先百物新注云時會堂造貢茶所也余以陸羽茶經考之不言揚州出茶惟毛文錫茶譜云揚州禪智寺隋之故宮寺傍蜀岡其茶甘香味如蒙頂焉第不知入貢之因起於何時故不得而誌之也〔宕義興縣重修茶舍記〕云義興貢茶非舊也前此御史大夫李栖筠實典是邦山僧有獻佳茗者會客嘗之野人陸羽以爲芬香甘辣冠於他境可薦於上栖筠從之始進萬兩厥後因之遂爲任土之貢與常賦之邦侔矣故玉川子詩云天子須嘗陽羨茶百草不敢先開花正謂此也〔乾淳歲時記〕仲春上旬福建漕司進第一綱茶名北苑試新方寸小夸進御止百夸護以黃羅軟盝藉以青篛裹以黃羅夾複臣封朱印外用朱漆小匣鍍金鎖又以細竹絲織芆貯之凡數重此乃雀舌水芽所造一夸之直四十萬僅可供數甌之啜爾或以一二賜外邸則以生線分解轉遺好事以爲奇玩〔青瑣詩話〕大丞相李公昉嘗言當時目外鎮爲麤官有學士遺外鎮官茶外鎮有詩謝云麤官乞與眞虛擲賴有詩情合得嘗〔夢餘錄〕東坡以茶性

爽故平生不飲惟飯後濃茶滌齒而已然大中三年東都進一僧百三十歲宣宗問服何藥云性惟好茶飲至百椀少猶四五十椀以披言律之必且擬壽反得長年則又何也〔丹鉛錄〕密雲龍茶名極爲甘馨宋廖正一字明略晚登蘇門子瞻大奇之時黃秦張晁號蘇門四學士子瞻待之甚厚每來必令侍妾朝雲取密雲龍家人以此知之一日又命取密雲龍家人謂是四學士窺之乃明略也山谷有矞雲龍亦茶名〔快雪堂漫錄〕李于鱗爲吾浙按察副使徐子與以岕茶最精者餉之比看子與昭慶寺問及則已賞皁役矣蓋岕茶葉大多梗于鱗北士不遇宜矣〔西吳枝乘〕湖人於茗不數顧渚

而數羅岕然顧渚之佳者其風味已遠出龍井下岕稍清雋然葉粗而作草氣丁長孺嘗以半角見餉且教余烹煎之法迨試之殊類羊公鶴此余有解有未解也余嘗品茗以武夷虎丘第一淡而遠也松蘿龍井次之香而豔也天池又次之常而不厭也餘子瑣瑣勿置齒喙

〔茶事拾遺〕錢起字仲文與趙莒爲茶宴又嘗過長孫宅與朗上人作茶會　蔡襄善別茶建安能仁院有茶生石縫間蓋精品也僧採造得茶十餅號石巖白以四餅遺蔡以四餅密遣人走京師遺王內翰禹玉歲餘蔡被召還闕訪禹玉禹玉命子弟於茶笥中選精品碾以待蔡蔡捧甌未嘗輒曰此極似能仁寺石巖白公何以得之禹玉未信索帖驗之乃服　張芸叟云有唐茶品以陽羨爲上建溪北苑未著也貞元中常衮爲建州刺史始蒸焙而研之謂之研膏茶　無垢居士表九成子韶設心六度不爲子孫計因取華嚴善知識日供其二囘食以飯緇流嘗供十六大天而諸位茶杯悉變爲乳〔指月錄〕有僧到趙州從諗禪師問新到曾到此間麼曰曾到師曰喫茶去又問僧僧曰不曾到師曰喫茶去後院主問曰爲甚麼曾到也云喫茶去不曾到也云喫茶去師名院主主應喏師曰喫茶去〔天池記〕土人以茶爲業隙地皆種茶〔滇行紀略〕城外石馬井水無異惠泉感通寺茶不下天池伏龍特此中人不善焙製爾

徽州松蘿茶舊亦無閒偶虎丘有一僧往松蘿菴如虎丘法焙製遂見嗜於天下恨此泉不逢陸鴻漸此茶不逢虎丘僧也〔武夷雜記〕武夷茶賞自蔡君謨始謂其味過北苑龍團周右文極抑之蓋緣山中不曉製焙法一味計多狥利之過也余試採少許製以松蘿法汲虎嘯巖下語兒泉烹之三德俱備帶雲石而復有甘軟氣乃分數百葉寄右文令茶吐氣復酹一杯報君謨於地下爾〔名勝志〕鵶山在文脊山北產茶充貢茶經云味與蘄州同梅洵有茶煑鵶山雪滿甌之句〔桃譚〕古傳注茶樹初採爲茶老爲茗再老爲荈今槩稱茗當是錯用事也〔煑泉小品〕唐人以對花啜茶爲殺風景故王

介甫詩金谷千花莫漫煎其意在花非在茶也余則以爲金谷花前信不宜矣若把一甌對山花啜之當更助風景又何必羔兒酒也〔茶董〕周韶好蓄奇茗嘗與蔡君謨闘勝題品風味君謨屈焉　朱桃椎嘗織芒屩置道上見者爲鬻米茗易之　胡嵩飛龍澗飲茶詩沾牙舊姓餘甘氏破睡當封不夜侯陶穀愛其新奇令猶子彝和之應聲曰生凉好喚雞蘇佛回味宜稱橄欖仙彝時年十二　顔清臣作張志和傳碑漁童捧釣收綸蘆中鼓枻樵青蘇蘭薪桂竹裏煎茶　宣城何子華邀客於剖金堂酒半出嘉陽嚴峻畫陸羽像子華因言前代惑駿逸者爲馬癖泥貫索者爲錢癖愛子者有譽兒癖

耽書者有左傳癖若此叟溺於茗事何以名其癖楊粹仲曰茶雖珍未離草也宜追目陸氏爲甘草癖　西域僧金地藏所植名金地茶出煙霞雲霧之中與地上產者其味夐絕　黃魯直以小龍團半鋌題詩贈晁无咎曲几蒲團聽煮湯煎成車聲繞羊腸雞蘇胡麻留渴羌不應亂我官焙香東坡見之曰黃九恁地怎得不窮　學林新編茶之佳者造在社前其次火前謂寒食前也其下則雨前謂穀雨前也唐僧齊已詩高人愛惜藏巖裏白甀封題寄火前茶皆言火前蓋未知社前之爲佳也　蘄門團黃有一旗一鎗之號言一葉一芽也歐公詩共約試新茶旗鎗幾時緣王荊公送元厚之詩新茗齋中試一旗世謂茶始生而嫩者爲一鎗寖大而開爲一旗　宋蔡襄進龍茶二篇上篇論茶色茶香茶味炙茶碾茶羅茶候湯熁盞點茶下篇論茶焙茶籠砧椎茶鈐茶碾茶羅茶盞茶匙湯瓶

佩文齋廣羣芳譜卷第十八

佩文齋廣羣芳譜卷第十九

茶譜

茶二

集藻 表 增 唐柳宗元爲武中丞謝賜新茶表臣某言中使竇某至奉宣旨賜臣新茶一斤者天睠忽臨時珍俯及捧戴驚忭以喜以惶臣以無能謬司邦憲大明首出得親仰於雲霄渥澤遂行忽先霑於草木况茲靈味成自遐方照臨而甲拆惟新煦嫗而芬芳可襲調六氣而成美扶萬壽以効珍豈可賤微膺此殊錫銜恩敢同於嘗酒滌慮方切於飲冰撫事循涯隕越無地 劉禹錫代武中丞謝新茶表臣某言中使某奉宣聖旨賜臣新茶

一斤猥沐深恩再霑殊賜承旨慶忭省躬慚惶伏以貢自外方珍殊眾品効參藥石芳越椒蘭出自仙厨俯頒私室義同推食空荷於曲成責在素餐實慙於虛受 又臣某言中使竇國晏奉宣聖旨賜臣新茶一斤猥降王人光臨私室恭承慶賜跪啓緘封伏以方隅入貢採擷至珍自遠奉來以新爲貴捧而觀妙飲以滌煩顧蘭露而慙芳豈柘漿而齊味既榮凡口倍切丹心 韓翃爲田神玉謝茶表臣某言中使至伏奉手詔賜臣茶一千五百串令臣分給將士以下聖慈曲被戴荷無階臣智謝理戎功慙禦寇前恩未報厚賜仍加念以炎蒸恤其暴露榮分紫筍寵降朱宮味足蠲邪助其正直香堪愈病沃以勤勞飲德相歡撫心是荷前朝饗士往典猶存犒軍皆是循常非關特達顧惟何幸忽被殊私吳主禮賢方聞置茗晉臣愛客纔有分茶豈如澤被三軍仁加千乘以欣以忭感戴無階 宋丁謂進新茶表右件物產異金沙名非紫筍江邊地暖方呈彼茁之形闕下春寒已發其甘之味有以少爲貴者焉敢韞而藏諸見謂新茶蓋遵舊例

啓 增 宋楊萬里謝傅尚書惠茶啓遠餉新茗當自攜大瓢走汲溪泉束澗底之散薪然折腳之石鼎烹玉塵啜香乳以享天上故人之意媿無胸中之書傳但一味攪破菜園耳

序 增 唐呂溫三月三日茶宴序三月三日上巳禊飲之日也諸子議以茶酌而代焉乃撥花砌愛庭陰清風逐人日色留興臥借青靄坐攀香枝閒鶯近席而未飛紅蕊拂衣而不散乃命酌香沫浮素杯殷凝琥珀之色不令人醉微覺清思雖五雲仙漿無復加也 皮日休茶中雜詠序按周禮酒正之職辨四飲之物其三曰漿又漿人之職供王之六飲水漿醴涼醫酏入於酒府鄭司農云以水和酒也蓋當時人率以酒醴爲飲謂乎六漿酒之醨者也何得姬公製爾雅云檟苦茶即不擷而飲之豈聖人之純於用乎亦草木之濟人取舍有時也自周以降及於國朝茶事竟陵子陸季疵言之詳矣然季

疵以前稱茗飲者必渾以烹之與夫瀹蔬而啜者無異也季疵始爲經三卷由是分其源制其具教其造設其器命其煑飲之者除痟而去癘雖疾醫之不若也其爲利也於人豈小哉余始得季疵書以爲備矣後又獲其顧渚山記二篇其中多茶事後又太原溫從雲武威段碣之各補茶事十數節並存於方冊茶之事由周至今竟無纖遺矣昔晉杜育有荈賦季疵有茶歌余缺然於懷者謂有其具而不形於詩亦季疵之餘恨也遂爲十詠寄天隨子 （宋徽宗大觀茶論序）嘗謂首地而倒生所以供人求者其類不一穀粟之於饑絲枲之於寒雖庸人孺子皆知常須而日用不以時歲之舒迫而可以

廢興也至若茶之爲物擅甌閩之秀氣鍾山川之靈稟祛襟滌滯致清導和則非庸人孺子可得而知矣沖澹閒潔韻高致靜則非皇遽之時可得而好尚矣本朝之興歲修建溪之貢龍團鳳餅名冠天下而壑源之品亦自此而盛延及於今百廢俱舉海內晏然垂拱密勿幸致無爲縉紳之士韋布之流沐浴膏澤薰陶德化以雅尚相推從事茗飲故近歲以來采擇之精製作之工品第之勝烹點之妙莫不咸造其極且物之興廢固自有時然亦係乎時之汙隆時或遑遽人懷勞瘁則向所謂常須而日用猶且汲汲營求惟恐不獲飲茶何暇議哉世既累洽人恬物熙則常須而日用者固久厭飫狼籍

而天下之士勵志清白競爲閒暇修索之玩莫不碎玉鏘金啜英咀華較筐篋之精爭鑒裁之別雖下士於此時不以蓄茶爲羞可謂盛世之清尚也嗚呼至治之世豈惟人得以盡其材而草木之靈者亦得以盡其用矣偶因暇日研究精微所得之妙後人有不自知爲利害者敘本末列於二十篇號曰茶論 （蔡襄進茶錄序）臣前因奏事伏蒙陛下諭臣先任福建轉運使日所進上品龍茶最爲精好臣退念草木之微首辱陛下知鑒若處之得地則能盡其材昔陸羽茶經不第建安之品丁謂茶圖獨論採造之本至於烹試曾未聞有臣輒條數事簡而易明勒成二篇名曰茶錄伏惟清閑之晏或賜

觀採臣不勝惶懼榮幸之至謹序 【原】（歐陽修龍茶錄後序）茶爲物之至精而小團又其精者錄序所謂上品龍茶者是也蓋自君謨始造而歲貢焉仁宗尤所珍惜雖輔相之臣未嘗輒賜惟南郊大禮致齋之夕中書樞密院各四人共賜一餅宮人翦金爲龍鳳花草貼其上兩府八家分割以歸不敢碾試相家藏以爲寶時有佳客出而傳玩爾至嘉祐七年親享明堂齋夕始人賜一餅余亦忝預至今藏之余自以諫官供奉仗內至登二府二十餘年纔一獲賜因君謨著錄輒附於後庶知小團自君謨始而可貴如此 【增】（朱子安東溪試茶錄序）隄首七閩山川特異峻極迴環勢絕如甌其陽多銀銅

其陰孕鉛鐵厥土赤墳厥植惟茶會建而上羣峰益秀
迎抱相向草木叢條水多黃金茶生其間氣味殊美豈
非山川重復土地秀粹之氣鍾於是而物得以宜歟北
苑西距建安之洄溪二十里而近東至東宮百里而遙
過洄溪踰東宮則僅能成餅耳獨北苑連屬諸山者最
勝北苑前枕溪流北涉數里茶皆氣弇然色濁味尤薄
惡況其遠者乎亦猶橘過淮爲枳也近蔡公作茶錄亦
云隔溪諸山雖及時加意製造色味皆重矣今北苑焙
風氣亦殊先春朝隮常雨霽則霧露昏蒸晝午猶寒故
茶宜之茶宜高山之陰而喜日陽之早自北苑鳳山南
直苦竹園頭東南屬張坑頭皆高遠先陽處歲發常早

芽極肥乳非民間所比次出壑源嶺高土沃地茶味甲
於諸焙丁謂亦云鳳山高不百丈無危峰絕崦而岡阜
環抱氣勢柔秀宜乎嘉植靈卉之所發也又以建安茶
品甲於天下疑山川至靈之卉天地始和之氣盡此茶
矣又論石乳出壑嶺斷崖缺石之間蓋草木之仙骨丁
謂之記錄建溪茶事詳備矣至於品載止云北苑壑源
嶺及總記官私諸焙千三百三十六耳近蔡公亦云唯
北苑鳳凰山連屬諸焙所產者味佳故四方以建茶爲
目皆曰北苑建人以近山所得故謂之壑源好者亦取
壑源口南諸葉皆云彌珍絕傳致之間識者以色味品
第反以壑源爲疑今書所異者從二公紀土地勝絕之

目具疏園隴百名之異香味精粗之別庶知茶於草木
爲靈最矣去畝步之間別移其性又以佛嶺葉源沙溪
附見以質二焙之美故曰東溪試茶錄自東宮西溪南
焙北苑皆不足品第今略而不論　黃儒品茶要錄序
說者常怪陸羽茶經不第建安之品蓋前此茶事未甚
興靈芽眞笋往往委翳消腐而人不知惜自國初以來
士大夫沐浴膏澤詠歌升平之日久矣夫身世灑落神
觀沖淡惟茲茗飲爲可喜園林亦相與摘英誇異制棬
鬻新而趨時之好故殊異之品始得自出於蓁莽之間
而其名遂冠天下借使陸羽復起閱其金餅味其雲腴
當爽然自失矣因念草木之材一有負瓌偉絕特者未

嘗不遇時而後興況於人乎然士大夫間爲珍藏精試
之具非尚雅好眞未嘗輒出其好事者又常論其采制
之出入器用之宜否較試之湯火圖於縑素傳玩於時
獨未有補於賞鑒之明耳蓋園民射利膏油其面色品
味易辨而難詳予因閱收之暇爲原采造之得失較試
之低昂次爲十說以中其病題曰品茶要錄云　葉清
臣煮茶小品序夫渭黍汾麻泉源之異禀江橘淮枳土
地之或遷誠物類之有宜亦臭味之相感也若乃擷華
掇秀多識草木之名激濁揚清能辨淄澠之品斯固好
事之嘉尚博識之精鑒自非笑傲塵表逍遙林下樂追
王濛之約不讓陸納之風其孰能與於此乎吳楚山谷

間氣淸地靈草木穎挺多孕茶荈爲人採拾大率右於武夷者爲白乳甲於吳興者爲紫筍產禹穴者以天章顯茂錢塘者以徑山稀至於桐廬之巖雲衡之麓鴉山著於吳歙蒙頂傳於岷蜀角立差勝毛舉實繁然而天賦尤異性靡俗諳苟制非其妙烹失於術雖先雷而籠未雨而檐蒸焙以圖造作以經而泉不香水不甘爨之揚之若淤若滓予少得溫氏所著茶說嘗識其水泉之目有二十焉會西走巴峽經蝦蟇窟憩蕪城汲蜀崗井東遊故郡經揚子江留丹陽酌觀音泉過無錫斟慧山水粉槍牙旗蘇蘭薪桂且鼎且缶以飲以歠莫不淪氣滌慮蠲病析酲祛鄙悋之生心招神明而達觀信乎物

類之宜得臭味之所感幽人之佳尚前賢之精鑒不可及已噫紫華綠英均一水也皆忘情於庶彙或求伸於知已不然者叢薄之莽溝瀆之流亦奚以異哉遊鹿故宮依蓮盛府一命受職再期服勞而虎丘之觱沸松江之淸泚復在封畛居然挹注是嘗所得於鴻漸之目二十而七也昔酈元善於水經而未嘗知茶王肅癖於茗飲而言不及水表是二美吾無愧焉凡泉二十列於右幅且使盡神方之四兩遂成其功代酒限於七升無忘眞賞云

傳【原】宋蘇軾葉嘉傳　葉嘉閩人也其先處上谷曾祖茂先養高不仕好游名山至武夷悅之遂家焉嘗曰吾植功種德不爲時採然遺香後世吾子孫必盛於中土當飲其惠矣茂先葬郝源子孫遂爲郝源民至嘉少植節操或勸之業武曰吾當爲天下英武之精一槍一旗豈吾事哉因而游見陸先生先生奇之爲著其行錄傳於世方漢帝嗜閱經史時建安人爲謁者侍上上讀其行錄而善之曰吾獨不得與此人同時哉曰臣邑人葉嘉風味恬淡淸白可愛頗負其名有濟世之才雖羽知猶未詳也上驚勅建安太守名嘉給傳遣詣京師郡守始令採訪嘉所在命齎書示之嘉未就遣使臣督促郡守曰葉先生方閉門制作研味經史志圖挺立必不屑進未可促之親至山中爲之勸駕始行登車遇相者揖之

曰先生容質異常矯然有龍鳳之姿後當大貴嘉以皁囊上封事天子見之曰吾久飫卿名但未知其實耳我其試哉因顧謂侍臣曰視嘉容貌如鐵資質剛勁難以遽用必槌提頓挫之乃可遂以言恐嘉曰碪斧在前鼎鑊在後將以烹子子視之如何嘉勃然吐氣曰臣山藪猥士幸惟陛下採擇至此可以利主雖粉身碎骨臣不辭也上笑命以名曹處之又加樞要之務焉因誡小黃門監之有頃報曰嘉之所爲猶若粗疎然上曰吾知其才第以獨學未經師耳嘉爲之屑屑就師頃刻就事已精熟矣上乃勅御史歐陽高金紫光祿大夫鄭當時甘泉侯陳平三人與之同事歐陽嫉嘉初進有寵曰吾屬

且爲之下矣計欲傾之會天子御延英促召四人歐但熱中而已當時以足擊嘉而平亦以口侵凌之嘉雖見侮爲之起立顏色不變歐陽悔曰陛下以葉嘉見托吾輩亦不可忽之也因同見帝陽稱嘉美而陰以輕浮訛之嘉亦訴於上上爲責歐陽憐嘉視其顏色久之曰葉嘉眞清白之士也其氣飄然若浮雲矣遂引而宴之少選間上鼓舌欣然曰始吾見嘉未甚好也久味之殊令人愛朕之精魄不覺灑然而醒書曰啓乃心沃朕心嘉之謂也於是封嘉爲鉅合侯位尚書曰尚書朕喉舌之任也由是寵愛日加朝廷賓客遇會宴享未始不推於嘉上日引對至於再三後因侍宴苑中上飲逾度嘉輒

苦諫上不悅曰卿司朕喉舌而以苦辭逆我我豈堪哉遂唾之命左右仆於地嘉正色曰陛下必欲甘辭利口然後愛耶臣言雖苦久則有效陛下亦嘗試之豈不知乎上顧左右曰始吾言嘉剛勁難用今果見矣因含容之然亦以是疏嘉嘉既不得志退去閩中既而曰吾未如之何也已矣上以不見嘉月餘勞於萬幾神薾思困頗思嘉因命召至喜甚以手撫嘉曰吾渴見卿久也遂恩遇如故上方欲以兵革爲事而大司農奏計國用不足上深患之以問嘉嘉爲進三策其一曰榷天下之利山海之資一切籍於縣官行之一年財用豐贍上大悅兵興有功而還上利其財故榷法不罷管山海之利自

嘉始也居一年嘉告老上曰鉅合侯其忠可謂盡矣遂得爵其子又令郡守擇其宗支之良者每歲貢焉嘉子二人長曰摶有父風襲爵次曰挺抱黃白之術比於摶其志尤淡泊也嘗散其資拯鄉閭之困人皆德之故鄉人以春伐鼓大會山中求之以爲常贊曰今葉氏散居天下皆不喜城邑惟樂山居氏於閩中者蓋嘉之苗裔也天下葉氏雖夥然風味德馨爲世所貴皆不及閩閩之居者又多而郝源之族爲甲嘉以布衣遇天子爵徹侯位八座可謂榮矣然其正色苦諫竭力許國不爲身計蓋有以取之夫先王用於國有節取於民有制至於山林川澤之利一切與民嘉爲策以榷之雖救一時之

急非先王之舉也君子譏之或云管山海之利始於鹽鐵丞孔僅桑弘羊之謀也嘉之策未行於時至唐趙贊始舉而用之

〔記〕〔增〕宋唐庚鬭茶記政和二年三月壬戌二三君子相與鬭茶於寄傲齋予爲取龍塘水烹之而次其品以某爲上某次之某閩人其所賫宜尤高而又第之然大較皆精絕蓋嘗以爲天下之物有宜得而不得不宜得而得之者富貴有力之人或有所不能致而貧賤窮厄流離遷徙之中或偶然獲焉所謂尺有所短寸有所長良不虛也唐相李衛公好飲惠山泉置驛傳送不遠數千里而近世歐陽少師作龍茶錄序稱嘉祐七年親享明

堂致齋之久始以小團分賜二府人給一餅不敢碾試至今藏之時熙寧元年也吾聞茶不問團銙要之貴新水不問江井要之貴活千里致水眞僞固不可知就令識眞已非活水自嘉祐七年壬寅至熙寧元年戊申首尾七年更閱三朝而賜茶猶在此豈復有茶也哉今吾提瓶支龍塘無數十步此水宜茶昔人以爲不減淸遠峽而海道趨建安不數日可至故每歲新茶不過三月至矣罪戾之餘上寬不誅得與諸公從容談笑於此汲泉煮茗取一時之適雖在田野孰與烹數千里之泉澆七年之賜茗也哉此非我君之力歟夫耕鑿食息終日蒙福而不知爲之者直愚民耳豈我輩謂耶是宜有所

紀述以無忘在上者之澤云〔元楊維楨煮茶夢記〕鐵龍道人臥石牀移二更月微明及紙帳梅影亦及半窗鶴孤立不鳴命小芸童汲白蓮泉燃槁湘竹授以凌霄芽爲飲供道人乃遊心太虛雍雍涼涼若鴻濛若皇芒會天地之未生適陰陽之若亡恍兮不知入夢遂坐淸眞銀暉之堂堂上香雲簾拂地中著紫桂榻綠璃几看太初易一集集內悉星斗文煥煜爚熠金流玉錯莫剡爻畫若煙雲日月交麗乎中天欻玉露涼月冷如冰入齒者易刻因作太虛吟吟曰道無形兮兆無聲妙無心兮一以貞百象斯融兮太虛以淸歌已光飈起林末激華氛郁郁霏霏絢爛淫豔乃有扈綠衣若仙子者從容來謁云名淡香小字綠花乃捧太玄杯酌太清神明之醴以壽予侑以詞曰心不行神不行無爲而萬化淸壽畢紆徐而退復令小玉環侍筆牘遂書歌遺之曰道可受兮不可傳天無形兮四時以言妙乎天兮天之先天天之先復何仙移間白雲微消綠衣化煙月反明予內間予亦寤矣遂冥神合玄月光尚隱隱於梅花間小芸呼曰凌霄芽熟矣

賦〔晉杜育荈賦〕靈山維嶽奇產所鍾厥生荈草彌谷被岡承豐壤之滋潤受甘霖之霄降月惟初秋農功少休結偶同旅是采是求水則岷方之注挹彼淸流器澤陶簡出自東隅酌之以匏取式公劉惟茲初成沫沈華

浮煥如積雪曄若春敷〔唐顧況茶賦〕稽天地之不平兮蘭何爲兮早秀菊何爲兮遲榮皇天既孕此靈物兮厚地復糅之而萌偕下國之偏多嗟上林之不志如羅玳筵展瑤席凝藻思開靈液賜名臣留上客谷鶯囀宮女嚬泛濃華漱芳津出恒品先衆珍君門九重聖壽萬春此茶上達於天子也滋飯蔬之精素攻肉食之羶膩發當暑之淸吟滌通宵之昏寐杏樹桃花之深洞竹林草堂之古寺乘槎海上來飛錫雲中至此茶下被於幽人也雅曰不知我者謂我何求可憐翠澗陰中有泉流舒鐵如金之鼎越泥似玉之甌輕煙細珠靄然浮爽氣淡淡風雨秋夢裏還錢懷中贈橘雖神祕而焉求〔宋

吳淑茶賦天其滌煩療渴換骨輕身茶荈之利其功若
神則有渠江薄片西山白露雲垂綠腳香浮碧乳挹此
霜華卻茲煩暑清文既傳於杜育精思亦聞於陸羽若
夫擷此皋盧烹茲苦茶桐君之錄尤重仙人之掌難踰
豫章之嘉甘露王肅之貪酪奴待槍旗而採摘對鼎鑊
以吹噓則有療彼斛瘕困茲水厄擢彼陰林得於爛石
先火而造乘雷以摘吳主之憂韋曜先沐殊恩陸納之
待謝安誠彰儉德別有產於玉壘造彼金沙三等為號
五出成花早春之來賓化橫紋之出陽坡復聞灉湖含
膏之作龍安騎火之名柏巖兮鶴嶺鳩坑兮鳳亭嘉雀
舌之纖嫩翫蟬翼之輕盈冬芽早秀麥顆先成或重西

園之價或侔團月之形雅明目而益思豈瘠氣而侵精
又有蜀岡牛嶺洪雅烏程碧澗紀號紫筍為稱陟仙厓
而花墜服丹丘而翼生至於飛自獄中煎於竹裏効在
不眠功存悅志或言詩為報或以錢見遺復云葉如梔
子花若薔薇輕飈浮雲之美霜笴竹籜之差唯芳茗之
為用蓋飲食之所資　梅堯臣南有嘉茗賦南有山原
兮不鑿不營乃產嘉茗兮囂此衆氓土膏脉動兮雷始
發聲萬木之氣未通兮此已吐乎纖萌一之日雀舌露
掇而製之以奉乎王庭二之日鳥喙長擷而焙之以備
乎公卿三之日槍旗聳擢而炕之將求乎利贏四之日
嫩莖茂團而範之來充乎賦征當此時也女廢蠶織男

廢農耕夜不得息晝不得停取之由一葉而至一掬輸
之若百谷之赴巨海華夷蠻貊固日飲而無厭富貴貧
賤不時啜而不寧所以小民冒險而競鬻孰謂峻法之
與嚴刑嗚呼古者聖人為之絲枲絺綌而民始衣播之
禾麰菽粟而民不饑畜之牛羊犬豕而甘脆不遺調之
辛酸鹹苦而五味適宜造之酒醴而讌饗之樹之果蔬
而薦羞之於茲可謂備矣何彼茗無一勝焉而競進於
今之時抑非近世之人體惰不勤飽食粱肉坐以生疾
藉以靈荈而消腑胃之宿陳若然則斯茗也不得不謂
之無益於爾身無功於爾民也哉　原　黃庭堅煎茶賦
洶洶乎如澗松之發清吹皓皓乎如春空之行白雲賓

主欲眠而同味水茗相投而不渾苦口利病解膠滌昏
未嘗一日不放箸而策茗椀之勳者也予嘗為嗣直瀹
茗因錄其滌煩破睡之功為之甲乙建溪如割雙井如
麄日注如鐋其餘苦則辛螫甘則底滯嘔酸寒胃令人
失睡亦未足與議或曰無甚高論敢問其次涪翁曰味
江之羅山嚴道之蒙頂黔陽之都濡高株瀘川之納溪
梅嶺夷陵之壓磚臨邛之火井不得已而去於三則六
者亦可以酌兎褐之甌瀹魚眼之鼎者也或者又曰寒
中瘠氣莫甚於茶或濟之鹽勾賊破家滑竅走水又況
雞蘇之與胡麻涪翁於是酌岐雷之醪醴參伊聖之湯
液斮附子如博投以熬葛仙之堊去蓊而用鹽去橘而

用薑不奪茗味而佐以草石之良所以固太倉而堅作彊於是有胡桃松實菴摩鴨脚勃賀靡蕪水蘇甘菊既加臭味亦厚賓客前四後四各用其一少則美多則惡發揮其精神又益於咀嚼蓋大匠無可棄之材太平非一士之畧厥初貪味雋永速化湯餅乃至中夜不眠耿耿既作溫劑殊可屢歃如以六經濟三尺法雖有除治與人安樂賓至則煎去則就榻不遊軒后之華胥則化莊周之胡蝶

四言古詩〔原〕明陳繼儒試茶
綺陰攢蓋靈草試奇竹爐幽討松火怒飛水交以淡茗戰而肥綠香滿路永日忘歸

五言古詩〔增〕唐李白答族姪僧中孚贈玉泉仙人掌茶幷序余聞荊州玉泉寺近清溪諸山山洞往往有乳窟窟中多玉泉交流其中有白蝙蝠大如鴉按仙經蝙蝠一名仙鼠千歲之後體白如雪栖則倒懸蓋飲乳水而長生也其水邊處處有茗草羅生枝葉如碧玉唯玉泉眞公常采而飲之年八十餘歲顏色如桃花而此茗清香滑熟異於他者所以能還童振枯扶人壽也余遊金陵見宗僧中孚示余茶數十片拳然重疊其狀如手號爲仙人掌茶蓋新出乎玉泉之山曠古未覿因持之見遺兼贈詩要余答之遂有此作後有高僧大隱知仙人掌茶發乎中孚禪子及青蓮居士李白也嘗聞玉泉山山洞多乳窟仙鼠如白鴉倒懸清溪月茗生此中石玉泉流不歇根柯灑芳津採服潤肌骨叢老卷綠葉枝枝相接連曝成仙人掌似拍洪厓肩舉世未見之其名定誰傳宗英乃禪伯投贈有佳篇清鏡燭無鹽顧慙西子妍朝坐有餘興長吟播諸天〔韋應物喜園中茶生〕潔性不可汚爲飲滌塵煩此物信靈味本自出山原聊因理郡餘率爾植荒園喜隨衆草長得與幽人言〔柳宗元巽上人以竹閒自採新茶見贈酬之以詩〕芳叢翳湘竹零露凝清華復見雪山客晨朝掇靈芽蒸煙俯石瀨咫尺凌丹崖圓方麗奇色圭璧無纖瑕呼兒爨金鼎餘馥延幽遐滌慮發眞照還源蕩昏邪猶同甘露飯佛事

薰毗耶咄此蓬瀛侶無乃貴流霞〔孟郊憑周況先輩於朝賢乞茶〕道意勿乏味心緒病無悰蒙茗玉花盡越甌荷葉空錦水有鮮色蜀山饒芳叢雲根纔翦綠印縫已霏紅曾向貴人得最將詩叟同幸爲乞寄來救此病劣躬〔劉言史與孟郊洛北野泉上煎茶〕粉細越筍芽野煎寒溪濱恐乖靈草性觸事皆手親敲石取鮮火撇泉避腥鱗熒熒爨風鐺拾得墜巢薪潔色既爽別浮氳亦殷勤以茲委曲靜求得正味眞宛如摘山時自啜指下春湘瓷泛輕花滌盡昏渴神此遊愜醒趣可以話高人〔白居易睡後茶興憶楊同州〕昨晚飲太多嵬峩連宵醉今朝餐又飽爛熳移時睡睡足摩挲眼眼前無一

事信脚繞池行偶然得幽致婆娑綠陰樹斑駁青苔地此處置繩牀傍邊洗茶器白瓷甌甚潔紅爐炭方熾沫下麴塵香花浮魚眼沸盛來有佳色嚥罷餘芳氣不見楊慕巢誰人知此味〔李羣玉龍山人惠石廩茶〕客有衡岳隱遺予石廩茶自云凌煙露採掇春山芽珪璧相壓疊積芳莫能加碾成黃金粉輕嫩如松花紅爐爨霜枝越兒斟丹華灘聲起魚眼滿鼎漂清霞凝澄坐曉燈病眼如蒙紗一甌拂昏寐襟鬲開煩拏顧渚與方山誰人留品差持甌默吟詠搖膝空咨嗟〔皮日休茶塢〕閒尋堯氏山遂入深深塢種荈已成園栽葭寧計畝石窪泉似掬巖罅雲如縷好是夏初時白花滿煙雨〔茶人〕

生於顧渚山老在漫石塢語氣為茶荈衣香是煙霧庭從槇子遮果任獳師虜日晚相笑歸腰間佩輕簍〔茶筍〕褎然三五寸生必依巖洞寒恐結紅鉛暖疑銷紫汞圓如玉軸光脆似瓊英凍每為遇之疎南山挂幽夢〔茶籯〕筤篣曉攜去驀箇山桑塢開時送紫茗負處沾清露歇把傍雲泉歸將挂煙樹滿此是生涯黃金何足數〔茶舍〕陽崖枕白屋幾口嬉嬉活棚上汲紅泉焙前蒸紫蕨乃翁研茗後中婦拍茶歇相向掩柴扉清香滿山月〔茶竈〕南山茶事動竈起巖根傍水煮石髮氣薪然杉脂香青瓊蒸後凝綠髓炊來光如何重辛苦一一輸膏粱〔茶焙〕鑿彼碧巖下恰應深二尺泥易帶雲根燒

雖磴石脉初能燥金餅漸見乾瓊液九里共杉林相望在山側〔茶鼎〕龍舒有良匠鑄此佳樣成立作菌蠢勢煎為潺湲聲草堂暮雲陰松窗殘雪明此時勺複茗野語知逾清〔茶甌〕邢客與越人皆能造茲器圓似月魂墮輕如雲魄起棗花勢旋眼蘋沫香沾齒松下時一看支公亦如此〔煑茶〕香泉一合乳煎作連珠沸時看蟹目濺乍見魚鱗起聲疑松帶雨餑恐煙生翠儻把瀝中山必無千日醉〔陸龜蒙茶塢〕茗地曲隈回野行多繚繞向陽就中密背澗差還少遙盤雲髻慢亂簇香篝小何處好幽期滿巖春露曉〔茶人〕天賦識靈草自然鍾野姿閒年北山下似與東風期雨後探芳去雲間幽路

危唯應報春鳥得共斯人知〔茶筍〕所孕和氣深時抽玉苕短輕煙漸結華嫩蘂初成管尋來青靄曙欲去紅雲暖秀色自難逢傾筐不曾滿〔茶籯〕金刀劈翠筠織似波紋斜製作自野老攜持伴山娃昨日鬬煙粒今朝貯綠華爭歌調笑曲日暮方還家〔茶舍〕旋取山上材架為山下屋門因水勢斜壁任巖隈曲朝隨鳥俱散暮與雲同宿不憚採掇勞祗憂官未足〔茶竈〕無突抱輕嵐有煙映初旭盈鍋玉泉沸滿甑雲芽熟奇香襲春桂嫩色凌秋菊煬者若吾徒年年看不足〔茶焙〕左右搗凝膏朝昏布煙縷方圓隨樣拍次第依層取山謠縱高下火候還文武見說焙前人時時炙花脯〔茶鼎〕新泉

氣味良右鐵形狀醜那堪風雪夜更値煙霞友曾過頳石下又住清溪口且共薦皐盧何勞傾斗酒〔茶甌〕昔人謝塸埞徒爲妍詞飾豈如圭璧姿又有煙嵐色光參筠席上韻雅金罍側直使于闐君從來未嘗識〔煮茶〕閒來松間坐看煮松上雪時於浪花裏併下藍英末傾餘精爽健忽似氛埃滅不合別觀書但宜窺玉札〔宋梅堯臣答建州沈屯田寄新茶〕春芽研白膏夜火焙紫餅價與黃金齊包開青蒻整碾爲玉色塵遠及蘆底井一啜同醉翁思君聊引領〔王仲儀寄鬬茶〕白乳葉家春銖兩直錢萬資之石泉味特以陽芽嫩宜言難購多串片大可寸謬爲識別人予生固無根〔答宜城張主

簿遺鴉山茶次其韻〕昔觀唐人詩茶韻鴉山嘉鴉銜茶子生遂同山名鴉重以初槍旗采之穿煙霞江南雖盛產處處無此茶纖嫩如雀舌煎烹比露芽競收青蒻焙不重漉酒紗顧渚亦顏近蒙頂來以遐雙井鷹欆爪建溪春剝葩日鑄弄香美大目猶稻麻吳人與越人各各相鬬夸傳買費金帛變貪無歎華甘苦不一致精麤還有差至珍非貴多爲贈勿言些如何煩縣僚忽遺及我家雪貯雙砂罌詩琢無玉瑕文字搜怪奇難於抱長蛇明珠滿紙上剩畜不爲奢玩久手生胝窺久眼生花嘗聞茗消肉應亦可破瘕飲啜氣覺清賞重歎復嗟歎嗟既不足吟誦又豈加我今實彊爲君莫笑我耶〔李仲

求寄建溪洪井茶七品云愈少愈佳未知嘗何如耳因條而答之〕忽有西山使始遺七品茶末品無水暈六品無沉柤五品散雲腳四品浮粟花三品若瓊乳二品罕所加絕品不可議甘香焉等差一日嘗一甌六腑無昏邪夜枕不得寐月樹聞啼鴉憂來唯覺衰可驗唯齒牙動搖有三四妨咀連左車髮亦足驚竦疏疏點霜華乃思平生遊但恨江路賒安得一見之煮泉相與誇〔呂晉叔遺新茶〕四葉及王游共家原坂嶺歲摘建溪春爭先取晶景大窠有壯液所發必奇穎一朝團焙成價與黃金逞呂侯得鄉人分贈我已幸其贈幾何多六色十五餅每餅包青蒻紅籤纏素檾屑之雲雪輕啜已神魂

惺會待嘉客來侑談當晝永〔蔡襄北苑〕蒼山走千里斗落分兩騎靈泉出地清嘉卉得天味入門脫世氛官曹眞傲吏〔茶壟〕造化曾無私亦有意所嘉夜雨作春力朝雲護日車千萬碧玉枝戢戢抽雲芽〔採茶〕春衫逐紅旗散入青林下陰崖喜先至新苗漸盈把競攜筠籠歸更帶山雲寫〔造茶〕糜玉寸陰間摶金新範裏規呈月正圓勢動龍初起出焙香花全爭誇火候是〔試茶〕兎毫紫甌新蟹眼清泉煮雪凍作成花雲閑未垂縶願爾池中波去作人間雨 原 〔蘇軾種茶〕松間旅生茶已與松俱瘦茨棘尚未容蒙翳爭交構天公所遺棄百歲仍稚幼紫筍雖不長孤根乃獨壽移栽白鶴嶺土軟

春雨後彌旬得連陰似許晚遂茂能忘流轉苦哉哉出烏味未任供臼磨且可資摘嗅千團輸大宮百餅衒私關何如此一啜有味出吾圃【增】〈蘇軾游惠山〉敲火發山泉烹茶避林樾明窻傾紫盞色味兩奇絕吾生眠食耳一飽萬想滅頗笑玉川子飢弄三百月豈如山中人睡起山花發一甌誰與共門外無來轍〈問大冶長老乞桃花茶栽東坡〉周詩記苦茶茗飲出近世初緣厭粱肉假此雪昏滯嗟我五畝園桑麥苦蒙翳不令寸地閒更乞茶子藝饑寒未知免已作太飽計庶將通有無農末不相戾春來凍地裂紫笋森已銳牛羊煩呵叱筐筥未敢睨江南老道人齒髮日夜逝他年雪堂品尚記桃

花裔〈寄周安孺茶〉大哉天宇內植物知幾族靈品獨標奇迥超凡草木名從姬旦始漸播桐君錄賦詠誰最先厥傳惟杜育唐人未知好論著始於陸常李亦清流當年慕高躅遂使天下士嗜此偶於俗豈但中土珍兼之異邦鬻鹿門有佳士博覽無不矚邂逅天隨翁篇章互賡續開園頤山下屏迹松江曲有興即揮毫燦然存簡牘伊余素寡愛嗜好本不篤粵自少年時低回客京轂雖非曳裾者庇蔭或華屋頗見綺紈中齒牙厭粱肉小龍得屢試糞土視珠玉團鳳與葵花碔砆雜魚目貴人自矜惜捧玩且緘櫝未數日注卑定知雙井辱於茲自研討至味識五六自爾入江湖尋僧訪幽獨高人固

多暇探究亦頗熟聞道早春時攜籠趁初旭驚雷未破蕾采采不盈掬旋洗玉泉蒸芳馨豈停宿須臾布輕縷火候謹盈縮不憚頃間勞經時廢藏蓄髹筒淨無染箬籠匀且複苦畏梅潤侵暖須人氣燠有如剛耿性不受纖芥觸又若廉夫心難將微穢瀆晴天敞虛府石碾破輕綠永日遇閒賓乳泉發新馥香濃奪蘭露色嫩欺秋菊閩俗競傳誇豐腴面如粥自云葉家白頗勝中山醁好是一杯深午窻春睡足清風擊兩腋去欲凌鴻鵠嗟我樂何深水經亦屢讀子咤中泠泉次乃康王谷蟆培頃曾嘗瓶罌走僮僕如今老且懶細事百不欲美惡兩俱忘誰能強追逐薑鹽拌白土稍稍從吾蜀尚欲外形

體安能徇心腹由來薄滋味日飯止脫粟外慕既已矣胡爲此羈束昨日散幽步偶上天峰麓山圃正春風蒙茸萬旗簇呼兒爲佳客采製聊亦復地僻誰我從包藏置廚簏何嘗較優劣但喜破睡速況此夏日長人間正炎蒸幽人無一事午飯飽蔬菽困臥北窻風風微動窻竹乳甌十分滿人世眞局促意爽飄欲仙頭輕快如沐昔人固多癖我癖良可贖爲向劉伯倫胡然枕糟麴〈秦觀茶〉茶實嘉木英其香乃天育芳不愧杜蘅清堪掩椒菊上客集堂葵圓月探奩盝玉鼎注漫流金碾響丈竹侵尋發美鬯旖旋生乳粟經時不銷歇衣袂帶紛郁幸蒙巾笥藏苦厭龍蘭續願君斥異類使我全芬馥

茶臼幽人耽茗飲刳木事搗撞巧製合臼形雅音伴柷椌虛室困亭午松然明鼎窓呼奴碎圓月搔首聞錚鏦茶仙賴君得睡魔資爾降所宜玉兎搗不必力士扛願偕黃金碾自比白玉釭彼美制作妙俗物難與雙〔晁補之次韻蘇翰林五日揚州石塔寺烹茶〕唐來木蘭寺遺跡今未滅僧鏡嘲飰後語出饑客舌今公食方丈玉茗擕噫噫當今臥江湖不泣逐臣玦中和似此茗受水不易節輕塵散羅麴亂乳發颼雪佳辰雜蘭艾共弔楚纍潔老謙三昧手心得非口訣誰知此間妙我欲希超絕持誇淮北士湯餅供朝啜〔孫覿飲修仁茶〕煙雲吐長崖風雨暗古縣竹輿頳兩肩㢮擔息微倦茗飲初一

嘗老父有芹獻幽姿絕嫵媚著齒得瞑眩昏昏嗜睡翁喚起風灑面亦有不平心盡從毛孔散〔陸游夜汲井水煑茶〕病起罷觀書袖手清夜永四鄰悄無語燈火正淒冷山童亦睡熟汲水自煎茗鏘然轆轤聲百尺鳴古井肺腑凜清寒毛骨亦蘇省歸來月滿廊惜踏疎梅影〔明高啟茶軒〕摘芳試新泉手潄林下器一榻鬢絲傍輕煙散遙吹不用醒吹魂幽人自無睡

佩文齋廣羣芳譜卷第十九

佩文齋廣羣芳譜卷第二十

茶譜

茶三

〔集藻〕七言古詩〔增〕唐劉禹錫西山蘭若試茶歌山僧後檐茶數叢春來映竹抽新茸宛然為客振衣起自傍芳叢摘鷹嘴斯須炒成滿室香便酌砌下金沙水驟雨松聲入鼎來白雲滿盌花徘徊悠揚噴鼻宿醒散清峭徹骨煩襟開陽崖陰嶺各殊氣未若竹下莓苔地炎帝雖嘗未辨煎桐君有籙那知味新芽連拳半未舒自摘至煎俄頃餘木蘭墜露香微似瑤草臨波色不如僧言靈味宜幽寂采采翹英為嘉客不辭緘封寄郡齋甎井銅

鑪損標格何況蒙山顧渚春白泥赤印走風塵欲知花乳清冷味須是眠雲跂石人〔原〕盧仝走筆謝孟諫議寄新茶日高丈五睡正濃軍將打門驚周公口云諫議送書信白絹斜封三道印開緘宛見諫議面手閱月團三百片聞道新年入山裏蟄蟲驚動春風起天子須嘗陽羨茶百草不敢先開花仁風暗結珠琲瓃先春抽出黃金芽摘鮮焙芳旋封裹至精至好且不奢至尊之餘合王公何事便到山人家柴門反關無俗客紗帽籠頭自煎喫碧雲引風吹不斷白花浮光凝碗面一碗喉吻潤兩碗破孤悶三碗搜枯腸惟有文字五千卷四碗發輕汗平生不平事盡向毛孔散五碗肌骨清六碗通仙

甌七碗喫不得也唯覺兩腋習習清風生〔唐〕溫庭筠
西嶺道士茶歌乳竇濺濺通石脈綠塵愁草春江色澗
花入井水味香山月當人松影直仙翁白扇霜鳥翎拂
壇夜讀黃庭經疏香皓齒有餘味更覺鶴心通杳冥
李郢茶山貢焙歌使君愛客情無已客在金臺價難比
春風三月貢茶時盡逐紅旌到山裏焙中清曉朱門開
筐箱漸見新芽來陵煙觸露不停採官家赤印連帖催
朝饑　甸誰興哀喧闐競納不盈掬一時一餉還成堆
蒸之馞之香勝梅研膏架動轟如雷茶成拜表貢天子
萬人爭噉春山摧驛騎鞭聲砉流電半夜驅夫誰復見
十日王程路四千到時須及清明宴吾君可謂納諫君

諫官不諫何由聞九重城裏雖玉食天涯吏役長紛紛
使君憂民慘容色就焙嘗茶坐諸客幾回到口重咨嗟
嫩綠鮮芳出何力山中有酒亦有歌樂營房戶皆仙家
仙家十隊酒百斛金絲宴餞隨經過使君是日憂思多
客亦無言徵綺羅殷勤繞焙復長歎官府例成期如何
吳民吳民莫憔悴使君作相期蘇爾　秦韜玉採茶歌
天柱香芽露香發爛研瑟瑟穿荻篾太守憐才寄野人
山童碾破團團月倚雲便酌泉聲煮獸炭潛然蚌珠吐
看著晴天早日明鼎中颯颯篩風雨老翠香塵下纔熟
攪時繞筯秋雲綠耽書病酒兩多情坐對閩甌睡先足
洗我胸中幽思清鬼神應愁歌欲成　李咸用謝僧寄

茶空門少年初地堅摘芳爲藥除睡眠匡山茗樹朝陽
偏暖萌如爪拏飛鳶枝枝膏露凝滴圓參差失向兕羅
綿傾筐短甑蒸新鮮白苧眼細勻于研甎排古砌春苔
乾殷勤寄我清明前金槽無聲飛碧煙赤獸呵冰急鐵
喧林風夕和眞珠泉半匙青粉攪潺湲綠雲輕綰湘娥
鬟嘗來縱使重支枕蝴蝶寂寥空掩關〔僧〕皎然飲茶
歌送鄭容丹丘羽人輕玉食採茶飲之生羽翼名藏仙
府世空知骨化雲宮人不識雪山童子調金鐺楚人茶
經虛得名霜天半夜芳草折爛熳緗花啜又生賞君茶
味祛我疾使人胸中蕩憂慄日上香爐情未畢亂躑虎
溪雲高歌送君出〔宋〕歐陽修嘗新茶呈聖俞建安三

千里京師三月嘗新茶人情好先務取勝百物貴早相
矜誇年窮臘盡春欲動蟄雷未起驅龍蛇夜聞擊鼓滿
山谷千人助叫聲喊呀萬木寒癡睡不醒唯有此樹先
萌芽乃知此爲最靈物宜其獨得天地之英華終朝採
摘不盈掬通犀銙小圓復窊鄙哉穀雨槍與旗多不足
貴如刈麻建安太守急寄我香蒻包裹封題斜泉甘器
潔天色好坐中揀擇客亦嘉新香嫩色如始造不似來
遠從天涯停匙側盞試水路拭目向空看乳花可憐俗
夫把金錠猛火炙背如蝦蟆由來眞物有眞賞坐逢詩
老頻咨嗟須臾共起索酒飲何異奏雅終淫哇〔又〕韻
再作吾年向老世味薄所好未衰惟飲茶建溪苦遠雖

不到自少嘗見閩人誇每嗤江浙凡茗草叢生狠籍惟
藏蛇豈如含膏入香作金餅蜿蜒兩龍戲以呼其餘品
第亦奇絕愈小愈精皆露芽泛之白花如粉乳乍見紫
面生光華手持心愛不欲碾有類弄印幾成欲論功可
以療百疾輕身久服勝胡麻我謂斯言頗過矣其實最
能袪睡邪茶官貢餘偶分寄地遠物新來意嘉親烹屢
酌不知厭自謂此樂眞無涯未言久食成手顫已覺疾
飢生眼花客遭水厄疲捧碗口吻無異蝕月蟇僮奴傍
視疑復笑嗜好乖僻誠堪嗟更業酬句怪可駭兒曹助
噪聲哇哇〔雙井茶〕西江水清江石老石上生茶如鳳
爪窮臘不寒春氣早雙井茅生先百草白毛囊以紅碧

紗十觔茶養一兩芽長安富貴五侯家一啜猶須三日
誇寶雲日注非不精爭新棄舊世人情豈知君子有常
德至寶不隨時變易君不見建溪龍鳳團不改舊時香
味色〔送龍茶與許道人〕潁陽道士青霞客來似浮雲
去無蹟夜朝北斗太清壇不道姓名人不識我有龍團
古蒼璧九龍泉深一百尺憑君汲井試烹之不是人間
香味色〔鬭茶歌〕年年春自東南來建溪先暖水微開
溪邊奇茗冠天下武夷仙人從古栽新雷昨夜發何處
家家嬉笑穿雲去露芽錯落一番榮綴玉含珠散嘉樹
終朝采掇未盈襜唯求精粹不敢貪研膏焙乳有雅製
方中圭兮圓中蟾北苑將期獻天子林下雄豪先鬭美
鼎磨雲外首山銅瓶攜江上中泠水黃金碾畔綠塵飛
碧玉甌中翠濤起鬭茶味兮輕醍醐鬭茶香兮薄蘭芷
其間品第胡能欺十目視而十手指勝若登仙不可攀
輸同降將無窮恥吁嗟天產石上英論功不愧階前蓂
衆人之濁我可清千日之醉我可醒屈原試與招魂魄
劉伶却得聞雷霆盧仝敢不歌陸羽須作經森然萬象
中焉知無茶星商山丈人休茹芝首陽先生休采薇長
安酒價減千萬成都藥市無光輝不如仙山一啜好冷
然便欲乘風飛君莫羨花間女郎只鬭草贏得珠璣滿
斗歸〔梅堯臣次韻永叔嘗新茶〕自從陸羽生人間人
間相學事新茶當時採摘未甚盛或有高士燒竹煮泉

爲世誇入山乘露掇嫩觜林下不畏虎與蛇近年建安
所出勝天下貴賤求呀呀東溪北苑供御餘王家葉家
長白芽造成小餅若帶銙鬭浮鬭色矜夷華味甘迴甘
竟日在不比苦硬令舌窊此等莫與北俗道只解白土
和脂麻歐陽翰林最別識品第高下無欹斜晴明開軒
碾雪末衆客共賞皆稱嘉建安太守置書角青篛包封
來海涯淸明纔過巳到此正是洛陽人寄花兎毛紫盞
自相稱淸泉不必求蝦蟇石鏆煎湯銀梗打粟粒鋪面
人驚嗟詩腸久飢不禁力一啜入腹鳴咿哇〔和次韻〕
再作建溪茗株成大樹頗殊楚越所種茶先春喊山掐
白萼亦異鳥觜蜀客誇烹新鬭硬要咬盞不同飲酒爭

甞此從揉至碾用盡力只敢勝負相笑呀雖傳雙井與日注終是品格稱草芽歐陽翰林百事得精妙官職況已登清華昔得隴西大銅碾碾多歲久深且宏昨日寄來新鑄片包以篛篛纏以麻唯能驗喫任腹冷幸角酪酊冠弁斜人言飲多頭顫挑自欲清醒氣味嘉此病雖得優醉者醉來顛蹈禍莫涯不願清風生兩腋但願對竹兼對花還思退之在南方嘗說稍稍能啗蟇古之賢人尚若此我今貧陋休相嗟公不遺舊許頻往何必絲管喧咬哇〔黄庶家童來持雙井芽數數飲之輒成詩以示同舍〕我疑醇醲千古味寂寞散在山茶枝雙井名入天下耳建溪春色無光輝吾鄉茶友若敵國糞土尺

璧珍刀圭嗟予奔走車馬跡塵埃荆棘生喉頭煮雲爲腴不可見青泉綠樹應相嗤長鬚前日千里至百芽包裹林巖姿開緘春風若滿手喜氣收拾人恐知江南陽和夜欲試小齋獨與清風期汲得泉甘火亦得混沌不死詩書肥詩書坐對爲主客一啜已見流瀣醑通宵安穩睡物外家夢欲還不肯歸不信試來與君飲洗出正性還肝脾〔蘇軾試院煎茶〕蟹眼已過魚眼生颼颼欲作松風鳴蒙茸出磨細珠落眩轉遶甌飛雪輕銀瓶瀉湯誇第二未識古人煎水意君不見昔時李生好客手自煎貴從活火發新泉又不見今時潞公煎茶學西蜀定州花瓷琢紅玉我今貧病長苦飢分無玉盌捧蛾眉

且學公家作茗飲塼爐石銚行相隨不用撑腸拄腹文字五千卷但願一甌常及睡足日高時〔月兎茶〕環非環玦非玦中有迷離玉兎兒一似佳人帬上月月圓還缺缺還圓此月一缺圓何年君不見鬭茶公子不忍鬭小團上有雙銜綬帶雙飛鸞〔和錢安道寄惠建茶〕我官於南今幾時嘗盡溪茶與山茗胸中似記故人面口不能言心自省爲君細說我未暇試評其略差可聽建溪所產雖不同一一天與君子性森然可愛不可慢骨清肉膩和且正雪花雨脚何足道啜過始知眞味永縱復苦硬終可錄汲黯少戇寬饒猛草茶無賴空有名高者妖邪次頑懭體輕雖復強浮泛性滯偏工嘔酸冷其

間絶品豈不佳張禹縱賢非骨鯁葵花玉誇不易致道路幽嶮隔雲嶺誰知使者來自西開緘磊落收百餅嗅香嚼味本非別透紙自覺光炯炯粃糠團鳳友小龍奴隸日注臣雙井收藏愛惜待佳客不敢包裹鑽權倖此詩有味君勿傳空使時人怒生癭〔和蔣夔寄茶〕我生百事常隨緣四方水陸無不便扁舟渡江適吳越三年飲食窮芳鮮金虀玉膾飯炊雪海螯江柱初脫泉臨風飽食甘寢罷一甌花乳浮輕圓自從捨舟入東武沃野便到桑麻川翦毛胡羊大如馬誰記鹿角腥盤筵廚中蒸粟埋飯甕大杓更取酸生涎柘羅銅碾棄不用脂麻白土須盆研故人猶作舊眼看謂我好尚如當年沙谿

北苑强分別水脚一線爭誰先清詩兩幅寄千里紫金百餅費萬錢吟哦烹嘗兩奇絶只恐偷乞煩封纏老妻稚子不知愛一半已入薑鹽煎人生所遇無不可南北嗜好知誰賢死生禍福久不擇更論甘苦爭媸妍知君窮旅不自釋因詩寄謝聊相鐫（魯直以詩餽雙井茶次其韻爲謝）江夏無雙種奇茗汝陰六一誇新書磨成不敢付僮僕自看雪湯生璣珠列仙之儒瘠不腴只有病渴同相如明年我欲東南去畫舫何妨宿太湖（蘇轍和子瞻煎茶）年來病懶百不堪未廢飲食求芳甘煎茶舊法出西蜀水聲火候猶能諳相傳煎茶只煎水茶性仍存偏有味君不見閩中茶品天下高傾身事茶不

知勞又不見北方茗飲無不有鹽酪椒薑誇滿口我今倦遊思故鄉不學南方與北方銅鐺得火蚯蚓叫匙脚旋轉秋螢光何時茅簷歸去炙背讀文字遣兒折取枯竹女煎湯（陳襄古靈山試茶歌）乳源淺淺交寒石松花墮粉愁無色明皇玉女跨神雲鬬翦輕羅縷殘碧我聞巒山二月春方歸苦霧迷天新雪飛仙鼠潭邊蘭草齊霧芽吸盡香龍脂轆轤繩細井花暖香塵散碧瑠璃椀玉川冰骨照人寒瑟瑟祥風滿眼前紫屏冷落沉水烟山月堂軒金鴨眠麻姑癡煮丹井泉不識人間有上仙【原】（黄庭堅以雙井茶送子瞻）人間風日不到處天上玉堂森寶書想見東坡舊居士揮毫百斛瀉明珠我

家江南濟雲腴落磑霏霏雪不如爲君喚起黄州夢獨載扁舟向五湖（黄庭堅謝送碾賜壑源揀芽）矞雲從龍小蒼璧元豐至今人未識壑源包貢第一春緗奩碾香供玉食辟思殿東金井欄甘露薦椀天開顔橋山事嚴庀百局補衮諸公省中宿中人傳賜夜未央雨露恩光照宮燭左丞似是李元禮好事風流有涇渭肯憐天祿校書郎親勑家庭遣分似春風飽識大官羊不慣腐儒湯餅腸搜攪十年燈火讀令我胸中書傳香已戒應門老馬走客來問字莫載酒（以小團龍及半挺贈無咎并詩用前韻爲戲）我持玄圭與蒼璧以暗投人渠不識城南窮巷有佳人不索檳榔常晏食赤銅茗椀雨

斑斑銀粟翻光解破顔上有龍文下棋局擔囊贈君諾已宿此物已是元豐春先皇聖功調玉燭晁子胸中開典禮平生自期莘與渭故用澆君磊塊胸莫令鬢毛雪相似曲几蒲團聽煮湯煎成車聲繞羊腸雞蘇故麻留渴羌不應亂我官焙香肥如瓠壺鼻雷吼幸君飲此勿飲酒（以雙井茶送孔常父）校經同省並門居無日不聞公讀書故持茗椀澆舌本要聽六經如貫珠心知韻勝舌知腴何似寶雲與真如湯餅作魔應午寢慰公渴夢吞江湖（博士王揚休碾密雲龍同事十三人飲之戲作）矞雲蒼璧小盤龍貢包新樣出元豐王郎坦腹飯牀東大官分物來婦翁棘圍深鎖武成宮談天進士雕

虛空鳴鳩欲雨喚雌雄南嶺北嶺宮徵同午甌欲眠覷
濛濛喜君開包礙春風注湯官焙香出籠非君灌頂甘
露椀幾爲談天乾舌本　答黃冕仲索煎雙井并簡揚
休江夏無雙乃吾宗同舍頗似王安豐能澆茗椀湔祓
我風袂欲挹浮丘翁吾宗落筆賞幽事秋月下照澄江
空家山鷹爪是小草敢與好賜雲龍同不嫌水厄幸來
辱寒泉湯鼎聽松風夜堂朱墨小燈籠惜無纖纖來捧
椀唯倚新詩可傳本　謝劉景文送團茶劉侯惠我大
玄璧上有雌雄雙鳳跡鵝溪水練落春雪粟面一杯增
目力劉侯惠我小玄璧自裁半璧煮瓊糜收藏殘月惜
未碾直待匡衡來說詩絳囊團團餘幾璧因來送我公

莫惜箇中渴羌飽湯餅雞蘇胡麻煮同喫　晁補之次
韻魯直謝李左丞送茶都城米貴斗論璧長飢茗椀無
從識道和何暇索檳榔慚愧雲龍羞肉食鑿源萬晦不
作欄上春伐鼓驚山顛遲封進御官有局夜行初不更
驛宿冰融太液俱未知寒食新苞隨賜燭建安一水去
兩水易較豈如涇與渭左丞分送天上餘我試比方良
有似月團清潤珍黎羊葵花瑣細胃與腸可憐賦罷羣
玉晚寧憶睡餘雙井香大勝膠西蘇太守茶湯不美誇
薄酒　魯直復以詩送茶云願君飲此勿飲酒次韻相
茶眞似石髓璧至精那可皮膚識溪芽不給萬口須往
往山毛俱入食雲龍正用例近班乞與麤官誠䩄顏崇

朝一盌坐官局申旦形清不成宿平生樂此臭味同故
人貽我情相燭黃侯發軔日千里天育收駒自汧渭車
聲出鼎細九盤如此佳句誰能似遣試齊民蟹眼湯扶
起醉頭簡腐腸頗類他時玉川子破鼻竹林風送香吾
儕網事動不朽但讀離騷可無酒　晁沖之陸元鈞宰
寄日注茶我昔不知風雅頌草木獨遺茶比諷陋哉徐
鉉說茶苦欲與淇園竹同棰又疑禹漏稅九州橘柚當
年錯包貢腐儒妄測聖人意遠物勞民亦安用含桃熟
薦當在盤荔子生來枉飛鞚羊羹異好亦何有蜡菜殊
珍要非奉君家季疵眞禍首毀論徒勞世仍重爭新鬭
試誇擊拂風俗移人可深痛老夫病渴手自煎嗜好悠

悠亦從衆更煩小陸分日注密封細字蠻奴送槍旗却
憶採擷初雪花似是雲溪動更期遺我但敲門玉川無
復周公夢　簡江子之求茶政和密雲不作團小銙寸
許蒼龍蟠金花絳囊如截玉綠面彷彿松溪寒人間此
品那可得三年聞有終未識老夫于此百不忙飽食但
苦夏日長北窗無風睡不解齒頰苦澀思清涼故人新
除協律郎交遊多在白玉堂揀芽鬭銙皆飫嘗幸爲傳
聲李太府煩渠折簡買頭綱　楊萬里澹菴坐上觀顯
上人分茶分茶何似煎茶好煎茶不似分茶巧蒸水老
禪弄泉手隆興元春新玉爪二者相遭兔甌面怪怪奇
奇眞善幻紛如擘絮行太空影落寒江能萬變銀瓶首

下仍尻高注湯作字勢嫖姚不須更師屋漏法只問此瓶當響答紫微仙人烏角巾喚我起看清風生京塵滿袖思一洗病眼生花得再明漢鼎難調要公理策勳茗椀非公事不如回施與寒儒歸讀茶經傳衲子　（謝木龍之舍人送講筵賜茶）吳綾縫囊染菊水蠻砂塗印題進字淳熙錫貢新水芽天珍誤落黃茅地故人鸞渚紫微郎金華講徹花草香宣賜龍焙第一綱殿上走趨明月璫御前啜罷三危露滿袖香煙懷璧去歸來拈出兩蜿蜒雷電晦冥驚破柱北苑龍芽内樣新銅圍銀範鑄瓊塵九天寶月霏五雲玉龍雙舞黃金鱗老夫平生愛煮茗十年燒穿折脚鼎下山汲井得甘冷上山摘芽得

苦梗何曾夢到龍遊窠何曾夢喫龍芽茶故人分送玉川子春風來自玉皇家鍜圭椎璧調冰水烹龍炰鳳搜肝髓石花紫筍可衙官赤印白泥牛走雨故人氣味茶樣清故人風骨茶樣明開緘不但似見面叩之咳唾金玉聲麴生勸人墮巾幘睡魔遣我抛書冊老夫七椀病未能一啜猶堪坐秋夕　（葛長庚茶歌）柳眼偷看梅花飛百花頭上東風吹壑源春到不知時霹靂一聲驚曉枝枝頭未敢展槍旗吐玉綴金先獻奇雀舌含春不解語只有曉露晨煙知帶露和煙摘歸去蒸來細搗幾千杵捏作月團三百片火候調勻文與武碾邊飛絮捲玉塵磨下落珠散金縷首山黃銅鑄小鐺活火新泉自烹

煮蟹眼已沒魚眼浮颼颼松聲送風雨定州紅玉琢花甆瑞雪滿甌浮白乳綠雲入口生香風滿口蘭芷香無窮兩腋颼颼毛竅通洗盡枯腸萬事空君不見孟諫議送茶驚起盧仝睡又不見白居易饋茶喚醒禹錫醉陸羽作茶經曹暉作茶銘文正范公對茶笑紗帽籠頭煎石銚素虛見雨如丹砂點作滿盞菖蒲花東坡深得煎水法酒闌往往覓一呷趙州夢裏見南泉愛結焚香瀹茗緣吾儕烹茶有滋味華池神水先調試丹田一畝自栽培金翁姹女採歸來天爐地鼎依時節煉作黃芽烹白雪味如甘露勝醍醐服之頓覺沉疴甦身輕便欲登天衢不知天上有茶無　（元洪希文煮土茶歌）論茶自

古稱壑源品水無出中濡泉莆中苦茶出土產鄉味自汲井水煎器新火活清味永且從平地休登仙王侯第宅鬬絕品揣分不到山翁前臨風一啜心自省此意莫與他人傳　（謝應芳陽羨茶）南山茶樹化劫灰白蛇無復銜子來頻年雨露養遺植先春粟粒珠含胎待看茶焙春煙起箬籠封春貢天子誰能遺我小團月煙火肺肝令一洗　（明高啓采茶詞）雷過溪山碧雲暖幽叢半吐槍旗短銀釵女兒相應歌筐中摘得誰最多歸來清香猶在手高品先將呈太守竹爐新焙未得嘗籠盛販與湖南商山家不解種禾黍衣食年年在春雨　原（王世貞試虎丘茶）洪都鶴嶺太麓生北苑鳳團先一鳴虎

丘晚出穀雨候百草斕品皆爲輕慧水不肯甘第二擬借春芽冠春意陸郎爲我手自煎松飈寫出眞珠泉君不見蒙頂空勞篤巴蜀定紅輪却宜蕘玉甌根麥粉塡調飢鼎沙捧出雙蛾眉搦筝炙管且未要隱囊筠榻須相隨最宜纖指就一吸半醉倦讀離騷時　于若瀛龍井茶　西湖之西開龍井烟霞近接南峯嶺飛流密汨寫幽壑石磴紆曲片雲冷拄杖尋源到上方松枝半落澄潭靜銅瓶試取烹新茶濤起龍團沸穀芽中頂無須憂獸跡湖州豈懼涸金沙漫道白芽雙井嫩未必紅泥方印嘉世人品茶未嘗見但說天池與陽羨豈知新茗煮新泉團黃分冽浮甌面一槍浪自附三篇一串應輸錢五萬

五言律詩　增　唐皇甫冉送陸鴻漸棲霞寺採茶　採茶非採菉遠遠上層崖布葉春風暖盈筐白日斜舊知山寺路時宿野人家借問王孫草何時泛椀花　送陸鴻漸山人採茶　千峯待逋客香茗復叢生採摘知深處烟霞羨獨行幽期山寺遠野飯石泉淸寂寂燃燈夜相思一磬聲　錢起過長孫宅與郎上人茶會　偶與息心侶忘歸才子家玄談兼藻思綠茗代榴花岸幘看雲卷含毫任景斜松喬若逢此不復醉流霞　宋梅堯臣穎公遺碧霄峯茗　到山春已晚何更有新茶峯頂應多雨天寒始發芽採時林狖靜蒸處石泉嘉持作衣囊祕分來五柳家　蘇軾怡然以垂雲新茶見餉報以大龍團仍戲作小詩　妙供來香積珍烹具大官揀芽分雀舌賜茗出龍團曉日雲菴暖春風浴殿寒聊將試道眼莫作兩般看　黃庭堅寄新茶與南禪師　筠焙熟香茶能醫病眼花因甘野夫食聊寄法王家石鉢收雲液銅缾煮露華一甌資舌本吾欲問三車　曾幾謝人送壑源絕品云九重所賜也　三伏汗如雨終朝沾我裳誰分金掌露來作玉溪涼別甑軟炊飯小爐深炷香麯生何等物不與汝同鄉　述姪餉日注茶　寶銙自不乏山芽安可無子能來日注吾得具風爐夏木囀黃鳥僧窻行白駒談多唤坐睡此味政時須　陸游北巖採新茶用忘懷錄中法煎飲　槐火初鑽燧松風自候湯攜籃苔徑遠落爪雪

芽長細啜襟靈爽微吟齒頰香歸時更淸絕竹影踏斜陽　徐照謝徐璣惠茶　建山惟上貢采擷極艱辛不擬分奇品遥將寄野人角開秋月滿香入井泉新靜室無來客碑黏陸羽眞

七言律詩　增　唐白居易謝李六郎中寄新蜀茶　故情周匝向交親新茗分張及病身紅紙一封書後信綠芽十片火前春湯添勺水煎魚眼末下刀圭攪麯塵不寄他人先寄我應緣我是別茶人　李郢酬友人春暮寄枳花茶　昨日東風吹枳花酒醒春晚一甌茶如雲正護幽人塹似雪纔分野老家金餅拍成和雨露玉塵煎出照

煙霞相如病渴今全校不羨生臺白頸鴉 〔薛能謝劉相公寄天柱茶〕兩串春團敵夜光名題天柱印維揚偷嫌曼倩桃無味擣覺嫦娥藥不香惜恐被分緣利市盡應難覓爲供堂麤官寄與眞抛却賴有詩情合得嘗

【原】〔鄭谷峽中嘗茶〕簇簇新英摘露光小江園裏火煎嘗吳僧漫說鴉山好蜀叟休誇鳥觜香入座半甌輕泛綠開緘數片淺含黃鹿門病客不歸去酒渴更知春味長

【增】〔徐寅尚書惠蠟面茶〕武夷春暖月初圓採摘新芽獻地仙飛鵲印成香蠟片啼猿溪走木蘭船金槽和碾沉香末冰椀輕涵翠縷煙分贈恩深知最異晚鐺宜煮北山泉 〔劉兼從弟舍人惠茶〕曾求芳茗貢蕪詞果沐

頒霑味甚奇龜背起紋輕炙處雲頭翻液乍烹時老丞倦悶偏宜矣舊客過從別有之珍重宗親相寄惠水亭山閣自攜持 〔宋王禹偁龍鳳茶〕樣標龍鳳號題新賜得還因作近臣烹處豈期商嶺水碾時空想建溪春香于九畹芳蘭氣圓似三秋皓月輪愛惜不嘗惟恐盡除將供養白頭親 〔趙抃次謝許少卿寄臥龍山茶〕越芽遠寄入都時酬唱珍誇互見詩紫玉叢中觀雨脚翠峯頂上摘雲旗啜多思爽都忘寐吟苦更長了不知想到明年公進用臥龍春色自遲遲 〔歐陽修和梅公儀嘗建茶〕溪山擊鼓助雷驚逗曉靈芽發翠莖摘處兩旗香可愛貢來雙鳳品尤精寒侵病骨惟思睡花落春愁未解酲喜共紫甌吟且酌羨君瀟灑有餘清 〔梅堯臣和杜相公謝蔡君謨寄茶〕天子歲嘗龍焙茶茶官催摘雨前芽團香已入中都府鬬品爭傳太傅家小石冷泉留早味紫泥新品泛春華吳中內史才多少從此蓴羹不足誇 〔嘗茶和公儀〕都藍攜具上都堂碾破雲團北焙香湯嫩水輕花不散口甘神爽味偏長莫誇李白仙人掌且作盧仝走筆章亦欲清風生兩腋從教吹去月輪傍 〔蔡襄和孫之翰謝寄茶〕北苑靈芽天下精要須寒過入春生故人偏愛雲腴白佳句遙傳玉律清衰病萬緣皆絕慮甘香一事未忘情封題盡是山家寶盡日虛堂試品程 〔和杜相公謝寄茶〕破春龍焙走新茶盡是

西溪近社芽纔拆緘封思退傅爲留甘旨減藏家鮮明香色凝雲液清澈神情敵露華却笑盧仝陸鴻漸曾無賢相作詩誇 〔蘇軾新茶送簽判程朝奉以饋其母有詩相謝次韻荅之〕縫衣送與溧陽尉舍肉懷歸穎谷封聞道平反供一笑會須難老待千鍾火前試焙分新銙雪裏頭綱輟賜龍從此升堂是兄弟一甌林下記相逢 〔次韻曹輔寄壑源試焙新芽〕仙山靈草濕行雲洗遍香肌粉未勻明月來投玉川子清風吹破武林春要知玉雪心腸好不是膏油首面新戲作小詩君勿笑從來佳茗似佳人 〔汲江煎茶〕活水還須活火煎自臨釣石取深清大瓢貯月歸春甕小杓分江入夜餅雪乳已翻

煎處脚松風忽作瀉時聲枯腸未易禁三椀坐聽荒城長短更（蘇轍次韻李公擇以惠泉荅章子厚新茶無錫銅瓶手自持新芽顧渚近相思故人贈荅無千里好事安排巧一時蟹眼煎成聲未老兎毛傾看色尤宜槍旗攜到齊西境更試城南金線奇　新詩態度靄春雲肯把篇章枉與人性似好茶常自養交如泉水久彌親睡濃正想羅聲發食飽尤便粥面勻底處翰林長外補明年誰送雪溪春（宋城宰韓秉文惠日鑄茶君家日鑄山前住冬後茶芽麥粒麤磨轉春雷飛白雪甌傾錫水散凝酥谿山去眼塵生面簿領埋頭汗匝膚一啜更能分幕府定應知我俗人無（次前韻龍鸞僅比閩團

釀鹽酪應嫌北俗麤採愧吳僧身似腊點須越女手如酥舌根遺味輕浮齒腋下清風稍襲膚七椀未容留客試瓶中數問有餘無　王令謝張和仲惠寶雲茶故人有意眞憐我靈荈封題寄蓽門與療文園消渴病還招楚客獨醒魂烹來似帶吳雲脚摘處應無穀雨痕果肯同嘗竹林下寒泉猶有惠山存　秦觀次韻謝李安上惠茶故人早歲佩飛霞故遣長鬚致茗芽寒橐遽收諸品玉午甌初試一團花著書懶復追鴻漸辨水猶能效易牙從此道山春困少黃書剩校兩三家　宋松荅卓民表送茶攪雲飛雪一番新誰念幽人尚食陳髣髴三生玉川子破除千餅建溪春喚回窈窈清都夢洗盡蓬

蓬渴肺塵便欲乘風度芹水却愁役猾得君嗔（周必大次韻王少府送蕉坑茶昏然午枕困漳濱醒以清風頼子眞初似參禪逢硬語久如味諫得端人王程不趁清明宴野老先分浩蕩春敢向柘羅評緑玉待君同碾試飛塵（胡邦衡生日以詩送北苑八銙日注二瓶賀客稱觴集冠霞懸知酒渴正思茶尚書八餅分閩焙主簿雙瓶揀越芽妙手合調金鼎鉉清風穩到玉皇家明年勅使宣臺饋莫忘幽人賦葉嘉（尚長道見和次韻鍾山處士映高霞止酒惟親睡起茶遠向溪邊尋活水閒于竹裏試陽芽一甌休問帝前席七椀且同僧在家所愧叔孫無五善若爲重拜晉君嘉（陸游試茶蒼爪

初驚鷹脫韝得湯已見玉花浮睡魔何止避三舍歡伯直知輸一籌日鑄焙香懷舊隱谷簾試水憶西遊銀缾銅碾俱官樣恨欠纖纖爲捧甌（喜得建茶玉食何由到草萊重奩初喜坼封開雪霏庾嶺紅絲磑乳泛閩溪緑地材舌本常留甘盡日鼻端無復鼾如雷故應不負朋遊意手挈風爐竹下來　效蜀人煎茶戲作長句午枕初回夢蝶牀紅絲小磑破旗槍正須山石龍頭鼎一試風爐蟹眼湯巖電已能開倦眼春雷不許殷枯腸飯囊酒瓮紛紛是誰賞蒙山紫筍香　楊萬里以六一泉煮雙井茶鷹爪新茶蟹眼湯松風鳴雪兎毫霜細參六一泉中味故有涪翁句子香日注建溪當近舍落霞秋

水夢還鄉何時歸上滕王閣自看風爐自煮嘗〔陳蹇
叔郎中出閩漕別送新茶李聖俞郎中出手分似〕頭綱
別樣建溪春小璧蒼龍浪得名細瀉谷簾珠顆露打成
寒食杏花餳鷓鴣椀面雲縈字兎褐甌心雪作泓不待
清風生兩腋清風先向舌端生〔方岳趙龍學寄陽羨
茶爲汲蜀井對瓊花烹之〕三印誰分陽羨茶自煎蜀井
瀹瓊花數間明月玉川屋兩腋清風銀漢槎團鳳烹來
奴僕等老龍畢竟當行家相思幾夢山陰雪搜攪平生
書五車〔釋惠洪與客啜茶戲成〕道人要我煮溫山似
識相如病裏顏金鼎浪翻螃蟹眼玉甌紋刷鷓鴣斑津
津白乳衡眉上拂拂清風產腋間喚起睛聰春晝夢絕

憐佳味少人攀〔元劉秉忠嘗雲芝茶〕鐵色皺皮帶老
霜含英咀美人詩腸舌根未得天真味鼻觀先通聖妙
香海上精華難品第江南草木屬尋常待將膚湊浸微
汗毛骨生風六月凉〔耶律楚材西域從王君玉乞茶
因其韻七首〕積年不啜建溪茶心竅黃塵塞五車碧玉
甌中思雪浪黃金碾畔憶雷芽盧仝七椀詩難得諗老
三甌夢亦賒敢乞君侯分數餅暫教清興繞煙霞　厚
意江洪絕品茶先生分出滿輪車雪花灩灩浮金蘂玉
屑紛紛碎白芽破夢一杯非易得搜腸三椀不能賒瓊
甌啜罷酬平昔便看西山插翠霞　高人惠我嶺南茶
爛賞飛花雪沒車玉屑三甌烹嫩蘂青旗一葉碾新芽

傾令寃臾詩魂爽便覺紅塵客夢賒兩腋清風生坐榻
幽歡遠勝泛流霞　酒仙飄逸不知茶可笑流涎見麴
車玉杵和雲舂素月金刀帶雨剪黃芽試將綺語求茶
飲特勝春衫把酒賒啜罷神清淡無寐塵囂身世便雲
霞　長笑劉伶不識茶胡爲買鍤謾隨車蕭蕭暮雨雲
千頃隱隱春雷玉一芽建郡深甌吳地遠金山佳水楚
江賒紅爐石鼎烹團月一椀和香吸碧霞　枯腸搜盡
數杯茶千卷胸中到幾車湯響松風三昧手雪香雷震
一槍芽滿囊垂賜情何厚萬里攜來路更賒清興無涯
騰八表騎鯨踏破赤城霞　啜罷江南一椀茶枯腸歷
歷走雷車黃金小碾飛瓊屑碧玉深甌點雪芽筆陣陳

兵詩思勇睡魔卷甲夢魂賒精神爽逸無餘事臥看殘
陽補斷霞〔謝宗可茶筅〕此君一節瑩無瑕夜聽松聲
漱玉華萬縷引風歸蟹眼半瓶飛雪起龍牙香凝翠髮
雲生脚溼滿蒼髯浪捲花到手纖毫皆盡力多因不負
玉川家〔謝應方寄題無錫錢仲毅煮茗軒〕聚蚊金谷
任葷羶煮茗留人也自賢三百小團陽羨月尋常新汲
惠山泉星飛白石童敲火烟出青林鶴上天午夢覺來
湯欲沸松風吹響竹爐邊　原〔明文徵明煎茶〕嫩湯自
候魚生眼新茗還誇翠展旗穀雨江南佳節近惠山泉
下小船歸山人紗帽籠頭處禪榻風花遶鬢飛酒客不
通塵夢醒臥看春日下松扉　增〔徐渭某伯子惠虎丘

茗謝之虎丘春茗妙烘蒸七椀何愁不上升青箬舊封題穀雨紫砂新礶買宜興却從梅月橫三弄細攪松風炧一燈合向吳儂彤管說好將書上玉壺冰（潘允哲謝人惠茶）長日燕臺正憶家故人新惠故園茶茸分玉碾聞蘭氣火煖金鐺見雪花漫道玉川陽羨藥還如鴻漸建溪芽泠然一啜煩襟滌欲御天風弄紫霞（陳繼儒）山中日日試新泉君合前身老玉川石枕月侵蕉葉夢竹爐風軟落花烟點來直是窺三昧醒後翻能賦百篇却笑當年醉鄉子一生虛擲杖頭錢

五言排律 增 唐姚合寄楊工部聞毗陵舍弟自罨溪入茶山采茶溪路好花影半浮沉畫舸僧同上春山客共尋芳新生石際幽嫩在山陰色是春光染香驚日色侵試嘗應酒醒封進定恩深芳貽千里外怡怡太府吟杜牧題宜興茶山山實東吳秀茶稱瑞草魁剖符雖俗吏修貢亦仙才溪盡停蠻棹旗張卓翠苔柳村穿窈窕松澗度喧豗等級雲峯峻寬平洞府開拂天聞笑語特地見樓臺泉嫩黃金湧牙香紫璧裁拜章期沃日輕騎疾奔雷舞袖嵐侵澗歌聲谷荅迴磬音藏葉鳥雪豔照潭梅好是全家到兼為奉詔來樹陰香作帳花逕落成堆景物殘三月登臨愴一杯重遊難自尅俛首入塵埃 原 曹鄴故人寄茶劍外九華英緘題下玉京開時微月上碾處亂泉聲半夜招僧至孤吟對月烹碧沉霞脚

碎香泛乳花輕六腑睡神去數朝詩思清用餘不敢費留伴肘書行（薛能蜀州鄭使君寄鳥觜茶）鳥觜擷渾芽精靈勝鏌鎁烹嘗方帶酒滋味更無茶拒碾乾聲細撐封利穎斜銜蘆齊勁實啄木聚菁華鹽損添常誡薑宜著更誇得來拋道藥攜去就僧家旋覺前甌淺還愁後信賒千慙故人意此惠敵丹砂 增 宋王禹偁茶園十二韻）勤王修歲貢晚駕過郊原蔽芾餘千本青葱共一園芽新撐老葉土軟迸新根舌小侔黃雀毛獰摘綠猿出蒸香更別入焙火微溫採近桐華節生無穀雨痕緘縢防遠道進獻趁頭番待破華胥夢元經閶闔門汲泉鳴玉甃開宴壓瑤罇茂育知天意甄收荷主恩沃心同直諫苦口類嘉言未復金鑾召年年奉至尊（丁謂北苑茶）北苑龍茶著甘鮮的是珍四方惟數此萬物更無新纔吐微茫綠初沾少許春散尋縈樹徧急採上山頻宿葉寒猶在芳芽冷未伸茅茨溪上焙籃籠雨中民長疾勾萌拆開齊分兩勻帶煙蒸雀舌和露疊龍鱗作貢勝諸道先嘗祇一人緘封瞻闕下郵傳渡江濱特旨留丹禁殊恩賜近臣啜將靈藥助用與上尊親投進英華盡初烹氣味真細香勝却麝淺色過於筠顧渚慙投木宜都愧積薪年年號供御天產壯甌閩

七言排律 增 （宋余靖和伯恭自造新茶）郡庭無事即仙家野圃栽成紫筍茶疏雨半晴回暖氣輕雷初過得新

芽烘碾精謹松齋靜採擷縈迂澗路斜江水灣煎莽影鬭越甌新試雪交加一槍試焙春尤早三盞搜腸句更嘉多謝彩箋貽雅貺想資詩筆思無涯

五言絕句【增】唐張籍和韋開州盛山茶嶺　紫芽連白蘂初向嶺頭生自看家人摘尋常觸露行　白居易山泉煎茶有懷　坐酌泠泠水看煎瑟瑟塵無由持一盌寄與愛茶人　宋蘇軾贈包安靜先生　皓色生甌面堪稱雪見羞東坡調詩腹今夜睡應休　建茶三十片不審味如何奉贈包居士僧房戰睡魔　朱子茶坂　攜籯北嶺西采擷供茗飲一啜夜戀寒跏趺謝衾枕

七言絕句【增】唐錢起與趙莒茶宴　竹下忘言對紫茶全

勝羽客醉流霞塵心洗盡興難盡一樹蟬聲片影斜　盧綸新茶詠寄上西川相公二十三舅大夫二十舅　三獻蓬萊始一嘗日調金鼎閣芳香貯之玉合才半餅寄與阿連題數行　劉禹錫嘗茶　生拍芳叢鷹觜芽老郎封寄謫仙家今宵更有湘江月照出霏霏滿盌花　白居易蕭員外寄新蜀茶　蜀茶寄到但驚新渭水煎來始覺珍滿甌似乳堪持翫況是春深酒渴人　施肩吾蜀茗詞　越椀初盛蜀茗新薄煙輕處攪來勻山僧問我將何比欲道瓊漿却畏嗔　姚合乞新茶　嫩綠微黃碧澗春采時聞道斷葷辛不將錢買將詩乞借問山翁有幾人　李群玉答友寄新茗　滿火芳香碾麴塵吳甌湘水綠花新愧君千里分滋味寄與春風酒渴人　陸希聲茗坡　二月山家穀雨天半坡芳茗露華鮮春醒酒病兼消渴惜取新芽旋摘煎　成彥雄煎茶　岳寺春深睡起時虎跑泉畔思遲遲蜀茶倩箇雲僧碾自拾枯松三四枝　崔道融謝朱常侍寄貺蜀茶　瑟瑟香塵瑟瑟泉驚風驟雨起爐烟一甌解却山中醉便覺身輕欲上天　僧靈一與亢居士青山潭飲茶　野泉烟火白雲間坐飲香茶愛此山巖下維舟不忍去青溪流水暮潺潺　宋林逋烹北苑茶有懷　石碾輕飛瑟瑟塵乳花烹出建溪春人間絕品應難識閑對茶經憶故人　歐陽修和原父揚州時會堂　憶昔嘗修守臣職先春自探兩旗開誰

知白首來辭禁得與金鑾賜一杯　梅堯臣七寶茶　七物甘香雜蘂茶浮花泛綠亂於霞啜之始覺君恩重休作尋常一等誇　曾鞏閏正月十一日呂殿丞寄新茶　偏得朝陽借力催千金一銙過溪來曾坑貢後春猶早海上先嘗第一杯　寄獻新茶　種處地靈偏得日摘時春早未聞雷京師萬里爭先到應得慈親手自開　蹇磻翁寄新茶二首　龍焙嘗茶第一人最憐溪岸兩旗新肯分方銙醒衰思應恐慵眠過一春　貢時天上雙龍去鬭處人間一水爭分得餘甘慰憔悴碾嘗終夜骨毛清　嘗新茶　麥粒收來品絕倫葵花製出樣爭新一杯永日醒雙眼草木英華信有神　王安石寄茶與和甫

綵絲縫囊海上舟月團蒼潤紫烟浮集英殿裏春風曉分到并門想麥秋〔寄茶與平甫〕碧月團團墮九天封題寄與洛中仙石樓試水宜頻啜金谷看花莫漫煎〔黃庭堅戲答荆州王克道烹茶二首〕茗椀難加酒椀醇暫時扶起藉糟人何須忍垢不濯足苦學梁州陰子春　龍焙東風魚眼湯箇中即是白雲鄉更煎雙井蒼鷹爪始耐落花春日長〔謝公擇舊分賜茶三首〕外家新賜蒼龍璧北焙風烟天上來明日蓬山破寒月先甘和夢聽春雷　文書滿案惟生睡夢裏鳴鳩喚雨來乞與降魔大圓鏡眞成破柱作驚雷　細題葉字包青箬割取丘郎春信來拚洗一春湯餅睡亦知清夜有蚊雷

〔以潞公所惠揀芽送公擇次舊韻〕慶雲十六升龍樣國老元年密賜來披拂龍文射牛斗外家英鑒似張雷〔奉同公擇作揀芽詠〕赤囊歲上雙龍璧曾見前朝盛事來想得天香隨御所延春閣道轉輕雷〔今歲官茶極妙難爲賞音者戲作兩詩用前韻〕雞酥狗蝨難同味懷取君恩歸去來青蒻湖邊尋顧陸白蓮社裏覓宗雷　乳花翻椀正眉開時若渴羌衝熱來知味者誰心已許維摩雖黙語如雷〔奉同六舅尚書詠茶碾煎烹三首〕要及新香碾一杯不應傳寶到雲來碎身粉骨方餘味莫厭聲喧萬壑雷　風爐小鼎不須催魚眼長隨蟹眼來深注寒泉收第一亦防枵腹爆乾雷　乳粥瓊糜露脚回色香味觸映根來睡魔有耳不及掩直拂繩牀過疾雷〔謝人惠茶〕一規蒼玉琢蜿蜒藉有佳人錦段鮮莫笑持歸淮海去爲君重試大明泉〔晁補之和答曾敬之祕書見招能賦堂烹茶〕玉泉吟鼎月團輪姑射風標雨絶塵只欠何郎戀畔雪戎葵爲我作餘春　一甌分來百越春玉溪小暑却宜人紅塵他日同回首能賦堂中偶坐身〔又韻提刑毅甫送茶〕炰羔煮餅漸宜黍愁絶江南一味眞健步遠梅安用插鳴鴣金盞有餘春〔孫覿李茂嘉寄茶〕蠻珍分到謫仙家斷璧殘璋裹絳紗擬把金釵候湯眼不將白玉伴脂麻　〔周必大送陸務觀赴七閩提舉常平茶事〕暮年桑苧毁茶經應爲征

行不到閩今有雲孫持使節好因貢焙祀茶人〔陸游同何元立蔡肩吾至東丁院汲泉煮茶〕雲芽近自峩眉得不減紅囊顧渚春旋置風爐清樾下他年奇事屬三人　〔飯罷碾茶戲書〕江風吹雨暗衡門手碾新茶破睡昏小餅龍團供玉食今年也到浣花村　〔試茶〕北窗高臥鼾如雷誰遣香茶挽夢回綠地毫甌雪花乳不妨也道入閩來　〔晝臥聞碾茶〕小醉初消日未晡幽窗催破紫雲腴玉川七碗何須爾銅碾聲中睡已無　〔戴昺嘗茶〕自汲香泉帶落花漫燒石鼎試新茶綠陰天氣閒庭院臥聽黃蜂報晚衙　〔徐意一北苑茶詞〕官焙春綱入貢時擣頭獵獵小黃旗甘香不淺嘗陽羨寄侍天顏喜

可知〔金劉著伯堅惠新茶〕建溪玉餅號無雙雙井爲
奴日鑄降忽聽松風翻蟹眼却疑春雪落寒江〔馮璧
東坡海南烹茶圖〕滿筵分賜密雲龍春夢分明覺亦空
地惡九鑽黎洞火天游兩腋玉川風〔明施漸贈歐道
士賣茶〕靜守黃庭不煉丹因貧却得一身閑自看火候
蒸茶熟野鹿銜筐送下山〔陸容送茶僧〕江南風致說
僧家石上清香竹裏茶法藏名僧知更好香烟茶暈滿
袈裟【原】〔王德操謝人送茶〕穀雨年年僧送茶近來無
復及貧家伏龍手製能分餉活火新泉試落霞

佩文齋廣羣芳譜卷第二十

佩文齋廣羣芳譜卷第二十一

茶譜

茶四

【集藻】詩散句【增】〔宋沈遼〕新陽一日至東風方獵獵百草
尚句萌靈芽已先擷所採僅毛髮厥工巧烹變甘泉列
益翁熾炭浩旁疊修竹爲之規黃金爲之棫形摹各臻
妙製作易妥帖至尊所虛佇守臣方惕懼其上爲虬龍
蜿蜒奮鱗鬣稍降乃交鳳文翼相盤貼函封趨北道驛
使互防挾四方老金玉議論誰敢輙〔徐璣〕臘餘春未
新素質蘊芳菲千夫喈登隴叫嘯風雷隨雪芽細若針
一夕吐淸奇天地發寶秘鬼神不敢知舊制尊御膳授

職各有司分綱製品目薄尉監視之雖有領督官安敢
專所爲初綱七七銙次綱數弗差一以薦郊廟二以淪
賓夷天子且謙受他人奚可希〔唐鄭遇〕嫩芽香且靈
吾謂草中英夜月和烟擣寒爐對雪烹〔宋梅堯臣〕十
片建溪春乾雲碾作塵天王初受貢楚客已烹新〔張
商英〕鑿源山勢上連雲金占南州第一春自有化工鍾
粹氣特生靈葉奉嚴宸〔楊萬里〕白錦秋鷹微露爪靑
璐曉樹未成芽松梢鼓吹濤翻鼎颶面雲烟乳作花〔
鄭清之〕一杯春露暫留客兩腋淸風幾欲仙可但喚回
槐國夢不妨更樂趙州禪〔戴翼〕驕客醉眠腸正苦睡
魔退聽骨先寒未堪八餅供能焙且遣一旗畚虎壇

增晉張載芳茶冠六情溢味播九區　唐杜甫落日平
臺上春風啜茗時　張籍藥看辰日合茶過卯時煎
原白居易留餳和冷粥出火煮新茶　增于鵠鹿裘長
酒氣茅屋有茶烟　溫庭筠採茶溪樹綠煮藥石泉清
許渾曬藥竹齋暖擣茶松院深　宋錢惟演春茶泛
雲液曉飯薦蘭蓀　宋庠香濃烟穗直色嫩乳花圓
宋祁甌潔凝芳乳羅纖撼縹塵　梅堯臣湯嫩乳花浮
香新舌甘永　歐陽修共約試新茶槍旗幾時綠　王
安石酒醪猶美好茶荈正芳新　原蘇軾赤泥開方印
紫餅截圓玉　黃庭堅建溪有靈草能蛻詩人骨　增
陸游兎甌泛玉塵香雪兩超勝　張舜民玉尺鋒稜聳

銀槽樸度衣　戴復古開甕嘗春酒烹山摘早茶　陳
與義何以同歲暮共此晴雲椀　原明陸樹聲風鼎翻
雲液春芽熟乳花　增唐李嘉祐幸有香茶留釋子不
堪秋草送王孫　白居易問吟工部新來句渴飲毘陵
遠到茶　春風小榼三升酒寒食深爐一椀茶　李涉
山中竭來採新茗新花亂發前山頂　崔珏銀甌貯泥
水一掬松雨聲來乳花熟　宋宋祁初筍一槍知採候
亂花三沸記烹時　文彥博舊譜最稱蒙頂味露芽雲
液勝醍醐　余靖僧來便學嘗茶訣白乳旗槍帶露收
梅堯臣揀芽幾日始能就碾月一罌初寄來　王珪
雲疊亂花爭一水鳳團雙影貢先春　黃裳簡宿雨一

番蔬甲嫩春山幾倍茗旗香　蘇軾獨攜天上小團月
來試人間第二泉　紅焙淺甌新活火龍團小碾鬭晴
窗　何須魏帝一丸藥且盡盧仝七椀茶　上人問我
遲留意待賜頭綱八餅茶　張舜民官園老兵朝入賊
報道新芽已堪摘　香如桃蕊色如麵蟹眼松聲浮艾
葉　黃庭堅香苞解盡寶帶銙翠面碾出明窗塵　晁
補之閩侯貢璧琢蒼玉中有掉尾寒潭龍　陳師道得
諾向來輕季子打門何日走周公　洪芻松鳴湯鼎茶
初熟雪壓爐灰火漸低　王庭珪玉局偶然留妙語焦
坑從此貴新茶　周必大商嶺烹來思舊漾洛泉煎處
歎新芽　陸游茶分正焙新開箬水泥中泠自候湯

戴復古午椀不成春草夢落花風靜煮茶香　戴昺傳
爐春煮兎毫玉石鼎月翻魚眼湯　元張翥茶香夜煮
苓泉活琴思秋翻鶴帳清　唐王維石髓安茶臼　李
嘉祐綠茗盍春山　孟郊茗啜綠淨花　于鵠擣茶書
院靜　白居易陽叢抽茗芽　鑪暖焙茶烟　茶香飄
紫筍　破睡見茶功　宋慶餘綠茗香醅酒　許渾秋
茶垂露細　露茗山廚焙　薛能茶美夢初驚　皮日
休煎茶拾野巢　鄭谷茶香紫筍露　李中茶美睡心
爽　泉美茶香異　僧修睦茶碾去年春　宋林逋閣
掩茶烟晚　余靖茶圃一旗春　王安石浮花白雲香
水甘茶串香　陸游村女賣秋茶　懷茶就井煎

元黃庚茶煎穀雨春　李孝光茶香鄰屋借　郭鈺紅
雨長茶芽　唐白居易渴嘗一椀綠昌明　酒渴春深
一椀茶　李涵潁諸香浮瀹茗花　張蠙龍開鷓鴣斑
煎茶　韓偓一甌香沫火前茶　盧延讓茶香時潑澗
中泉　宋楊億茗粥露芽銷青夢　林逋霏霏茶靄出
松梢　宋祁採憶春山露滿旗　蘇軾細雨足時茶戶
喜　晁補之破睡槍旗引興長　陸游日鑄珍芽開小
缶　睡起何妨自磴茶　北苑茶新帶銙方　長毫甌
小聚茶香　戴復古人峽先租穀雨茶　金王元節又
將新火試新茶　劉鑾新詩吟罷自煎茶　元袁桷側
岸採茶敲石火　倪瓚人語烟中始焙茶　春茶已放

仙人掌　山中茶焙隔林烟　竹林烟幕煮茶香　明
王世貞隱囊徙坐自煎茶　窗前竹色分茶盌　何景
明茗葉松花進晚餐　徐渭雙囊沉茶紫繭徵
詞　增　金蔡伯堅好事近天上賜金奩不減壑源三月午
椀春風纖手看一時如雪　幽人只慣茂林前松風聽
清絕無奈十年黃卷向枯腸搜徹　高士淡好事近誰
扣玉川門白絹斜封團月晴日小窗活火響一壺春雪
可憐桑苧一生顛文字更清絕直擬駕風歸去把三
山登徹　宋黃庭堅阮郎歸摘山初製小龍團色和香
味全碾聲初斷夜將闌烹時鶴避烟　消滯思解塵煩
金甌雪浪翻只愁啜罷月流天餘清攪夜眠　又烹茶

留客駐雕鞍有人愁遠山別郎容易見郎難月斜窗外
山　歸去後憶前歡畫屏金博山　一杯春露莫留殘與
郎扶玉山　又歌停檀板舞停鸞高陽飲興闌獸烟噴
盡玉壺乾香分小鳳團　雪浪淺露花圓捧甌春筍寒
絳紗籠下躍金鞍歸時人倚闌　又黔中桃李可尋芳
摘茶人自忙月團犀胯鬬圓方研膏入焙香　青箬裹
絳紗囊品高聞外江酒闌傳盌舞紅裳都濡春味長
原　謝逸武陵春畫燭籠紗紅影亂門外紫騮嘶分破雲
團月影虧雪浪皺清漪　捧盌纖纖春筍瘦乳霧泛冰
甆兩腋清風拂袖飛歸去酒醒時　增　蘇軾西江月龍
焙今年絕品谷簾自古珍泉雪芽雙井散神仙苗裔來

從北苑　湯發雲腴釅白盞浮花乳輕圓人間誰敢更
爭妍鬬取紅窗白面　黃庭堅西江月龍焙頭綱春早
谷簾第一泉香已醺浮蟻嫩鵝黃想見翻匙雪浪　兔
褐金絲寶盌松風蟹眼新湯無因更發次公狂甘露來
從仙掌　踏莎行畫鼓催春蠻歌走向火前一焙爭春
長低株摘盡到高株高株別是閩溪樣　碾破春風香
凝午帳銀瓶雪滾翻輕浪今宵無睡酒醒時摩圍影在
秋江上　蘇軾行香子綺席纔終歡意猶濃酒闌時高
興無窮共誇君賜初拆臣封看分香餅黃金縷密雲龍
鬬贏一水功敵千鍾覺涼生兩腋清風暫留紅袖少
却紗籠放笙歌散庭館靜略從容　黃庭堅品令鳳舞

團圞餅恨分破教孤另金渠體淨隻輪慢碾玉塵光瑩湯響松風早減了二分酒病　味濃香永醉鄉路成佳境恰如燈下故人萬里歸來對影口不能言心下快活自省〔党懷英青玉案〕紅莎綠蒻春風餅趁梅驛來雲嶺紫柱崖空瓊竇冷佳人却恨等閑分破縹緲雙鸞影一甌月露心魂醒更送清歌助幽興痛飲休辭今夕永與君洗盡滿襟煩暑別作高寒境〔米芾滿庭芳〕雅燕飛觴清談揮麈使君高會羣賢密雲雙鳳初破縷金團窗外爐烟自動開瓶試一品香泉輕濤起香生玉塵雪濺紫甌圓　嬌鬟宜美盼雙擎翠袖穩步紅蓮坐中客翻愁酒醒歌闌點上紗籠畫燭花驄弄月影當軒頻

相顧餘歡未盡欲去且留連〔黃庭堅滿庭芳〕北苑龍團江南鷹爪萬里名動京關碾深羅細瓊蕊暖生烟一種風流氣味如甘露不染塵凡纖纖捧冰瓷瑩玉金縷鷓鴣斑　相如方病酒銀瓶蟹眼波怒濤翻爲扶起樽前醉玉頹山飲罷風生兩腋醒魂到明月輪邊歸來晚文君未寢相對小窗前〔蘇軾水調歌頭〕已過幾番雨前夜一聲雷槍旗爭戰建溪春色占先魁採取枝頭雀舌帶露和烟擣碎結就紫雲堆輕動黃金碾飛起綠塵埃　老龍團眞鳳髓點將來兎毫盞裏霎時滋味舌頭回喚醒青州從事戰退睡魔百萬夢不到陽臺兩腋清風起我欲上蓬萊〔黃庭堅看花回〕夜永蘭堂醺飲半倚頹玉爛熳墜鈿墮履是醉時風景花暗燭殘歡意未闌舞燕歌珠成斷續催茗飲旋煮寒泉露井缾竇響飛瀑　纖指緩連環動觸漸泛起滿甌銀粟香引春風在手似粵嶺閩溪初采盈掬暗想當時探春連雲尋篁竹怎歸得鬢將老付與杯中綠

【別錄】【原】世說簡文云劉尹茗柯有實理〔注〕謂如茗之枝柯雖小中有實理非外博而中虛也【增】顧渚山茶記顧渚山中有鳥如鸜鵒而色蒼每至正二月作聲曰春起也三四月云春去也採茶人呼爲喚春鳥【原】東坡雜記茶欲其白常患其黑墨則反是然墨磨隔宿則色暗茶碾過日則香減頗相似也茶以新爲貴墨以古爲

佳又相反矣茶可于口墨可于目蔡君謨老病不能飲則烹而玩之呂行甫好藏墨而不能書則時磨而小啜之此又可以發來者之一笑也　溫公與子瞻論茶墨云茶與墨二者正相反茶欲白墨欲黑茶欲重墨欲輕茶欲新墨欲陳子瞻云上茶妙墨俱香是其德同也皆堅是其操同也譬如賢人君子黔晳美惡之不同其德操一也溫公以爲然〔山谷集〕相茶瓢與相邛竹同法不欲肥而欲瘦但須飽風霜耳【增】演繁露東坡後集二從駕景靈宮詩云病貪賜茗浮銅葉按今御前賜茶皆不用建盞用大湯甏色正白但其制樣似銅葉湯甏耳銅葉色黃褐色也〔負暄錄〕始建中蜀相崔寧之女

以茶杯無襯病其熨指取楪子承之既啜而杯傾乃以蠟環楪子之央其杯遂定卽命匠以漆環代蠟進於蜀相蜀相奇之爲製名而話於賓親人人爲便用於代是後傳者更環其底愈新其製以至百狀焉貞元初靑鄆油繪爲荷葉形以襯茶椀別爲一家之楪今人云托子始此非也蜀相卽今昇平崔家 〔茶史〕劉煇字子儀嘗與劉筠飲茶問左右湯滾也未衆曰已滾筠曰僉曰鯀哉煇應聲曰吾與點也 〔原〕種植 茶性惡水宜肥地斜坡陰地走水處用糠與焦土種之每一圈可用六七十粒覆土厚一寸出時勿耘草旱以米泔水澆常以小便糞水或蠶沙壅之水浸根必死三年後可採茶凡種相

離二尺一叢 〔增〕〔大觀茶論〕植産之地崖必陽圃必陰蓋石之性寒其葉抑以瘠其味疎以薄必資陽和以發之土之性敷其葉疎以暴其味强以肆必資陰蔭以節之陰陽相濟則茶之滋長得其宜 〔茶解〕茶地南向爲佳向陰者遂劣故一山之中美惡大相懸也。茶固不宜加以惡木惟桂梅辛夷玉蘭玫瑰蒼松翠竹與之間植足以蔽覆霜雪掩映秋陽其下可植芳蘭幽菊淸芬之物最忌菜畦相逼不免滲漉滓厥淸眞 〔原〕採造 採茶以穀雨前者佳製茶擇淨微蒸候變色攤開扇去氣揉做畢火氣焙乾以箬葉包之語曰善蒸不若善炒善曬不如善焙蓋茶以炒而焙者佳耳 〔增〕〔西溪叢語〕建州龍焙面北謂之北苑有一泉極淸澹謂之御泉用其池水造茶卽壞茶味唯龍團勝雪白茶二種謂之水芽先蒸後揀每一芽先去外兩小葉謂之烏帶又次取兩嫩葉謂之白合留小心芽置於水中呼爲水芽聚之稍多卽研焙爲二品卽龍團勝雪白茶也 〔大觀茶論〕茶工作於驚蟄尤以得天時爲急輕寒英華漸長條達而不迫茶工從容致力故其色味兩全若或時暘鬱燠芽甲奮暴促工暴力隨槁晷刻所迫有蒸而未及壓壓而未及研研而未及製茶黃留積其色味所失已半故焙人得茶天爲慶 擷茶以黎明見日則止用爪斷芽不以指揉慮氣汗熏漬茶不鮮潔故茶工多以新汲水自

隨得芽則投諸水凡芽如雀舌穀粒者爲鬬品一鎗一旗爲揀芽二鎗二旗爲次之餘斯爲下茶之始芽萌則有白合旣擷則有烏帶白合不去害茶味烏帶不去害茶色 茶之美惡尤係于蒸芽壓黃之得失蒸太生則芽滑故色淸而味烈過熟則芽爛故茶色赤而不膠壓久則氣竭味漓不及則色暗味澁蒸芽欲及熟而香壓黃欲膏盡亟止如此則製造之功十已得七八矣 滌芽惟潔濯器惟淨蒸壓惟其宜研膏惟熟焙火惟良飲而有少砂者滌濯之不精也文理燥赤者焙火之過熟也夫造茶先度日晷之短長均工力之衆寡會采擇之多少使一日造成恐茶過宿則害色味 〔北苑別錄〕采

茶之法須是侵晨不可見日晨則夜露未晞茶芽肥潤見日則爲陽氣所薄使芽之膏腴內耗至受水而不鮮明故每日常以五更撾鼓集羣夫于鳳凰山監采官人給一牌入山至辰刻則復鳴鑼以聚之恐其踰時貪多務得也 〔茶錄〕茶有眞香而入貢者微以龍腦和膏欲助其香建安民間試茶皆不入香恐奪其眞若烹點之際又雜珍菓香草其奪益甚正當不用 茶味主於甘滑惟北苑鳳凰山連屬諸焙所產者味佳隔溪諸山雖及時加意製作色味皆重莫能及也又有水泉不甘能損茶味前世之論水品者以此 〔煮泉小品〕茶之團者片者皆出于碾磑之末既損眞味復加油垢即非佳品

總不若今之芽茶也蓋天然者自勝耳曾茶山日鑄茶詩寶銙自不乏山芽安可無蘇子瞻壑源試焙新茶詩要知玉雪心腸好不是膏油首面新是也且末茶瀹之有屑滯而不爽知味者當自辨之 芽茶以火作者爲次生曬者爲上亦更近自然且斷烟火氣耳况作人手器不潔火候失宜皆能損其香色也生曬茶瀹之瓶中則槍旗舒暢清翠鮮明尤爲可愛 〔茶疏〕清明穀雨摘茶之候也清明太早立夏太遲穀雨前後其時適中若肎再遲一二日期待其氣力完足香烈尤倍易于收藏雖稍長大故是嫩枝柔葉也 生茶初摘香氣未透必借火力以發其香然性不耐勞炒不宜久多取入鐺則

手不勻久于鐺中過熟而香散矣甚且枯焦何堪烹點 炒茶之器最忌新鐵鐵腥一入不復有香尤忌脂膩害甚于鐵須豫取一鐺專用炊飲無得別作他用炒茶之薪僅可樹枝不用幹葉幹則火力猛熾葉則易熖易滅鐺必磨瑩旋摘旋炒一鐺之內僅容四兩先用文火次用武火催之手加木指急急鈔轉以半熟爲度微俟香發是其候矣 岕茶不炒甑中蒸熟然後烘焙緣其摘遲枝葉微老炒亦不能使軟徒枯碎耳亦有一種極細炒岕乃采之他山炒焙以欺好奇者彼中甚愛惜茶决不忍乘嫩摘採以傷樹本 〔岕茶箋〕採茶雨前則精神未足夏後則梗葉太麤然茶以細嫩爲妙須當交夏時

看風日晴和月露初收親自監採入籃烈日之下又防籃內鬱蒸須傘蓋至舍速傾淨籩薄攤細揀枯枝病葉蛸絲青牛之類一一剔去方爲精潔也 蒸茶須看葉之老嫩定蒸之遲速以皮梗碎而色帶赤爲度若太熟則失鮮其鍋內須頻換水蓋熟湯能奪茶味也 茶焙每年一修修時雜以濕土便有土氣先將乾柴隔宿薰燒令焙內外乾透先用麤茶入焙次日然後以上品焙之焙上之簾又不可用新竹恐惹竹氣又須勻攤不可厚薄如焙中用炭有烟者急剔去又宜輕搖大扇使火氣旋轉竹簾上下更換若火太烈恐黏焦氣太緩色澤不佳不易簾又恐乾濕不勻須要看到茶葉梗骨處俱

已乾透方可并作一簾或兩簾實在焙中最高處過一夜仍將焙中炭留數莖于灰燼中微烘之至明早可收藏矣〔屠隆茶箋〕採茶不必太細細則芽初萌而味欠足不必太青青則茶已老而味欠嫩須在穀雨前後覓成梗帶葉微綠色而團且厚者爲上〔聞龍茶箋〕茶初摘時須揀去枝梗老葉惟取嫩葉又須去尖與柄恐其易焦此松蘿法也炒時須一人從傍扇之以祛熱氣否則黄色香味俱減炒起出鐺時置大磁盤中仍須急扇令熱氣稍退以手重揉之再散入鐺文火炒乾入焙蓋揉則其津上浮點時香味易出田子藝以生曬不炒不揉者爲佳亦未之試耳 原貯茶 茶之味清而性易移

藏法喜溫燥而惡冷濕喜清涼而惡蒸鬱喜清獨而忌香臭藏用火焙不可曬入磁瓶密封口毋令濕氣得侵又勿令洩氣安頓須在坐臥之處逼近人氣則常溫不寒必在板房則燥土室則蒸又要透風勿置幽隱之處尤易蒸濕兼恐有失點檢世人多用竹器貯茶雖復多用箬葉然箬性峭勁不甚伏帖風濕易侵至于地爐中頓萬萬不可人有以竹器盛茶置被籠中用火即黄除火即潤忌之忌之 茶性畏紙紙成于水中受水氣多也紙裹一夕隨紙作氣茶味盡矣雖火中焙出少頃即潤 日用所須貯小罌中箬包苧紮亦勿見風時用火焙不可曬宜置之案頭勿近有氣味物若茶多者藏宜

用磁甕大容一二十觔四圍厚箬中貯茶須極燥極新專供此事久乃愈佳不必歲易茶須築實仍用厚箬塡緊甕中加以箬以眞皮紙包之苧麻緊紮壓以大新磚勿令微風得入可以接新 其閣庋之方宜磚底數層四圍磚砌形若火爐愈大愈善勿近土牆頓甕其上隨時取竈下火灰候冷簇于甕傍半尺以外仍隨時取火灰簇之令裹灰常燥以避風濕却忌火氣入甕則能黄茶 增〔茶錄〕藏茶宜蒻葉而畏香藥喜溫燥而忌濕冷故收藏之家以蒻葉封裹入焙中兩三日一次用火常如人體溫溫則禦濕潤 〔快雪堂漫錄〕徐茂吳云藏茶法實茶大甕底置箬封固倒放則過夏不黄以其氣不

外泄也子晉云當倒放有蓋缸內缸宜砂底則不生水而常燥時常封固不宜見日見日則生翳損茶色矣藏又不宜熱處新茶不宜驟用過黄梅其味始足〔茶箋〕藏茶新淨磁罈週廻用乾箬葉密砌將茶漸漸裝進搖實不可用手揹上覆乾箬數層又以火炙乾炭鋪罈口紮固近有以夾口錫器貯茶者更燥更密蓋磁罈猶有微罅透風不如錫者堅固也 原烹茶 世人情性嗜好各殊而茶事則十人而九竹爐火候茗椀清緣貴引風之碧雲傾浮花之雪乳非藉湯勳何昭茶德客而言之其法有五一擇水水泉不美茶味頓失山泉爲上江水次之如用井水必取多汲者佳若混濁鹹苦切忌勿用

二滴器砂銚煮水磁壺注湯白甌供啜咸爲上品然須點滴淨潔若近腥穢油膩等物則茶之眞味俱敗三曰忌混茶性最嬌易惹諸味若以一切香辣鹹甜之物點茶則茶味槩被混擾四曰愼烹煮李約性能辨茶嘗曰茶須緩火炙活火煎活火謂炭之有焰者當使湯無妄沸庶可養茶始則魚目散布微微有聲中則四邊泉湧纍纍連珠終則騰波鼓浪水氣全消謂之老湯取起待沸止湯精用以點茶冲美清快茶味始全三沸之法非活火不可若柴薪濃烟最損茶味顧況云文火細烟小鼎長泉蘇子瞻云活水仍須活火烹自臨釣石汲深淸文衡山云瓦瓶新汲山泉水紗帽籠頭手自煎又東坡

煎茶歌蟹眼已過魚眼生颼颼欲作松風鳴蒙茸出磨細珠落眩轉遶甌飛雪輕又謝宗論茶候蟾背之芳香觀蝦目之沸湧皆可謂深于茶者五曰辨色未點之先須以溫湯洗茶去其塵土冷氣滌甌亦宜泡淨拭乾然後酌茶則碧綠淸香色味俱全如茶潔淨勿洗【增】茶經其火用炭次用勁薪其炭曾經燔炙爲膻膩所及及膏木敗器不用之古人有勞薪之味信哉其水用山水上江水中井水下其山水揀乳泉石池漫流者上其瀑湧湍漱勿食之久食令人有頸疾又多別流於山谷者澄浸不洩自火天至霜郊以前或潛龍蓄毒於其間飲者可決之以流其惡使新泉涓涓然酌之其江水取去

人遠者井取汲多者其沸如魚目微有聲爲一沸緣邊如湧泉連珠爲二沸騰波鼓浪爲三沸已上水老不可食也初沸則水合量調之以鹽味謂棄其啜餘無迺䶣䶣而鍾其一味乎第二沸出水一瓢以竹筴環激湯心則量末當中心而下有頃勢若奔濤濺沫以所出水止之而育其華也凡酌置諸椀令沫餑勻沫餑湯之華也華之薄者曰沫厚者曰餑細輕者曰花如棗花漂漂然於環池之上又如廻潭曲渚靑萍之始生又如晴天爽朗有浮雲鱗然其沫者若綠錢浮于水湄又如菊英墮于樽俎之中餑者以滓煮之及沸則重華累沫皤皤然若積雪耳荈賦所謂煥如積雪燁若春藪有之第一煮

水沸而棄其沫之上有水膜如黑雲母飲之則其味不正其第一者爲雋永或留熟以貯之以備育華救沸之用諸第一與第二第三盌次之第四第五盌外非渴甚莫之飲凡煮水一升酌分五盌乘熱連飲之以重濁凝其下精英浮其上如冷則精英隨氣而竭飲啜不消亦然矣茶性儉不宜廣則其味黯澹且如一滿盌啜半而味寡況其廣乎其色緗也其馨㱇也其味甘檟也不甘而苦荈也啜苦咽甘茶也　採茶錄代宗朝李季卿刺湖州至維揚逢陸鴻漸抵揚子驛將食李曰陸君別茶聞揚子南濡水又殊絕今者二妙千載一遇命軍士謹愼者深入南濡陸利器以俟俄而水至陸以杓揚水曰

江則江矣非南濡似臨岸者使者曰某棹舟深入見者累百敢有紿乎陸不言既而傾諸盆至半陸遽止之又以杓揚之曰自此南濡者矣使者蹶然馳白某自南濡賚至岸舟蕩覆過半懼其尠挹岸水增之處士之鑒神鑒也某其敢隱焉【原】〔清異錄〕沙門福全能注湯幻茶成詩一句並點四甌泛乎湯表檀越日造門求觀湯戲全自咏詩曰生成盞裏水丹青巧畫工夫學不成却笑當年陸鴻漸煎茶贏得好名聲【增】〔清異錄〕茶至唐始盛近世有下湯運匕別施妙訣使茶紋水脈成物象者禽獸蟲魚花草之屬纖巧如畫但須臾即就散滅此茶之變也時人謂之茶百戲〔潘子真詩話〕葉濤詩極不

工而喜賦詠嘗有試茶詩云碾成天上龍兼鳳煮出人間蟹與蝦好事者戲云此非試茶乃碾玉匠人嘗南食也〔澄懷錄〕蔡君謨湯取嫩而不取老爲團餅茶發耳今旗芽槍甲湯不足則茶神不透茶色不明故茗戰之捷尤在五沸〔聞雁齋筆談〕茶既就筐其性必發於日而遇知已於水然非煮之茶竈茶爐則亦不佳故曰飲茶富貴之事也趙長白自言吾生平無他幸但不曾飲井水耳此老于茶可謂能盡其性者今亦老矣甚窮大都不能如曩時猶摩挲萬卷中作茶史故是天壤間多情人也〔茶箋〕茶壺以小爲貴每一客壺一把任其自斟自飲方爲得趣何也壺小則香不渙散味不躭閣況

茶中香味不先不後只有一時太早則未足太遲則已過見得恰好一瀉而盡化而裁之存乎其人〔茶解〕烹茶宜甘泉次梅水梅雨如膏萬物賴以滋養其味獨甘梅後便不堪飲〔羅岕茶記〕烹茶水之功居六無泉則用天水秋雨爲上梅雨次之秋雨冽而白梅雨醇而白雪水五谷之精也色不能白〔茶說〕湯者茶之司命故候湯最難未熟則茶浮于上謂之嬰兒湯而香則不能出過熟則茶沉于下謂之百壽湯而味則多滯善候湯者必活火急扇水面若乳珠其聲若松濤此正湯候也

器具精潔茶愈爲之生色今時姑蘇之錫注時大彬之沙壺汴梁之湯銚湘妃竹之茶竈宜成窰之茶盞高

人詞客賢士大夫莫不爲之珍重即唐宋以來茶具之精未必有如斯之雅致【原】用茶〔神農食經〕茶茗久服令人有力悅志〔博物志〕飲真茶令人少眠〔華陀食論〕茶久服益意思〔壺居士食忌〕苦茶久食羽化與韭同食令人體重〔陶弘景雜錄〕芳茶輕身換骨昔丹丘子黃山君服之〔東坡集〕除煩去膩世固不可以無茶然暗中損人殆謂不少【增】〔廣雅〕荊巴間採葉作餅葉老者餅成以米膏出之欲煮茗飲先炙令赤色搗末置瓷器中以湯澆覆之用葱薑橘子芼之其飲醒酒【原】拌茶〔鄴侯家傳〕唐德宗好茶加酥椒之類李泌戲爲詩旋沫翻成碧玉池添酥散作琉璃眼〔茶譜〕木樨茉莉

玫瑰薔薇蕙蘭蓮橘梔子木香梅花皆可作茶諸花開時摘其半含半放蕊之香氣全者量其茶葉多少摘花爲茶三停茶一停花用磁罐一層茶一層花相間至滿紙箬紮固入鍋重湯煮之取出待冷用紙封裹火上焙乾收用【增】《茶譜》蓮花茶于日未出時將半含蓮花撥開放細茶一撮納滿蕊中以麻皮略縶令其經宿次早摘花傾出茶葉用建紙包茶焙乾再如前法又將茶葉入別蕊中如此者數次取出焙乾收用不勝香美《清異錄》漏影春法用鏤紙貼盞糝茶而去紙僞爲花身別以荔肉爲葉松實鴨腳之類爲蕊沸湯點攪【原】《東坡雜記》唐人煎茶用薑故薛能詩云鹽損添常戒薑宜著更誇據此則又有用鹽者矣近世有用此二物者輒大笑之然茶之中等者用薑煎信佳也鹽則不可【增】《乾淳歲時記》禁中大慶會用大鍍金甖以五色果簇飣龍鳳謂之繡茶《雲林遺事》倪元鎮素好飲茶在惠山中用核桃松子肉和真粉成小塊如石狀置茶中名曰清泉白石茶有趙行恕者宋宗室也慕元鎮清致訪之坐定童子供茶行恕連啖如常元鎮艴然曰吾以子爲王孫故出此品乃略不知風味真俗物也自是交絕【原】《鬭茶》《茶錄》建安鬭茶以水痕先沒者爲負耐久者爲勝相去一水兩水耳【增】《茶錄》茶色貴白而餅茶多以珍膏油其面故有青黃紫黑之異善別茶者正如相工之

眎人氣色也隱然察之於內以肉理潤者爲上既已末之黃白者受水昏重青白者受水詳明故建安人鬭試以青白勝黃白【原】《收子》寒露收茶子曬乾以濕沙土拌勻盛筐內《附見論水》洞庭張山人云山頂泉輕而清山下泉清而重石中泉清而甘沙中泉清而冽土中泉清而厚流動者良於安靜負陰者勝于向陽山削者泉寡山秀者有神真源無味真水無香　惠山寺東爲觀泉亭堂曰漪瀾泉在亭中二井石甃相去只尺方圓異形汲者多由圓井蓋方動圓靜靜清而動濁也流過漪瀾從石龍口中出下赴大池者有土氣不可汲泉流冬夏不涸張又新品爲天下第二泉《食物本草》梅雨時置大缸收水煎茶甚美經宿不變色易味貯瓶中可經久　梅雨水洗癬疥滅瘢痕入醬令易熟沾衣便腐澣垢如灰汁有異它水　孫真人云凡遇山水塢中出泉者不可久居常食作癭病凡陰地冷水不可飲飲之必作瘧疾《歐陽修大明水記》世傳陸羽茶經其論水云山水上江水次井水下又云山水乳泉石池漫流者上瀑湧湍漱勿食食久令人有頸疾江水取去人遠者井水取汲多者其說止于此而未嘗品第天下之水味也至張又新爲煎茶水記始云劉伯芻謂水之宜茶者有七等又載羽爲李季卿論水次第有二十種今考二說與羽茶經皆不合羽謂山水上而乳泉石池又上江

水次而井水下伯芻以揚子江爲第一惠山石泉爲第二虎丘石井爲第三丹陽寺井爲第四揚州大明寺井水爲第五而松江第六淮水第七與羽說相反季卿所說二十水廬山康王谷水第一無錫惠山石泉第二蘄州蘭谿石下水第三扇子峽蝦蟆口水第四虎丘寺井水第五廬山招賢寺下方橋潭水第六揚子江南零水第七洪州西山瀑布泉第八桐柏淮源第九廬州龍池山頂水第十丹陽寺井水第十一揚州大明寺井第十二漢江南零水第十三玉虛洞香谿水第十四武關西水第十五松江水第十六天台千丈瀑布水第十七郴州圓泉第十八嚴陵灘水第十九雪水第二十如蝦蟆

口水西山瀑布天台千丈瀑布皆羽戒人勿食食之生疾其餘江水居山水上井水居江水上皆與茶經相反疑羽不當二說以自異使誠羽說何足信也得非又新妄附益之耶其述羽辯南零岸水特怪誕甚妄也水味有美惡而已欲舉天下之水一一而次第之者妄說也故其爲說前後不同如此羽之論水惡渟浸而喜泉源故井取多汲者江雖長流然衆水雜聚故次山水惟此說近物理云〔浮槎山水記〕浮槎山在愼縣南三十五里或曰浮閣山或曰浮巢二山其事出于浮圖老子之徒荒怪誕妄之說其上有泉自前世論水者皆弗道予嘗讀茶經愛陸羽善言水後得張又新水記載劉伯芻

李季卿所列次第以爲得之于羽然以茶經考之皆不合又新狂妄險譎之士其言難信頗疑非羽之說及得浮槎山水然後益知羽爲知水者浮槎與龍池山皆在廬州界中較其味不及浮槎遠甚而又新所記以龍池爲第十浮槎之水棄而不錄以此知其所失多矣羽則不然其論曰山水上江次之井爲下山水乳泉石池漫流者上其言雖簡而於論水盡矣浮槎之水發自李侯嘉祐二年李侯以鎮東軍留後出守廬州因遊金陵登蔣山飲其水又登浮槎至其山上有石池涓涓可愛蓋羽所謂乳泉漫流者也飲之而甘乃考圖記問故老得其事迹因以其水遺予於京師故予爲誌其事俾世知

其泉發自李侯始也〔東坡集〕予頃自汴入淮泛江泝峽歸蜀飲江淮水蓋彌年既至覺井水腥澀百餘日然後安之以此知江水之甘于井也審矣今來嶺外自揚子始飲江水及至南康江益清駛水益甘則又知南江賢于北江也近度嶺入清遠峽水色如碧玉味益勝今游羅浮酌泰禪師錫杖泉則清遠峽水又在其下矣嶺外惟惠人喜鬭茶此水不虛出也

附錄 茶花

增 草花譜 茗花即食茶之花色月白而黃心清香隱然瓶之高齋可爲清供佳品且蕊在枝條無不開遍

集藻 五言古詩 增〔元朱德潤題白茶花屏〕秋高銀河瀉

碧宇淨如洗飛仙自天來幻作自茶蕊清香不自媚迥出山谷底盈盈雙玉環婉上庭戶裏風霜非故林雨露結新意

七言律詩【增】宋蘇轍茶花二首黃葉春芽大麥麤傾山倒谷採無餘只疑殘枿陽和盡尚有幽花霰雪初耿耿清香崖菊淡依依秀色嶺梅如經冬結子猶堪種一畝荒園試為鉏　細嚼花鬚味亦長新芽一粟葉間藏稍經臘雪侵肌瘦旋得春雷發地狂開落空山誰比數蒸烹來歲最先嘗枝枯葉硬天真在踏遍牛羊未改香

七言絕句【增】陳與義初識茶花伊軋籃輿不受催湖南秋色更佳哉青裙玉面初相識九月茶花滿路開

附錄　皋盧

【增】本草皋盧一名瓜蘆一名苦𦴿弘景苦菜註曰南方有瓜蘆亦似茗李珣曰按此木即皋盧也生南海諸山中葉似茗而大味苦澀出新平縣南人取作茗飲極重之如蜀人飲茶也李時珍曰皋盧葉狀如茗而大如手掌挼碎泡飲最苦而色濁風味比茶不及遠矣

【彙考】【增】廣記西平縣出皋盧茶之別名葉大而澀南人以為飲　南越志龍川縣有皋盧葉似茗土人謂之過羅或曰物羅皆夷語也

佩文齋廣羣芳譜卷第二十一

佩文齋廣羣芳譜卷第二十二

花譜

梅花一　梅實別見果譜

【原】梅先衆木花花似杏甚香杏遠不及老幹如杏嫩條綠色葉似杏有長尖樹最耐久性潔喜曬澆以塘水則茂忌肥水種類不一白者有綠萼梅（凡梅花跗蒂皆絳紫色惟此純綠枝梗亦青特為清高好事者比之九疑仙人萼綠華吳下又有一種萼亦微綠四邊猶淺絳亦自難得）重葉梅（花頭甚豐葉重數層盛開如小白蓮梅中奇品也）消梅（花與江梅官城梅相似）玉蝶梅（花頭大而微紅色甚妍可愛）時梅冬梅異品有墨梅（花黑如墨或云以苦楝樹接者）他如侯梅紫梅同心梅紫蒂梅尚多而重葉綠萼玉蝶尤今人所尚也【增】范成大梅譜江梅（遺核野生不經栽接者又名直

腳梅或謂之野梅凡山間水濱荒寒清絕之趣皆此本也花稍小而疏瘦有韻香最清）早梅（花勝直腳梅吳中春晚二月始爛熳獨此品于冬至前已開故得早名錢塘湖上亦有一種尤早余嘗重陽日親折之有橫枝對菊開之句）官城梅（吳下圃人以直腳梅擇他本花肥者接之花遂敷腴唐人所稱官梅止謂在官府園圃中非此官城梅也）百葉緗梅（亦名黃香梅亦名千葉香梅花葉至二十餘瓣心色微黃花頭差小而繁密別有一種芳香此常梅尤穠美不結實）【花鏡】照水梅（花開皆向下而香甚濃奇品也）品字梅（一花三實）麗枝梅（花繁而蒂紫）九英梅（此花為杜子美白樂天所賞鑒）臺閣梅（花開後心中復有一蕊心放出）【原】賈思勰曰梅花早而白杏花晚而紅乃知天下之美有不得兼者梅花優於香桃花優於色若荔枝無好花牡丹無美實亦其類也

【彙考】【增】詩曹風鳲鳩在桑其子在梅　小雅山有嘉卉侯栗侯梅　宋史隱逸傳林逋結廬西湖孤山不娶無

子多植梅畜鶴因謂妻梅子鶴〔說苑〕越使執一枝梅遺梁王梁王之臣曰韓子顧左右曰惡有一枝梅乃遺列國之君乎〔山海經〕靈山有木多梅【原】〔西京雜記〕漢上林苑有侯梅紫花梅同心梅紫蒂梅麗友梅〔荆州記〕陸凱與范曄相善自江南寄梅花一枝詣長安與曄因贈以詩折梅逢驛使寄與隴頭人江南無所有聊贈一枝春〔金陵志〕宋武帝女壽陽公主人日臥于含章殿簷下梅花落于額上成五出花拂之不去號梅花妝宮人皆效之【增】〔江陵記〕洪亭村下有梅廻村舊云是梅槐合生成樹是以名之今音訛謂之梅廻【原】杜甫詩注何遜爲揚州法曹廨舍有梅樹一株時吟詠其

下後居洛思梅請再往從之抵揚花方盛開對花徬徨終日【增】〔梅妃傳〕梅妃姓江氏名采蘋開元中侍明皇大見寵幸性喜梅所居欄檻悉植數株上榜曰梅亭梅開賦賞至夜分猶顧戀花下不能去上以其所好戲名曰梅妃妃有梅花賦〔雲仙雜記〕李白遊慈恩寺寺僧乞詩白爲題訖僧獻綠英梅檳香筆格蘭縑袴紫瓊霜【原】〔龍城錄〕隋開皇中趙師雄遷羅浮一日天寒日暮于松林間酒肆傍舍見美人淡妝素服出迎時已昏黑殘雪未消月色微明師雄與語言極清麗芳香襲人因與扣酒家門共飲少頃一綠衣童子笑歌戲舞師雄醉寢但覺風寒相襲久之東方已白起視大梅花樹上有

翠羽啾嘈相顧月落參橫惆悵而已〔常朝錄〕元稹爲翰林承旨朝退行至廊下時初日映九英梅隙光射稹有氣勃勃然百僚望之曰豈腸胃文章映日可見乎〔白帖〕大庾嶺上梅花南枝已落北枝方開【增】〔倦遊錄〕大庾嶺上有佛塔廟有婦人題云妾幼年侍父任英州司寇既代歸父以大庾本有梅嶺之名而反無梅遂植三十株于道之右因題詩于壁今隨夫之任端溪復至此寺前詩已汚漫矣因再書之云英江今日掌刑回上得梅山不見梅輟俸買將三十本清香留與雪中開好事者因以夾道植梅矣〔談苑〕王曾布衣時以梅花詩獻呂蒙正云而今未問和羹事且向百花頭上開蒙正

曰此生已安排狀元宰相也〔程氏遺書〕早梅冬至已前發方一陽未生然則發生者何也其榮其枯此萬物一個陰陽升降大節也然逐枝自有一個榮枯分限不齊此各有一乾坤也各自有個消長只是個消息惟其消息此所以不窮至如松柏亦不是不凋只是後凋凋得不覺怎少得消息方夏生長時那有夏枯者則冬寒之際有發生之物何足怪也〔談撰〕卉木皆感春氣而生獨梅開以冬蓋東方動以風風生木故曲直作酸則酸者木之性惟梅之味最酸乃得氣之正北方木爲之母以生之則易感故梅先衆木而華〔邵氏聞見錄〕呂文穆大隱莊梅蓋早梅也香甚烈而大云從大庾嶺移

其本至此〔癸辛雜識〕梅花無仰開者蓋亦自能巧避風雪耳驗之信然　宜興西地名石庭十餘里皆古梅苔蘚蒼翠宛如虬龍皆數百年物也有小梅僅半寸許叢生苔間著花極晚〔祖秀華陽宮記〕政和初作艮嶽于禁城之東鑿池爲溪澗因其餘土積而爲山曰飛來峯腰徑百尺植梅萬本曰梅嶺　原 張鎡梅品花宜稱二十六條爲淡雲爲曉日爲薄寒爲細雨爲輕烟爲佳月爲夕陽爲微雪爲晚霞爲珍禽爲孤鶴爲清溪爲小橋爲竹邊爲松下爲明窗爲疎籬爲蒼厓爲綠苔爲銅瓶爲紙帳爲林間吹笛爲膝上横琴爲石枰下碁爲掃雪煎茶爲美人澹粧簪戴　增〔梅品〕花榮寵六條爲烟

塵不染爲鈴索護持爲除地徑淨落瓣不淄爲王公旦夕留盼爲詩人閣筆評量爲妙妓淡粧雅歌〔十二月燕遊次序〕正月玉照堂賞梅湖山尋梅二月玉照堂西緗梅堂東紅梅十二月湖山探梅玉照堂看早梅〔萬花谷〕曾端伯以梅花爲清友〔金城記〕黎舉常云以梅聘海棠但恨時不同耳〔劒南詩注〕成都合江園蓋故蜀別苑梅最盛自初開監官日報府報至開五分則府主來宴游人亦競集〔曲洧舊聞〕許洛中有江梅椒萼梅綠萼梅千葉黃香梅四種　原 范成大梅譜古梅會稽最多四明吳興亦間有之其枝樛曲萬狀蒼蘚鱗皴封滿花身又有苔鬚垂于枝間或長數寸風至綠絲飄

飄可玩初謂古木歷久風日致然詳考會稽所產雖小株亦有苔痕蓋別是一種非必古木余嘗從會稽移植十本一年後花雖盛發苔皆剝落殆盡其自湖之武康得者即不變移風土不相宜會稽隔一江湖蘇接壤故土宜或異同也凡古梅多苔者封固花葉之眼惟罅隙間始能發花花雖稀而氣之所鍾豐腴妙絕苔剝落者則花發仍多與常梅同　去成都二十里有卧梅偃蹇十餘丈相傳唐物也謂之梅龍好事者載酒往游　清江酒家有大梅如數間屋傍枝四垂周遭可羅坐數十人任子嚴運使買得作凌風閣臨之因遂築大圃謂之盤園余生平所見梅之奇古者惟此兩處爲冠　洛都

賣花者爭先爲奇初冬折未開枝置浴室中薰蒸令坼强名早梅終瑣碎無香余頃守桂林立春梅已過元夕則嘗青子皆非風土之正杜子美詩云梅蕊臘前破梅花年後多惟冬春之交正是花時耳　項里出古梅老幹奇怪苔蘚封枝疎花點綴夭矯如畫殊令人愛玩不忍捨　增〔誠齋江湖集詩註〕余既得麾臨漳朝士餞余高會于西湖上劍寺滿谷皆梅花一望無際絕頂有亭牓曰錦屏余獨倚一株醉極摘梅花嚼之同舍張監簿蜀人名珖字君玉相顧曰清勝如許謂非謫仙可乎〔輟耕錄〕紹興行宮中有玉質亭梅繞之　由繹巳堂過錦臙廊百八十楹直通御前廊外即後苑梅花千樹曰

梅崗亭曰冰梅亭　道士張雨字伯雨號句曲外史嘗從王溪月真人入京初燕地未有梅花吳閒閒宗師全節新從江南移至護以穹廬作曰藏芳亭伯雨偶造其所恍若與西湖故人遇徘徊既久不覺熟寢于中伯雨覺日已暮矣閒閒笑曰伯雨素有詩名宜作詩以贖過雨遂賦詩有風沙不憚五千里將身跳入仙人壺之句閒閒大喜送翰林集賢諸所往來者袁學士伯長謝博士敬德馬御史伯庸吳助教養浩虞修撰伯生俱和之

〔廣客談〕龍廣寒江湖異人也事母至孝六月一日其母壽旦方啟北牖舉壽觴忽梅花一枝入牖香色絕佳人遂以孝梅稱之士大夫贈詩者甚多惟張存菊一絕

最爲人膾炙其詩曰南風吹南枝一白照萬綠歲寒誰知心孟宗林下竹厥後孝梅年百有五歲猶童顏綠髮人以爲孝感所致　〔韻府〕張景修以梅花爲清客　原

〔玉壺冰〕王冕隱九里山樹梅花千株桃柳居其半結茅廬三間自題爲梅花屋　〔學圃餘疏〕京師許千戶家見盆中一綠萼玉蝶梅梅之極品不知種在何處當詢而覓之余養園中一綠萼梅偃蓋婆娑下可坐數十人令待作高樓賞之子孫當加意培壅　增

〔事詞類奇〕水陸草木之花香而可愛者甚衆梅獨先天下而春故首及之　〔潛確類書〕任具四德初生蕊爲元開花爲亨結子爲利成熟爲貞梅有四貴貴稀不貴繁貴老不貴嫩貴瘦不貴肥貴含不貴開　〔袁宏道吳郡諸山記〕光福一名鄧尉與元墓銅坑諸山相連屬山中梅最盛花時香雪三十里　〔具區志〕梅花莫盛於洞庭山之後堡下鎮東山之長圻豐圻舟輿壺觴無不絕　〔西湖志〕永興寺庭前有綠萼二樹古榦扶疎爲河渚西溪之冠　西溪居民數百家聚爲村市姚安春日游西溪詩梅花引我入溪深半繞青松半翠林已耐歲寒成好友還將春色伴幽岑蒼煙踏破鞋無跡明月挑來杖有心癡得清芬盈客袖莫愁歸路暮雲侵　〔西湖志餘〕淳熙五年二月初一日孝宗過德壽宮起居太上留坐冷泉堂至石橋亭子看古梅太上曰苔梅有二種一種出張公洞者

苔蘚甚厚花極香一種出越上苔如綠絲長尺餘今歲二種同時著花留此少觀復命內史宣史浩至賜坐用內人動樂進酒君臣皆沾醉而退　淳熙八年正月二日孝宗遣太子恭迎二殿至南內初就凌虛閣排當三盞後至萼綠華堂看梅是日大雪太上大喜盡歡而罷

孤山梅花以和靖著名然白樂天去郡有憶杭州梅花因敘舊寄蕭協律詩三年悶悶在餘杭曾與梅花醉幾場伍相廟邊繁似雪孤山園裏麗如妝云云則自唐時已賞鑒于名公矣　原

〔桂林志〕袁豐宅後有六株梅開時曾爲鄰屋煙氣所爍乃團泥塞竈張幕蔽風久而又拆其屋曰冰姿玉骨世外佳人但恨無傾城笑耳

花史唐梅仙祖師學道於白雲山篤戒行夏月偶坐化於梅下數里聞梅花香經旬不息遠近異之　宋憲聖后每治生菜必於梅下取落花雜之　宋趙必連刻苦讀書開慶間以文蔭當補官辭不就晩植梅數百株名其居曰梅花莊與弟若檝日咏吟其中　鐵脚道人常愛赤脚走雪中興發則朗誦南華秋水篇嚼梅花滿口和雪嚥之曰吾欲寒香沁入肺腑　陳英隱居江南種梅千株花時落英繽紛恍如積雪　廣西桂林府滿山皆梅開時作梅瘴易染人　增花史嘉魚人陳從龍少嗜學每夜讀書至曙能詩環居栽梅倚樹而臥　孤山放鶴亭林逋隱此蓄二鶴每泛舟湖中客至童子縱鶴

飛報即歸後人題句云種梅花處伴林逋西湖志至元間儒學提舉余謙復補植梅數百本於山構梅亭于其下　湖州府志烟霞塢武康劉穎士別業谷口梅花十餘里　紫梅溪在歸安縣東北三十里上多生梅每歲或開紫花一枝故名　開封府志梅花堂在許州治北蘇軾建　饒州府志餘干縣藏山上趙汝愚嘗讀書于此理宗爲題梅巖二字　黄州府志春風嶺多梅花　成都府志成都府東閣即杜甫招裴廸登東亭覩梅處　泉州府志南安縣梅花山下多梅樹　建寧府志崇安縣梅亭趙抃作令時手植梅于後圃因名　興化府志城東南穀城山舊有梅隱松隱竹隱三精舍　南雄府志大庾嶺即五嶺之一漢武帝擊南粵楊僕遣部將庾勝屯兵于此因名大庾其初險峻行者苦之自張九齡開鑿始可通車馬其上多植梅又名梅嶺　惠州府志梅花村羅浮飛雲峯側趙師雄遇美人即此　平樂府志城東梅花園宋鄒浩記　羅浮山志沖虛觀殿階古梅傳是葛洪手種芳烈異于凡梅鐵榦虬枝堅瘦如削眞千餘年物也嶺南嘉樹惟此與習藥所植訶子樹並傳　原長干之南七里許曰華嚴寺寺僧蒔花爲業而梅尤富白與紅植相若惟綠蕚玉蝶植倍之率以絲縛虬枝盤曲可愛桃本者三四年輙朘矣不善縛則抽條蔓引不如不縛者爲佳以故收藏難每歲開時但取

一二本落後則歸之又靈谷之左偏曰梅花塢約五十餘株萬松在西香雪滿林最爲奇絶

集藻　序　原宋楊萬里和梅詩序梅肇於炎帝之經著於說命之書召南之詩然以滋不以象以寔不以華也豈古之人皆質而不尚其華歟然華如桃李顏如舜華不尚華哉而獨遺梅之華何也至楚之騷人飲芳而食菲佩芳馨而食葩藻盡掇天下之香草嘉木以苾芬其四體而金玉其言語文章盡遠取江蘺杜若而近捨梅豈偶遺之歟抑梅之未遭歟南北諸子如陰鏗何遜蘇子卿詩人之風流至此極矣梅于是時始以花聞天下及唐之李杜本朝之蘇黄崛起千載之下而躪藉千載之

上遂主風月花草之夏盟而於其間始出桃李蘭蕙而居客之左蓋梅之有遭未有盛于此時者也然邑彌章用彌晦花彌利實彌鈍也梅之初服豈其端使之然哉前之遺今之遭信然歟余友洮湖陳晞顏蓋造次必於梅顛沛必於梅者也嘉愛之不足而吟咏之吟咏之不足則盡取古人賦梅之作而賡和之寄一編以遺予曰從古此詩已八百篇矣不盈千篇吾未止也予讀之而驚曰抑何豐耶豐而不竒則亦常耳抑何竒耶余嘗愛陰鏗詩云花舒雪尚飄照日不俱銷蘇子卿云祇言花是雪不悟有香來唐人崔道融詩云香中別有韻清極不知寒是三家者豈畏疎影暗香之句哉晞顏之詩同

梅而清清在梅前同梅而馨馨在梅後其於三家所謂未聞以千里畏人者也 增 張鎡梅品序 梅花為天下神奇而詩人尤所酷好淳熙歲乙巳予得曹氏荒圃於南湖之濱有古梅數十爰輟地十畝移種成列增取西湖北山別圃紅梅合三百餘本築堂數間以臨之又夾以兩室東植千葉緗梅西植紅梅各一二十章前為軒楹如堂之數花時居宿其中環潔輝映夜如對月因名曰玉照復闢澗環繞小舟往來未始半月捨去自是客有遊桂隱者必求觀焉頃者太保周益公秉鈞予嘗造東閣坐定首顧予曰一棹徑穿花十里滿城無此好風光蓋予舊詩尾句衆客相與歆豔于是游玉照者又必

求觀焉値春凝寒又能留花過孟月始盛名人才士題詠層委亦可謂不負此花矣但花豔並秀非天時清美不宜又標韻孤特若三閭首陽二子寧槁山澤終不肎頫首屏氣受世俗湔拂間有身親貌悅而此心落落不相領會甚至于汚褻附近略不自揆者花雖眷客然我輩胸中空洞幾為花呼叫稱寃不特三歎而足也因審其性情思所以為奬護之策凡數月乃得之今疏花宜稱憎嫉榮寵屈辱四事總五十八條揭之堂上使來者有所警省且示人徒知梅花之貴而不能愛敬也使與予之言傳布流誦亦將有愧色云 范成大梅譜前序 梅天下之尤物無問智愚賢不肖莫敢有異議學圃之

士必先種梅且不厭多他花有無多少皆不係重輕余于石湖玉雪坡既有梅數百本比年又於舍南買王氏僦舍七十楹盡拆除之治為范村以其地三分之一與梅吳下栽梅特盛其品不一今始盡得之隨所得為之譜以遺好事者 梅譜後序 梅以韻勝以格高故以斜橫疎瘦與老枝怪奇者為貴其新接稚木一歲抽嫩枝直上或三四尺如酴醿薔薇輩者吳下謂之氣條此直宜取實規利無所謂韻與格矣又有一種於條上茁短橫枝狀如棘針花密綴之亦非高品近世始畫墨梅江西有楊補之者尤有名其徒倣之者實繁觀楊氏畫大略皆氣條耳雖筆法奇峭去梅實遠唯廉宣仲所作差

有風致世鮮有評之者余故拊之譜後云【原】明張飛孤山種梅序夫人標物異物借人靈古往而今自來風光無盡景遷而人不改興會常新是知有補斯完無虧不滿誰非造化轉水光山色于眼前繫彼人功留雪月風花于本地維昔孤山逸老曾于巖嶼栽梅偃伏于枝淡蕩寒嵐之月崚嶒數樹留連野水之烟自鶴去而人不還乃山空而种亦少庾嶺之春久寂羅浮之夢不來雖走馬征輿闕前堤之景色奈晴香疎影辜此夜之清光是以同社諸君子點綴冰花補苴玉樹種不移於海外勝已集乎山中灌巖隙而長玉龍紛披偃仰碧澗湄而棲白鳳布置橫斜幽心扶瘦骨同妍冷趣植寒枝其

遠西泠橋畔重開玄圃印清波六一泉邊載起瓊樓邀皓月非惟借風霜之伴與岸花江柳鬬風光亦將留山澤之臞令溪飲巖居生氣色倘高人扶笻掃石正堪讀易說詩若韻士載酒飛觥亦足吟風弄月使于古勝塲不渝寂寞將六堤佳境盡入包羅豈獨處士之功臣抑亦坡仙之勝友余薄游湖上緬想孤踪策月下之驢爲問山中誰是主指雲間之鶴來看亭畔幾枝花爰快述其艮圖用同貽于好事云爾

說【原】宋楊東山梅花說易曰乾爲天前輩論乾與天異謂天者乾之形體乾者天之性情某因觸類而思之不但乾與天異而已事事物物莫不皆有形體性情林和靖咏梅疎影橫斜水清淺二句此爲梅寫真之句也梅之形體也雪後園林纔半樹二句此爲梅傳神之句也梅之性情也寫梅形體是謂寫真傳梅性情是爲傳神

文【原】周之翰爇梅文寒勒銅瓶凍未開南枝春斷不歸來這回勿入梨雲夢却把芳心作死灰恭惟地爐中處士梅先生生自羅浮派分庾嶺形如枯木稜稜山澤之臞膚若凝脂凜凜冰霜之操春魁占百花頭上歲寒居三友圖中玉堂茆舍本無心金鼎商羹期結果不料道人見挽便離有色之根夫何冰氏相變遽返華胥之國玉骨擁爐烘不醒深魂剪紙竟難招紙帳夜長猶作壽香之夢筠窗月淡尚疑弄影之時雖宋廣平鐵石心腸

忘情未得使華光老丹青手段摸索未真郤怨零落一枝春好與茶毗三昧火惜花君子還道這一點香魂今在何處咦烱然不逐東風散只在孤山水月中

傳【原】元王晁梅華傳先生姓梅名華字魁不知何許人或謂出炎帝其先有以滋味干商高宗乃召與語大悅曰若作和羹爾惟鹽梅因食采於梅賜以爲氏梅之有姓自此始至紂時梅伯以直言諫妲己事被醢族遂隱迨周有摽有者始出仕其寔行著于詩垂三十餘世當漢成帝時梅福以文學補南昌尉上書言朝廷事不納亦隱去變姓名爲吳市門卒云自是子孫散處不甚顯漢末綠林盜起避地大林大將軍曹操行師失道軍士

渴甚願見梅氏梅聚族謀曰老嚫垂涎漢鼎人不避之吾家世清白愼勿與語竟匿不出厥後桀生葉葉生蕚蕚生蘂蘂生華是爲先生先生爲人修潔灑落秀外瑩中玉立風塵之表飄飄然眞神仙中人所居環堵竹籬茅舍灑如也行者過其處必徘徊指顧曰是梅先生居也勿翦勿伐谿山風月其與之俱先生雅與高人韻士游徂徠十八公山陰此君輩皆歲寒友何遜爲揚州法曹掾虛東閣待先生先生遇之甚厚相對移日留數詩而歸先生南北兩支世傳南暖北寒先生恭居于南者也先生諸子甚多長云寔操行堅固人謂其有廼父風味居南京犀浦者爲黃氏其餘別族具載石湖譜太史公曰梅先生翩翩濁世之高士也觀其清標雅韻有古君子之風焉彼華腴綺麗烏能辱之哉以故天下人士景仰愛慕豈虛也耶　明何喬新梅伯華傳梅伯華字汝芳世居大江之南其先本若木氏之裔食采于梅春秋時復屬於楚秦始皇遣將軍王翦滅楚遂移兵伐梅滅之子孫散處江南以國氏其家杭之西湖粵之大庾者宗枝尤蕃衍伯華自幼好修丰姿芳潔翛然埃壒之表好居山澤每與騷人處士徜徉泉石雲壑之間終日忘返不識者疑爲仙云性剛介士無賢不肖皆知敬重好事者或寫其像于屏見者肅然起敬不覺鄙吝自消楚令尹子蘭申公子椒以清修自負願托交于伯華伯

華曰若等無寔而外飾終將丟厥美以從俗耳非吾友也凌波仙子洛迎樊生亦以雅素絶俗願與伯華爲異姓兄弟伯華笑曰若等得我一體非可與共度歲寒者也丞相廣平宋公貞心勁質于人少許可獨敬重伯華嘗作賦以誦其美伯華覽之不樂曰知人信不易哉吾嘗以宋公鐵石心腸顧乃輕吐綺語至以文君綠珠況我噫知德者鮮矣嘗陽春和煦時羣葩競榮紅香翠蔓燦如也而伯華恬然于荒寒之野或以後時誚之者曰大丈夫盍乘時取紅紫自苦于寂寞誰復知之伯華曰榮悴命也然有性焉吾知安吾命盡吾性而已且子未睹其終耳狂飈振蕩彼將飄泊何所戾耶言者慚而退石湖范公與伯華交莫逆買地于所居之范村招伯華聚族居之且爲作譜辨其韻格之異而敷寫眞者不察也由是伯華益有聞于天下云　洪璐白知春傳白知春大庾人也初不詳其得姓之由或曰太昊氏廷臣有貌皙而傅粉者帝呼爲白郎遂以爲姓至商高宗時有善調鼎羹者同傅說爲相大著勳業天下始重其名自後族類繁衍徧處海內漢末有族子居鄧襄間最繁盛曹瞞師過渴甚獲濟歸而勒其功于史後世稱之西晉時曰華魁者爲江南亭長遇陸正平于傳舍遂爲通使長安故人爲薦拜秘書省侍讀二世至飛英落飾不拘專事放蕩其友薦爲上林內史得入宮禁爲劉宋壽陽

公主飾妝公主甚喜宮中爭效之梁何遜官揚州與
清江盛開者爲僚寀日共賡吟情誼甚密唐宋璟未相
時于從父東川官舍見郡人一本性姿素樸儀容古雅
請爲忘年交作文美之其後有名九英者與白樂天元
稹杜甫輩相友善京師謂之連璧九英女瓊姬居羅浮
擇壻名士趙師雄月夜遇之遂定婚媾世傳爲奇遇宋
有奇男子同林和靖隱孤山甘淡泊忘勢利和靖爲詩
美其行今載集中再傳曰墨始策爲吏除守衡州宣德
澤及於民有甘棠之思卒繪其像民間多奉祀之白有
遠族因泰俗家貧子壯分贅楊氏厥類尤蕃生子雖狀
貌不類白而氣味相似故亦見珍于世知春字儒華衡

州十世孫生而骨格清癯丰神瀟落雖邊幅不修而天
然標格自出風塵之表性慧善推步星數每歲天子將
頒春曆輒先以消息吐白人間世以其知春候故名之
爲人孤潔不交塵俗惟與蜀人葉恒盛衞人管若虛爲
耐久朋嘗曰吾雖不見用於治朝亦當魁芳譽於天下
一日恒盛若虛問之曰吾聞智者不失時勇者不失勢
陽德方亨皆爭鱗角龍而子若不聞迨夫肅殺遥衆芳
謝子顧抗顏獨出此何以故曰竊聞之有赫赫之譽者
發必淺無彰彰之名者養必深與其揚金石於鄭衞交
奏之時孰若援舜琴而獨鳴播德馨於桃李暄妍之場
孰若紉蘭芳而獨寫是故使避秦皆商山則孰爲漢廷
之蕭曹不仕隋皆河汾則誰爲吾室之房杜當時聞其
名者多跨蹇踏雪尋訪至有取其連枝令奚童肩負餽
之華堂靜室禮對閣筆平章不踰日則斂容而去知春
惟林居簡出謝絶紛華日以甘酸醞釀成就諸子之德
寔思以弘先人調鼎之業云

記【增】明劉基友梅軒記皐亭之山有隱者焉以友梅字
其軒環其居皆梅也或曰友者人倫之名也君子以友
輔仁人求其友必于人焉可也梅卉木也人得而友之
乎生于世爲人焉舍斯人弗友而卉木乎取之斯人也
不旣怪矣乎劉子曰否彼固有所激而云也夫彼所謂
隱者也不同乎人而隱彼固自絶于世之人而卉木之

爲徒也彼固以斯世爲不足乎已而隱以爲高彼固謂
人不足與友而卉木良我友也彼誠有所激哉世之如
管鮑者鮮矣刺于谷風嗟于桑柔臏于涓賣于寄累于
灌夫蠅營狗苟于拜塵之人友之而不爲損者鮮矣哉
人不可以無友彼將何所取哉梅卉木也有歲寒之操
焉取諸人弗得矣舍卉木何取哉且此物非徒取也夌
霜雪而獨秀守潔白而不污人而象之亦可以爲人矣

【原】姚淶梅花記洪崖仙尉隱于大庾之嶠長子孫者
累數百祀跨躡南北綿邈遠近夏暱冬儲日衍以蕃客
有過之者始見之若聚焉繼見之若邑焉滋茂弗已宋
守趙孟藡氏見而稱之曰若是其稠乎是可國也于是

建國號曰梅菴一方而有之封域視古宋衞然其國與諸國異有父子兄弟而無君長有疆圉山川而無城郭有榮瘁盛衰而無征伐有風雨霜露而無耕穫有大小短長縱横曲直而無妍媸其居結瑶而構瓊其俗擷芳而嚼馥其服被縞而曳素往往搜冥寄遠埃壒之地弗處世慕其潔至假冰玉神仙以爲喻國于南州而性獨耐寒雖加以嚴霜暴霰不能虐也自肇國以來輒隸于職方歲遣子修貢于廷累代嘉之聽梅氏自爲治弗奪其土于是國益庶且大初梅氏以鼎味薦于商商道賴以復興周人得其名于謠以列于司樂者由是聲重天下華寔既符今古同賞或謂其風韻獨勝或謂其神形

俱清或謂其標格秀雅或謂其節操凝固如宋廣平杜少陵林和靖諸名賢皆與梅氏爲方外友類形諸篇什以摹寫情狀然其所得不過一村一圃一林一木之勝而未有以國名者自梅氏有國而其散處于海内者咸列于附庸罔或先焉立國既久梅氏之英庾山之靈相與求其主劉先生挺生南服出而臨之而國于是乎有主先生猶不敢當曰我梅花國人也或請于先生敢問宅是國何義也先生曰吾之所取于梅氏者有五善焉博于濟物仁也不撓于時義也生不相陵禮也審于擇友智也出不愆其期信也此吾之所以獨樂于梅不徙臭味之合而已若夫桑梓之所詒馨帶之所佩朝夕之所玩几案之所咏皆取足于是而梅也無役不供亦惟求吾適耳奚其主問者曰梅生數千年乃有國復數百年乃有主主是邦者非先生其誰天下不被梅之澤者久矣今世所賴於梅者徵先生孰能當其用乎幸矣先生之主斯國也且昔人有所謂烏衣槐安者徒托諸寓言皆齊諧之流非所以語于道也先生之國以寔不以名以道不以物吾益嘉先生之善爲斯國主也先生笑而不答因書以爲記

增　陳繼儒梅花樓記　王元美嘗謂余市居之迹于喧也山居之迹于寂也惟園居在季孟間耳然王氏之弇山枕城中朝暾映門遊屐響集即主人亦往往支門謝客欲放而之于曠野無人之鄉而

不可得余然後知園之與衆也寧獨與其傑于市也寧謀于野吾友范象先有園在橫潦野塘之南去城十里而近喧寂半之四面榆柳陰翳小池上梅花兩樹婆娑相對蒼枝老骨縱横屈曲排簷而上其榦可抱其葉可蔭一畝其子可得五石范子謂吾見梅多矣未有如此君之老而奇者乃結高樓以臨之獨與一二老衲攤虎皮爇猊鼎倚樓而歌之曰雪滿山中高士卧月明林下美人來已復笑曰如李廸詩不過得花之幽韻閒淡而已吾家老梅政如碧眼西僧修眉露額又若毒龍怒虬紛挐搆鬬于廣莫之野攫爪迸鱗鬼怪萬狀度他木詎足與此君爭勝庶幾鍾賈山之席樹四賢祠之紫藤差

鼎足耳范子樓既成於是廣蒔雲桃芙蓉來禽之屬以映帶之池加闢竹加徙梅之爲觀日闊以敞而陳子適來陳子曰吾嘗聞往年探梅者過壽安寺中寺僧爲游客所困至析而爲薪而其久惟光福元墓之傍薄雪輕雲漠漠數里一快平生然村人率以種梅爲業不復有昂趣護持與梅花兩相韻者古今梅花之知已僅得林逋君復三百年而有范子范子于此中塊焉野處白板赤欄朱簾碧幄依微獨立于暗香疎影之外何異處士孤山所少者童子開門放鶴耳他日抱鶴上扁舟送之花下烟沙星渚短笛悠悠有巍然破輕浪而出者則陳先生至也子其報梅花吐一枝以候我

頌〔增〕明劉基梅頌吳興章仲文築室花溪之上環植梅焉命之曰梅花之莊頌曰朱方之秀梅實碩兮含章而貞受命獨兮扶疎蕭森清以直兮元冰沍寒不撓其節兮玉之潔兮爽之特兮閉而發兮芳郁烈兮黃中繹尉美而完兮麗而不淫物莫能干兮冬榮夏實含陰陽兮青黃纍離以和羹兮文質彬彬德之儀兮君子之象君子之宜兮

賦〔原〕梁簡文帝梅花賦層城之宮靈苑之中奇木萬品庶草千叢光分影雜條繁榦通寒圭變節冬灰從簡並皆枯悴色落摧風年歸氣新搖芸動塵梅花特蚤偏能識春或乘陽而發苍乍雜雪而被銀吐艷四照之林舒榮五衢之路既玉綴而珠離且冰懸而雹布葉嫩出而未成枝抽心而插故標半落而飛空香隨風而遠度掛靡靡之游絲雜霏霏之晨霧爭樓上之落粉奪機中之織素乍開花而傍巘或含影而臨池向玉階而結采拂網戶而低枝于是重閨佳麗貌婉心嫻憐早花之驚節訝春光之遣寒袂衣始薄羅袖初單折此芳華舉茲輕袖或插鬢而問人或殘枝而相授恨鬟前之太空嫌金鈿之轉舊顧影丹墀弄此嬌姿洞開春牖四卷羅帷東風吹梅畏落盡賤妾爲此斂蛾眉花色持相比恒愁恐失時

〔唐宋璟梅花賦〕垂拱三年予春秋二十有五戰藝再北從父之東川授館官舍有梅一本敷榮于榛莽

中喟然歎曰嗚呼斯梅托根非其所出羣之姿何以別乎若其貞心不改是則可取也已感而成興遂作賦曰高齋寥閒歲晏山深景翳翳以斜度風悄悄而亂吟坐窮簷以無朋進一觴而孤斟步前除以彳亍倚藜杖于墻陰蔚有寒梅誰其封植未綠葉而先葩抽青枝于宿莽光分影布冰玉一色胡雜遝乎衆草又蕪没乎叢棘匪王孫之見幻羌潔白其何極若夫瓊英綴雪絳萼著霜儼如傅粉是謂何郎清香潛襲疎蕊暗敷又如竊香是謂韓壽凍雨晚濕宿露朝滋又如英皇泣於九疑愛日烘晴明蟾照夜又如神人來從姑射烟晦晨昏陰霾晝閉又如通德掩袖擁髻狂飈捲沙飄素摧柔又如綠

珠輕身墜樓半開半含非默非言溫伯雪子目擊道存或俯或仰匪笑匪怒東朝順子正容物悟或憔悴若靈均或欹傲若曼倩或嫵媚若文君或輕盈若飛燕口吻雌黃擬議殆徧彼其藝蘭兮九畹采蕙兮五柞緝之以芙蓉贈之以芍藥玩小山之叢桂掇芳洲之杜若是皆物出于地產之奇名著于風人之托然而艷于春者望秋先悴盛于夏者未冬而萎或朝華而速謝或夕秀而遂衰曷若茲卉歲寒特妍冰凝涸沍擅美專權相彼百花孰敢爭先鸎語方澀蜂房未喧獨步早春自全其天至若措跡隱深寓形幽絕恥隣市廛甘遁巖穴江僕射之孤燈向壁不可悽迷陶彭澤之三徑投閒曾無悁結

貴不移于本性方有儷于君子之節聊染翰以寄懷用垂示于來哲從父見而賜之曰萬木僵仆梅英載吐玉立冰姿不易厥素子善體物永保貞固

增 宋朱子梅花賦并序 楚襄王遊乎雲夢之野觀梅之始華者愛之徘徊而不能去焉驂乘宋玉進曰美則美矣臣恨其生寂寞之濱而榮此歲寒之時也大王誠有意好之則何若移之渚宮之囿而終觀其寔哉宋玉之意蓋以屈原之放微悟王而王不能用於是退而獻賦曰夫何嘉卉而信奇兮厲歲寒而方華潔清姱而不淫兮專精皎其無瑕既笑蘭蕙而易誅兮復異乎松柏之不華屏山谷以自娛兮命冰雪而為家謂后皇賦予命兮生南國而不遷雖瘴癘非所托兮倘幽獨之可願歲序徂以崢嶸兮物皆舍故而就新披宿莽而橫出兮廓獨立而增妍玄霧淪而四起兮川谷沍而冰堅澹容與而不銜兮象姑射而無鄰夕同雲之繽紛兮林莽雜其蕤蕤曾予質之無加兮專皎潔而未衰方酷烈而誾誾兮信橫發而不可摧紛旖旎亦何好兮靜窈窕而自持徂清夜之湛湛兮玉繩耿而未低方娉婷而自喜兮友明月以為儀斂浮雲之來薇兮四顧莽而無人悵寂寞其凄凉兮泣回風之無辭立何久乎山阿兮步何蹐躅于水濱忽舉目而有見兮恍顧盼之足疑謂彼漢之廣兮羌何為乎人間既奇服之曜耀兮又綽約而可觀欲一聽白雲之

歌兮歎揚音之不可聞將結軫乎瑤池兮懼佳期之非真願借陽春之白日兮及芳菲之未虧與遲暮而零落兮曷若充夫佩幃渚宮刱未有此兮紛草棘之縱橫椒蘭後乎霜雪兮亦何有乎芳馨佚桃李于載陽兮倉庚寂而未鳴私顧影而自憐兮淡愁思之不可更君性好而弗取兮亦吾命其何傷辭曰后皇貞樹艷以姱兮潔誠諒清有嘉寔兮江南之人羌無以異兮煢獨處廓豈不可召兮層臺累榭靜而可樂兮王孫兮歸來無使哀江南兮

明徐渭梅賦 孤稟矜競妙英雋發肌理冰凝幹膚曲屈留連野水之烟淡蕩寒山之月蕊一攢而集霞葩五出而爭雪側披斷碛委犯風其將吹忽上高岑

助凍雲之欲結杪數英之乍擲卞萬斛之一搏古榦橫肱玉龍游而張甲編條聚腦白鳳戢以流翰珮玦繽紛何啻凌波之子肌膚綽約無言姑射之仙趣將幽而見取艷以冷而爲妍縕香氣于空表弄皎色于霄端瘦影橫窓朧然山澤素魂麗壁忽爾嬋娟托使將傳寄江南之遐信隨風暗度報塞北以春天羌笛一聲韻全飄于纖指素琴三弄神屢托于冰絃乃有巖居之徒淡飲之老裋褐黃冠龐眉壽考跨蹇策節熟漿烹藻望谷口以窮搜坐石頭而拂榻亦有遊心道德之儒含思風雅之伯讀易說詩于其下咏騷作記當其處景得人而益增人因景而標致斯風格之雅幽而韻調之殊異亦足以

快心暢神洗鬱破滯又何美乎羅浮之奇而東嶽之麗

五言古詩【增】梁簡文帝雪裏梅花 絕訝梅花晚爭來雪裏窺下枝低可見高處遠難知俱羞惜腕露相讓到腰羸定須還剪綵學作兩三枝 梁元帝詠梅 梅含今春樹還臨先日池人懷前歲意花發故年枝 鮑泉詠梅 花可惜階下梅飄蕩逐風迴度簾拂羅幌縈窓落梳臺乍隨纖手去還因插鬢來客心屢看此愁眉斂詎開 王筠和孔中丞雪裏梅花 水泉猶未動庭樹已先知翻光同雪舞落素混冰池今春競時發猶是昔年枝惟有長傾顇對鏡不能窺 庾肩吾同蕭左丞詠摘梅花 窓梅朝始發庭雪晚初消折花牽短樹幽叢入細條垂冰溜玉手含刺胃春腰遠道終難寄馨香徒自饒 周庾信咏梅花 常年臘月半已覺梅花闌不信今春晚俱來雪裏看樹凍懸冰落枝高出手寒早知覓不見眞悔著衣單 陳陰鏗咏雪裏梅 春近寒雖轉梅舒雪尚飄從風還共落照日不俱銷葉開隨足影花多助重條今來漸異昨向晚判勝朝 謝燮早梅 迎春故早發獨自不疑寒畏落衆花後無人別意看 徐陵梅花 對戶一株梅新花落故栽燕拾還蓮井風吹上鏡臺倡家怨思妾樓上獨裴徊啼看竹葉錦簪罷未能裁 唐柳宗元早梅 早梅發高樹迥映楚天碧朔吹飄夜香繁霜滋曉白欲爲萬里贈杳杳山水隔寒英坐消落何用慰遠客

宋梅堯臣讀吳正仲重臺梅花詩 楚梅何多葉繅蒂攢瓊瑰常惜歲景盡每先春風開龍沙雪爲友青女霜作媒託根邇廊堂結子助鼎鼐吳侯本吳人筆力高崔嵬但詠同姓木予非梁棟材 陸游古梅 梅花吐幽香百卉皆可屏一朝見古梅梅亦墮凡境重疊碧蘚暈天嬌蒼虬枝誰吸古磵水養此塵外姿 魏了翁西郊訪梅 荒烟散牛羊落日尚城市天寒萬木脫歲晏羣動弭西郊有孤芳獨喚春事起幽光耿參月清豔明野水欲開未開時似語不語意或疑春較遲的皪下霜蕊誰知春風心漸在阿堵裏洞霄逍遙公九隴花月使領客居上頭選予亦婪尾頗懷去年遊歲月如許駛悠悠竟何成

總被物化使　元程鉅夫家園見梅有懷疇昔同僚諸
君子因成廿六韻奉寄　往時姑射仙夜墮江南村江南
富嘉植梅花衆中尊九地閟玄凝先天占春暄的皪冰
雪姿不受風塵昏孤清愜幽意牕馥醒吟魂愛之玩不
斁寘契終無言羅浮本幻境前夢覺已諼蹇踦滯京華
倦翼棲淮垣後先青雲士表裏白玉温我形自覺穢交
道久逾敦貞節保松栢芳心共蘭蓀信知歲寒友何異
連枝昆獨賢天所矜家山問雞豚歸來適仲冬平旦窺
荒園依依故人面竟日對傾罇清池疎蘂影淡月新梢
痕泠然絶埃壒恍若遊崑崙忽憶如花人高談霏露繁
眼中不可見思轟風翩翻頗慚標致似遠近殊託根洪

鈞轉嚴令青皇畀新恩坐看佳實長適口塞衆喧徧遺
實中仁生意彌乾坤平生識賞心皎潔明朝瞰凌寒折
一枝殷勤寄王孫又恐遠莫致作詩當重論　馬祖常
移梅植爾當庭隅豈復資鼎味遷爾自谷中豈復相嫵
媚冽冽玄冥候衆植各浮脆高標自凌寒孤侚獨冠歲
么禽何處來飛下雙羽翠　幽屏逐魚鳥沈跡儔隱淪
所欣在林藪嘉植日以親春言江介品紛葩號南珍遇
我好奇服移根得良因井井十畝園蔿茀蔭淵濱縞裳
擢玉質宜此空山春　傅若金題墨梅二首　老樹亞晴
空疎花帶寒野風流不自惜澹泊從人寫歲晏孰能娛
空山少來者　孤花何婉娩玉立含幽素短短時出橋

疎疎或臨路生疑簷下月半照墻西樹　黄清老題竹
外一枝梅花　仙標何處來一枝倚寒玉晴窻見疎林座
上春可掬山陰帶殘雪水影兼遠綠珍重孤竹君歲寒
伴幽獨

七言古詩　【增】陳江總梅花落　臘月正月早驚春衆花未
發梅花新可憐芬芳臨玉臺朝攀晚折還復開長安少
年多輕薄兩兩常唱梅花落滿酌金巵催玉柱落梅樹
下宜歌舞金谷萬株連綺甍梅花密處藏嬌鶯桃李佳
人欲相照摘葉牽花來並笑楊柳條青樓上輕梅花色
白雪中明横笛短簫悽復咽誰知柏梁聲不絶　宋蘇
軾松風亭下梅花盛開　春風嶺上淮南村昔年梅花曾

斷魂豈知流落復相見蠻風蜑雨愁黄昏長條半落荔
支浦卧樹獨秀桄榔園豈惟幽光留夜色直恐冷豔排
冬温松風亭下荆棘裏兩株玉蕊明朝暾海南仙雲嬌
墮砌月下縞衣來扣門酒醒夢覺起繞樹妙意有在終
無言先生獨飲勿歎息幸有落月窺清樽　再用前韻
羅浮山下梅花村玉雪爲骨冰爲魂紛紛初疑月挂樹
耿耿獨與參横昏先生索居江海上悄如病鶴棲荒園
天香國豔肯相顧知我酒熟詩清温蓬萊宫中花鳥使
綠衣倒挂扶桑暾抱叢窺我方醉卧故遣啄木先敲門
麻姑過君急灑掃鳥能歌舞花能言酒醒人散山寂寂
惟有落蕊粘空樽　和秦太虚梅花　西湖處士骨應槁

只有此詩君壓倒東坡先生心已灰為愛君詩被花惱多情立馬待黃昏殘雪消遲月出早江頭千樹春欲闇竹外一枝斜更好孤山山下醉眠處點綴裙腰紛不掃萬里春隨逐客來十年花送佳人老去年花開我已病今年對花還草草不如風雨卷春歸收拾餘香還畀昊（再和潛師）化工未議蘇羣槁先向寒梅一傾倒江東無雪春瘴生為散冰花除熱惱風清月落無人見洗妝自趁霜鐘早惟有飛來雙白鷺玉羽瓊枝鬬清好吳山道人心似水眼淨塵空無可掃故將妙語寄多情橫機欲試東坡老東坡習氣除未盡時復長篇書小草且撼長條餐落英忍饑未忍窮呼昊（沈與求溪上見梅）晴

溪漲淥如陰苔晴日拂影相瀠洄畫船疊鼓順流下波光浩蕩征帆開灘縈岸繚柁牙轉水石互激如奔雷須臾已復過絕壁歸路漸近嚴陵臺山重溪複境彌迥暗香忽自空中來日斜正見叢棘外炯炯疎片飄寒梅槎牙一種獨愁絕含情不語明巖隈凌波疑是水仙出縞衣素質行徘徊下窺深淺一笑粲半使凡卉俱塵埃山谷之儒已臞甚蝹腸鶴骨世所咍相逢頓覺百憂釋不嫁春風誰與媒舟行易遠空回首角聲吹夢心悠哉（唐庚）劍州道中見桃李盛開而梅花猶有存者桃花能紅李能白春深無處無春色不應尚有數株梅可是東君苦留客向來開處當嚴冬李花未白桃未紅即今已是丈人行勿與年少爭春風（朱子）用東坡韻北風日日霾江村歸夢政爾勞營魂忽聞梅蕊臘前破楚客不愛蘭佩昏尋幽舊識此堂古曳杖偶集仙家園嵐陰春物未全到邂逅只有南枝溫冷光自照眼色界雪豔未怯扶桑暾遙知雲臺溪上路玉樹千里藏山門自憐塵羈不得去坐想佳處知難言但對君詩慰岑寂已似共倒花前樽　羅浮上下黃茅村蘇仙仙去餘詩魂梅花自入三疊曲至今不受蠻烟昏佳名一旦異凡木絕豔千古高名園却憐冰質不自暖雖有步障難為溫羞同桃李媚春色敢與葵藿爭朝暾歸來只有修竹伴寂歷自掩疎籬門亦知真意還有在未覺浩氣終難言一杯

勸汝吾不淺要汝共保山林樽　江梅欲破江南村無人解與招芳魂朔雲為斷蜂蝶信凍雨一洗烟塵昏天憐絕艷世無匹故遣寂寞依山園自吹羌笛娛夜永永要鄒律回春溫迺娟窺水瞪殘月的皪泣露晞晨暾海上清游記上界衰病此日空柴門相逢不敢話疇昔能賦豈必皆成言雕鎸肝腎竟何益況復制酒哦空樽（張彥輔）賞梅韻朔風萬里開雲屏清霜夜墜朝景晴南枝浩蕩正春色凍蕊的皪含空明花邊偶對青銅鏡槁項不堪冰雪映擁爐獨坐只悲吟振策出遊舒遠興暗香何處時一飄行行復值最長條仰頭欲折渺誰贈滿意相思那得邀極知異縣淹行李心賞未甘輕付畀

石雄賦罷不相開秀墅書來因峯似兩翁句法爭新奇畫出疎影沉寒漪幽探自出塵境外勝概未許兒曹知秖今嚼蕊攀條處他日重來記前度風臺月觀悄無言玉笛冰灘索同賦嗟予衰懶倦將迎過眼紛紛無復情尙喜疎英窺水白更憐落片點苔青興來亂插飛蓬首擬向君家醉君酒酒酣耳熱莫狂歌布鼓雷門須縮手

〔楊萬里瓶中梅花長句〕幽人遂作月滿堦月隨幽人登船齋推門欲開猶未開猛香排門撲我懷徑從鼻孔上濯頂拂拂吹盡髮底埃恍然墮我衆香國欲問何祥無處覓寘搜一室一物無瓶裏一枝梅的皪平生爲梅到斷腸何曾知渠有許香夜來偶忘掛南窗貯此幽馥

萬斛殢郄憶去年西湖上錦屏下瞰千青嶂谷深梅盛一萬株千頃雪波浮欲漲是時雨後初開前日光烘花香作煙政如新火炷博山蒸出沉水和龍涎醉登絕頂撼疎影掇葉餐花照冰井蜀人老張同舍郎喚作謫仙儂笑領如今茅屋臥山村更無載酒來叩門一尊孤斟懶論文猶有梅花是故人

〔梅花下遇小雨〕偶來花下聊散策落英滿地珠爲席遶花百匝不忍歸生怕幽芳怨孤寂仰頭欲折一枝斜自插白髩明烏紗傍人勸我不用許道我滿頭都是花初來也覺香破鼻頃之無香亦無味虛疑黃昏花欲睡不知被花薰得醉忽然細雨濕我頭雨落未落花先愁三點兩點亦不惡未要打空花片休

〔郡泊燕堂庭中梅花〕林中梅花如隱士只多野氣無塵氣庭中梅花如貴人也無野氣也無塵不疎不密隨宜了旋落旋開無不好珠簾遣風細爲吹畫簷護霜寒更微詩翁繞堦未得句先送詩材與翁語有酒如澠誰伴翁王雪對飲惟渠儂翁欲還家即明發更爲梅兒留一月

〔雨後曉起問訊梅花〕前日看梅風吹倒昨日看梅雨霑帽近梅一日或再來遠梅隔年纔一到夜來爲梅愁雨聲挑燈起坐至天明不知消息平安否早來問訊還疾走橫枝雨後轉清妍玉容洗妝晨更鮮絕似孤山半峯雪不羨玉井十丈蓮十事八九不如意人生巧墮天公計簿書海底白人頭孤負江南風月秋

憶昔少年命同社月裏傳觴梅影下一片花飛落酒中十分便罰瑠璃鍾如今老病不飲酒梅花也合憐衰翁

〔雪夜尋梅〕去年看梅南溪北月作主人梅作客今年看梅荆溪西玉爲風骨雪爲衣臘前欲雪竟未雪梅花不慣人間熱橫枝憔悴涴晴埃端令羞面不肎開縞裙夜訴玉皇殿乞得天花來作伴三更滕六駕海神先遣東風吹玉塵梅仙曉沐銀浦水冰膚別放瑤林春詩人莫作雪前看雪後精神添一半

〔金李俊民籌堂尋梅〕蕭疎籬落誰家圃尋芳信逐遊蜂去眼前荆棘少人行馬蹄直到香來處怕愁貪睡獨開遲瘦損春寒鶴膝枝可是東君苦留客斜風細雨不堪詩

〔元朱德潤登道

山亭觀梅用東坡韻道山亭下海花村坡仙作詩爲招
魂明姿照人隔寒水瘦影帶月欺黃昏先生頗厭郡齋
冷持書晚約窺山園松風吹香清人骨地爐烟消酒初
温孤標已出羣卉上故遺雪意迷晴曦和羹結子時較
晚先傳春色來衡門天寒谷幽翠袖薄豈知青鳥能傳
言明晨看花重有約呼童掃石羅清樽　劉詵竹外梅
梢誰家修篁千萬竿短墻流水朱闌干孤芳託根得春
早一枝斜出行路看遥擬青林烱初霽一點兩點雪未
殘小窗月落霜角動誰與伴此空山寒．王冕題月下
梅花不生愛梅頗成癖踏雪行穿一雙屐六花散漫飛
滿空千里萬里同一色衝寒不畏朔風吹乘興來此江

之湄繁花滿樹梅欲放彷彿羅浮曾見時南枝横斜北
枝好北枝看過南枝老中有一枝致奇絶萬蕊千葩弄
天巧老夫見此喜欲顛載酒大酌梅花仙仙人怪我來
何晚一别已是三千年醉來仰面卧深雪夢扶飛瓊上
天闕酒醒起視夜何其饑烏啼殘半江月　題墨梅圖
朔風吹寒冰作壘梅花枝上春如海清香散作天下春
草木無名藉光彩長林大谷月色新枝南枝北清無塵
廣平心事誰與論徒以鐵石磨乾坤歲晚燕山雲渺渺
居庸古北無人到白草黃沙半馬羣瓊樓玉殿烟花繞
凡桃俗李爭芬芳只有老梅心自常貞姿燦燦眩冰玉
正色凜凜欺風霜轉身西冷隔烟霧欲問逋仙杳無所

夜深湖上酒船歸長嘯一聲雙鶴舞　梅花二首江南
十月天雨霜人間草木不敢芳獨有溪頭老梅樹面皮
如鐵生光芒朔風吹寒珠蕾裂千花萬花開白雪髣髴
蓬萊羣玉妃夜深下踏瑶臺月銀鐺冷冷動清韻海煙
不隔羅浮信相逢共說歲寒盟笑我飄流霜滿鬢君家
秋露白滿缸放懷飲我千百觴興酣脱帽恣盤薄拍手
大叫梅花王五更窗前博山冷幺鳳飛鳴酒初醒起來
笑抱石丈人門外白雲三萬頃　昔年曾踏西湖路巢
居閣上春無數雪晴月白最精神瑪瑙坡前第三樹虬
枝屈鐵交碧苔疎花顆迸珍珠胎初疑羣仙下寥廓瓊
瑶玉佩行瑶臺又疑幽人在空谷滿面清霜鬢華緑迎

風冷笑桃杏花紅紫紛紛太纍俗今年來看秦淮水路
隔西湖一千里草堂上是白雲窩夜半松風喚予起青
山隔世無游塵雲根粉壁光如銀長嘯一聲月入户孤
山處士來相親江南梅花自有主休問當年何水部山
僧對我默無語栢子無風墮青雨　明沈周竹堂寺探
梅竹堂梅花一千樹晴雪塞門無入處秋官黄門兩詩
客珂馬西來爲花駐老翁攜酒亦偶同花不留人人自
住滿身毛骨沁冰影嚼蕊含香各搜句酒酣塗紙作横
斜筆下珠花濕春露只愁此紙捲春去明日重來花在
地　原王世貞梅花瑶臺仙姝畏桃妬化作君庭雙玉
樹大庾萬條看更俗隴頭一闋吹不墮張果齯齒如編

銀要與此樹爭丰神飛觴三雅媚殘月握筆片語開新
春有子移根奉溫室皎皎冰姿射霜日莫言子作書生
酸要與君王調鼎實（于若瀛題畫梅花箋君手出畫
梅卷零風點雪寒芳斂老幹橫生色如鐵空山月抹孤
根遠古今誰得傳梅神開卷瓊英寒逼人漫誇范致能
爲譜長老華光差得真一幅一枝不爲少逐毫亂落奪
天巧影藏香消破碧虛含飈出霧何縹緲逋翁湖山詩
思清揚州東閣最含情瘦花數點應難謝不受江南笛
裏聲

佩文齋廣羣芳譜卷第二十二

花譜

梅花二

集藻　五言律詩

御製鄧尉山鄧尉知名久看梅及早春豈因就勝賞本是重
時巡野靄朝來散山容雨後新繽紛開萬樹相對愜佳辰
增（唐楊炯梅花落）窓外一株梅寒花五出開影隨朝日
遠香逐便風來泣對銅鉤障愁看玉鏡臺行人斷消息
春恨幾徘徊（李嶠詠梅）大庾斂寒光南枝獨早芳雪
含朝暝色風引去來香妝面迴青鏡歌塵起畫梁若能
逢止渴何假泛瓊漿（張九齡庭梅詠）芳意何能早孤
榮亦自危更憐花蒂弱不受歲寒移朔雪那相妬陰風
已屢吹馨香雖尚爾飄蕩復誰知（孫逖咏後庭梅）聞
唱梅花落江南春意深更傳千里外來入越人吟弱幹
紅妝倚繁香翠羽尋庭中自公日歌舞向芳陰　梅院
重門掩逶迤歌吹邊庭深人不見春至曲能傳花落彈
碁處香來薦枕前使君停五馬行樂此中偏（杜甫江
梅）梅蕊臘前破梅花年後多絕知春意早最奈客愁何
雪樹元同色江風亦自波故園不可見巫岫鬱嵯峨
（錢起山路梅）莫言山路僻還被好風催行客凄涼過村
籬冷落開晚溪寒水照晴日數蜂來重憶江南酒何因
把一杯（宋慶餘早梅）天然根性異萬物盡難陪自古

承春早嚴冬闕雪開艷寒宜雨露香冷隔塵埃堪把依松竹良途一處栽〔杜牧梅〕輕盈照溪水掩斂下瑤臺妬雪聊相比欺春不逐來偶同佳客見似為凍醪開若在秦樓畔堪為弄玉媒〔許渾早梅〕澗梅寒正發莫信笛中吹素艷雪凝樹清香風滿枝折驚山鳥散攜任野蜂隨今日從公醉何人倒接䍦〔鄭谷江梅〕江梅且緩飛前輩有歌詞莫惜黃金縷難忘白雪枝吟看歸不得醉嗅立如癡和雨和烟折含情寄所思〔韋蟾梅〕高樹臨溪艷低枝隔竹繁何須是桃李然後欲忘言擬折魂先斷須看眼更昏誰知南陌草卻解望王孫〔釋齊已早梅〕萬木凍欲折孤根暖獨回前村深雪裏昨夜一

枝開風送幽香出禽窺素艷來明年如應律先發映春臺〔宋王珪梅花〕冷香疑到骨瓊艷幾堪餐半醉臨風折清吟拂曉觀贈春無限意和雪不知寒桃李有慚色枯枝託並欄〔晁端友探得早梅〕嶺梅何處早雪裏看芳菲北陸寒猶在南枝春已歸曉妝初見妬殘角未成飛引我江頭夢清香憶滿衣〔文同梅〕寒梅引舊枝映竹復臨池朵露深開處香聞瞥過時凌兢侵臘雪散漫入春詩贈我歲寒色憐君冰玉姿〔蘇軾中隱堂〕二月驚梅晚幽香此地無依依慰遠客皎皎似吳姝不恨故園隔空嗟芳歲徂春深桃李亂笑汝益羈孤〔又嶺陳四雪中賞梅〕臘酒詩催熟寒梅雪鬬新杜陵休歎老韋

曲已先春獨秀驚凡目遺英臥逸民高歌對三白遲暮慰安仁〔楊時早梅〕楚國春歸早寒梅處處開月和清艷宿天與靚妝來東閣詩懷動南枝歲律回翛然冰雪態無處不輕埃〔朱子早梅〕今日清江路寒梅第一枝不愁風嫋嫋正奈雪垂垂暖熱惟須酒平章卻要詩他年千里夢誰與寫相思〔楊萬里和羅巨濟山居〕園花皆手植梅蘂獨禁寒色與香無價飛和雪作團數枝橫翠竹一夜遶朱欄不惜吟邊苦收將句裏看〔陳亮梅花〕疎枝橫玉瘦小萼點珠光一朵忽先變百花皆後香欲傳春信息不怕雪埋藏玉笛休三弄東君正主張〔戴昺探梅〕踏破登山屐來尋傍水叢眼明千樹底春在

數花中格瘦詩難寫香寒酒易空狂歌歸秉燭驚怪走兒童〔葛長庚梅窓〕南窓屋數楹一點陽和生枝上雪裝瘦墻頭風作清霜天酒自暖月夜夢難成何處人吹笛黃昏送幾聲 原〔明申時行築圃〕雙林畔看花百卉先含春俱綽約綴雪晴清姸景弄孤山月香分庾嶺天任教催白髮索笑自年年 增〔王穉登銅坑看梅〕人似梅花瘦舟如蓮葉長青山十畝白流水一春香種密人難入開齊夜有光苔枝容我折野老不嗔狂 橋外花嶂香時過太湖濁醪原易得市遠亦須沽 原〔陳繼儒源倒鹿裘寒採梅草未乾枯花先命酒釣雪戲投竿客

云鳥聲碎山高屐齒删不辭松宾臥一任老袁安

七言律詩【原】唐杜甫和裴廸登蜀州東亭送客逢早梅相憶見寄 東閣官梅動詩興還如何遜在揚州此時對雪遥相憶送客逢春可自由幸不折來傷歲暮若爲看去亂鄉愁江邊一樹垂垂發朝夕催人自白頭【增】李商隱酬崔八早梅 知訪寒梅過野塘久留金勒爲廻腸謝郎衣袖初翻雪荀令熏爐更换香何處拂胸資蝶粉幾時塗額藉蜂黄維摩一室雖多病亦要天花作道場【原】羅隱梅 吳王醉處十餘里照夜拂衣今正繁經雨不隨山鳥散倚風如共路人言愁憐粉艷飄歌席静愛寒香撲酒尊欲寄所思無好信爲君惆悵又黄昏【增】

崔櫓梅 含情含態一枝枝斜壓漁家短短籬惹袖尚憐香半日向人如訴雨多時初開偏稱雕梁畫未落先愁玉笛吹行客見來無去意解帆煙浦爲題詩【原】宋林逋山園小梅 衆芳摇落獨暄妍占盡風情向小園疏影横斜水清淺暗香浮動月黄昏霜禽欲下先偷眼粉蝶如知合斷魂幸有微吟可相狎不須檀板共金樽【增】林逋山園小梅 剪綃零碎點酥乾向背稀稠畫亦難日薄縱甘春至晚霜深應怯夜來寒澄鮮祇共鄰僧惜冷落猶嫌俗客看憶著江南舊行路酒旗斜拂墮吟鞍 又咏小梅 數年閑作園林主未有新詩到小梅摘索又開三兩朶團欒空遶百千廻荒鄰獨映山初静晚景相

禁雪欲來寄語清香少愁結爲君吟罷一銜杯 梅花 小園煙景正淒迷陣陣寒香壓麝臍池水倒窺疏影動屋簷斜入一枝低畫名空向閒時看詩俗休徵故事題慙媿黄鸝與蝴蝶祇知春色在桃溪 孤根何事在柴荆村色仍將臘候并横隔片煙争向静半黏殘雪不勝清等閒題咏誰爲愧子細相看似有情搔首壽陽千載後可堪青草雜芳英 趙抃素芳亭賞梅花 素蕚清香並酒卮主人勤意屬留詩爲逢蜀國新開日却憶江南舊賞時春早未通桃李信臘殘都放雪霜姿先公舊植亭欄外肯構重來見本枝 王安石梅花 漢宮嬌額半塗黄粉色凌寒透薄粧好借月魂來映燭恐隨春夢去

飛揚風亭把盞酬孤艷雪徑回輿認暗香不爲調羹應結子直須留此占年芳 結子非貪鼎鼐嘗偶先紅杏占年芳從教臘雪埋藏骨却怕春風漏泄香不御鉛華知國色祇裁雲縷想仙裳少陵爲爾牽詩興可是無心賦海棠 淺淺池塘短短墻年年爲爾惜流芳向人自有無言意傾國天教抵死香鬚裊黄金危欲墮蔕團紅蠟巧能裝嬋娟一種如冰雪依倚春風笑野棠 陳師道梅花 百卉前頭第一芳低臨粉水浸寒光卷簾初認雲猶凍逆鼻渾疑雪亦香鼎實自期終有待天真不假史勻裝江南望斷無來使且伴詩翁入醉鄉 劉子翬梅花 玉骨綃裳韻太孤天教飛雪伴清臞林寒疏蕊半

閑落野迴暗香疑有無庾嶺風光仍似舊漢宮鉛粉莫
相污驚心不必傷空樹一白流空春便徂〔朱子前村
玉立寒煙寂寞濱仙姿瀟灑淨無塵千林搖落今如許
一樹橫斜獨可人真與雪霜娛晚景任從桃柳殿殘春
綠陰青子明年事衆口驚嗟鼎味新〔文龍早梅〕可愛
紅芳愛素芳多情珍重老劉郎疎英的皪尊中影微月
黃昏句裏香胸次自憐真玉雪人間何處有冰霜巡簷
說盡心期事肯醉佳人錦瑟傍 原〔陸游梅花〕家是江
南友是蘭水邊月底怯新寒畫圖省識驚春早玉笛孤
吹怨夜殘冷淡合教閒處著清癯難遣俗人看相逢剩
作樽前恨索笑情懷老漸闌 月地雲堦暗斷腸知心

誰解賞孤芳相逢只怪影亦好歸去始驚身染香渡口
耐寒窺淨綠橋邊凝怨立昏黃與卿俱是江南客剩欲
樽前說故鄉 增 陸游十二月初一日得梅一枝絕奇
戲作長句高標已壓萬花羣尚恐嬌春習氣存月兎擣
霜供換骨湘娥鼓瑟爲招魂孤城小驛初飛雪斷角殘
鐘半掩門盡意端相終有恨夜寒皺玉倩誰溫〔浣花
賞梅〕老子人間自在身插梅不惜損烏巾春回積雪層
冰裏香動荒山野水濱帶月一枝低弄影背風千片遠
隨人石家樓上貪吹笛肯放朝朝主樹新〔山亭觀梅
與梅歲歲有幽期忘却如今兩鬢絲乘淡月時和雪看
斷蒼苔地帶花移先春瘦損應多恨靜夜香來更一奇

醉倒欄邊君勿笑明朝紅萼綴空枝〔射的山觀梅〕凌
厲冰霜節愈堅人間乃有此癯仙坐收國士無雙價獨
立東皇太乙前此去幽尋應盡日向來別恨動經年花
中竟是誰流輩欲許芳蘭恐未然〔楊萬里普明寺見
梅〕城中忙失探梅期初見僧窓一兩枝猶喜相看那恨
晚故應更好半開時 今冬不雪何關事作伴孤芳却欠
伊月落山空正幽獨慇存無酒且新詩〔梅花下小飲〕
今年春在臘前回怪底空山早見梅數點有情吹面過
一花無賴背人開爲攜竹葉澆瓊樹擬折冰葩浸玉盃
近節雨晴誰料得明朝無興也重來〔徐璣梅花〕是誰
曾種白玻璃覔絕寒荒一點奇不厭隴頭千萬樹最憐

窓下兩三枝幽深真是離騷句枯健猶如賈島詩吟到
月斜渾未已蕭蕭鬢影有風吹〔梅坡〕淺水低坡幾樹
苔冷光搖動玉塵埃橫斜直似安排得古怪多應折損
來潔白要從侵夜看飄零却是被春催開行立斷清風
影一片飛香落酒杯〔劉克莊落梅〕一片能教一斷腸
可堪平砌更堆墻飄如僊客來過嶺墜似騷人去赴湘
亂點莓苔多莫數偶粘衣袖久仍香東風謬掌花權柄
却忌孤高不主張 昨夜尖風幾陣寒心知清物久留
難枝疎似被金刀剪片細疑經玉杵殘痛叱山童持帚
去苛留野客坐苔看月中徙倚憑空樹也勝吳兒賞牡
丹〔裘萬頃次洪內相梅亭〕人門多是梅開後旋踵東

籬事故常那得紅簾捲朱戶細看素質傲淸霜一生寄
輿雲山外幾度搔頭江路傍咫尺名園身未到夜窻羞
對返魂香　〔宋王成之韻咏梅〕誰遣氷魂照夕陽搖搖
一任北風涼眼前共有幾多蕊鼻觀胡爲如此香佳賞
會須歸列鼎孤標已自壓羣芳濡毫我欲從君賦未害
平生鐵石腸　〔戴復古梅〕孤標粲粲壓羣葩獨占春風
管歲華幾樹參差江上路數枝裝點野人家冰池照眼
何須月雪岸聞香不見花絕似林間隱君子自從幽處
作生涯　〔靈洲梅花〕穿林傍水幾平章合有春風到草
堂自入冬來多是暖無尋花處只聞香枝南枝北一輪
月山後山前雨屐霜直看過年開未了醉吟且放老夫

狂　〔林景熙漁舍觀梅〕冷雲漠漠護籬陰瀟灑苔枝出
竹林影落寒磯和雪釣香浮老甕帶春斟幾憑水驛傳
芳信祇許沙鷗識素心回首西湖千樹遠扁舟寂寞夢
中尋　〔金劉著文季侍郎得綠萼香梅子文待制有詩
輙亦同賦〕一枝綠萼冠羣芳瀟灑猶疑楚岸傍香骨瘦
來氷蕊細夢魂淸處月波凉賡酬便合成千首醒醉寧
須計百觴橫玉叫雲吹不盡只教今古洗離腸　〔劉迎
梅花〕誰道江梅驛信遲碧琅玕裏見橫枝爲尋疎影暗
香處獨立嫩寒淸曉時嚼蕊不妨浮白飲認桃休賦比
紅詩平生東閣風流在何遜而今鬢欲絲　〔周昂和路
宣叔梅〕月底明肌粲壽陽道人呼入竹西堂安排臘味

千鍾酒消破春風萬斛香花鳥有情應見惜蛾眉傾國
故難藏西湖骨朽東坡遠又爲君詩惱一場　〔李獻能
上淸宮梅〕壓住盧家白玉堂琳宮瀟灑占年芳光生珙
樹風霜古影占銀潢月露凉物外根株本仙種世間紅
紫避嚴妝邀頭詞伯今何遜一笑詩成字字香　〔范墀
梅花〕春風也自惜流光只放寒梅一樹芳玉粉更裝前
夜雪口脂猶注昔年香江湖昨夢同誰寄詩酒風流豈
易忘東閣何郎未全老花枝休笑鬢絲長　〔元仇遠梅
二首〕爲怕緇塵著素衣凍痕封蕊放香遲月來忽送闌
干影春到不分南北枝啼夢翠禽依樹宿斷魂玉笛隔
花吹從他萬片隨風去須有靑靑葉底時　夢想幽芳

無處尋相逢依舊歲寒心要看月底玲瓏玉休折枝頭
蓓蕾金淸曉風霜和艷冷黃昏庭院覺香深揚州一樹
春多少爭得何郎瘦不禁　〔劉淸叟梅四首〕休說逋仙
兩句工氷霜滌筆別形容淸標騷客風前立素面仙姝
月下逢山店霜寒香撲馬溪橋水淺影如龍千枝盡是
寒凝結金鼎無鹽味更濃　破荒玉雪粲煙村倚竹無
言獨斷魂三弄直須琴對越一寒安用酒溫存家風巢
許堪同社心事夷齊可共論應出繽紛幾紅紫一枝開
處自乾坤　除香除影賦梅花方許詩中擅作家怕俗
似嫌羞作酒高人頗稱雪煎茶參橫屋角霜初下人倚
闌干月欲斜夜冷玉肌愁入骨金壺移入伴窻紗　天

花夜半落溪傍傍有獰然爲取將擎爪仰空呈潔白掀
髯倒地覓昏黄修鱗月下霜同色敗甲風前雪有香欲
起補之圖影看生愁飛入水中藏 〔趙文〕詠梅白玉堂
前野水濱何曾榮悴異精神當於香色外觀韻可怪冰
霜裏有春天下無花堪伯仲江南惟爾不風塵欲將素
玉相推戴老向山中作素臣 〔劉秉忠〕江邊梅樹江邊
繚繞惜芳叢絕筆天眞在眼中素艷乍開珠蓓蕾暗香
微度玉玲瓏一枝倒影斜斜月萬樹浮光細細風明日
行經山下路幾回特地駐靑驄 〔虞集〕謝書巢惠梅花
巢翁遠送梅花樹正在東風四日前紅萼無言餘舊雪
白頭相見又新年喜從嘉樹來江雨憶共香秔上海船

春夜不眠賓客醉只留孤鶴伴淸妍 〔薩都剌〕燈夕觀
梅翠禽偷夢出南園綽約冰姿傍綠尊水鏡玉釵浮翠
影風簾銀燭照粧痕粉香微潤無人見素質多寒藉酒
溫不似海棠春睡去西樓月落已黄昏 〔雅琥〕二月梅
去年呵筆賦寒梅又見仙家二月開不是東君留客醉
肯教神女逐春回梨花院落爲雲妒柳絮池塘作雪猜
東閣如今清興減羅浮誰與寄香來 〔謝宗可〕梅魂枝
南枝北路迢迢飛入孤山夜寂寥水月浮香應自返溪
風弄影爲誰招縞衣夢裏和愁斷玉笛聲中逐恨消似
欠靈均歌楚些遣仙墳冷草蕭蕭 〔水中梅影〕澄澄寒
碧映冰條雲母屏開見阿嬌春色一枝流不去雪痕千

點浸難消臨風倚檻雲鬟濕帶月凌波玉佩搖最是黄
昏堪畫處橫斜淸淺傍溪橋 〔蟠梅〕縈春絆碧裂蒼苔
歲晏寒香宛轉來蛟蟄凍雲冰骨瘦龍眠夜月玉鱗開
風霜氣勢從千折鐵石心腸亦九迴祇爲東君甘自屈
不教枉占百花魁 〔吳澄〕疊葉梅羅浮夢斷杳無踪冰
雪仙姿兩兩逢縞袂怯單寒後襲粉妝嫌薄曉來濃迎
風一笑知顏厚臨水相看見影重道眼只將平等視玉
環飛燕總天容 〔葉顒〕二月江城見梅二月江城第一
枝怕寒故故著花遲不嫌艷杏夭桃俗甘受狂蜂妬蝶
疑月落西湖驚舊夢雪消南國憶當時樓頭亦有霜天
角嬾對春風暖日吹 〔僧明本〕梅花見非恍惚夢非神

雪後霜前分外眞疎影暗消三弄月半聯淒斷獨吟人
歲寒搖落孤根在江驛荒凉往事塵碎嚼幽香淸可挹
玉奴無復更臨春 玉簫起處暗驚神曲褪瑤臺逸韻
眞泉石幾年雲冷鶴關山萬里月愁人香凝老樹調風
味影落寒窗枕隙塵檀板金樽久岑寂微吟不減昔時
春 白雲堆裏曉飛神道骨脩然一太眞古岸埋香多
是雪寒巖欺影四無人因風寄遠愁應老坐雨辭根恨
未塵臍欲巡簷賦歸隱其君心事答閒春 水中仙子
鏡中神夜夜相攜入夢眞隴鴈哀殘埋玉地朔風吹老
弄蟾人寒添灞上雙肩凍愁壓江南幾屐塵雪裏不嫌
情味苦一枝占斷九州春 橫影伶仃似有神半淸淺

處獨呈眞數枝沖澹曉唐句一逕孤高東晉人上苑清
房誰耐雪廬山玉峽肯蒙塵是中天趣那能識惜被東
風漏洩春　眼花落井眩雙神雪步逡逡見欲眞澹墨
畫圖横玉影黄昏庭院倚闌人睡絨猶認窓間迹啼粉
空餘鏡面塵消得黄金鑄成屋年年雪裏貯芳春　憶
昔君平勘卜神青衣應是日時眞雲開巫女多嬌面浴
出楊妃一醲人竹葉杯浮苔砌月豆荄灰暖紙窓塵驚
春恐落羣芳後先到名園逐上春〔明高啓梅花〕瓊姿
只合在瑤臺誰向江南處處栽雪滿山中高士臥月明
林下美人來寒依踈影蕭蕭竹春掩殘香漠漠苔自去
何郎無好詠東風愁寂幾回開　縞袂相逢半是仙平

生水竹有深緣將踈尚密微經雨似暗還明遠在煙薄
暝山家松樹下嫩寒江店杏花前秦人若解當時種不
引漁郎入洞天　翠羽驚飛別樹頭冷香狼籍倩誰收
騎驢客醉風吹帽放鶴人歸雪滿舟淡月微雲皆似夢
空山流水獨成愁幾看踈影低回處只道花神夜出遊
　斷魂祇有月明知無限春愁在一枝不共人言惟獨
笑忽疑君到正相思歌殘別院燒燈夜妝罷深宮攬鏡
時舊夢已隨流水遠山窓聊復伴題詩〔李東陽梅澗〕
地僻沙寒水更清老梅偏向澗邊横風吹落瓣仍低隕
石壓傍枝却倒生野鶴對人輕欲舞蹇驢衝雪瘦能行
山翁只在山中老看盡春光不入城 原 申時行梅花

庾嶺春姿占早芳梁園夜色轉輝光氊毯已見花如霰
瑩潔還疑玉有香積處寒侵姑射骨融來暗洗壽陽妝
此時獨對遙相憶吹笛關山總斷腸〔張詡爲水邊梅
花〕信風嬌花事遲梅花春半未盈枝暗香稍稍能相媚
冷蕊娟娟不自持影落清池搖水鏡標凝殘雪瘦冥姿
細看疑是羅浮夜月淡參横惱夢思 增 鄒之麟梅花
滿天飛雪少人行野寺東邊鶴數聲開淡可參仁者靜
手神已造聖之清嘗稱官閣曾相見不道孤山浪有名
欲折一枝供大士踈籬隔斷水盈盈〔宋之蕃梅影〕斗
帳香浮月欲斜縱横踈密徧窓紗恍疑姑射仙姬步來
訪西湖處士家轉盼含情仍遲態全欺琢玉更蒸霞溪

藤點筆留芳韻青幌銀釭不用遮〔老梅〕空巖曲折挂
蒼虬骨幹崚嶒韻致幽閑淡輸香宜紙帳森踈濯影向
溪流嬾隨艷冶榮千樹獨葆清眞隱一丘自有松篁深
結契江天春柳任輕柔　東皇著意布三陽點綴踈枝
弄早芳刻玉鏤冰無俗韻鈎簾汎座有餘香臥遊庾嶺
雲横路夢到西湖雪映堂相對傾尊明月上行吟繞樹
不知忙〔李流芳梅花下欠韻〕頻年不到此花中喜見
花枝壓路通近坐繁香如礁酒當杯落瓣尚禁風朝光
已逐輕陰變晚氣遙隨積靄空贏得閒身共歡賞莫將
開謝比飄蓬〔出郊看梅〕門外春風應候來扁舟還擬
去尋梅山僧每訝多年別游侶方欣久客回草閣一枝

先破萼村園數樹已生苔只今步雪堪乘興新醞還期待子開　增〔連石器〕嬌朱淺碧透煙光瘦倚疎篁出半墻雅有風情勝桃李巧含春思避冰霜融明醉臉籠輕暈斂掩仙裙鬖嫩黃日暮風英墮行袂依稀如著領巾香〔王鳳雛〕由來王氏人多癖我愛梅花癖最深新構小樓偏有韻移來幾樹欲成陰村人近解呼梅里勝客相將擬竹林莫訝鶯啼猶未起縱然蝶化也相尋

五言排律

增〔唐韓愈春雪間早梅〕梅將雪共春彩豔不相因逐吹能爭密排枝巧妬新誰令香滿座獨使淨無塵芳意饒呈瑞寒光助照人玲瓏開已徧點綴坐來頻那是俱疑似須知兩逼真熒煌初亂眼浩蕩忽迷神未

許瓊華比從將玉樹親先期迎獻歲更伴占茲辰願得長輝映輕微敢自珍〔庾敬休賦得春雪映早梅〕清晨凝雪彩新候變庭梅樹愛春榮徧怨驚曙色催寒光添素壁穠潤履青苔分明六出瑞隱映幾枝開聞笛花疑落揮琴興轉來曲成非寡和長詠思悠哉〔鄭述誠華林園早梅〕曉日東樓路林端見早梅獨凌寒氣發不逐衆花開素彩風前豔韶光雪後催蕊香霑紫陌柳弱拂春苔止渴曾為用和羹舊有才含情欲攀折踟躕幾徘徊〔元稹賦得春雪映早梅〕飛舞先春雪因依上早梅一枝方漸秀六出已同開積素光逾密真花節暗催搏風飄不散見晛忽偏摧郢曲琴空奏羌音笛自哀今朝兩成詠翻挾昔人才〔宋梅堯臣依韻和正仲重臺梅〕花芳梅何禱禱素葉吐層層近臘寒猶勁先春氣已承冷香傳去遠靜豔密還增有意常欺雪無功合鏤冰早烟籠玉暖凍雨浴脂凝漢女新妝薄燕姬瘦骨稜歷枝唯恐折簇萼似難勝神物終來護江鄉未解矜獨奇心豈欲寄遠客何曾不見黃鸝度寧防粉蝶凌月光臨更好溪水照偏能畫軸開雲霧宮刀剪綵繒都無筆可銜莫信巧堪惡丹杏塵多雜夭桃俗所稱故林嘗渴望大庾更愁登重和陽春曲聲僻猥媿仍〔司馬光和君貺張氏梅臺〕京洛春何早憑高種嶺梅紛披百株密爛熳一朝開青女共黏綴霜娥巧剪裁崑山雪滿谷蓬島浪

成堆勢擁樽前合香從席下來蜺旌犯天起練甲洗兵回不使光風散曾無夜色催人稠衣馥郁地狹舞徘徊民服召公化時推何遜才淹留文酒樂璧月上瑤臺

五言絕句

御製詠盆中梅瓊枝遺玉骨粉蕊趁冰姿香透芙蓉帳詩成度御屏

增〔唐王適江濱梅〕忽見寒梅樹開花漢水濱不知春色早疑是弄珠人〔張籍梅溪〕自愛新梅好行尋一徑斜不教人掃石恐損落來花〔元稹贈熊士登〕平生本多思況復老逢春今日梅花下他鄉值故人〔李商隱憶梅〕定定住天涯依依向物華寒梅最堪恨長作去年花

韋處厚梅溪夾岸迎清素交枝漾淺淪味調方薦實臘近又先春　李中梅花羣木方憎雪開花長在先流鶯與舞蝶不見許因緣　原宋王安石梅花墻角數枝梅凌寒獨自開遙知不是雪爲有暗香來　增陳與義梅花客行滿山雪香處是梅花丁寧明月夜記取影橫斜　陸游梅花山月皜中庭幽人酒初醒不是怯清寒愁蹋梅花影　朱子詠梅獨樹臨孤岸橫枝放淺花不須頻驛使正耐雪斜斜　嶺梅梅花破萼時瘴雨吹成雪驛使忽相逢無言似愁絕　早梅霜風殊未高杖策荒園裏仙子別經年相看共驚喜　寒梅白玉堂前樹風清月影殘無情三弄笛遙夜不勝寒　疎梅玉笛未

黃昏氷灘已清淺疎影不勝妍愁心爲誰遠　金李俊民詠梅未報江南信先開雪裏村要看花上月立馬待黃昏　元楊維楨月梅天上清虛府人間香影家阿剛斫桂斧只合種梅花　張昱鄰墻梅花臘後春纔到寒香襲素袍梅花如有意不在粉墻高　問梅一種朧頭樹東風都合吹未應造物者偏在向南枝

六言絕句　增金元好問題曹得一扇頭機中秦女仙去月夜梅花晚開只見一枝疎影不知何處香來　元趙文誠早梅江南冬十二月溪上梅三兩花截取小舟香影月明自棹回家　杜本題梅點點苔枝綴玉疎疎檀蕊凝香還記當年月色簫聲暗度宮墻　明焦竑靈谷寺梅花塢山下幾家茅屋村中千樹梅花藉草持壺燕坐隔林敲石煎茶　詹葛林東短墻曾開寶地齊梁初春老樹花發深礀無人自芳

七言絕句

御製懋勤殿古榦梅宮梅先發上林枝淡白含芳窈窕姿若待春風吹律暖影隨朝日樂雍熙

原唐戎昱早梅一樹寒梅白玉條迥臨村路傍溪橋不知近水花先發疑是經春雪未銷　增白居易新栽梅池邊新種七株梅欲到花時點檢來莫怕長洲桃李妒今年好爲使君開　盧中初識梅花江北不如南地暖江南好斷北人腸臙脂桃頰梨花粉共作寒梅一面妝

劉言史竹裏梅竹裏梅花相並枝梅花正發竹枝垂風吹總向竹枝上直似黃家雪下時　王初春日詠梅花二首青帝來時值遠芳殘花殘雪尚交光隔年擬待春消息得見春風已斷腸　應爲陽春信未傳故將青艷屬殘年東君欲待尋佳約剩寄衣香與粉緜　來鵬梅花枝枝倚檻照池氷粉薄香殘恨不勝占得早芳何所利與他霜雪助威稜　韋莊春陌滿街芳草卓香車仙子門前白日斜腸斷東風各回首一枝春雪凍梅花　羅隱梅花繁如瑞雪壓枝開越嶺吳溪免用栽却是五侯家未識春風不放過江來　崔道融梅谿上寒梅初發枝夜來霜月透芳菲清光寂寞思無盡應待琴尊

與辭闌〔對早梅寄友人〕憶得去年有遺恨花前未醉到無花清芳一夜月通白先脫寒衣送酒家 〔宋范仲淹梅花〕蕭條臘後復春前雪壓霜欺未放妍昨日倚闌枝上看似留芳意入新年 〔蔡襄十一月後庭梅花盛開二首〕迎臘梅花無數開旋看飛片點青苔幽香粉艷誰人見時有山禽入樹來 日暖香繁已盛開開時曾遶百千廻春風豈是多情思相伴花前去又來 〔梅堯臣京師逢賣梅花五首〕此土只知看杏蕊大梁亦是賣梅花此心還似庾開府不惜金錢買取誇 驛使前時走馬廻北人初識越人梅清香莫把荼蘼比只欠溪頭月下杯 憶在鄱君舊國傍馬穿脩竹忽聞香偶將眼

趁蝴蝶去隔水深深幾樹芳 曾見竹籬和樹夾高枝斜引過柴扉對門獨木危橋上少婦簪鬟猶戴歸 此去吾鄉二千里不看素萼兩三年移根種子誰辛苦上苑偷來直幾錢 〔依韻和吳正仲屯田重臺梅花詩〕桃花已滿秦人洞杏樹猶存董奉祠莫怪寒梅獨多葉只緣樂府有新詞 〔司馬光梅花半開〕帝鄉春色嶺頭梅高壓年華犯雪開正與嘉賓思共醉不須芳物重相催〔王安石梅〕華髮尋香始見梅一枝臨路雪培堆鳳城南陌他年憶杳杳難隨驛使來 〔蘇軾梅〕春來幽谷水潺潺的皪梅花草棘間一夜東風吹石裂半隨飛雪度關山 何人把酒慰深幽開自無聊落更愁幸有清溪

三百曲不辭相送到黃州 〔次韻楊公濟奉議梅花〕梅梢春色弄微和作意南枝剪刻多月黑林間逢縞袂霸陵醉尉誤誰何 相逢月下是瑤臺藉草清樽連夜開明日酒醒應滿地空令飢鶴啄莓苔 綠髮尋春湖畔回萬松嶺上一枝開而今縱老霜根在得見劉郎又獨來 月地雲堦漫一樽玉奴終不負東昏臨春結綺荒荊棘誰信幽香是返魂 日出冰壺散水花野梅官柳漸欹斜西郊欲就詩人飲黃四娘東子美家 君知早落坐先開莫著新詩句句催嶺北霜枝最多思忍寒留待使君來 冰盤未薦含酸子雪嶺先看耐凍枝應笑春風木芍藥豐肌弱骨要人醫 寒雀喧喧凍不飛遶

林空啅未開枝多情好與風流伴不到雙雙燕語時 鮫綃剪碎玉簪輕檀暈妝成雪月明肯伴老人春一醉懸知欲落更多情 縞裙練帨玉川家肝膽清新冷不邪穠李爭春猶辦此更教踏雪看梅花 〔再和楊公濟梅花韻〕一枝風物便清和看盡千林未覺多結習已空從著袂不須天女問云何 天教桃李作輿臺故遣寒梅第一開憑仗幽人收艾納國香和雨入青苔 白髮思家萬里回小軒臨水爲花開故應剩作詩千首知是多情得得來 人去殘英滿酒樽不堪細雨濕黃昏夜寒那得穿花蝶知是風流楚客魂 春入西湖到處花裙腰芳草抱山斜盈盈解佩臨烟浦脈脈當壚傍酒家

莫向霜晨怨未開白頭朝夕自相催斬新一朵含風
露恰似西廂待月來　洗盡鉛華見雪肌要將眞色鬬
生枝檀心已作龍涎吐玉頰何勞獺髓醫　湖面初驚
片片飛樽前吹折最繁枝何人會得春風意怕見黃梅
雨細時　長恨漫天柳絮輕只將飛舞占清明寒梅似
與春相避未解無私造物情　北客南來豈是家醉看
參月半橫斜他年欲識吳姬面秉燭三更對此花　曾
鞏　憶越中梅淣紗亭北小山梅蘭渚移來手自栽今日
舊林冰雪地冷香幽艷向誰開　陳與義　水墨梅巧畫
無鹽醜不除此花風韻更清姝從教變白能爲黑桃李
依然是僕奴　粲粲江南萬玉妃別來幾度見春歸相

逢京洛渾依舊惟恐緇塵染素衣　自讀西湖處士詩
年年臨水看幽姿晴窗畫出橫斜影絕勝前村夜雪時
唐庚　春日雜興　愛梅長恐著花遲日禱東風莫後期
及得見梅還冷淡東風全在小桃枝　孫覿　梅花　北風
剪水玉花飛翠袖凌寒不自持脉脉含情無一語水邊
籬落立多時　纖纖蘿蔓牽茅屋細細苔花點石缸夢
斷酒醒山月吐一枝疏影臥東窗　范成大　梅爲雪所
禁凍蕊粘枝瘦欲乾新年猶未有春看雪花祇欲欺紅
紫不道梅花也怕寒　雨後排岸司報梅開　雨入南枝
玉蕊皺合江雲冷凍芳塵司花好事相邀勒不著笙歌
不肯春　原　陸游　梅花　幽香淡淡影疏疏雪虐風饕只

自如正是花中巢許輩人間富貴不關渠　聞道梅花
坼曉風雪堆徧滿四山中何方可化身千億一樹梅前
一放翁　增　陸游　梅花　亂簪桐帽花如雪斜挂驢鞍酒
滿壺安得丹青如顧陸憑渠畫我夜歸圖　江上尋梅
小園風月不多寬一樹梅花開未殘剝啄敲門嫌特地
緩拖藤杖隔籬看　鐘鼓小院欲消魂漠漠幽香伴月
痕江上人家應勝此明朝更出小南門　折梅花　折得
梅花媿滿顏文書堆案正如山輸君一覺翛然夢長在
清泉白石間　湖上梅花手自移小橋風月最相宜主
人歲歲常爲客莫怪幽香怨不知　梅花　當年走馬錦
城西曾爲梅花醉似泥二十里中香不斷青羊宮到浣

花溪　觀梅　春暖山中雲作堆放翁艇子出尋梅不須
問信道傍叟但覓梅花多處來　雪後尋梅　雙鵲飛來
噪午晴一枝梅影向窗橫幽人宿醉閒欹枕不待聞香
已解酲　竹籬曲曲水邊村月淡霜清欲斷魂商約前
身是飛燕玉肌無粟立黃昏　朱子　墨梅　夢裏清江醉
墨香蕊寒枝瘦凜冰霜如今白黑渾休問且作人間時
世裝　梅花　幽窒潺湲小水通茅茨煙雨竹籬空梅花
亂發籬邊樹似倚寒枝恨朔風　楊萬里　池亭雙樹梅
花開盡梅花半欲殘雨枝晴雪作雙寒園藥遠樹元無
見只合池亭隔水看　南齋梅花　朝來早起挂南窗要
看梅花試曉妝兩樹相挨前後發老夫一月不燒香

瓶裏梅花膽樣銀瓶玉樣梅北枝折得未全開爲憐落
寞空山裏喚入詩人几案來　雪凍霜封稍欲殘殷勤
折向坐中看綺窗深閉珠簾密不遣花梢半點寒〔探
梅〕山間幽步不勝奇正是深寒淺暮時一樹梅花開一
朶惱人偏在最高枝〔西歸見梅〕官路桐江西復西野
梅千樹壓疎籬昨來都下筠籃底三百青錢買一枝
〔梅影〕上有寒雀來往梅花寒雀不須摹日影描窗作畫
圖寒雀解飛花解舞君看此畫古今無〔昌英知縣叔
作歲坐上賦瓶裏梅花時坐上九人〕銷冰作水旋成家
猶似江頭竹外斜試問坐中還幾客九人而已更梅花
〔慶長叔招飲花下〕長廊盡處繞梅行過盡風聲得雪

聲醉裏不愁飄濕面自舒翠袖點瓊英〔道傍梅花〕一
行誰栽十里梅下臨溪水恰齊開此行便是無官事只
爲梅花也合來〔吳龍翰久客買舟西還〕萬里煙波輿
渺然愁心繫住灞橋邊歸裝詩少不成載自折梅花奏
滿船〔水邊早梅〕數花黯淡帶寒煙漏洩春光矮屋邊
會被清池寫疎影一枝分作兩枝妍〔宋伯仁兀坐對
坐〕清清一穗香悄無人語日偏長硯盤數點梅花片瑫
引遊蜂度粉墻〔謝枋得武夷山中〕十年無夢得還家
獨立青峯野水涯天地寂寥山雨歇幾生修得到梅花
〔方逢辰題吳氏梅堂〕聞君家在雪邊住靠盡闌干索
盡詩只怕梅花應冷笑清香元不要人知〔元吉夜坐〕

森森夜氣落寒櫺閒把離騷酒正酣忽憶梅花不成語
夢中風雪在江南〔趙信庵梅花〕夜深梅印橫窗月紙
帳魂清夢亦香莫謂道人無一事也隨疎影伴寒光
〔金劉仲尹窗外梅〕蕾細蕾初看柳麥肥春風得得遶窗
扉道人方作玉溪夢石鳥竹橋風雪飛〔墨梅〕生憎施
粉與施朱換骨玄都亦自殊疎影冷香題不到夢驚煙
雨暗西湖〔史學晚梅〕孤根春半恰春回剛逐夭桃艷
杏開蝶子蜂兒應有語東風元不爲渠來〔楊邦基墨
梅〕粉蝶如知合斷魂啼妝先自怨黃昏華光筆底春風
老寥寞嶺南煙雨痕〔李俊民梅〕朝來一雪霽晴沙行
到前村始見花驛使便將春色去暗香今夜落誰家

〔馮子振詠綠萼〕蕊珠宮裏小仙娃暫別椒房柳翠華底
事塵緣猶未斷謫來人世列名花〔段克己憶梅〕姑射
仙人冰雪膚昔年伴我向西湖別來幾度春風換標格
而今似舊無〔夢梅〕天仙邀我醉瑤臺春向飛瓊笑裏
回爲報梨花緣已斷休將雲雨下山來〔尋梅〕風流誰
似李三郎不記仙姿委路傍天上人間無覓處風流羅
幕只聞香〔探梅〕虢國夫人約素身不教脂粉涴天眞
一班曾向春前見顏色如今更可人〔乞梅〕寄語詩人
林隱君水西千樹要平分玉顏絳領堪娛老御史何勞
覓紫雲〔折梅〕白玉堂深夜色寒玉兒和月倚蓬山高
情不似章臺柳也許餘人取次攀〔嗅梅〕手撚冰蕤步

月華暗香先已透垂瓜壽陽罷竟無才思但臥含章拂
落花 （浸梅）玉骨渾將山麝薰冰肌得水更精神凌波
微步東風軟羞殺當年洛浦人 （浴梅）脉脉晴天翠幕
張玉環月底按霓裳却嫌塵汚香羅襪故著溫泉爲洗
妝 （惜梅）窈窕銀屏掩畫堂爲嫌玉瘦怯昏黃落英猶
可爲香蕤不學飄風老退房 （段成己乘興杖屨山麓
值梅始華徘徊久之因折數枝置几側燈下漫成二首）
戲蝶遊蜂總未知小窗低亞兩三枝夜闌燈下橫疎影
渾似西湖月上時 幽香不許俗人知纔是東風第一
枝誤認文君新睡起讀書窗下立多時 （憶梅）初謁瓊
漿記昔年迎門一笑想嫣然夜來雪暗前村路恨滿東

風意不傳 （夢梅）神女塵緣久未忘飄然隨月到高唐
歡情未接還驚覺雲雨陽臺空斷腸 （尋梅）玉想形容
霞想裾雲英自與世姬殊幾年來往藍橋路擣盡玄霜
得見無 （探梅）未嘗親到謝家堂風韻何由識謝娘說
與選花場上客須知林下勝閨房 （乞梅）漏洩春光洛
水傍紫雲名字襲人香可能惠我黃昏伴休笑分司御
史狂 （鯁梅）玉骨那堪瘴霧傷好將經卷伴南荒坡仙
鼻孔清如水老覺朝雲道氣長 （浸梅）洛浦飄飄信有
神凌波忽覩一枝春摩挲老眼看微步旋旋香生羅襪
塵 （浴梅）洗盡鉛華見玉環肌膚冰雪照人寒臨風脉
脉嬌無力輕裹香羅半未乾 （惜梅）襟袂翛然風味酸

北人誰識蔡姬賢可憐拋却清伊月埋沒邊沙二十年
（元趙孟頫梅花）瀟灑江梅似玉人倚風無語澹生春
曲中桃葉元非侶夢裏梨花恐未眞 （許楨月下觀梅）
老樹清溪映白沙可人竹外一枝斜黃昏信步前村去
香到松林賣酒家 （虞集留宿上方觀燈前自了讀殘
經）風入疎簾月入幃坐到夜深誰是伴數枝梅蕚一銅
瓶 （洪希文二月梅花）奪得冰姿過歲華遠離塵垢迥
堪誇郎今年少多脂粉只恐春光不稱花 （黃鎮成梅
花吟）徧蕭疎霜後村江頭千樹欲黃昏等閒又被春風
覺添得寒梢月一痕 （王冕墨梅）我家洗硯池邊樹朶
朶花開淡墨痕不要人誇好顏色只留清氣滿乾坤

梅花六首）月明海底夜無煙恰似西湖雪後天清氣逼
人禁不得玉簫吹上大樓船 海雲初破月團團獨鶴
歸來夜未闌一片笙歌湖水上玉妃無語倚闌干 三
月東風吹雪消湖南山色翠如澆一聲羌管無人見無
數梅花落野橋 和靖門前雪作堆多年積得滿身苔
疎花箇箇團冰雪羌笛吹他不下來 馬跡山前萬樹
梅千花萬花如雪開滿載揚州秋露白玉簫吹過太湖
來 斷雲流水孤山路看得春風幾樹花騎馬歸來城
郭是月明簫管起誰家 （劉永之題墨梅二首）茅屋蒼
苔野水濱歲寒冰雪久相親江湖後夜扁舟夢猶記尊
前對玉人 仙館曾逢玉帶姿夢中要作曉寒詞於今

相對情如水唯有清霜繞鬢絲〔貢性之梅〕眼中誰識
歲寒交只有梅花伴寂寥明月滿天天似水酒醒聽徹
玉人簫〔丁鶴年題梅花〕池館春深看牡丹五陵車馬
隘長安誰知凜凜冰霜際却是梅花守歲寒〔顧瑛新
安梅〕寶地生春玉氣新苔煙如霧翠光勻山僧分得維
摩供三素雲中別有春〔僧明本評梅〕月旦花前豈乏
人風霜齒頰帶陽春江南野史餘芳論絕世清如古逸
民〔翦梅〕破玉拚刀試手溫香凝雙股斷芳魂花隨燕
尾輕分去不帶春風爪甲痕〔苔梅〕古貌蒼然鶴膝枝
唾花生暈護春機玉堂試看青袍客莫忘江南有白衣
〔月梅〕數枝姑射鬭嬋娟疏影分明不夜天散却廣寒

宮裏桂春光長滿玉堂前〔風梅〕花間少女鬭春寒粲
粲霓裳舞隊仙月夜遙看環佩冷莫教吹落玉花鈿
〔煙梅〕夢隔黎雲近曉天苔枝浮翠逗春寒不嫌玉質籠
輕素留與詩人冷澹看〔疎梅〕依稀殘雪浸寒波桃李
漫山柰俗何瀟灑最宜三二點好花清影不須多〔牖
簾梅〕庭花映箔眩吟眸一片湘雲鎖莫愁風卷黃昏疎
影動珊瑚枝上月如鉤〔紙帳梅〕春融剡雪道人家素
幅凝香四面遮明月滿牀清夢覺白雲堆裏見疎花
〔明卓敬梅〕風流東閣題詩客瀟灑西湖處士家雪冷江
深無夢到自鋤明月種梅花〔李東陽泥金梅〕黎花如
雪柳如金俗眼猶將較淺深爭似能黃更能白兩般顏

色一般心【原】〔羅倫禁中梅花〕一段清香藹禁闈幾枝
疎影照寒輝玉堂不讓孤山趣雪骨冰肌對紫薇〔王
世貞〕空庭一樹影橫斜玉瘦香寒領歲華解道廣平心
似鐵古來先已賦梅花〔張新〕臘破春從碧海回人人
爭愛說花魁如何費盡平章力不道人間有緣梅〔王
蓁猗〕不受塵埃半點侵竹籬茅舍自甘心只因誤識林
和靖惹得詩人說到今〔劉文光〕玉手纖纖捧玉杯仙
郎南去幾時回天涯到處生芳草須記凌寒雪裏梅
〔陳繼儒梅〕村邊楊柳已拖黃一路雲深舊講堂偶向梅
花村裏度芒鞋到處雪痕香
詩散句【增】〔唐李白〕送君遊梅湖應見梅花發有使寄我

來無令紅芳歇〔宋韓駒〕空山有美人寒林弄孤芳曉
分天女白夜奪嫦娥光〔謝逸〕梅清不受塵日淨本無
垢微風更解事排遣香入牖〔曾鞏〕海邊憔悴多情客
想見一枝寒玉色願君攀折贈餘香勿使隨風自狼藉
〔周必大〕忽逢綠衣鬟如雲歌舞醉人睡昏昏覺來但
有風相襲夢斷初無香返魂〔陸游〕冰崖雪谷木未芽
造物破荒開此花神全形枯近有道意莊色正知無邪
〔元僧明本〕荒溪獨照山初靜寒影相持雪亦塵毋惜
半簷風露重起披玉氅伴瑣春〔梁元帝〕早煙籠玉暖
凍雨浴時凝〔何遜〕銜霜當路發映雪擬寒開〔唐李
商隱〕匝路亭亭艷非時裛裛香〔溫庭皓〕雪繁驚不識

風裊蝶空廻　宋司馬光邑如嵩室白香似玉人清
劉敞俠骨香經浴冰膚冷照鄰　晁冲之影寒垂積雪
枝薄帶春冰　楊萬里花明不是月夜靜偶聞香　霧
質雲爲屋瓊膚玉作囊　元許有壬晚香傳遠樹春雪
避南枝　廼賢夜深憐雪落香動覺春廻　唐杜甫巡
簷索共梅花笑冷蕊踈枝半不禁　韓愈相思一夜梅
花發忽到窗前疑是君　韓偓風雖狂暴翻添思雪欲
侵陵更助香　崔櫓强半瘦因前夜雪數枝愁向曉來
天　宋王禹偁風月精神珠玉骨冰雪簪珥瓊瑤瑞
邵雍角中飄去淒於骨笛裏拈來妙入神　司馬光臺
前日暖分三邑林下風清共一香　原王安石額黃映

日明飛燕肌粉合風冷太眞　增石延年月中欲與人
爭瘦雪後偷憑笛訴寒　蘇軾數枝殘綠風吹盡一點
芳心雀啅開　舒亶短笛樓頭三弄夜前村雪裏一枝
春　張耒月娥服御無非素玉女精神不尚妝　陳克
愁眼不供千樹雪醉頭猶柰一枝春　王十朋仙客風
中飄素袂玉妃月下試新妝　陸游淺寒籬落清霜後
踈影池塘淡月中　梅瘦有情橫淡月雲輕無力護清
霜　朱子美人邂逅一笑粲倒影的皪踈枝橫　故山
風雪深寒夜只有梅花獨自香　楊萬里寒入玉衣燈
下薄春撩雪骨酒邊香　徐致中石畔長來枝易老竹
間瘦得蕚全清　戴復古蜂黃塗額半含蕊鶴膝翹空

踈帶花　秦敏徐妃半面粉包蕚荀令一爐香裊枝
趙正泓收回踈影月初墜約住寒香雪正深　陸若三
寫眞妙絕橫窗影傲骨清香透水枝　劉翰小窗細嚼
梅花蕊吐出新詩字字香　釋道潛一樹輕明侵曉岸
數枝清瘦映踈籬　惠洪梢橫波面月搖影花落樽前
酒帶香　元謝宗可鐘殘角斷愁多少月落參橫夢有
無　楊維楨萬花敢向雪中出一樹獨先天下春　葉
顒一徑梅香雲滿地半窗花影月籠紗　僧明本半牀
素被鋪寒玉一幅生綃畫美人　斜照窗紗斜照水半
隨風信半隨塵　梁簡文帝風吹梅蕊香　唐李白林
香雨落梅　杜甫雪片叢梅發　元稹露梅飄暗香

宋蘇軾梅雪耿黃昏　陳師道梅寒釀雪花　陸游梅
花無賴香　踈梅畫作屏　畢仲游梅花萬里春　朱
子梅踈却耐寒　元張伯淳冬深梅不寒　黃庚梅瘦
似詩人　唐杜審言梅花落處疑殘雪　杜甫山意衝
寒欲放梅　宋陸游江北江南萬樹梅　春近野梅香
欲動　穿簾細細野梅香　斷橋煙雨梅花瘦　梅花
忽報一枝春　落梅黏袖上漁舟　金馮子翼釀梅天
氣不多寒　李俊民一枝瀟灑隴頭香　元趙孟頫梅
花庭院雪飄香　陳樵春迴隴首梅先覺　謝宗可高
臥梅花月半牀

佩文齋廣羣芳譜卷二十三

佩文齋廣羣芳譜卷第二十四

花譜

梅花三

集藻〔詞〕增〔宋王十朋點絳唇〕雪透深深北枝貪睡南枝
醒暗香疎影孤壓羣芳頂　玉艷冰姿妝點園林景凭
欄詠月明溪靜憶昔林和靖〔王藻霜天曉角〕疎明瘦
直不受東皇識留取伴春應仔萬紅裏怎著得　夜色
何處笛曉寒無奈力若在壽陽宮殿一點點有人惜
蕭泰來霜天曉角〕千霜萬雪受盡寒磨折賴是生來瘦
硬渾不怕角吹徹　清絕影也別知心惟有月元沒春
風情性如何共海棠說〔林逋霜天曉角〕冰清霜結昨

夜梅花發甚處玉龍三弄聲搖動枝頭月　夢絕金猷
熱曉寒蘭燼滅要捲珠簾清賞且莫掃階前雪〔樓槃
霜天曉角〕月淡風輕黃昏未是清吟到十分清處也不
啻二三更　曉鐘天未明曉霜人未行只有城頭殘角
說得盡我平生〔又〕翦雪裁冰有人嫌太清又有人嫌
太瘦都不是我知音　誰是我知音孤山人姓林一自
西湖別後辜負我到如今〔蘇軾菩薩蠻〕濕雲不動溪
橋冷嫩寒初透東風影橋下水聲長一枝和月香　人
憐花似舊花比人應瘦莫凭小欄干夜深花正寒〔又
回文〕雪花飛暖融香頰頰香融暖飛花雪欺雪任單衣
衣單任雪欺　別時梅子結結子梅時別歸不恨開遲

遲開恨不歸〔賀鑄減字木蘭花〕簪花照鏡客鬢蕭蕭
都不準擬倩東君化作尊前入夢雲　風香月影信是
瑤臺清夜永深閉重門牽絆劉郎別後魂〔周邦彥采
桑子〕肌膚綽約真仙子來伴冰霜洗盡鉛黃素面初無
一點妝　尋花不用持銀燭暗裏聞香零落池塘分付
餘妍與壽陽〔向子諲卜算子〕竹裏一枝梅雨洗娟娟
靜疑是佳人日暮來綽約風前影　新恨有誰知往事
那能省夢繞陽臺寂寞回沾袖餘香冷〔朱雍好事近〕
春色為誰來枝上半留殘雪恰近小園香逕對霜林寒
月　危欄淒斷笛聲長吹到偏嗚咽寂好短亭歸路有
行人先折〔金李俊民謁金門〕金的皪猶帶枝頭寒色

休道北人渾未識自然梅有格　初見花時摘索再見
花時狼籍詩句眼前拈不出惱人樓上笛〔又〕頻點撿
依舊雪肌清減似恨海東花使濫不教么鳳探　休笑
詩人冷淡道盡影疎香暗桃杏雖然無藻鑑承當應不
敢〔又〕全不讓占了百花頭上沒個知音人共賞陶潛
無處望　也有江湖酒量也有風騷詩將休道花前無
伎倆疎狂些子放〔又〕偷造化秀出含章簷下為問花
中誰可嫁海棠開已罷　占了十分閑雅占了十分瀟
灑若使畫工能此畫九方皐相馬〔又〕花譜內莫作等
閑看待鬭草吳王無可對有他西子在　好在一枝竹
外影也教人堪愛未免世間兒女態折來頭上戴〔又〕

春一半留與大家同看覓個溫柔林下伴北枝猶未暖
縱有姮娥照管可惜羅浮夢短斷嶺不能遮望眼幾
時魂却返　〔又〕多少恨不見舊時風韻淚蘂浮花都惱
問江頭春有信　吟甚壽陽妝鏡說甚揚州詩興雲去
月來堪弄影世間無此景　〔又〕隨健步已過市橋江路
費盡江湖多少句暗香留不住　銷得黃昏幾度又是
天寒日暮枕上吟魂無著處化爲蝴蝶去　〔宋張孝祥〕
淸平樂吹香嚼蘂獨立東風裏雪凍雲嬌天似水羞殺
夭桃穠李　如今見說闌干不禁月冷風寒嶺上驛程
人遠城頭戍角聲乾　〔朱敦儒憶秦娥〕霜風急江南路
上梅花白梅花白寒溪殘月冷村深雪　洛陽醉裏曾

同摘水西竹外常相憶常相憶寶釵雙鳳鬢邊春色
張孝祥憶秦娥梅花發寒梢掛在瑤臺月瑤臺月和羹
心事履霜時節　斷橋流水聲嗚咽行人立馬空愁絕
空愁絕爲誰凝佇爲誰攀折　〔無名氏憶少年〕疎疎整
整斜斜淡淡盈盈脈脈徒憐暗香句笑梨花顏色　羈
馬蕭蕭行又急空回首水寒沙白天涯倦牢落忽一聲
羌笛　〔蘇軾阮郎歸〕暗香浮動月黃昏堂前一樹春東
風何事入西鄰兒家常閉門　雪肌冷玉容眞香腮粉
未勻折花欲寄隴頭人江南日欲曛　〔陸游朝中措〕幽
姿不入少年場無語只凄凉一個飄零身世十分冷淡
心腸　江頭月底新詩舊夢孤恨淸香任是春風不管

也曾先識東皇　〔楊補之柳梢青〕傲雪凌霜愛他梅蘂
攙借春光步繞西湖興餘東閣可奈詩腸　娟娟月轉
迴廊悄無人處安排暗香一夜相思幾枝疎影落在寒
窗　〔又〕雪豔煙痕又要春光來到芳尊憶昨年時月移
淸影人立黃昏　一番幽思誰論但永夜空迷夢魂繞
遍江南繚墻深院水郭山邨　〔又〕月墮霜飛隔窗疎瘦
微見橫枝不道寒香解隨羌管吹到簾幃　個中風味
誰知睡乍起烏雲任欹嚼蘂嗅英淺顰低笑須半醒時
〔又〕月轉墻東幾枝寒影一點香風淸不成眠醉憑詩
興起繞珍叢　平生祇合情鍾懶老矣無愁可供最是
難忘倚樓人在橫笛聲中　〔又〕玉骨冰肌爲誰偏好特

地相宜一段風微廣平休賦和靖無詩　綺窗睡起春
遲困無力菱花笑窺嚼蘂吹香眉心點字鬢畔簪時
〔又〕水曲山傍寒梢冷蘂隱映修篁細細吹香疎疎沈影
惱亂迴腸　爲誰駐馬橫塘漫立盡烟邨夕陽空臯吟
鞭幾多詩句不斷思量　〔蘇軾西江月〕玉骨那愁瘴霧
冰肌自有仙風海仙時遣探芳叢倒掛綠毛么鳳　素
面常嫌粉涴洗妝不褪脣紅高情已逐曉雲空不與梨
花同夢　〔魏杞虞美人〕冰膚玉面孤山裔肎到人間世
天然不與百花同却恨無情輕付與東風　麗譙三弄
江梅曉立馬溪橋小只應明月最相思曾見幽香一點
未開時　〔黃庭堅虞美人〕天涯也有江南信梅破知春

近夜闌風細得香遲不道曉來開遍向南枝　玉臺弄粉花應妬飄到眉心住平生個裏飲杯深去國十年老盡少年心（向子諲虞美人）江頭苦被梅花惱一夜霜鬚老誰將冰玉比精神除是凌風却月見天眞　情高意遠仍多思只有人相似滿城桃李不能春獨向雪花深處露花身（范成大玉樓春）佳人無對甘幽獨竹雨松風相澡浴山深翠袖自生寒夜久玉肌元不粟　却尋千樹煙江曲道骨仙風終絕俗絳裙縞袂各朝元只有散香名萼綠（馬莊父玉樓春）南枝又覺芳心動愁我相思情味重隴頭何處寄將書香發有時疑是夢誰家橫笛成三弄吹倒幽香和夢送覺來却不是梅花

落莫歲寒誰與共（丘崈錦帳春）翠竹如屏淺山如畫小池面危橋一跨著樓亭臨水宛然郊野竹籬茅舍好是天寒倍添妍雅正雪意垂垂欲下更朦朧月影弄晴初夜梅花動也（蘇軾南鄉子）寒雀滿疏籬爭抱寒枝看玉蕤忽見客來花下坐驚飛踏散芳英落酒卮痛飲又能詩坐客無氈醉不知花謝酒闌春到也離離一點微酸已著枝（辛棄疾臨江仙）老去惜花心已懶愛梅猶遶江村一枝先破玉溪春更無花態度全是雪精神　勝向空山餐秀色爲渠著句清新竹根流水帶溪雲醉來渾不記歸去月黄昏（劉光祖江城子）一分雪意却成霜暮雲黄月微茫只有梅花依舊吐幽芳還

喜無邊春信至疏影下覓浮香　才情端是紫薇郎別鴛行憶宮牆夜半何爲人與月交相君合召歸吾老矣月隨去照迴廊（高觀國金人捧露盤）念瑤姬翻瑤佩下瑤池冷香夢吟上南枝羅浮路杳憶曾清曉見仙姿天寒翠袖可憐是倚竹依依　溪痕淺雲痕凍月痕淡粉痕微江頭怨一笛休吹芳香待寄玉堂煙驛雨凄迷新愁萬斛爲春瘦却怕春知（朱敦儒驀山溪）玉眞姊妹只這梅花是乘醉下瑤臺粉蘸脂何曾梳洗冰姿素艷壓羣芳獨自笑有時愁一點心誰寄　雲添蕊佩霜護盈盈淚塵世悔重來夢凄凉玉樓十二教些香去說與惜花人雲黯淡月朦朧今夕誰同睡（辛棄疾最高

樓）花知否花一似何郎又似沈東陽瘦稜稜地天然白冷清清地許多香笑東君還又向北枝忙　著一陣霎時間底雪更一個缺些兒底月山下路水邊牆清香怕有人知處影兒守定竹傍廂且饒他桃李趁少年塲（李之儀早梅芳）雪初消頓覺寒將變已報梅梢暖日邊霜外迤邐枝條自柔軟嫩苞匀點綴綠萼輕裁翦隱深心未許清香散　漸融和開欲遍密處疑無間天然標韻不與羣花鬭深淺夕陽波似動曲水風猶懶最銷魂弄影無人見（朱敦儒洞仙歌）何人不愛是江梅初綻野雪寒空凍雲晚看清溪綽約粉艷春風包絳萼姑射冰肌自暖　上林花萬品都借風流國色天香任歆羨

共素娥青女一笑相逢人不見悄悄霜宮月殿想乘雲
長往玉皇前粲蕊佩月璫侍清都宴〔金李俊民洞仙
歌〕隴頭瀟灑辜負尋芳眼浪蘂浮花問名懶縱看看驛
使帶得春來祇恐怕綠葉成陰子滿　暗香無恙否月
落參橫惆悵羅浮夢短賴故人情重不減西湖花一月
分我黄昏一半更選甚南枝與北枝是一種春風待爭
寒煖〔宋柳永江城梅花引〕年年江上探春梅爲誰開
暗香來疑是月宮仙子下瑤臺冷艶一枝香在手故人
遠相思切寄與誰　恨極怨極嗅香蕊念此情家萬里
暮霞散綺楚天碧數片輕飛爲我多情特地黯征衣花
易飄零人易老正心碎那堪寒管吹〔元張雨雪獅兒〕

含香弄粉便勾引遊騎尋芳城南城北別有西郵斷港
冰澌微綠孤山路熟伴老鶴晚先尋宿怕東損三花兩
蕊寒泉幽谷　幾番花影翟足記歸來醉卧雪深平屋
春夢無憑鬢底鬧蛾爭撲不如圖畫相對展官奴風竹
燒黄燭自聽瓶笙調曲〔宋劉克莊滿江紅〕赤日黄埃
夢不到清溪翠麓空健羡君家別墅幾株幽獨骨冷肌
清偏要月天寒日暮尤宜竹想主人杖屨繞千回山南
北　寧委澗嫌金屋寧傲雪羞銀燭笑出塵風韻背時
妝束競愛東隣姬傅粉誰憐空谷人如玉笑林逋何遜
謾成詩無人讀〔姜夔暗香〕舊時月色算幾番照我梅
邊吹笛喚起玉人不管清寒與攀折何遜而今漸老都

忘却春風詞筆但怪得竹外疎花香冷入瑤席　江國
正寂寂欲寄與路遙夜雪初積翠尊易泣紅萼無言耿
相憶長記曾攜手處千樹壓西湖寒碧又片片吹盡也
幾時見得〔趙彥端醉蓬萊〕問蓬萊雲渺姑射山深有
春長好香滿枝南笑人間驚早試問寒柯鏤冰裁玉費
化工多少東閣詩成西湖夢覺幾番清曉　好是羅幃
麝溫屏暖却恨烟郵雨愁風惱一一清芬爲東君傾倒
待得明年綠陰青子蔭鳳凰池沼更把陽和從頭付與
繁花芳草〔趙以夫孤鸞〕江頭春早問江上寒梅占春
多少自照疎星冷祇許春風到幽香不知甚處但迢迢
滿河煙草回首誰家竹外有一枝斜好　記當年曾共

花前笑念玉雪襟期有誰知道喚起羅浮夢正參橫月
小凄凉更吹寒管謾相思鬢毛驚老待覓西湖半曲對
霜天清曉〔朱子念奴嬌〕臨風一笑問羣芳誰是眞香
純白獨立無朋算來有姑射山頭仙客絶艶誰憐眞心
自保邈與塵緣隔天然殊勝不關風露冰雪　應笑俗
桃穠李無言翻引狂蜂亂蝶爭似黄昏閑弄影清淺一
溪霜月晝角初殘瑤臺夢斷直下成休歇綠陰青子莫
教容易摧折〔吳文英高陽臺〕宮粉彫痕仙雲墮影無
人野水荒灣古石埋香金沙鎖骨連環南樓不恨吹橫
笛恨曉風千里關山半飄零庭上黄昏月冷闌干　壽
陽宮裏愁鸞鏡問誰調玉髓暗補香瘢細雨歸鴻孤山

無限春寒離魂難倩招清些夢縞衣解佩溪邊最愁人啼鳥晴明葉底清圓 元張翥東風第一枝老樹渾苔横枝未葉青春肎誤芳約背陰未返冰魂陽梢已含紅萼佳人寒怯誰驚起曉來梳掠是月斜花外幺禽霜冷竹間幽鶴 雲淡淡粉痕漸薄風細細東香又落叩門喜件金尊倚欄怕聽畫角依稀夢裏記半面淺窺朱箔甚時得重寫鸞箋去訪舊遊東閣 宋吳文英解語花門横皺碧路入蒼煙春近江南岸暮寒如翦臨溪影一一半斜清淺飛英弄晚蕩千里暗香平遠端正看瓊樹三枝總是蘭昌見 酥映雲容夜暖伴蘭翹清瘦簫鳳柔婉冷雲荒翠幽棲久無語暗中春怨東風半面料準

擬何郎詩卷歎未闌烟雨青黃宜晝陰庭館 周邦彦花犯粉墻低梅花照眼依然舊風味露痕輕綴淨洗鉛華無限清麗去年勝賞曾孤倚冰盤同燕喜更可惜雪中高樹香篝熏素被 今年對花太匆匆相逢似有恨依依愁悴凝望中蒼苔上旋看飛墜相將脆丸薦酒人正在空江烟浪裏但夢想一枝瀟灑黃昏斜照水 元張翥木蘭花慢愛西湖千樹曾幾度爲攜尊向柳外停橈苔邊待鶴酒熱詩溫瀛洲舊時月色悵荒凉惟有數枝存天上梨花成夢江南桃葉移根 如今憔悴客愁邨難返暗香魂甚歲晚春遲角寒俏曉雪暗雲昏登臨不堪寄目但青山隱隱月紛紛再約與君同醉從他啄木敲門 宋朱敦儒壺中天見梅驚笑問經年何處收香藏白似語如愁還笑我何苦紅塵久客觀裏栽桃仙家種杏到處成疎隔千林無伴淡然獨傲霜雪 且與管領春回孤標爭肎逐雄蜂雌蝶豈是無情知他受了多少凄凉風月寄隴程遙和羹心在忍使芳塵歇東風寂寞可憐誰爲攀折 辛棄疾瑞鶴仙雁霜寒透幙正護月雲輕嫩冰猶淺溪奩照梳掠想含章弄粉艷妝誰學玉肌瘦弱更重重龍綃襯著倚東風一笑嫣然轉盼萬花羞落 寂寞家山何在雪後園林水邊樓閣瑤池舊約鱗鴻更復誰託粉蝶兒只解尋花覓柳開遍南枝未覺但傷心冷落黃昏數聲畫角 周密臺城路東風

又入江南岸年年漢宮春早寶屑無痕生香有韻消得何郎花惱孤山夢繞記路隔金沙那回曾到夜月相思翠尊誰共飲香醪 天寒宮怨暗遠水邊憑爲問春到多少竹外凝情墻陰照影誰見嫣然一笑冷香未了怕玉管西樓一聲霜曉花自多情看花人自老 晁端禮水龍吟夜來深雪前邨路應是早梅初綻故人贈我江頭春信南枝向暖疎影横斜暗香浮動月明深淺向亭前驛畔行人立馬頻回首空腸斷 別有玉溪仙館壽陽人初勻粉面天教占了百花頭上和羹未晚最是關情處高樓上一聲羌管仗何人說與東君留取倚闌干看 劉燾花心動偏憶江梅有塵表丰儀世外標格低

傍小橋斜出疎籬似向隴頭曾識暗香孤韻冰霜裏初
不怕春寒要勒問桃李盈門怎生向前爭得　省共蕭
娘去摘玉纖映瓊枝照人一色淡粉暈酥多少飛來到
得壽陽宮額再三留待東君管都將那別花不惜但只
恐高樓又三弄笛　〔元黄子行西湖月〕初弦月挂林梢
又一度西園探梅消息粉牆朱戶苔枝露蘂淡匀輕飾
玉兒應有恨爲悵望東昏相記憶便解珮飛入雲階長
伴此花傾國　還嗟瘦損幽人記立馬攀條倚欄橫笛
少年風味拈花弄蕊愛香憐色揚州何遜在試點染吟
箋留醉墨浸贏得疎影寒窗夜深孤寂　〔宋趙以夫角
招〕曉寒薄苔枝上翦成萬點冰蕚暗香無處著立馬斷

魂晴雪籬落溪畧彴悵寄驛音書遼邈夢繞揚州東閣
風流舊日何郎想依然林壑　離索引杯自酌相看冷
淡一笑人如削水雲寒漠漠底處羣仙飛來霜鶴芳姿
綽約正月滿瑤臺珠箔徙倚闌干寂寞盡分付許多愁
城頭角　〔王沂孫望梅〕畫欄人寂喜輕盈照水犯寒先
坼裊數枝雲縷皺綃露淺淺塗黄漢宮嬌額翦玉裁冰
已占斷江南春色恨風前素豔雪裏暗香偶成抛擲
如今眼穿故國待拈花弄蕊時話思憶想隴頭依約飄
零甚千里芳心杳無消息粉怯珠愁又只恐吹殘羌笛
正斜飛半窗曉月夢回隴驛　〔一萼紅〕思飄飄擁仙姝
獨步明月照蒼翹花候猶遲庭陰不掃門掩山意蕭條

抱芳恨佳人分薄似未許芳魄化春嬌雨澀風慳霧輕
波細湘夢迢迢　誰伴碧尊雕俎喚瓊姬皎皎綠髮蕭
蕭青鳳啼空玉龍舞夜遙盼河漢光搖未須賦疎香淡
影且同倚枯蘚聽吹簫聽久餘音欲絶寒透鮫綃　〔張
炎疎影〕黄昏片月似滿地碎陰還更清絶枝北枝南疑
有疑無幾度背燈難折依稀倩女離魂處緩步出前邨
時節看夜深竹外橫斜應妬過雲明滅　窺鏡蛾眉淡
掃爲容不在貌獨抱孤潔莫是花光描取春痕不怕麗
譙吹徹還驚海上燃犀去照水底珊瑚疑活做弄得酒
醒天寒空對一庭香雪　〔姜夔疎影〕苔枝綴玉有翠禽
小小枝上同宿客裏相逢籬角黄昏無言自倚修竹昭

君不慣胡沙遠但暗憶江南江北想珮環月下歸來化
作此花幽獨　猶記深宮舊事那人正睡裏飛近蛾綠
莫似春風不管盈盈早與安排金屋還教一片隨波去
又却怨玉龍哀曲等恁時重覓幽香已入小窗橫幅
〔方岳沁園春〕有美人兮鐵石心腸寄春一枝喜蘚生龍
甲那因雪瘦月橫鶴膝不受寒欺雲臥空山夢回孤驛
生怕渠嗔未敢詩江頭路問銷魂幾許索笑何時　賦
成字字明璣君莫倚家山舊解題歎水曹安在飄然欲
去道山已矣其誰與歸烟雨愁兮江山老我畢竟歲寒
然後知微酸在儘危譙斜倚殘角孤吹　〔高觀國賀新
郎〕月冷霜袍擁見一枝年華又晚粉愁香凍雲隔溪橋

人不度的皪春心未縱清影怕寒波搖動更沒纖毫塵俗態倚高情預得春風寵沉凍蝶挂幺鳳　一杯正要吳姬捧想見那柔酥弄白暗香偷送囘首羅浮今在否寂寞烟迷翠壠又爭奈桓伊三弄開遍西湖春意爛算羣花正作江山夢吟思怯暮雲重　〔劉克莊賀新郎〕鵲報千林喜還猛省謝家池館早寒天氣要與瑤姬敘離索草草杯盤藉地悵賦盡何郎才思不願玉堂幷金屋願年年歲歲花間醉餐秀色挹高致　內園飛蓋東山妓問何如半山雪裏孤山煙外管甚夜深風露冷人與長瓶共睡任翠羽枝頭多事老子平生無他過爲梅花愛取風流罪簪向髮莫教墜　〔俞國寶賀新郎〕夢裏驂

鸞鶴覺三山不遠依然被海風吹落浮到五湖煙水上剛被梅花醉著粲玉樹輕明疎薄十萬瓊瑤天女隊捧冰壺玉液琉璃杓來伴我薦清酌　恍然夢斷殊非昨問溪邊竹外新來爲誰開却無限冰壺招不得擬把離騷喚覺待抖擻紅塵雙脚萬里瑤臺終一到想玉奴不負東風約留此恨寄殘角

【別錄增】〔東方朔外傳〕朔門生三人俱行乃見一鳩一生曰今當有酒一生曰其酒必酸一生曰雖得酒不得飲也三生皆到須臾主人出酒卽安樽於地而覆之訖不得飲乃問其故曰出門見鳩飲水故知得酒鳩飛集梅樹故知酒酸鳩飛去所集枝折故知不得飲之　〔桂陽先賢傳〕蘇耽後園梅樹下種藥可治百病　〔二老堂詩話〕政和中廬陵太守程祁學有淵源尤工詩在郡六年郡人段子冲字謙叔學問過人自號潛叟郡以遺逸八行薦力辭與程唱酬梅花絕句展轉千首識者已歎其博近歲有同年陳從古字希顏哀古梅花詩八百篇一一次韻其自序云在漢晉未之或聞自宋鮑照以下僅得十七人共二十一首唐詩人最盛杜少陵二首白樂天四首元微之韓退之柳子厚劉夢得杜牧之各一首自餘不過一二如李翰林韋蘇州孟東野皮日休諸人則又寂無一篇至本朝方盛行而予日積月累酬和千篇云　〔許彥周詩話〕林和靖梅詩云疎影橫斜水清淺

暗香浮動月黃昏大爲歐陽文忠公稱賞大凡和靖集中梅詩最好梅花詩中此二句尤奇麗東坡和少游梅詩云西湖處士骨應槁只有此詩君壓倒僕意東坡亦有微意也　〔竹坡詩話〕林和靖賦梅花詩有疎影橫斜水清淺暗香浮動月黃昏之語膾炙天下殆二百年東坡晚年在惠州作梅花詩云紛紛初疑月挂樹耿耿獨與參橫昏此語一出和靖之氣遂索然矣張文潛云調鼎當年終有實論花天下更無香此雖未及東坡高妙然猶可使和靖作衙官政和間余見胡份司業和曾公袞梅花詩云絕艷更無花得似暗香惟有月明知亦自奇絕使醉翁見之未必專賞和靖也　〔西湖志餘〕馬浩

瀾評梅詩林和靖疎影橫斜水清淺暗香浮動月黃昏寫梅之風韻高季廸雪滿山中高士臥月明林下美人來狀梅之精神楊廉夫萬花敢向雪中出一樹獨先天下春道梅之氣節　林和靖疎影暗香之聯歐陽文忠極賞之王晉卿嘗謂此兩句杏與桃李皆可用蘇東坡云可則可但恐杏桃李不敢當耳黃魯直則愛雪後園林纔半樹水邊籬落忽橫枝謂勝前句王直方則謂池水倒窺疎影動屋簷斜入一枝低可與前句伯仲〔餘冬序錄〕宣和中陳與義以賦墨梅詩受知徽宗遂登册府而序其集者遂有詩能達人之說〔山家清供〕梅花湯餅泉之紫帽山有高人常作此供初浸白梅檀香末

水和麵作餛飩皮每一疊用五出鐵鑿如梅花樣者鑿取之候煑熟乃過於雞清汁內每客上二百餘花一食亦不忘梅也〔蜜漬梅花〕楊誠齋詩云甕澄雪水釀春寒蜜點梅花帶露餐句裏畧無烟火氣更教獨上少陵壇剝白肉少許浸雪水梅花醞釀之露一宿取去蜜漬之可薦酒較之敲雪煎茶風味不殊也〔湯綻梅〕十月後用竹刀取欲開梅蕊上蘸以蠟投尊缶中夏月以熱湯就盞泡之花即綻香可愛也〔梅粥〕梅落英淨洗用雪水煑候白粥熟同煑楊誠齋詩云纔看臘後得春饒愁見風前作雪飄脫蕊收將熬粥吃落英仍好當香燒〔梅花脯〕山栗橄欖薄切同食有梅花風韻名梅花脯

〔山家清事〕梅花紙帳用獨床傍植四黑漆柱各掛錫瓶插梅數枝後設黑漆板約二尺自地及頂欲靠以清坐左右設橫木亦可掛衣角安斑竹書貯藏書掛白麈上作大方目用細白楮作帳罩之中安小荷葉鼎燃紫藤香用布單楮衾菊枕蒲褥乃相稱〔原〕多能鄙事梅將開時清旦摘半開花頭帶蒂置瓶中每一兩用炒鹽一兩灑之不可以手觸壞以厚紙數重密封置陰處次年取時先置蜜於盞內然後取花二三朶滾湯一泡花頭自開香美異常〔增〕梅梁〔述異記〕會稽山禹廟中有梅梁忽一春而生枝葉〔四明圖經〕大梅山在鄞縣東七十里蓋漢梅子眞舊隱也山頂有大梅木其上則伐

爲會稽禹廟之梁其下則爲它山堰之梁禹廟之梁張僧繇畫龍於其上夜或風雨飛入鏡湖與龍鬬後人見梁上水淋漓而萍藻滿焉始駭異之乃以鐵索鎖於柱〔具區志〕梅梁湖在夫椒山東吳時進梅梁至此舟沉失梁後每至春首則水面生花〔花史〕晉孝武太元三年僕射謝安作新宮太極殿欠一梁有梅木流至石頭城下取用之畫梅花於梁上表瑞因名梅梁殿〔梅杖〕元劉因東齋諸物有梅杖詩云鐵石心腸冰玉姿掌中猶得歲寒枝天教一握藏春密風覓餘香就手吹雪月吟懷隨步履溪山高興入支頤玉堂若要扶持用說與東君也不知又謝宗可梅杖詩江路策雲香在手溪橋

挑月影隨人 〔畫梅〕癸辛雜識趙孟堅字子固善墨戲於水仙尤得意晩畫梅自成一家嘗作梅譜詩頗盡源委 〔畫梅譜〕華光道人方丈植梅數本每花放時輒移床其下吟詠終日莫知其意偶月夜未寢見窗間疏影橫斜蕭然可愛遂以筆規其狀凌晨視之殊有月下之思因此好寫得其三昧標名於世黃魯直觀之曰如嫩寒春晩行孤山水邊籬落間但欠香耳 有枯梅新梅繁梅山梅疎梅野梅宮梅江梅園梅盤梅其法不同不可無別詩曰十種梅花木須憑墨色分莫令無辨別寫作一般春 梅之有象由制氣也花屬陽而象天木屬陰而象地而其故各有五所以別奇偶而成變化蒂者

花之所自生象以太極故有一丁房者花之所自彰象以三才故有三點萼者花之所自出象以五行故有五葉鬚者花之所自成象以七政故有七莖謝者花之所自究復以極數故有九變此花之所自皆陽而成數皆奇也根者梅之所自始象以二儀故有二體木者梅之所自放象以四時故有四向枝者梅之所自成象以六爻故有六成梢者梅之所自備象以八卦故有八結樹者梅之所自全象以足數故有十種此木之所自皆陰而成數皆偶也 若作臨崖傍水枝怪花疎只欲半開若作梳風洗雨枝閑花茂只看離披爛熳若作披煙帶霧枝嫩花茂只要含笑盈枝若作臨風帶雪榦老枝疎只要墨撥淡蕩花間若作停霜映日森空峭直只要花細香舒 葉須圓而不類杏枝欲瘦而不類柳似竹之清如松之貫斯成梅矣 〔復齋日記〕會稽王冕元章有高才其墨梅冠絕古今斷縑殘楮人爭寶之其畫梅多自題有云我家洗硯池頭樹個個花開淡墨痕不用人誇好顏色只留清氣滿乾坤 樂平程楷初發棹北上赴會試是夕夢人有攜扇而畫梅枝一楷題云誰把枯枝紙上栽瓊花錯落帶晴開天公預報春消息占斷江南第一魁覺而喜明年果中禮部第一 〔楊允孚灤京雜詠〕試問窗間九九圖餘寒消盡暖回初梅花點遍無餘白看到今朝是杏株〔註〕冬至後貼梅花一枝於窗間

佳人曉妝時以臙脂日圖一圈八十一圈既足變作杏花即暖回矣 〔西湖志〕梅花泉在栢家園左平地出泉浮漚作梅花瓣每聚五爲一若可掇拾 〔桂海虞衡志〕石梅生海中一叢數枝橫斜瘦硬形色眞枯梅也雖巧工造作所不能及根所附著如覆菌 原〔花史〕太和山有榔梅相傳眞武折梅寄榔樹上誓曰吾道若成開花結果竟如其言 增〔一統志〕嚴州府梅花峯淳安望之若梅花五出 貴州都匀府梅花洞白石齒齒遠望若梅花 〔瓶史〕浴梅宜隱士 梅花以迎春瑞香山茶爲婢 原〔瓶插〕煑鯽魚湯可插梅 增〔餅花譜〕梅花初折宜火燒折處固滲以泥 冬間別無嘉卉僅有蠟梅梅

花水仙數種此時極宜傚口古尊罍插貯須用錫作替管盛水可免破裂之患若欲用小磁器瓶必投以硫黃少許一法用淡肉汁去浮油入瓶插花則花悉開而瓶略無損 【原】〔眉公秘笈〕癸辛雜志云折梅花插鹽中花開酷有肥態試之良然乙未正月十四日舟過鍾賈山大雪採梅僧院僧出酒相餉因論前事僧言以臘豕滚汁熱貯瓶梅却能放葉結子余始知古人鹽梅和羹故自同調 〔接法〕春分後接用桃杏體杏更耐久 〔移種〕去其枝梢大其根盤沃以溝泥即活 〔衣物〕爲梅雨所裛梅葉煎湯洗 清水揉梅葉洗焦葛衣經夏不脆

附錄 紅梅

【增】〔范成大梅譜〕紅梅標格猶是梅而繁密則如杏香亦類杏有鶴頂梅千葉紅梅其種來自閩湘故有福州紅潭州紅邵武紅等號〔花鏡〕鴛鴦梅花艷輕盈重葉數層雙頭紅梅並蒂重葉單瓣紅梅杏梅花色淡紅臙脂梅朱梅色較千葉紅梅更深而艷

【彙考】【增】〔西京雜記〕漢初修上林苑遠方各獻名果異樹有朱梅臙脂梅 〔石湖詩註〕新安絕少紅梅唯倅廳特盛通判朝議召幕僚賞之坐皆有詩 〔梅譜〕紅梅與江梅同開紅白相間園林初春絕景也石延年詩云認桃無綠葉辨杏有青枝當時以爲著題東坡詩云詩老不知梅格在更看綠葉與青枝蓋謂其不韻爲紅梅解嘲云承平時此花獨盛於姑蘇晏元獻云始移梅西岡圃中一日貴遊賂園吏得一枝分接由是都下有二本王琪君玉時守吳郡以詩遺公曰館娃宮北發精神粉瘦瓊寒露蘂新園吏無端偷折去鳳城從此有雙身當時罕得如此比年展轉移接殆不可勝數矣世傳晏下紅梅詩甚多惟方子通一篇絕唱有紫府與丹來換骨春風吹酒上凝脂之句 〔埤雅〕天下之美有不得而兼者梅花優於香桃花優於色梅花早而白杏花晚而紅總龜云紅梅清艷兩絕晏殊特珍賞之 【原】〔雜志〕南唐苑中有紅羅亭四面專植紅梅 〔摭遺〕蜀州有紅梅數本郡侯建閣扃鑰遊人莫得見忽有兩婦人高髻大袖凭欄語笑郡侯啟鑰闞不見人唯東壁有詩曰南枝向暖

北枝寒一種春風有兩般憑仗高樓莫吹笛大家留取倚闌干 〔學圃餘疏〕南中梅都於臘月前便開吾地稍遲紅梅最先發元日有開者此花故當首植性多蟲易敗宜時時去之閩中有深淺二種可致其淺者 【增】〔事詞類奇〕常州水田寺有紅梅閣相傳一禪師住寺中黄冠薛道光訪之相約出神同往廣陵觀伽藍會見紅梅甚開各執一枝歸薛道光即從袖中取出禪師則不能蓋師所出者陰神道光所出者陽神也後人遂以是名其閣云

【集藻】〔五言古詩〕【增】宋梅堯臣吳正仲求紅梅接頭君家梅溪上但見梅花白我家梅樹紅求枝寄歸客翦接如

交情本末不相隔明年泉酒時醉頰生微赤〔程致道〕〔紅梅〕春風日浩蕩醉色回氷肌所恨培雪根向來歲寒枝羞池弄芳晚坐令顔色移顔色固嫵媚清香無故時〔元劉詵元日賦紅梅〕紅梅本遲暮冬暖遂爭先亂蕊頷黃燴細蘤丹砂圓雖加點染工風致終自然懷哉生意具欲折還復憐物理且如此吾生寧怨天

〔七言古詩〕【增】〔宋梅堯臣紅梅篇〕昨夜輕雷起風雨芍藥紅牙竹欄土南庭梅花如杏花東家殘朱塗頰酺萼爲裳衣蕊爲組枝爲高居餘爲戶蛺蝶未生蜂未來赤身掩斂無金縷終然有心當助傅說羹落亦不學飛燕皇后廻風舞此意又笑麻姑與王母勾引何人擘麟脯是

非方朔謾漢武只知此桃不知語樹不著尸數而今言之已莫補放我渾丹鳳凰羽〔王十朋紅梅〕似桃非桃杏非杏獨與江梅相早晚天姿約略帶春酲便覺花容太柔婉霞觴瀲灩玉妃醉應恨劉郎來閬苑會須參作此紅詩莫學嗇頭等閒見〔范成大紅梅〕華燈收盡江梅落別有橫枝照林薄天教閬苑染芳根小住山城慰蕭索騰騰醉後酒紅醺淡淡妝成笑靨新斟酌東君已傾倒爲渠都費十分春別乘胸懷有風月催喚新尊浩愁絕花知主客得不凡一夜光風融絳雪樓頭煙瞋吹單于花梢掛星光有無歸來境熟落春夢夢入鎖香紅綺疏〔嶺上紅梅〕霧雨臙脂照松竹江南春風一枝足

滿城桃李各嫣然寂寞傾城在空谷城中誰解惜娉婷遊子路傍空復情花不能言客無語日暮清愁相對生〔元郝經賞紅梅〕汴梁宮中絳綃梅移向汴河堤上栽青條團搭杏花顆瑣細向陽才半開張公小隊呼我飲金鞍細馬歌舞人雪壓小橋不動塵入門下馬簇花宴風色偃髯寒氣凜玉銜徑踏黃河氷貂帽颯簷掀紫錦紅蓮舊府花正新玉川金波碧香酒折花遍插分素手春透寒梢未全綻風流正要臙脂瘦賞梅不用歌落梅緩歌郢著銀箏催變香細擷生霞蕊浮動雲腴嚼一杯本是前邨冷澹花不稱王侯將相家明朝更向明月底薪雪凍吟疏影裏〔謝應芳薦福寺紅梅〕紅梅閣下紅

梅樹陵谷移時風拔去堯峯老禪歸故山覓得孤根栽舊處年年春到花時節一枝五出臙脂雪春風笑面歲寒心光塵混融風韻別老禪道服忘妍醜品題假我扶犁手黃州定慧海棠花可與齊名傳不朽月香水影象王宮雜花世界將無同幾度拈花有人笑吾將請問瞿曇翁

〔五言律詩〕【增】〔宋石延年紅梅〕梅好惟傷白今紅是絕奇認桃無綠葉辨杏有青枝烘笑從人贈酡顔任笛吹未應嬌意急發赤怒春遲〔梅堯臣紅梅〕家住寒溪曲梅先雜蕊春學妝如小女聚笑發丹唇野杏堪同舍山櫻莫與隣休吹江上笛留伴庾園人〔朱子和宋丈韻紅

梅〉聞說寒梅盡尋芳去已遲冷香無宿蕊穠艷有繁枝正復非同調何妨讀舊詩廣平偏嫵媚鐵石誤心期〈葛長庚紅梅〉入賦紅梅少子詩爲補遺霞融姑射面酒沁壽陽肌太潔遭時妬獨醒爲衆疑漫隨春色媚自保歲寒姿

〈七言律詩〉原〈宋蘇軾紅梅〉怕愁貪睡獨開遲自恐冰容不入時故作小紅桃杏色尚餘孤瘦雪霜姿寒心未肯隨春態酒暈無端上玉肌詩老不知梅格在更看綠葉與青枝　雪裏開花却是遲何如獨占上春時也知造物含深意故與施朱發妙姿細雨裛殘千顆淚輕寒瘦損一分肌不應便雜夭桃杏半點微酸已著枝　增〈蘇

軾紅梅〉幽人自恨探春遲不見檀心未吐時丹鼎奪胎那是寶玉人頮頰更多姿抱叢暗蕊初含子落盞濃香已透肌乞與徐熙畫新樣竹間璀璨出斜枝　〈范成大次韻元夕賞倅廳紅梅三首〉春入林梢一再風破寒匀染費天工雖然媚蕩新妝別只與橫斜舊格同午枕乍醒鉛粉退曉奩初罷蠟脂融後來顏色休論似夾路漫山取次紅　眞色生香絕世逢煙光池面兩溶溶楚隣不待施朱好虢國翻嫌傅粉濃晴日暖雲春照耀溢風霽月夜春容酒闌且駐紗籠看慢破園團一壁龍　司花一笑爲誰開知道朱幡得得來疎影有情當洞戶蔫香無語噎空杯風生翰墨留連看月入笙歌次第催來

歲如今翻舊唱五雲叢裏望三台　〈韓元吉紅梅〉不隨羣艷競年芳獨自施朱對雪霜越女謾誇天下白壽陽還作醉時妝半依修竹餘眞態錯認夭桃有暗香月底瑤臺清夢到霓裳新換舞衣長　〈金段克已紅梅用誠之弟韻〉梅花香裏滿蒲團萬事人間總不干醉夢每憐春意淺詩魂長遶夜枝寒記曾上苑溪頭見又向前村雪裏看回首青鞵已如豆齒牙衰朽怯微酸　小梅初破月團團戲蝶遊蜂未敢干醉臉不禁經宿雨芳心似欲訴朝寒乍驚別後容華換更與尊前仔細看便好栽培近東閣免教風味一生酸　〈段成已紅梅〉誰點冰綃絳雪團黃昏和月倚闌干差隨桃李爭春意要伴松筠傲歲寒冷艷只宜寒處著淺妝難入俗人看天心固惜

調羹便空抱枝頭一點酸　〈元元淮立春賞紅梅〉昨夜東風轉斗杓陌頭楊柳雪纔消曉來一樹如繁杏開向孤邨隔小橋應是化工嫌粉瘦故將顏色助花嬌青枝綠葉何須辨萬卉叢中奪錦標　〈謝宗可紅梅〉梨雲無夢倚黃昏薄倩朱鉛蝕淚痕宿酒破寒薰玉骨仙丹偷暖返冰魂茜裙影露羅衣卷霞佩香封縞袂溫回首孤山斜照外尋眞誤入杏花邨　〈鴛鴦梅〉兩兩魁春簇錦機文禽夢覺月分輝枝頭交頸棲香暖花底同心結子肥金殿鎖煙妝粉額玉堂環水浴紅衣有情一種隨流去莫被風飄各自飛　〈袁桷觀紅梅〉雲閣香溫睡覺遲

不堪殘角曉鐘時玉妃瓊屑難爲從青女鉛華敢弄姿
可怪鮫綃能幻色誰將猩血解塡肌團團似就廻文錦
薄薄疑愁下翠枝 〔楊載紅梅〕玉人中酒襯芳華盡壓
東風百種花襆被冬深裁異錦篝燈夜永障輕紗纖纖
露沁蜂腰蠟密蕊雲蒸鶴頂砂爲問閬風何處在相期
高舉籥晨霞 原〔明雷思霈紅梅〕似是梨枝靠杏芽又
飛柳絮裹桃花嗛山紺雪仙娥頰玉座丹砂道士家豈
爲穠香非素質故將冰蕊當鉛華廣平心事堅如鐵作
賦何妨嫵媚奢
五言絶句 增〔宋王安石紅梅〕春半花纔發多應不耐寒
北人初不識渾作杏花看 〔范成大紅梅〕酒力欺朝寒

潮紅上妝面桃李漫同時輸了春風半 〔元王冕紅梅〕
深院春無限香風吹綠漪玉妃清夢醒花雨落臙脂
明黃肅紅梅隴頭人未來江南春幾許惆悵玉簫聲吹
落臙脂雨
七言絶句 增〔宋蘇軾謝送紅梅栽〕年年芳信負紅梅江
畔垂垂又欲開珍重多情關令尹直和根撥送春來
原〔毛滂紅梅〕何處曾臨阿母池深將絳雪點寒枝東牆
羞頰逢人笑南國酡顏强自持 增〔陸游紅梅〕雪裏溪
頭已占春小園又試晚妝新放翁老去風情在惱得梅
花醉似人 原〔楊平州〕誰將醉裏春風面換却平生玉
雪身賴得月明留瘦影苦心冰骨見天眞 〔徐介軒寒
香冷艷綴輕枝誤認夭桃未放時盛飾霓裳陪越女不
施粉黛抹臙脂 輕盈弄月醉霞觴嬌軟酡顏褪晚妝
縞素叢中紅一點好花終是不尋常 〔桂水集〕紫府移
來詫早芳玉容寂寞試紅妝花含曉雨臙脂濕枝繞春
風絳雪凉 增〔金龐九疇紅梅〕一種冰魂物已尤朱唇
點綴更風流歲寒未許東風管澹抹濃妝得自由 〔元
日能紅梅〕天上紅光白玉肌央妝約略更相宜認桃辨
杏由君眼自有溪風山月知 〔元王冕紅梅四首〕彩鳳
穿花啄石苔玉窗瓊戶紫煙開山人不說羅浮夢却憶
玄都觀裏栽 玉妃步月影毿毿燕罷瑤池酒正酣半
夜不知香露冷春風吹夢過江南 昭陽殿裏醉春風

香隔瓊簾映淺紅翠袖擁雲扶不起玉簫吹過小樓東
爛醉西湖處士家酒痕吹上水邊花東風蛺蝶迷香
夢一樹珊瑚月影斜 〔楊維楨紅梅〕羅浮仙子宴瑤宮
海色生春醉靨紅十二闌干明月夜九霞帳暖睡東風
〔丁鶴年紅梅〕姑射仙人鍊玉砂丹光晴貫洞中霞無
端半夜東風起吹作江南第一花 〔明李東陽題延平
劉郎中廷信所藏紅梅三首〕美人家住越江城翠袖紅
顏最有情猶是江南無雪地雪中看得更分明 莫種
西湖淺水濱水清花艷各傷神春光不與花相妒花到
開時却妒春 玄都寂寞花無主劍浦芳菲樹亦香斵
色似同風格異劉郎非是舊劉郎 原〔王世貞小苑紅

梅刺眼新一枝分作峽江春長安驛騎知何限天上於今少故人〔謝文爵〕近水穿籬壓衆芳檀心一點漏春光世情多厭冰霜面故作東風冶艷妝 增〔僧德輝〕題紅梅 三百年來處士家酒旗風裏一枝斜段橋荒蘚無人問顏色如今問杏花

詩散句 增〔元虞集〕醉來紅袖近歌罷彩雲消〔唐杜甫〕沙郡白雪仍含凍江院紅梅已放春〔宋晏殊〕若使開遲二三月北人應作杏花看〔張舜民〕小園寂寞鎖春風初見梅花一抹紅〔王十朋〕梅花精神杏花色春入蓮洲初破萼〔鄭安晚〕堅白雅古南枝先淺紅尤待北人識〔徐致中〕要知此花清絕處端如醉面讀離騷

〔釋道潛〕月浸繁枝香冉冉露浮紅萼曉團團〔元許謙〕梅花照眼送寒色酒暈著臉生春和

詞 原〔宋蘇軾菩薩蠻〕嶠南江淺紅梅小小梅紅淺江南嶠窺我向疎籬籬疎向我窺 老人行即到到即行人老離別惜殘枝枝殘惜別離〔高觀國留春令〕玉妃春醉夜寒吹墮江南風月一自情留館娃宮在竹外尤清絕 貪睡開遲風韻別向杏花休說角冷黃昏艷歌殘拍驚落胭脂雪〔毛滂木蘭花〕當日嶺頭相見處玉骨冰肌元淡竚近來因甚要濃妝不管滿城桃杏妒 酒暈晚霞春態度認是東君偏管顧生羅衣褪為誰羞香冷熏爐都不覷〔眞德秀蝶戀花〕兩岸月橋花半吐紅透肌香暗把遊人誤盡道武陵溪上路不知迷入汀南去 先自冰霜眞態度何事枝頭點點胭脂汚莫是東君嫌澹素問花花又嬌無語〔蘇軾定風波〕好睡慵開莫厭遲自憐冰臉不時宜偶作小紅桃杏色閑雅尚餘孤瘦雪霜姿 休把閑心隨物態何事酒生微暈沁瑤肌詩老不知梅格在吟詠更看綠葉與青枝〔杜安世折紅梅〕喜輕澌初綻微和漸入郊原時節春消息夜來陡覺紅梅數枝爭發玉溪珍館不似個尋常標格化工別與一種風情似勻點胭脂染成香雪 重吟細閱比繁杏天桃品流終別可惜彩雲易散冷落謝池風月憑誰向說三弄處龍吟休咽大家寬取時倚闌干閒有花

堪折勸君須折

別錄 增〔北戶錄〕嶺南之梅小於江左居人採之雜以朱槿花和鹽曝之梅為槿花所染其色可愛〔東坡紅梅詩註〕楚辭遠遊篇玉色頩以艷顏兮精神粹而始壯頩怒色玉人怒則頩紅故以比紅梅也〔事文類聚〕東坡云石曼卿紅梅詩認桃無綠葉辨杏有青枝此邨學堂中語也 原〔花史〕洪覺範用皂角膠畫紅梅於生綃扇上燈月下映之宛然疎影

附錄 茶梅花

原 茶梅花開十一月中正諸花彫謝之候花如鵝眼錢而色粉紅心黃開且耐久望之雅素無此則子月虛度

矣 增 類林新羅國多海紅即淺紅山茶而差小自十二月開至二月與梅同時故名茶梅

集藻 七言絕句 增 劉仕亨詠茶梅花 小院猶寒未暖時海紅花發晝遲遲半深半淺東風裏好是徐熙帶雪枝

佩文齋廣羣芳譜卷第二十四

佩文齋廣羣芳譜卷第二十五

花譜

杏花 杏實別見果譜

原 杏樹大花多根最淺以大石壓根則花盛葉似梅差大色微紅圓而有尖花二月開未開色純紅開時色白微帶紅至落則純白矣花五出其六出者必雙仁有毒千葉者不結實 增 格物叢話杏有黃花者眞絕品也

彙考 增 山海經靈山之下其木多杏 原 莊子孔子遊緇帷之林坐杏壇之上弟子讀書孔子弦歌鼓琴 典術杏者東方歲星之精 西京雜記上林苑有蓬萊杏又有文杏謂其樹有文彩也　東海都尉于台獻杏一株花雜五色六出云仙人所食 增 晉宮闕記明光殿杏八株 原 洛陽宮殿簿乾陽殿前杏六株含章殿前杏四株 述異記賴鄉老子祠前有縹杏　天台山有杏花六出而五色號仙人杏 摭言唐進士杏花園初會謂之探花宴擇少俊二人爲探花使徧遊名園若他人先折得花二人皆受罰 異景錄裴晉公午橋莊有文杏百株其處立碑錦坊 增 東坡雜記僕在徐州王子立子敏皆館於官舍而蜀人張師厚來過二生方年少吹洞簫飲酒杏花下明年余謫黃州對月獨飲嘗有詩云去年花落在徐州對月酣歌美清夜今日黃州見花發小院閉門風露下蓋憶與二王飲時也 全唐詩

話段文昌客遊成都韋南康與奏釋褐為賓從後劉闢逐佐外邑高崇文收蜀召復舊職指其椅曰此猶不足與君坐文昌遽請歸闕至興元西鵲鳴驛有僧倚巴山者有前識謂文昌曰去日既逢梅蕊綻來時應見杏花開至京屢升擢自相位拜劍南節度西至鵲鳴杏花方盛　【原】詩話徐州古豐縣朱陳村有杏花一百二十里近有人為德慶戸曹過此村花尚無恙　【增】三柳軒雜識余嘗評花以為杏有閨門之態　花經杏四品六命　宋濂遊荆塗二山記禹廟前杏樹一章大可蔽二牛二柏參差左右樹東置小甕杏柯之水時津津其中廟史云當晨霧四集水愈多其來如泉可代井　沈守正

遊香山寺記自廻廊復東為來青軒羣山拱揖蒼蒨剌人目下見陂陀高下杏樹可十萬株此香山之第一勝處也　【原】學圃餘疏杏花無奇多種成林則佳城中朱氏園中百株偃仰水傍予嘗攜榼賞之今當於廣圃荒池別置一林　【增】閩部疏閩地最饒花獨杏花絕產亦一異也　屠隆小輞川記池西有樹臨澗澗前植杏樹數十株顏曰文杏館　王衡遊香山記臥佛寺面面皆杏花而一緋杏據西園上者大可盈抱且殊麗宿於靈光寺信步得一杏園可百餘樹屏以翠柏而山臨之憶吾鄉絕少杏花僅朱氏園有三十樹較此直春薺蘭而余每花期必提紅酒一罌與二三子婆娑醉舞其下豈

謂天壞間自有杏花谷哉　花史五果為五穀之祥而杏華又候農時四民月令曰三月杏花盛可菑白沙輕土之田又曰三月昏參夕杏花盛桑椹赤可種大豆謂之上時　【原】揚州府志太平園中有杏數十株每至爛開太守大張宴一株命一妓倚其傍立館曰爭春開元中宴罷或聞花有歎息之聲　池州府志銅陵杏山昔傳葛仙翁嘗留此種杏下有溪落英飛堰上名花堰

【增】池州府志府城秀山門外杏花村杜牧詩牧童遙指杏花村即此

【集藻】五言古詩　【原】周庾信杏花春色方盈野枝枝綻翠英依稀映村塢爛熳開山城好折待賓客金盤襯紅瓊

【增】宋王安石杏花石梁度空曠茅屋臨清炯俯窺嬌嬈杏未覺身勝影嫣如景陽妃含笑墮宮井怊悵有微波殘妝壞難整　【原】蘇軾三月二十日多葉杏開零露泫月蕊溫風散晴葩天工了不睡連夜開此花芳心誰剪刻天質自清華惱客香有無弄妝影橫斜中山古戰國殺氣浮高牙叢臺餘袨服易水雜悲笳自從此花開玉肌洗塵沙坐令遊俠窟化作溫柔家我老念江海不飲空咨嗟劉郎歸何日紅桃爍殘霞明年花開時舉酒望三巴　【增】陸游江路見杏花我行浣花村紅杏紅于染數樹照南陂一林藏北崦雖慚嶺梅高繁麗豈易貶雨絲飛復止雲葉低未斂似嫌風日緊護此臙脂點身

閒得縱觀無語吾所歎〈元范梈二杏〉北鄰杏一株身作龍盤拏直上青天中虛空高結花南鄰杏更好枝榦相交加三月二月時匝地堆紅霞自我來京城寄居諸公家其地僻且阻茂樹繞牕紗亦有桃與李盛飾爭豪奢雖富無可人紛紛亂如麻晚遇此二杏突兀超塵沙常時好客來立旆邀吝嗟欲去復顧戀往往至日斜我昔直詞館羸馬道路賒晨往昏黑歸無由領其嘉今我已投散終日猶枯査朝暮出見之百匝盧簷牙而我又將去何繇報繁葩誓將適南郡僻地江之涯種此一萬樹漫漫被荒遐花成實給食收拾歲盈車此事亦易集但恐君疑誇〈明袁凱杏塢〉窈窕石徑深參差繁英滿

發采已云奇生香殊未斷依依午橋路粲粲朱陳坂月色散疎影時時坐橫管

七言古詩 原 〈唐韓愈杏花〉居鄰北郭古寺空杏花兩株能白紅曲江滿園不可到看此寧避雨與風二年流竄出嶺外所見草木多異同冬寒不嚴地恒泄陽氣發亂無全功浮花浪蕊鎮常有纔開還落瘴霧中山榴躑躅少意思照耀黃紫徒爲叢鷓鴣鉤輈猿叫歇杳靄深谷攢青楓豈如此樹一來翫若在京國情何窮今旦胡爲忽惆悵萬片飄泊隨西東明年花發應更好道人莫忘鄰家翁 增 〈宋歐陽修鎮陽殘杏〉鎮陽二月春苦寒東風力弱冰雪頑北潭跬步病不到何暇騎馬尋郊原鵬丘新晴暖已動砌下流水來濺濺但聞簷間鳥語變不覺桃杏開已闌人生一世浪自苦盛衰桃李開落閒西亭昨日偶獨到猶有一樹當南軒殘芳爛熳看更好皓若春雪團枝繁無風已恐自零落長條可愛不可攀猶堪攜酒醉其下誰肯伴我頹巾冠 原 〈蘇軾月夜與客飲酒杏花下〉杏花飛簾散餘春明月入戶尋幽人褰衣步月踏花影炯如流水涵青蘋花間置酒清香發爭挽長條落香雪山城薄酒不堪飲勸君且吸盃中月洞簫聲斷月明中惟憂月落酒杯空明朝卷地東風惡但見綠葉棲殘紅 增 〈金元好問荆棘中杏花〉墻東荒蹊抱村斜荆棘狠籍盤根芽何年丹杏此留種小紅濺濺爭

春華野人慣見漫不省獨有詩客來吝嗟天眞不到鉛粉筆富艷自是宮闈花曲池芳徑非夙昔蒼苔濁酒同天涯京師惜花如惜玉曉擔賣徹東西家杏花看紅不看白十日忙殺遊春車誰家園亭有此樹鄭重已著重幃遮阿嬌新寵貯金屋明妃遠嫁愁清笳落花繁繁拂牀席亦有飄泊沾泥沙天公無心物自物得意未用相凌誇黃昏人歸花不語惟有落月啼棲鴉〈紀子正杏園宴集〉紀翁種杏城西垠千株萬株紅藍新今年寒食好天色曉氣鬱鬱含芳津天公自愛此花好朝薰暮染煩花神融霞蒸雪一傾倒非烟非霧非卿雲未開何所似乳兒粉妝深絳唇能啼能笑癡復騃畫出百子元非

眞半開何所似里中處女東家鄰陽和入骨春思動欲語不語時輕顰就中爛熳尤更好五家合隊虢與秦曲江江頭看車馬十里羅綺爭紅塵陽平一邑多詩豪主人買酒邀衆賓花時有成約恨少楊子張吾軍落花著衣紅繽紛四座慘淡傷精魂花開花落十日耳對花不飲花應嗔愛花常苦得花晚爭教有樂無閒身芳苞一破不更合且看錦樹烘殘春　元袁桷灤陽張節婦瓶中杏枝著花因賦陶人妙合陰陽機凍壺埴刻廻芳菲盈盈綠房綴冰蕊玉蝶婀娜穿帷飛佳人蓬鬢不下堂手繡孤鳳橫匡牀寶刀翦繒試春色翠袖慘澹顏無光烏頭可白珠九曲造物深知憐不足故應試此一枝春

點綴扶疎驚衆目

五言律詩【增】唐溫憲杏花團雪止晴梢江明映碧寥店香風起夜村白雨休朝靜落頻沾帶繁開正蔽條澹然閒賞玩無以破妖韶　張籍古苑杏花廢苑杏花在行人愁到時獨開新塹底半露舊燒枝晚色連荒轍低陰覆折碑茫茫古陵下春盡又誰知　【原】鄭谷杏花不學梅欺雪輕紅照碧池小桃新謝後雙燕卻來時香屬登龍客烟籠宿蝶枝臨軒須貌取風雨易離披　【增】宋梅堯臣依韻和王幾道途次杏花有感馬上逢丹杏芳條拂眼過可憐芳徑少不道故園多艷萼粘紅蠟仙葩綴薄羅客心知易感路遠奈愁何　【原】明申時行詠適適園杏垣坊開裴墅錦花發董林株望欲迷瓊苑栽疑近白楡微風舒露臉小雨濕烟鬚春意枝頭鬧從教醉玉壺

五言小律【原】唐吳融杏花春物競相妒杏花應最嬌紅輕欲愁殺粉薄似啼消願作南華夢翩翩繞此條

七言律詩【增】唐溫庭筠杏花紅花初綻雪花繁重疊高低滿小園正見盛時猶悵望豈堪開處已繽翻情爲世累詩千首醉是吾鄉酒一樽杳杳艷歌春日午出牆何處隔朱門　吳融途中見杏花一枝紅杏出牆頭牆外人行正獨愁長得看來猶有恨可堪逢處更難留林空色暝鶯先到春淺香寒蝶未遊更憶帝鄉千萬樹淡烟

籠日暗神州　杏花粉薄紅輕掩斂羞花中占斷得風流軟非因醉都無力凝不成歌亦自愁獨照影時臨水畔最含情處出牆頭徘徊盡日難成別更待黃昏對酒樓　羅隱杏花暖觸衣襟漠漠香間梅遮柳不勝芳數枝艷拂文君酒半里紅欹宋玉墻盡日無人疑悵望有時經雨乍淒涼舊山山下還如此回首東風一斷腸　【原】宋林逋杏花蓓蕾枝梢血點乾粉紅腮頰露春寒不禁烟雨輕欺著祇好亭臺愛惜看偎柳傍桃斜欲墜等鶯朔蝶猛成團京城巷陌新晴後買得風流更一般　韓琦次韻和崔公孺國博黃杏花顆顆裝成蘂簇牙日邊開處近彤霞眞宜相閣栽培物更是仙人種植花高

行出羣猶仰慕香名超格合洪詩諸賢繼有尋芳會欲春歡遊決自差〔增〕〔司馬光和道矩送客汾西村舍杏花盛開置酒其下〕田家繁杏壓枝紅遠勝桃夭與李穠何事偏宜閒處植無端復向別時逢林間暫繁黃金勒花下聊飛碼碯鍾會待重來醉嘉樹只愁風雨不相容〔楊萬里郡圃杏花二首〕小樹嫣然一兩枝晴薰雨醉總相宜纔憐欲白仍紅處政是微開半吐時得幸東風無忌對主張春色更還誰海棠穠麗梅花淡匹似渠儂別樣奇　迴出千花合受降不然受拜亦何妨行穿小樹尋晴朶自挽芳條嗅暖香却恨來時差已晚不如清曉看新妝朗吟清露溫風句惱殺詩翁只斷腸〔金毛麾和思達兄杏花〕碎翦明霞役化工曉園香散暖烟中羞逢柳眼三眠白分得桃腮一笑紅上苑繁華迷故國曲江顛頓老春風欲傳此恨花無語强對芳時作醉翁〔元好問杏花二首〕芳樹春融絳蠟凝春風寂寞掩柴荆晝眉盧女嬌無奈齲齒孫娘笑不成已怕宿妝添蝶粉更堪暖蕊鬪蜂聲一般疎影黃昏月獨愛寒梅恐未平　一穗蘆簾一穗塵西園紅艷眼中新帽簷分去家家喜酒面飛來片片春梅柳幾曾同故事櫻桃纔得綴芳辰荒城此日腸堪斷老却探花筵上人〔杏花落後分韻得歸字〕獺髓能醫病頰肥鸞膠無那片紅飛殘陽澹澹不肯下流水溶溶何處歸煮酒青林寒食過明妝

高燭賞心違寫生正有徐熙在漢苑招魂果是非〔張村杏花〕昨日櫻桃絳蠟痕今朝紅袖已迎門只應芳樹知人意留著殘妝伴酒尊穠李尚須羞粉艷寒梅空自怨黃昏詩家元白無今古從此張村即趙村〔元吳師道見杏花〕曲江二十年前會回首芳菲似夢中老去京華度寒食閒來野水看東風樹頭絳雪飛還白花外青天映更紅聞說琳宮更佳絕明朝攜酒訪城東〔錢惟善杏花〕等鶯期燕引遊蜂知隔垂楊第幾重墻近緗帷忘晝永宮催羯鼓助春濃絳烟輕潤香鬟裊紅雪旋團粉淚鎔寂寞曲江人不見貞元朝士憶時雍〔明楊基杏花〕當時庭館醉春風客裏相逢意轉濃只恐臙脂吹漸白最憐春水照能紅一枝爭買珠簾外千樹遙看小店中惆悵先生歸去後江南烟雨又濛濛〔吳寬清明日園中見杏花初開〕疎花寂歷似殘紅病眼摩挲望欲空已恨浥開無細雨却愁吹落有狂風物華又報清明節人世真成白髮翁爲語天工須索性剩將春色慰人濃〔黃姬水息園賞杏花〕平津舊闢招賢館乘興來尋愜賞期南陌青旂醮甲酒東風小苑斷腸枝遊絲日暖即橫路舞燕泥香故掠池見說醉花宜及晝可能辜負艷陽時〔宋謀瑋杏花〕二月燒林發絳英六街初有賣花聲黃鸝立亞高枝雨紫燕飛來小樹晴村僻深藏沽酒旆樓高全露約簾旌年年開徧曲江寺香在馬蹄歸

處生
五言排律增唐李商隱杏花上國昔相值亭亭如欲言
異鄉今暫賞脈脈豈無恩棲少風多力墻高月有痕爲
含無限意遂對不勝繁仙子玉京路主人金谷園幾時
辭碧落誰伴過黃昏鏡拂鉛華膩爐藏桂燼溫終應催
竹葉先擬詠桃根莫學啼成血從教夢寄魂吳王採香
徑失路入烟村
五言絕句原唐王維文杏館文杏裁爲梁香茅結爲宇
不知棟裏雲去作人間雨王涯杏花萬樹江邊杏新
開一夜風滿園深淺色照在碧波中增司空圖村西
杏花薄膩力偏羸看看愴別時東風狂不惜西子病難

醫 肌細分紅脈香濃破紫苞無因留得翫爭忍折來
拋宋梅堯臣初見杏花不待春風徧烟林獨早開淺
紅欺醉粉肯信有江梅王安石睡起折杏花數枝二
首獨卧南窗榻翛然五六句已聞鄰杏好故挽一枝春
獨卧無心起春風閉寂寥鳥聲誰喚汝屋角故相撩
范成大題徐熙杏花老枝當歲寒芳蕊春濃浥霧綃
輕欲無嫣紅恐飛去原楊萬里杏花道白非真白言
紅不若紅請君紅白外別眼看天工增元宋无墻頭
杏花紅杏西鄰樹過墻無數花相煩問春色端的屬誰
家
七言絕句原唐白居易杏園花下贈劉郎中怪君把酒
偏惆悵曾是貞元花下人自別花來多少事東風二十
四回春增白居易題杏園花落花園欲去去應遲正
是風吹狼藉時近西數樹猶堪惜半落春風半在枝
元稹杏花常年出入右銀臺每怪春風例早回慚愧杏
園行在景同州園裏也先開杜牧杏園夜來微雨洗
芳塵公子驊騮步貼勻莫怪杏園顦顇去滿城多少插
花人薛能杏花活色生香第一流手中移得近青樓
誰知艷性終相負亂向春風笑不休原高駢訪隱者
不遇落花流水認天台半醉閑吟獨自來惆悵仙翁何
處去滿庭紅杏碧桃開增司空圖杏花詩家偏爲此
傷情品韻由來莫與爭解笑亦應兼解語只應慵語倩

鶯聲吳村看杏花潘郎愛說是詩家枉占河陽一縣
花千載幾人搜警句補方金字愛晴霞鄭谷曲江紅
杏遮莫江頭柳色遮日濃鶯睡一枝斜女郎折得殷勤
看道是春風及第花羅隱詠杏花暖氣潛催次第春
梅花已謝杏花新半開半落閑園裏何異榮枯世上人
宋王禹偁杏花六首紅芳紫萼怯春寒蓓蕾粘枝密
作團記得觀燈鳳樓上百條銀燭淚闌干 暖映垂楊
曲檻邊一堆紅雪罩春烟春來自得風流伴榆莢休拋
買笑錢 桃紅李白欲爭春素態嬌妾雨未勻日暮墻
頭試回首不施朱粉是東鄰 長愁風雨暗離披醉繞
吟看得幾時只有流鶯偏趁意夜來偷宿最繁枝 登

龍曾入少年場錫宴瓊林醉御觴爭戴滿頭紅爛熳至
今猶雜桂枝香　陌上紛披枝上稀多情猶解撲人衣
雙成灑道迎王母十里濛濛絳雪飛〔邵雍瀍河上觀
杏花迴〕瀍河東看杏花開花外天津暮却迴更把杏花
頭上插遂人知道看花來〔王安石北陂杏花〕一陂春
水繞花身花影妖嬈各占春縱被春風吹作雪絕勝南
陌碾成塵〔杏花〕垂楊一徑紫苔封人語蕭蕭院落中
獨有杏花如喚客倚牆斜日數枝紅〔次韻杏花三首〕
只愁風雨刼春回怕見枝頭爛熳開野鳥不知人意緒
啄教零亂點蒼苔　心憐紅蕊與移栽不惜年年糞壤
培風雨無時誰會得欲教零亂强催開　看時高艷先

驚眼折處幽香易滿懷野女强簪看亦醜少教憔悴逐
荆釵〔蘇軾徐熙杏花〕江左風流王謝家盡攜書畫到
天涯却因梅雨丹青暗洗出徐熙落墨花〔徐積杏花
二首〕窓外花開紅滿枝董生正下讀書帷東風到晚殊
無定今夜清香屬阿誰　一點臙脂淡染腮十分顏色
爲誰開殘燈欲燼書帷閉猶有清香半夜來　原〔呂祖
謙看杏花〕江梅已過杏花初尚怯春寒著蕊疎待得重
來幾枝在半隨蝶翅半蜂鬚　增〔范成大題張斯顏杏
花圖〕紅粉團枝一萬重當年獨自費東風若爲報答春
無賴付與笙歌鼎沸中　〔雲露堂前杏花〕蠟紅枝上粉
紅雲日麗烟濃看不真浩蕩光風無畔岸如何鎖得杏

園春　原〔楊萬里杏花五首〕白白紅紅一樹春晴光耀
眼有誰真無端昨夜蕭蕭雨細錦全機却作茵　紅藍
緗細糝晴苞紫玉森森走賦條枯梗折枝無一寸併驅
春色犇花梢　不信東皇也有私如何偏寵杏花枝予
中更出紅千葉且道化工奇不奇　曾見乾條撼雪飛
一暄爆出萬餘枝從今日日須來看看到紅紅白白時
看花千樹洛陽春自傳年年愛趙村月蕊晴葩風露
格老夫移得在東園〔朱淑真杏花〕淺注臙脂翦絳綃
獨將嬌艷冠花曹春心自得東皇意遠勝玄都觀裏桃
增〔金劉豫杏〕竹塢人家瀕小溪數枝紅杏出疎籬門
前山色帶烟重幽鳥一聲春日遲　〔元好問杏花雜詩

三首〕杏花墻外一枝橫半面宮妝出曉晴看盡春風不
回首寶兒元自太憨生　露華浥浥泚晴光睡足東風
倚綠窓試遣紅妝映銀燭湘桃爭合伴仙郎　紅妝翠
蓋惜風流春動香生不自由莫向芸齋厭開冷小詩供
作錦纏頭〔渾源望湖川見百葉杏花〕四月山泉凍未
開東君纔爲挽春廻多情丹杏知人意留著雙葩待我
來　〔元元淮南園杏花〕臙脂萬點怯輕寒蓓蕾枝頭絳
雪乾昨夜南園春雨過玉人曉起揭簾看　〔安熙杏花
始開連日大風不獲一賞晨起往觀歸而小酌得一絕
句〕生紅和露滴臙脂又到芳春寂寞時便擬提壺花下
醉却愁羞殺背陰枝　〔鄭氏允端徐熙杏花寫生政自

愛徐熙把卷摩挲眼欲迷曾記沉沉春雨後一枝斜透
粉墻西〔明陳鐸寫杏花自題絕句〕墻闔紅粉護春烟
髣髴江村二月天記得景卿回首處一枝斜拂酒樓前
〔朱曰藩〕涇西杏花雜興、張村趙村與吳村千古空牽
豔客魂墻東一樹穠如錦莫怪先生獨閉門 原〔申時
行〕題扇頭杏花〔上林佳處午橋邊半染頳霞半著烟記
得曲江春日裏一枝曾占百花先 增〔文嘉〕杏花三月
曲江微雨乾東風一日徧長安闘烟簇粉春如海總待
新郎馬上看 原〔張籍〕曲江池畔題詩處燕子飛時花
正開報道狀元歸去也馬頭春色日邊來
詩散句 原〔唐劉禹錫〕年年曲江望花發即經過未飲心

先醉臨風思倍多 〔沈亞之〕帶雲猶誤雪映日欲欺霞
紫陌傳香遠紅泉落影斜 〔宋孫何〕殷紅鄙桃豔淡白
笑梨花落處飄微霰繁時疊亂霞 增〔元柳貫〕今晨訪
客出城東馬上風來亂吹蓊穠桃靚李杳然空山杏一
梢紅聳聳浮暉滿樹豈饒春麗色迎人太矜寵 〔唐王
維〕屋上春鳩鳴村邊杏花白 原〔杜甫〕盈盈當雪杏豔
豔待香梅 〔宋寇準〕孤村芳草遠斜日杏花飛 〔文同〕
月淡斜分影池清暗寫真 〔唐李商隱〕粥香餳白杏花
天省對流鶯坐綺筵 增〔李商隱〕日日山光鬭日光山
城斜路杏花香 原〔韋莊〕大道青樓御苑東玉欄仙杏
壓枝紅 增〔宋梅堯臣〕田家春作日日近丹杏破顆場

園頭 原〔蘇軾〕我是朱陳舊使君勸農曾入杏花村
增〔蘇軾〕一色杏花三十里新郎君去馬如飛 〔沈與求〕
杏火燒空潑眼明遊人蕩槳綠蕪城 〔陸游〕鴨頭綠漲
池平岸猩血紅深杏出墻 原〔施芸隱〕落梅香斷無消
息一樹春風屬杏花 〔鄭安晚〕客裏不知春早晚失驚
紅雨到墻陰 增〔金段繼昌〕西崦山家籬落背杏梢初
見一分紅 〔張萬公〕今日檐間看風色一株紅杏暗驚
心 〔元劉秉忠〕簷外杏花橫素月恰如梅影在西窓
〔唐白居易〕園杏紅萼折 〔孟郊〕碎纈紅滿杏 原〔李賀〕
烟濕杏花鬢 紅簇交枝杏 增〔李嘉祐〕度雨杏花稀
原〔姚合〕花開連錦帳 增〔溫庭筠〕春鬢杏花紅 〔薛

能〕山熱杏花村 〔韋莊〕紅障杏籬深 原〔宋文同〕曾伴
曲江春 增〔元馬祖常〕仙杏葩凝赤 原〔唐杜甫〕種杏
仙家近白榆 〔白居易〕杏園淡泊開花鳳 增〔白居易〕
紅蠟枯枝杏欲開 〔項斯〕絲杏搖風占古春 〔曹唐〕好
風吹樹杏花香 〔薛能〕惹杏含春欲鳥啼 〔韓偓〕杏苞
如臉半開香 原〔鄭谷〕柳絲牽水杏花紅 〔唐彥謙〕杏
豔桃花奪晚霞 增〔吳融〕杏花向日紅勻臉 〔高蟾〕日
邊紅杏倚雲栽 〔張泌〕隔江紅杏一枝明 原〔韋莊〕霏
微紅雨杏花天 增〔羅隱〕小杏妖嬈弄色紅 〔宋梅堯
臣〕丹杏梢頭漏泄春 〔王令〕杏萼春深翻淺纈 〔張耒〕
窓裝杏萼紅如糝 〔金張檠〕晴日有心烘杏花 〔王偓〕

杏花聯句香隨馬〔王元粹〕臨風一樹杏花開〔元馬臻〕杏花一樹開如錦〔陳深〕夕陽一樹杏花明〔倪瓚〕風軒紅杏散餘霞　杏花飛雪點春波

詞〔原〕宋趙鼎點絳唇　烟冷金爐夢回鴛帳餘香嫩更無人問一枕江南恨　消瘦休文頓覺春衫褪清明近杏花吹盡薄暮東風緊〔曾覿〕春光好　臙脂膩粉光輕正新晴枝上鬧紅無處著近清明　仙娥進酒多情向花下相笑盈盈不惜十分傾玉斝惜彫零〔增〕〔張孝祥〕菩薩蠻　東風約畧吹羅幕一簾細雨春陰薄試把杏花看濕紅嬌暮寒　佳人雙玉枕烘醉鴛鴦錦折得最繁枝暖香生翠幃〔康與之〕憶秦娥　春寂寞長安古道東風

惡東風惡臙脂滿地杏花零落　臂銷不奈黃金約天寒尚怯春衫薄春衫薄不禁珠淚爲君彈却〔曾平丘〕清平樂　艷苞初坼偏惜東風力上苑梨花烟雨濕新染臙脂顏色　玉人小立簾櫳輕勻媚臉妝紅斜插一枝雲髻看誰剩得春容〔金王庭筠〕清平樂　今年春早到處花開了只有此枝春恰好月底輕顰淺笑　風流全似梅花承當疏影橫斜夢想溪南溪北竹籬茅舍人家〔原〕宋杜安世憶漢月　紅杏一枝遙見凝露粉愁香怨吹開吹謝任春風恨流鶯不能拘管　曲池連夜雨綠水上碎紅千片直擬移來向深院任彫零不孤雙眼〔增〕趙彥端千秋歲　杏花風下獨立春寒夜微雨度疏星拄暉暉濃艷出娟娟繁枝亞朱檻倚輕羅醉裏添還卸　寂寞情猶乍悵望驂鸞鴛衣褪玉香欺麝一花捹一醉杯重憑誰把春去也重簾翠幕人如畫〔原〕〔沈公述〕念奴嬌　杏花過雨漸殘紅零落臙脂顏色流水飄香人漸遠難托春心　脈恨別王孫牆陰目斷手把青梅摘金鞍何處綠楊依舊南陌　消散雲雨須臾多情因甚有輕離輕拆燕語千般爭解說些子伊家消息厚約深盟除非重見見了方端的而今無奈寸腸千恨堆積〔增〕〔晁端禮〕水龍吟　小桃零落春將半雙燕却來池館名園相倚初開繁杏一枝遙見竹外斜穿柳間深映粉愁春怨任紅欹宋玉牆頭千里漫牽惹人腸斷　常記山

城斜路噴清香日遲風暖春陰挫後馬前惆悵滿枝妝淺深院簾垂雨愁人處碎紅千片料明年更發多應更好約鄰翁看

別錄〔增〕〔釵小志〕阮文姬插鬢用杏花陶溥公呼曰二花〔歸田詩話〕陳簡齋詩云客子光陰詩卷裏杏花消息雨聲中陸放翁詩云小樓一夜聽春雨深巷明朝賣杏花皆佳句也惜全篇不稱葉靖逸詩春色滿園關不住一枝紅杏出牆來戴石屏詩一冬天氣如春暖昨日街頭賣杏花句意亦佳可以追及之〔花事類編〕趙清獻公帥蜀有妓帶杏花清獻喜之戲曰頭上杏花真有幸妓應聲曰枝間梅子豈無媒〔原〕種杏與桃同取極熟

杏帶肉埋糞中至春芽出即移別地行宜稀宜近人家樹大戒移栽移則不茂正月钁樹下地通陽氣二月除樹下草三月離樹五步作畦以通水旱則澆灌遇有霜雪則燒烟樹下以護花苞

桃花一（桃實別見果譜）

【原】桃西方之木也乃五木之精枝幹扶疎處處有之葉狹而長二月開花有紅白粉紅深粉紅之殊他如單瓣大紅千瓣桃紅之變也單瓣白桃千瓣白桃之變也爛熳芳菲其色甚媚花早易植木少則花盛種類頗多本草云絳桃（千瓣）緋桃（俗名蘇州桃花如剪絨比諸桃開遲而色可愛）千葉桃（一名碧桃花色淡紅）美人桃（一名人面桃粉紅千瓣不實）二色桃（花開稍遲粉紅千瓣極佳）日月

桃（一枝二花或紅或白）鴛鴦桃（千葉深紅開最後）瑞仙桃（色深紅花最密）又有壽星桃（樹矮而花亦可玩）巨核桃（出常山漢明帝時所獻霜下始花）十月桃（十月實熟故名花紅色）油桃（月令中桃始華郎此其華最繁文選所謂山桃發紅萼是也）李桃（花深紅色）王敬美有言桃花種最多其可供玩者莫如碧桃人面桃二種緋桃之韻郎不種亦可也

【彙考】【原】詩周南桃之夭夭灼灼其華（傳）桃有華之盛者夭夭其少壯也灼灼華之盛也　召南何彼穠矣花如桃李　禮記月令仲春之月桃始華　史記李將軍傳贊諺云桃李不言下自成蹊　【增】易通卦驗驚蟄曰大壯初九桃不花倉庫多火　【原】春秋運斗樞玉衡星之精散爲桃　【增】管子五沃之土其木宜桃　【原】荀子桃李倩粲于一時時至而殺至於松柏經隆冬而不凋蒙霜雪而不變可謂得其性矣　【增】十洲記東海有山名度索山有大桃樹屈盤數千里曰蟠桃　拾遺記扶桑東五萬里有磅磄山上有桃樹百圍其花色青黑萬歲一實　【原】神仙傳樊夫人與夫劉剛俱學道術各自言勝中庭有兩大桃樹夫妻各咒其一桃便相鬪擊良久剛所咒者樹走出籬外　【增】晉宮閣名華林園桃七百三十八株白桃三株侯桃三株　妬記武歷陽女嫁阮宣武絕忌家有一桃樹華葉灼耀宣歎美之郎便大怒使婢取刀斫樹摧折其華　【原】史畧北齊盧士深妻崔林義之女有才學春日以桃花和雪釀兒面咒曰取紅

花取白雪與兒洗面作光悅取白雪取紅花與兒洗面作妍華取花紅取雪白與兒洗面作光澤取雪白取花紅與兒洗面作華容　【增】景龍文館記景龍四年春上宴於桃花園羣臣畢從學士李嶠等各獻桃花詩上令宮女歌之辭旣清婉歌仍妙絕獻詩者舞蹈稱萬歲上勑太常簡二十篇入樂府號曰桃花行　【原】開元天寶遺事御苑新有千葉桃花帝親折一枝插於妃子寶冠上曰此箇花尤能助嬌態也　明皇禁苑中初有千葉桃盛開帝與貴妃日宴於樹下帝曰不獨萱草忘憂此花亦能銷恨　【增】北戶錄桑苧翁謂李復云天寶末有韋長史廬舟寓于廬山瀑布泉時夏月多雨兒瀑布之

中流出一桃葉濶五寸長一尺二寸〔原〕〔劇談錄〕武宗朝術士王瓊妙於化物無所不能方冬以藥栽培桃杏數株一夕繁英盡發芳蕊穠豔月餘方謝〔本事詩〕唐崔護舉進士不第清明獨遊都城南得村居花木叢萃叩門久之有女子自門隙問對曰尋春獨行酒渴求飲女子啓關以盂水至獨倚小桃柯佇立而屬意殊厚崔辭起送至門如不勝情而入後絕不復至及來歲清明徑往尋之門庭如故而扃矣因題詩於左扉云去年今日此門中人面桃花相映紅人面不知何處去桃花依舊笑春風後數日復往聞其中哭聲護叩門有老父出曰君非崔護耶曰然曰君殺我女吾女笄年未嫁自去

年以來常恍惚如有所失比日與之出歸見左扉字入門遂病絕食數日而死崔大感慟請入哭之尚儼然在牀崔舉女首枕以股大呼曰護在斯護在斯須臾開目半日復活老父大喜以女歸之〔增〕〔清異錄〕江南後主同氣宜春王從謙嘗春日與妃侍遊宮中後圃妃侍覩桃花爛開意欲折而條高小黃門取綵梯獻時從謙正乘駿馬擊毬乃引轡至花底痛採芳菲顧謂嬪妾曰吾之綵耳梯何如〔外史檮杌〕蜀孟知祥僭位召百官宴芳林園賞紅桃花其葉六出〔彥周詩話〕春時穠麗無過桃柳桃之夭夭楊柳依依詩人言之也老杜云顛狂柳絮隨風舞輕薄桃花逐水流不知緣誰而波及桃花

與楊柳矣〔原〕〔埤雅〕桃性早華又華於仲春故周南以興女之年時俱當也〔雞肋編〕范純仁女孫病狂嘗閉於室中窓外有大桃樹一株花適盛開一夕斷櫺登木食桃花幾盡自是遂愈〔孫公談圃〕石曼卿通判海州以山嶺高峻人路不通略無花卉點綴照映使人以泥裹桃核拋擲于山嶺上不數年間花發滿山爛如錦繡〔增〕〔老學庵筆記〕歐陽公梅宛陵王文恭集皆有小桃詩歐詩云雪裏花開人未知摘來相顧共驚疑便須索酒花前醉初見今年第一枝初但謂桃花有一種早開者耳及游成都始識所謂小桃者上元前後即著花狀如垂絲海棠曾子固雜識云正月二十開天章閣賞小

桃正謂此也〔全唐詩話〕劉禹錫元和十年自朗州召至京戲贈看花君子云紫陌紅塵拂面來無人不道看花回玄都觀裏桃千樹盡是劉郎去後栽再游玄都觀絕句并序云余貞元二十一年爲屯田郎時此觀未有花是歲出牧連州貶朗州司馬居十年召至京師人人皆言有道士手植仙桃滿觀如紅霞遂有前篇以志一時之事旋又出牧今十有四年復爲主客郎中重游玄都蕩然無復一樹惟兎葵燕麥動搖春風耳因再題二十八字以俟後游時太和二年三月也詩云百畝中庭半是苔桃花淨盡菜花開種桃道士歸何處前度劉郎今又來〔鄭志道劉阮洞記〕鳴玉澗之東有塢植桃數

吐花光射目落英繽紛點綴芳草流紅縹緲隨水而下此昔人食桃輕舉之地也遂名曰桃花塢〔六朝事迹〕桃花塢在蔣山寶公塔之西北舊有桃花甚盛今不復存　霹靂溝在城東五里王荆公詩云霹靂溝西路柴荆四五家憶曾騎款段隨意入桃花〔花經〕碧桃千葉桃三品七命緋桃花五品五命〔王維楨游石城山記〕茅公嘗與余游石城山中其時三月矣而桃尚未華茅公訝之而問故余謂草木期雖至猶須日曝之乃發耳今四面連峰雲霧恒發其上見日最難桃華能乎故得日荀先梅常侵臘得日荀後桃乃失春斯未足訝也　王叔承茅山記夜次毘陵桃花園桃花數十畝映月如

朝霞忽忽身在華陽夢中也〔聞鴈齋筆談〕桃之品無慮數十絳碧天緋總堪極目然天者故是正色耶至于人面桃則桃之變極矣瑩白如雪光浮白外素者故盬不艷于此方之梅花則今古雅俗正復迥然藉使歎虧一時堪作梅孌夭夭者雲從可也〔香宇詩談〕今花始開曰試花張司業新桃行植之三年餘今夏初試花月令桃始華亦讀如試〔王立程天台山記〕桃源洞即漢永平中劉晨阮肇遇仙處澗之東塢有桃數畦春時花光射日紅雨點綴芳草如踏錦茵〔江郎山志〕山多緋桃華而不實〔黃山志〕桃花峰下有桃花源桃花溪處處皆桃花〔武夷雜記〕春山霽時滿鼻皆新綠香訪鼓

棲坑十里桃花杖策獨行隨流折步春意尤閒〔西湖志〕包家山多桃花宋時有扁曰蒸霞二月遊人最盛號小桃源董嗣杲詩綺霞蒸月透林梢一簇南山尚姓包冷水峪邊苔色老冲雲樓下樹陰高園鄰古道傳耕籍臺倚青城想拜郊欲趁桃花尋隱去關門無鎖不須敲　西湖棲霞嶺以嶺上桃花爛熳色如凝霞故名　原〔玄中記〕寧波府城東舊傳劉阮采藥於此春月桃花萬樹儼若桃源〔花史〕茅山乾元觀道士姜麻子閻蓬頭弟子也從揚州乞爛桃核數石空山月明中種之不避豺虎自茶庵至觀中有桃花五里餘　志勤禪師在溈山因桃花悟道偈曰自從一見桃花後三十年來更不

疑　簡州天水一碧放目無際春月桃花甚繁　潘岳為河陽令栽桃李號河陽滿縣花　劉公幹居鄴下一日桃李爛熳偕諸公子延賞久之方去公幹問僕曰損花乎僕曰無但愛賞而已公幹曰珍重輕薄子不損折使老夫酒興不空也遂飲花下　錢仲仲于錫山所居作芳美亭種桃數千百株蔡載作詩曰高人不惜地自種無邊春莫隨流水去恐汙世間塵　古田縣黃蘗山多桃樹下有桃塢桃湖桃洲春月不減武陵桃溪在黃蘗山下春風微和夭桃夾岸亦勝境也　潋浦一名華蓋山昔人嘗種桃千樹至今呼桃花圃　增〔一統志〕平樂府仙巖富州口多桃花旁有碧潭游魚可掬

【集藻】〔記〕晉陶潛桃花源記晉太元中武陵人捕魚為業緣溪行忘路之遠近忽逢桃花林夾岸數百步中無雜樹芳草鮮美落英繽紛漁人甚異之復前行欲窮其林林盡水源便得一山山有小口髣髴若有光便舍船從口入初極狹纔通人復行數十步豁然開朗土地平曠屋舍儼然有良田美池桑竹之屬阡陌交通雞犬相聞其中往來種作男女衣著悉如外人黃髮垂髫並怡然自樂見漁人乃大驚問所從來具答之便要還家設酒殺雞作食村中聞有此人咸來問訊自云先世避秦時亂率妻子邑人來此絕境不復出焉遂與外人間隔問今是何世乃不知有漢毋論魏晉此人一一為具言

所聞皆歎惋餘人各復延至其家皆出酒食停數日辭去此中人語云不足為外人道也既出得其船便扶向路處處誌之及郡下詣太守說如此太守即遣人隨其往尋向所誌遂迷不復得路南陽劉子驥高尚士也聞之欣然欲往未果尋病終後遂無問津者

〔記〕明王衡東門觀桃花記蓋今人多僞為雅而吾吳尤甚蘭菊幾家置一譜焉次則君竹而友松弟而至桃花極矣衡余性獨深愛桃花每春未嘗不游游必徧今年二月之一七日余與汝增約使人往探城四隅問花之所止而之焉具報東門好則步出東門踏菜花行望見一郵居小有花柳可觀則酒鎗與蒲席已次第設矣其居在小溪

中桃花左右溪約有三四十株甚嫩美既又移至吳氏莊莊宅與池相遶界周前而廣五倍之花頗大且繁中一緋色據水上者特異長楊數章列池外如偉丈夫衣冠拱手而護少女于內桃花亦醉面垂垂傍水洗妝不輕見頭額也飲樹下留連久之顧日尚未晡迺復信步尋花其在水濱者牆角橋畔者菜花柳樹叢中者輒灑水施茵目與而延客或過之矮簷下及坑塹籬突之間則舍酒滿舌嚥之曰為汝浣衣席暖更移酒盡復買忘其去城之遂遠也汝增曰夫桃價不堪與牡丹作奴人且以市娼辱之子何好之甚余笑曰子品花乎品價乎夫價則百十桃者有之然皆如口脂面粉不粘人意刻

畫綵繢人能盜天夫桃也遠而睇之光浮浮然近而即之若有暖暈然蓋頌桃德者夭夭近之灼灼則已下矣擬之于春殆吳女乎陽出震而得侮桃與梅其得氣獨完故於香味色中具有別韻即刻畫綵繢者巧愈不似似愈不真子舍是而貴夫盆盎拳握之觀何歟且夫人下之貴賤失所久矣飽飣貴而粱肉賤士僞貴而人物賤品題貴而考課賤桃之賤于子無惑也汝增無以對遂以筆誌其語

〔頌〕【增】梁江淹桃頌惟閬有桃惟山有叢丹葩擎露紫葉繞風引霧如電曉烟成虹伊春之秀乃華之宗

〔賦〕【增】陳張正見衰桃賦巖巖秀峰吐桂榮松獨夭桃之

灼灼輕擢采於寒蹤爾乃萬株成綃千林似翼苦晝波文花然樹色發秦源而逸氣飄漢綏而流芳譬蘭缸之夜炷似明鏡之朝妝成蹊列徑光崖豔氾閒奠定之蒼黎雛房陵之縹李紛芳難歇照曜無儔紓若霞光欲起散似電采將收既而風落新枝霜飛故葉歎垂釣之妖童怨傾城之麗妾

原 唐皮日休桃花賦并序余嘗慕宋廣平之爲相貞姿勁質剛態毅狀疑其鐵腸與石心不解吐婉媚辭然覩其文而有梅花賦清便富豔得南朝徐庾體殊不類其爲人也後蘇相味道得而稱之廣平之名遂振嗚呼夫廣平之才未爲是賦則蘇公果暇知其人哉將廣平困于窮阨于躓强爲是文耶日休於

文尚矣狀花卉體風物非有所諷輙抑而不發因感廣平之所作復爲桃花賦其辭曰伊祁氏之作春也有豔外之豔華中之華衆木不得融爲桃花厥花伊何其美實多臺隸衆芳緣飾陽和開破嫩萼壓低柔柯其色則不淡不深若素練輕茜玉顏半酡若夫美景妍時春含曉滋密如不餘繁若無枝妹妹婉婉夭夭怡怡或俛者若想或閑者如癡或向者如步或倚者如疲或溫黁而可薰或婑媠而莫持或幽柔而旁午或撘洽而倒披或翹矣如望或凝然若思或奕偞以作態或窈窕而騁姿日將明兮似喜天將慘兮若悲近榆錢兮妝翠靨映楊柳兮顰愁眉輕紅拖裳動則裊香宛若鄭袖初見楚王夜景皎潔閒然秀發又若嫦娥欲奔明月蝶散蜂寂當閒脈脈又若妲己未聞裂帛或開故楚豔豔春曙又若息嬀含情不語或臨金塘或交綺井又若西子浣紗見影玉露厭浥妖紅墜濕又若驪姬將譖而泣或在水濱或臨江浦又若神女見鄭交甫或臨廣筵或當高會又若韓娥將歌斂態微動輕風婆娑暖紅又若飛燕舞于掌中半露斜吹或動或止又若文姬將賦而思丰茸旖旎互交遞倚又若麗華侍讌初醉狂風猛雨一陣紅去又若褒姒初隨戎虜滿地春色階前砌側又若戚姬死于鞫域花品之中此花最異以衆爲繁以多見鄙自是物情非關春意若氏族之斥素流品秩之卑寒士他目

則目他耳則耳或以暱而稱珍或以疏而見貴或有實而花乖或有花而實悴其花可以暢君之心目其實可以充君之口腹匪乎茲花他則碌碌我欲修花品以此花爲第一懼俗情之横議我曰不然爲之則已我目吾目我耳吾耳妍媸決于心取舍斷于志豈惟草木之品獨然信爲國兮如此

佩文齋廣羣芳譜卷第二十五

佩文齋廣羣芳譜卷第二十六

花譜

桃花二

集藻五言古詩原晉陶潛桃花源詩嬴氏亂天紀賢者避其世黃綺之商山伊人亦云逝往迹浸復湮來徑遂蕪廢相命肆農耕日入從所憩桑竹垂餘蔭菽稷隨時藝春蠶取長絲秋熟靡王稅荒路曖交通雞犬互鳴吠俎豆猶古法衣裳無新製童孺縱行歌斑白歡遊詣草榮識節和木衰知風厲雖無紀曆誌四時自成歲怡然有餘樂于何勞智慧奇蹤隱五百一朝敞神界淳薄既異源旋復還幽蔽借問遊方士焉測塵囂外願言躡輕

風高舉尋吾契 梁簡文帝詠桃初桃麗新彩照地吐其芳枝間留紫燕葉底發輕香飛花入露井交幹拂華堂若映窻前柳端疑紅粉妝 增沈約詠桃風來吹葉動風去畏花傷紅英已照灼況復含日光歌童暗理曲游女夜縫裳訶減當春淚能斷思人腸 任昉詠池邊桃已謝西王苑復揖綏山枝聊逢賞者愛棲趾傍蓮池開紅春灼灼結實夏離離 隋蕭懋奉和詠龍門桃花舊聞開露井今見植龍門樹少知非塞花高異小園論時應未發故欲影歸軒祇言經摘罷猶勝逐風翻 唐孔紹安應詔詠天桃結葉還臨影飛香欲徧空不意餘花落翻沉露井中 原李白古風桃花開東園含笑誇白日偶蒙東風榮生此豔陽質豈無佳人色但恐花不實宛轉龍火飛零落早相失詎知南山松獨立自蕭瑟 寄東魯二稚子吳地桑葉綠吳蠶已三眠我家寄東魯誰種龜陰田春事已不及江行復茫然南風吹歸心飛墮酒樓前樓東一株桃枝葉拂青烟此樹我所種別來向三年桃今與樓齊我行尚未旋嬌女字平陽折花倚桃邊折花不見我淚下如流泉小兒名伯禽與姊亦齊肩雙行桃樹下撫背復誰憐念此失次第肝腸日憂煎裂素寫遠意因之汶陽川 增張籍新桃桃生葉婆娑枝葉四面多高未出墻顛蒿莧相凌摩植之三年餘今年初試花秋來未成實其陰良已嘉青蟬不來鳴安

得迅羽過常恐牽絲蟲蒙羃成網羅顧託戲童兒勿折吾柔柯明年結甘實磊磊充汝家 白居易種桃歌食桃種其核一年核生芽二年長枝葉三年桃有花憶昨五六歲灼灼盛芬華迨茲八九載有減而無加去春已稀少今春漸無多明年後年後芳意當如何命酒樹下飲停杯拾餘葩因桃忽自感悲吒成狂歌 宋梅堯臣通判桃花廳種桃西庭下有意延東風東風與雨至染出枝上紅花底有小鳥其字曰桃蟲既於桃得名爲桃言女工剪羅作舞衣奉君歡莫窮舉杯無愧者避世武陵翁 蘇軾次韻表兄程正輔江行見桃花曲士賦懷沙草木傷莽莽德人無荆棘坐失嶺嶠阻我兄瑚璉姿

流落漳江浦淨眼見桃花紛紛墮紅雨蕭然振衣袂笑問散花女我觀解語花粉色如黃土一言破千偈況爾初不語可憐一轉語他日如何舉故復此微吟聊和嘔啞櫓江邊開草木閑客當爲主邇來子美瘦正坐作詩苦袖手焚筆硏淸篇眞漫與願君理北轅六轡去如組上林桃花開水煖鴻北翥

〔元劉詵〕和羅昌逢丁葉桃　開巘首增春朔霧久連望梅殘不留玉桃盛忽成障異姿奪衆妍姝萼同一狀重緋雜褐襲疊絲迷下上淚明露借光影墮日分漾紛披競年華翦刻費天匠先生被花惱書罷時亦訪亭空晝無人山鳥立幽桁橫波繞碧帶老樹入古像同遊無前度得句有孤倡仙源誰與期

微風起衣浪

〔明仁宗〕桃園春曉　曙光猶未分芳園露華炫碧桃千萬樹鮮妍如錦絢隔林鶯語滑兩兩間關囀按垣將啓扉漏箭傳聲遠花底侯宮車更覺東風軟

〔袁凱〕桃谿　繁花亦何言人至迹愈顯因石自高下緣源屢回轉鶯啼陰久匝雨霽苔猶淺漁父欲問津烟中聞雞犬

七言古詩 原

〔唐王維〕桃花源行　漁舟逐水愛山春兩岸桃花夾去津坐看紅樹不知遠行盡靑溪不見人山口潛行始隈隩山開曠望旋平陸遙看一處攢雲樹近入千家散花竹樵客初傳漢姓名居人未改秦衣服居人共住武陵源還從物外起田園月明松下房櫳靜日出雲中雞犬喧驚聞俗客爭來集競引還家問都邑平明閭巷掃花開薄暮漁樵乘水入初因避地去人間及至成仙遂不還峽裏誰知有人事世中遙望空雲山不疑靈境難聞見塵心未盡思鄉縣出洞無論隔山水辭家終擬長游衍自謂經過舊不迷安知峰壑今來變當時只記入山深靑溪幾曲到雲林春來遍是桃花水不辨仙源何處尋

〔李白〕寄遠　憶昨東園桃李紅碧枝與君此時初別離金瓶落井無消息令人行歎復坐思坐思行歎成楚越春風玉顏畏銷歇碧窗紛紛下落花靑樓寂寂空明月兩不見但相思空留錦字表心素至今緘愁不忍窺

〔杜甫〕風雨看舟前落花戲爲新句　江上人

家桃樹枝春寒細雨入疏籬影遭碧水潛勾引風妒紅花却倒吹花困癲旁舟楫水光風力俱相怯赤憎輕薄遮人懷珍重分明不來接濕久飛遲半欲高縈沙惹草細于毛蜜蜂蝴蝶生情性偷眼蜻蜓避百勞

〔韓愈〕桃源圖　神仙有無何渺茫桃源之說誠荒唐流水盤迴山百轉生綃數幅垂中堂武陵太守好事者題緘遠寄南宮下南宮先生忻得之波濤入筆驅文辭文工畫妙各臻極異境恍忽移于斯架巖鑿谷開宮室接屋連墻千萬日嬴顛劉蹶了不聞地坼天分非所恤種桃處處惟開花川源遠近蒸紅霞初來猶自念鄉邑歲久此地還成家漁舟之子來何所物色相猜更問語大蛇中斷

喪前王羣馬南渡開新主聽終詞絶共凄然自説今經
六百年當時萬事皆眼見不知幾許猶流傳爭持酒食
來相饋禮數不同樽俎異月明半宿玉堂空骨冷魂清
無夢寐夜半金雞啁哳鳴火輪飛出客心驚人間有累
不可住依然離別難爲情船開棹進一迴顧萬里蒼蒼
烟水暮世俗寧知僞與眞至今傳者武陵人。〔唐元稹
南家桃〕南家桃樹深紅色日照露光看不得樹小花狂
風易吹一夜風吹滿墻北離人自有經時別眼前落花
心歎息更待明年花滿枝一年迢遞空相憶〔李咸用
緋桃花歌〕上帝春官思麗絶夭桃變態求新悦便是花
中傾國容牡丹泫露長門月野樹滴殘鵑叫血曦車碾

下朝霞屑惆悵東風未解狂爭教此物芳菲歇〔宋歐
陽修四月九日幽谷見緋桃盛開〕經年種花滿幽谷花
開不暇把一巵人生此事尚難必況欲功名書鼎彝深
紅淺紫看雖好顔色不耐東風吹緋桃一樹獨後發意
若待我留芳菲清香嫩蕊含不吐日日怪我來何遲無
情草木不解語向我有意偏依依羣芳落盡始爛熳榮
枯不與衆艷隨念花意厚何以報唯有醉倒花東西盛
開比落猶數日清樽尚可三四攜〔王安石移桃花示
俞秀老〕舍南舍北皆種桃東風一吹數尺高枝柯蔫綿
花爛熳美錦千兩敷亭皐晴溝漲春綠周遭俯視紅影
移漁舠山前邂逅武陵客水際髣髴秦人逃攀條弄芳

畏晼晚已見忝雪盤中毛仙人愛杏令虎守百年終屬
樵蘇手我衰此果復易朽蟲來食根那得久瑤池紺絶
誰見有更值花時且進酒君能酩酊相隨否〔元吾丘
衍桃花雨樂府一章寄冀之〕秦源春夢陽臺曉風散驚
紅作秋苑開陰碧樹搖暖雲茸苔羅水香氤氳蝶飛不
濕烟綿路失娥怨澀鸞階步參差海羽雙燕來依徽石
舞瀟湘回〔明楊基千葉桃花〕江花先好還先落二月
芳菲已蕭索掖垣一樹獨開遲嫩葉蘢葱抱香萼朝來
小雨浥輕紅春色千重與萬重點注定知煩曉露剪裁
寧不費春工春來到處尋桃李不道東闌花自美傷心
世事總如花何用勞勞行萬里〔憶左掖千葉桃花〕穠

李積皓雪繁桃炫朝霞江邊日日見春色盡是尋常見
女花東闌一樹能傾國千瓣玲瓏誰剪刻半吐疑紅却
勝紅全開似白元非白旁雖淺淡正復濃雅麗稱月開
宜風陰時晴午各異態嗔喜笑顰無不工嗟我匆匆簿
書急時復微吟對花立白苧猶沾夕露香青鞋不怕蒼
苔濕而今漂泊楚江濱想像丰儀一愴神惆悵當時看
花客對花還説去年人〔寫生碧桃花歌〕少年慣作看
花客陌上桃花總相識春風似向此中偏一種花開百
般色只愛深紅更淺紅君家此本更不同枝上白雲吹
不散堦前明月照疑空一縱一橫根各別香土斜封愁
欲折畫筵紅燭人半醉忽見此花驚是雪武陵秦人邪

得知河陽滿縣徒爾爲當時東風千樹錦未比君家瑤樹枝翠禽飛來嗟易見粉蝶棲時難可辨紅妝美女嬌如花著向花間應掩面花今正開鶯亂啼酒醒拈筆爲君題美君兒父如虹蜺豪飲不愁花下迷玉壺清酒金偏提秦箏琵琶羌管齊走覓橋西舊酒伴莫待風雨花成泥

〔王穉登〕戲題窓前小桃 小桃甚小能芬芳乃在主人廳柱旁忽然見此婉清揚使我廢書典衣裳去年柔弱風中狂樊姬癡小未解妝綠羅彩袂紅錦襠一笑伴我窓風凉一春寂寞臥桁楊花氣撲簾聞書香水飄竹格小匡床主人乃是江左王小桃小桃弗爾傷坐看明年廳柱長

原〔王世貞〕閩中喬木俱成林林家主人饒隱心時篘竹葉千斛酒來坐桃花萬樹陰簷日輕烟釀芳暝翠羽黄鸝喚妝醒開處疑蒸紫帽霞澆時欲潤梅櫝井祝君度索三千春有子仍爲金母珍漢帝方徵土林植可容長作武陵人

〔馮琦〕無棣城邊春欲暮臥龍岡上花如霧年年醉徹武陵烟至今記得桃源路桃源遍地桃花水翠屏高傍層城起寧可餘妾點綠蕪肎將浮豔誇穠李始看一逕盤空曲漸入千枝散朝旭滿樹殘霞爛不收一天香雨飛紅玉白雲深鎖揚子居青山自愛陶公廬平蕪十里閑看鳥春水一竿不羨魚大隱何須分出處賞心豈必長林莽桃李濃滋華省陰公門日是韶華主緱山一顆憶仙家絕勝河陽萬樹花歲歲願公懸水鏡長將秋實代春華

〔趙福元〕神仙擁出蓬萊宮羅幃繡幙圍香風雲鬟繞繞梳翡翠頹顏滴滴勻猩紅千嬌百媚粲相逐爛醉芳春逞芬馥朝陽影裏燦紅曼長霞香中酣寒玉承恩侍宴青帝前錦衣半脫酣晝眠鶯鶯燕燕扶不起巧呼苦喚殊可憐傍欄無力嬌欲語花羣本是桃源女幾年流水飯胡麻今在武陵溪上住

五言律詩

御製和唐太宗詠桃花即用原韻 苑裏韶華滿春工試綺妝霞輕籠樹影日暖散林光倚檻千叢錦開簾百和香東風自駘宕長護萬年芳

增 唐太宗詠桃 禁苑春暉麗花蹊綺樹妝綴條深淺色點露參差光向日分千笑迎風共一香如何仙嶺側獨秀隱遙芳

李嶠詠桃 獨有成蹊處穠華發井傍山風凝笑臉朝露泫啼妝隱士顏應改仙人路漸長還欣上林苑千歲奉君王

劉長卿曉桃 四月深澗底桃花方欲然寧知地勢下遂使春風偏此意頗堪惜無言誰爲傳過時君未賞空媚幽林前

温庭筠敷水小桃盛開 敷水小橋東娟娟照露叢所嗟非勝地堪恨是春風二月艷陽節一枝惆悵紅定知留不住吹落路塵中

李商隱桃園 竟日小桃園休寒亦未喧坐鶯當酒重送客出牆繁啼久艷紛薄舞多香雪翻猶憐未圓月先出照

黄昏〔宋韓琦〕百井路山桃漫嶺夭桃樹無人亦自開
雲霞深隱洞錦繡遠成堆生意驚樵斧芳情謝宴杯莫
迷行客路不似武陵回〔明高啟〕桃花春色東家出相
窺似有心曲垣遮自短別院閉還深影動疑人折香搖
妬蝶尋好風時解意吹片拂羅襟〔原〕〔申時行〕桃谿分
得玄都種依然玉洞春逶迤成曲徑爛熳及芳辰錦疊
溪邊浪紅銷雨後塵武陵差可擬吾豈避秦人〔方九
功〕一曲桃園樹平沙十里春落花紅勝錦藉草綠如茵
野興邀詩伴村沽覓酒鄰怕逢漁父問疑是避秦人
〔陸卿子〕一覩傾城貌千山斂夕霏露桃差比豔汀月借
生輝躡磴雲迎襪凌波水濺衣餘芳吹不散常繞渚烟

飛

七言律詩〔原〕〔唐杜甫〕題桃樹　小徑升堂舊不斜五株桃
樹亦從遮高秋總餧貧人實來歲還舒滿眼花簾戶每
宜通乳燕兒童莫信打慈鵶寡妻羣盜非今日天下車
書正一家〔增〕〔白居易〕晚桃花　一樹紅桃亞拂池竹遮
松蔭晚開時非因斜日無由見不是閑人豈得知寒地
生材遺較易貧家養女嫁常遲春深欲落誰憐惜白侍
郎來折一枝〔溫庭筠〕反生桃花發因題　病眼相逢四
壁空夜來山雪破東風未知王母千年熟且共劉郎一
笑同已落又開橫晚翠似無如有帶朝紅僧虔蠟炬高
三尺莫惜連宵照露叢〔唐彥謙〕緋桃　短墻荒圃四無

鄰烈火緋桃照地春坐久好風休掩袂夜來細雨已沾
巾敢同俗態期青眼似有微詞動絳唇盡日更無鄉井
念此時何必見秦人〔李咸用〕緋桃花　茫茫天意為誰
留深染夭桃備勝遊未醉已知醒後憶欲開先為落時
愁凝蛾亂撲燈難滅躍鯉傍驚電不收何事梨花空似
雪也稱春色是悠悠〔李中〕詠桃花　祇應紅杏是知音
灼灼偏宜間竹陰幾樹半開金谷曉一溪齊綻武陵深
艷舒百葉時皆重子熟千年事莫尋誰步宋墻明月下
好香和影上衣襟〔韋莊〕詠庭前桃　曾向桃源爛熳遊
也同漁父泛仙舟皆言洞裏千株好未勝庭前一樹幽
帶露似垂湘女淚無言如伴息嬀愁五陵公子饒春恨

莫引香風上酒樓〔宋梅堯臣〕和江鄰幾省中賞小桃
年年二月賣花天唯有小桃偏占先初見嫩紅無不喜
終知俗艷幾多妍鄰翁已折郊園裏貴客爭誇粉署邊
可惜工夫吟向此會須重醉牡丹前〔次韻和王舍人
憶省中小桃寄江學士〕淺綻臙脂紫蠟芳深斟吳酎白
瓊觴鳳池人憶去年艷雉省客無今日狂髣髴物華先
上苑依稀歌吹下昭陽平明社雨莫催促憑歡移牀欲
近傍〔蔡襄〕過楊樂道宅西桃花盛開　城隈繞舍似山
家舍下新桃已放花無限幽香風正好不勝狂艷日初
斜自憐馬上空愁望誰向樽前與醉誇京國難逢春氣
味莫隨塵事度年華〔孔武仲〕館中桃花　蓬壺深絶鎖

芳菲初見仙桃第一枝天近自應風景别春長莫恨化
工遲相從朱戸人稀到半掩香苞蝶未知想像江南
盛發亦經頻雨稍離披 〔陸游連日至梅仙塢及花涇
觀桃花〕千載桃源信不通鏡湖西塢擅春風舟行十里
畫屏上身在雨山紅雨中俗事挽人常故故夕陽歸櫂
莫匆匆豪華無復當年樂爛醉狂歌亦足雄 桃花塢
近釣魚磯不比劉郎萬里歸水底紅雲迷醉眼樽前絳
雪點春衣病依几杖猶能出老愛風光未忍違天借清
遊每窮日夜深炬火候柴扉 原〔張虛菴〕笑拔初服返
林皋小築精廬傍慕陶已買扁舟浮綠水更依疎柳插
紅桃春風荏苒來三徑歲月侵尋入二毛却笑文章緣

業在篋書重簡課兒曹 增〔金王寂桃花〕應嗔國色朝
酣酒賜與羽衣如太眞道士厭看千樹老令君别換一
城新細梅拂額更不俗栗玉削肌殊可人想得乞漿尋
舊約春風不似去年春 〔元楊載碧桃〕一枝如玉照芳
春幾度憑闌欲殢人翠被夜寒愁灑淚珠簾月冷怕傷
神劉郎陌上栽仍舊王母池邊賞又新不是梨花飄雪
樹塋中清絶更無倫 〔曹文晦桃源春曉〕數點殘星掛
綠蘿看桃行入舊山阿洞門花霧紅成陣沙麓巖前翠
作渦天外曙光驚鶴夢水邊啼鳥和漁歌劉郎去為無
人到吟倚東風草色多 〔馬臻桃花〕淺碧繁紅又滿枝
化工消息本無機艷滋曉露鶯搖落香漬春泥燕掠歸

金谷園中芳草在玄都觀裏昔人非自從雲隔天台路
劉阮如今夢亦稀 〔黄可玉碧桃〕洗盡嬌紅出翠帷玉
人無語背斜暉綠華前度通仙譜天水何年染素衣宴
罷瑤池春夢斷影寒姑射夜深歸禁烟時節多風雨莫
遣繁英一片飛 〔明楊基桃花〕深深翠竹映嬋娟湘女
梳妝立曉烟流水落花成悵望舞裙歌袖是因緣也無
人折休相妬幾有鶯啼更可憐却憶東欄碧千葉暖風
香雨為誰妍 〔陳鴻詠紅白桃花〕雙艷如從露井看妝
分濃淡映雕欄玉膚中酒冰綃薄粉面窺人錦帳寒杏
雨並隨窓外度梨雲同入帳中殘膽瓶不是餘香在定
訝珊瑚間木難 原〔申時行山中看桃花〕萬山迴合似

天台二月桃花已遍開映水却疑乘浪度緣崖故是倚
雲栽亂紅飛雨沾衣袂碎錦分霞入酒杯設道武陵仙
路遠探奇有客問津來 〔方廣德〕露井花時露未晞紫
文丹萼鬬芳菲佳人南國還嬌艷仙種西池定是非浥
雨别含濃淡態籠烟怯逗淺深暉祇緣殢貌難為侶獨
傍房陵片玉飛 〔曹大章〕竹徑寥寥空碧苔雙星忽漫
照高臺唾飛白玉風前落鳥度青雲江上來螭尾清班
原帝侍虎頭詞客總仙才相逢莫問年來事惟有桃花
似舊開 增〔胡師閔粉紅桃花〕溫情膩質可憐生浥浥
輕韶入粉勻新暖透肌紅沁玉曉風吹酒淡生春窺墻
有態如含笑對面無言故惱人莫作尋常輕薄看楊家

姊妹是前身

五言排律 增 唐章孝標玄都觀栽桃十韻 驅使鬼神功，攢栽萬樹紅。薰香丹鳳闕，妝點紫瓊宮。寶帳重遮日，妖金遍累空。色燃燒藥火，影舞步虛風。粉撲青牛過，枝驚白鶴冲。拜星春錦上，服食曉霞中。碁局陰長合，簫聲秘不通。艷陽迷俗客，幽邃失壺公。根柢終盤石，桑麻自轉蓬。求師飽靈藥，他日訪遼東。 薛能桃花 秀氣自天鍾，千年豈易逢。開齊全未落，繁極欲相重。冷濕朝如淡，晴乾午更濃。風光新社燕，時節舊春鴻。籬落欹臨竹，亭臺盡間松。亂緣堪羡蟻，深入不如蜂。有影宜暄煦，無言自冶容。洞連非俗世，蹊靜接仙蹤。子熟河應變，根盤土已

封。西王潛愛惜，東朔盜過從。醉席眠英好，題詩戀景慵。芳菲聊一望，何必在臨邛。

五言絶句 增 唐李商隱嘲桃 無賴夭桃面，平明露井東。春風爲開了，却擬笑春風。 原 鄭谷感興 禾黍不陽艷，競栽桃李春。翻令力耕者，半作賣花人。 宋崔鶠殘夜 迷春曉天桃，怯夜寒何人。未妝洗先傍，玉欄干。 增 蘇軾和子由岐下桃花 爭開不待葉，密綴欲無條。傍沼人窺鑑，驚魚水濺橋。 原 王十朋桃花 在處飄紅雨，臨窓照夕陽。何時清禁裏，一醉伴仙郎。 增 明陳道復題桃花 春光何爛熳，桃花發滿谿。武陵香萬樹，寧不放人題。 楊基壺中二色桃花 素頰映紅腮，西園共折來。憐渠竟先落，知是最先開。 李東陽桃花 種樹乘春雨，開花待曉風。一年還一樹，隨意滿園紅。

七言絶句

御製雨後見桃花 新雨濛濛宜五沃，蒸霞始放見錢江。初春錦繡鋪千樹，落日微吟坐北窓。

增 唐李嶠從宴桃花園詠桃花應制 歲去無言忽憔悴，時來含笑吐氛氳。不能攀路迷仙客，故欲開蹊待聖君。 趙彥伯從宴桃花園詠桃花應制 紅萼競然春苑曙，丰茸新色御筵開。長年願奉西王讌，近侍慚無東朔才。 蘇頲從宴桃花園詠桃花應制 桃花灼灼有光輝，無數成蹊點更飛。爲見芳林含笑待，遂同溫樹不言歸。

李乂侍宴桃花園詠桃花應制 綺萼成蹊遍籞芳，紅英撲地滿庭香。莫將秋宴傳王母，來比春華壽聖皇。 張說桃園馬上應制 林間艷色驕天馬，苑裏穠華伴麗人。願逐南風飛帝席，年年含笑舞青春。 原 李白山中問荅 問余何事棲碧山，笑而不荅心自閑。桃花流水杳然去，別有天地非人間。 杜甫江畔獨步尋花絶句 黄師塔前江水東，春光懶困倚微風。桃花一簇開無主，可愛深紅愛淺紅。 漫興 手種桃李非無主，野老墻低還是家。恰似春風相欺得，夜來吹折數枝花。 蕭八明府寔處覓桃栽 奉乞桃栽一百根，春前爲送浣花村。河陽縣裏雖無數，濯錦江邊未滿園。 增 顧況崦裏桃花 崦裏

桃花逢女冠林間杏葉落仙壇老人方授上清籙夜聽步虛山月寒 原 劉禹錫竹枝詞 山桃紅花滿上頭蜀江春水拍山流花紅易衰似郎意水流無限似儂愁 韓愈題百葉桃花 百葉雙桃晚更紅臨窻映竹見玲瓏應知侍史歸天上故伴仙郎宿禁中 王建宮詞 樹頭樹底覓殘紅一片西飛一片東自是桃花貪結子錯教人恨五更風 增 白居易寄題忠州小樓桃花 再遊巫峽知何日總是秦人說向誰長憶小樓風月夜紅欄干外兩三枝 夜惜禁中桃花因懷錢員外 前日歸時花正紅今夜宿時枝半空坐惜殘芳君不見風吹狼籍月明中 大林寺桃花 人間四月芳菲盡山寺桃花始盛

開長恨春歸無覓處不知轉入此中來 下邽莊南桃花 鄜南無限桃花發唯我多情獨自來日暮風吹紅滿地無人解惜爲誰開 元稹亞枝紅 平陽池上亞枝紅悵望山郵是事同還向萬竿深竹裏一枝渾臥碧流中 南家桃樹深紅色日照霞光看不得樹小花狂風易吹一夜風吹滿墻北 原 元稹劉阮妻 芙蓉脂肉綠雲鬟罨畫樓臺青黛山千樹桃花萬年藥不知何事憶人間 白敏中桃花 千朵穠芳倚樹斜一枝枝綴亂雲霞憑君莫厭臨風看占斷春光是此花 增 杜牧酬王秀才桃花園見寄 桃滿西園淑景催幾多紅艷淺深開此花不逐溪流出晉客無因入洞來 原 雍陶過舊宅看

花 山桃野杏兩三栽樹樹繁花去後開今日主人相引看誰知曾是客移來 來鵬惜花 東風漸急夕陽斜一樹夭桃數日花爲惜紅芳今夜裏不知和月落誰家 增 曹唐題武陵洞五首 此生終使此身閑不是春時且要還寄語桃花與流水莫辭相送到人間 溪口回舟日已昏却聽雞犬隔前邨殷勤重與秦人別莫使桃花閉洞門 却恐重來路不通殷勤回首謝春風白雞黃犬不將去且寄桃花深洞中 桃花夾岸杳何之花滿春山水去遲三宿武陵溪上月始知人世有春時 渡水傍山尋絕壁白雲飛處洞天開仙人來往無行迹石逕春風長綠苔 周朴桃花 桃花春色暖先開明媚誰

人不看來可惜狂風吹落後殷紅片片點莓苔 司空圖移桃栽 獨臨官路易傷摧從遣春風恣意開禪客笑移山上看流鶯直到檻前來 鄭谷小桃 和煙和雨遮敷水映竹映邨連灞橋撩亂春風耐寒食到頭贏得杏花嬌 吳融桃花 滿樹如嬌爛熳紅萬枝丹彩灼春融何當結作千年實將示人間造化工 陸希聲桃花谷 君陽山下足春風滿谷仙桃照水紅何必武陵源上去澗邊好過落花中 桃蹊 芳草霏霏遍地齊桃花脉脉自成蹊也知百舌多言語任向春風盡意啼 無名氏桃花行 源水叢花無數開丹跗紅蕚間青梅從今結子三千歲預喜仙遊後摘來 宋王禹偁看桃花 野桃無

主滿山隈仙客攜樽獨自來盡月馨香留我醉每春頗
色爲誰開　原种放桃花習習香薰薄薄烟杏遲梅早
不同妍山齋盡日無鶯蝶只與幽人伴醉眠　增梅堯
臣和鄰幾學士桃花深殿有春人到稀武陵雖說昧當
時躊躇莫憶人間世恐至塵中悔却遲　歐陽修和江
鄰幾學士桃花草上紅多枝上稀芳條縈夢憶來時見
桃著子始歸後誰道仙花開落遲　蔡襄後合緋桃十
年樹底折香葩蔌蔌浮光弄晚霞只恨無情是風雨直
將紅片入西家　南劍州芋陽鋪見臘月桃花可笑夭
桃耐雪風山家墻外見疎紅爲君持酒一相向生意雖
殊寂寞同　建溪桃花何物山桃不自羞欲乘風力占

溪流仙源明有重來路莫下橫枝礙客舟　過南劍州
芋陽鋪見桃花七年相別復相逢墻外千枝依舊紅只
有蒼顏日憔悴柰緣多感泣春風　原劉敞小樓西望
邪人家出屋香梢幾樹花只恐東風能作惡亂紅如雨
墮窗紗　邵雍二色桃施朱施粉色俱好傾國傾城艷
不同疑是蕊宮雙姊妹一時攜手嫁東風　增石延年
詠小桃生色深紅絳帶長宮簾寒在井欄香誰家升上
瑤池品先得春風一面妝　范成大次韻周子充正字
館中緋碧雨桃花碧城香霧赤城霞染出劉郎未見花
憑仗天風扶絳節爲招萼綠過年家　張栻南正字折
贈館中碧桃因次子充韻滿枝晴雪照青霞舊識桃源

錯碧花俯仰京塵隔年夢東風猶認故人家　陸游泛
舟觀桃花花徑二月桃花發霞照波心錦裏山說與東
風直須惜莫吹一片落人間　桃源只在鏡湖中影落
清波十里紅自別西川海棠後初將爛醉荅春風　種
桃亦解比封君世故紛紛寂不聞九轉金丹應已熟全
家仙去隱紅雲　湖南小山花更多不醉將如春色何
釣得鮮鱗堪斫膾任教微雨濕漁蓑　鄰曲一生花裏
活却翁疑是古遺民初來自被春留住任道當時爲避
秦　楊萬里神堂鋪前桃花北江二月正春寒初見桃
花喜未殘臘月潮州見桃李元來不作好春看　吳儆
雪中桃花夭桃先已醉春風青女猶爭造化功應與騷

人嫌太赤故將鉛粉注深紅　粲粲乘鸞萬玉妃肯將
紅艷鬬光輝只應侍宴瑤池罷猶帶天邊醉色歸　原
曾季貍衣裁緗縹態纖穠猶在瑤池午醉中嫌近清明
時節冷趁渠新火一番紅　趙信菴秋日桃花匼匝西
園一逕通幾經霜盡野塘空桃花錯認東風暖却與芙
蓉鬬小紅　陳月潭雙桃春風欵欵移斜陽平半落芳
池不妨暫向橋邊駐更爲桃花了一詩　黃靜齋雨後
桃花作片飛風前柳絮點人衣春歸不用怨風雨無雨
無風春亦歸　蕭冰崖桃源花發幾番春聞說漁郎此
問津秦帝漫勞方士遣神仙已是避秦人　朱淑眞窓
西桃花盛開盡是劉郎手自栽劉郎去後幾番開東君

有意能相顧蛺蝶無情更不來 增金高士談二月十
一日見桃花鳴鳩天色半陰晴竹屋松窻老寸心閉戶
不知春早晚桃花紅淺柳青深 元張弘範碧桃花應
是玄都觀裏仙爲嫌白澹厭紅蔫故栽一種新顏色疑
是飛仙墜翠鈿 王惲小桃梅粉飄零柳未烟一枝春
色獨當軒今年盼得紅苞拆風雪禁持第幾番 鄭氏
允端桃花細雨春寒江上時小桃欹樹出疎籬從教一
簇開無主終不留題崔護詩 明陳憲章潘岳愛桃潘
郎本自愛桃花種向河陽幾萬家世有長官如孟子還
除花地樹桑麻 桃花雲鎖千峯午未開桃花流水更
天台劉郎莫記歸時路只許劉郎一度來 山中兒女

不知秦無賴漁郎最惱人溪上桃花君莫種東風不貸
武陵津 釋鐸桃溪世路悠悠已倦遊桃溪深處草堂
幽東風自解幽人意不遣飛花逐水流 王弼次韻鮑
菴先生共月菴賞桃花二絕句斜月枝頭照返魂先生
扶醉倚籬門花應欲識蒼然面莫遣風前絳燭昏 墻
底芳樽歲合開杖藜歲約爲花來醉翁慣作頹然醉先
報東風掃綠苔 王叔承看梅後從太湖出吳江歸爛
溪一路桃花盛開口占紀興千巖古樹幾浮槎數盡寒
英趁暮霞百曲青溪歸亦好五湖春水徧桃花 陶望
齡詠上苑桃花度索山頭駐彩霞蓬萊宮闕即仙家共
傳西苑千秋實已著東風一樹花 董其昌上苑桃花

二首宜春苑裏占春多爛熳紅霞發早柯却憶禁林成
徑處雲扶步輦一經過 灼灼宮桃濕露華人間萬樹
失芳葩有時源上隨流水盡日天邊自雨花 原孫愼
行桃源只在市城邊錦瑟明妝滿畫船莫怪道人回首
處朝來暮去已年年 孫齊之秋夜佳人歌木蘭瀟湘
幅上水雲寒誰教蕙帳留春色九月桃花鏡裏看 張
公舉一年春事又成空擁鼻微吟半醉中夾道桃花三
月暮馬蹄無處避殘紅 杜贊孔雀屏開春夢幽水晶
簾捲篆烟浮深宮盡日渾無事閒看桃花落御溝 鄧
志謨風掃桃花片片飛夜闌不寐倚屏闈聲聲杜宇催
歸去不向郎啼向妾啼 丘陵芳郊晴日草萋萋千樹

桃花一鳥啼無數落紅隨水去又分春色入城西 徐
臣不騁嬌姿媚艷陽却來冒雪並寒芳應嫌春色繁華
態故學梅花淺淡妝 張新綠淺紅深醉眼濃瀰人何
處不迷踪飛時莫浪隨流水自有春濤可化龍 儲氏
天桃灼灼倚窻前春色繽紛帶紫烟昨夜雨聲來枕上
惜花人聽不曾眠
詩散句 原宋韓駒桃花如美人服飾靚以豐徘徊顧香
影似爲悅已容數枝有餘妍窈窕禁省中 增林逋任
應雨杏情無別最與烟篁分不疎比合並饒皮博士形
相偏屬薛尚書 原王十朋欲留王母盤中核兼採秦
人洞裏薪此事渺茫花笑我不如聯賞故園春 陸鏊

采藥人歸鬧朮氣壽仙路遠夢桃花買來山釀全如水
易解昏昏到日斜 增〔唐李白〕犬吠水聲中桃花帶雨
濃 原〔杜甫〕如行武陵暮欲問桃源宿 小桃知客意
春盡始開花 桃紅容若玉定似昔人迷 〔王昌齡〕桃
花四面發桃葉一枝開 〔儲光羲〕江水帶冰綠桃花隨
雨飛 〔韓愈〕川原曉服鮮桃李晨妝靚 〔王貞白〕露香
紅玉樹風綻碧蟠桃 增〔元張翥〕野水碧於草桃花紅
照人 〔唐獨孤及〕欲識桃花最多處前程問取武陵兒
〔丁仙芝〕桃花昨夜撩亂開當軒發色映樓臺 原〔郎
士元〕重門深鎖無人見惟有碧桃千樹花 增〔曹唐〕春
風流水還無賴偷放桃花出洞門 玉沙瑶草連溪碧

流水桃花滿澗香 〔羅隱〕桃在仙翁舊苑傍暖烟晴靄
撲人香 〔韋莊〕文昌二十四仙曹盡倚紅簷種露桃
原〔宋种放〕綠萼紅葩曉態新風流如陣戰愁人 增〔司
馬光〕銅駝陌上桃花紅洛陽無處無春風 原〔陶弼〕三
月宫桃滿上林一花千萼費春心 一花五出尚可歎
何況重重疊疊開 〔王琪〕莫向東風恨開晚鳳城猶有
未歸人 〔王安石〕春風過柳綠如繰晴日蒸桃出小紅
增〔張舜民〕十月江南號小春新陽已放一枝新 〔張
耒〕雙桃栽罷還惆悵憶昨淮陽舊種花 〔陳與義〕自唱
新詩與明月碧桃開盡雨聲中 〔陸游〕久客未歸丹竈
冷碧桃八十一番新 〔楊萬里〕兩岸桃花總無力斜紅

相倚臥春風 〔元李孝光〕雲消新水鴨頭綠沙暖小桃
腥血紅 〔明徐賁〕風遞濃香到水涯幾株桃樹映門斜
〔梁簡文帝〕桃含可憐紫 窓桃落細蹊 〔周庾信〕村
桃拂紅粉 流水桃花香 〔王褒〕新桃綠㮶紅 原〔唐蘇
味道〕桃舒春錦芳 〔趙冬曦〕桃紅卷欲舒 〔杜甫〕栽
桃爛熳紅 紅入桃花嫩 〔劉長卿〕桃花色欲醉 〔韓
愈〕桃枝綴紅糝 〔杜牧〕紅繞緗桃塢 增〔李商隱〕桃散
武陵霞 〔宋蘇軾〕夭桃弄春色 〔元馬祖常〕蟠桃萼翦
緋 〔王逢〕崇桃紅霧斂 〔梁劉孝威〕桃花水脈引行光
原〔唐李白〕岸夾桃花錦浪生 〔杜甫〕點注桃花舒小
紅 桃花氣暖眼自醉 不分桃花紅勝錦 紅芳落

盡井邊桃 〔高適〕白媚桃花如欲語 桃花點地紅斑
斑 〔白居易〕桃花亂落如紅雨 翦綃裁錦一重重
增〔杜牧〕一嶺桃花紅錦黦 〔李商隱〕露桃塗頰依苔井
〔高駢〕博羅山下碧桃春 〔宋司馬光〕桃樹連村一片
紅 〔邵雍〕露桃紅裛暖仍香 〔王安石〕宿雨催紅出小
桃 〔金張汝霖〕小桃無語半含嬌 〔元白珽〕桃花含笑
夕陽中 〔耶律楚材〕倚檻夭桃幾點明 〔趙孟頫〕臨水
紅桃對鏡開 〔許有壬〕紫簫吹綻碧桃花 〔張昱〕桃花
吹盡雨前紅 〔倪瓚〕兩岸桃花飛撲人 〔明楊基〕千葉
紅開並蒂花

〔詞〕

御製前過江浙桃花已放今回鑾至津門復見桃花盛開調
寄點絳唇再見桃花津門紅映依然好回鑾纔到疑似兩
春報　錦纜仙舟星夜聘辰曉情飄渺艷陽時嫋不是垂
楊老
增宋周紫芝點絳唇燕子風高小桃枝上花無數亂溪
深處滿地飛紅雨　喚得春來又送春歸去渾無緒劉
郎前度空記來時路　原秦觀點絳唇醉漾輕舟信流
引到花深處塵緣相悞無計花間住　烟水茫茫回首
斜陽暮山無數亂紅如雨不計來時路　增王洪卜算
子宿雨漲春流曉日紅千樹幾度尋芳載酒來日與春
相遇　弱水與桃源有路從教去不見西湖柳萬絲滿

地飛風絮　劉圻父阮郎歸長條嫋嫋串紅綃無風時
自搖十分妖艷更媌條㜷春情態嬌　風影舞霧痕潮
買來和蝶饒故園愁絕楚宮腰相逢恨怎消　原秦觀
虞美人碧桃天上栽和露不是凡花數亂山深處水縈
迴可惜一枝如畫向誰開　輕寒細雨情何限不道春
難管為君沉醉一何妨只怕酒醒時候斷人腸　陳與
義虞美人十年花底承朝露看到江南樹洛陽城裏又
東風未必桃花得似舊時紅　臙脂睡起春纔好應恨
人空老心情雖只在吟詩白髮劉郎孤負可憐枝　聶
大年臨江仙記得武陵門外路雨餘芳草蒙茸杏花深
巷酒旗風紫騮嘶過處隨意數殘紅　有約玉人同載

酒夕陽歸路西東舞衫歌扇繡簾櫳昔遊成一夢試問
賣花翁　王道輔蝶戀花穠艷嬌春春晼晚雨借風饒
學得宮妝淺愛把綠眉都不展無言脈脈情何限　花
下當時紅粉面準擬新年都向花前見爭奈武陵人易
散丹青傳得閒中怨　增賀鑄定風波墻上天桃簇簇
紅巧隨飛絮入簾櫳自是芳心貪結子翻使惜花人恨
五更風　露萼鮮濃妝臉靚相映隔年情事此門中粉
面不知何處在無奈武陵流水卷春空　原鄭履齋滿
江紅柳帶榆錢又還是清明寒食正滿園羅綺滿城簫
笛花樹得晴紅欲染遠山過雨青如滴問江南池館有
誰來江南客　烏衣巷今猶昔烏衣事今難覓但年年

燕子晚烟斜日抖擻一春塵土債悲涼萬古英雄迹且
芳樽隨分趁芳時休虛擲　增陶宗儀露華武陵夜寂
記露影旋空一笑曾識素臉暈鉛巧把黛螺輕篆莫是
歌渡烟江洗却舊家顏色還又訝深宮紺袖唾花猶濕
問他阿母消息甚落寞梨雲青鳥難覓不比錦紅輕
薄容易狼籍嫩綠護出溪頭誰顧采香仙客春晚也頻
溫玉笙是得　王沂孫露華紺葩乍坼笑爛熳嬌紅不
是春色換了素妝重把青螺輕拂舊歌共渡烟江却占
玉奴標格風霜峭瑤臺種時付與仙骨　閒門晝掩淒
惻似淡月梨花重化清魄尚帶唾痕香凝怎忍攀摘嫩
綠漸暖溪陰欵欵粉雲飛出芳艷冷劉郎未應認得

原黃庭堅水調歌頭瑤草一何碧春入武陵溪溪上天桃無數花上有黃鸝我欲穿花尋路直入白雲深處浩氣展虹霓祗恐花深處紅露濕人衣　坐白石欹玉枕拂金徽謫仙何處無人伴我白螺杯我爲靈芝仙草不爲朱唇丹臉長嘯亦何爲醉舞下山去明月逐人歸　晁端禮水龍吟嶺梅香雪飄零盡繁杏枝頭猶未小桃低一種天嬈偏占春工用意微噴丹砂半含朝露粉墻低倚是誰家小女嬌癡怨別空凝眸東風裏　好是佳人半醉近橫波一枝爭媚玄都觀裏武陵溪上空隨流水悵恨如紅雨風不定五更天氣念當年門裏如今陌上灑離人淚　增馮取洽摸魚兒歎劉郎那回輕別霏霏

三落紅雨玄都觀裏應遺恨一抹淡烟殘縷愁望處想霧暗雲深忘却來時路新花舊主把刻羽流商裁紅翦翠山徑日將暮　空枝上時有幽禽對語聲聲如問來否人生行樂須閒健衰老念誰免此吾所與在溪上深深錦繡花千塢何時定去但對酒思君呼兒爲我頻唱小桃句

別錄增左傳其出之也桃弧棘矢以除其災疏服虔云桃所以逃凶也　前漢書溝洫志注師古曰桃方華時即有雨水川谷氷泮衆流猥集波瀾盛長故謂之桃花水耳　唐書方技傳明崇儼以奇技自名高宗召見甚悅試爲窟室使宮人奏樂其中召崇儼問何祥耶爲我止之崇儼書桃木爲二符擲室上樂即止曰向見怪龍怖而止　原戰國策孟嘗君將入秦蘇秦往見孟嘗君曰人事者吾已知之所未聞者鬼事耳秦曰臣之來固且以鬼事見君矣臣來過淄水上有土偶人焉與桃梗相與語桃梗謂土偶人曰子西岸之土也埏子以爲人至歲八月降雨下淄水至則子殘矣土偶人曰不然吾西岸之土殘則復西岸耳子東園之桃梗也刻削子以爲人降雨下淄水至流子而去則子漂漂者將如何今秦四塞之國譬如虎口而君入之則臣不知君所如矣孟嘗君乃止　莊子插桃枝于戶連灰其下童子入而不畏而鬼畏之是鬼智不如童子也　淮南畢萬術狐

桃枝之券令雞夜鳴註取孤桃南北行枝長三尺折以爲券塗以三歲雄雞血安棲下則雞夜鳴　典術桃之精生在鬼門以制百鬼故今作桃梗人著門以厭邪

增漢官儀二千石綬青地桃花縹三彩　原風俗通按黃帝書上古之時有神荼鬱壘昆弟二人性能執鬼度索山上桃樹下簡閱百鬼妄禍害則紲以葦索執以食虎於是縣官常以臘除夕飾桃人垂葦索畫虎於門皆追效前事以衛凶也　神仙傳高丘公服桃膠而得仙•抱朴子桃膠用桑木灰漬過服之愈百病久服體有光能絕穀　侯鯖錄桃葯以除不祥今人以桃枝灑地辟惡　神農本草經服桃花三樹盡則面如桃花　太

淸方〕三月三日採桃花酒浸服之除百病好顏色一云桃李花服之可却老〔酉陽雜俎〕安期生以醉墨灑石上皆成桃花 增〔物類相感志〕桃花飯做飯了以梅紅紙盛之濕後去紙和勻則紅白相間 〔畫史〕徐熙大小折枝吾家亦有士人家往往見之翎毛之倫非雅玩故不錄桃一大枝謂之滿堂春色在余家 原〔東坡志林〕世人見古德有見桃花悟道者爭頌桃花便將桃花作飯五十年轉沒交涉正如張長史見擔夫與公主爭路而得草書之氣欲學長史書日就擔夫求之豈可得哉 增〔紀談錄〕陶淵明所記桃花源人謂桃花觀即是其處不知公蓋寓言也 〔話腴〕桃杏雙仁者必殺人其花

本五出有六出必雙仁而殺人矣反常故也 〔彥周詩話〕荊公桃花詩云晴溝漲春綠週遭俯視紅影移魚舠皆觀其影也其後云攀條弄芳畏晼晚已見黍雪盤中毛事見家語 〔齊東野語〕天台營妓嚴蕊字幼芳色藝冠一時唐與正守台日酒邊嘗命賦紅白桃花即成如夢令云道是梨花不是道是杏花不是白白與紅紅別是東風情味曾記曾記人在武陵微醉與正賞之雙縑 〔全唐詩話〕沈存中云唐人以詩主人物故雖小詩莫不極工而後已所謂旬鍛月鍊者信非虛言小說崔護題城南詩其始云去年今日此門中人面桃花相映紅人面不知何處去桃花依舊笑春風後以其意未全語

未工改第三句曰人面祇今何處去至今所傳有此兩本惟本事詩作祇今何處在唐人詩大都如此雖有兩今字不恤也取語意爲主耳後人以其有兩今字故多行前篇 〔夢書〕桃爲守禦辟不祥夢見桃者守禦官 〔牋箋譜〕楊炎在中書後閣用桃花紙糊窗 原〔青州雜記〕桃花有一種盛開時垂絲一二尺者採之續以松脂纏繞成履甚輕 〔金門歲節錄〕洛陽人家寒食食桃花粥 增〔郎瑛顏洞記〕晉安進山四十里有玲瓏石樹二株一則綠幹紅花之桃一則青幹白花之李非若繪畫於壁者也 原〔花史〕天寶時宮中下紅雨如桃花太眞用染衣裾 蔡君謨水晶枕中有桃一枝宛如新折

會寧桃花山土石赤似桃花 桃花洞產硃砂四季洞門若桃花色 〔家塾事親〕三月三日取桃花陰乾爲末收至七月七日取烏雞血和塗面光白潤色如玉 三月三日取桃葉搗取汁七升以醋一升同煎至五六分服之蟲俱下根亦可 收東向桃枝於五月五日正午東向斫成三寸木人著衣帶中能補心虛健忘令人耳目聰明又云戊子日取東引者二寸枕之兼用尤妙

附錄 夾竹桃

原 夾竹桃花五瓣長筒瓣微尖淡紅嬌艷類桃花葉狹長類竹故名夾竹桃自春及秋逐旋繼開嫵媚堪賞 〔何無咎云溫台有叢生者一本至二百餘幹晨起掃落花

盈斗最爲奇品〔學圃餘疏〕夾竹桃與五色佛桑俱是嶺南北來貨夾竹桃花不甚佳而堪久藏佛桑即謹護必無存者

集藻

〔五言古詩〕**增**〔宋李覯弋陽縣學北堂見夾竹桃花有感而書〕暖碧覆晴般依依近水欄異類偶相合勁節何能安同時盡妖艷無地容檀欒移根既不可潔心誠爲難外貌任春色中心期歲寒正聲尚可聽誰是伶倫官

〔五言律詩〕**原**〔明王世懋詠夾竹桃〕名花踰嶺至嬌娜自成陰不分芳春色猶餘晚歲心綠分疎翠小青入嫩紅深本識仙源種無妨共入林　何來武陵色移植向深閨葉不迎秋墮花仍入夏齊菲菲能拂石冉冉更成蹊尚挾風霜氣流鶯未敢棲　寂寞誰相問清齋隔市囂忽遺芳樹至應識雅情高布葉疎疑竹分花嫩似桃野人看不厭常此對村醪

別錄 **原**〔種植〕性喜肥宜肥土盆栽肥水澆之則茂又惡濕而畏寒九月初宜置向陽處十月入窖忌見霜雪冬天亦不宜太燥和暖時微以水潤之但不可多恐東來年三月出窖五六月時可配白茉莉婦人簪髻嬌㒵可挹　四月中以大竹管分兩瓣合嫩枝實以肥泥朝夕灌水一月後便生白根兩月後即可翦下另栽初時用竹幫扶恐搖動一二月後新根紮土便不須用此物極易變化

附錄 金絲桃

原 金絲桃花如桃而心有黃鬚鋪散花外若金絲然以根下劈開分種易活 **增** 金絲桃南中多有之塞外遍地叢生六七月花開尤爲絢爛花五瓣如桃而長色鵝黃心微綠莖起處一苞有綠盤盤出五花開則五花俱興如黃金然

佩文齋廣羣芳譜卷第二十六

佩文齋廣羣芳譜卷第二十七

花譜

李花 李實別見果譜

【原】李樹大者高丈許樹之枝榦如桃葉綠而多花小而繁色白 【增】〔格物叢話〕桃李二花同時並開而李之淡泊纖穠香雅潔密兼可夜盼有非桃之所得而埒者

【彙考】【原】〔詩〕名南何彼穠矣花如桃李 【增】〔宋書符瑞志〕晉武帝太元十九年正月丁亥華林園延賢堂西北李樹連理 宋文帝元嘉十四年南郡江陵光祿之園甘李二連理〔南齊書祥瑞志〕永明四年二月秣陵縣高天明園中李樹連理生高三尺五寸兩枝別生復高三

尺合爲一榦 七年江寧縣李樹二株連理兩根相去一丈五尺 【原】〔東方朔外傳〕東方朔與弟子俱行朔渴令弟子叩道傍人家門不知室主姓名呼之不應朔復往見博勞飛集其家李木上謂弟子曰主人當姓李名博汝呼當應室中人果有姓李名博者出與朔相見即入取飲與之〔樞要錄〕伍貫卿居沅陵家有李花一株月夜奴婢遙見花作數團如飛仙狀上天去花上露水倏然作雨數千點花亡矣〔敘聞錄〕憲宗以鳳李花釀換骨膠賜裴度〔永平暫纂〕蕭瑀陳叔達於龍昌寺看李花相與論李有九標謂香雅細淡潔密宜月夜宜綠鬢宜白酒〔高隱外書〕元微之曰樂天雨不相下一日同詠李花微之先成葦綃之句樂天乃服蓋葦綃白而輕一時所尚 【增】〔耕桑偶記〕終南及廬岳出好李花兩京貴侯富民以千金買種終廬有致富者〔三柳軒雜識〕余嘗評花以爲李如東郭貧女〔花經〕千葉李五品五命〔瓶花譜〕千葉李七品三命〔灌園史〕諺云桃李不言下自成蹊予謂桃花如麗姝歌舞場中定不可少李花如女道士煙霞泉石間獨可無一乎

【集藻】〔五言古詩〕【增】〔宋雞鳴高樹巔古詞〕桃生露井上李樹生桃傍蟲來嚙桃根李樹代桃僵〔陳江總詠李〕嘉樹春風早春風花落新但見成蹊處幾得正冠人當如露井側復與天桃鄰〔唐太宗賦得李〕玉衡流桂圃成

蹊正可尋鶯啼密葉外蝶戲脆花心麗景光朝彩輕煙散夕陰暫顧暉章側還眺靈山林〔元劉詵閑居燕坐望城隅李花〕春晴滿天地我獨了一室得欣或暫時積念動彌日遙花洗宿潤姝靜耿獨立日光照素服玉氣起數尺紛紛看花人車馬共朝夕幽意當誰言微風斷城笛

〔七言古詩〕【原】〔唐韓愈李花贈張十一署〕江陵城西二月尾花不見桃惟見李風揉雨練雪羞比波濤翻空杳無涘君知此處花何似白花倒燭天夜明羣雞驚鳴官吏起金烏海底初飛來朱輝散射青霞開迷魂亂眼看不得照耀萬樹繁如堆念昔少年著遊燕對花豈省曾辭

杯自從流落憂感集欲去未到先思廻祇今四十已如此後日更老誰論哉力攜一樽獨就醉不忍虛擲委黃埃 〔李花二首〕平旦入西園梨花數株若矜夸旁有一株李顏色慘慘似含嗟問之不肯道所以獨繞百匝至日斜忽憶前時經此樹正見芳意初萌芽柰何趁酒不省錄不見玉枝攢霜葩泫然爲汝下雨淚無由返旆羲和車東風來吹不解顏蒼茫夜氣生相遮冰盤夏薦碧實脆斥去不御慚其花 當春天地爭奢華洛陽園苑尤紛挐誰將平地萬堆雪剪刻作此連天花日光赤色照未好明月暫入都交加夜領張徹投盧仝乘雲共至玉皇家長姬香御四羅列縞裙練帨無等差靜濯明妝

有所奉顧我未肯置齒牙清寒瑩骨肝膽醒一生思慮無由邪 〔宋歐陽修感李花〕昨日摘花初見桃今日摘花還見李晴風暖日苦相催春物所餘知有幾中年多病壯心衰對酒思歸未及歸不及墻根花與草春來隨處自芳菲

五言律詩 【增】〔唐李商隱李花〕李徑獨來數愁情相與懸自明無月夜強笑欲風天減粉與園籜分香沾渚蓮徐妃久已嫁猶自玉爲鈿 〔子直晉昌李花〕吳館何時熨秦臺幾夜熏綃輕誰解卷香異自先聞月裏誰無姊雲中亦有君樽前見飄蕩愁極客襟分 【原】〔宋司馬光李花〕嘉李繁相倚園林淡泊春齊紈翦衣薄吳紵下機新色與晴光亂香和露氣勻望中皆玉樹環堵不爲貧 〔范屏麓李花〕麗日風和暖漫山李正開盈林銀綴蕊滿樹雪成堆清馥勝秋菊芳姿比臘梅杖藜遊俠子攀折晚歸來

七言律詩 【原】〔宋陳與義望燕公樓下李花〕燕公樓下繁華樹一日遙看一百回羽蓋夢餘當晝立縞衣風急過墻來洛陽路不容春到南國花應爲客開今日豈堪簪短髮感時傷舊意難裁 【增】〔楊萬里丙戌上元後和昌英叔李花〕春暖何緣雪壓山香來初認李花繁露酣月蘂蒼茫外梅與山礬伯仲間剩雨殘風底無賴明朝後日不堪看泥深小忍春遊腳猶遣青童去一攀 〔明楊

基李花〕憶與盧仝共看來花光月色兩徘徊江村遠處長相識風雨寒時已早開齊雪玲瓏愁易濕春冰輕薄笑難裁江城二月城西路誰借柔香滿翠苔

五言絕句 【原】〔唐太宗探得李〕盤根直盈渚交幹橫倚天舒華光四海卷葉蔭三川 【增】〔宋蘇軾和子由岐下李〕不及梨英軟應慚梅萼紅西園有千葉澹佇更纖穠 〔明李東陽詠李〕名果出吾家移栽自海涯要看花勝雪先放雨催花

七言絕句 【增】〔宋蔡襄玉臺驛見晚李花有感〕玉京仙子愛春芳弄偏瓊枝嗅盡香祇有此花知舊意又隨風色過東墻 【原】〔楊萬里讀退之李花詩并序〕桃李歲歲同

時並開而退之有花不見桃惟見李之句殊不可解因晚登碧落堂望隔江桃皆暗而李獨明乃悟其妙蓋炫晝縞夜云近紅暮看失燕脂遠白宵明雪色奇花不見桃惟見李一生不曉退之詩〔李花〕山莊又報李花穠火急來看細雨中除却斷腸千樹雪別無春恨訴東風

李花宜遠更宜繁惟遠惟繁更足看莫學江梅作疏影家風各自一般般〔劉克莊李花〕爲愛橋邊半樹斜解衣貰酒隔橋家唐人苦死無標致只識玄都觀裏花

詩散句【原】〔宋司馬光〕碎錦不飛蒙樹合素雲欹本亞枝難【增】〔梅堯臣〕重門深鎖春風入先折桃花與李花

〔唐張九齡〕成蹊謝李徑〔李白〕託陰當樹李【原】〔杜甫〕

仙李盤根大〔元稹〕韋縚開萬朶

詞【原】〔万俟雅言〕尉遲杯慢碎雲薄向碧玉枝頭綴萬萼如將汞粉勻開疑似柏麝薰却雪魄未應若况天賦標艷仍綽約當暄風暖日佳處戲蝶遊蜂粘著　重重繡帘珠箔障穠豔霏霏異香漠漠見說徐妃當年嫁了信任玉鈿零落無言自啼露蕭索夜深待月上闌干殢廣寒宮要與姮娥素妝一夜相學

別錄【增】〔神仙傳〕老子之母適至李樹下而生老子生而能言指李樹曰以此爲我姓〔本草〕李根可治瘡服其花令人好顏色

梨花　梨實別見果譜

【原】梨樹似杏高二三丈葉亦似杏微厚大而硬色青光膩有細齒老則斑點二月間開白花如雪六出【增】〔格物叢話〕春二三月百花開盡始見梨花靚艷寒香罕見賞識又一種千葉花賦姿迥別〔花木考〕梨花有二種瓣舒者佳

彙考【增】〔宋書符瑞志〕文帝元嘉十四年二月宮內螽斯堂前梨樹連理【原】〔唐書杜景佺傳〕武后嘗季秋出梨花示羣臣宰相皆賀景佺獨曰陰陽不相奪倫瀆則爲災故曰冬無愆陽夏無伏陰春無淒風秋無苦雨今草木黃落而梨復花瀆陰陽也〔祥雲志〕梁緒梨花時折花簪之壓損帽簷至頭不能舉〔金鑾密記〕九仙殿銀

井有梨二株枝葉交接宮中呼爲雌雄樹〔唐餘錄〕洛陽梨花時人多攜酒其下曰爲梨花洗妝或至買樹【增】〔清異錄〕司空圖菩薩蠻謂梨花爲瀛洲玉雨〔雲齋廣錄〕汝陽侯穆清叔因寒食縱步郊外會數年少同飲梨花下各賦梨花詩清叔得愁字詩曰共飲梨花下梨花插滿頭清香來玉樹白蟻泛金甌妝靚青娥妬光凝粉蝶羞年年寒食夜吟繞不勝愁衆客閣筆【原】〔花經〕梨花五品五命〔瓶花譜〕梨花四品六命〔蜀都雜抄〕黎州安撫司內小廳東有梨樹一株高九丈圍九尺州人取其枝以接果豈黎以梨名耶州人呼爲三藏梨相傳爲唐僧西遊植黎杖於此曰他日州治在此恐非實

事古稱黎杖黎即苜蓿藿之歷霜雪經一二歲木本修直生皃面可杖取其徑而堅非梨木也〔洞庭山記〕山陽樹梨數十千華甚盛憑高一盼夫非白雲鄉耶惜相過晚耳〔滇雲紀勝書〕梨花處處有之或擁山巔或列山腳或滿人村望之如濤如雪使自曲靖還省時有作疑洱海濤初起忽憶蒼山雪未消之句〔學圃餘疏〕余性愛梨花而微恨其氣不可嗅吾地酷少此種溶溶院落何可無此君終當致之 **增**〔横山草堂記〕空蘊庵庭植梨樹一株春時弄色於細雨微煙恍玉人之初沐也

集藻 〔贊〕**增**〔宋孝武帝梨花贊〕沃瘠異壤舒慘殊時惟氣在春具物合滋嘉樹之生于彼山基開榮布采不離塵

緇

賦 **增**〔唐盧照鄰病梨樹賦并序〕癸酉之歲余臥病於長安光德坊之官舍閒寂無人伏枕十旬閉門三月庭無衆木唯有病梨一樹圍纔數握高僅盈丈花實憔悴似不任乎歲寒枝葉零丁絕有意乎朝暮嗟乎同托根於膏壤俱稟氣於太和而修短不均榮枯殊貫豈賦命之理得之自然將資生之化有所偏及樹猶如此人何以堪有感於懷賦之云爾天象平運方祇廣植挺芳桂於月輪橫扶桑於日域建木聳靈丘之上蟠桃生巨海之側細枝葉連洪柯條直齊天地之一指任烏兔之棲息或垂陰萬畝或結子千年何偏施之雨露何獨厚之風煙愍茲珍木離離幽獨飛茂實於河陽傳芳名於金谷紫潤稱其殊旨玄光表其仙族爾生何爲零丁若斯無輪桷之可用無棟梁之可施進無違於斤斧退無競於班倕無庭槐之生意有巖桐之死枝爾其高纔數仞圍僅盈尺修幹罕雙枯條每隻葉病多紫花凋少白夕鳥怨其巢危秋蟬悲其翳窄怯衝飈之搖落忌炎景之臨廹既而地歇蒸霧天收耀靈西秦明月東井流星顧顏孤影徘徊直形狀金莖之的的疑石柱之亭亭若夫西海夸父之林南海蚩尤之樹莫不摩霄拂日藏雲吐霧別有橋邊朽柱天上靈查年年歲歲無葉無花榮辱兩齊吉凶同軌寧守雌以外喪不修襮而內否亦猶縱酒

高賢佯狂君子爲其韜合置其憂喜生非我生物謂之生死非我死谷神不死混彭殤於一觀庶筌蹄於茲理

〔宋陳藻梨花賦〕絪縕無涯孕精產秀九旬流華四月孔奢有匪浮誇花外之花爾其娟靜閒暇以窕窈兮敷舒幽貞其清皦兮恬淡瀟灑委蛇淳雅美不邇麗素不鄰野若帝厭爾衆芳之淫冶我宜錫其純嘏者邪濯濯春雨皓皓華月彼質而靜彼淡而悅或依于葛我所執兮或俯于藻我所拾兮耐庭闃寂樹英繁密祁祁僮僮如出而入奚素絢以比容微彤管而名實大大巍闔闢台至靈甄無識蓋有賦性而合質者邪于何后妃兮似欣欣乎晴光余將歸寧兮眠滌濯乎衣裳流水之陽古

公胥宇乃攜乃萎不容不妝后脫簪珥露諫宣王壓之蒼蒼青障于張解闈小郎三三兩兩寒牕之傍恍兮文德散帙於中宮左嬪摘思於椒房而如六齡之鄧哀若大家之班武乃暴風淫雨赴死無懼生兮貞女歿兮烈婦于嗟牡丹彼美芍藥胡為顏色可與娛樂丰丰褒姒豔豔麗姬君以爲妍人以爲媸花百其試予茲懿哉亂曰匪冬而雪匪夜而月香山何人題我太眞江之永兮不可泳思漢之廣矣不可方思

晁補之北京官舍後梨花賦梨於經無記而舍後梨人所不賞故賦之其詞曰攬察草木本原所起李梅紀於隕霜兮橘柚隨乎織筐木瓜足贈而詠詩含桃可羞而記禮雖信徵而有托

兮亦不委夫厥美惟茲梨之俊茂兮羌獨遠而未揚舍溫潤之秀質兮皎若和璧榮其光澹暗懨其無偶兮歷年歲之已長暮春者陽輝賁盈羣木解膚似夸者似鬬者似驕者似類者色非一色同嫵殊媚茲梨娟然獨見其素縈過時兮不省滋脈脈兮後戶亦何必耀榮華兮朝日顧恩私兮泣露然而中唐之楞枝大扶疎以其近人人以縶駒則磨則齧則折則泄孰與夫朽壤幽薄厥植維弱履屐不蹈根乃磅礴

五言古詩

御製詠畫梨花詩最愛梨花白又惜同春老唯此畫圖中冬夏長美好不令風雨摧月無蜂蝶嬈靚妝伴月容盡在紙閒造惡紫嫌奪朱素體物難攬三品運胸中六法生卉草

增 齊王融詠池上梨花 翻堦沒細草集水間疎萍芳春照流雪深夕映繁星

劉繪和池上梨花 露庭晚翻積風閒夜入多繁叢似亂蝶拂燭狀聯蛾

梁沈約西地梨 列茂河陽苑蔚紫微館翻黃秋沃若落素春徘徊

原 劉孝綽於座應令詠梨花 玉壘稱津潤金谷詠芳菲詎匹龍樓下素蘂映華扉雜雨疑霰落因風似蝶飛豈不憐飄墜願入九重闈

增 唐元稹遣興 始見梨花房坐對梨花白行看梨葉青已復梨葉赤嚴霜九月半危蔕幾時客況有高高原秋風四來迫

原 宋黃庭堅賞壓沙寺梨花 沙頭十日春當年誰手種風飄香未改

雪壓枝自重看花思食實知味少人共霜降百工休把酒約寬縱

增 金高士談梨花 中原節物正梨花配寒食黃昏一雨過滿地嗟狼籍塞垣春已深花事猶寂寂朝來三月半初見一枝白爛熳雪有香瓏鬆玉仍刻芳心點深紫嫩葉裁輕碧懶慢不出門雙瓶貯春色殷勤遮老眼邂逅慰愁夕一樽對花飲況有風流客酒闌思故鄉相顧空嘆息

元好問梨花 梨花如靜女寂寞出春暮春工惜天真玉頰洗風露素月淡相映蕭然見風度恨無塵外人爲續雪香句孤芳忌太潔莫遣凡卉妬

元程鉅夫次韻肯堂學士冬日紅梨花 黃菊卧階雨六花舞天風壁凍室生白手傴肉作紅秀句忽墮前光

怪浸簾櫳主人宴坐處元氣含沖融無情及枯株嫣然爲修容坐令玉華君來從蘂珠宮麗妝凝祥雲明眸轉驚鴻豈非散花手試君情所鍾老我嗜好淡空詩亦雷同祇願酬花時毋忘比鄰翁〔虞集〕憶三十年前與元復初參政同賦秋日梨花元有句云朝食葉底梨暮看枝上花而忘其後句因續之云朝食葉底梨暮看枝上花花開食實後霜風振長柯遠水良可鑒彩雲亦易過念爾白於雪日暮當如何

七言古詩〔增〕宋歐陽修千葉紅梨花并序 峽州署中舊有此花前無賞者知郡朱郎中始加闌檻命坐客賦之

紅梨千葉愛者誰白髮郎官心好奇徘徊繞樹不忍折

一日千匝看無時夷陵寂寞千山裏地遠氣偏時節異愁煙苦霧少芳菲野卉蠻花鬭紅紫可憐此樹生此處高枝絕豔無人顧春風吹落復吹開山鳥飛來自飛去根盤樹老幾經春眞賞今纔遇使君風輕絳雲樽前舞日暖繁香露下聞從來奇物產天涯安得移根植帝家猶勝張騫爲漢使辛勤西域徙榴花〔元〕趙孟頫題錢舜舉著色梨花 東風吹日花冥冥繁枝壓雪凌風塵素羅衣裳照青春眼中若有梨園人攀條弄芳畏日夕只今紙上空顏色顏色好愁轉多與君酤酒花前歌〔明〕楊基北山梨花并序 余卜居金川去北山無十里每清明時梨花盛開輒動洗妝之想鄰友薛起宗邀余看者再俱以猥俗所繫不能如約昨又期出郭風雨泥濘弗艮于行起宗爲折一枝相贈喜而賦此 北山梨花千樹栽年年清明花正開薛君好事兩邀我騎馬看花攜酒來看花出郭我所愛況是梨花最多態我牽塵俗不得赴花本無情花亦怪君今折花馬上歸索我細詠梨花詩冰肌玉骨未受飾敢以粉墨圖西施東坡先生心似鐵惆悵東闌一枝雪重門晚掩沉沉雨疏簾夜捲溶溶月月宜淺淡雨宜濃淡非淚白濃非紅閨房秀麗林下趣富貴標格神仙風一枝寂寞開逾徧朶朶玲瓏看應眩皓腕輕籠素練衣蛾眉淡掃春風面自須玉堂承露華何事種向山人家不愁占斷天下白正恐壓盡人間

花江梅正好憐清楚桃杏紛紛何足數只有銀鐙照海棠海棠亦是嬌兒女〔憶北山梨花〕去年清明花正繁騎馬聽出神策門千桃萬李看未了小徑更入梨花村低枝初開帶宿雨高樹斕日迷朝暾柔膚凝脂暖欲滴香髓入面春無痕青霞玲瓏翠羽亂白雲照耀瓊瑤溫折花對酒藉草坐花氣暗撲黃金尊薛君起舞爲我壽勸我一曲招花魂須臾明月忽到樹主人送客惟留髡羅巾欹斜烏帽落醉眼況復知清渾村中至今爲故事笑我自是劉伶孫我慚不答竊自慶大抵此樂皆君恩今年清明坐西省雷雨兩日如翻盆羣花剗迹淨如掃衆綠既暗不可捫豈無青錢換斗酒案牘雜沓窮晨昏

作來督責一向嘗面微發紅氣每春未能搏搖跨鵰鶚詎免束縛同雞豚人生屈辱乃淬礪百鍊工欲逢盤根自知力不舉一羽強欲扛鼎追烏賁曉晴汲井試新火紫笋綠蕨供盤餐歸來飽飯對妻子萬事反復何足論（明陰廟梨花）不生厭看桃與李惟有梨花心獨喜海雪樓前雪一林歲歲清明醉花底北山岡下花最盛千樹玲瓏圍綠水前年騎馬賞花處我與河東兩人耳青苔滿地芳草合只有黃鸝映花藥當時美人三閣上寶髻慵梳初睡起鏡裏爭先試一枝眞態欲將春色比樓空燕去花自落細雨黃昏淚如洗疎籬藹藹茅屋破況復臨春開結綺我時賞花仍弔古花亦粲然爲露齒歸

來娑娑簪滿帽十日羅衣香不止去年相憶豫章城咫尺春江如萬里今年邂逅洞庭曲細蕚含愁照清泚人至魂銷楚雨中花應腸斷湘煙裏三年勝遊不再得百歲歡娛能有幾吉祥牡丹非舊夢玄都桃花亦如此更約明年載酒來莫笑花前人老矣

五言律詩

原（唐溫憲梨花）綠陰寒食晚猶自滿空園雨歇芳菲白蜂稀寂寞繁一枝橫野路數樹出江村悵望頻回首何人共酒尊　（宋梅堯臣梨花）處處梨花發看看燕子歸園思前法部淚濕舊宮妃月白鞦韆地風吹蛺蝶衣強傾寒食酒漸老覺歡微　增（金龐鑄梨花）孤潔本無匹誰令先衆芳花能紅處白月共冷時香縞袂清無染冰姿淡不妝夜來清露底萬顆玉毫光　（元張伯淳文嶺安野內翰梨花）玄泉窮陰候春林早著花素妝臨曉鏡紅粉婉輕紗勝賞懷京洛吟情軼小嘉泥中妨載酒咫尺路頭賒　（馬祖常崇眞宮西梨花）春日黎花下相逢把臂行香痕憐粉白酒暈借紅輕影動簾穿燕聲來樹度鶯共當拚一醉莫待鬢華生

七言律詩

增（唐羊士諤成都從事蕭員外寄海梨花詩）珠履行臺擁附蟬外郎高步似神仙陳詩今見唐風盛從事遙瞻衛國賢擲地好辭凌彩筆浣花春水膩魚箋東山芳意須同賞子著囊盛幾日傳　（宋韓琦會壓沙寺觀梨花）同賞梨花過淨坊壓沙幽闕面平岡孤園不

治黃金界醉筆徒誇白雪香風急幾翻雲影亂殿深全掩玉毫光朝來經雨低含淚競寫眞妃寂寞妝　（賞梨花）輿福梨珍號素封千株花發此欣逢風開笑臉輕桃艷雨帶啼痕自玉容蝶舞只疑殘麝墜月明惟覺異香濃尋春已恨來時晚莫厭頻揮激灩鍾　寒食西藍賞素英白毫光裏亂雲騰莊嚴金地三千界顏色瑤臺十二層后土瓊花慚我寡唐昌玉蘂豈吾朋雪香預約爲亭號修創終逢好事僧　（周必大重九竹園見梨花懷子中兄）春花著雨即塵埃何似深秋耐久開菊尚無多饒瑞質霜如有意護香腮也知林下風光早不爲山中層日催望斷行人思折寄却疑呼作嶺頭梅　原（朱淑

眞梨花朝來帶雨一枝春薄薄香羅蹙葉勻冷艷未饒
梅共色靚妝長與月爲鄰許同蝶夢還如蝶似替人愁
却笑人須到年年寒食夜情懷爲爾倍傷神 【增】金雷
淵梨花雪作肌膚玉作容不將妖艷嫁東風梅魂何物
三春在桃臉眞成一笑空雨細無情添寂寞月明有意
助豐融相如病渴妨文賦想像甘寒結小紅 【原】張建
梨花盡樹枝高苗朶稠嫩苞開破雪搓球碎粘粉紫鬚
齊吐潤卷丹黃葉半抽月影曉窓留好夢雨聲深院鎖
清愁瓊苞已實香猶在散入長安賣酒樓 【增】元鮮于
樞清明日宴集賢宋學士園時梨花盛開諸老屬僕同
賦琪樹吹香蕩夕暉華簪人對雪霏霏漢宮新火初傳

燭楚女行雲作濕衣一片花疑蝴蝶化滿枝春想玉釵
肥蛾眉不用梨園曲唱徹瑤臺醉未歸 張養浩秋日
梨花雪香吹盡樹頭春誰遣西風爲返魂月影已非前
日夢雨容獨帶舊時痕只知秋色千林老爭信陽和一
脈存莫訝殷韓太多事仙家元不計寒暄 鄭洪巖希
德請賞梨花命妓行酒瀟灑東闌一樹春雪膚冰骨月
精神朝雲著處迷詩夢暮雨來時想玉人華屋洗妝歌
小小銀瓶推枕喚眞眞紫薇閣下繁華處芍藥荼蘼總
後塵 明吳寬梨花名果先從張谷來紛紛碎雪欲成
堆淡妝自把蛾眉掃巧笑誰將狐齒開園了豈求他種
接主人能使及時栽夭桃灼灼驚凡目縞素應甘自不

才 【原】文徵明梨花翦水凝霜姊蝶羣曲闌風味玉清
溫粉痕浥露春含淚夜色籠煙月斷魂十里香雲迷短
夢誰家細雨鎖重門洗妝見說清明近旋典春衣置酒
樽 【增】程嘉燧周家清明植梨花六月盛開邀客賦詩
清明院落夜溶溶籠柳嬌黃讓雪叢亂覺三眠飛絮白
浪攙百子石榴紅燒殘高燭東風後掩却重門細雨中
聞向花間歌法曲應憐江海白頭翁
五言絕句 【增】唐王維左掖梨花閑灑階邊草輕隨箔外
風黃鶯弄不足銜入未央宮 丘爲左掖梨花冷艷全
欺雪餘香乍入衣春風且莫定吹向玉階飛 【原】皇甫
冉禁省梨花巧解迎人意還能亂蝶飛春風時入戶幾

片落朝衣 錢起梨花艷靜如籠月香寒未逐風桃花
徒照地終被笑妖紅 宋王十朋梨花淡客逢寒食煙
村爛熳芳謫仙天上去白雪世間香 【增】明楊基西園
梨花春晚開一枝明日是清明孤花雪鬬輕不須開滿
樹春少更多情
七言絕句 【原】唐韓愈聞梨花發贈劉師命桃蹊惆悵不
能過紅艷紛紛落地多聞道郭西千樹雪欲將君去醉
如何 梨花下贈劉師命洛陽城外清明節百花寥落
梨花發今日相逢瘴海頭共驚爛熳開正月 元稹雜
思詩尋常百種花齊發偏摘梨花與白人今日江頭兩
三樹可憐和葉度殘春 【增】白居易江岸梨梨花有思

緣和葉一樹江頭惱殺君最似孀閨少年婦白妝素袖碧紗裙〔殷璠梨花〕雲滿衣裳月滿身輕盈歸步過流塵五更無限留連意常恐風花又一春〔徐凝翫花〕一樹梨花春向暮雪枝殘處怨風來明朝漸校無多去看到黃昏不欲回 原〔溫庭筠鄠杜郊居〕槿籬芳援近樵家壠麥青青一徑斜寂寞遊人寒食後夜來風雨送梨花 增〔宋韓琦梨花〕花下延賓啓宴杯回頭香雪郎成堆主人自挈宜城釀不爲青旗趁爾來〔司馬光和道矩紅梨花二首〕繁枝細葉互低昂香敵荼蘼艷海棠應爲窮邊太寥落併將春色付穠芳 蜀江新錦濯朝陽楚國纖腰傳薄妝何事白花零落早同時不敢鬬芬芳

〔王安石紅梨〕紅梨無葉庇花身黃菊分香委路塵歲晚蒼官纔自保日高青女尚橫陳 原〔蘇軾東欄梨花〕梨花淡白柳深青柳絮飛時花滿城惆悵東欄一株雪人生看得幾清明 增〔晁補之和王拱辰觀梨花二首〕海棠丰韻詫芬芳慙愧梨花冷似霜賴有樂天春雨句寂寥從此亦馨香 壓沙寺裏萬株芳一道清流照雪霜銀闕森森廣寒曉仙人玉仗有天香 原〔張舜民梨花〕青女朝來冷透肌殘春小雨更霏微流鶯怪底爭來往爲擲金梭織玉衣〔謝逸梨花二首〕冷香銷盡晚風吹脈脈無言對落暉舊日郊西千樹雪今隨蝴蝶作團飛 翦翦輕風漠漠寒玉肌蕭索粉香殘一枝帶雨墻

頭去不用行人著眼看〔陸游梨花〕開向春殘不恨遲綠楊窣地最相宜征西幕府煎茶地一幅邊鸞畫折枝 粉淡香清自一家未容桃李占年華常思南鄭清明路醉袖迎風雪一杈 嘉陵江色嫩如藍鳳集山光照馬銜楊柳梨花迎客處至今時夢到城南〔趙福元梨花〕玉作精神雪作膚雨中嬌韻越清癯若人會得嫣然態寫作楊妃出浴圖〔何菊潭〕二月春風楊柳青知郎繫馬在長亭相思情味如中酒折盡梨花嬾不醒 增〔金史旭梨花〕少年攜酒日尋花老去花前欲飲茶今日傳觴似年少一枝香雪上烏紗 原〔呂中孚梨花〕等待清明得得芳團枝晴雪暖生香洗妝自有風流態却笑

紅深映海棠〔段繼昌梨花〕一林輕素媚春光透骨濃薰百和香消得太眞吹玉笛小庭人散月如霜 增〔元王惲題錢舜舉畫梨花〕掖西千樹鬬春華莫把芳容帶雨誇看取一枝橫絕處洗妝還是漢宮娃〔朱德潤題梨花折枝〕玉壓帽簷花底春惜無花下洗妝人阿嬌一掬東風淚聊仗丹青爲寫眞〔鄭韶梨花〕渚宮花落雨霏霏春盡江南客未歸多少東家蝴蝶夢相思幷逐彩雲飛 原〔明文徵明〕物華無賴酒初醒奕奕梨花照晚晴怪的山禽啼不歇十分春色近清明 增〔張鳳翼梨花〕重門寂寂鎖香雲雨滴空堦坐夜分老去徹之風調在折來何處與雙文 原〔張新梨花〕粉翅還嫌蝴蝶太輕

霏衣偏喜燕多情寧王玉笛知何處寂寞黃昏伴月明
詩散句〔原〕宋文同寒食北園春已深梨花滿枝雪圍徧
青春每向風外得秀豔應難雪中見　阮南溪繽紛紫
雪浮鬚細冷淡清姿奪玉光剛笑何郎曾傅粉絕憐荀
令愛薰香〔增〕唐白居易四鄰梨花時二月伊水色
獨孤及爾來大谷梨白花再成雪　宋梅堯臣前日是
清明驟雨沾梨花　蘇軾紅梨驚合抱映島孤雲馥
〔原〕蘇軾尚記梨花樹依依聞暗香　陳三聘梨花春二
月杜宇月三更〔增〕唐劉方平寂寞空庭春欲晚梨花
滿地不開門　李賀曲水飄香去不歸梨花落盡成秋
苑〔原〕呂溫獨臥郡齋寥落意隔簾微雨濕梨花　杜

牧間吹玉殿昭華琯醉折梨園縹蔕花〔增〕宋曾幾一
片朝容粉面寒雨餘仍帶淚闌干　范成大點檢梨花
成一夢蘸紅新綠滿枝頭　陸游梨花堆雪柳吹緜常
記梁州古驛前　金蕭貢香惹夢魂雲漠漠光搖溪館
月溶溶　元王惲風簷數點催妝雨擲與梨花作好春
〔原〕顧瑛忽見梨花點綴開蕭然冷浸姮娥影〔增〕唐
王維梨花夕鳥藏〔原〕李白梨花白雪香〔增〕李白梨
花千樹雪〔原〕杜甫色好梨勝頰〔增〕韓愈露亦染梨
腮〔原〕杜牧梨花獨送春　溫庭筠梨花雪壓枝　周
朴臨風千點雪〔增〕韋莊梨花雪又催　宋楊億梨花
飛白雪〔原〕黃庭堅月黑見梨花〔增〕陳師道倚墻梨
頰紅　金元好問梨花淡丰容〔原〕唐白居易風寒露
重梨花濕　梨花一枝春帶雨〔增〕白居易手把梨花
寒食心　曹唐梨花新折東風輭　羅鄴梨花滿地東
風急〔原〕宋劉筠亂飄梨雪曉來天〔增〕韓琦共藉梨
花作寒食　孔方平砌下梨花一堆雪　雨晴梨花春
自光　陸游溪戶赤梨丹染腮　金趙元梨葉霜如酒
力濃　張建玉梨花底月三更　呂中孚半庭寒影在
梨花　元戴帥初粉墻風細欲梨花　尹廷高落盡梨
花春不多　劉秉忠梨花亂舞白霓裳　王惲已開梨
蘂雪爲團　趙孟頫梨花淡白柳花香　袁桷梨花的
的疑蝴蝶　梨花亂逐沙鷗起　黃庚滿堦香雪落梨

花〔原〕宋无梨花明白夜來風〔增〕周權香浮夜月梨
飄雪　陳高梨花沐雨帶嬌羞
詞〔原〕宋史達祖玉樓春玉容寂寞誰爲主寒食心情愁
幾許前身清淡似梅妝遙夜依微留月住　香迷蝴蝶
飛時路雪在秋千來往處黃昏著了素衣裳深閉重門
聽夜雨　王寀蝶戀花鏤雪成花檀作蘂愛伴秋千搖
曳春風裏翠袖年年寒食淚爲伊牽惹愁無際　幽豔
偏宜春雨細紅粉闌干有个人相似細合金釵誰與寄
丹青傳得淒涼意　曾覿驀山溪減翠羽紅正是青春
杪深院嬌香風看梨花一枝開早瓏璁映面依約認嬌
顰天淡淡月溶溶春意知多少　清明池館芳信年年

好更向五侯家把江梅風光占了休教寂寞孤負向人心檀板響寶杯傾潘鬢從他老　增　周邦彦水龍吟素肌應怯餘寒豔陽占盡青蕪地樊川照日靈關遮路殘紅斂避傳火樓臺妒花風雨長門深閉亞簾櫳半濕一枝在手偏勾引黃昏淚　別有風前月底布繁陰滿園歌吹朱鉛退盡潘妃郤酒昭君乍起雪浪翻空粉裳縞夜不成春思恨玉容不見瓊英漫好與何人比　樓扶水龍吟素娥洗盡繁妝夜深步月秋千地輕腮暈玉柔肌籠粉緇塵斂避霽雪留香曉雲同夢昭陽空閉悵仙園路杳曲欄人寂疎雨濕盈盈淚　未放遊蜂葉底怕春歸不禁狂吹象牀困倚冰魄微醒鶯聲喚起愁對黃

昏恨催寒食滿襟離思想千紅過盡一枝獨冷把梅花比　元王惲水龍吟纖苞淡貯幽香玲瓏輕鎖秋陽麗仙根借暖定應不待荊王翠被瀟灑輕盈玉容渾是金莖露氣甚西風苑轉東欄暮雨空點綴眞妃淚　誰遣司花妙手又一番角奇爭異使君高臥竹亭閒寂故來相慰燕几螺屏一枝披拂繡簾風細約洗妝快瀉玉屏芳酒枕秋蟾醉

別錄　原　明皇雜錄天寶中上命宮中女子數百人爲梨園弟子　白居易詩注杭俗釀酒趁梨花時熟號爲梨花春　增　米芾畫史范大珪有富公家折枝梨花古筆非江南蜀畫

佩文齋廣羣芳譜卷第二十八

花譜

棠梨花　棠梨別見果譜

原　棠梨野梨也爾雅所謂杜甘棠也詳見果譜樹如梨而小葉似蒼朮亦有圓者三叉者邊皆有鋸齒色黲白二月開白花可爍食曬乾磨麪作燒餅可濟饑葉味微苦嫩時爍熟水浸淘淨油鹽調食或蒸曬代茶

彙考　原　詩召南蔽芾甘棠勿翦勿伐召伯所茇　唐風有杕之杜生于道左　有杕之杜其葉湑湑　增　史記燕召公世家召公巡行鄉邑有棠樹決獄政事其下自侯伯至庶人各得其所無失職者召公卒而民人思召

公之政懷棠樹不敢伐歌詠之作甘棠之詩　南齊書祥瑞志昇明二年四月昌國縣徐萬年門下棠樹連理　宋史五行志元豐十年十二月泌陽縣甘棠木連理

原　韓詩外傳召伯在朝有司請召民伯曰不勞一身而勞百姓非吾先君之志也於是舍於棠下聽訟百姓大悅詩人歌焉　增　酉陽雜俎建中四年趙州寧晉縣沙河北有大棠梨樹百姓常祈禱忽有羣蛇數十自東南來渡北岸集棠梨樹下爲二積俄見三龜徑寸繞行積傍積蛇盡死乃各登其積視蛇腹各有瘡若矢所中刺史康日知圖甘棠奉三龜以獻　曲江縣志縣東九十里有梨溪岸多棠梨故名

集藻 七言古詩 增 元王冕棠梨白練圖 芙蓉香冷簫聲沓月淡煙清楚宮曉仙禽不語雪衣輕相逢却恨秋風早土花翠淺霜露蒙山梨小結丹砂紅玉人醉倒不知處夢回故苑朝雲濃

五言排律 增 唐吳融追詠棠梨花 蜀地從來勝棠梨第一花更應無輭弱別自有妍華不肯綃爲霧難降綺作霞移須歸紫府駐合餌丹砂密映彈琴宅深藏賣酒家夜宜紅蠟照春稱錦筵遮連廟魂栖望飄江字遶巴未饒酥點薄兼妬雪飛斜舊賞三年斷新期萬樹賒長安如種得誰定牡丹誇

七言絶句 增 唐薛濤棠梨花和李太尉 吳均蕙圃移嘉木正及東溪春雨時日晚鶯啼何所爲淺深紅膩壓繁枝

宋蔡襄正月十八日甘棠院三首 上元幾過去尋春紅白山花粲粲新似喜使君初病起隔欄相向笑迎人 天氣和柔酒更醇緩歌花底正初春狂花有意憐狂客撩亂飛紅滿一身 無奈閒情著物歡更愁花草便闌珊天紅嫩翠宜燈燭放散笙歌靜裏看

原 孟淑卿春歸 落盡棠梨水拍堤萋萋芳草望中迷無情最是枝頭鳥不管人愁只管啼

增 明陸樹聲 滿樹棠梨錦作團雙栖啼鳥鬬爭妍邊徐生色依然好羸得東風歲歲看

詩散句 增 唐白居易 風吹棠梨花啼鳥時一聲 鏡湖水遠何由泛棠樹枝高不易攀 薛逢 野花似雪落何處棠梨樹下香風來 李郢 鳥聲亂啼人未遠野風吹散白棠梨 白居易 棠梨間葉黃 元程文海 霜暈棠梨臉 宋司馬光 甘棠前後雨陰濃 金辛愿 棠梨女雪霽新雨 元倪瓚 野棠花落過清明

別錄 增 丹鉛雜錄 孝子傳尹伯奇採楟花以爲食 楟花山梨也今棠梨其花春開採之日乾淪可充蔬

常棣花 棣實別見果譜 按名物疏云唐棣常棣是二種爾雅云棠棣栘本草謂之扶栘白楊類也又云常棣棣乃小雅所謂常棣之花也原譜混合爲一又誤以常棣爲棣棠今分常棣棣棠爲二譜唐棣別載木譜

增 爾雅 常棣棣 洛陽花木記 白郁李千葉一名玉帶

原 常棣 有郁李諸名詳果譜 花正白亦或赤花萼上承下覆有親愛之義故以喻兄弟周公所謂賦常棣也

彙考 原 詩秦風 山有苞棣 增 詩小雅 常棣之華鄂不韡韡 傳 常棣棣也鄂猶鄂鄂然言外發也韡韡光明也 箋 承華者曰鄂不當作拊拊鄂足也鄂足得華之光明則韡韡然盛興者喻弟以敬事兄兄以榮覆弟恩榮之顯亦韡韡然 原 小雅 彼爾維何維常之華 傳 常常棣也 增 宋景文筆記 莒公言詩有常棣之華逸詩有唐棣之華世人多誤以常棣爲唐棣於兄弟用因唐誤常且常棣棣也唐棣栘也栘開而反合者也此兩物不相親 三柳軒雜識 姚氏殘語以常棣爲俗客兄弟之義

不可稱俗今改爲和客〔花經〕郁李七品三命

集藻 賦 **增** 唐陸龜蒙郁李花賦試問山翁得郁李之春叢移來砌下出自山中長露潤雨迴澱叢風會不得次玉堂而展低豔承畫閣而遲微紅處在芳菲之數徒干造化之功弱植欹危繁梢襞積一枝上能萬其膚萼一萼中自參其丹白且桃以天而薅以華芍藥爲贈兮芙蓉可嘉誰爲翦細綺碎明霞鳳苞蒽蘢于水殿霓襟掩苒于雲車靜倚庭檻徐飄蘂氣落幽閨怨別之夢寫空谷遺榮之思初侍東陵聖母冶態嫣妍近辭北燭仙人愁容倭墮嗟其結蕣苔之地抱林麓之姿蝶善舞而相掠鶯能言而見欺香憐墜少蒂戀飄遲當杯者不顧守

道者應知請看嵇康高士傳莫信長安輕薄兒

五言古詩 **增** 唐白居易惜栯李花樹小花鮮妍香繁條輭弱高低二三尺重疊千萬萼朝艷藹霏霏夕凋紛漠漠辭枝朱粉細覆地紅綃薄由來好顏色常苦易銷爍不見莨蕩花狂風吹不落〔宋梅堯臣劉仲更於唐書局中種郁李冷局少風景買花栽作春前時櫻桃過今日雀李新搦條紅蓓蕾婀娜含雨匀舊來薔薇叢饒借與近鄰始移棣萼密不斷車下棣日暮綴書罷暫賞舉杯跂

七言絕句 **增** 宋趙抃次韻郁李花花縣逢春對曉暉朱朱白白綴繁枝梅先菊後何須較好似人生各有時

詩散句 **增** 唐李白棣華僞不接甘與秋草同〔駱賓王棠晚落疎花〔白居易陰繁棠布葉

別錄 **增**〔花史〕郁李花性喜向暖日和風澆用清水以性潔故也

櫻桃花 櫻桃詳見果譜

原 櫻桃木多陰不甚高春初開白花繁英如雪香如蜜葉圓有尖及細齒 **增**〔花鏡〕櫻桃花有千葉者其實少

彙考 **原**〔晉宮閣名〕式乾殿前櫻桃二株含章殿前櫻桃一株華林園櫻桃二百七十株 **增**〔花經〕櫻桃四品六命〔弇山園記〕小罨畫溪之西種含桃含桃成歲得一解饞花亦足飽目其左方種如之俱曰含桃塢 **原**〔花

史〕張茂卿頗事聲妓一日櫻桃花開攜酒其下曰紅粉風流無踰此君悉屏妓妾〔一統志〕鄜州有櫻桃山上多櫻桃樹

集藻 五言古詩 **增** 唐劉禹錫和樂天讌李美周中丞宅賞櫻桃花櫻桃千萬枝照耀如雪天王孫讌其下隔水疑神仙宿露發清香初陽動暄妍妖姬滿鬟插酒客折枝傳同此賞芳月幾人有華筵杯行勿遽辭好醉逸三年〔孟郊南陽公請東櫻桃亭子春讌萬木皆未秀一林先含春此地獨何力我公布深仁霜葉日舒卷風枝遠埃塵初英濯紫霞飛雨流清津賞異出囂雜折芳積歡忻文心茲焉重俗尚安能珍碧玉妝粉比飛瓊穠艷

肉鷰鶯七十二花態併相新常恐遺秀志逆茲廣識陳芳菲爭勝引歌詠竟良辰方知戲馬會不謝登龍賓

白居易櫻桃花下有感而作（藹藹美周宅櫻繁春日斜一為洛下客十見池上花爛熳豈無意為君占年華風光饒此樹歌舞勝諸家失盡白頭伴長成紅粉娃停杯兩相顧堪喜亦堪嗟

七言古詩【增】唐白居易履信池櫻桃島上醉後走筆送別舒員外兼寄宗正李卿考功崔郎中（櫻桃島前春去春花萬枝忽憶與宗卿閒飲日又憶與考功狂醉時歲晚無花空有葉風吹滿地乾重疊踏葉悲秋復憶春池邊樹下重殷勤今朝一酌臨寒水此地三回別故人櫻

桃花來春千萬朵來春共誰花下坐不論崔李上青雲明日舒三亦拋我

五言律詩【增】唐白居易同諸客攜酒早看櫻桃花（曉報櫻桃發春攜酒客過綠餳粘盞杓紅雪壓枝柯天色晴明少人生事故多停杯替花語不醉擬如何【原】李德裕櫻桃花（歲日照芳菲鮮葩含素輝愁人惜春夜達曉想嚴扉風靜陰盈砌露濃香入衣恨無金谷妓為我奏思歸【增】溫庭筠二月十五日櫻桃盛開（曉覺籠煙重春深染雪輕靜應留得蝶繁欲不勝鶯影亂晨飈急香多夜雨晴似將千萬恨西北為卿卿【宋歐陽修春日獨遊上林院後亭見櫻桃花奉寄希深聖俞（昔日尋春地今來感歲華人行已荒徑花發半枯槎高樹林端出殘陽水外斜聊持一樽酒徙倚憶天涯【明吳國倫櫻桃花】御苑含桃樹花開作雪看誰移荒署裏偏叻早春寒遲素愁金谷垂珠遜玉盤不知蕭穎士何意獨相殘

七言律詩【增】宋梅堯臣和永叔同遊上林院後亭見櫻桃花悉已披謝（去年君到見春遲今日尋芳是夙期祇道朱櫻纔弄蘂及來幽圃已殘枝飄英尚有遊蜂戀著子唯應谷鳥知把酒聊能慰餘景乘歡不厭夕陽時

七言絕句【增】唐張籍和裴僕射看櫻桃花（昨日南園新雨後櫻桃花發舊枝柯天明不待人同看繞樹重重履跡多（白居易酬韓侍郎張博士雨後遊曲江見寄（小

園新種紅櫻樹閒繞花枝便當遊何必更隨鞍馬隊衝泥蹋雨曲江頭（題東樓前李使君所種櫻桃花（身入青雲無見日手栽紅樹又逢春唯留花向樓前看故故拋愁與後人（元稹折枝花贈行（櫻桃花下送君時一寸春心逐折枝別後相思最多處千株萬片繞林垂劉言史山寺看櫻桃花題僧壁（楚寺春風臘盡時含桃先折一千枝老僧不語傍邊坐花發人來總不知（李商隱櫻桃花下（流鶯舞蝶兩相期不取花芳正結時他日未開今日謝嘉辰長短是參差（李群玉題櫻桃（春初攜酒此花間幾度臨風倒玉山今日葉深黃滿樹再來惆悵不能攀（吳融賞帶花櫻桃（粉紅輕淺靚妝新

和露和煙別近鄰萬一有情兼有恨一年榮落兩家春
〔陸希聲 含桃園〕小園初晴風露光含桃花發滿山香
看花對酒心無事倍覺春來白日長 〔韋莊 櫻桃樹〕記
得花開雪滿枝和蜂和蝶帶花移如今花落遊蜂去空
作主人惆悵詩 〔宋范成大 櫻桃花〕借暖衝寒不用媒
勻朱勻粉最先來玉樓一見憐癡小教向傍邊自在開
原 楊萬里 櫻桃花 櫻桃花發滿晴柯不賭嬌嬈祇賭
多落盡江梅餘半朵依然風韻合還他 增 元方回 櫻
桃花 淺淺花開料峭風苦無妖色畫難工十分不肯精
神露留與他時著子紅
詩散句 原 〔宋王僧達〕細葉未開蘂紅葩已發光 〔宋文

同〕嫩葉藏輕綠繁葩露淺紅 〔明于若瀛〕三月雨聲細
櫻花疑杏花 〔唐李白〕別來幾歲未還家玉窗五見櫻
桃花 〔李賀〕背人不語向何處下堦自折櫻桃花 增
白居易 櫻桃廳院春偏好石井欄堂夜更幽 慢牽欲
傍櫻桃泊借問誰家花最紅 〔殷璠〕昨日小樓微雨過
櫻桃花落晚風晴
詞 原 〔宋毛滂 浣溪沙〕小園春光不待邀蚤通消耗與含
桃晚來芳意半含梢 帶笑不言春淡淡試妝未徧雨
瀟瀟東君少女可憐嬌 〔陳繼儒 破浣溪沙〕曉來露
井看櫻桃羅袖迎風不柰飄轉向碧窗還小立再吹簫
簫咽春愁愁正劇自拈香在博山燒日暮闌干楊柳

外落紅敲

石榴花 榴實別見果譜

原 石榴一名丹若 本草云若木乃扶桑之名榴花丹頳似之故亦有丹若之稱 本出
塗林安石國漢張騫使西域得其種以歸故名安石榴
今處處有之樹不甚高大枝柯附榦自地便生作叢孫
枝甚多種極易息或以子種或折其條盤土中便生葉
綠狹而長梗紅五月開花有大紅粉紅黃白四色有海
榴 來自海外樹高二尺 黃榴 色微黃帶白花比常榴差大 四季榴 四時開花秋結實實方綻
旋復開花 火石榴 其花如火樹甚小栽之盆頗可玩又有細葉一種亦佳 餅子榴 花大不結
實 番花榴 出山東花大於餅子較之別省終不若在彼大而華麗蓋地氣異也 燕中有千
瓣白千瓣粉紅千瓣黃千瓣大紅單瓣者比別處不同

中心花瓣如起樓臺謂之重臺石榴花頭頗大而色更
深紅 增 〔花鏡〕石榴有並蒂花者又有紅花白緣白花
紅緣者亦異品也
彙考 原 〔宋史五行志〕紹興間漢陽軍有插榴枝於石罅
秀茂成陰歲有華實者初郡獄有誣服孝婦殺姑婦不
能自明屬行刑者插髻上華於石隙曰生則可以驗吾
冤行刑者如其言後果生 增 〔酉陽雜俎〕衡山祝融峯
下法華寺有石榴花春秋皆發 〔博異記〕天寶中處士
崔元微春夜遇女伴十餘人有綠裳者前曰某姓楊又
指一人曰李氏又指一人曰陶氏又指緋衣小女曰姓
石名阿措又有封家十八姨來諸人命酒各歌以送之

至十八姨持盞性頗輕佻翻酒汚阿措衣阿措作色曰諸人即奉求吾不奉畏耳拂衣而起緋衣名阿措安石榴也封家姨乃風神也

原方輿勝覽閬縣東山有榴花洞唐永泰中樵者藍超遇白鹿逐之渡水入石門始極窄忽豁然有雞犬人家主翁謂曰吾避秦人也留卿可乎超曰欲與親舊訣乃來與榴花一枝而出恍然若夢中再往竟不知所在

增方輿勝覽合肥浮槎山俗傳自海上浮來梁武帝女爲尼於此山建道林寺寺有榴花根榦偉茂即帝女手植

花經石榴五品五命

瓶花譜各色千葉榴四品四命

原王直方詩話王荆公作內相翰苑有石榴一叢枝葉繁茂只發一花時荆

公有詩云萬綠叢中紅一點動人春色不須多予每以不見全篇爲恨遯齋閑覽以爲唐人詩非也

洪氏雜俎溫湯七聖殿繞殿石榴皆太眞所植

學圃餘疏石榴本外國來者獨京師爲勝盆中有植榦數十年高不盈二尺而垂實纍纍皮子之紅白一隨其花花而不實者曰餅子深紅淡紅二種皆山亭之珍也吾地不宜盆中移歸不二年壞矣本地餅子紅榴稍佳而樹大非几案前物單葉有黃白淺深紅四種存以標異可也

增瓶史浴榴宜艷色婢　石榴以紫薇大紅千葉木槿爲婢

集藻

頌

增梁江淹石榴頌美木艷樹誰望誰待縹葉翠萼紅華絳采炤烈泉石芬披山海奇麗不移霜雪空改

賦

增晉夏侯湛石榴賦覽華圃之嘉樹兮羨石榴之奇生滋玄根于夸壤兮擢繁榦于蘭庭露靈液之粹色兮含渥霧以深榮若乃時雨新稀微風扇物萋萋以鮮茂兮紛扶輿以蓊鬱枝摻捻以瓌柔兮葉蘇奕以周密纖條參差以窈窕兮洪柯流離以相拂于是乎青陽之末朱明之初翕微煥以摛采兮的猗璨以揚敷接翠萼于綠蔕兮冒紅牙以丹鬚艷然含蘂瓏爾散珠若乃叢紈始裹聚葩方離潛輝蜿艷綠采未披照灼攢列熒熒玄垂雪醒解餌怡神實氣冠百品以奇佚邁衆果而特貴

傅玄石榴賦烏宿中而纖條結龍辰升而丹華繁

其在晨也灼若旭日栖扶桑其在昏也艷若燭龍吐潛光芭玄黃之烈輝綠煒暐而熀煌發朱榮于綠葉時從風而飄揚

庾儵石榴賦綠葉翠條紛乎葱青丹華照爛暐暐熒熒遠而望之繁若摛繢被山阿迫而察之赫若龍燭燿綠波

唐呂令問府庭雙石榴賦公府洞豁羣木羅生歷衆芳而鮮妙得雙榴之美名擢質森聳垂陰凄清掃危堦之數級蔭閑庭之四平夾砌駢羅則東西表賓主之位與時消息則寒暑任榮枯之情故其異影同庇分芳對出夏景煒而開花秋氣結而成實剖之則珠彩煇掌捧之則金光照日其生也雖雜居幽徑之蘭其用也亦間若雕盤之菓若乃當公務之總偶訟庭

之婓爰趨爰揖或長或少皆指而稱曰彼石榴之所生何托根之至妙俯環廊之廻合拂茝簷之窈篠類甘棠之勿翦人縱去而猶思若李樹之無言蹊自成而不召是以固其根幹美其華耀乍開軒而翠彩重合甫褰帷而紅榮四照也或曰物惡近以招累事貴遠而克全空逈幽以獨美抱甘香而自捐豈比夫善生者托仁以遠害能壽者輔道以延年是以象君子之惠渥故終保夫自然

五言古詩【原】梁沈約詠山榴靈圃同嘉稱幽山有奇質停采久彌鮮含華豈期實長願微名隱無使孤株出【增】隋魏澹詠石榴分根金谷裏移植廣庭中新枝含淺

綠曉萼散輕紅影入環階水香隨度隙風路遠無由寄徒念春閨空　唐宋之問甑郡齋海榴澤國韶氣早開簾延霽天野禽宵未囀山蠹晝仍眠目玆海榴發列映巖楹前熠爚御風靜葳蕤含景鮮清晨綠堪佩亭午丹欲然昔忝金閨籍嘗見玉池蓮未若宗族地更逢榮耀全南金雖自貴賀賞詎能遷撫躬萬里絕豈染一朝妍徒緣滯遐郡常是惜流年越俗鄙章甫搢心空自憐【原】李白詠鄰女東窗海石榴魯女東窗下海榴世所稀珊瑚映綠水未足比光輝清香隨風發落日好鳥歸願為東南枝低舉拂羅衣無由共攀折引領望金扉　柳宗元新植海石榴弱植不盈尺遠意駐蓬瀛月寒空堦曙幽夢綵雲生糞壤擢珠樹莓苔插瓊英芳根閟顏色徂歲為誰榮　【增】宋蘇轍賦園中所有堂後病石榴及時亦開花身病花不齊火候漸已差芳心竟未已新萼綴枯梯誰言石榴病乃久古年華鄰家花最盛早發豈容遮殘紅已零落婀娜子如瓜　【原】陳與義庭前石榴庭前安榴樹花稀更可憐青旌擁絳節仵我作神仙遲日耿不暮微陰眩彌鮮一尊兼百慮心賞覺悠然　劉克莊十月榴花炎州氣序異十月榴始華是誰初植此石罅抽根斜綠陰蔽朝曦朱豔奪暮霞始猶一二枝俄已千百葩染人不能就畫史無以加洛陽擅牡丹久矣埋塵沙蜀州誇海棠邈然隔夔巴安知籬壁間亦有尤

物耶坐令農圃室化為金張家詩人好摹擬東藥并寒槎斯篇儻令見無乃譏吾奢　【增】明吳寬榴花團團復搏高枝遂其性參差花更繁緋綠雜相映安石名已棠休從謝公姓

七言古詩【增】金元格榴花山茶赤黃桃絳白戎葵米囊不入格庭中忽見安石榴歎息花中有真色生紅一撮掌中看模寫雖工更覺難詩到黃州隔千里畫家辛苦費鉛丹　明李東陽借榴一首贈方石桃溪老人愛花樹家在萬花溪上住白頭重入紫薇垣官舍今無種花處買花不識城市途園中看花非我徒畫圖翦綵盡成

幻空有愛花猶故吾吾家海榴四五株意欲借之如借
書自言花借不在好僅取數尺青扶疎墻根老枝不盈
掬欲借真慚少裝束風披雨浥漸成陰縱遺無花看亦
足城西官陌無塵埃呼童把送休遲回花根歲暮幸勿
返還我詩逋十韻來
五言律詩【增】唐孫逖詠樓前海石榴二首客自新亭郡
朝來數物華傳君妓樓好初落海榴花露色珠簾映香
風粉壁遮更宜林下雨日暝逐行車 海上移珠木樓
前詠所思遙聞下車日正在落花時舊綠香行盡新紅
灑步綦從來寒不易終見久逾滋 溫庭筠海榴 海榴
開似火先解報春風葉亂裁牋綠花宜插鬢紅蠟珠攢

作蔕緗綵翦成叢鄭驛多歸思相期一笑同
七言律詩【增】唐白居易石榴樹可憐顏色好陰涼葉翦
紅牋花撲霜傘蓋低垂金翡翠薰籠亂搭繡衣裳春芽
細炷千燈焰夏蘂濃焚百和香見說上林無此樹只教
桃李占年芳 杜牧見穆三十中庭海榴花謝矜紅掩
素似多才不待櫻桃不逐梅春到未曾逢宴賞雨餘爭
解免低徊巧窮南國千般艷趁得東風二月開堪恨王
孫浪遊去落英狼籍始歸來 方干海石榴亭際夭妍
日日看每朝顏色一般般滿枝猶待春風力數朶先欺
臘雪寒舞蝶自隨歌拍轉遊人只怕酒杯乾久長年少
應難得忍不叢邊到夜觀 【原】皮日休庭際海石榴花

盛發有寄 一夜春光綻絳囊碧油枝上晝煌煌風勻祇
似調紅露日暖惟憂化赤霜火齊滿枝燒夜月金津含
蘂滴朝陽不知桂樹知情否無限同遊阻陸郎 【增】陸
龜蒙和襲美海石榴花發見寄次韻紫府真人餉露囊
猗蘭燈燭未熒煌丹華乞曙先侵日金焰欺寒卻照霜
誰與佳名從海曲祇應芳裔出河陽那堪謝氏庭前見
一段清香染郄郎 宋歐陽修西園石榴盛開荒臺野
徑共躋攀正見榴花出短垣綠葉晚鶯啼處密紅房初
日照時繁最憐夏景鋪珍簟尤愛晴香入睡軒乘興便
當攜酒去不須旌騎擁車轅 【原】方九功海榴花春花
落盡海榴開奇種誰分寶地栽斜日捲簾深色映晚風

隔座暗香來披襟更擬頻燒燭把臂何妨數舉杯最愛
芳時看不去繁枝折向月中迴
五言排律【原】唐元稹感石榴二十韻何年安石國萬里
貢榴花迢遞河源道因依漢使槎酸辛犯蔥嶺憔悴涉
龍沙初到摽珍木多來比亂麻深拋故園裏少種貴人
家惟我荊州見憐君胡地賒從教當路長兼恣入簷斜
綠葉裁煙翠紅英動日華新簾裙透影疎牖燭籠紗委
作金爐焰飄成玉砌瑕乍驚珠綴密終誤繡幃奢琥珀
烘梳碎燕支懶頰搽風翻一樹火電轉五雲車絳帳迎
宵日芙蓉綻早牙淺深俱隱映前後各分葩宿露低蓮
臉朝光借綺霞暗虹徒繳繞濯錦莫周遮俗態能嫌舊

芳姿尚可嘉非專愛顏色同恨阻幽遐滿眼思鄉淚相
嗟亦自嗟〔宋陳師道和黃充實詠榴花〕春去花猶盡
紅榴暖欲然後時何所恨處獨不祈憐葉葉自相偶重
重久更鮮流珠沾暑雨改色淡朝煙著子專寒酒移根
擅化權愧非無價手刻畫竟難傳

五言絕句

御製榴花未結千房實先開五月花紅綃縈戶下疑似漢時
槎

丹誠映白日艷色喜清幽嫩綠疎欞外開時傍翠樓

增〔唐孔紹安侍宴詠石榴〕可惜庭中樹移根逐漢臣只
為來時晚花開不及春〔皇甫冉同張侍御詠興寧寺
經藏院海石榴花〕嫩葉生初茂殘花少更鮮結根龍藏

側故欲競青蓮〔宋蘇軾石榴〕風流意不盡獨自送殘
芳色作裙腰染名隨酒盞狂〔朱子榴花〕窈窕安榴花
乃是西鄰樹攀條可憐人風吹落幽戶〔元楊維楨詠
石榴花〕密幄千重碧疎巾一撥紅花時隨早晚不必嫁
春風〔明高啟榴花〕日炙態常醺香生若自焚夜來端
午宴淡却美人裙〔李東陽榴花〕未摘霜前實先看雨
後花名應出西海顏豈論東家

七言絕句

御製盆景榴花高有數寸開花一朵小樹枝頭一點紅嫣然
六月雜荷風攢青葉裏珊瑚朵疑是移根金碧叢

增〔唐李嘉祐題韋潤州後亭海榴〕江上年年小雪遲年
光獨報海榴知寂寂山城風日暖謝公含笑向南枝〔
權德輿韋使君亭海榴詠〕淮陽臥理有清風臘月榴花
帶雪紅閉閣寂寥常對此江湖心在數枝中 原〔韓愈
詠張十一旅舍榴花〕五月榴花照眼明枝間時見子初
成可憐此地無車馬顛倒青苔落絳英〔柳宗元始見
白髮題所植海石榴〕幾年封植愛芳叢韶艷朱顏竟不
同從此休論上春事看成古木對衰翁 增〔劉言史山
寺看海榴花〕琉璃地上紺宮前發翠凝紅幾十年夜久
月明人去盡火光霞燄遞相燃〔黃滔奉和文堯對庭
前千葉石榴〕一朵千英綻曉枝綵霞堪與別為期移根
若在芙蓉苑豈向當年有醒時〔宋歐陽修榴花〕絮亂

絲繁不自持蜂黃燕紫蝶參差榴花自恨來時晚惆悵
春期獨後期〔梅堯臣石榴花〕春花開盡見深紅夏葉
始繁明淺綠祇知結子熟秋霜不識來時有節竹 原〔
陳師道詠榴〕五月榴花忽見春白頭還喜一番新可能
暑不解春意只有尋枝問葉人〔陸游初見石榴花〕異
中四月尚餘寒細雨霏霏怯倚闌老子真成興不淺榴
花折得一枝看〔楊萬里詠榴〕待闕南風欲炷香東風
折併住西堂石榴已著乾紅蕾却問春歸為底忙 倩
羅皺薄翦蕉風已自開花帶亦同不肯染時輕著色却
將密綠護深紅 增〔元張弘範榴花〕猩血誰教染絳囊
綠雲堆裏潤生香遊蜂錯認枝頭火忙駕薰風過短牆

馬祖常趙中丞折枝石榴乘槎使者海西來移得珊瑚漢苑栽只待綠陰芳樹合蘂珠如火一時開　明陳憲章宿倪麟所石榴花秋開老蟾半影秋如水蠟角一聲霜滿街白髮山人到城府石榴花下借眠來　【原】魏賜紅綿拭鏡照宮紗畫就雙眉八字斜蓮步輕移何處去堦前笑折石榴花　張新日向午臨疑噴火雨從晨洗欲流脂酡顏腰照雙眸醉珠腹還成百子奇　王象晉翠袖參差瑞色新稜噌老幹擁祥雲無邊生意包涵厚滿腹珠璣取次陳

詩散句　【原】宋朱祁都緣賦色淺遂不趁春繁　司馬光畏日助殷紅過雨滌濃翠　【增】蘇軾可憐病石榴花如

破紅襟　應憐百花盡綠葉暗紅榴　石榴有正色玉樹真虛名　陸游殘榴重結蘂新燕續生雛　【原】李廸日烘麗萼紅縈火雨過柔條綠噴煙　劉敞薰風四月濃芳歇紅玉燒枝拂露華　蘇軾安石榴花開最遲絳裙深樹出幽扉　許景樊瑤堦飛盡石榴花日轉晶簾影欲斜　【增】梁簡文帝安榴拆晚紅　江總池紅照海榴　【原】唐張說榴開帶酒紅　【增】白居易醉爲海榴開　【原】宋楊億鮮葩猩血染　【增】王安石榴花次第開　陸游榴殘續續紅　元方回榴曆競紅妝　馬祖常園紅榴火鍊　【原】唐李賀石榴花發滿溪津　【增】李洞官亭池碧海榴殷　韋莊紅榴初綻拂簷低　宋晁以道映戶丹榴故後開　【原】謝邁臙脂新染薄羅裳　戴復古簷前千露石榴紅

詞　【增】元劉鉉烏夜啼垂楊影裏殘紅甚匆匆只有榴花全不怨東風　暮雨急曉霞濕綠玲瓏比似茜裙初染一般同　【原】無名氏阮郎歸深庭邃館鎖清風榴花芳艷濃陽光染就欲燒空誰能窺化工　觀物外喻聲中靈砂別有功若將一粒比花容金丹色又紅　南歌子紫陌尋春去紅塵拂面來無人不道看花回惟見石榴新蘂一枝開　冰簟堆雲髻金樽灩玉醅綠陰青子莫相催留取紅巾千點照池臺　【增】宋王沂孫慶清朝玉局歌殘金陵句絕年年負邦薰風西鄰窈窕獨憐入戶

飛紅前度綠陰載酒枝頭色比似裙同何須擬蠟珠作帶湘彩成叢　誰在舊家殿閣自太真仙去掃地春空朱旛護取如今應誤花工顛倒絳英滿徑想無車馬到山中西風後尚餘數點還勝春濃　【原】蘇軾賀新郎乳燕飛華屋悄無人桐陰轉午晚涼新浴手弄生綃白團扇扇手一時似玉漸困倚孤眠清熟簾外誰來推繡戶枉教人夢斷瑤臺曲又却是風敲竹　石榴半吐紅巾蹙待浮花浪蘂都盡伴君幽獨濃艷一枝細看取芳心千重似束又恐被西風驚綠若待得君來至此向花前對酒將花觸共粉淚兩簌簌

別錄　【原】打插三月初取指大嫩枝長尺有半八九枝共

爲一窠燒下頭二寸勿使渀失先掘圓坑深尺七寸廣徑尺豎枝坑畔環布令勻置礓石枯骨於枝間一層土一層骨石築實之令沒枝頭寸許以水澆之常令潤澤既生之後復以骨石布其根下十月天寒以藁裹之一云葉生時折插肥土用水頻澆自然生根又葉未生時從鵓膝處用脫果法候生根截下栽之開花結實與大樹無異　〔種子〕石榴熟時于樹上留數枚記定上下南北霜降後摘下用稀布逐箇袋之照樹上朝向懸通風陰處先于六七月間取土之鬆而美者敲細篩去瓦石攤淨地上澆潑濃糞曬乾再潑再曬如此五六次仍敲極細篩過收藏缸內勿經雨次年二月初取家用火盆

以所製土鋪盆內厚三寸許數寸按一淺潭取榴子去肉每潭種三四粒用土蓋半寸許灑水令微濕置有風露向陽處每日灑水勿令乾候長寸許每潭止留一大株日澆肥水候長分種極小盆內不宜深放有風露向陽處每日用肥水澆三四徧日午最要澆每一盆做一木蓋破兩片中剜一竅如樹大中高四面低遇有雨蓋盆面免致淋去肥味至七八月滿樹皆花甚大又明年換畧大盆依前法澆妙不可言或云盆根多則無花三四月間便上盆則根不長只須浸曬得法冬間霜下收迴南簷土乾畧將水潤至春深氣暖可放石上翦去嫩苗勿令高大盛夏日中曬屋上免近地氣致令根長及爲蚓蟻所穴每朝用米泔沉沒花盆浸約半時取出日曬如覺土乾又復浸始良法也　〔澆灌〕性喜肥濃糞澆之無忌當午澆花更茂盛蠶沙壅之佳又雞鴨毛浸水中加皮屑去毛以水澆之毛不肥故也　增〔物類相感志〕石榴樹以麻餅水澆則花多　原〔修製〕凡使榴皮根葉弗犯鐵器不計乾濕皆以水漿浸一夜取出用之水如墨汁　花陰乾爲末和鐵丹服一年白髮變黑千葉者治心熱吐血研末吹鼻止衄血又傅金瘡出血　皮及根用酸者東行者止目淚下蚘蟲止瀉痢下血〔方輿勝覽〕崖州婦人以安石榴花著釜中經旬即成酒其味香美　增居家宜忌病目者以紅絹盛榴花拭目棄

之謂代其病